中文版 Photoshop CS6 实用教程

（第2版）

时代印象 TIMES IMPRESSION 编著

人民邮电出版社
北京

图书在版编目（CIP）数据

中文版Photoshop CS6实用教程 / 时代印象编著. -- 2版. -- 北京 : 人民邮电出版社, 2017.6(2021.8重印)
ISBN 978-7-115-45335-8

Ⅰ. ①中… Ⅱ. ①时… Ⅲ. ①图象处理软件－教材 Ⅳ. ①TP391.413

中国版本图书馆CIP数据核字(2017)第064655号

内容提要

这是一本全面介绍中文版 Photoshop CS6 基本功能及实际运用的书。本书主要针对零基础读者编写，是入门级读者快速、全面掌握 Photoshop CS6 的必备参考书。

本书内容以各种重要软件技术为主线，对每个技术板块中的重点内容进行细分介绍，并安排了大量课堂案例，让读者可以快速上手，熟悉软件功能和制作思路。另外，在第 3 章~第 11 章的最后都安排了课后习题，这些课后习题都是图像处理中经常会遇到的案例项目，它们既达到了强化训练的目的，又可以让读者了解实际工作中会做些什么，该做些什么。

本书附带下载资源，内容包括本书所有案例的源文件、素材文件与多媒体教学录像。读者可通过在线方式获取这些资源，具体方法请参看本书前言。另外，本书还有为读者精心准备的中文版 Photoshop CS6 快捷键索引和课堂案例、课堂练习、课后习题的索引，以方便读者学习。

本书适合作为高等院校和培训机构艺术专业课程的教材，也可以作为 Photoshop CS6 自学人员的参考用书。另外，本书所有内容均采用中文版 Photoshop CS6 进行编写，请读者在使用本书时注意版本的区别。

◆ 编　　著　时代印象
责任编辑　张丹丹
责任印制　陈　犇

◆ 人民邮电出版社出版发行　　北京市丰台区成寿寺路 11 号
邮编　100164　　电子邮件　315@ptpress.com.cn
网址　https://www.ptpress.com.cn
涿州市京南印刷厂印刷

◆ 开本：787×1092　1/16
印张：26
字数：728 千字　　2017 年 6 月第 2 版
印数：15 701 – 16 300 册　　2021 年 8 月河北第 15 次印刷

定价：59.90 元

读者服务热线：(010)81055410　印装质量热线：(010)81055316
反盗版热线：(010)81055315
广告经营许可证：京东市监广登字 20170147 号

P60 用选区运算抠图

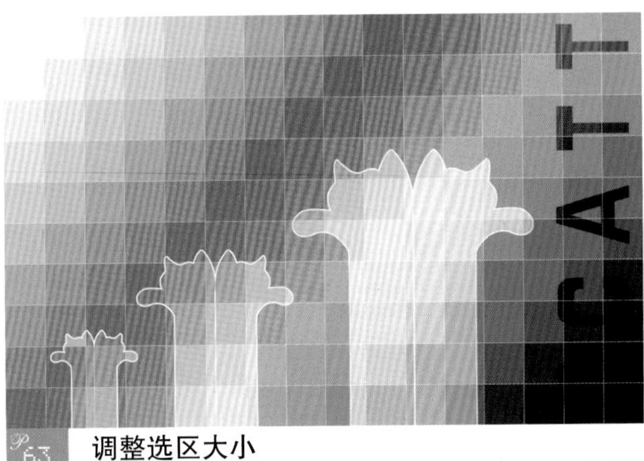

P63 调整选区大小

P74 课堂案例——抠取美女头发并进行合成

P69 抠取人像并进行合成

P77 用羽化选区制作甜蜜女孩

案例展示

Case Show

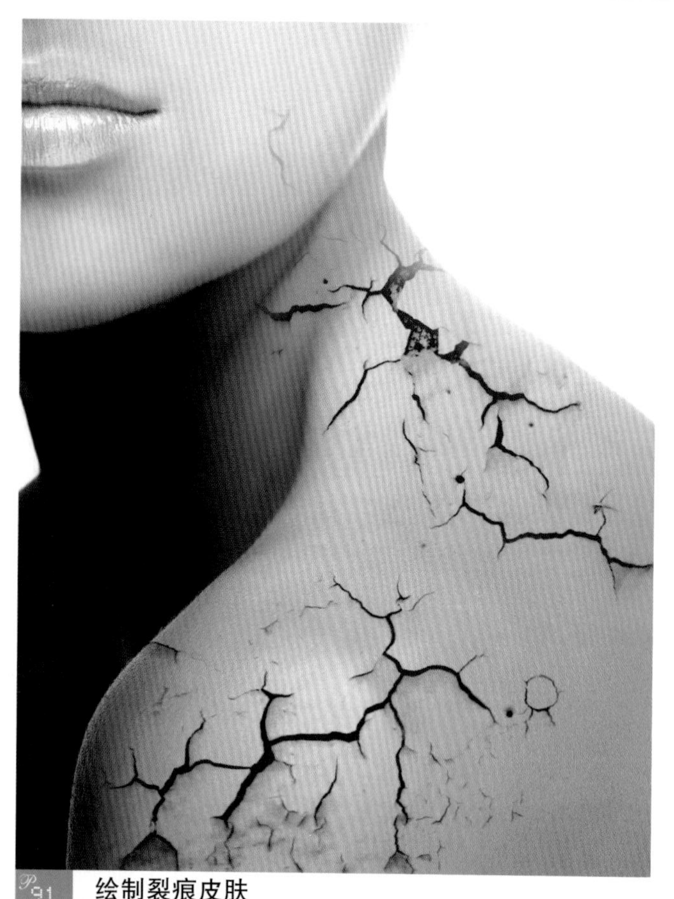

P91 绘制裂痕皮肤

P95 为衣服换色

P97 修复图像缺陷

P101 去除图像中的多余对象

P105 擦除背景并重新合成

P107 擦除复杂背景并合成特效

P108 抠取人像并合成背景

P116 抠取发丝并合成图像

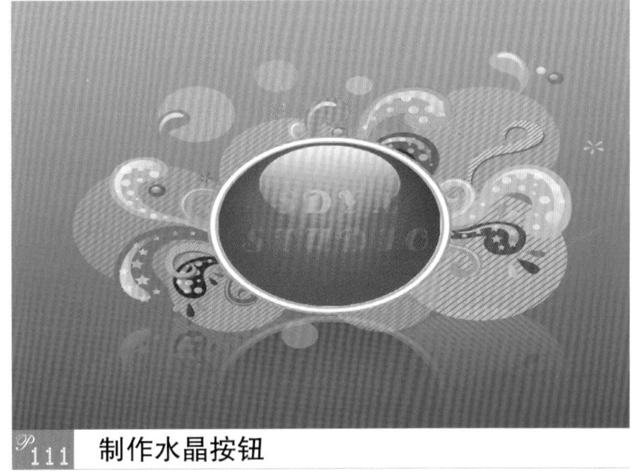

P111 制作水晶按钮

P138 裁剪照片的多余部分

P222 编辑智能对象

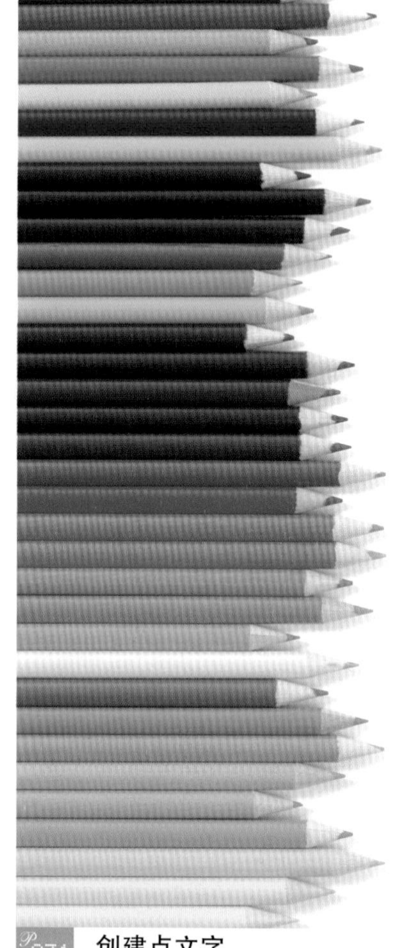

P231 创建点文字

P233 创建段落文字

P173 打造流行电影色

P180 打造复古调照片

P182 打造潮流Lomo色调照片

P191 打造奇幻风景照片

P214 打造彩虹半调艺术照

P220 调整照片的背景色调

P256 合成风景照片

LAVENDER MANOR

I MISS YOU SO DEEPLY THAT MY LOVE JUST LIKE A KITE HAS BROKEN ITS LINE AND WON'T STOP FLYING UNTIL IT REACHES YOU AT LAST

P275 打造唯美青调照片

案例展示

Case Show

P271 将通道中的内容复制到图层中

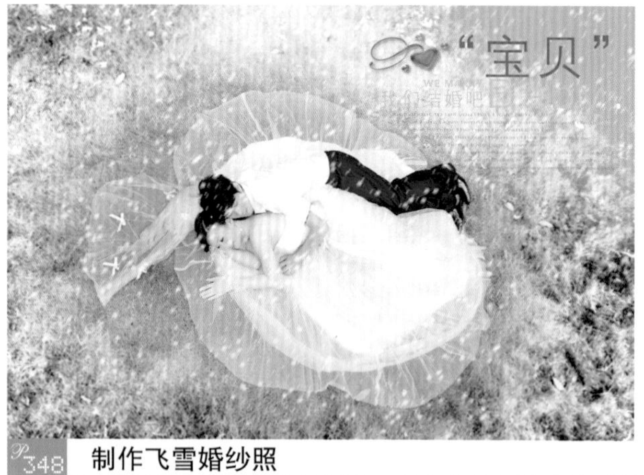

P348 制作飞雪婚纱照

P363 制作水墨婚纱版面

P364 制作油画婚纱

P393 制作裂、火、电特效

P312 制作高速运动特效

P184 制作奇幻色调照片

P161 制作三色调照片

P291 制作运动海报

案例展示

Case Show

P81 设计光盘封面

P82 制作渐变卡片

SDYX

P82 抠取热气球并合成背景

QNN

I3 LIVING ON THE EARTH IS A MISSION

3ROM THE LORD..

LIVING WITH YOU IS THE AWARD O3 THE LORD..

P192 调整灰蒙蒙的照片

Old Line Art

Movie

P368 打造老照片

案例展示

Case Show

P354 制作放射文字特效

P361 制作火焰文字

P194 制作浪漫青色婚纱版面

P369 制作甜蜜艺术写真

P411 制作太空星球特效

P412 制作漩涡特效

前言

Photoshop是Adobe公司旗下的图像处理软件，其功能强大，应用领域涉及平面设计、图片处理、照片处理、网页设计、界面设计、文字设计、插画设计、视觉创意和三维设计等。

我们对本书的编写体系做了精心的设计，按照“课堂案例→课堂练习→课后习题”这一思路进行编排，通过软件功能解析使读者深入学习软件功能和制作特色，通过课堂案例演练使读者快速熟悉软件功能和设计思路，并通过课堂练习和课后习题拓展读者的实际操作能力。在内容编写方面，我们力求通俗易懂，细致全面；在文字叙述方面，我们注意言简意赅、突出重点；在案例选取方面，我们强调案例的针对性和实用性。

随书资源中包含书中所有课堂案例、课堂练习和课后习题的源文件及素材文件。同时，为了方便读者学习，本书还配备所有案例的多媒体视频教学录像。这些录像是我们请专业人员录制的，详细记录了每一个操作步骤，尽量让读者一看就懂。另外，为了方便教师教学，本书还配备了PPT课件、教学大纲等丰富的教学资源，任课教师可直接使用。

本书的参考学时为136学时，其中讲授环节为87学时，实训环节为49学时，各章的参考学时如下表所示。

章	课程内容	学时分配	
		讲授学时	实训学时
第1章	图像的相关知识	2	0
第2章	进入Photoshop CS6的世界	2	0
第3章	选区工具与选区编辑	3	1
第4章	绘画与图像修饰	8	6
第5章	编辑图像	6	4
第6章	路径与矢量工具	8	4
第7章	图像颜色与色调调整	6	2
第8章	图层的应用	10	6
第9章	文字与蒙版	8	4
第10章	通道	6	2
第11章	滤镜	14	10
第12章	商业案例实训	14	10
学时总计		87	49

为了达到使读者可以轻松自学并深入地了解Photoshop CS6软件功能的目的，本书在版面结构设计上尽量做到清晰明了，如下图所示。

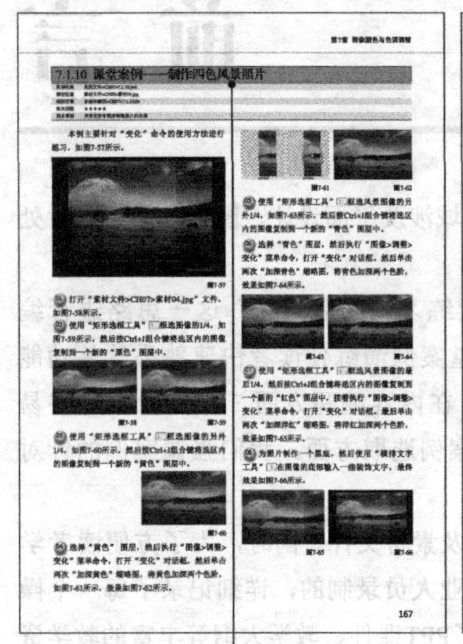

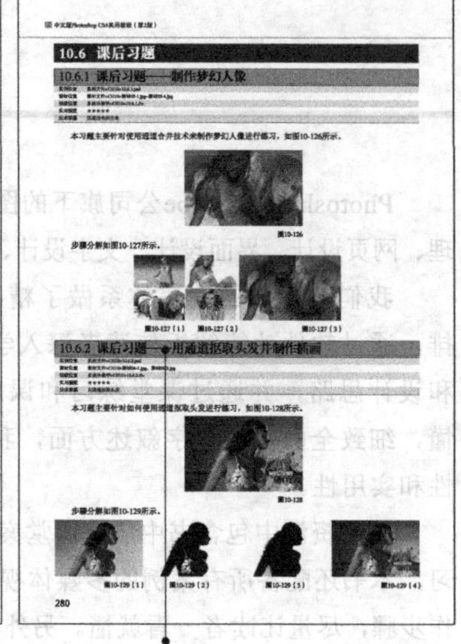

课堂案例：包含大量的平面设计案例详解，让读者深入掌握各种平面设计的制作流程，以快速提升平面设计能力。

技巧与提示：针对软件的实用技巧及平面设计制作过程中的难点进行重点提示。

知识点：针对软件的各种重要技术以及平面设计的重要知识点进行点拨。

课后习题：安排重要的平面设计习题，让读者在学完相应内容以后继续强化所学技术。

我们衷心地希望能够为广大读者提供力所能及的阅读服务，尽可能地帮读者解决一些实际问题，如果读者在学习过程中需要我们的支持，请通过以下方式与我们取得联系，我们将尽力解答。

售后服务

本书所有的学习资源文件均可在线下载（或在线观看视频教程），扫描封底的“资源下载”二维码，关注我们的微信公众号即可获得资源文件下载方式。资源下载过程中如有疑问，可通过我们的在线客服或客服电话与我们联系。在学习的过程中，如果遇到问题，也欢迎您与我们交流，我们将竭诚为您服务。

资源下载

您可以通过以下方式来联系我们。

客服邮箱：press@iread360.com

客服电话：028-69182687、028-69182657

时代印象

2017年3月

目录 CONTENTS

目录 CONTENTS

目录 CONTENTS

目录 CONTENTS

目录 CONTENTS

目录 CONTENTS

目录 CONTENTS

目录 CONTENTS

目录 CONTENTS

第1章

图像的相关知识

本章主要介绍了Photoshop CS6图像处理的基础知识，包括位图与矢量图、分辨率、图像的色彩模式等。通过对本章的学习，读者可以快速掌握这些基础知识，做到更快、更准确地处理图像。

课堂学习目标

了解像素与分辨率的区别
了解位图与矢量图像的差异
掌握颜色模式切换的方法
了解图像的位深度
了解色域与溢色
了解图像文件的常用格式

1.1 像素与分辨率

在Photoshop中，图像处理是指对图像进行修饰、合成以及校色等操作。Photoshop中的图像主要分为位图和矢量图像两种，而图像的尺寸及清晰度则是由图像的像素与分辨率来控制的。

1.1.1 什么是像素

像素是构成位图图像的最基本单位。在通常情况下，一张普通的数码相片必然有连续的色调和明暗过渡。如果把数字图像放大数倍，则会发现这些连续色调是由许多色彩相近的小方点组成的，这些小方点就是构成图像的最小单位“像素”。构成一幅图像的像素点越多，色彩信息越丰富，效果就越好，当然文件所占的存储空间也就越大。在位图中，像素的大小是指沿图像的宽度和高度测量出的像素数目，如图1-1所示中的3张图像的像素大小分别为720×576、360×288和180×144。

像素大小为720x576的图像

像素大小为360x288的图像

像素大小为180x144的图像

图1-1

1.1.2 什么是分辨率

分辨率是指位图图像中的细节精细度，测量单位是像素/英寸（ppi），每英寸的像素越多，分辨率越高。一般来说，图像的分辨率越高，印刷出来的质量就越好。例如，图1-2所示是两张尺寸相同，内容相同的图像，左图的分辨率为300ppi；右图的分辨率为72ppi。可以观察到这两张图像的清晰度有着明显的差异，即左图的清晰度明显要高于右图。

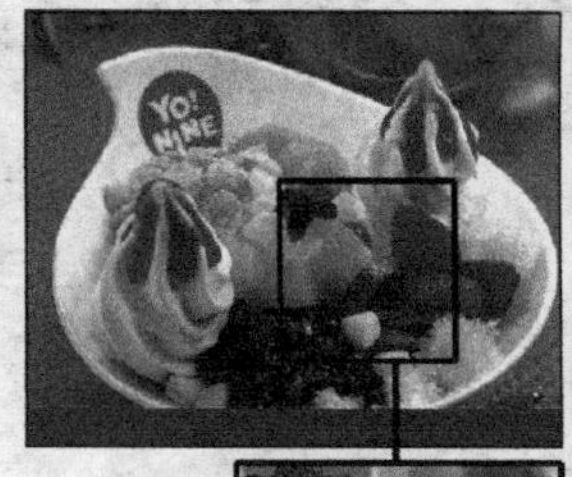

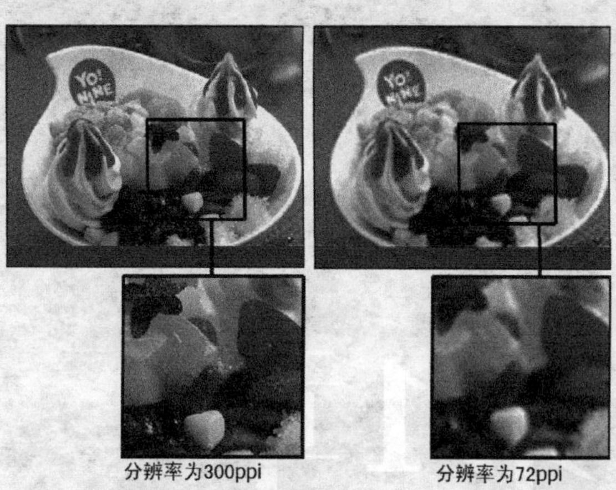

分辨率为300ppi

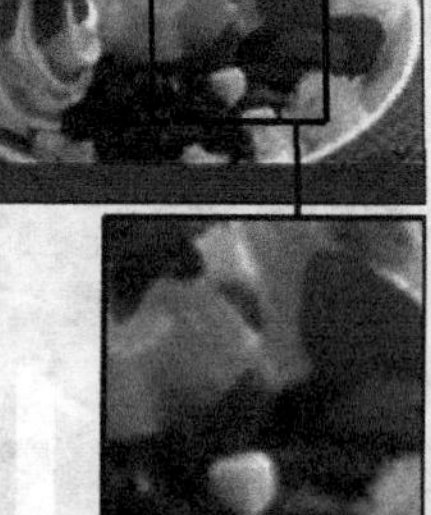
分辨率为72ppi

图1-2

1.2 位图与矢量图像

1.2.1 位图图像

位图图像在技术上被称为“栅格图像”，也就是通常所说的“点阵图像”或“绘制图像”。位图图像由像素组成，每个像素都会被分配一个特定位置和颜色值。相对于矢量图像，在处理位图图像时所编辑的对象是像素而不是对象或形状。

见图1-3，如果将其放大到8倍，此时可以发现图像会发虚，如图1-4所示，而将其放大到32倍时，就可以清晰地观察到图像中有很多小方块，这些小方块就是构成图像的像素，如图1-5所示。

图1-3

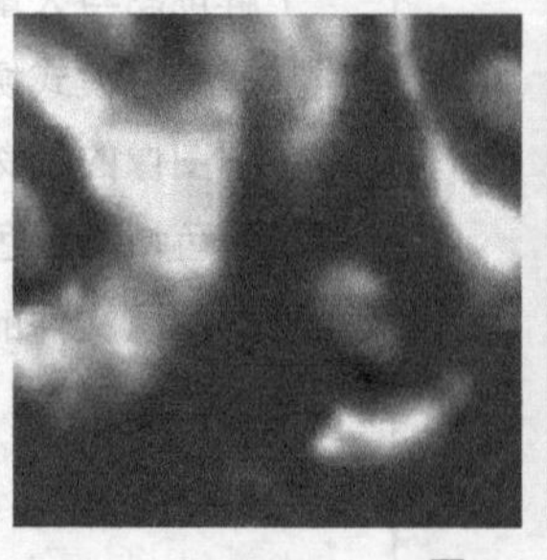

图1-4

图1-5

位图图像是连续色调图像，最常见的有数码照片和数字绘画。位图图像可以更有效地表现阴影和颜色的细节层次。见图1-6，这是一张位图图像，其效果非常细腻真实；见图1-7，这是一张矢量图像，其过渡则非常生硬，接近卡通效果。

图1-6

图1-7

技巧与提示

位图图像与分辨率有关，也就是说，位图包含了固定数量的像素。缩小位图尺寸会使原图变形，因为这是通过减少像素来使整个图像变小或变大的。因此，如果在屏幕上以高缩放比率对位图进行缩放或以低于创建时的分辨率来打印位图，则会丢失其中的细节，并且会出现锯齿现象。

1.2.2 矢量图像

矢量图像也称为矢量形状或矢量对象，在数学上定义为一系列由线连接的点，如Illustrator、CorelDRAW、CAD等软件就是以矢量图形为基础进行创作的。与位图图像不同，矢量文件中的图形元素称为矢量图像的对象，每个对象都是一个自成一体的实体，它具有颜色、形状、轮廓、大小和屏幕位置等属性，如图1-8和图1-9所示。

图1-8

图1-9

矢量图形与分辨率无关，所以任意移动或修改矢量图形都不会丢失细节或影响其清晰度。当调整矢量图形的大小、将矢量图形打印到任何尺寸的介质上、在PDF文件中保存矢量图形或将矢量图形导入基于矢量的图形应用程序中时，矢量图形都将保持清晰的边缘。见图1-10，如果将其放大5倍，可以发现图像仍然可保持高度清晰的效果，如图1-11所示。

图1-10

图1-11

1.3 图像的颜色模式

图像的颜色模式是指将某种颜色表现为数字形式的模型，或者说是一种记录图像颜色的方式。在Photoshop中，颜色模式分为位图模式、灰度模式、双色调模式、索引颜色模式、RGB颜色模式、CMYK颜色模式、Lab颜色模式和多通道颜色模式。

1.3.1 位图模式

位图模式是指使用两种颜色值（黑色或白色）中的一个来表示图像中的像素。将图像转换为位图模式会使图像减少到两种颜色，从而大大简化了图像中的颜色信息，同时也减小了文件的大小。图1-12所示是原图，图1-13所示是将其转换为位图模式后的效果。

图1-12

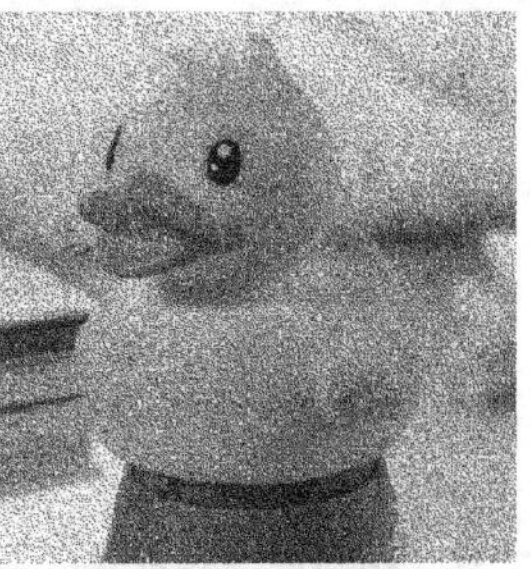
图1-13

1.3.2 灰度模式

灰度模式是用单一色调来表现图像，在图像中可以使用不同的灰度级，图1-14所示是原图，图1-15所示是将其转换为灰度模式后的效果。在8位图像中，最多有256级灰度，灰度图像中的每个像素都有一个0（黑色）~ 255（白色）之间的亮度值；在16位和32位图像中，图像的级数比8位图像要大得多。

图1-14

图1-15

1.3.3 双色调模式

在Photoshop中，双色调模式并不是指由两种颜色构成图像的颜色模式，而是通过1~4种自定油墨创建的单色调、双色调、三色调和四色调的灰度图像。单色调是用非黑色的单一油墨打印的灰度图像，双色调、三色调和四色调分别是用2种、3种和4种油墨打印的灰度图像。图1-16所示是原图，图1-17~图1-20所示分别是单色调、双色调、三色调和四色调效果。

图1-16

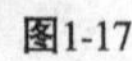
图1-17

图1-18

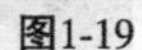
图1-19

图1-20

1.3.4 索引颜色模式

索引颜色是位图图像的一种编码方法，需要基于RGB、CMYK等更基本的颜色编码方法。可以通过限制图像中的颜色总数来实现有损压缩，图1-21所示是原图，图1-22所示是将其转换为索引颜色模式后的效果。如果要将图像转换为索引颜色模式，那么这张图像必须是8位/通道的图像、灰度图像或是RGB颜色模式的图像。

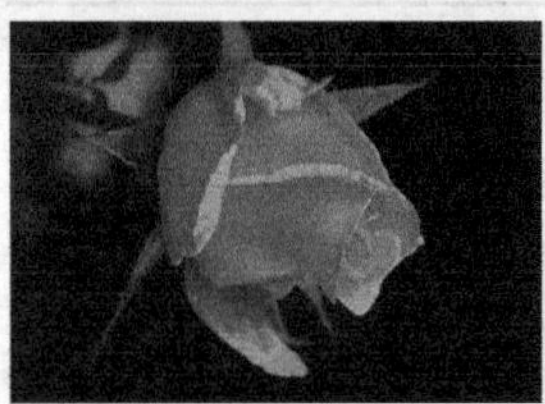
图1-21

图1-22

索引颜色模式可以生成最多256种颜色的8位图像文件。将图像转换为索引颜色模式后，Photoshop将构建一个颜色查找表（CLUT），用以存放并索引图像中的颜色。如果原始图像中的某种颜色没有出现在该表中，则程序将选取最接近的一种，或使用仿色以及现有颜色来模拟该颜色。

技巧与提示

使用索引颜色的位图被广泛用于网络图形和游戏制作中，常见的格式有GIF、PNG-8等。

执行“调整>模式>索引颜色”菜单命令，打开“索引颜色”对话框，如图1-23所示。

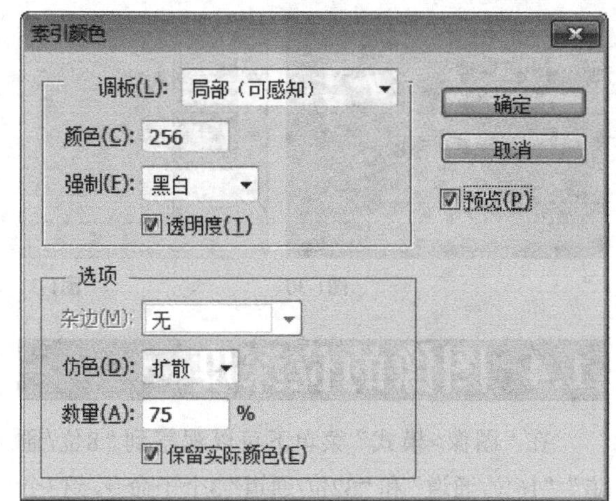

图1-23

- **索引颜色对话框重要选项介绍**

调板：用于设置索引颜色的调板类型。

颜色：对于“平均”“局部（可感知）”“局部（可选择）”和“局部（随样性）”调板，可以通过输入“颜色”值来指定要显示的实际颜色数量。

强制：将某些颜色强制包含在颜色表中，共有以下4个选项：无、黑白、三原色和Web。

透明度：指定是否保留图像的透明区域。选择该选项将在颜色表中为透明色添加一条特殊的索引项；删除该选项将用杂边颜色填充透明区域，或者用白色填充。

杂边：指定用于填充与图像的透明区域相邻的消除锯齿边缘的背景色。如果勾选“透明度”选项，则对边缘区域应用杂边；如果关闭“透明度”选项，则对透明区域不应用杂边。

仿色：若要模拟颜色表中没有的颜色，可以采用仿色。

数量：当设置“仿色”为“扩散”方式时，该选项才可用，主要用来设置仿色数量的百分比值。该值越高，所仿颜色越多，但是可能会增加文件大小。

技巧与提示

将颜色模式转换为索引颜色模式后，所有可见图层都将被拼合，处于隐藏状态的图层将被扔掉。对于灰度图像，转换过程将自动进行，不会出现“索引颜色”对话框；对于RGB图像，将出现“索引颜色”对话框。

1.3.5 RGB颜色模式

RGB颜色模式是一种发光模式，也叫“加光”模式。RGB分别代表红色（Red）、绿色（Green）和蓝色（Blue），在“通道”调板中可以查看到这3种颜色通道的状态信息，如图1-24和图1-25所示。RGB颜色模式下的图像只有在发光体上才能显示出来，例如，显示器、电视等，该模式所包括的颜色信息（色域）有1670多万种，是一种真色彩颜色模式。

图1-24

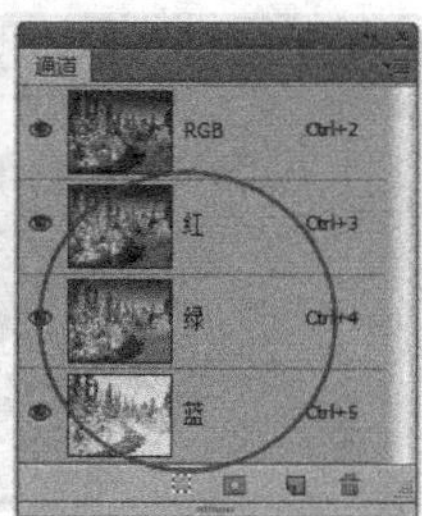

图1-25

1.3.6 CMYK颜色模式

CMYK颜色模式是一种印刷模式，也叫“减光”模式，该模式下的图像只有在印刷体上才可以观察到，如纸张。CMYK颜色模式包含的颜色总数比RGB模式少很多，所以在显示器上观察到的图像要比印刷出来的图像亮丽一些。CMY是3种印刷油墨名称的首字母，C代表青色（Cyan）、M代表洋红（Magenta）、Y代表黄色（Yellow），而K代表黑色（Black），这是为了避免与蓝色（Blue）混淆，因此黑色选用的是Black的最后一个字母K。在“通道”调板中可以查看到4种颜色通道的状态信息，如图1-26和图1-27所示。

图1-26

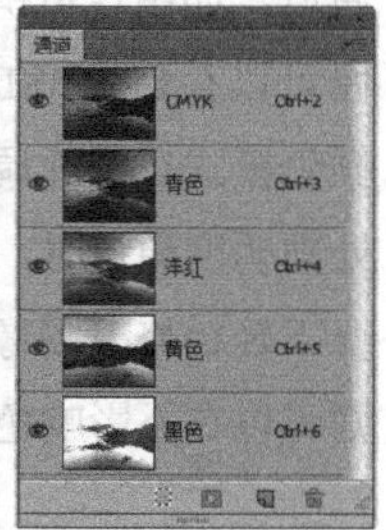

图1-27

1.3.7 Lab颜色模式

Lab颜色模式是由照度（L）和有关色彩的a、b这3个要素组成，L表示照度（Luminosity），相当于亮度；a表示从红色到绿色的范围；b表示从黄色到蓝色的范围，如图1-28和图1-29所示。Lab颜色模式的亮度分量（L）范围是从0 ~100，在Adobe拾色器和“颜色”调板中；a分量（绿色-红色轴）和b分量（蓝色-黄色轴）的范围是从+127 ~-128。

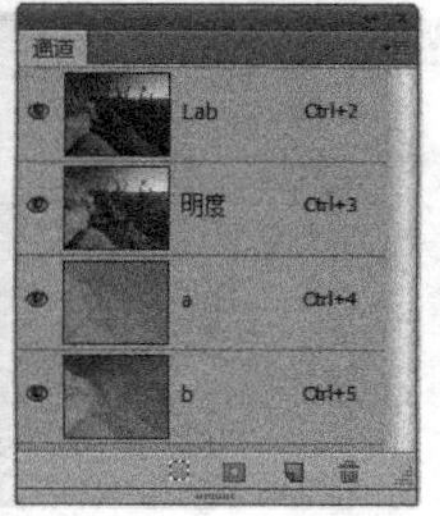

图1-28　图1-29

技巧与提示

Lab颜色模式是最接近真实世界颜色的一种色彩模式，它同时包括RGB颜色模式和CMYK颜色模式中的所有颜色信息。所以在将RGB颜色模式转换成CMYK颜色模式之前，要先将RGB颜色模式转换成Lab颜色模式，再将Lab颜色模式转换成CMYK颜色模式，这样才不会丢失颜色信息。

1.3.8 多通道颜色模式

多通道颜色模式图像在每个通道中都包含256个灰阶，在特殊打印时非常有用。将一张RGB颜色模式的图像转换为多通道颜色模式的图像后，之前的红、绿和蓝3个通道将变成青色、洋红和黄色3个通道，如图1-30和图1-31所示。多通道颜色模式图像可以存储为PSD、PSB、EPS和RAW格式。Lab颜色模式在照片调色中有着非常特别的优势，我们处理明度通道时，可以在不影响色相和饱和度的情况下轻松修改图像的明暗信息；处理a和b通道时，则可以在不影响色调的情况下修改颜色。

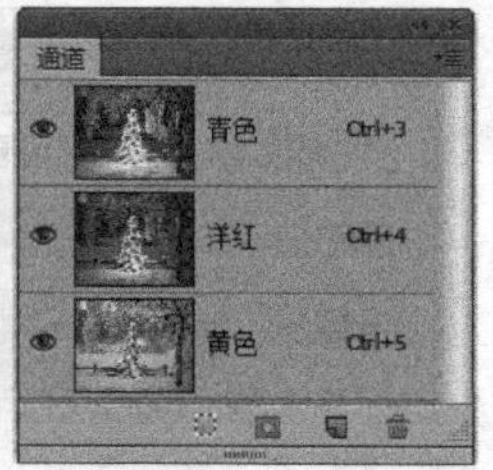

图1-30　图1-31

1.4 图像的位深度

在“图像>模式”菜单下可以观察到“8位/通道”“16位/通道”和“32位/通道”3个子命令，这3个子命令就是通常所说的“位深度”，如图1-32所示。“位深度”主要用于指定图像中的每个像素可以使用的颜色信息数量，每个像素使用的信息位数越多，可用的颜色就越多，色彩的表现就越逼真。

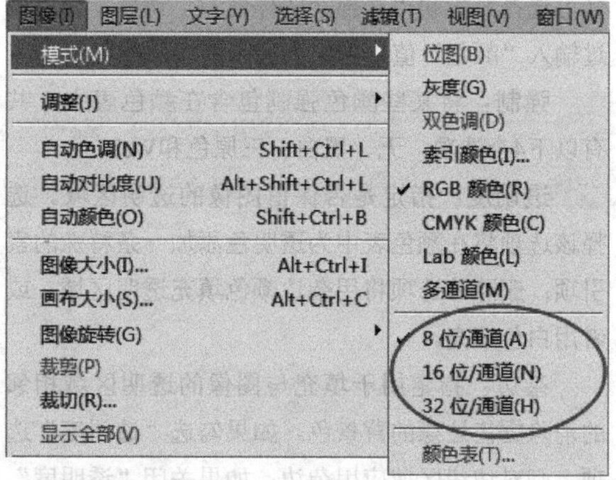

图1-32

1.4.1 8位/通道

8位/通道的RGB图像中的每个通道可以包含256种颜色，这就意味着这张图像可能拥有1600万个以上的颜色值。

1.4.2 16位/通道

16位/通道的图像的位深度为16位，每个通道包含65 000种颜色信息。所以图像中的色彩通常会更加丰富与细腻。

1.4.3 32位/通道

32位/通道的图像也称为高动态范围（HDRI）图像。它是一种亮度范围非常广的图像。与其他模式的图像相比，32位/通道的图像有着更大亮度的数据储存，而且它记录亮度的方式与传统的图片不同——不是用非线性的方式将亮度信息压缩到8位或16位的颜色空间内，而是用直接对应的方式记录亮度信息。由于它记录了图片环境中的照明信息，因此通常可以使用这种图像来“照亮”场景。有很多HDRI文件都是以全景图的形式提供的，同样也可以用它作为环境背景来产生反射与折射，如图1-33所示。

图1-33

1.5 色域与溢色

1.5.1 色域

色域是另一种形式上的色彩模型，它具有特定的色彩范围。例如，RGB色彩模型就有好几个色域，即Adobe RGB、sRGB和ProPhoto RGB等。

在现实世界中，自然界中可见光谱的颜色组成了最大的色域空间，该色域空间中包含了人眼能见到的所有颜色。

为了能够直观的表示色域这一概念，CIE（国际照明协会）制定了一个用于描述色域的方法，即CIE-xy色度图，如图1-34所示。在这个坐标系中，各种显示设备能表现的色域范围都用RGB三点连线组成的三角形区域来表示，三角形的面积越大，表示这种显示设备的色域范围越大。

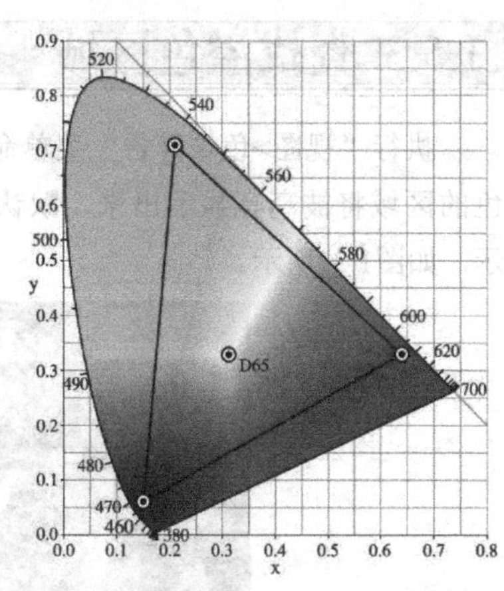

图1-34

1.5.2 溢色

在计算机中，如果显示的颜色超出了CMYK颜色模式的色域范围，就会出现“溢色”。

在RGB颜色模式下，在图像窗口中将鼠标指针放置溢色上，“信息”面板中的CMYK值旁就会出现一个感叹号，如图1-35所示。

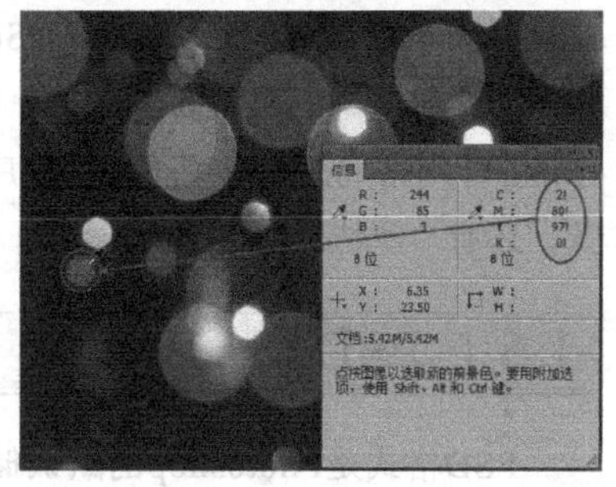

图1-35

当用户选择了一种溢色时，“拾色器”对话框和“颜色”面板中都会出现一个表示“溢色警告”的三角形感叹号▲，同时在感叹号▲下面的色块中会显示与当前所选颜色最接近的CMYK颜色，如图1-36所示。单击感叹号▲即可选定色块中的颜色。

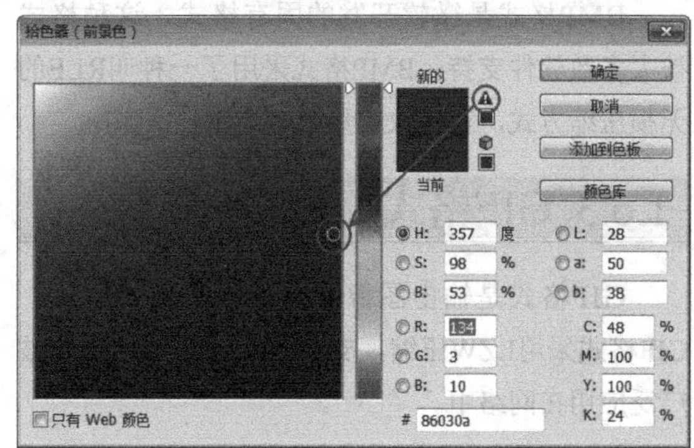

图1-36

1.5.3 查找溢色区域

执行“视图>色域警告”菜单命令，图像中溢色的区域将被高亮显示出来，默认显示为灰色显示，如图1-37所示。

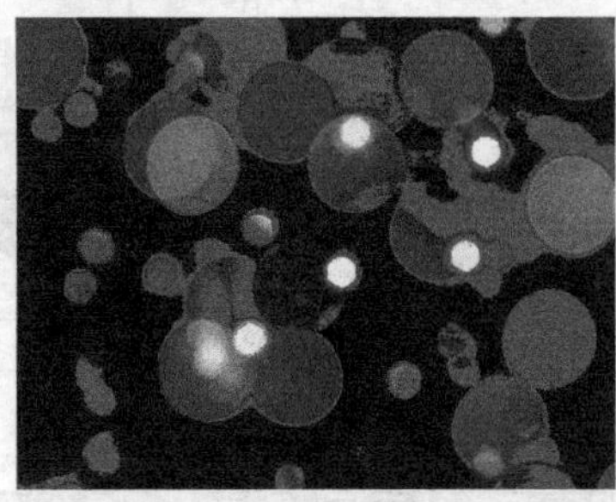

图1-37

1.6 常用的图像文件格式

当用Photoshop CS6制作或处理好一幅图像后，就要进行存储。这时，选择一种合适的文件格式就显得十分重要。Photoshop CS6有20多种文件格式可供选择。这些文件格式中，既有Photoshop CS6的专用格式，也有用于应用程序交换的文件格式，还有一些特殊的格式。

1.6.1 PSD格式

PSD格式是Photoshop的默认储存格式，能够保存图层、蒙版、通道、路径、未栅格化的文字、图层样式等。在一般情况下，保存文件都采用这种格式，以便随时进行修改。

1.6.2 BMP格式

BMP格式是微软开发的固有格式，这种格式被大多数软件支持。BMP格式采用了一种叫RLE的无损压缩方式，对图像质量不会产生什么影响。

1.6.3 GIF格式

GIF格式是输出图像到网页最常用的格式。GIF格式采用LZW压缩，支持透明背景和动画，被广泛应用在网络中。

1.6.4 EPS格式

EPS是为PostScript打印机上输出图像而开发的文件格式，是处理图像工作中最重要的格式，被广泛应用于Mac和PC环境下的图形设计和版面设计中。几乎所有的图形、图表和页面排版程序都支持这种格式。

1.6.5 JPEG格式

JPEG格式是平时最常用的一种图像格式。它是一个最有效、最基本的有损压缩格式，被绝大多数的图形处理软件支持。

1.6.6 PDF格式

PDF格式是由Adobe Systems创建的一种文件格式，允许在屏幕上查看电子文档。PDF文件还可被嵌入Web的HTML文档中。

1.6.7 PNG格式

PNG格式是专门为Web开发的，它是一种将图像压缩到Web上的文件格式。PNG格式与GIF格式不同的是，PNG格式支持244位图像并产生无锯齿状的透明背景。

1.6.8 TGA格式

TGA格式专用于使用Truevision视频板的系统，它支持一个单独Alpha通道的32位RGB文件，以及无Alpha通道的索引、灰度模式，并且支持16位和24位的RGB文件。

1.7 本章小结

通过本章的学习，我们对图像文件的相关知识有了一个初步的认识。虽然这些知识很基础，但是在图像处理中的运用却非常广泛，因此应熟练掌握每一个基础知识。

第2章

进入Photoshop CS6的世界

本章首先介绍了Photoshop CS6的发展史及它的应用领域，然后介绍了Photoshop CS6的功能特色。通过本章的学习，可以对Photoshop CS6的多种功能有一个全方位的了解，有助于在处理图像的过程中快速地定位，应用相应的知识点，完成图像的处理任务。

课堂学习目标

了解Photoshop的发展史
了解Photoshop的应用领域
了解Photoshop的工作界面
了解文件的基本操作
了解辅助工具的运用
了解图层的含义及掌握图层的基本操作
了解恢复操作的应用

2.1 了解Photoshop的发展史

美国一名攻读博士学位的研究生托马斯•洛尔，在1987年的秋天一直尝试编写一个名为Display的程序，使黑白位图监视器能够显示灰阶图像。这个编码正是Photoshop的开始。随后其发行权被大名鼎鼎的Adobe公司买下。1990年2月，只能在苹果机（Mac）上运行的Photoshop 1.0面世了。

1991年2月，Photoshop 2.0正式版发行，从此Photoshop便一发不可收拾，一路过关斩将，淘汰了很多图像处理软件，成为今天图像处理行业中的绝对霸主。到目前为止，Photoshop最高的版本为CS6版本，如图2-1~图2-14所示是Photoshop所有版本的启动画面。

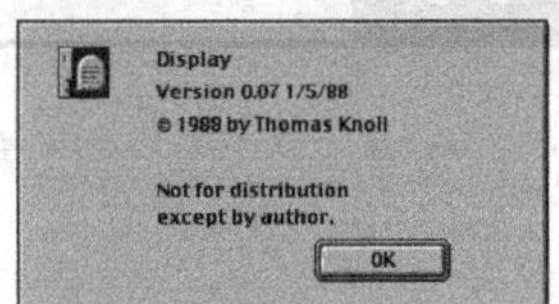

Photoshop 0.63

图2-1

Photoshop 1.07

图2-2

Photoshop 2.5

图2-3

Photoshop 3.0

图2-4

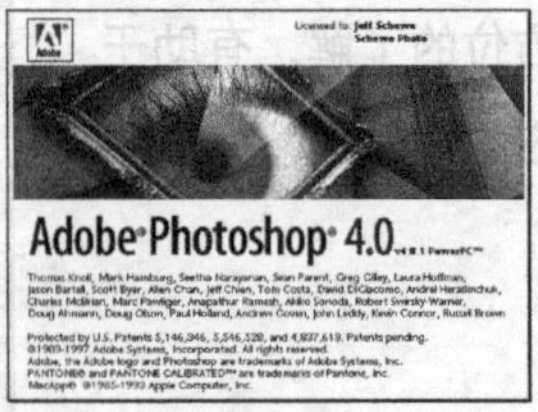

Photoshop 4.0

图2-5

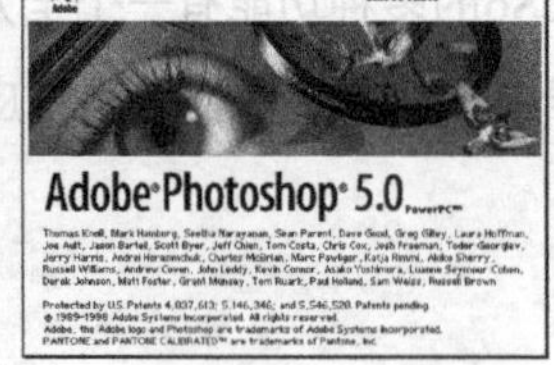

Photoshop 5.0

图2-6

Photoshop 6.0

图2-7

Photoshop 7.0

图2-8

Photoshop CS（8.0）

图2-9

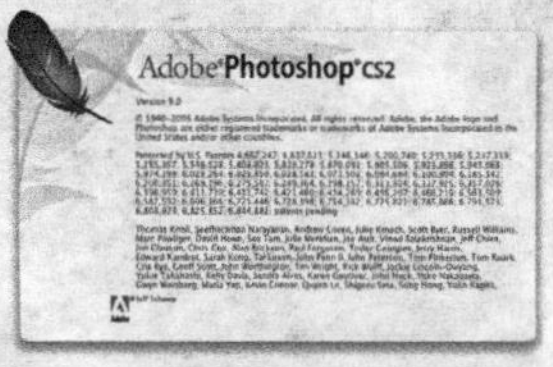

Photoshop CS2（9.0）

图2-10

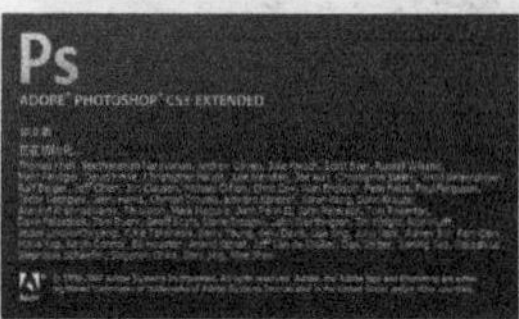

Photoshop CS3（10.0）

图2-11

Photoshop CS4（11.0）

图2-12

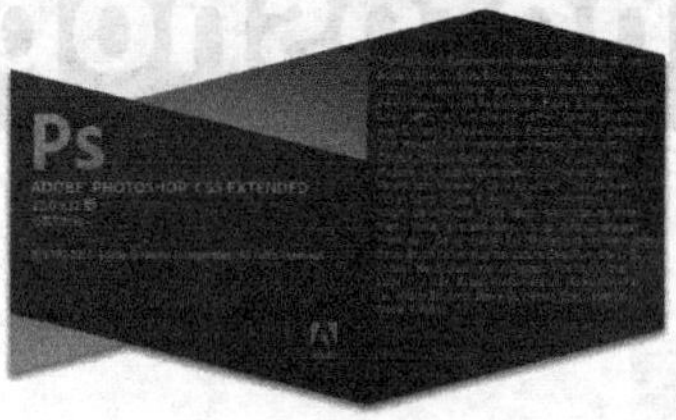

Photoshop CS5（12.0）

图2-13

Photoshop CS6（13.0）

图2-14

2.2 Photoshop的应用领域

Photoshop是Adobe公司旗下一款优秀的图像处理软件，其功能强大，主要应用领域到底有哪些呢？读了下面的内容就知道了！

2.2.1 平面设计

毫无疑问，平面设计肯定是Photoshop应用最为广泛的领域。无论是我们正在阅读的图书封面，还是在大街上看到的招贴、海报，这些具有丰富图像的平面印刷品，基本上都需要使用Photoshop来对图像进行处理才能成形，如图2-15和图2-16所示。

图2-15

图2-16

2.2.2 照片处理

Photoshop作为照片处理的王牌软件，当然具有一套相当强大的图像修饰功能。利用这些功能，我们可以快速修复数码照片上的瑕疵，同时可以调整照片的色调或为照片添加装饰元素等，如图2-17和图2-18所示。

图2-17

图2-18

2.2.3 网页设计

随着互联网的普及，人们对网页的审美要求也不断提升，因此，Photoshop就更为重要，因为使用它可以美化网页元素，如图2-19和图2-20所示。

图2-19

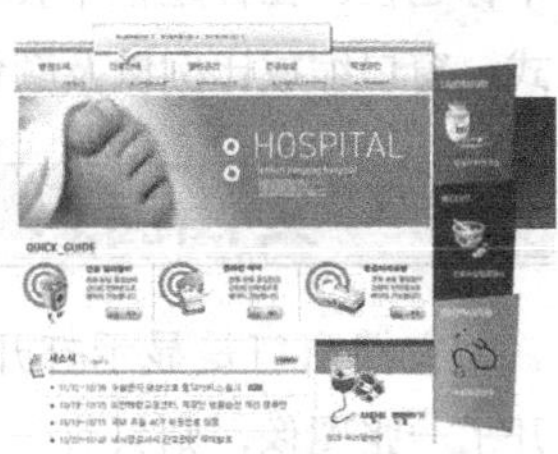

图2-20

2.2.4 界面设计

界面设计是一个新兴的领域，已经受到越来越多的软件企业及开发者的重视，而绝大多数设计师使用的就是Photoshop，如图2-21和图2-22所示。

图2-21

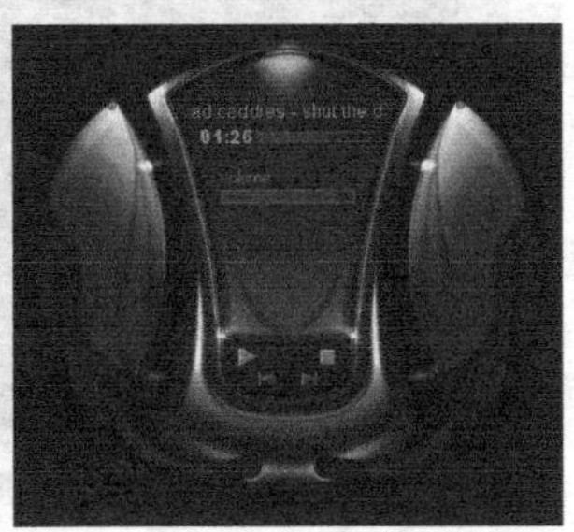

图2-22

2.2.5 文字设计

千万不要忽视Photoshop在文字设计方面的应用，它可以制作出各种质感、特效文字，如图2-23和图2-24所示。

图2-23

图2-24

2.2.6 插画创作

Photoshop有一套优秀的绘画工具，可以用来绘制出各种各样的精美插画，如图2-25和图2-26所示。

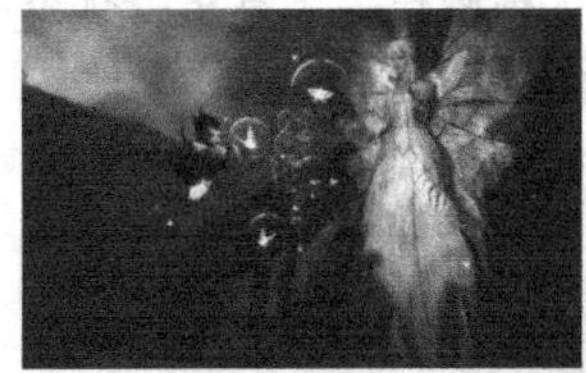

图2-25

图2-26

2.2.7 视觉创意

视觉创意与设计是设计艺术的一个分支，此类设计通常没有非常明显的商业目的。但由于它为广大设计爱好者提供了无限的设计空间，因此越来越多的设计爱好者都开始注重视觉创意，并逐渐形成了属于自己的一套创作风格，如图2-27和图2-28所示。

图2-27

图2-28

2.2.8 三维设计

Photoshop在三维设计中主要有两方面的应用：一是对效果图进行后期修饰，包括配景的搭配及色调的调整等，如图2-29所示；二是用来绘制精美的贴图。因为再好的三维模型，如果没有逼真的贴图附在模型上，也得不到好的渲染效果，如图2-30所示。

图2-29

图2-30

2.3 Photoshop CS6的工作界面

随着版本的不断升级，Photoshop的工作界面布局也更加合理、更加人性化。启动Photoshop CS6，就会进入其工作界面，如图2-31所示。工作界面由菜单栏、选项栏、标题栏、工具箱、状态栏、文档窗口和各式各样的面板组成。

图2-31

本节知识概要

选项名称	作用	重要程度
菜单栏	执行相应的菜单命令	高
标题栏	显示文件的名称、格式、窗口缩放比例以及颜色模式等信息	中
文档窗口	显示打开的图像	中
工具箱	集合Photoshop CS6的大部分工具	高
选项栏	设置工具的参数选项	高
状态栏	显示当前文档的大小、尺寸、当前工具和窗口缩放比例等信息	低
面板	配合图像的编辑、对操作进行控制以及设置参数等	高

2.3.1 菜单栏

Photoshop CS6的菜单栏中包含11组主菜单，分别是文件、编辑、图像、图层、文字、选择、滤镜、3D、视图、窗口和帮助，如图2-32所示。单击相应的主菜单，即可打开该菜单下的命令，如图2-33所示。

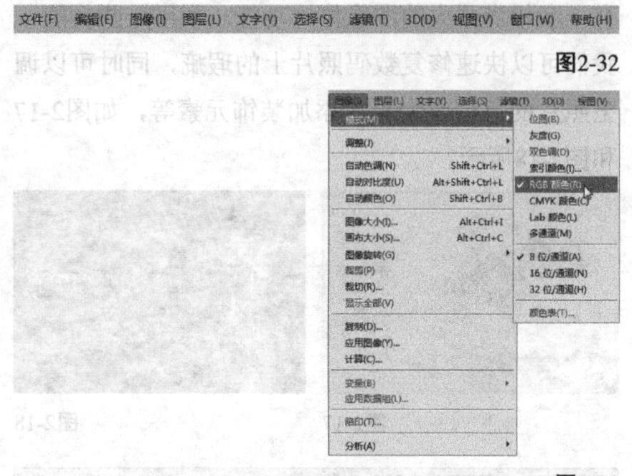

图2-32

图2-33

2.3.2 标题栏

打开一个文件以后，Photoshop会自动创建一个标题栏。在标题栏中会显示这个文件的名称、格式、窗口缩放比例以及颜色模式等信息。

2.3.3 文档窗口

文档窗口是显示打开图像的地方。如果只打开了一张图像，则只有一个文档窗口，如图2-34所示；如果打开了多张图像，则文档窗口会按选项卡的方式进行显示，如图2-35所示。单击一个文档窗口的标题栏即可将其设置为当前工作窗口。

图2-34

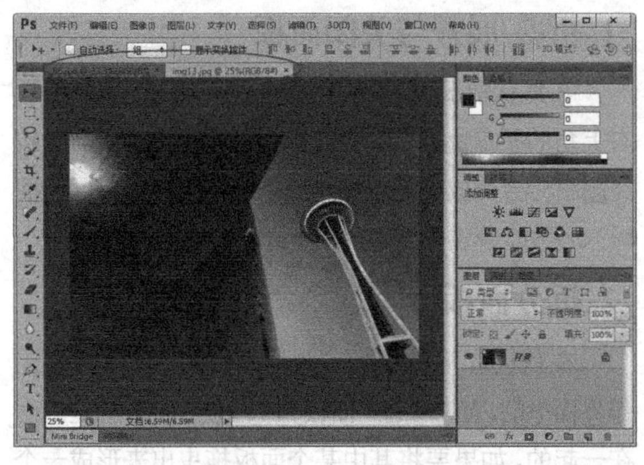

图2-35

2.3.4 工具箱

工具箱中集合了Photoshop CS6的大部分工具，包括选择工具、裁剪与切片工具、吸管与测量工具、修饰工具（包含绘画工具）、路径与矢量工具、文字工具和导航工具，外加一组设置前景色和背景色的图标与切换模型图标，另外，还有一个特殊工具“以快速蒙版模式编辑”，如图2-36所示。使用鼠标左键单击一个工具，即可选择该工具。如果工具的右下角带有三角形图标，则表示这是一个工具组，在工具上单击鼠标右键即可弹出隐藏的工具。图2-37所示是工具箱中的所有隐藏的工具。

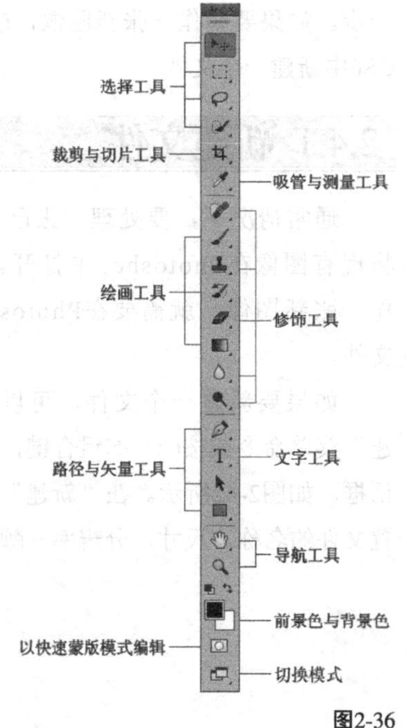

图2-36

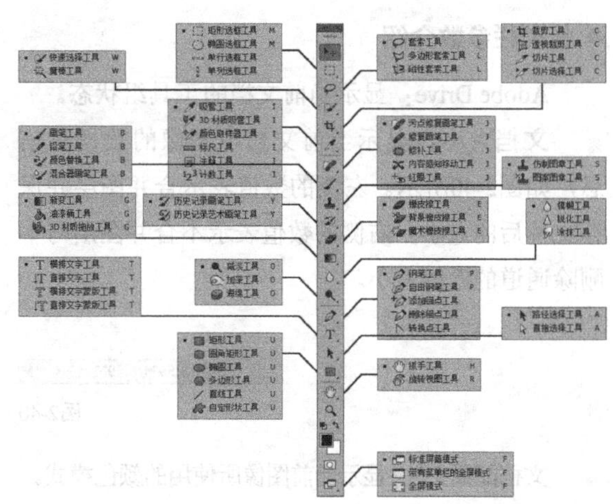

图2-37

技巧与提示

工具箱可以折叠起来，单击工具箱顶部的折叠图标，可以将其折叠为双栏，同时折叠会变成展开图标，再次单击，可以将其还原为单栏。另外，可以将工具箱设置为浮动状态，方法是将光标放置在图标上，然后按住鼠标左键进行拖曳（将工具箱拖曳到原处，可以将其还原为停靠状态）。

2.3.5 选项栏

选项栏主要用来设置工具的参数选项，不同工具的选项栏也不同。例如，当选择“移动工具”时，其选项栏会显示如图2-38所示的内容。

图2-38

2.3.6 状态栏

状态栏位于工作界面的最底部，可以显示当前文档的大小、文档尺寸、当前工具和窗口缩放比例等信息。单击状态栏中的三角形图标，可以设置要显示的内容，如图2-39所示。

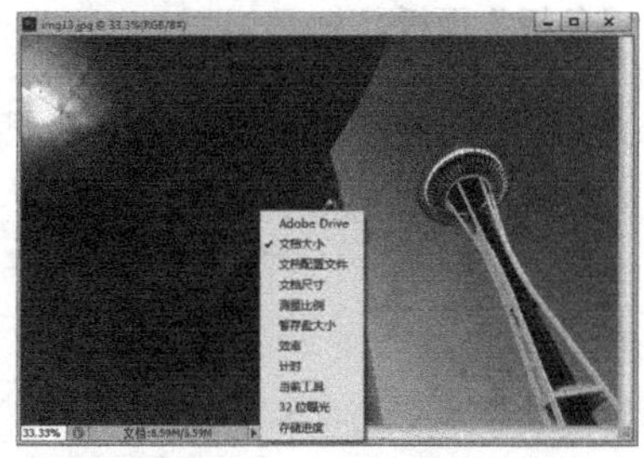

图2-39

● **状态栏参数介绍**

Adobe Drive：显示当前文档的工具组状态。

文档大小：显示当前文档中图像的数据量信息，如图2-40所示。左侧的数值表示合并图层并保存文件后的大小；右侧的数值表示不合并图层与不删除通道的近似大小。

文档:6.59M/6.59M

图2-40

文档配置文件：显示当前图像所使用的颜色模式。

文档尺寸：显示当前文档的尺寸。

测量比例：显示当前文档的像素比例。

暂存盘大小：显示图像处理的内存与Photoshop暂存盘的内存信息。

效率：显示操作当前文档所花费时间的百分比。

计时：显示完成上一步操作所花费的时间。

当前工具：显示当前选择的工具名称。

32位曝光：这是Photoshop提供的预览调整功能，以使显示器显示的HDR图像的高光和阴影不会太暗或出现褪色现象。该选项只有在文档窗口中显示HDR图像时才可用。

存储进度：在保存文件时，显示保存的进度。

2.3.7 面板

Photoshop CS6一共有26个面板，这些面板主要用来配合图像的编辑、对操作进行控制以及设置参数等。执行“窗口”菜单下的命令可以打开面板，如图2-41所示。例如，执行“窗口>色板”菜单命令，使“色板”命令处于勾选状态，那么，就可以在工作界面中显示出“色板”面板。

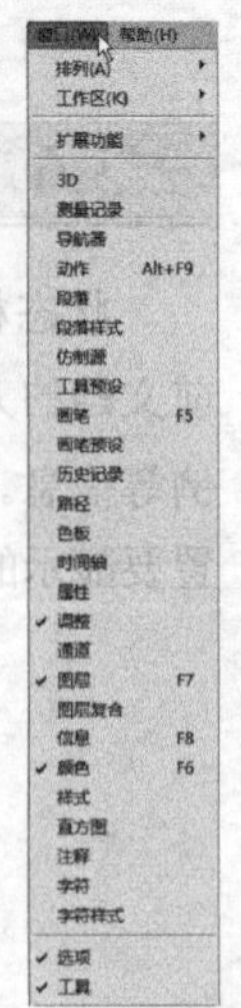

图2-41

1. 折叠/展开与关闭面板

在默认情况下，面板都处于展开状态。单击面板右上角的折叠图标，可以将面板折叠起来，同时折叠图标会变成展开图标（单击该图标可以展开面板）。另外，单击关闭图标，可以关闭面板。

2. 拆分面板

在默认情况下，面板是以面板组的方式显示在工作界面中的，如“颜色”面板和“色板”面板就是组合在一起的。如果要将其中某个面板拖曳出来形成一个单独的面板，可以将光标放置在面板名称上，然后使用鼠标左键拖曳面板，将其拖曳出面板组。

3. 组合面板

如果要将一个单独的面板与其他面板组合在一起，可以将光标放置在该面板的名称上，然后使用鼠标左键将其拖曳到要组合的面板名称上。

4. 打开面板菜单

每个面板的右上角都有一个图标，单击该图标可以打开该面板的菜单选项。

2.4 文件操作

新建图像是Photoshop CS6进行图像处理的第一步。如果要制作一张新图像，就要在Photoshop CS6中新建一个文档。

2.4.1 新建文件

通常情况下，要处理一张已有的图像，需要将现有图像在Photoshop中打开。但是如果要制作一张新图像，就需要在Photoshop中新建一个文件。

如果要新建一个文件，可以执行“文件>新建”菜单命令或按Ctrl+N组合键，打开“新建”对话框，如图2-42所示。在“新建”对话框中可以设置文件的名称、尺寸、分辨率、颜色模式等。

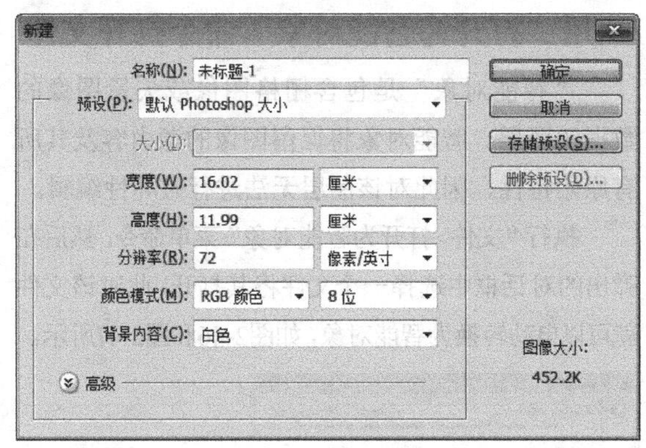

图2-42

● **新建对话框选项介绍**

名称：设置文件的名称，默认情况下的文件名为“未标题-1”。如果在新建文件时没有对文件进行命名，可以通过执行“文件>存储为”菜单命令对文件进行命名。

预设：选择一些内置的常用尺寸，单击预设下拉列表即可进行选择。预设列表中包含“剪贴板”“默认Photoshop大小”“美国标准纸张”“国际标准纸张”“照片”“Web”“移动设备”“胶片和视频”和“自定”9个选项。

大小：用于设置预设类型的大小。在设置“预设”为“美国标准纸张”“国际标准纸张”“照片”“Web”“移动设备”或“胶片和视频”时，“大小”选项才可用，以“国际标准纸张”预设为例。

宽度/高度：设置文件的宽度和高度，其单位有“像素”“英寸”“厘米”“毫米”“点”“派卡”和“列”7种。

分辨率：用来设置文件的分辨率大小，其单位有“像素/英寸”和“像素/厘米”两种。在一般情况下，图像的分辨率越高，印刷出来的质量就越好。

颜色模式：设置文件的颜色模式及相应的颜色深度。

背景内容：设置文件的背景内容，有“白色”“背景色”和“透明”3个选项。

颜色配置文件：用于设置新建文件的颜色配置。

像素长宽比：用于设置单个像素的长宽比例，通常情况下保持默认的“方形像素”即可，如果需要应用于视频文件，则需要进行相应的更改。

2.4.2 打开文件

在前面的内容中已经介绍了新建文件的方法，如果需要对已有的图像文件进行编辑，那么就需要在Photoshop中将其打开才能进行操作。在Photoshop中打开文件的方法很多种，下面依次进行介绍。

本节命令概要

命令名称	作用	快捷键	重要程度
打开	在“打开”对话框中选择要打开的文件	Ctrl+O	高
在Bridge中浏览	在Bridge中浏览文件，双击文件可在Photoshop将其打开	Alt+Ctrl+O	低
打开为	在“打开为”对话框中选择要打开的文件，可以设置所需要的文件格式	Alt+Shift+Ctrl+O	低
打开为智能对象	将文件打开为智能对象		中
最近打开文件	在最近打开的文件列表下选择文件进行打开		中

1.用“打开”命令打开文件

执行“文件>打开”菜单命令，然后在弹出的“打开”对话框中选择需要打开的文件，接着单击“打开”按钮 打开(O) 或双击文件即可在Photoshop中打开该文件，如图2-43所示。

图2-43

技巧与提示

在灰色的Photoshop程序窗口中双击鼠标左键或按Ctrl+O组合键，都可以弹出“打开”对话框。

● 打开对话框选项介绍

查找范围：可以通过此处设置打开文件的路径。

文件名：显示所选文件的文件名。

文件类型：显示需要打开文件的类型，默认为"所有格式"。

2.用"在Bridge中浏览"命令打开文件

执行"文件>在Bridge中浏览"菜单命令，可以运行Adobe Bridge，在Bridge中选择一个文件，双击该文件即可在Photoshop中将其打开，如图2-44所示。

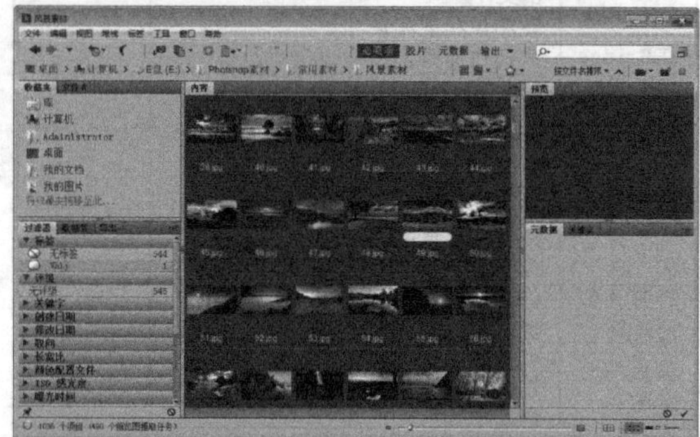

图2-44

3.用"打开为"命令打开文件

执行"文件>打开为"菜单命令，打开"打开为"对话框，在该对话框中可以选择需要打开的文件，并且可以设置所需要的文件格式，如图2-45所示。

图2-45

技巧与提示

如果使用与文件的实际格式不匹配的扩展名文件（如用扩展名GIF的文件存储PSD文件），或者文件没有扩展名，则Photoshop可能无法打开该文件。选择正确的格式才能让Photoshop识别并打开该文件。

4.用"打开为智能对象"命令打开文件

"智能对象"是包含栅格图像或矢量图像的数据的图层。智能对象将保留图像的源内容及其所有原始特性，因此对该图层无法进行破坏性编辑。

执行"文件>打开为智能对象"菜单命令，然后在弹出的对话框中选择一个文件将其打开，此时该文件就可以自动转换为智能对象，如图2-46和图2-47所示。

图2-46　图2-47

5.用"最近打开文件"命令打开文件

执行"文件>最近打开文件"菜单命令，在其下拉菜单中可以选择最近使用过的10个文件，单击文件名即可将其在Photoshop中打开，如图2-48所示。另外，选择底部的"清除最近的文件列表"命令可以删除历史打开记录。

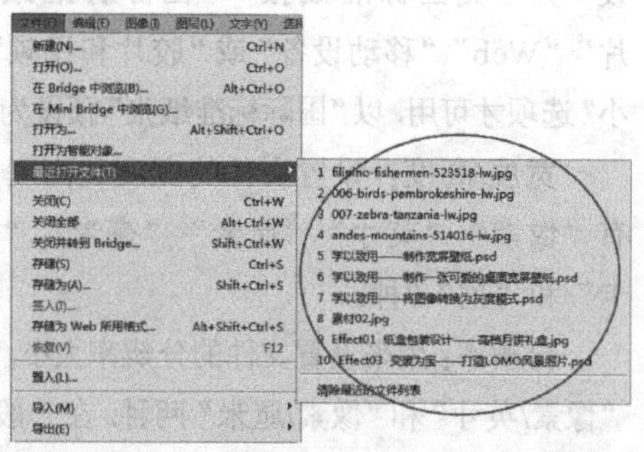

图2-48

6.用快捷方式打开文件

利用快捷方式打开文件的方法主要有以下3种。

第1种：选择一个需要打开的文件，然后将其拖曳到Photoshop的快捷图标上，如图2-49所示。

图2-49

第2种：选择一个需要打开的文件，然后单击右键，接着在弹出的菜单中选择“打开方式>Adobe Photoshop CS6”命令，如图2-50所示。

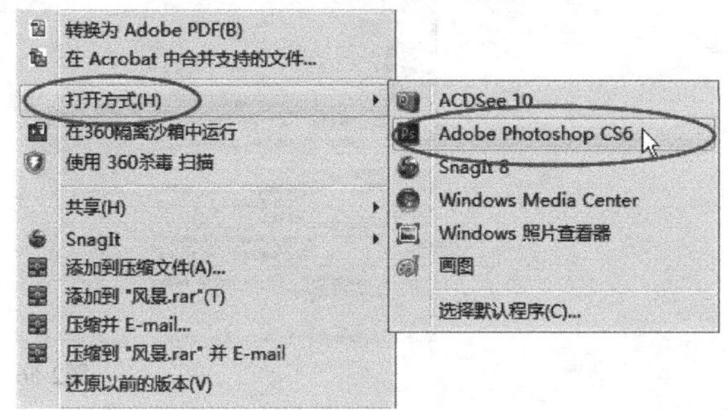

图2-50

第3种：如果已经运行了Photoshop，可以直接将需要打开的文件拖曳到Photoshop的窗口中，如图2-51所示。

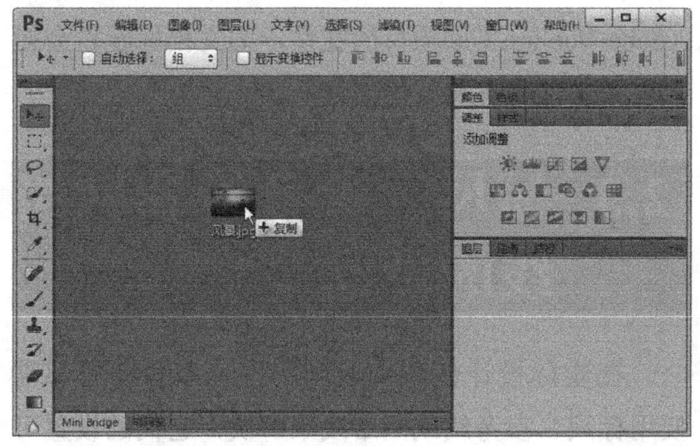

图2-51

2.4.3 置入文件

置入文件是将照片、图片或任何Photoshop支持的文件作为智能对象添加到当前操作的文档中。

新建一个文档以后，执行“文件>置入”菜单命令，然后在弹出的对话框中选择好需要置入的文件即可将其置入Photoshop中。

技巧与提示

在置入文件时，置入的文件将自动放置在画布的中间，同时文件会保持其原始长宽比。但是如果置入的文件比当前编辑的图像大，那么该文件将被重新调整到与画布相同大小的尺寸。

在置入文件之后，可以对作为智能对象的图像进行缩放、定位、斜切、旋转或变形操作，并且不会降低图像的质量。

2.4.4 导入与导出文件

1.导入文件

Photoshop可以编辑“变量数据组”“视频帧到图层”“注释”和“WIA支持”等内容，当新建或打开图像文件以后，可以通过执行“文件>导入”菜单中的子命令，将这些内容导入Photoshop中进行编辑，如图2-52所示。

图2-52

将数码相机与计算机连接，在Photoshop中执行“文件>导入>WIA支持”菜单命令，可以将照片导入 Photoshop中。如果计算机配置有扫描仪并安装了相关的软件，则可以在“导入”下拉菜单中选择扫描仪的名称，使用扫描仪制造商的软件扫描图像，并将其存储为TIFF、PICT、BMP格式，然后在Photoshop中打开这些图像。

2.导出文件

在Photoshop中创建和编辑好图像以后，可以将其导出到Illustrator或视频设备中。执行“文件>导出”菜单命令，可以在其下拉菜单中选择一些导出类型，如图2-53所示。

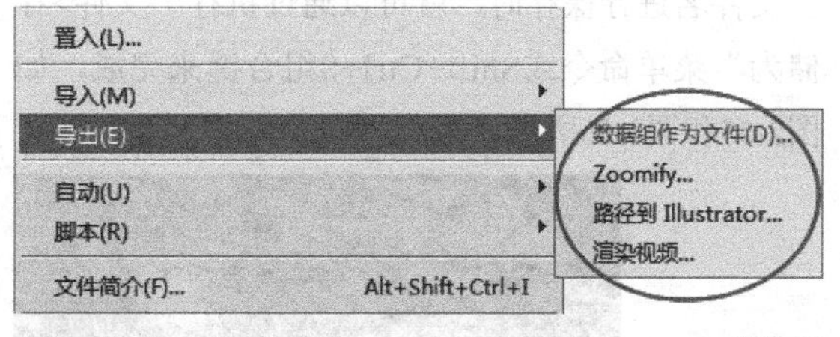

图2-53

2.4.5 保存文件

在对图像进行编辑以后，就需要对文件进行保存。当Photoshop出现程序错误、计算机出现程序错误以及发生断电等情况时，所有的操作都将丢失，这时保存文件就变得非常重要了。这步操作看似简单，但是最容易被忽略，因此一定要养成经常保存文件的良好习惯。

本节命令/技术概要

命令/技术名称	作用	快捷键	重要程度
存储	直接保存文件	Ctrl+S	高
存储为	将文件保存到另一个位置或用另一文件名进行保存	Shift+Ctrl+S	高
签入	存储文件的不同版本及各版本的注释		低
文件保存格式	选择存储图像数据的方式		中

1.用“存储”命令保存文件

当对一张图像进行编辑以后，可以执行“文件>存储”菜单命令或按Ctrl+S组合键，将文件保存起来，如图2-54所示。存储时将保留所做的更改，并且会替换掉上一次保存的文件，同时会按照当前格式进行保存。

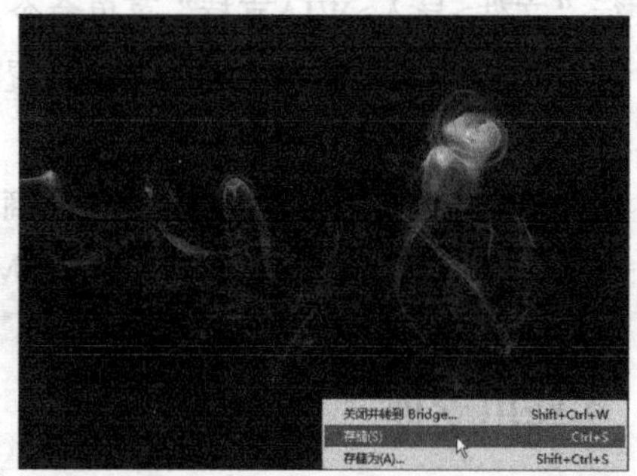

图2-54

2.用“存储为”命令保存文件

如果需要将文件保存到另一个位置或使用另一文件名进行保存时，就可以通过执行“文件>存储为”菜单命令或Shift+Ctrl+S组合键来完成，如图2-55和图2-56所示。

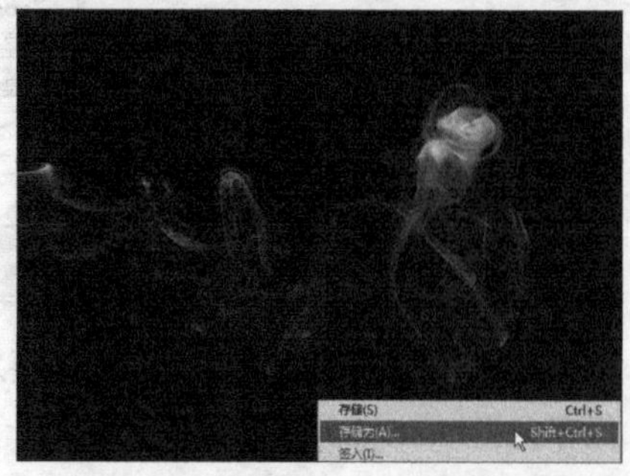

图2-55

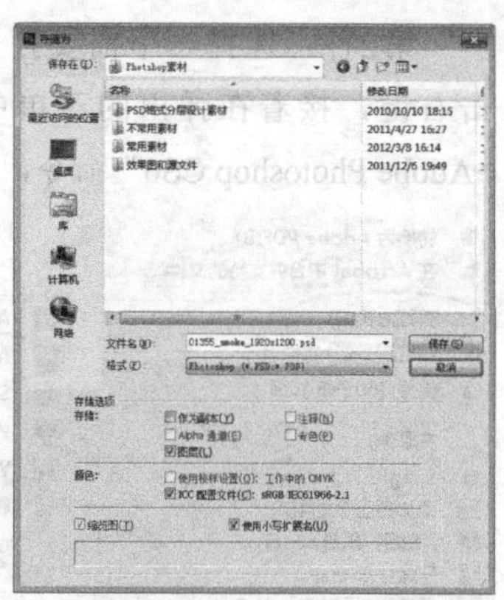

图2-56

3.用“签入”命令保存文件

使用“文件>签入”菜单命令可以存储文件的不同版本以及各版本的注释。该命令可以用于Version Cue工作区管理的图像。如果使用的是来自Adobe Version Cue项目的文件，则文档标题栏会提供有关文件状态的其他信息。

2.5 标尺、参考线和网络线的设置

在实际设计任务中遇到的许许多多问题都需要用标尺、参考线或网络线来解决，它们的设置可以使图像处理更加精确。

2.5.1 标尺与参考线

标尺和参考线可以帮助用户精确地定位图像或元素，如图2-57所示。参考线以浮动的状态显示在图像上方，并且在输出和打印图像的时候，参考线都不会显示出来。同时，可以移动、移去和锁定参考线。

图2-57

技巧与提示

在使用标尺时，为了得到最精确的数值，可以将画布缩放比例设置为100%。

在定位原点的过程中，按住Shift键可以使标尺原点与标尺刻度对齐。

知识点 参考线的使用技巧

对于很多初学者而言，可能会遇到一个很难解决的问题，即很难将参考线与标尺刻度对齐。

让参考线对齐标尺刻度：按住Shift键拖曳出参考线，此时参考线会自动吸附到标尺刻度上。用这种方法可以制作出很精确的区域。

任意拖放参考线：按住Ctrl键可以将参考线放置在画布中的任意位置。

2.5.2 智能参考线

智能参考线可以帮助对齐形状、切片和选区。启用智能参考线后，当绘制形状、创建选区或切片时，智能参考线会自动出现在画布中。执行“视图>显示>智能参考线”菜单命令，可以启用智能参考线。图2-58所示为使用智能参考线和“切片工具”进行操作时的画布状态。

图2-58

2.5.3 网格

网格主要用来对称排列图像。网格在默认情况下显示为不打印出来的线条，但也可以显示为点。执行“视图>显示>网格”菜单命令，就可以在画布中显示出网格，如图2-59所示。

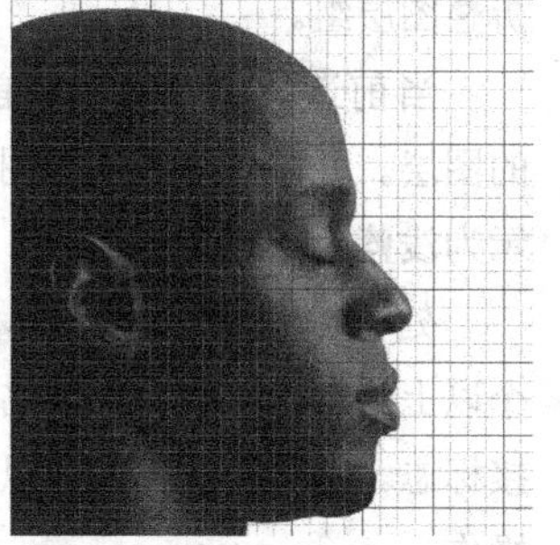

图2-59

2.6 了解图层含义

以图层为模式的编辑方法几乎是Photoshop的核心思路。在Photoshop中，图层是使用Photoshop编辑处理图像时必备的承载元素。通过图层的堆叠与混合可以制作出多种多样的效果，用图层来实现效果是一种直观而简便的方法。

2.6.1 图层的原理

图层就如同堆叠在一起的透明胶片，在不同图层上进行绘画就像是将图像中的不同元素分别绘制在不同的透明胶片上，然后按照一定的顺序进行叠放后形成完整的图像。对某一图层进行操作就相当于调整某些胶片的上下顺序或移动其中一张胶片的位置，调整完成后堆叠效果也会发生变化。因此，图层的操作就类似于对不同图像所在的胶片进行的调整或修改，如图2-60所示。

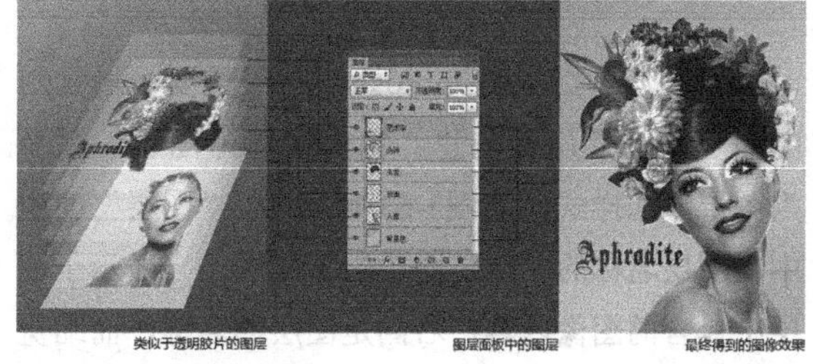

图2-60

图层的优势在于每一个图层中的对象都可以单独进行处理，既可以移动图层，也可以调整图层堆叠的顺序，而不会影响其他图层中的内容，如图2-61和图2-62所示。

图2-61

图2-62

技巧与提示

在编辑图层之前，首先需要在“图层”面板中单击该图层，将其选中，所选图层就会成为当前图层。绘画及色调调整只能在一个图层中进行，而移动、对齐、变换或应用“样式”面板中的样式等可以一次性处理所选的多个图层。

2.6.2 图层面板

“图层”面板是Photoshop中最重要、最常用的面板，主要用于创建、编辑和管理图层，以及为图层添加样式，如图2-63所示。在“图层”面板中，图层名称的左侧是图层的缩览图，它显示了图层中包含的图像内容；右侧是图层的名称，而缩览图中的棋盘格则代表图像的透明区域。

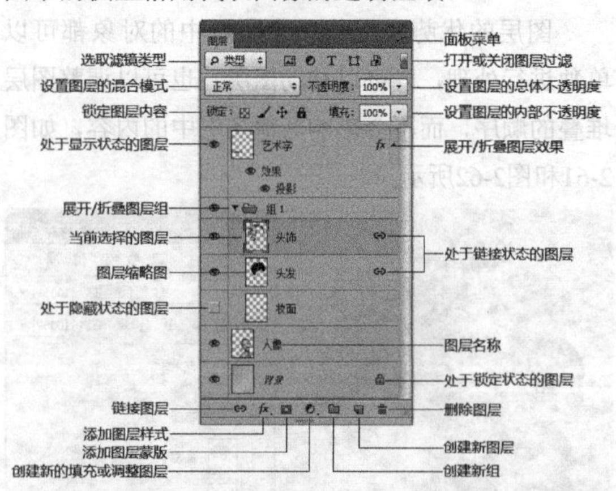

图2-63

● **图层面板重要选项介绍**

面板菜单：单击该图标，可以打开“图层”面板的面板菜单。

选取滤镜类型：当文档中的图层较多时，可以在该下拉列表中选择一种过滤类型，以减少图层的显示，可供选择的类型包含“类型”“名称”“效果”“模式”“属性”和“颜色”。另外，“选取滤镜类型”下拉列表后面还有5个过滤按钮，分别用于过滤像素图层、调整图层、文字图层、形状图层和智能对象图层。

技巧与提示

注意，“选取滤镜类型”中的“滤镜”并不是指菜单栏中的“滤镜”菜单命令，而是“过滤”的颜色，也就是对某一种图层类型进行过滤。

打开或关闭图层过滤：单击该按钮，可以开启或关闭图层的过滤功能。

设置图层的混合模式：用来设置当前图层的混合模式，使其与下面的图像产生混合。

锁定图层内容：这一排按钮用于锁定当前图层的某种属性，使其不可编辑。

设置图层的总体不透明度：用来设置当前图层的总体不透明度。

设置图层的内部不透明度：用来设置当前图层的填充不透明度。该选项与“不透明度”选项类似，但是不会影响图层样式效果。

处于显示/隐藏状态的图层/：当该图标显示为眼睛形状时表示当前图层处于可见状态，而处于空形状时则处于不可见状态。单击该图标可以在显示与隐藏之间进行切换。

展开/折叠图层效果：单击该图标可以展开或折叠图层效果，以显示出当前图层添加的所有效果的名称。

展开/折叠图层组：单击该图标可以展开或折叠图层组。

当前选择的图层：当前处于选择或编辑状态的图层。处于这种状态的图层在“图层”面板中显示为浅蓝色的底色。

处于链接状态的图层：当链接好两个或两个以上的图层以后，图层名称的右侧就会显示出链接标志。链接好的图层可以一起进行移动或变换等操作。

图层缩略图：显示图层中所包含的图像内容。其中棋盘格区域表示图像的透明区域，非棋盘格区域表示像素区域（即具有图像的区域）。

图层名称：显示图层的名称。

处于锁定状态的图层：当图层缩略图右侧显示有该图标时，表示该图层处于锁定状态。

链接图层：用来链接当前选择的多个图层。

添加图层样式：单击该按钮，在弹出的菜单中选择一种样式，可以为当前图层添加一个图层样式。

添加图层蒙版：单击该按钮，可以为当前图层添加一个蒙版。

创建新的填充或调整图层：单击该按钮，在弹出的菜单中选择相应的命令即可创建填充图层或调整图层。

创建新组：单击该按钮可以新建一个图层组。

技巧与提示

如果需要为所选图层创建一个图层组，可以将选中的图层拖曳到“创建新组”按钮上，或者直接按Ctrl+G组合键。

创建新图层：单击该按钮可以新建一个图层。

技巧与提示

将选中的图层拖曳到“创建新图层”按钮上，可以为当前所选图层创建出相应的副本图层。

删除图层：单击该按钮可以删除当前选择的图层或图层组。

2.6.3 图层的类型

在Photoshop中可以创建多种类型的图层，每种图层都有不同的功能和用途，当然它们在“图层”面板中的显示状态也不相同，如图2-64所示。

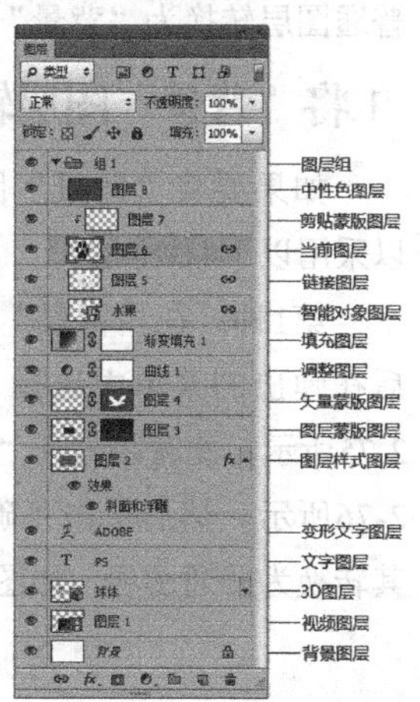

图2-64

● **图层类型介绍**

图层组：用于管理图层，以便于随时查找和编辑图层。

中性色图层：填充了中性色的特殊图层，结合特定的混合模式可以用来承载滤镜或在上面绘画。

剪贴蒙版图层：蒙版中的一种，可以使用一个图层中的图像来控制它上面多个图层内容的显示范围。

当前图层：当前所选择的图层。

链接图层：保持链接状态的多个图层。

智能对象图层：包含有智能对象的图层。

填充图层：通过填充纯色、渐变或图案来创建的具有特殊效果的图层。

调整图层：可以调整图像的色调，并且可以重复调整。

矢量蒙版图层：带有矢量形状的蒙版图层。

图层蒙版图层：添加了图层蒙版的图层，蒙版可以控制图层中图像的显示范围。

图层样式图层：添加了图层样式的图层，通过图层样式可以快速创建出各种特效。

变形文字图层：进行了变形处理的文字图层。

文字图层：使用文字工具输入文字时所创建的图层。

3D图层：包含有置入的3D文件的图层。

视频图层：包含有视频文件帧的图层。

背景图层：新建文档时创建的图层。“背景”图层始终在面板的最底部，名称为“背景”两个字，且为斜体。

2.6.4 新建图层

新建图层的方法有很多种，可以在“图层”面板中创建新的普通空白图层，也可以通过复制已有的图层来创建新的图层，还可以将图像中的局部创建为新的图层，当然也可以通过相应的命令来创建不同类型的图层。

本节工具/命令概述

工具名称	作用	快捷键	重要程度
创建新图层	在当前图层的上/下（按住Ctrl键）一层新建一个图层		高
新建>图层	在创建图层的时候设置图层的属性	Shift+Ctrl+N	高
新建>通过拷贝的图层	将当前图层复制一份，或将选区中的图像复制到一个新的图层中	Ctrl+J	高
新建>通过剪切的图层	将选区内的图像剪切到一个新的图层中	Shift+Ctrl+J	高
新建>背景图层	将“背景”图层转换为普通图层		高
拼合图像	将所有图层拼合成一个“背景”图层		高
新建>图层背景	将当前图层转换为“背景”图层		高

1.在图层面板中创建图层

在“图层”面板底部单击“创建新图层”按钮，即可在当前图层的上一层新建一个图层，如图2-65和图2-66所示。如果要在当前图层的下一层新建一个图层，可以按住Ctrl键单击“创建新图层”按钮，如图2-67所示。

图2-65

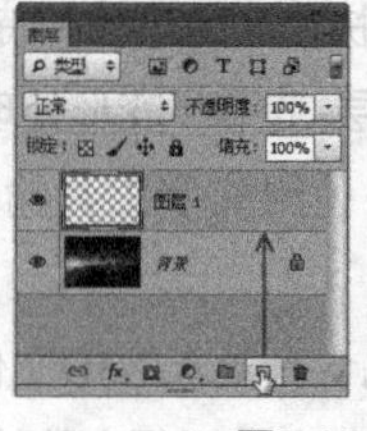

图2-66

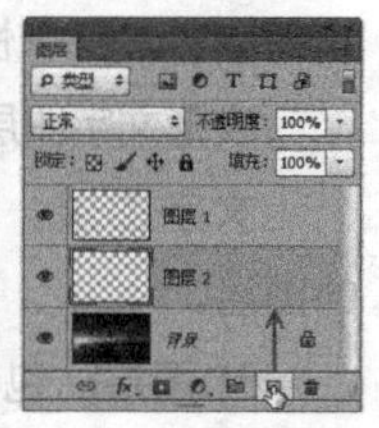

图2-67

技巧与提示

注意，如果当前图层为“背景”图层，则按住Ctrl键也不能在其下方新建图层。

2.用“新建”命令新建图层

如果要在创建图层的时候设置图层的属性，可以执行“图层>新建>图层”菜单命令，在弹出的“新建图层”对话框中可设置图层的名称、颜色、模式和不透明度等，如图2-68所示。按住Alt键单击“创建新图层”按钮或直接按Shift+Ctrl+N组合键也可以打开“新建图层”对话框。

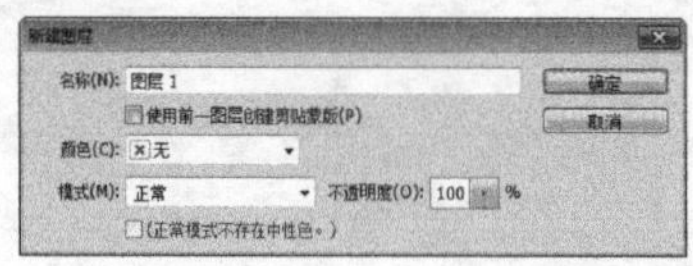

图2-68

3.用“通过拷贝的图层”命令创建图层

选择一个图层以后，执行“图层>新建>通过拷贝的图层”菜单命令或按Ctrl+J组合键，可以将当前图层复制一份，如图2-69所示；如果当前图像中存在选区，如图2-70所示，执行该命令可以将选区中的图像复制到一个新的图层中，如图2-71所示。

图2-69

图2-70

图2-71

4.用“通过剪切的图层”命令创建图层

如果在图像中已经创建了选区，如图2-72所示，然后执行“图层>新建>通过剪切的图层”菜单命令或按Shift+Ctrl+J组合键，可以将选区内的图像剪切到一个新的图层中，如图2-73和图2-74所示。

图2-72

图2-73

图2-74

2.6.5 “背景”图层的转换

在一般情况下，“背景”图层都处于锁定无法编辑的状态。因此，如果要对“背景”图层进行操作，就需要将其转换为普通图层。当然，也可以将普通图层转换为“背景”图层。

1.将“背景”图层转换为普通图层

如果要将“背景”图层转换为普通图层，可以采用以下4种方法。

第1种：在“背景”图层上单击鼠标右键，然后在弹出的菜单中选择“背景图层”命令，如图2-75所示。此时将打开“新建图层”对话框，如图2-76所示，然后单击“确定”按钮即可将其转换为普通图层，如图2-77所示。

图2-75

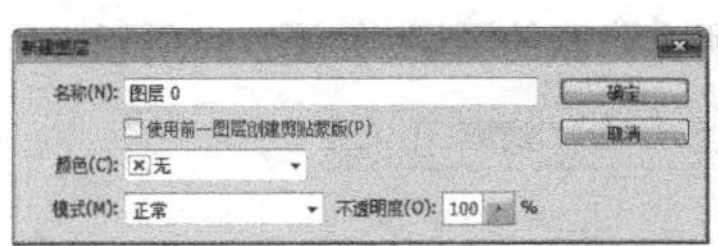

图2-76 图2-77

第2种：在“背景”图层的缩略图上双击鼠标左键，打开“新建图层”对话框，然后单击“确定”按钮。

第3种：按住Alt键双击“背景”图层的缩略图，“背景”图层将直接转换为普通图层。

第4种：执行“图层>新建>背景图层”菜单命令，可以将“背景”图层转换为普通图层。

2.将普通图层转换为“背景”图层

如果要将普通图层转换为“背景”图层，可以采用以下两种方法。

第1种：在图层名称上单击鼠标右键，然后在弹出的菜单中选择“拼合图像”命令，如图2-78所示。此时图层将被转换为“背景”图层，如图2-79所示。另外，执行“图层>拼合图像”菜单命令，也可以将图像拼合成“背景”图层。

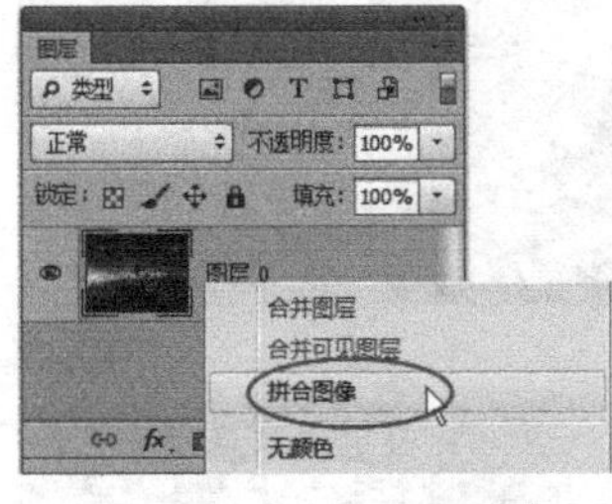

图2-78 图2-79

技巧与提示

注意，在使用“拼合图像”命令之后，当前所有图层都会被合并到“背景”图层中。

第2种：执行“图层>新建>图层背景”菜单命令，可以将普通图层转换为“背景”图层。

2.6.6 选择/取消选择图层

如果要对文档中的某个图层进行操作，就必须先选中该图层。在Photoshop中，可以选择单个图层，也可以选择多个连续的图层或选择多个非连续的图层。

技巧与提示

注意，对于类似绘画以及调色等操作，每次只能对一个图层进行操作。

1.选择一个图层

如果要选择一个图层，只需要在“图层”面板中单击该图层即可将其选中。

2.选择多个连续图层

如果要选择多个连续的图层，可以采用以下两种方法来完成。

第1种：先选择位于连续顶端的图层，然后按住Shift键单击位于连续底端的图层，即可选择这些连续的图层。当然也可以先选择位于连续底端的图层，然后按住Shift键单击位于连续顶端的图层。

第2种：先选择一个图层，然后按住Ctrl键单击其他图层的名称，即可选中这些连续的图层。

3.选择多个非连续图层

如果要选择多个非连续的图层，可以先选择其中一个图层，然后按住Ctrl键单击其他图层的名称。

4.选择所有图层

如果要选择所有图层，可以执行“选择>所有图层”菜单命令或按Alt+Ctrl+A组合键。注意，使用该命令只能选择“背景”图层以外的图层，如果要选择包含“背景”图层在内的所有图层，可以按住Ctrl键单击“背景”图层的名称。

5.选择链接的图层

如果要选择链接的图层，可以先选择一个链接图层，然后执行“图层>选择链接图层”菜单命令即可。

6.取消选择图层

如果不想选择任何图层，可以在“图层”面板中最下面的空白处单击鼠标左键，即可取消选择所有图层。另外，执行“选择>取消选择图层”菜单命令也可以达到相同的目的。

2.6.7 复制图层

复制图层有多种办法，可以通过命令复制图层，也可以使用快捷键进行复制。

第1种：选择一个图层，如图2-80所示，然后执行“图层>复制图层”菜单命令，打开“复制图层”对话框，如图2-81所示，接着单击“确定”按钮 确定 即可，如图2-82所示。

图2-80

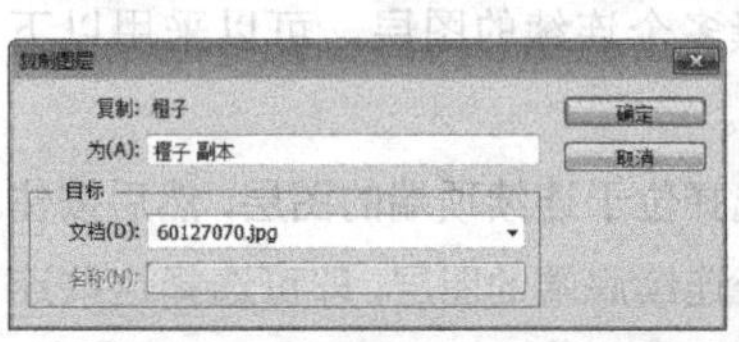

图2-81　图2-82

第2种：选择要复制的图层，然后在其名称上单击鼠标右键，接着在弹出的菜单中选择“复制图层”命令，如图2-83所示，最后在弹出“复制图层”对话框中单击“确定”按钮 确定 即可。

图2-83

第3种：直接将图层拖曳到“创建新图层”按钮上，如图2-84所示，即可复制出该图层的副本，如图2-85所示。

图2-84　图2-85

第4种：选择需要进行复制的图层，然后直接按Ctrl+J组合键。

2.6.8 删除图层

如果要删除一个或多个图层，可以先将其选中，然后执行“图层>删除图层>图层”菜单命令，即可将其删除。如果执行“图层>删除图层>隐藏图层”菜单命令，则可以删除所有隐藏的图层，如图2-86所示。

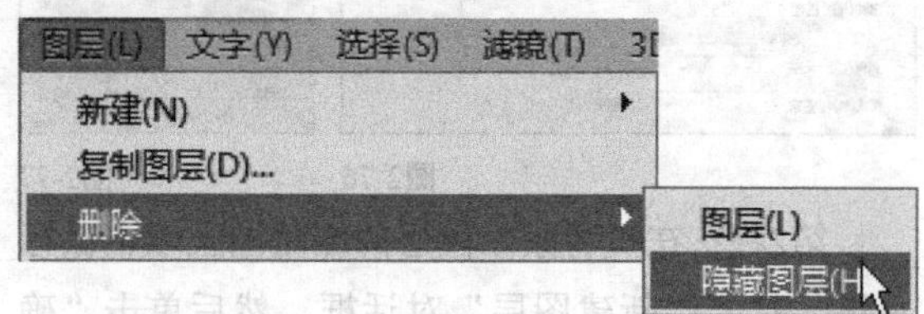

图2-86

技巧与提示

如果要快速删除图层，可以将其拖曳到“删除图层”按钮 上，也可以直接按Delete键。

2.6.9 显示与隐藏图层/图层组

图层缩略图左侧的眼睛图标 用来控制图层的可见性。有该图标的图层为可见图层，如图2-87所示，没有该图标的图层为隐藏图层，如图2-88所示。单击眼睛图标 可以在图层的显示与隐藏之间进行切换。

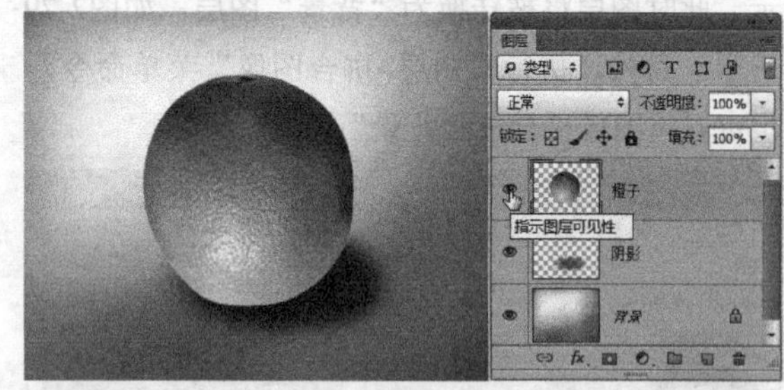

图2-87

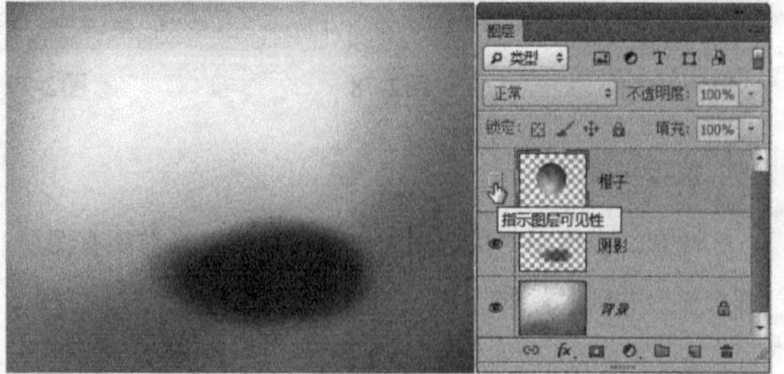

图2-88

2.6.10 链接与取消链接图层

如果要同时处理多个图层中的内容（如移动、应用变换或创建剪贴蒙版），可以将这些图层链接在一起。选择两个或多个图层，然后执行“图层>链接图层”菜单命令或在“图层”面板下单击“链接图层”按钮，如图2-89所示，可以将这些图层链接起来，如图2-90所示。如果要取消链接，可以选择其中一个链接图层，然后单击“链接图层”按钮。

图2-89

图2-90

技巧与提示

将图层链接在一起后，当移动其中一个图层或对其进行变换的时候，与其链接的图层也会发生相应的变化。

2.6.11 修改图层的名称与颜色

在一个图层较多的文档中，修改图层名称及其颜色有助于快速找到相应的图层。

如果要修改某个图层的名称，可以执行“图层>重命名图层”菜单命令，在图层名称上双击鼠标左键，激活名称输入框，然后在输入框中输入新名称即可。

如果要修改图层的颜色，可以先选择该图层，然后在图层缩略图或图层名称上单击鼠标右键，接着在弹出的菜单中选择相应的颜色即可。

2.6.12 查找图层

当文档中的图层较多时，可以通过执行“图层>查找图层”菜单命令，或按Alt+Shift+Ctrl+F组合键，激活“图层”面板“名称”查找框，如图2-91所示，输入图层名称后即可查找到相应的图层，如图2-92所示。

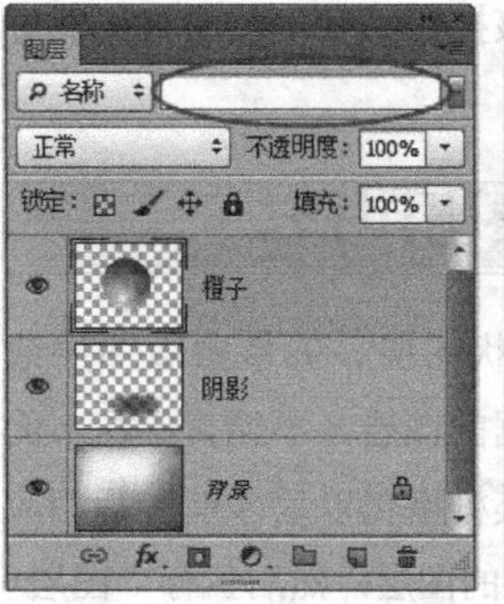

图2-91

图2-92

2.6.13 锁定图层

在“图层”面板的顶部有一排锁定按钮，它们用来锁定图层的透明像素、图像像素和位置或锁定全部，如图2-93所示。利用这些按钮可以很好地保护图层内容，以免因操作失误造成对图层内容的破坏。

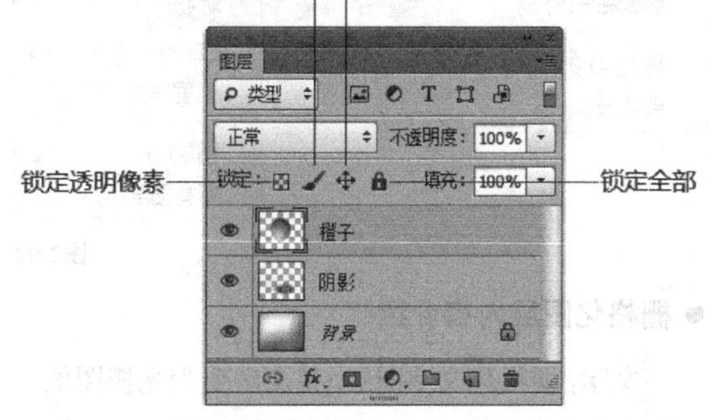

图2-93

● 锁定按钮介绍

锁定透明像素：激活该按钮以后，可以将编辑范围限定在图层的不透明区域，图层的透明区域会受到保护。

锁定图像像素：激活该按钮以后，只能对图层进行移动或变换操作，不能在图层上绘画、擦除或应用滤镜等。

技巧与提示

注意，对于文字图层和形状图层，“锁定透明像素”按钮和“锁定图像像素”按钮在默认情况下处于未激活状态，而且不能更改。只有将其栅格化以后才能解锁透明像素和图像像素。

锁定位置：激活该按钮以后，图层将不能移动。这个功能对于设置了精确位置的图像非常有用。

锁定全部：激活该按钮以后，图层将不能进行任何操作。

2.6.14 栅格化图层内容

对于文字图层、形状图层、矢量蒙版图层或智能对象等包含矢量数据的图层，不能直接在上面进行编辑，而需要先将其栅格化以后才能进行相应的操作。选择需要栅格化的图层，然后执行“图层>栅格化”菜单下的子命令，可以将相应的图层栅格化，如图2-94所示。

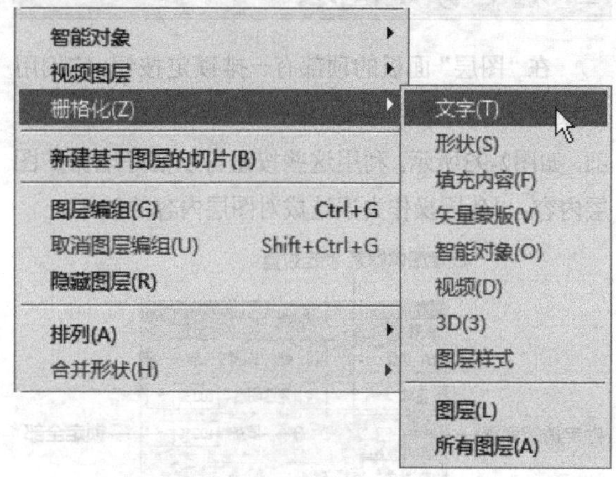

图2-94

● **栅格化图层内容介绍**

文字：栅格化文字图层，使文字变为光栅图像。栅格化文字图层以后，文本内容将不能再修改。

形状/填充内容/矢量蒙版：选择一个形状图层，执行“形状”命令，可以栅格化形状图层；执行“填充内容”命令，可以栅格化形状图层的填充内容，但会保留矢量蒙版；执行“矢量蒙版”命令，可以栅格化形状图层的矢量蒙版，同时将其转换为图层蒙版。

智能对象：栅格化智能对象图层，使其转换为像素图像。

视频：栅格化视频图层，选定的图层将拼合到“动画”面板中选定的当前帧的复合中。

3D：栅格化3D图层。

图层/所有图层：执行“图层”命令，可以栅格化当前选定的图层；执行“所有图层”命令，可以栅格化包含矢量数据、智能对象和生成的数据的所有图层。

2.6.15 清除图像的杂边

在抠图过程中，经常会残留一些多余的像素，如图2-95所示，执行“图层>修边”菜单下的子命令可以去除这些多余的像素，如图2-96所示，下拉菜单中的命令也可以去除这些多余的像素，如图2-97所示。

图2-95

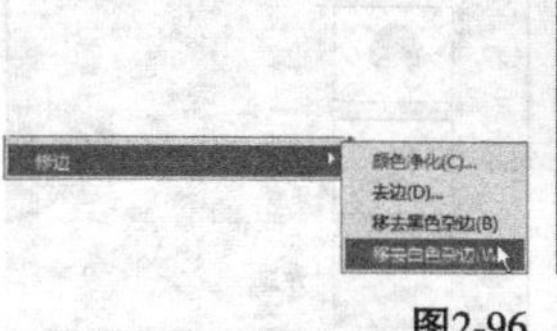

图2-96

图2-97

● **修边命令介绍**

颜色净化：去除一些彩色杂边。

去边：用包含纯色（不包含背景色的颜色）的邻近像素的颜色替换任何边缘像素的颜色。

移去黑色杂边：如果想将黑色背景上创建的消除锯齿的选区图像粘贴到其他颜色的背景上，可执行该命令来消除黑色杂边。

移去白色杂边：如果将白色背景上创建的消除锯齿的选区图像粘贴到其他颜色的背景上，可执行该命令来消除白色杂边。

2.6.16 调整图层不透明度与填充

“图层”面板中有专门针对图层的不透明度与填充进行调整的选项，两者在一定程度上来讲都是针对不透明度进行调整：数值为100%时为完全不透明，数值为50%时为半透明，数值为0%时为完全透明。

2.6.17 导出图层

如果要将图层作为单个文件进行导出，可以执行“文件>脚本>将图层导出到文件”菜单命令，在弹出的“将图层导出到文件”对话框中可以设置图层的保存路径、文件前缀名、保存类型等，同时还可以只导出可见图层，如图2-98所示。

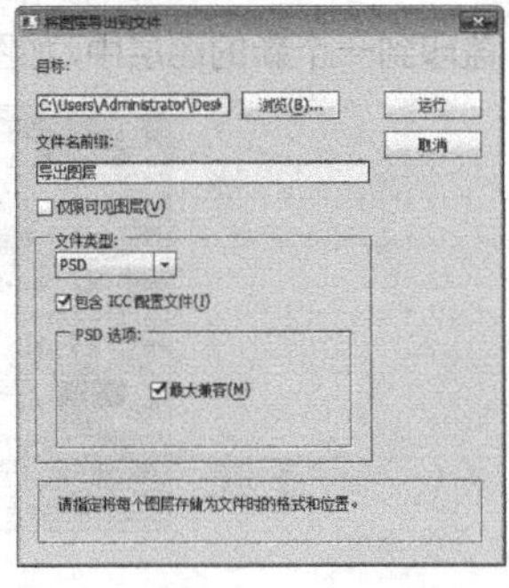

图2-98

技巧与提示

如果要在导出的文件中嵌入工作区配置文件，可以勾选“包含ICC配置文件”选项。对于有色彩管理的工作流程，这一点很重要。

2.7 合并与盖印图层

如果一个文档中含有过多的图层、图层组以及图层样式，会耗费非常多的内存资源，从而降低计算机的运行速度。遇到这种情况，我们可以采用删除无用的图层、合并同一个内容的图层等方法来减小文档的大小。

本节命令/技术概述

命令/技术名称	作用	快捷键	重要程度
合并图层	合并两个或多个图层	Ctrl+E	高
向下合并图层	将一个图层与它下面的图层合并	Ctrl+E	高
合并可见图层	合并除隐藏图层外的所有可见图层	Ctrl+Shift+E	高
拼合图像	将所有图层都拼合到“背景”图层		中
向下盖印图层	将当前图层盖印到下面的图层中，原始图层的内容保持不变	Ctrl+Alt+E	高
盖印多个图层	将多个图层中的图像盖印到一个新的图层中，原始图层的内容保持不变	Ctrl+Alt+E	高
盖印可见图层	将所有可见图层盖印到一个新的图层中	Ctrl+Shift+Alt+E	高
盖印图层组	将图层组中所有图层盖印到一个新的图层中，原始图层组中的内容保持不变	Ctrl+Alt+E	高

2.7.1 合并图层

如果要合并两个或多个图层，可以在“图层”面板中选择要合并的图层，然后执行“图层>合并图层”菜单命令或按Ctrl+E组合键，合并以后的图层使用上面图层的名称，如图2-99和图2-100所示。

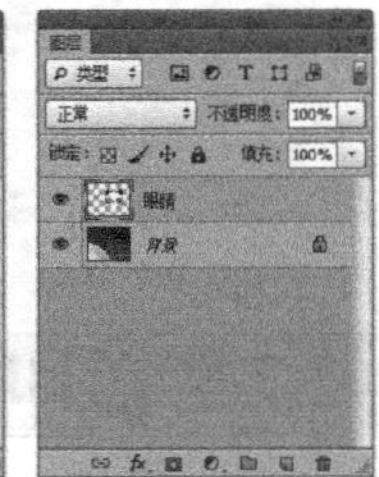

图2-99　图2-100

2.7.2 向下合并图层

如果想要将一个图层与它下面的图层合并，可以选择该图层，然后执行“图层>向下合并”菜单命令或按Ctrl+E组合键，合并以后的图层使用下面图层的名称，如图2-101和图2-102所示。

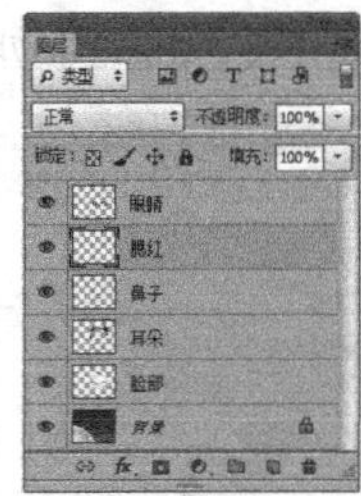

图2-101　图2-102

2.7.3 合并可见图层

如果要合并“图层”面板中的所有可见图层，可以执行“图层>合并可见图层”菜单命令或按Ctrl+Shift+E组合键，如图2-103和图2-104所示。

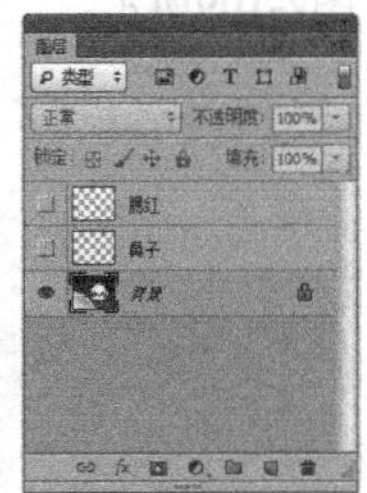

图2-103　图2-104

2.7.4 拼合图像

如果要将所有图层都拼合到“背景”图层中，可以执行“图层>拼合图像”菜单命令。注意，如果有隐藏的图层则会弹出一个提示对话框，提醒用户是否要扔掉隐藏的图层，如图2-105所示。

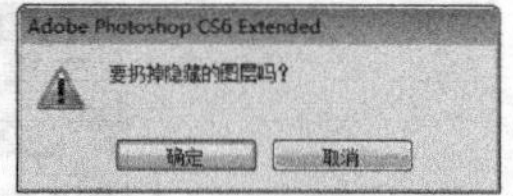

图2-105

2.7.5 盖印图层

“盖印”是一种合并图层的特殊方法，它可以将多个图层的内容合并到一个新的图层中，同时保持其他图层不变。盖印图层在实际工作中经常会用到，是一种很实用的图层合并方法。

1.向下盖印图层

选择一个图层，如图2-106所示，然后按Ctrl+Alt+E组合键，可以将该图层中的图像盖印到下面的图层中，原始图层的内容保持不变，如图2-107所示。

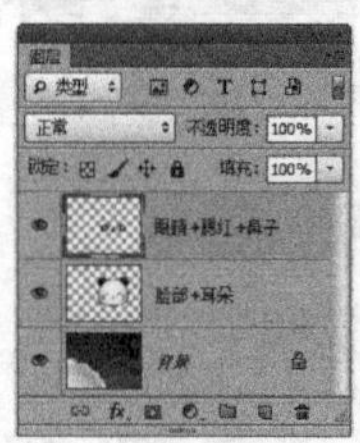

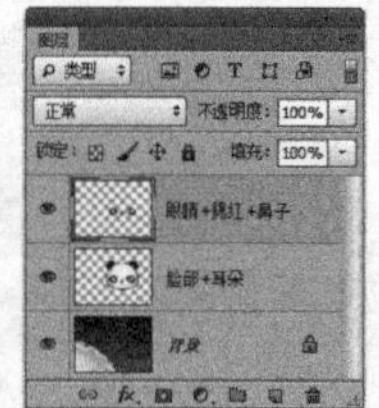

图2-106 图2-107

2.盖印多个图层

如果选择了多个图层，如图2-108所示，按Ctrl+Alt+E组合键，可以将这些图层中的图像盖印到一个新的图层中，原始图层的内容保持不变，如图2-109所示。

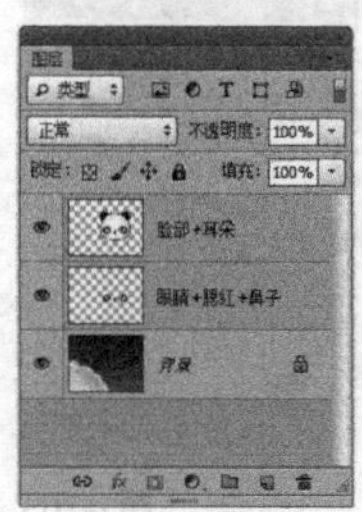

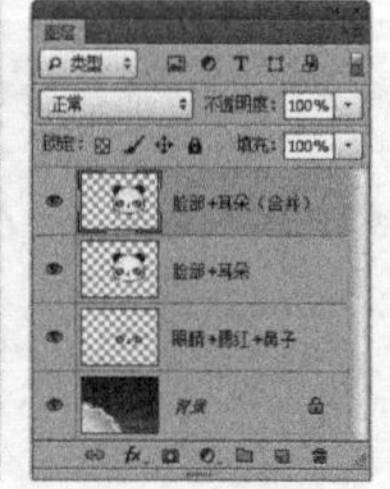

图2-108 图2-109

3.盖印可见图层

按Ctrl+Shift+Alt+E组合键，可以将所有可见图层盖印到一个新的图层中，如图2-110和图2-111所示。

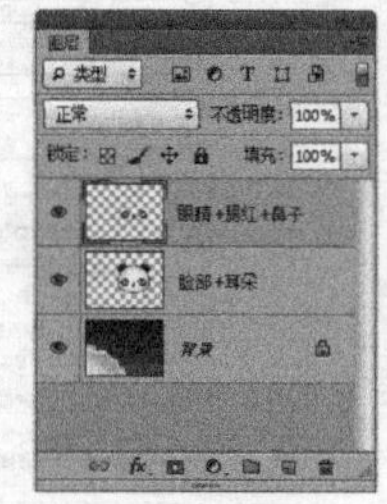

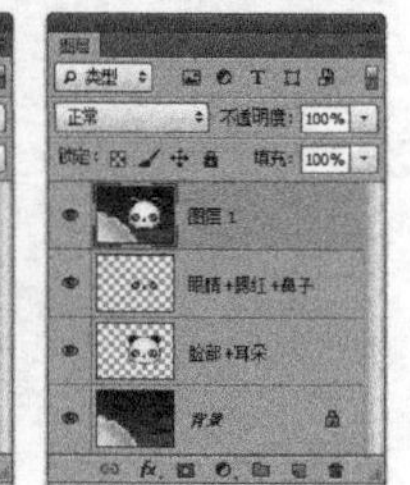

图2-110 图2-111

4.盖印图层组

选择图层组，如图2-112所示，然后按Ctrl+Alt+E组合键，可以将组中所有图层内容盖印到一个新的图层中，原始图层组中的内容保持不变，如图2-113所示。

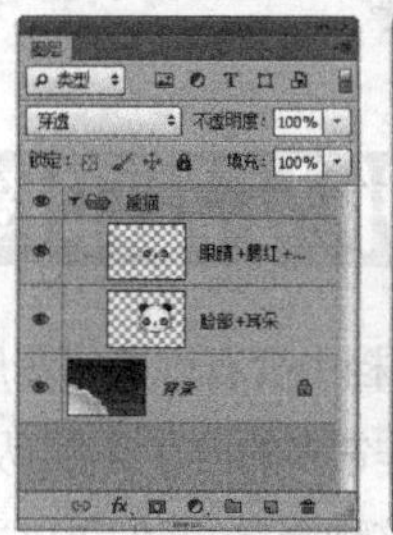

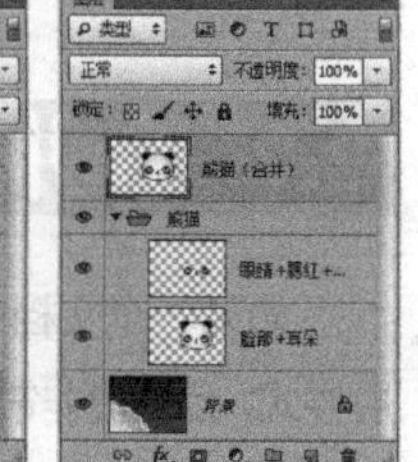

图2-112 图2-113

2.8 用图层组管理图层

随着图像的不断编辑，图层的数量往往会越来越多，少则几个，多则几十个、几百个，要在如此之多的图层中找到需要的图层，将会是一件非常麻烦的事情。如果使用图层组来管理同一个内容部分的图层，就可以使“图层”面板中的图层结构更加有条理，寻找起来也更加方便快捷。

本节工具/命令概述

命令名称	作用	快捷键	重要程度
创建新组	创建一个空白的图层组		高
新建>组	在创建图层组时设置组的名称、颜色、混合模式和不透明度		中
图层编组	为所选图层创建一个图层组	Ctrl+G	高
取消图层编组	解散图层编组	Shift+Ctrl+G	中

2.8.1 创建图层组

1.在“图层”面板中创建图层组

在“图层”面板下单击“创建新组”按钮，可以创建一个空白的图层组，如图2-114所示，以后新建的图层都将位于该组中，如图2-115所示。

图2-114　图2-115

2.用“新建”命令创建图层组

如果要在创建图层组时设置组的名称、颜色、混合模式和不透明度，可以执行“图层>新建>组”菜单命令，在弹出的“新建组”对话框中设置这些属性，如图2-116和图2-117所示。

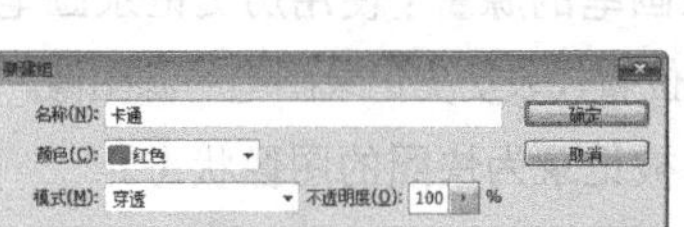

图2-116　图2-117

3.从所选图层创建图层组

选择一个或多个图层，如图2-118所示，然后执行“图层>图层编组”菜单命令或按Ctrl+G组合键，可以为所选图层创建一个图层组，如图2-119所示。

图2-118　图2-119

2.8.2 创建嵌套结构的图层组

所谓嵌套结构的图层组就是在该组内还包含其他的图层组，也就是“组中组”。创建方法是将当前图层组拖曳到“创建新组”按钮上，如图2-120所示，这样原始图层组将成为新组的下级组，如图2-121所示。

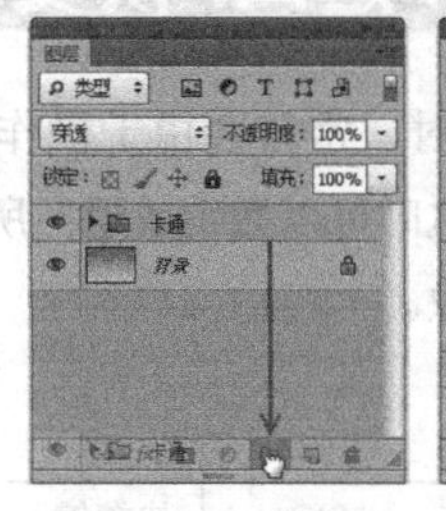

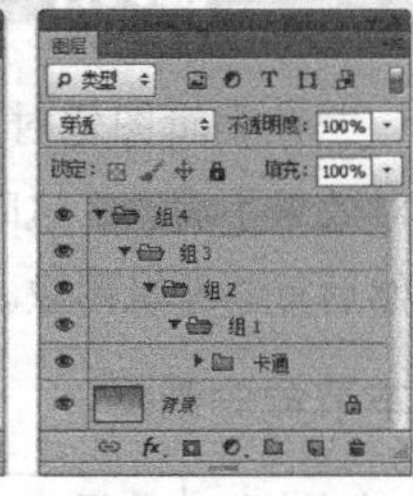

图2-120　图2-121

2.8.3 将图层移入或移出图层组

选择一个或多个图层，然后将其拖曳到图层组内，就可以将其移入到该组中，如图2-122和图2-123所示；将图层组中的图层拖曳到组外，就可以将其从图层组中移出，如图2-124和图2-125所示。

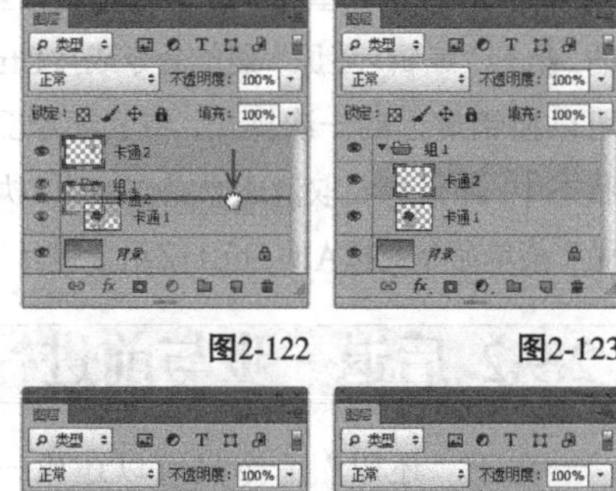

图2-122　图2-123

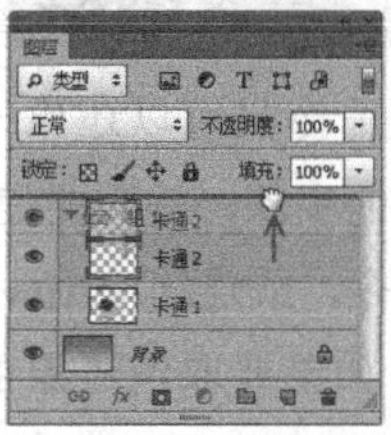

图2-124 　图2-125

2.8.4 取消图层编组

创建图层组以后，如果要取消图层编组，可以执行“图层>取消图层编组”菜单命令或按Shift+Ctrl+G组合键，也可以在图层组名称上单击鼠标右键，然后在弹出的菜单中选择“取消图层编组”命令，如图2-126和图2-127所示。

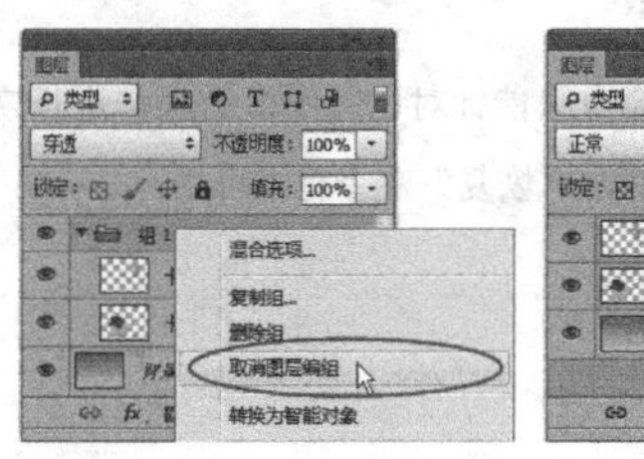

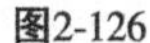

图2-126 　图2-127

2.9 撤销/返回/恢复的应用

在编辑图像时，常常会由于操作错误而导致对效果不满意，这时可以撤销或返回所做的步骤，然后重新编辑图像。

本节命令概要

命令名称	作用	快捷键	重要程度
还原	撤销最近的一次操作	Ctrl+Z	高
重做	取消还原的操作	Alt+Shift+Z	高
后退一步	连续还原操作的步骤	Shift+Ctrl+Z	高
前进一步	取消连续还原的操作	Alt+Ctrl+Z	高
恢复	将文件恢复到最后一次保存时的状态，或返回到刚打开时的状态	F12	中

2.9.1 还原与重做

“还原”和“重做”两个命令是相互关联在一起的。执行“编辑>还原”菜单命令或按Ctrl+Z组合键，可以撤销最近的一次操作，将其还原到上一步操作状态中；如果想要取消还原操作，可以执行“编辑>重做”菜单命令或按Alt+Shift+Z组合键。

2.9.2 后退一步与前进一步

由于“还原”命令只可以还原一步操作，如果要连续还原操作的步骤，就需要使用到“编辑>后退一步”菜单命令，或连续按Alt+Ctrl+Z组合键来逐步撤销操作；如果要取消还原的操作，可以连续执行“编辑>前进一步”菜单命令，或连续按Shift+Ctrl+Z组合键来逐步恢复被撤销的操作。

2.9.3 恢复

执行“文件>恢复”菜单命令或按F12键，可以直接将文件恢复到最后一次保存时的状态，或返回到刚打开文件时的状态。

技巧与提示

“恢复”命令只能针对已有图像的操作进行恢复。如果是新建的文件，“恢复”命令将不可用。

2.10 用历史记录面板还原操作

在编辑图像时，每进行一次操作，Photoshop都会将其记录到“历史记录”面板中。也就是说，在“历史记录”面板中可以恢复到某一步的状态，同时也可以再次返回到当前的操作状态。

2.10.1 熟悉历史记录面板

执行“窗口>历史记录”菜单命令，打开“历史记录”面板，如图2-128所示。

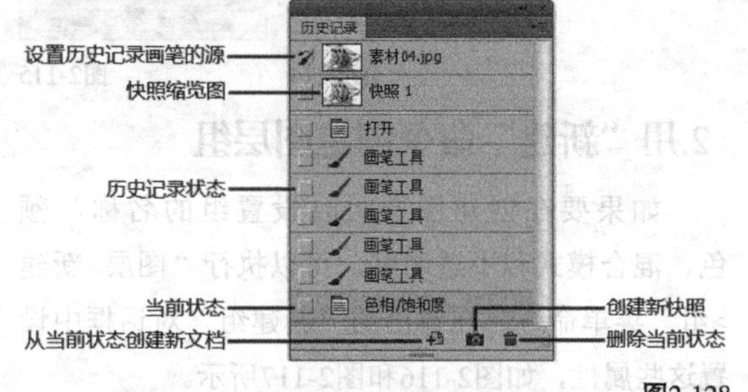

图2-128

● **历史记录面板选项介绍**

设置历史记录画笔的源：使用历史记录画笔时，这个图标所在的位置代表历史记录画笔的源图像。

快照缩览图：被记录为快照的图像状态。

历史记录状态：Photoshop记录的每一步操作的状态。

当前状态：将图像恢复到该命令的操作状态。

从当前状态创建新文档：以当前操作步骤中图像的状态创建一个新文档。

创建新快照：以当前图像的状态创建一个新快照。

删除当前状态：选择一个历史记录后，单击该按钮可以将该记录以及后面的记录删除。

2.10.2 创建与删除快照

1.创建快照

创建新快照，就是将图像保存到某一状态下。如果为某一状态创建新的快照，可以采用以下两种方法中的任何一种。

第1种：在“历史记录”面板中选择需要创建

快照的状态，如图2-129所示，然后单击“创建新快照”按钮，此时Photoshop会自动为新建的快照命名，如图2-130所示。

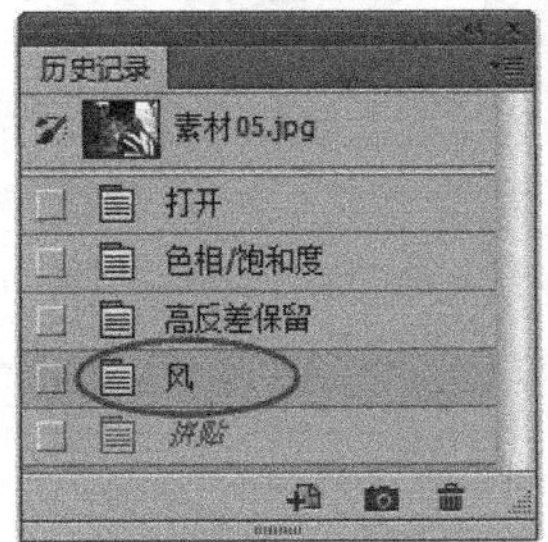

图2-129

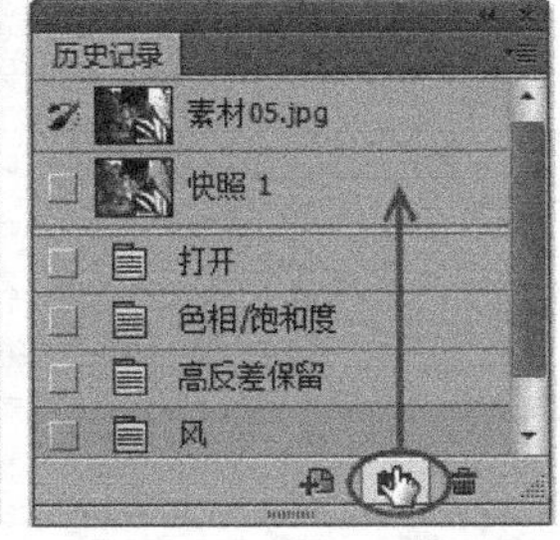

图2-130

第2种：选择需要创建快照的状态，然后在“历史记录”面板右上角单击图标，接着在弹出的菜单中选择“新建快照”命令，如图2-131和图2-132所示。

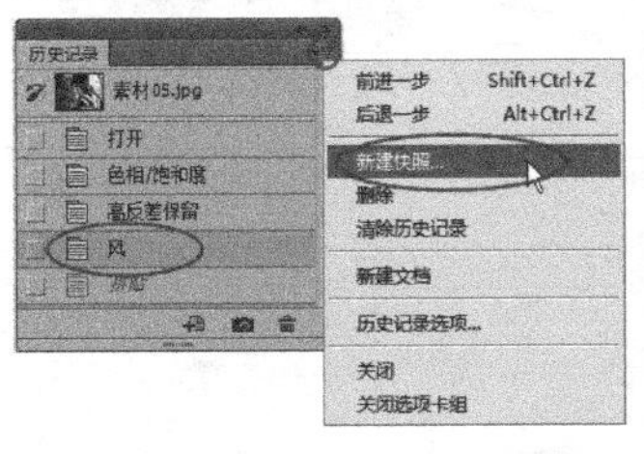

图2-131

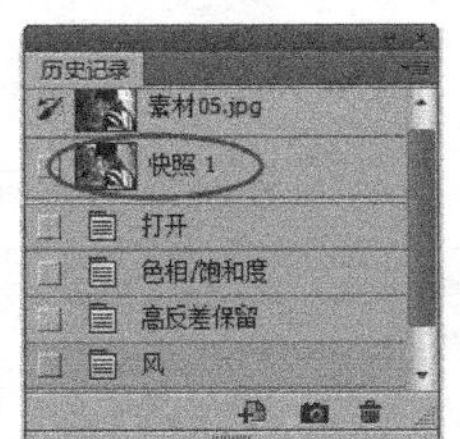

图2-132

技巧与提示

在用第2种方法创建快照时，Photoshop会弹出一个“新建快照”对话框，在该对话框中可以为快照进行命名，并且可以选择需要创建快照的对象类型。

2.删除快照

如果要删除某个快照，可以采用以下3种方法中的任何一种。

第1种：在“历史记录”面板中选择需要删除的快照，然后单击“删除当前状态”按钮或将快照拖曳到该按钮上，接着在弹出的对话框中单击“是”按钮，如图2-133~图2-135所示。

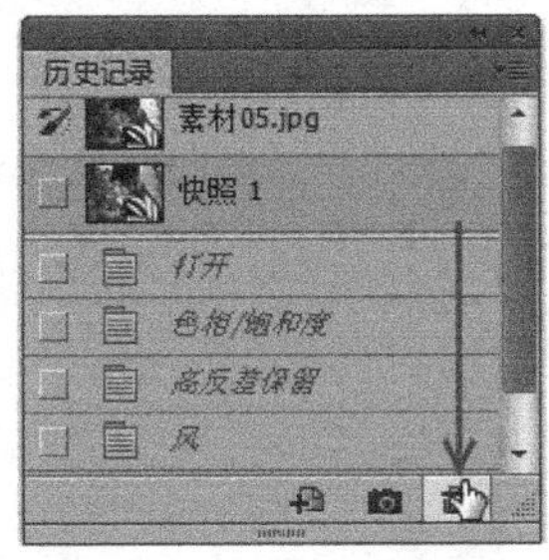

图2-133

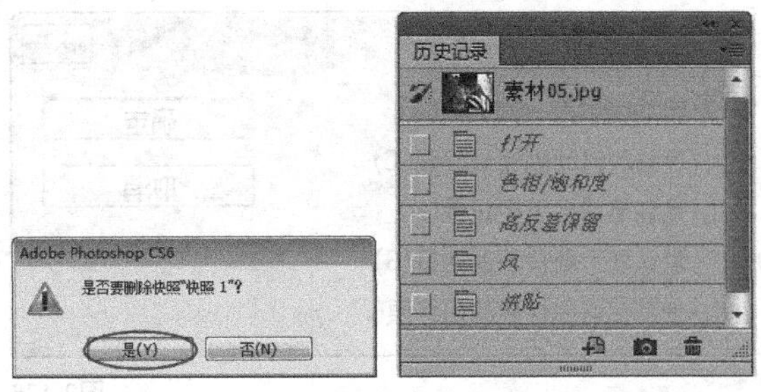

图2-134 图2-135

第2种：在想要删除的快照上单击鼠标右键，然后在弹出的菜单中选择“删除”命令，如图2-136所示。

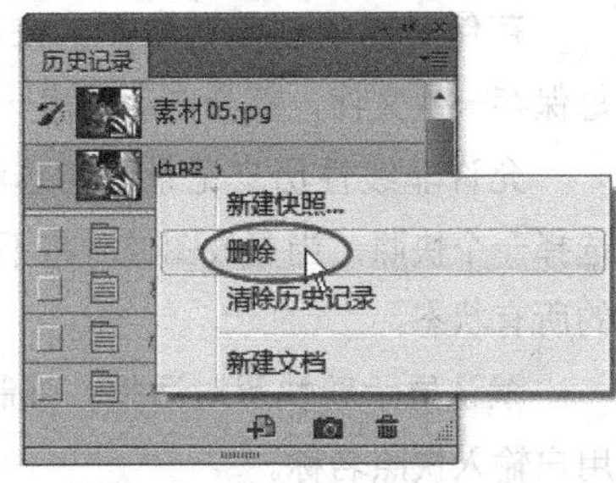

图2-136

第3种：选择要删除的快照，然后在“历史记录”面板右上角单击图标，接着在弹出的菜单中选择“删除”命令，如图2-137所示。

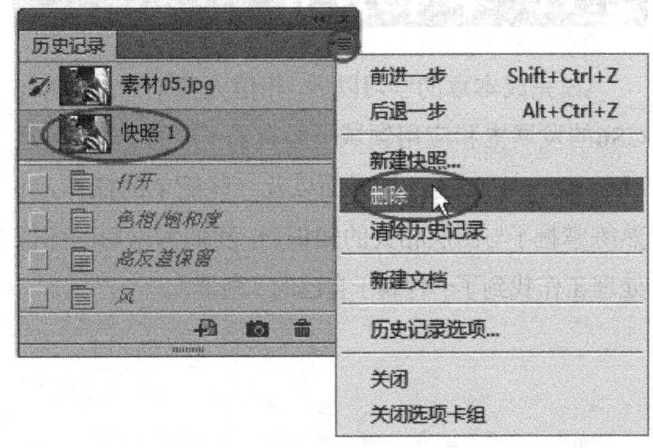

图2-137

2.10.3 历史记录选项

在“历史记录”面板右上角单击图标，然后在弹出的菜单中选择“历史记录选项”命令，打开“历史记录选项”对话框，如图2-138所示。

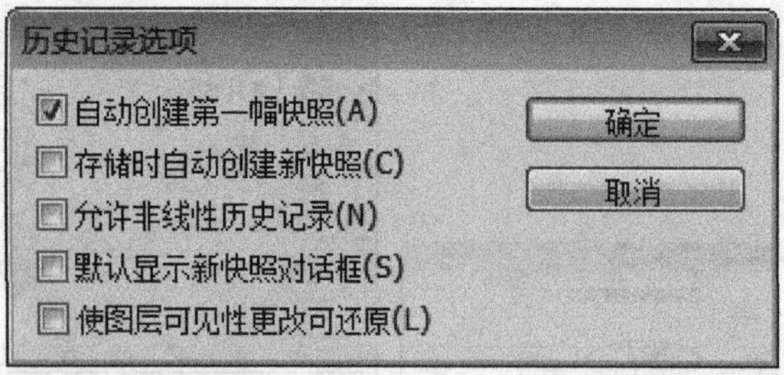

历史记录选项

☑ 自动创建第一幅快照(A)
☐ 存储时自动创建新快照(C)
☐ 允许非线性历史记录(N)
☐ 默认显示新快照对话框(S)
☐ 使图层可见性更改可还原(L)

确定
取消

图2-138

● **历史记录选项介绍**

自动创建第一幅快照： 打开图像时，图像的初始状态自动创建为快照。

存储时自动创建新快照： 在编辑的过程中，每保存一次文件，都会自动创建一个快照。

允许非线性历史记录： 勾选该选项后，然后选择一个快照，当更改图像时将不会删除历史记录的所有状态。

默认显示新快照对话框： 强制Photoshop提示用户输入快照名称。

使图层可见性更改可还原： 保存对图层可见性的更改。

2.11 本章小结

在完成本章的学习以后，相信大家对Photoshop CS6的发展史和应用领域已经有了一定的了解。熟悉Photoshop CS6的工作界面以及一些简单的操作，并熟练掌握了与图层相关的知识后，我们为以后的图像处理工作找到了一件属于自己的“利器”。

第3章

选区工具与选区编辑

本章主要讲解Photoshop CS6选区的创建与编辑技巧。通过本章的学习，我们可以快速、准确地绘制出规则与不规则选区，并对选区进行移动、反选、羽化等调整操作。

课堂学习目标

了解选区的基本功能
掌握选区工具的运用
掌握选区的编辑方法
掌握填充与描边选区的方法

3.1 选区的基本功能

如果要在Photoshop中处理图像的局部效果，就需要为图像指定一个有效的编辑区域，这个区域就是选区。

通过选择特定区域，可以对该区域进行编辑并保持未选定区域不被改动。例如，要为图3-1中的花朵进行调色（不更换背景颜色），就可以使用“快速选择工具”或“钢笔工具”将需要调色的花朵勾选出来，如图3-2所示，然后就可以单独对花朵进行调色了，如图3-3所示。

图3-1

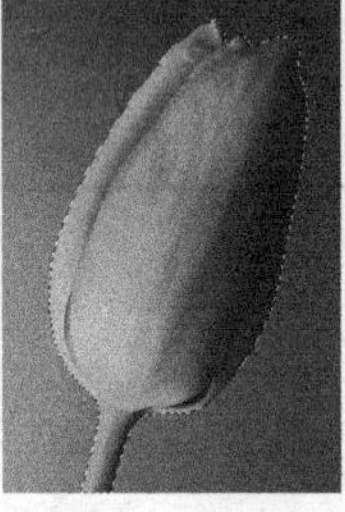
图3-2

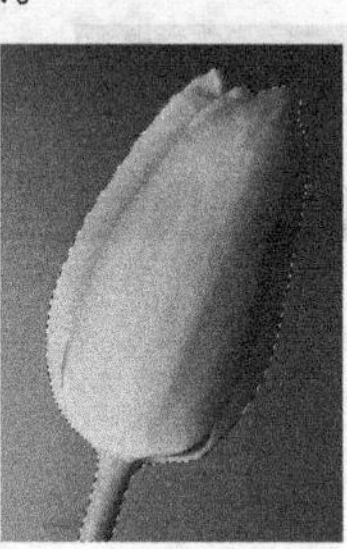
图3-3

另外，使用选区可以将对象从一张图像中分离出来。例如，要将图3-4中的飞鸟分离出来，就可以使用“快速选择工具”或“魔棒工具”将飞鸟选取出来，如图3-5所示，然后用“移动工具”将其拖曳到一张合适的背景图像上，即可为飞鸟更换背景，如图3-6所示。

图3-4

图3-5

图3-6

3.2 选择的常用方法

Photoshop提供了很多选择工具和选择命令，它们都有各自的优势和劣势。在不同的场景中，需要选择不同的选择工具来选择对象。

3.2.1 选框选择法

对于形状比较规则的图案（如圆形、椭圆形、正方形和长方形），就可以使用最简单的“矩形选框工具”或“椭圆选框工具”进行选择，如图3-7和图3-8所示。

图3-7

图3-8

技巧与提示

由于图3-7中的照片是倾斜的，而使用“矩形选框工具”绘制出来的选区是没有倾斜角度的，这时可以执行“选择>变换选区”菜单命令，对选区进行旋转或其他调整。

对于转折处比较强烈的图案，可以使用“多边形套索工具”来进行选择，如图3-9所示。

对于背景颜色比较单一的图像，可以使用“魔棒工具”进行选择，如图3-10所示。

图3-9

图3-10

3.2.2 路径选择法

Photoshop中的“钢笔工具”是一个矢量工具，它可以绘制出光滑的曲线路径。如果对象的边缘比较光滑，并且形状不是很规则，就可以使用“钢笔工具”勾选出对象的轮廓，然后将轮廓转换为选区，从而选出对象，如图3-11和图3-12所示。

图3-11

图3-12

3.2.3 色调选择法

“魔棒工具”、“快速选择工具”、“磁性套索工具”和“色彩范围”命令都可以基于色调之间的差异来创建选区。如果需要选择的对象与背景之间的色调差异比较明显，就可以使用这些工具和命令来进行选择。图3-13和图3-14所示是使用“快速选择工具”将前景对象抠选出来，并更换背景后的效果。

图3-13

图3-14

3.2.4 通道选择法

如果要抠取毛发、婚纱、烟雾、玻璃以及在运动状态下显得模糊的物体，使用前面介绍的工具就很难抠取出来，这时就需要使用通道来进行抠像。图3-15和图3-16所示是将人物和婚纱抠取出来并更换背景后的效果。

图3-15

图3-16

3.2.5 快速蒙版选择法

单击“工具箱”中的“以快速蒙版模式编辑”按钮，可以进入快速蒙版状态。在快速蒙版状态下，可以使用各种绘画工具和滤镜对选区进行细致的处理。比如，如果要将图3-17中的前景对象抠选出来，就可以进入快速蒙版状态，然后使用“画笔工具”在“快速蒙版”通道中的背景对象上进行绘制（绘制出的选区为红色状态），如图3-18所示，绘制完成后按Q键退出快速蒙版状态，Photoshop会自动创建选区，这时就可以删除背景，如图3-19所示，同时也可以为前景对象重新更换背景，如图3-20所示。

图3-17

图3-18

图3-19

图3-20

3.2.6 “抽出”滤镜选择法

“抽出”滤镜是Photoshop中非常强大的一个抠像滤镜，适合抠取细节比较丰富的对象。图3-21和图3-22所示是使用“抽出”滤镜抠取出人物，并重新进行后期处理后的效果。

图3-21

图3-22

3.3 选区的基本操作

选区的基本操作包括选区的运算（创建新选区、添加到选区、从选区减去与选区交叉）、全选与反选、取消选择与重新选择、隐藏/显示选区、移动与变换选区、储存与载入选区等。通过这些简单的操作，就可以对选区进行任意处理。

本节知识概要

知识名称	作用	快捷键	重要程度
选区运算	创建新选区，将选区添加到选区、从选区减去或与选区交叉		高
全选选区	全选当前文档边界内的所有图像	Ctrl+A	高
反选选区	反向选择当前选择的图像	Shift+Ctrl+I	高
取消选择	取消当前选区	Ctrl+D	高
重新选择	重新选择取消的选区	Shift+Ctrl+D	高
隐藏/显示选区	将选区隐藏或将隐藏的选区显示出来	Ctrl+H	高
移动选区	将选区移动到其他地方		高
变换选区	对选区进行移动、旋转、缩放等操作	Alt+S+T	高
储存选区	将选区存储为Alpha通道蒙版		高
载入选区	载入储存起来的选区		高

3.3.1 选区的运算方法

如果当前图像中包含有选区，在使用任何选框工具、套索工具等创建选区时，选项栏中就会出现选区运算的相关工具，如图3-23所示。

图3-23

- **选区运算选项介绍**

新选区：激活该按钮以后，可以创建一个新选区。如果已经存在选区，那么新创建的选区将替代原来的选区。

添加到选区：激活该按钮以后，可以将当前创建的选区添加到原来的选区中（按住Shift键也可以实现相同的操作）。

从选区减去：激活该按钮以后，可以将当前创建的选区从原来的选区中减去（按住Alt键也可以实现相同的操作）。

与选区交叉：激活该按钮以后，新建选区时只保留原有选区与新创建的选区相交的部分（按住Alt+Shift组合键也可以实现相同的操作）。

3.3.2 课堂案例——用选区运算抠图

实例位置	实例文件>CH03>3.3.2.psd
素材位置	素材文件>CH03>素材01-1.jpg、素材01-2.jpg
视频位置	多媒体教学>CH03>3.3.2.flv
实用指数	★★★☆☆
技术掌握	选区的运算方法

本例主要是针对选区的运算方法进行练习，如图3-24所示。

图3-24

01 打开“素材文件>CH03>素材01-1.jpg”文件，如图3-25所示。

图3-25

02 在“工具箱”中选择“椭圆选框工具”，将光标放在球体的中心位置，如图3-26所示，接着按住Shift+Alt组合键以球体的中心为基准点绘制一个圆形选区，如图3-27所示。

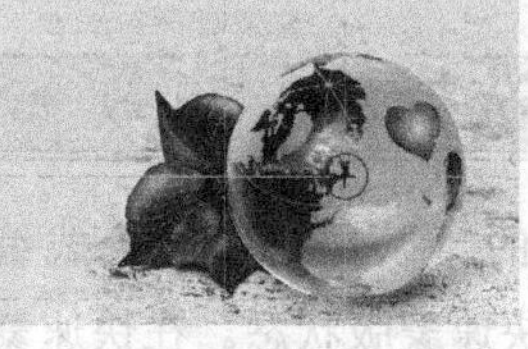

图3-26

图3-27

疑难问答

问：为什么要新建参考线？

答：新建参考线以后，就可以很方便地定位圆形选区的中心。如果先绘制一个大致的圆形出来，势必要通过变换来调整圆形的大小和中心点。

03 保持选区状态，在“工具箱”选择“磁性套索工具”，然后按住Shift键沿着花朵边缘将花朵勾选出来，当与圆形选区相接时按Enter键确认操作，选区效果如图3-28所示。

图3-28

04 在画布中单击鼠标右键，然后在弹出的菜单中选择“选择反向”命令，如图3-29所示，选区效果如图3-30所示。

图3-29

图3-30

技巧与提示

反向选择选区以后，就选择了背景。如果再次反向选择选区，就又选择了花朵和球体。另外，一般情况下，都可以按Shift+Ctrl+I组合键进行反选。

05 按Delete键删除选区中的图像，效果如图3-31所示，然后按Ctrl+D组合键取消选区，效果如图3-32所示。

图3-31

图3-32

疑难问答

问：为什么按Delete键删除图像时要弹出“填充”对话框？

答：如果删除的是“背景”图层中的内容，那么Photoshop就会弹出“填充”对话框，如图3-33所示。在该对话框中可以选择用前景色、背景色、颜色（自定义颜色）、内容识别、图案、历史记录、黑色、50%灰色或白色来填充删除的区域。图3-34所示是用黑色填充删除区域后的效果。

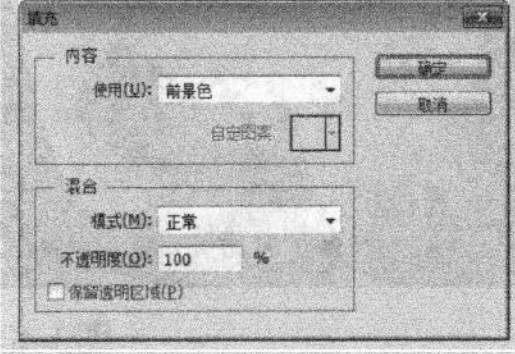

图3-33

图3-34

如果要将删除区域呈现为透明状态，可以在按住Alt键的同时双击“背景”图层的缩略图，将其转换为可编辑图层后再进行删除，如图3-35和图3-36所示。

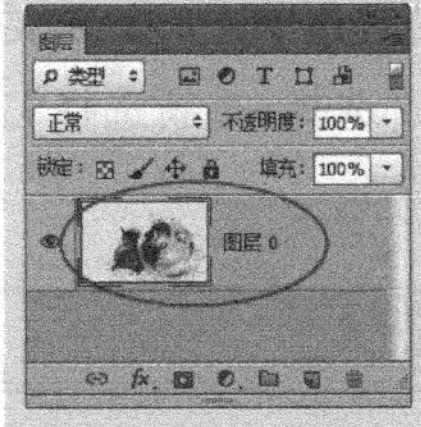

图3-35

图3-36

06 打开“素材文件>CH03>素材01-2.jpg”文件，然后将其拖曳到“素材01-1.jpg”操作界面中，接着将新生成的“图层1”放置在“图层0”的下一层，最终效果如图3-37所示。

图3-37

3.3.3 全选与反选选区

执行“选择>全部”菜单命令或按Ctrl+A组合键，可以选择当前文档边界内的所有图像，如图3-38所示。全选图像对复制整个文档中的图像非常有用。

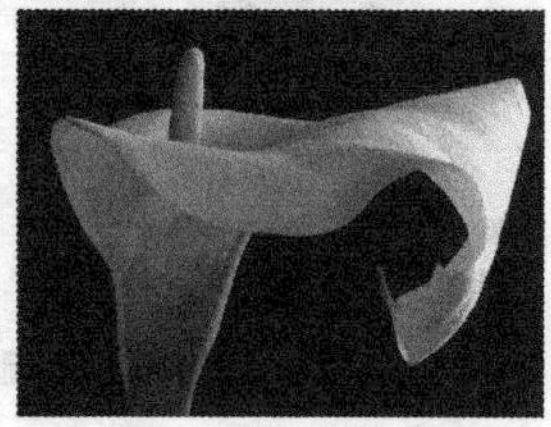

图3-38

创建选区以后，如图3-39所示，执行“选择>反向选择”菜单命令或按Shift+Ctrl+I组合键，可以反选选区，也就是选择图像中没有被选择的部分，如图3-40所示。

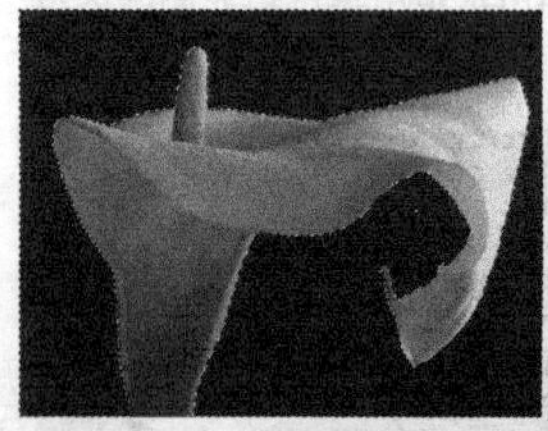

图3-39

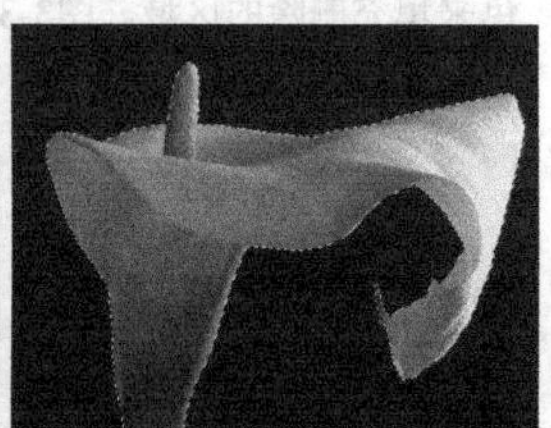

图3-40

3.3.4 取消选择与重新选择

创建选区以后，执行“选择>取消选择”菜单命令或Ctrl+D组合键，可以取消选区状态。如果要恢复被取消的选区，可以执行“选择>重新选择”菜单命令。

3.3.5 隐藏与显示选区

创建选区以后，执行“视图>显示>选区边缘”菜单命令或按Ctrl+H组合键，可以隐藏选区；如果要将隐藏的选区显示出来，可以再次执行“视图>显示>选区边缘”菜单命令或按Ctrl+H组合键。

3.3.6 移动选区

使用“矩形选框工具”、“椭圆选框工具”创建选区时，在松开鼠标左键之前，按住Space键（即空格键）拖曳光标，可以移动选区，如图3-41和图3-42所示。

图3-41

图3-42

另外，创建完选区以后，将光标放在选区内，如图3-43所示，拖曳光标也可以移动选区，如图3-44所示。

图3-43

图3-44

3.3.7 变换选区

创建好选区以后，如图3-45所示，执行“选择>变换选区”菜单命令或按Alt+S+T组合键，可以对选区进行移动、旋转、缩放等操作。图3-46~图3-48所示分别是移动、旋转和缩放选区。

图3-45

图3-46

图3-47

图3-48

技巧与提示

在缩放选区时，按住Shift键可以等比例缩放选区；按住Shift+Alt组合键可以以中心点为基准点等比例缩放选区。

在选区变换状态下，在画布中单击鼠标右键，还可以选择其他变换方式，如图3-49所示。

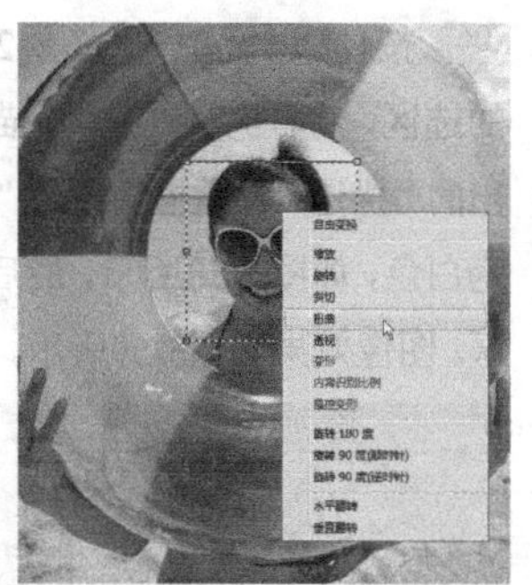

图3-49

3.3.8 课堂案例——调整选区大小

实例位置	实例文件>CH03>3.3.8.psd
素材位置	素材文件>CH03>素材02-1.jpg、素材02-2.png
视频位置	多媒体教学>CH03>3.3.8.flv
实用指数	★★★★☆
技术掌握	调整选区大小的方法

本例主要是针对选区大小的调整方法进行练习，如图3-50所示。

图3-50

01 打开"素材文件>CH03>素材02-1.jpg"文件，如图3-51所示。

02 继续打开"素材文件>CH03>素材02-2.png"文件，然后将其拖曳到"素材01-1.jpg"操作界面中，如图3-52所示。

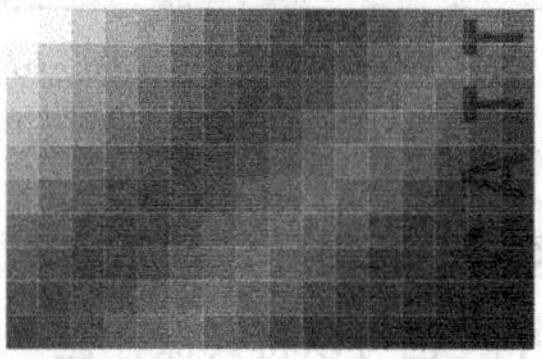

图3-51

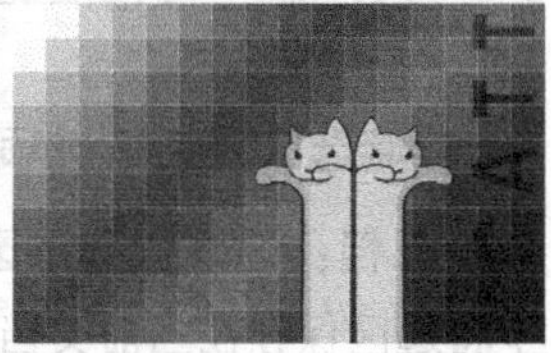

图3-52

03 按住Ctrl键单击"图层1"的缩略图，载入该图层的选区，如图3-53所示，然后单击"图层1"左侧的"指示图层可见性"图标，将该图层隐藏起来，如图3-54所示。

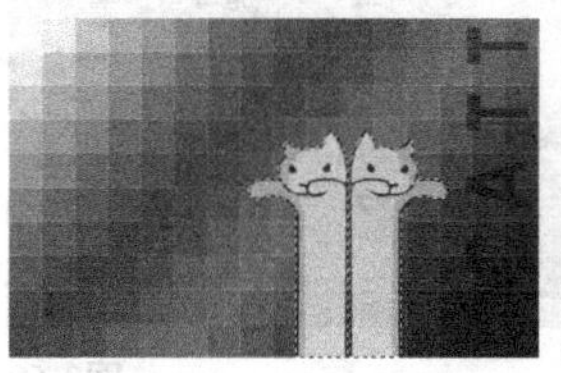

图3-53

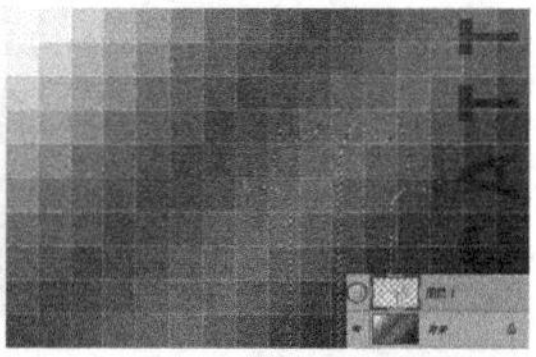

图3-54

04 选择"背景"图层，然后按Ctrl+J组合键将选区内的图像复制到一个新的图层中，如图3-55所示。

图3-55

05 按Ctrl+M组合键打开"曲线"对话框，然后将曲线调节成如图3-56所示的形状，效果如图3-57所示。

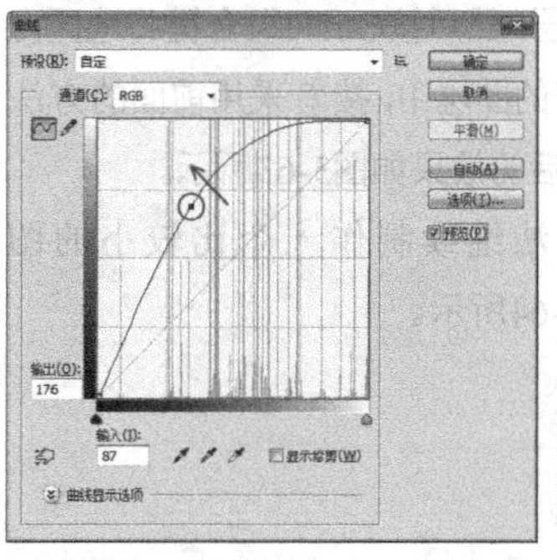

图3-56

图3-57

06 按住Ctrl键单击“图层2”的缩略图，载入该图层的选区，然后执行“编辑>描边”菜单命令，接着在弹出的“描边”对话框中设置“宽度”为3像素、“颜色”为白色，如图3-58所示，最后按Ctrl+D组合键取消选区。图像效果如图3-59所示。

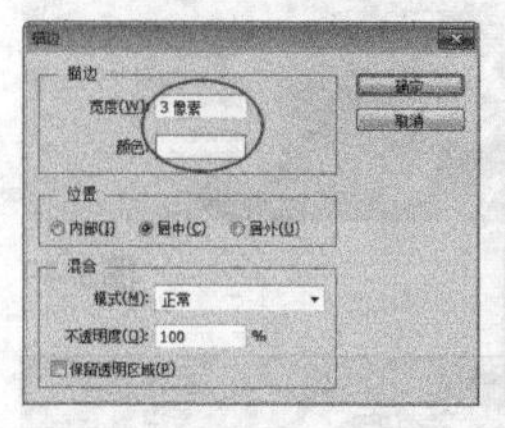

图3-58

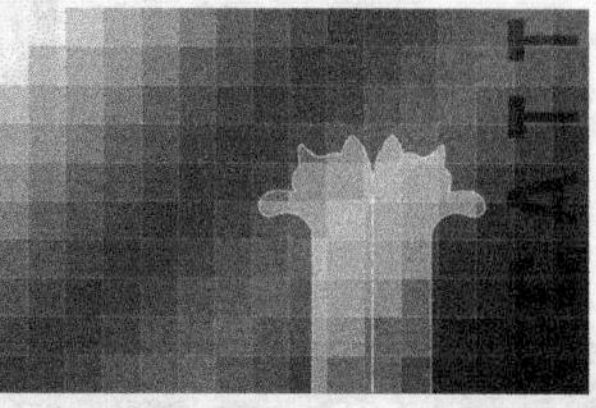

图3-59

07 载入“图层2”的选区，然后将其拖曳到左侧，如图3-60所示。

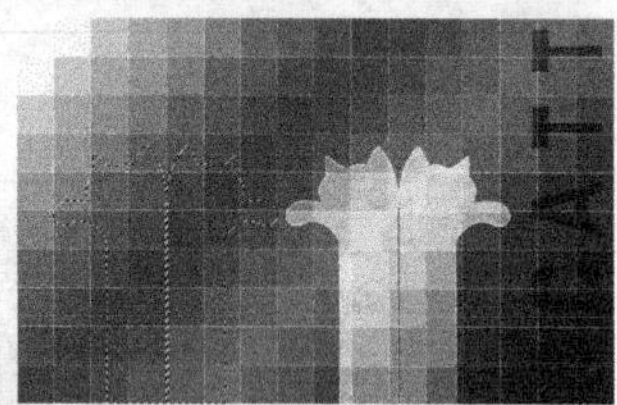

图3-60

技巧与提示

注意，在移动选区时不能用“移动工具”，只能用选区工具进行移动。

08 执行“选择>变换选区”菜单命令，然后按住Shift键将左上角的控制点向右下角拖曳，将选区等比例缩小，如图3-61和图3-62所示。

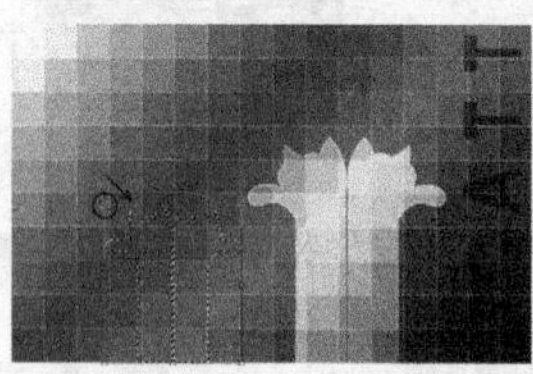

图3-61

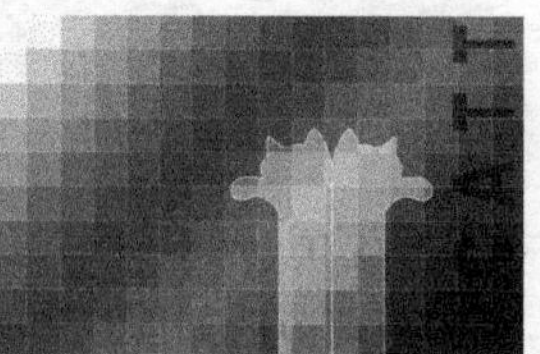

图3-62

09 选择“背景”图层，然后按Ctrl+J组合键将选区内的图像复制到一个新的图层中，接着采用前面的方法调整好其亮度，完成后的效果如图3-63所示。

10 采用相同的方法继续制作一个比较小的图像，最终效果如图3-64所示。

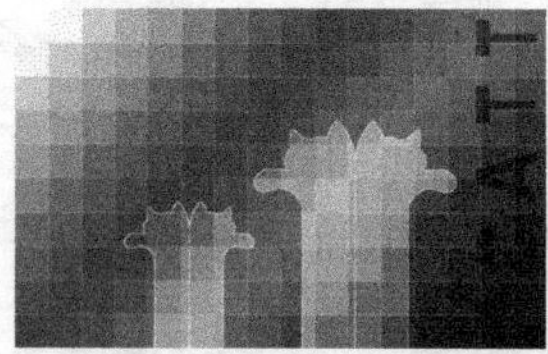

图3-63

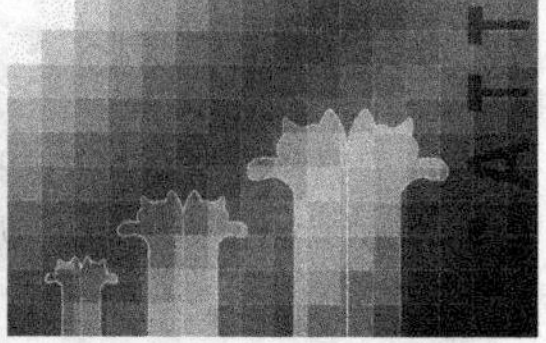

图3-64

3.3.9 储存与载入选区

1. 储存选区

创建选区以后，如图3-65所示，执行“选择>存储选区”菜单命令，或在“通道”面板中单击“将选区储存为通道”按钮，可以将选区存储为Alpha通道蒙版，如图3-66所示。

图3-65

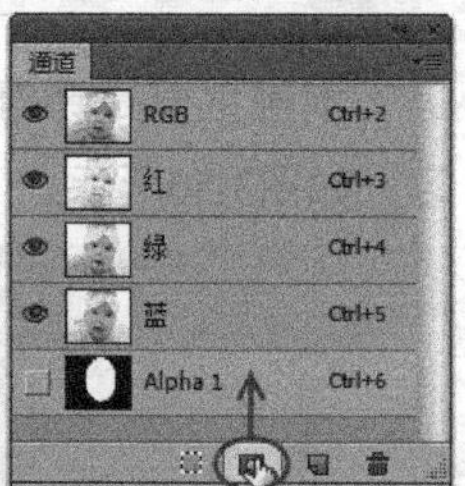

图3-66

当执行“选择>存储选区”菜单命令时，Photoshop会弹出“存储选区”对话框，如图3-67所示。

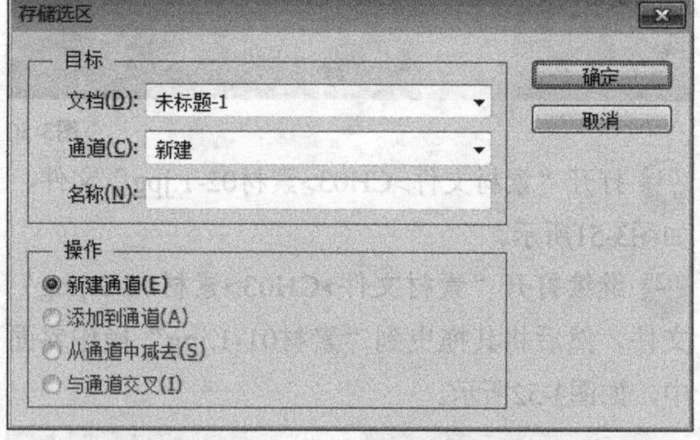

图3-67

● **存储选区对话框选项介绍**

文档：选择保存选区的目标文件。默认情况下将选区保存在当前文档中，也可以将其保存在一个新建的文档中。

通道：选择将选区保存到一个新建的通道中，或保存到其他Alpha通道中。

名称：设置选区的名称。

操作：选择选区运算的操作方式，包括4种方式。“新建通道”是将当前选区存储在新通道中；“添加到通道”是将选区添加到目标通道的现有选区中；“从通道中减去”是从目标通道中的现有选区中减去当前选区；“与通道交叉”是从与当前选区和目标通道中的现有选区交叉的区域中存储一个选区。

2.载入选区

将选区存储起来以后，执行“选择>载入选区”菜单命令，或在“通道”面板中按住Ctrl键，单击储存选区的通道蒙版缩略图，即可重新载入储存起来的选区，如图3-68所示。

当执行“选择>载入选区”菜单命令时，Photoshop会弹出“载入选区”对话框，如图3-69所示。

图3-68

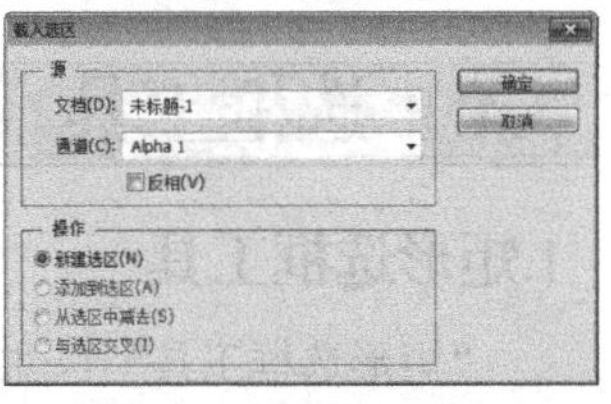

图3-69

● **载入选区对话框选项介绍**

文档：选择包含选区的目标文件。

通道：选择包含选区的通道。

反相：勾选该选项以后，可以反转选区，相当于载入选区后执行“选择>反向”菜单命令。

操作：选择选区运算的操作方式，包括4种。“新建选区”是用载入的选区替换当前选区；“添加到选区”是将载入的选区添加到当前选区中；“从选区中减去”是从当前选区中减去载入的选区；“与选区交叉”可以得到载入的选区与当前选区交叉的区域。

技巧与提示

如果要载入单个图层的选区，可以按住Ctrl键单击该图层的缩略图。

3.3.10 课堂案例——储存选区与载入选区

实例位置	实例文件>CH03>3.3.10.psd
素材位置	素材文件>CH03>素材03-1.jpg、素材03-2.png、素材03-3.png
视频位置	多媒体教学>CH03>3.3.10.flv
实用指数	★★★☆☆
技术掌握	选区的储存与载入方法

本例主要针对选区的储存与载入方法进行练习，如图3-70所示。

图3-70

01 打开“素材文件>CH03>素材03-1.jpg、素材03-2.png和素材03-3.png”文件，然后依次将“素材03-2.png”和“素材03-3.png”拖曳到“素材03-1.jpg”操作界面中，如图3-71所示。

02 按住Ctrl键，单击“图层1”（即人物所在的图层）的缩略图，载入该图层的选区，如图3-72所示。

图3-71

图3-72

03 执行“选择>存储选区”菜单命令，然后在弹出的“存储选区”对话框中设置“名称”为“人物选区”，如图3-73所示。

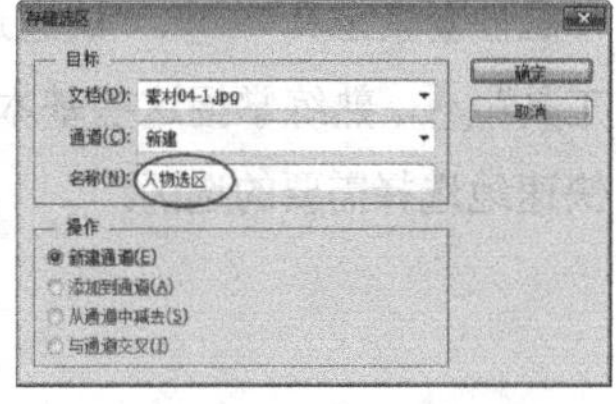

图3-73

04 按住Ctrl键单击“图层2”（即桃心所在的图层）的缩略图，载入该图层的选区，如图3-74所示。

图3-74

05 执行“选择>载入选区”菜单命令，然后在弹出的“载入选区”对话框中设置“通道”为“人物选区”，接着设置“操作”为“添加到选区”，如图3-75所示，选区效果如图3-76所示。

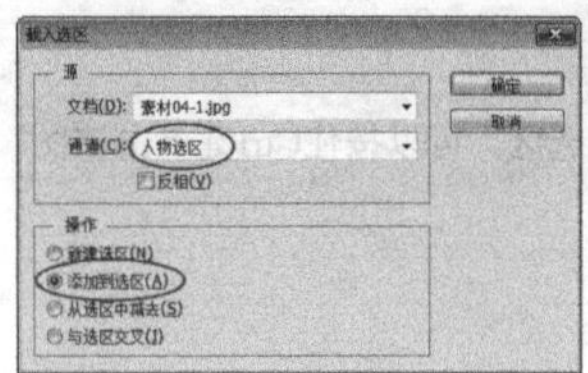

图3-75

图3-76

06 在“图层”面板中单击“创建新图层”按钮，新建一个“图层3”，然后执行“编辑>描边”菜单命令，接着在弹出的“描边”对话框中设置“宽度”为6像素、“颜色”为白色，具体参数设置如图3-77所示，最终效果如图3-78所示。

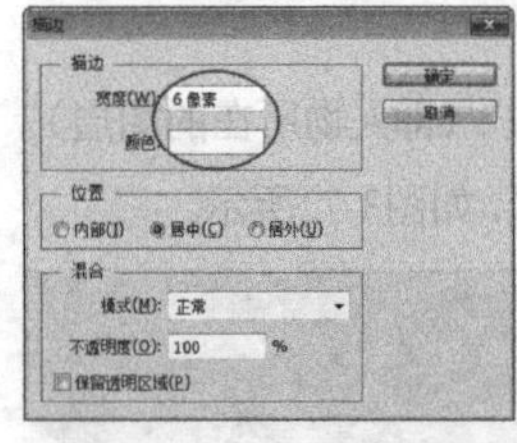

图3-77

图3-78

3.4 基本选择工具

基本选择工具包括“矩形选框工具”、“椭圆选框工具”、“单行选框工具”、“单列选框工具”、“套索工具”、“多边形套索工具”、“磁性套索工具”、“快速选择工具”和“魔棒工具”。熟练掌握这些基本工具的使用方法，可以快速地选择需要的选区。

本节工具概要

知识名称	作用	快捷键	重要程度
矩形选框工具	制作矩形选区和正方形选区	M	高
椭圆选框工具	制作椭圆选区和圆形选区	M	高
单行选框工具	制作高度为1像素的选区		中
单列选框工具	制作宽度为1像素的选区		中
套索工具	以自由方式勾画形状不规则的选区	L	中
多边形套索工具	创建转角比较强烈的选区	L	高
磁性套索工具	可以自动识别对象的边界，适合于快速选择与背景对比强烈且边缘复杂的对象	L	高
快速选择工具	利用可调整的圆形笔尖迅速地绘制出选区	W	高
魔棒工具	取颜色一致的区域	W	高

3.4.1 选框工具

1.矩形选框工具

“矩形选框工具”主要用来制作矩形选区和正方形选区（按住Shift键可以创建正方形选区，如图3-79和图3-80所示），其选项栏如图3-81所示。

图3-79

图3-80

图3-81

● **矩形选框工具选项介绍**

羽化：主要用来设置选区的羽化范围，图3-82和图3-83所示是将“羽化”值设置为0像素和20像素时的边界效果。

图3-82

图3-83

消除锯齿：“矩形选框工具”的“消除锯齿”选项是不可用的，因为矩形选框没有不平滑效果。只有在使用“椭圆选框工具”和其他选区工具时，“消除锯齿”选项才可用。

样式：用来设置矩形选区的创建方法。当选择“正常”选项时，可以创建任意大小的矩形选区；当选择“固定比例”选项时，可以在右侧的“宽度”和“高度”输入框输入数值，以创建固定比例的选区（例如，设置“宽度”为1、“高度”为2，那么创建出来的矩形选区的高度就是宽度的2倍）；当选择“固定大小”选项时，可以在右侧的“宽度”和“高度”输入框中输入数值，然后单击鼠标左键即可创建一个固定大小的选区（单击“高度和宽度互换”按钮可以切换“宽度”和“高度”的数值）。

调整边缘：单击该按钮可以打开“调整边缘”对话框，在该对话框中可以对选区进行平滑、羽化等处理，如图3-84所示。

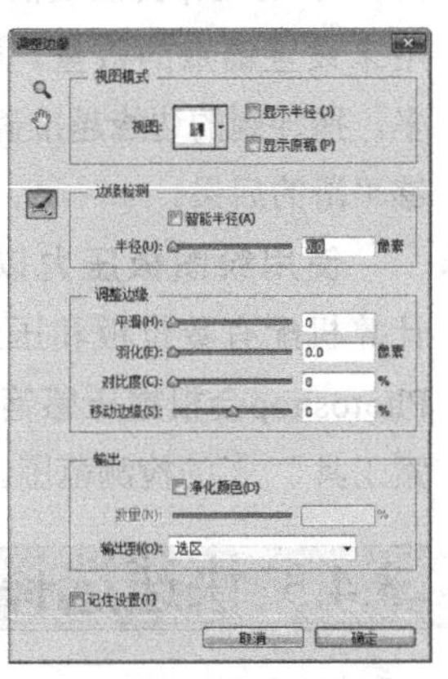

图3-84

2.椭圆选框工具

“椭圆选框工具”主要用来制作椭圆选区和圆形选区（按住Shift键可以创建圆形选区，如图3-85和图3-86所示），其选项栏如图3-87所示。

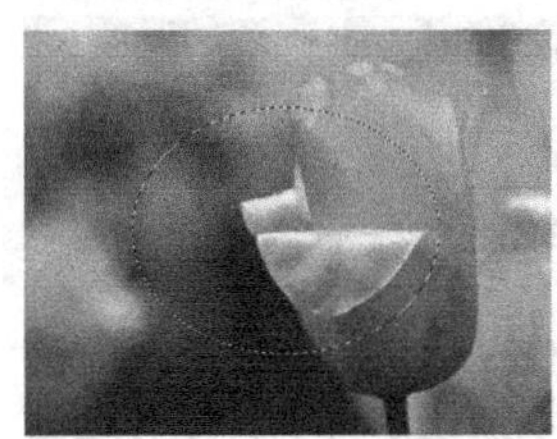

图3-85

图3-86

图3-87

- **椭圆选框工具选项介绍**

消除锯齿：通过柔化边缘像素与背景像素之间的颜色过渡效果，来让选区边缘变得平滑，图3-88和图3-89所示是关闭与勾选“消除锯齿”选项时的图像边缘效果。由于“消除锯齿”只影响边缘像素，因此不会丢失细节，在剪切、拷贝和粘贴选区图像时非常有用。

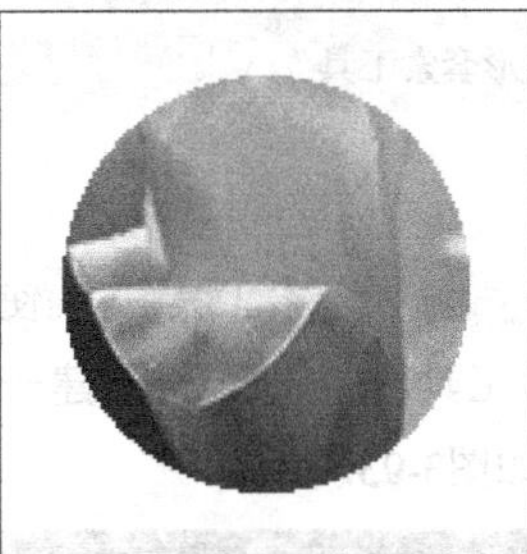

图3-88

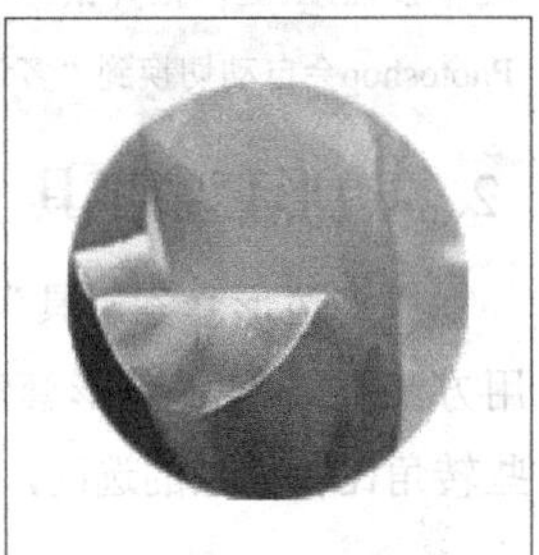

图3-89

3.单行/单列选框工具

“单行选框工具”和“单列选框工具”主要用来制作高度或宽度为1像素的选区，常用来制作网格效果，如图3-90所示。

图3-90

3.4.2 套索工具

1.套索工具

使用“套索工具”可以非常自由地绘制出形状不规则的选区。选择“套索工具”以后，在图像上拖曳光标绘制选区边界，当松开鼠标左键时，选区将自动闭合，如图3-91和图3-92所示。

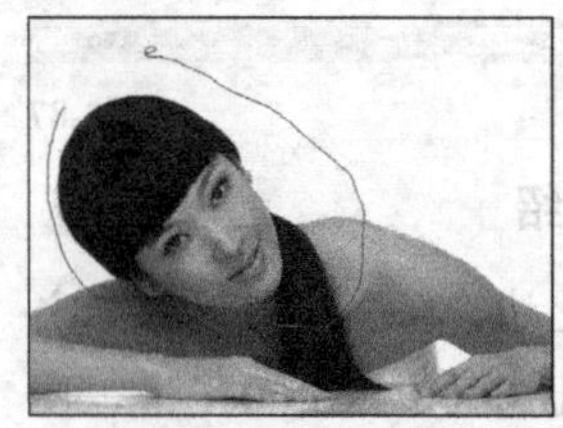

图3-91

图3-92

> **技巧与提示**
>
> 当使用“套索工具”绘制选区时，如果在绘制过程中按住Alt键，松开鼠标左键以后（不松开Alt键），Photoshop会自动切换到“多边形套索工具”。

2.多边形套索工具

“多边形套索工具”与“套索工具”使用方法类似。“多边形套索工具”适合于创建一些转角比较强烈的选区，如图3-93所示。

图3-93

> **技巧与提示**
>
> 在使用“多边形套索工具”绘制选区时按住Shift键，可以在水平方向、垂直方向或45°方向上绘制直线。另外，按Delete键可以删除最近绘制的直线。

3.磁性套索工具

“磁性套索工具”可以自动识别对象的边界，特别适合快速选择与背景对比强烈且边缘复杂的对象。使用“磁性套索工具”时，套索边界会自动对齐图像的边缘，如图3-94所示。当勾选完比较复杂的边界时，还可以按住Alt键切换到“多边形套索工具”，以勾选转角比较强烈的边缘，如图3-95所示。

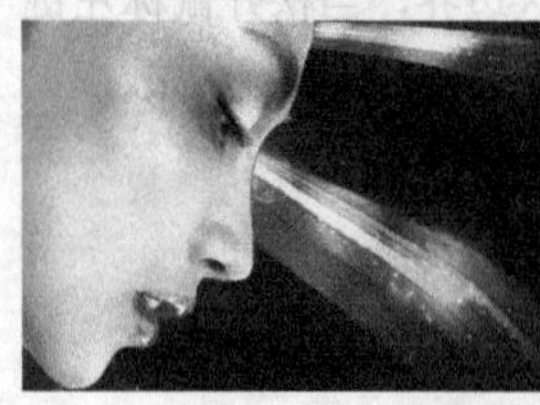

图3-94

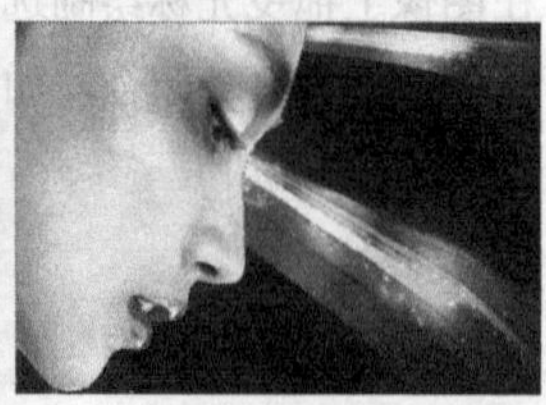

图3-95

> **技巧与提示**
>
> 注意，“磁性套索工具”不能用于32位/通道的图像。

“磁性套索工具”的选项栏如图3-96所示。

图3-96

- **磁性套索工具选项介绍**

宽度：“宽度”值决定了以光标中心为基准，光标周围有多少个像素能够被“磁性套索工具”检测到，如果对象的边缘比较清晰，可以设置较大的值；如果对象的边缘比较模糊，可以设置较小的值。

对比度：该选项主要用来设置“磁性套索工具”感应图像边缘的灵敏度。如果对象的边缘比较清晰，可以将该值设置得高一些；如果对象的边缘比较模糊，可以将该值设置得低一些。

频率：在使用“磁性套索工具”勾画选区时，Photoshop会生成很多锚点，“频率”选项就是用来设置锚点的数量。数值越高，生成的锚点越多，捕捉到的边缘越准确，但是可能会造成选区不够平滑的后果。

使用绘图板压力以更改钢笔宽度：如果计算机配有数位板和压感笔，可以激活该按钮。Photoshop会根据压感笔的压力自动调节“磁性套索工具”的检测范围。

3.4.3 快速选择工具与魔棒工具

快速选择工具

使用“快速选择工具”可以利用可调整的圆形笔尖迅速地绘制出选区，其选项栏如图3-97所示。当拖曳笔尖时，选取范围不但会向外扩张，而且还可以自动寻找并沿着图像的边缘来描绘边界。

图3-97

- **快速选择工具选项介绍**

新选区：激活该按钮，可以创建一个新的选区。

添加到选区：激活该按钮，可以在原有选区的基础上添加新创建的选区。

从选区减去：激活该按钮，可以在原有选区的基础上减去当前绘制的选区。

画笔选择器：单击按钮，可以在弹出的“画笔”选择器中设置画笔的大小、硬度、间距、角度以及圆度，如图3-98所示。在绘制选区的过程中，可以按“]”键和“[”键增大或减小画笔的大小。

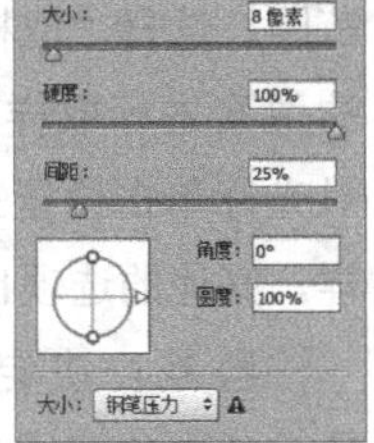

图3-98

对所有图层取样：如果勾选该选项，Photoshop会根据所有的图层建立选取范围，而不仅是只针对当前图层。

自动增强：用于降低选取范围边界的粗糙度与区块感。

3.4.4 课堂案例——抠取人像并进行合成

实例位置	实例文件>CH03>3.4.4.psd
素材位置	素材文件>CH03>素材04-1.jpg、素材04-2.jpg
视频位置	多媒体教学>CH03>3.4.4.flv
实用指数	★★★★★
技术掌握	用快速选择工具抠取人像并合成绚丽背景

本例主要是针对“快速选择工具”的使用方法进行练习，如图3-99所示。

图3-99

01 打开“素材文件>CH03>素材04-1.jpg”文件，如图3-100所示。

02 在“工具箱”中选择“快速选择工具”，然后在选项栏中设置画笔的“大小”为39像素、“硬度”为76%，如图3-101所示。

图3-100

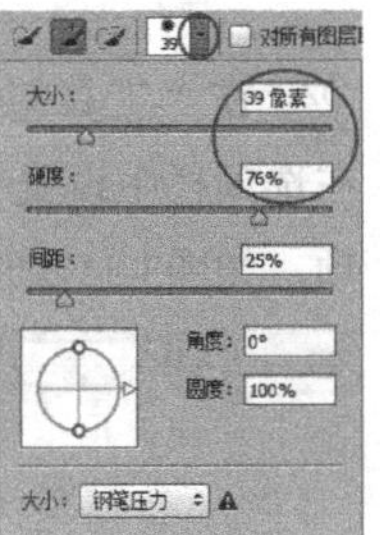

图3-101

03 在人物头部单击并拖曳光标，如图3-102所示，然后向下拖曳光标，选中整个身体部分，如图3-103所示，最后再单击化妆刷将其选中，如图3-104所示。

图3-102

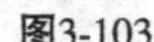

图3-103

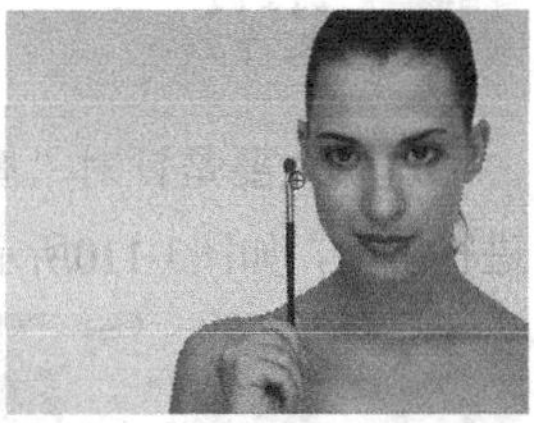

图3-104

04 放大图像，可以观察到人物右侧有些背景也被选中了（不需要选择头发部分，如图3-105所示），这时可以按住Alt键单击背景区域，减去这些部分，如图3-106所示。

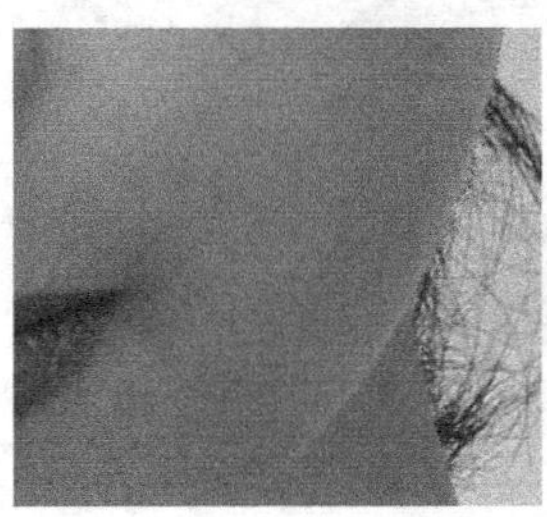

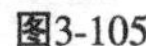

图3-105

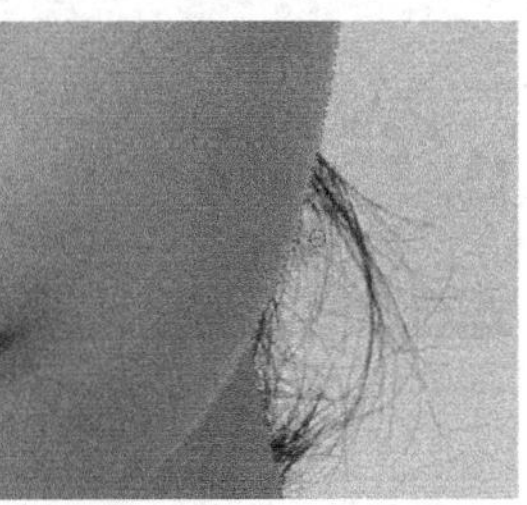

图3-106

05 按Ctrl+J组合键将选区内的图像复制到一个新的“图层1”中，然后隐藏“背景”图层，效果如图3-107所示。

06 打开“素材文件>CH03>素材04-2.jpg”文件，然后将其拖曳到“素材07-1.jpg”操作界面中，并将新生成的“图层2”放在“图层1”的下一层，最终效果如图3-108所示。

图3-107

图3-108

魔棒工具

“魔棒工具”不需要描绘出对象的边缘，就能选取颜色一致的区域，在实际工作中的使用频率相当高，其选项栏如图3-109所示。

图3-109

● **魔棒工具选项介绍**

取样大小：用于设置“魔棒工具”的取样范围。选择“取样点”选项，可以对光标单击位置的像素进行取样；选择“3×3平均”选项，可以对光标单击位置3个像素区域内的平均颜色进行取样，其他的选项也是如此。

容差：决定所选像素之间的相似性或差异性，其取值范围为0~255。数值越低，对像素的相似程度的要求越高，所选的颜色范围就越小；数值越高，对像素的相似程度的要求越低，所选的颜色范围就越广。

连续：当勾选该选项时，只选择颜色连接的区域；当关闭该选项时，可以选择与所选像素颜色接近的所有区域，当然也包含没有连接的区域。

对所有图层取样：如果文档中包含多个图层，当勾选该选项时，可以选择所有可见图层上颜色相近的区域；当关闭该选项时，仅选择当前图层上颜色相近的区域。

3.4.5 课堂案例——抠取天鹅并进行合成

实例位置	实例文件>CH03>3.4.5.psd
素材位置	素材文件>CH03>素材05-1.jpg、素材05-2.jpg
视频位置	多媒体教学>CH03>3.4.5.flv
实用指数	★★★★★
技术掌握	魔棒工具的用法

本例主要是针对“魔棒工具”的使用方法进行练习，如图3-110所示。

图3-110

01 打开“素材文件>CH03>素材05-1.jpg”文件，如图3-111所示。

图3-111

02 在“工具箱”中单击“魔棒工具”，然后在选项栏中设置“容差”为31，并勾选“连续”选项，如图3-112所示。

取样大小：取样点 容差：31 消除锯齿 连续 对所有图层取样

图3-112

03 用“魔棒工具”在背景的任意一个位置单击鼠标左键，选择容差范围内的区域，如图3-113所示，然后按住Shift键单击其他的背景区域，选中所有的背景，如图3-114所示。

图3-113

图3-114

04 按Shift+Ctrl+I组合键反向选择选区，然后按Ctrl+J组合键将选区内的图像复制到一个新的“图层1”中，接着隐藏“背景”图层，效果如图3-115所示。

05 打开“素材文件>CH03>素材05-2.jpg”文件，然后将其拖曳到“素材05-1.jpg”操作界面中，并将新生成的“图层2”放在“图层1”的下一层，最终效果如图3-116所示。

图3-115

图3-116

3.5 钢笔选择工具

Photoshop提供了多种钢笔工具。标准的“钢笔工具”主要用于绘制高精度的图像，如图3-117所示；“自由钢笔工具”可以像使用铅笔在纸上绘图一样来绘制路径，如图3-118所示，如果在选项栏中勾选“磁性的”选项，“自由钢笔工具”将变成磁性钢笔，使用这种钢笔可以像使用“磁性套索工具”一样绘制路径，如图3-119所示。关于钢笔选择工具的用法将在后面的章节中进行详细讲解。

图3-117

图3-118

图3-119

3.6 “色彩范围”命令

“色彩范围”命令可根据图像的颜色范围创建选区，与“魔棒工具”比较相似，但是该命令提供了更多的控制选项，因此该命令的选择精度也要高一些。

3.6.1 “色彩范围”对话框

随意打开一张素材，如图3-120所示，然后执行“选择>色彩范围”菜单命令，打开“色彩范围”对话框，如图3-121所示。

图3-120

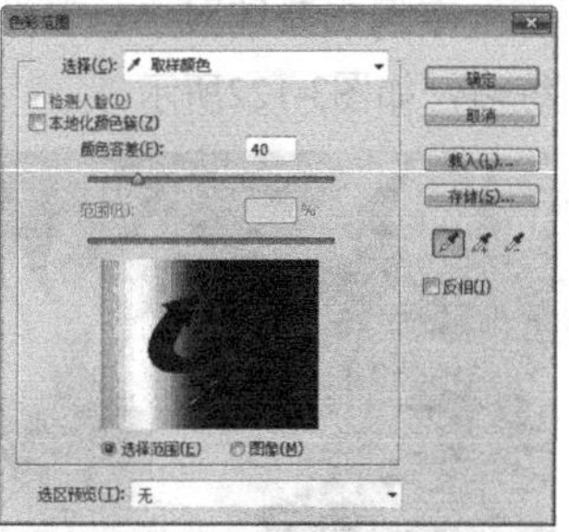

图3-121

- **色彩范围对话框选项介绍**

选择：用来设置选区的创建方式。选择“取样颜色”选项时，光标会变成形状，将光标放置在画布中的图像上，或在“色彩范围”对话框中的预览图像上单击，可以对颜色进行取样；选择“红色”“黄色”“绿色”“青色”等选项时，可以选择图像中特定的颜色；选择“高光”“中间调”和“阴影”选项时，可以选择图像中特定的色调，如图3-196所示；选择“肤色”选项时，可以选择与皮肤相近的颜色；选择“溢色”选项时，可以选择图像中出现的溢色。

检测人脸：当设置“选择”为“肤色”选项时，可以勾选该选项，以更加精确地选择肤色。

本地化颜色簇/范围：勾选“本地化颜色簇”后，拖曳“范围”滑块可以控制要包含在蒙版中的颜色与取样点的最大和最小距离。

颜色容差：用来控制颜色的选择范围。数值越高，包含的颜色越广；数值越低，包含的颜色越窄。

选区预览图：选区预览图下面包含“选择范围”和“图像”两个选项。当勾选“选择范围”选项时，预览区域中的白色代表被选择的区域，黑色代表未选择的区域，灰色代表被部分选择的区域（即有羽化效果的区域）；当勾选“图像”选项时，预览区内会显示彩色图像。

选区预览：用来设置文档窗口中选区的预览方式。选择“无”选项时，表示不在窗口中显示选区；选择“灰度”选项时，可以按照选区在灰度通道中的外观来显示选区；选择“黑色杂边”选项时，可以在未选择的区域上覆盖一层黑色；选择“白色杂边”选项时，可以在未选择的区域上覆盖一层白色，如图3-209所示；选择“快速蒙版”选项时，可以显示选区在快速蒙版状态下的效果。

载入 载入(L)... **/存储** 存储(S)... ：单击“载入”按钮 载入(L)... ，可以载入存储的选区预设文件；单击“存储”按钮 存储(S)... ，可以将当前的设置保存为选区预设。

反相：将选区进行反转，也就是说创建选区以后，相当于执行了“选择>反向”菜单命令。

3.6.2 课堂案例——为鲜花换色

实例位置	实例文件>CH03>3.6.1.psd
素材位置	素材文件>CH03>素材06.jpg
视频位置	多媒体教学>CH03>3.6.1.flv
实用指数	★★★★★
技术掌握	色彩范围命令的用法

本例主要针对“色彩范围”命令的用法进行练习，如图3-122所示。

图3-122

01 打开“素材文件>CH03>素材06.jpg”文件，如图3-123所示。

图3-123

02 执行“选择>色彩范围”菜单命令，然后在弹出的“色彩范围”对话框中设置“选择”为“取样颜色”，然后勾选“本地化颜色簇”选项，并设置“颜色容差”为200，如图3-124所示，接着在花朵上单击，如图3-125所示，选区效果如图3-126所示。

图3-124

图3-125

图3-126

技巧与提示

从图3-126中可以观察到，花朵区域没有被完全选择到（花朵的中心区域除外），因此还需要对选区范围进行调整。

03 重新打开“色彩范围”对话框，然后单击“添加到取样”按钮，接着在花朵的其他区域单击，将这些颜色添加到取样中，如图3-127所示，选区效果如图3-128所示。

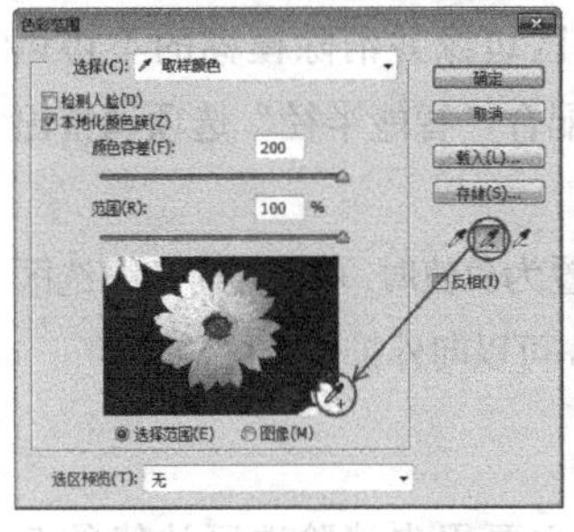

图3-127 图3-128

04 执行“图像>调整>色相/饱和度”菜单命令，打开“色相/饱和度”对话框，然后设置“色相”为-88，如图3-129所示，最终效果如图3-130所示。

图3-129 图3-130

3.7 选区的编辑

选区的编辑包括调整选区边缘、创建边界选区、平滑选区、扩展与收缩选区、羽化选区、扩大选取、选取相似等，熟练掌握这些操作对于快速选择需要的选区非常重要，如图3-131所示。

调整边缘(F)... Alt+Ctrl+R
修改(M)
扩大选取(G)
选取相似(R)
变换选区(T)
边界(B)...
平滑(S)...
扩展(E)...
收缩(C)...
羽化(F)... Shift+F6

图3-131

本节命令概要

命令名称	作用	快捷键	重要程度
调整边缘	对选区的半径、平滑度、羽化、对比度、边缘位置等属性进行调整	Alt+Ctrl+R	高
边界	将选区的边界向内或向外进行扩展		中

续表

命令名称	作用	快捷键	重要程度
平滑	将选区进行平滑处理		中
扩展	将选区向外扩展		
收缩	将选区向内收缩		中
羽化	通过建立选区和选区周围像素之间的转换边界来模糊边缘	Shift+F6	高
扩大选取	查找并选择那些与当前选区中像素色调相近的像素		高
选取相似	查找并选择那些与当前选区中像素色调相似的像素		高

3.7.1 调整边缘

“调整边缘”命令可以对选区的半径、平滑度、羽化、对比度、边缘位置等属性进行调整，从而提高选区边缘的品质，并且可以在不同的背景下查看选区。

创建选区以后，在选项栏中单击“调整边缘”按钮 调整边缘... ，或执行“选择>调整边缘”菜单命令（快捷键为Alt+Ctrl+R组合键），打开“调整边缘”对话框，如图3-132所示。

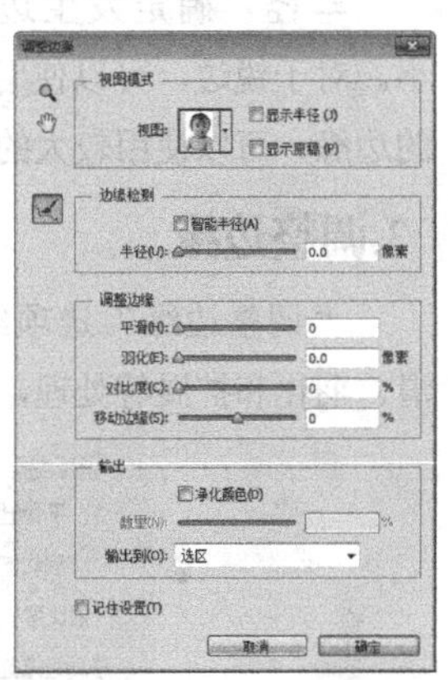

图3-132

1.视图模式

在“视图模式”选项组中选择一个合适的视图模式，可以更加方便地查看选区的调整结果，如图3-133所示。

图3-133

2.边缘检测

使用“边缘检测”选项组中的选项可以轻松地抠出细密的毛发，如图3-134所示。

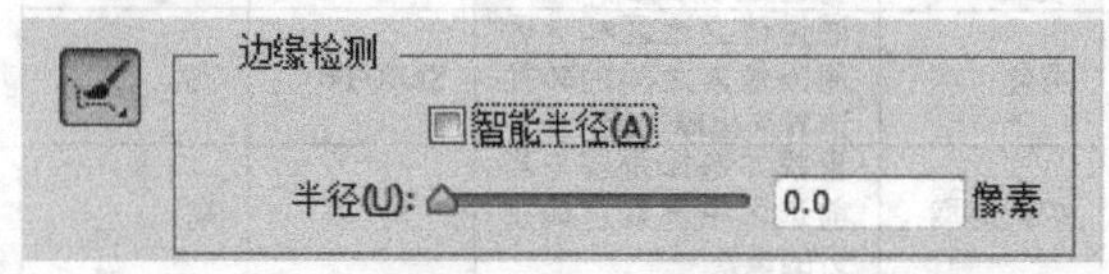

图3-134

● **边缘检测选项介绍**

调整半径工具/**抹除调整工具**：使用“调整半径工具”可以扩展检测边缘；使用“抹除调整工具”可以恢复原始边缘。

智能半径：自动调整边界区域中发现的硬边缘和柔化边缘的半径。

半径：确定发生边缘调整的选区边界的大小。对于锐边，可以使用较小的半径；对于较柔和的边缘，可以使用较大的半径。

3.调整边缘

“调整边缘”选项组主要用来对选区进行平滑、羽化和扩展等处理，如图3-135所示。

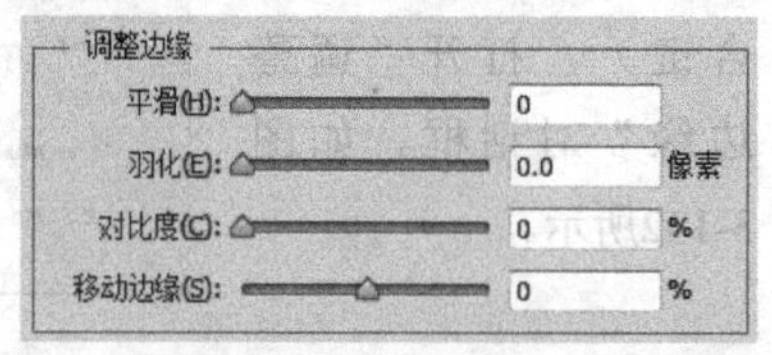

图3-135

● **调整边缘选项介绍**

平滑：减少选区边界中的不规则区域，以创建较平滑的轮廓。

羽化：模糊选区与周围的像素之间的过渡效果。

对比度：锐化选区边缘并消除模糊的不协调感。在通常情况下，配合“智能半径”选项调整出来的选区效果会更好。

移动边缘：当设置为负值时，可以向内收缩选区边界；当设置为正值时，可以向外扩展选区边界。

4.输出

“输出”选项组主要用来消除选区边缘的杂色以及设置选区的输出方式，如图3-136所示。

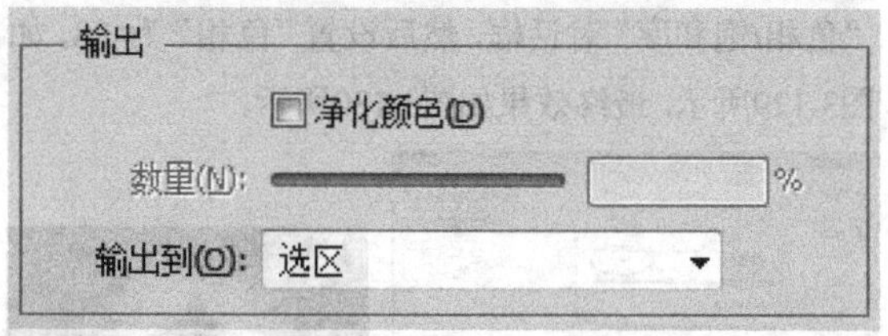

图3-136

● **输出选项介绍**

净化颜色：将彩色杂边替换为附近完全选中的像素颜色。颜色替换的强度与选区边缘的羽化程度是成正比的。

数量：更改净化彩色杂边的替换程度。

输出到：设置选区的输出方式。

3.7.2 课堂案例——抠取美女头发并进行合成

实例位置	实例文件>CH03>3.7.2.psd
素材位置	素材文件>CH03>素材07-1.jpg、素材07-2.jpg、素材07-3.png
视频位置	多媒体教学>CH03>3.7.2.flv
实用指数	★★★★★
技术掌握	用调整边缘命令抠取头发并重新合成图像

本例主要是针对“调整边缘”命令的使用方法进行练习，如图3-137所示。

图3-137

01 打开“素材文件>CH03>素材07-1.jpg”文件，如图3-138所示。

02 在“工具箱”中选择“魔棒工具”，然后在选项栏中设置“容差”为10，并关闭“连续”选项，接着在背景上单击，选中背景区域，如图3-139所示。

图3-138

图3-139

技巧与提示

由于背景的颜色不是单一的，因此需要按住Shift键，进行多次选择才能选择背景区域。

03 执行“选择>调整边缘”菜单命令，打开“调整边缘”对话框，然后设置“视图模式”为“黑白”模式，此时在画布中可以观察到很多头发都被选中了，并且眼睛也被选中了，如图3-140所示。

图3-140

04 在“调整边缘”对话框中设置“半径”为30像素，然后设置“平滑”为1，如图3-141所示，选区效果如图3-142所示。

图3-141

图3-142

技巧与提示

调整选区边缘以后，选择的头发已经被取消了，但是眼睛、鼻子和嘴唇仍然有部分被选择了。下面利用通道来解决这个问题。

05 切换到“通道”面板，然后单击“将选区储存为通道”按钮，接着按Ctrl+D组合键取消选区，最后使用黑色“画笔工具”在Alpha1通道中将眼睛和嘴唇部分涂抹成黑色，如图3-143所示。

06 按住Ctrl键单击Alpha1通道的缩略图，载入该通道的选区，然后切换到“图层”面板，接着按Shift+Ctrl+I组合键反向选择选区，最后按Ctrl+J组合键将选区内的图像复制到一个新的“图层1”中，并隐藏“背景”图层，效果如图3-144所示。

图3-143

图3-144

07 打开“素材文件>CH03>素材07-2.jpg”文件，然后将其拖曳到“素材07-1.jpg”操作界面中，并将新生成的“图层2”放在“图层1”的下一层，效果如图3-145所示。

08 打开“素材文件>CH03>素材07-3.png”文件，然后将其拖曳到“素材07-1.jpg”操作界面中，并将新生成的“图层3”放在“图层1”的下一层，接着将其拖曳到头发的尾部与原来的头发衔接起来，效果如图3-146所示。

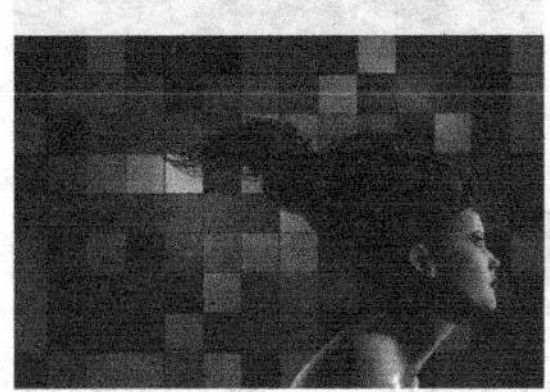

图3-145

图3-146

09 按住Shift键，同时选择“图层1”和“图层3”，然后按Ctrl+E组合键将其合并为一个图层，接着设置该图层的混合模式为“明度”，如图3-147所示，效果如图3-148所示。

图3-147

图3-148

10 在“工具箱”中选择“橡皮擦工具”，然后对头发的生硬边缘进行适当的擦除，完成后的效果如图3-149所示。

图3-149

技巧与提示

其实对于初学者来说，制作到步骤（9）已经足够了，但是我们在制作作品时要有“不求最好，只求更好”的精神。对于步骤（10）中擦除头发生硬边缘的问题，既可以用“橡皮擦工具”也可以用“画笔工具”编辑图层蒙版技术，还可以用“模糊工具”来进行柔化处理。

⑪ 在“工具箱”中选择“横排文字工具”，然后在图像的左下部输入装饰文字（最好选择艺术效果较好的字体），接着设置文字图层的混合模式为“滤色”，最终效果如图3-150所示。

图3-150

3.7.3 创建边界选区

创建选区以后，如图3-151所示，执行“编辑>修改>边界”菜单命令，可以在弹出的“边界选区”对话框中将选区的边界向内或向外进行扩展，扩展后的选区边界将与原来的选区边界形成新的选区，如图3-152所示。

图3-151

图3-152

3.7.4 平滑选区

创建选区以后，如图3-153所示，执行“编辑>修改>平滑”菜单命令，可以在弹出的“平滑选区”对话框中将选区进行平滑处理，如图3-154所示。

图3-153

图3-154

3.7.5 扩展与收缩选区

创建选区以后，如图3-155所示，执行“编辑>修改>扩展”菜单命令，可以在弹出的“扩展选区”对话框中将选区向外进行扩展，如图3-156所示。

图3-155

图3-156

如果要向内收缩选区，可以执行“编辑>修改>收缩”菜单命令，然后在弹出的“收缩选区”对话框中设置相应的“收缩量”数值即可，如图3-157所示。

图3-157

3.7.6 羽化选区

羽化选区通过建立选区和选区周围像素之间的转换边界来模糊边缘，这种模糊方式将丢失选区边缘的一些细节。

可以先使用选框工具、套索工具等其他选区工具创建出选区，如图3-158所示，然后执行“选择>修改>羽化”菜单命令或按Shift+F6组合键，接着在弹出的“羽化选区”对话框中定义选区的“羽化半径”。图3-159所示是设置“羽化半径”为50像素后的图像效果。

图3-158

图3-159

3.7.7 课堂案例——用羽化选区制作甜蜜女孩

实例位置	实例文件>CH03>3.7.7.psd
素材位置	素材文件>CH03>素材08-1.jpg~素材08-3.jpg、素材08-4.png
视频位置	多媒体教学>CH03>3.7.7.flv
实用指数	★★★★☆
技术掌握	羽化选区的方法

本例主要是针对选区的羽化功能进行练习，如图3-160所示。

图3-160

01 打开“素材文件>CH03>素材08-1.jpg和素材08-2.jpg”文件，然后将“素材08-2.jpg”拖曳到“素材08-1.jpg”操作界面中，如图3-161所示。

02 选择“图层1”（即人物所在的图层），在“工具箱”中选择“磁性套索工具”，然后将人物勾选出来，如图3-162所示。

图3-161 图3-162

03 执行“选择>修改>羽化”菜单命令或按Shift+F6组合键，然后在弹出“羽化选区”对话框中设置“羽化半径”为5像素，如图3-163所示。

04 按Shift+Ctrl+I组合键反向选择选区，然后按Delete键删除图像背景，接着按Ctrl+D组合键取消选区，此时可以观察到人像的边界产生了柔和的过渡效果，如图3-164所示。

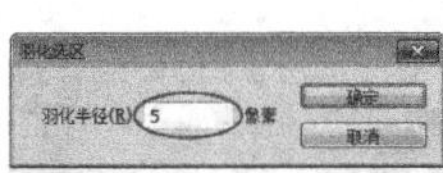

图3-163 图3-164

05 打开“素材文件>CH03>素材08-3.jpg”文件，然后将其拖曳到“素材08-1.jpg”操作界面中，接着使用“魔棒工具”选择白色区域，如图3-165所示，再按Shift+F6组合键打开“羽化选区”对话框，并设置“羽化半径”为5像素，如图3-166所示，最后按Delete键删除白色背景，效果如图3-167所示。

图3-165

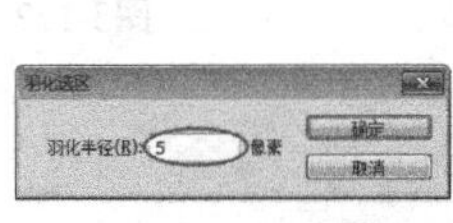

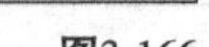

图3-166 图3-167

06 将心形放到左下角，然后利用自由变换功能将其等比例缩小到如图3-168所示的大小。

07 选择心形所在的图层，然后执行“图层>图层样式>投影”菜单命令，接着在弹出的“图层样式”对话框中单击“确定”按钮，为图像添加一个默认的“投影”样式，效果如图3-169所示。

图3-168　　图3-169

08 打开“素材文件>CH03>素材08-4.png”文件，然后将其拖曳到“素材08-1.jpg”操作界面中，最终效果如图3-170所示。

图3-170

3.7.8 扩大选取

“扩大选取”命令是基于“魔棒工具”选项栏中指定的“容差”范围来决定选区的扩展范围。例如，在图3-171中只选择了一部分灰色背景，执行“选择>扩大选取”菜单命令后，Photoshop会查找并选择那些与当前选区中像素色调相近的像素，从而扩大选择区域，如图3-172所示。

图3-171　　图3-172

3.7.9 选取相似

“选取相似”命令与“扩大选取”命令相似，都是基于“魔棒工具”选项栏中指定的“容差”范围来决定选区的扩展范围。例如，图3-173中只选择了一部分灰色背景，执行“选择>选取相似”菜单命令后，Photoshop同样会查找并选择那些与当前选区中像素色调相似的像素，从而扩大选择区域，如图3-174所示。

图3-173　　图3-174

3.8 填充与描边选区

在处理图像时，经常会遇到需要将选区内的图像改变成其他颜色、图案等内容，这时就需要使用到“填充”命令；如果需要对选区描绘可见的边缘，就需要使用到“描边”命令。“填充”命令和“描边”命令在选区操作中应用得非常广泛。

本节命令概要

命令名称	作用	快捷键	重要程度
填充	在当前图层或选区内填充颜色或图案	Shift+F5	中
描边	在选区、路径或图层周围创建任何颜色的边框	Alt+E+S	高

3.8.1 填充选区

利用“填充”命令可以在当前图层或选区内填充颜色或图案，同时也可以设置填充时的不透明度和混合模式。注意，文字图层和被隐藏的图层不能使用“填充”命令。

执行“编辑>填充”菜单命令或按Shift+F5组合键，打开“填充”对话框，如图3-175所示。

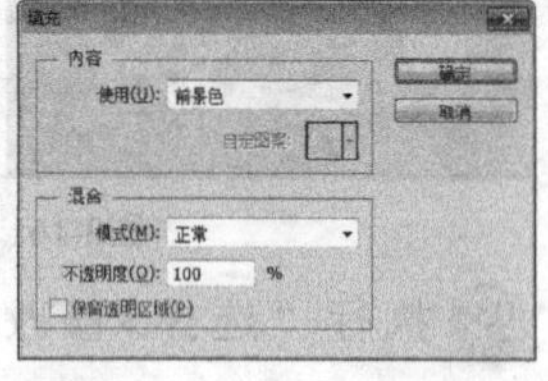

图3-175

● **填充对话框选项介绍**

内容：用来设置填充的内容，包含前景色、背景色、颜色、内容识别、图案、历史记录、黑色、50%灰色和白色。

模式：用来设置填充内容的混合模式。

不透明度：用来设置填充内容的不透明度。

保留透明区域：勾选该选项以后，只填充图层中包含像素的区域，而透明区域不会被填充。

3.8.2 课堂案例——定义图案并进行填充

实例位置	实例文件>CH03>3.8.2.psd
素材位置	素材文件>CH03>素材09.jpg
视频位置	多媒体教学>CH03>3.8.2.flv
实用指数	★★★★☆
技术掌握	用填充命令对选区填充图案

本例主要针对“填充”命令的使用方法进行练习，如图3-176所示。

图3-176

01 按Ctrl+N组合键新建一个大小为18像素×18像素的文件，然后新建一个“图层1”，接着使用“矩形选框工具”绘制一个18像素×18像素的矩形选区，再设置前景色（R:105，G:168，B:232），最后按Alt+Delete组合键填充选区，效果如图3-177所示。

图3-177

02 使用“椭圆选框工具”在图像上绘制一个圆形选区，如图3-178所示，然后设置前景色（R:139，G:213，B:242），接着按Alt+Delete组合键填充选区，效果如图3-179所示。

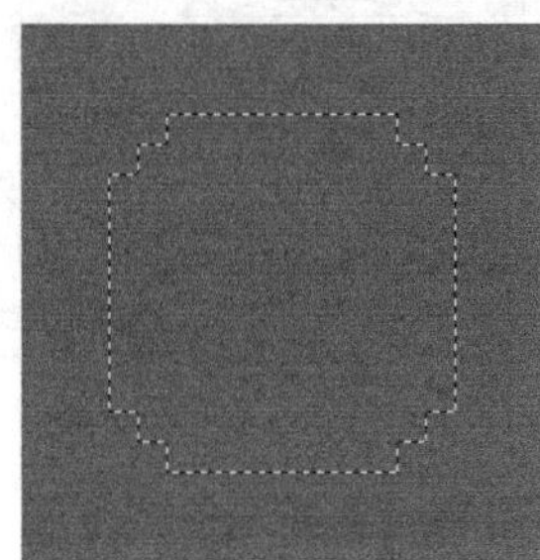

图3-178

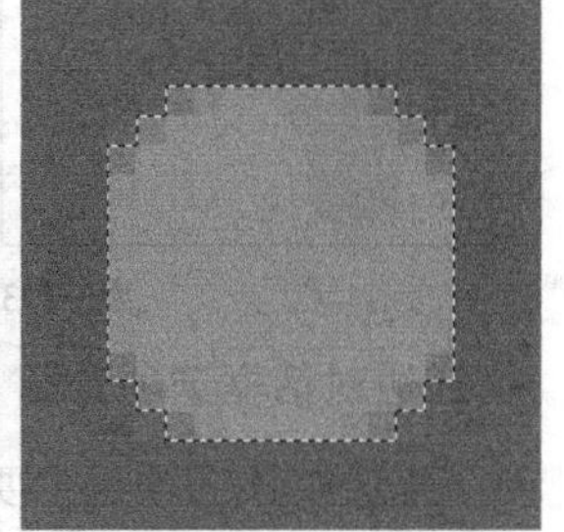

图3-179

技巧与提示

由于文档较小，因此在绘制选区的时候，可以将画布放大到最大。

03 按Ctrl+D组合键取消选区，然后执行“编辑>定义图案”菜单命令，接着在弹出的“图案名称”对话框中为图案取一个名字，如图3-180所示。

04 按Ctrl+N组合键新建一个478像素×642像素、“背景内容”为“透明”的文件，然后使用“矩形选框工具”绘制一个如图3-181所示的矩形选区。

图3-180　　图3-181

05 执行“编辑>填充”菜单命令，然后在弹出的对话框中设置“使用”为“图案”，接着在“自动图案”中选择前面定义的“背景图案”，如图3-182所示，填充效果如图3-183所示。

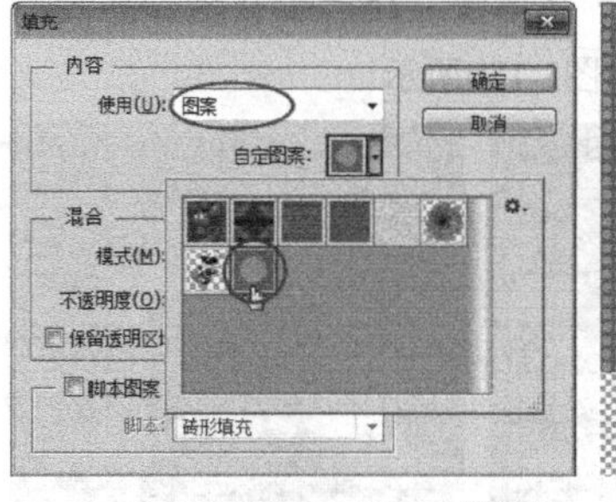

图3-182

图3-183

06 在“工具箱”中选择“减淡工具”，然后在图像的中间位置进行涂抹，使其产生渐变效果，如图3-184所示。

07 打开“素材文件>CH03>素材09.jpg”文件，然后将其拖曳到当前文档中，如图3-185所示。

图3-184

图3-185

08 使用“磁性套索工具” 将台灯和底部的内容勾选出来，如图3-186所示，然后在“图层”面板中单击“添加图层蒙版”按钮 ，为选区添加一个蒙版，效果如图3-187所示。

图3-186

图3-187

09 继续使用“磁性套索工具” 将灯罩的正面部分勾选出来，如图3-188所示，然后按Ctrl+J组合键将选区内的图像复制到一个新的“图层3”中。

10 载入“图层3”的选区，然后为其填充前面定义的图案，效果如图3-189所示。

图3-188

图3-189

11 在“图层”面板中设置“图层3”的混合模式为“叠加”、“不透明度”为75%，效果如图3-190所示。

图3-190

12 按Ctrl+U组合键打开“色相/饱和度”对话框，然后设置“色相”为24，如图3-191所示，最终效果如图3-192所示。

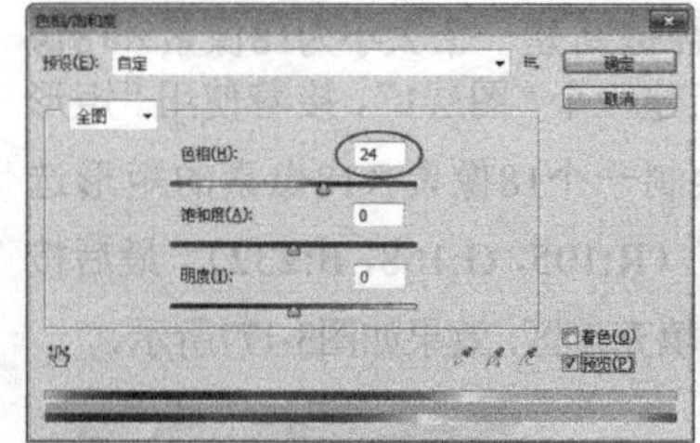

图3-191

图3-192

3.8.3 描边选区

使用“描边”命令可以在选区、路径或图层周围创建任何颜色的边框。打开一张素材，并创建出选区，如图3-193所示，然后执行“编辑>描边”菜单命令或按Alt+E+S组合键，打开“描边”对话框，如图3-194所示。

图3-193

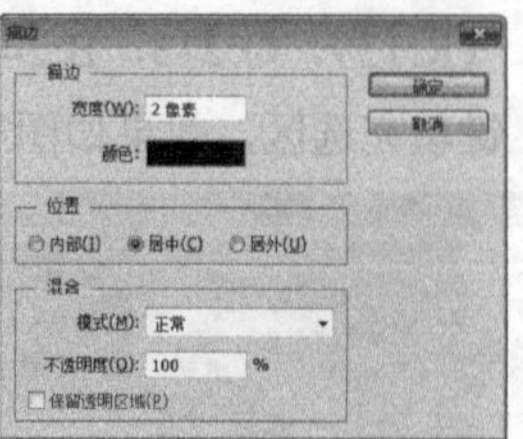

图3-194

- **描边对话框选项介绍**

描边：该选项组主要用来设置描边的宽度和颜色。

位置：设置描边相对于选区的位置，包括“内部”“居中”和“居外”3个选项。

混合：用来设置描边颜色的混合模式和不透明度。如果勾选“保留透明区域”选项，则只对包含像素的区域进行描边。

3.9 本章小结

本章首先讲解了选区的基本功能与基本操作方法，然后讲解了选区的编辑及填充与描边命令。在基本操作方法部分介绍了每一个工具的基本用法；在讲解选区的编辑部分，主要讲解了选区边缘、创建边界选区、平滑选区、扩展与收缩选区、羽化选区和扩大选区等操作方法。

通过本章的学习，我们应该对选区有一个比较深刻的认识，应该熟悉选区的基本操作工具以及掌握选区的编辑方法。

3.10 课后习题

3.10.1 课后习题——设计光盘封面

实例位置	实例文件>CH03>3.10.1.psd
素材位置	素材文件>CH03>素材10-1.jpg~素材10-3.jpg
视频位置	多媒体教学>CH03>3.10.1.flv
实用指数	★★★★★
技术掌握	选区运算与光盘封面的制作方法

本习题主要针对“椭圆选框工具”◯的使用方法进行练习，如图3-195所示。

图3-195

步骤分解如图3-196所示。

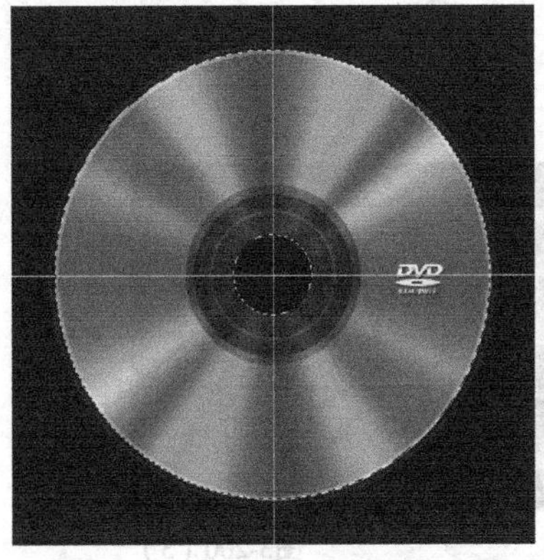

图3-196（1）

图3-196（2）

图3-196（3）

3.10.2 课后习题——制作渐变卡片

实例位置	实例文件>CH03>3.10.2.psd
素材位置	无
视频位置	多媒体教学>CH03>3.10.2.flv
实用指数	★★★☆☆
技术掌握	用填充命令对选区填充颜色

本习题主要是针对选区的填充功能进行练习，如图3-197所示。

图3-197

步骤分解如图3-198所示。

图3-198（1）

图3-198（2）

图3-198（3）

图3-198（4）

3.10.3 课后习题——抠取热气球并合成背景

实例位置	实例文件>CH03>3.10.3.psd
素材位置	素材文件>CH03>素材11-1.jpg、素材11-2.jpg
视频位置	多媒体教学>CH03>3.10.3.flv
实用指数	★★★★★
技术掌握	用色彩范围命令抠除天空并更换背景

本习题主要针对“色彩范围”命令的使用方法进行练习，如图3-199所示。

图3-199

步骤分解如图3-200所示。

图3-200（1）

图3-200（2）

图3-200（3）

第4章

绘画与图像修饰

本章介绍Photoshop CS6的绘画与图像修饰的相关知识，尤其是绘画工具的使用。在学习中一定要结合课堂案例及课堂练习，熟悉各个绘画工具的具体使用方法，这样才能为学习后面的知识打下坚实的基础。

课堂学习目标

掌握设置颜色的方法
掌握画笔面板以及绘画工具的使用方法
掌握图像修复工具的使用方法
掌握图像擦除工具的使用方法
掌握图像润饰工具的使用方法

4.1 前景色与背景色

在Photoshop中，前景色通常用于绘制图像、填充和描边选区等，如图4-1所示；背景色常用于生成渐变填充和填充图像中已抹除的区域，如图4-2所示。

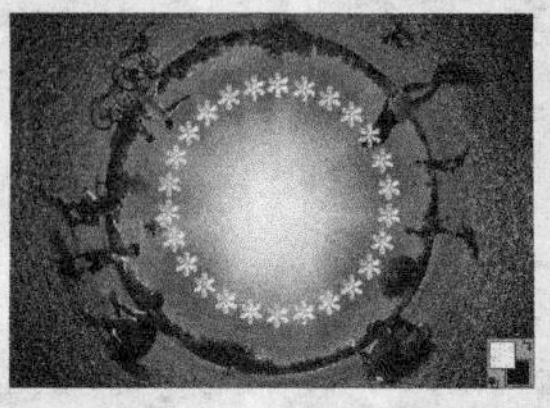

图4-1

图4-2

技巧与提示

一些特殊滤镜也需要使用前景色和背景色，例如“纤维”滤镜和“云彩”滤镜等。

在Photoshop“工具箱”的底部有一组前景色和背景色设置按钮，如图4-3所示。在默认情况下，前景色为黑色，背景色为白色。

前景色——
默认前景色和背景色——

——切换前景色和背景色
——背景色

图4-3

- **前/背景色颜置工具介绍**

前景色：单击前景色图标，可以在弹出的“拾色器（前景色）”对话框中选取一种颜色作为前景色。

背景色：单击背景色图标，可以在弹出的“拾色器（背景色）”对话框中选取一种颜色作为背景色。

切换前景色和背景色：单击“切换前景色和背景色”图标可以切换所设置的前景色和背景色（快捷键为X键）。

默认前景色和背景色：单击“默认前景色和背景色”图标可以恢复默认的前景色和背景色（快捷键为D键）。

4.2 颜色设置

任何图像都离不开颜色，使用Photoshop的画笔、文字、渐变、填充、蒙版、描边等工具修饰图像时，都需要设置相应的颜色。Photoshop提供了很多种选取颜色的方法。

4.2.1 用拾色器选取颜色

在Photoshop中，只要设置颜色，几乎都需要使用到拾色器，如图4-4所示。在拾色器中，可以选择用HSB、RGB、Lab和CMYK颜色模式来指定颜色。

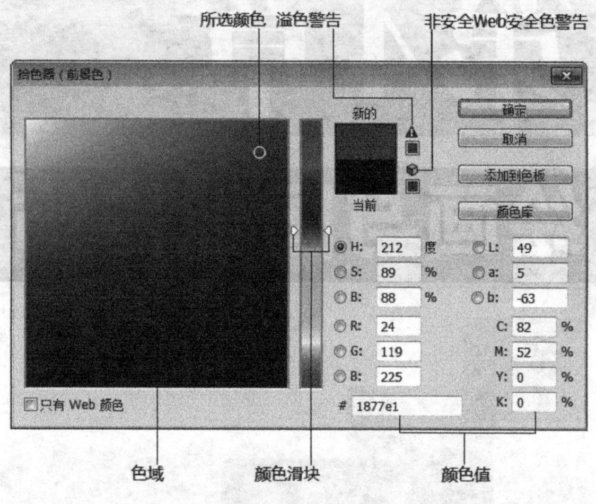

图4-4

4.2.2 用吸管工具选取颜色

使用“吸管工具”可以在打开图像的任何位置采集色样来作为前景色或背景色（按住Alt键可以吸取背景色，如图4-5和图4-6所示），其选项栏如图4-7所示。

图4-5

图4-6

取样大小：取样点　样本：所有图层　显示取样环

图4-7

- **吸管工具选项介绍**

取样大小：设置吸管取样范围的大小。选择“取样点”选项时，可以选择像素的精确颜色；选择“3×3 平均”选项时，可以选择所在位置3个像素区域以内的平均颜色；选择“5×5平均”选项时，可以选择所在位置5个像素区域以内的平均颜色。其他选项依此类推。

样本：可以从“当前图层”“当前和下方图层”“所有图层”“所有无调整图层”和“当前和下一个无调整图层”中采集颜色。

显示取样环：勾选该选项以后，可以在拾取颜色时显示取样环。

4.2.3 认识颜色面板

执行“窗口>颜色”菜单命令，打开“颜色”面板，如图4-8所示。“颜色”面板中显示了当前设置的前景色和背景色，同时也可以在该面板中设置前景色和背景色。

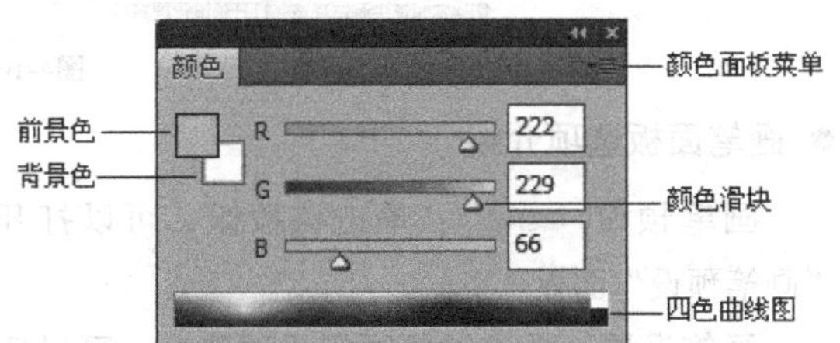

图4-8

4.2.4 认识色板面板

在“色板”面板中的是一些系统预设的颜色，单击相应的颜色即可将其设置为前景色。执行“窗口>色板”菜单命令，打开“色板”面板，如图4-9所示。

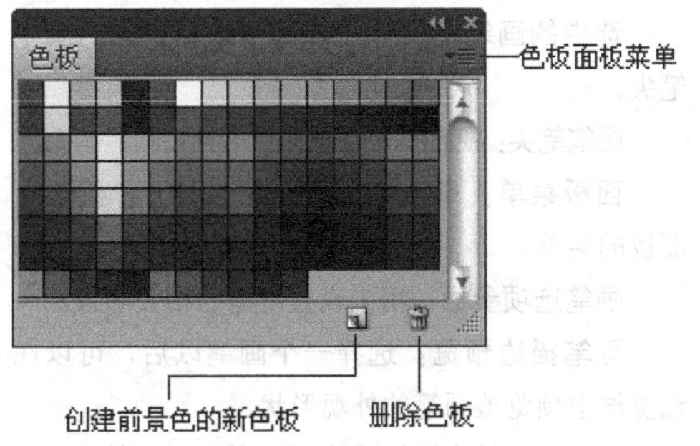

图4-9

● **色板面板选项介绍**

创建前景色的新色板：使用“吸管工具”拾取一种颜色以后，单击“创建前景色的新色板”按钮可以将其添加到“色板”面板中。如果要修改新色板的名称，可以双击添加的色板，如图4-10所示，然后在弹出的“色板名称”对话框中进行设置，如图4-11所示。

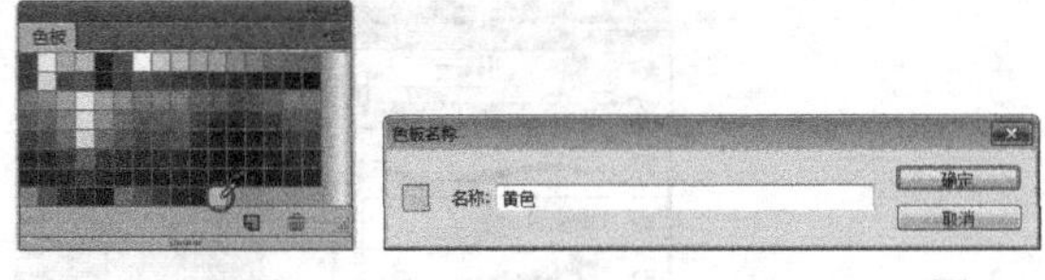

图4-10　图4-11

删除色板：如果要删除一个色板，可以使用鼠标左键将其拖曳到“删除色板”按钮上，如图4-12所示，或者按住Alt键将光标放在要删除的色板上，当光标变成剪刀形状时，单击该色板即可将其删除，如图4-13所示。

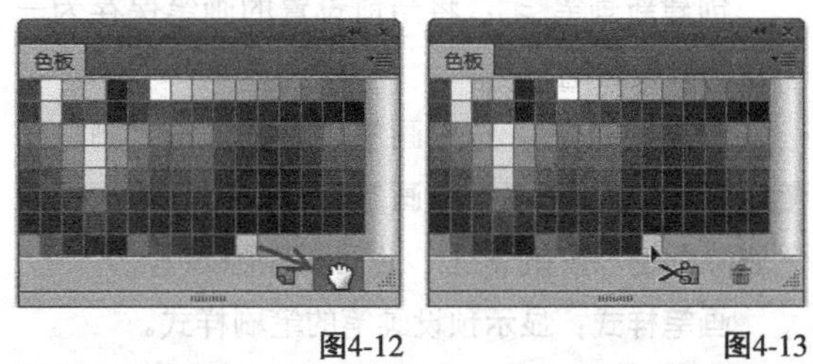

图4-12　图4-13

4.3 “画笔预设”面板

“画笔预设”面板中提供了各种系统预设的画笔，这些预设的画笔带有大小、形状和硬度等属性。用户在使用绘画工具、修饰工具时，都可以从“画笔预设”面板中选择画笔的形状。执行“窗口>画笔预设”菜单命令，打开“画笔预设”面板，如图4-14所示。

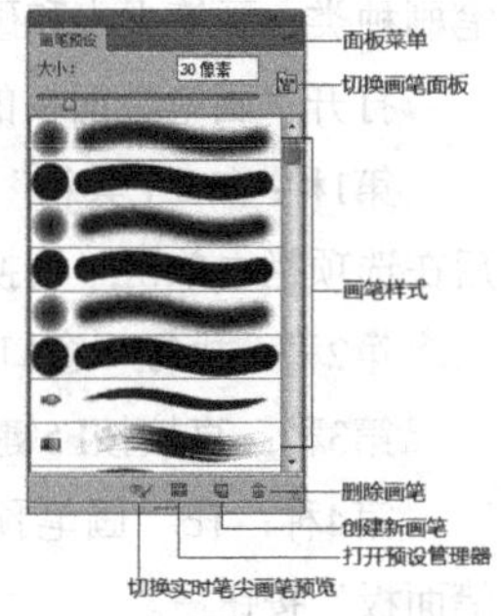

图4-14

● **画笔预设面板选项介绍**

大小：通过输入数值或拖曳下面的滑块以调整画笔的大小。

切换画笔面板：单击该按钮可以打开“画笔”面板。

切换实时笔尖画笔预览：使用毛刷笔尖时，在画布中实时显示笔尖的形状，如图4-15所示。

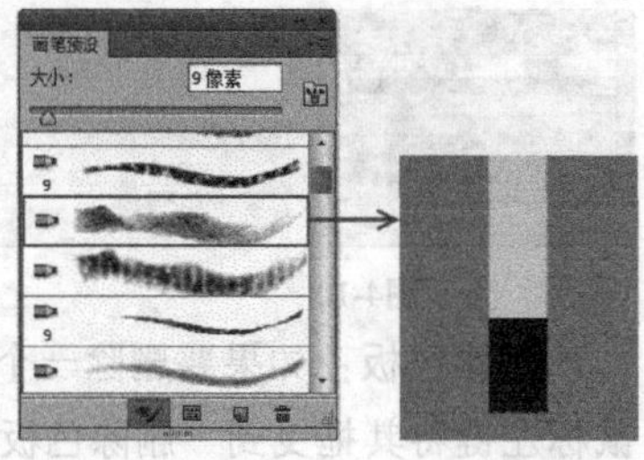

图4-15

打开预设管理器：单击该按钮可以打开“预设管理器”对话框。

创建新画笔：将当前设置的画笔保存为一个新的预设画笔。

删除画笔：选中画笔以后，单击“删除画笔”按钮，可以将该画笔删除。将画笔拖曳到“删除画笔”按钮上，也可以删除画笔。

画笔样式：显示预设画笔的笔刷样式。

面板菜单：单击图标，可以打开“画笔预设”面板的菜单。

4.4 “画笔”面板

我们在认识其他绘制工具及修饰工具之前，首先需要掌握“画笔”面板。“画笔”面板是最重要的面板之一，它可以设置绘画工具、修饰工具的笔刷种类、画笔大小和硬度等属性。

打开“画笔”面板的方法主要有以下4种。

第1种：在“工具箱”中选择“画笔工具”，然后在选项栏中单击“切换画笔面板”按钮。

第2种：执行“窗口>画笔”菜单命令。

第3种：直接按F5键。

第4种：在“画笔预设”面板中单击“切换画笔面板”按钮。

打开的“画笔”面板，如图4-16所示。

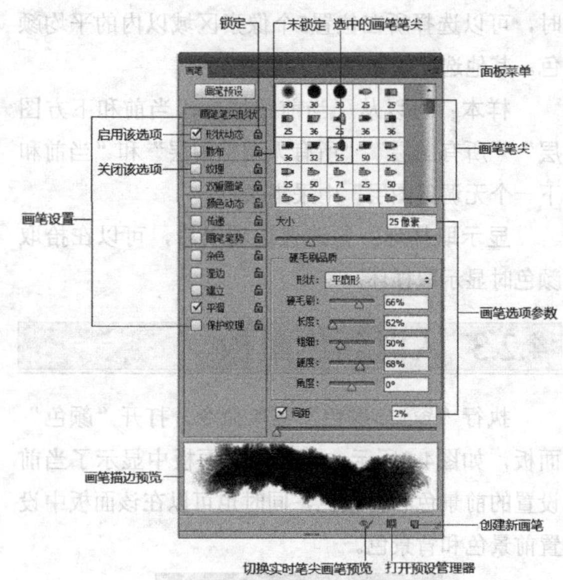

图4-16

● **画笔面板选项介绍**

画笔预设：单击该按钮，可以打开“画笔预设”面板。

画笔设置：单击这些画笔设置选项，可以切换到与该选项相对应的面板。

启用/关闭选项：处于勾选状态的选项代表启用状态；处于未勾选状态的选项代表关闭状态。

锁定/未锁定：图标代表该选项处于锁定状态；图标代表该选项处于未锁定状态。锁定与解锁操作可以相互切换。

选中的画笔笔尖：显示处于选择状态的画笔笔尖。

画笔笔尖：显示Photoshop提供的预设画笔笔尖。

面板菜单：单击图标，可以打开“画笔”面板的菜单。

画笔选项参数：用来设置画笔的相关参数。

画笔描边预览：选择一个画笔以后，可以在预览框中预览该画笔的外观形状。

切换实时笔尖画笔预览：使用毛刷笔尖时，在画布中实时显示笔尖的形状，如图4-16所示。

打开预设管理器：单击该按钮可以打开“预设管理器”对话框。

创建新画笔：将当前设置的画笔保存为一个新的预设画笔。

4.4.1 画笔笔尖形状

在“画笔笔尖形状”选项面板中可以设置画笔的形状、大小、硬度和间距等属性，如图4-17所示。

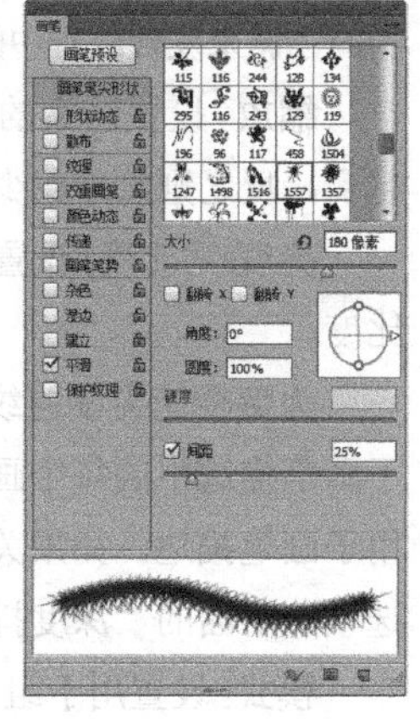

图4-17

● **画笔笔尖形状选项介绍**

大小：控制画笔的大小，可以直接输入像素值，也可以通过拖曳大小滑块来设置画笔大小。

恢复到原始大小：将样本画笔恢复到原始大小。

翻转X/Y：将画笔笔尖在其x轴或y轴上进行翻转。

角度：指定椭圆画笔或样本画笔的长轴在水平方向旋转的角度。

圆度：设置画笔短轴和长轴之间的比率。当“圆度”值为100%时，表示圆形画笔；当“圆度”值为0%时，表示线性画笔；当“圆度”值介于0%~100%时，表示椭圆画笔（呈“压扁”状态）。

硬度：控制画笔硬度中心的大小（不能更改样本画笔的硬度）。数值越小，画笔的柔和度越高，反之则柔和度越低。

间距：控制描边中两个画笔笔迹之间的距离。数值越高，笔迹之间的间距越大，反之则笔迹之间的间距就越小。

4.4.2 形状动态

“形状动态”可以决定描边中画笔笔迹的变化，它可以使画笔的大小、圆度等产生随机变化的效果。勾选“形状动态”选项以后，会显示其相关参数，如图4-18所示。

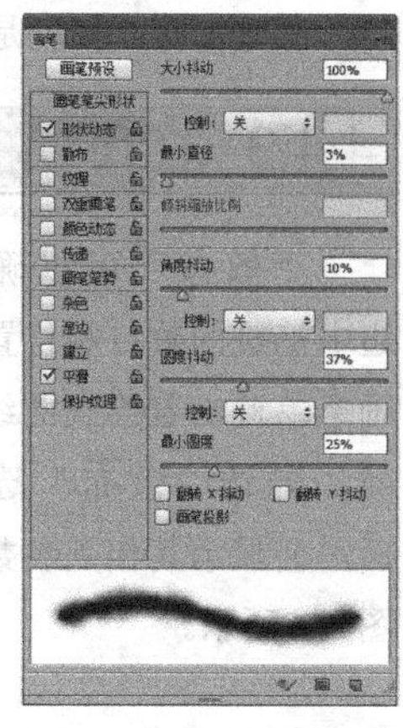

图4-18

● **形状动态选项介绍**

大小抖动/控制：“大小抖动”选项用于指定描边中画笔笔迹大小的改变方式，数值越高，图像轮廓越不规则。要设置“大小抖动”的方式，可以从“控制”下拉列表中进行选择，其中“关”选项表示不控制画笔笔迹的大小变换；“渐隐”选项是按照指定数量的步长在初始直径和最小直径之间渐隐画笔笔迹的大小，使笔迹产生逐渐淡出的效果。如果计算机配置有数位板，可以选择“钢笔压力”“钢笔斜度”或“光笔轮”，然后根据钢笔的压力、斜度或钢笔位置来改变初始直径和最小直径之间的画笔笔迹大小。

最小直径：当启用“大小抖动”选项以后，通过该选项可以设置画笔笔迹缩放的最小缩放百分比。数值越高，笔尖的直径变化越小。

倾斜缩放比例：当将“大小抖动”设置为“钢笔斜度”选项时，该选项用来设置在旋转前应用于画笔高度的比例因子。

角度抖动/控制：用来设置画笔笔迹的角度。如果要设置“角度抖动”的方式，可以在下面的“控制”下拉列表中进行选择。

圆度抖动/控制/最小圆度：用来设置画笔笔迹的圆度在描边中的变化方式。如果要设置“圆度抖动”的方式，可以在下面的“控制”下拉列表中进行选择。另外，“最小圆度”选项可以用来设置画笔笔迹的最小圆度。

翻转X/Y抖动：将画笔笔尖在其x轴或y轴上进行翻转。

画笔投影：控制是否开启画笔的投影效果。

4.4.3 散布

“散布”可以确定描边中笔迹的数目和位置，使画笔笔迹沿着绘制的线条扩散。勾选“散布”选项以后，会显示其相关参数，如图4-19所示。

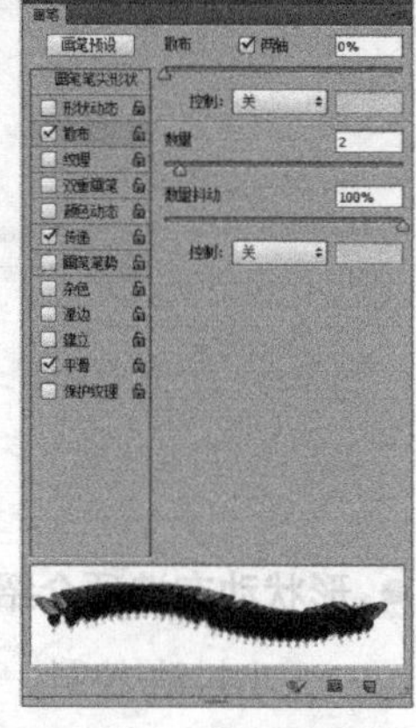

图4-19

● **散布选项介绍**

散布/两轴/控制：“散布”选项用于指定画笔笔迹在描边中的分散程度，该值越高，分散的范围越广。当勾选“两轴”选项时，画笔笔迹将以中心点为基准，向两侧分散。如果要设置画笔笔迹的分散方式，可以在下面的“控制”下拉列表中进行选择。

数量：指定在每个间距间隔应用的画笔笔迹数量。数值越高，笔迹重复的数量越大。

数量抖动/控制：指定画笔笔迹的数量如何针对各种间距间隔产生变化。如果要设置“数量抖动”的方式，可以在下面的“控制”下拉列表中进行选择。

4.4.4 纹理

“纹理”画笔是利用图案使描边看起来像是在带纹理的画布上绘制出来的一样。勾选“纹理”选项以后，会显示其相关参数，如图4-20所示。

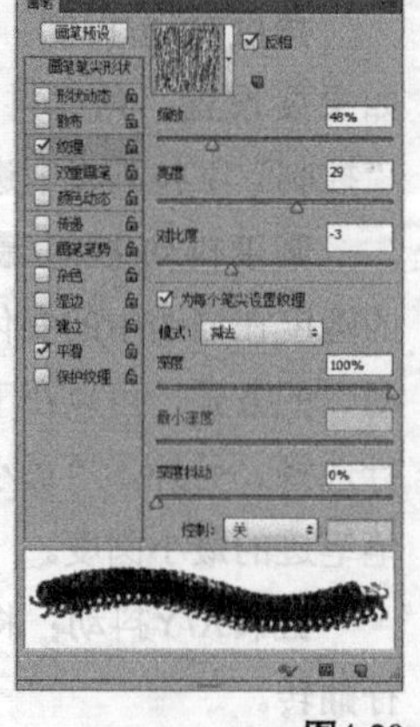

图4-20

● **纹理选项介绍**

选择纹理/反相：单击图案缩览图右侧的图标，可以在弹出的“图案”拾色器中选择一个图案，并将其设置为纹理。如果勾选“反相”选项，可以基于图案中的色调来反转纹理中的亮点和暗点。

缩放：设置图案的缩放比例。数值越小，纹理越多，反之则纹理越少。

亮度/对比度：设置纹理相对于画笔的亮度和对比度。

为每个笔尖设置纹理：将选定的纹理单独应用于画笔描边中的每个画笔笔迹，而不是作为整体应用于画笔描边。如果关闭“为每个笔尖设置纹理”选项，下面的“深度抖动”选项将不可用。

模式：设置用于组合画笔和图案的混合模式。

深度：设置油彩渗入纹理的深度。数值越大，渗入的深度越大。

最小深度：当“深度抖动”下面的“控制”选项设置为“渐隐”“钢笔压力”“钢笔斜度”“光笔轮”或“旋转”选项，并且勾选了“为每个笔尖设置纹理”选项时，“最小深度”选项用来设置油彩可渗入纹理的最小深度。

深度抖动/控制：当勾选“为每个笔尖设置纹理”选项时，“深度抖动”选项用来设置深度的改变方式。如果要指定如何控制画笔笔迹的深度变化，可以从下面的“控制”下拉列表中进行选择。

4.4.5 双重画笔

“双重画笔”是组合两个笔尖来创建画笔笔迹。要使用双重画笔，首先要在“画笔笔尖形状”选项中设置主画笔，如图4-21所示，然后从“双重画笔”选项中选择另外一个画笔（即双重画笔，如图4-22所示）。

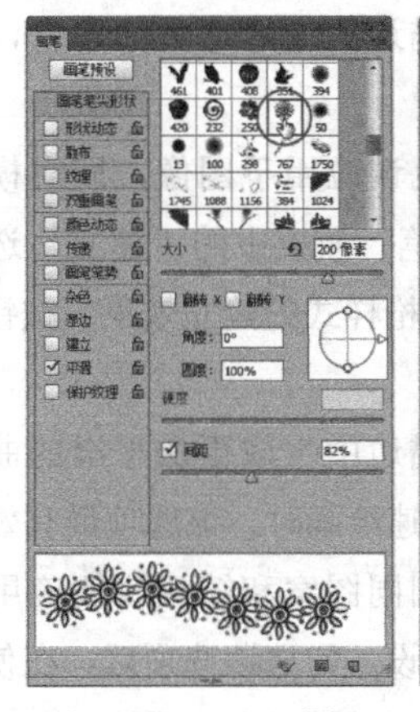
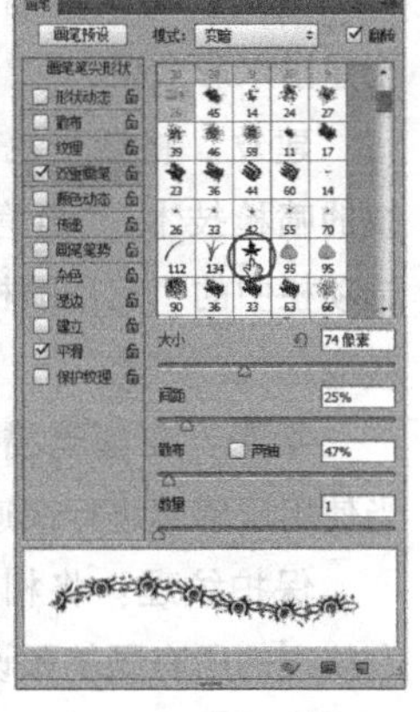
图4-21　图4-22

● 双重画笔选项介绍

模式：选择从主画笔和双重画笔组合画笔笔迹时要使用的混合模式。

翻转：基于图案中的色调来反转纹理中的亮点和暗点。

大小：控制双重画笔的大小。

间距：控制描边中双笔尖画笔笔迹之间的距离。数值越大，间距越大。

散布/两轴：指定描边中双重画笔笔迹的分布方式。当勾选“两轴”选项时，双重画笔笔迹会按径向分布；当关闭“两轴”选项时，双重画笔笔迹将垂直于描边路径分布。

数量：指定在每个间距间隔应用的双重画笔笔迹的数量。

4.4.6 颜色动态

如果要让绘制出的线条的颜色、饱和度和明度等产生变化，可以勾选“颜色动态”选项，通过设置选项来改变描边路线中油彩颜色的变化方式，如图4-23所示。

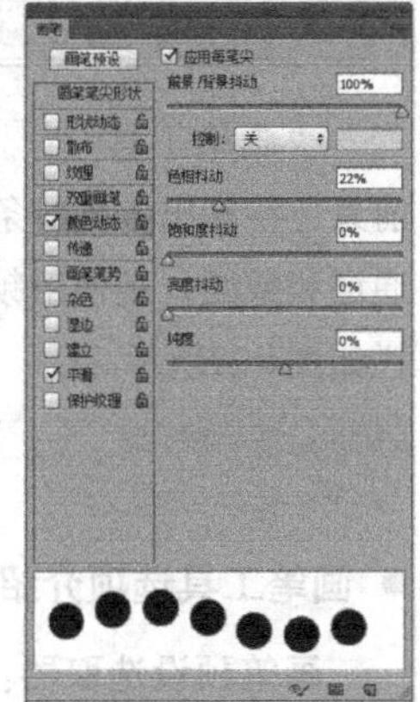
图4-23

● 颜色动态选项介绍

前景/背景抖动/控制：用来指定前景色和背景色之间的油彩变化方式。数值越小，变化后的颜色越接近前景色；数值越大，变化后的颜色越接近背景色。如果要指定如何控制画笔笔迹的颜色变化，可以在下面的“控制”下拉列表中进行选择。

色相抖动：设置颜色的变化范围。数值越小，颜色越接近前景色；数值越高，色相变化越丰富。

饱和度抖动：设置颜色的饱和度变化范围。数值越小，饱和度越接近前景色；数值越高，色彩的饱和度越高。

亮度抖动：设置颜色的亮度变化范围。数值越小，亮度越接近前景色；数值越高，颜色的亮度值越大。

纯度：用来设置颜色的纯度。数值越小，笔迹的颜色越接近于黑白色；数值越高，颜色纯度越高。

4.4.7 传递

“传递”选项用来确定油彩在描边路线中的改变方式，如图4-24所示。

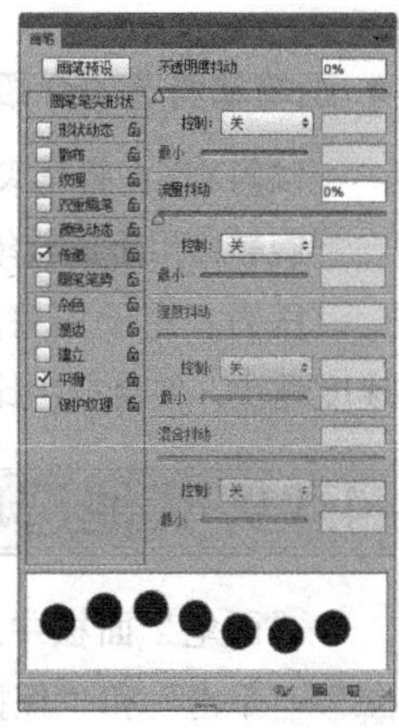
图4-24

● 传递选项介绍

不透明度抖动/控制：指定画笔描边中油彩不透明度的变化方式，最高值是选项栏中指定的“不透明度”值。如果要指定如何控制画笔笔迹的不透明度变化，可以从下面的“控制”下拉列表中进行选择。

流量抖动/控制：用来设置画笔笔迹中油彩流量的变化程度。如果要指定如何控制画笔笔迹的流量变化，可以从下面的“控制”下拉列表中进行选择。

湿度抖动/控制：用来控制画笔笔迹中油彩湿度的变化程度。如果要指定如何控制画笔笔迹的湿度变化，可以从下面的“控制”下拉列表中进行选择。

混合抖动/控制：用来控制画笔笔迹中油彩混合的变化程度。如果要指定如何控制画笔笔迹的混合变化，可以从下面的“控制”下拉列表中进行选择。

4.4.8 画笔笔势

“画笔笔势”选项用于调整毛刷笔刷和侵蚀笔刷的角度，如图4-25所示。

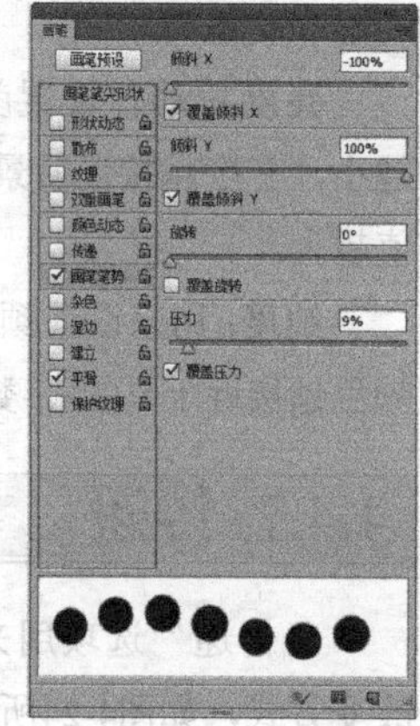

图4-25

● **画笔笔势选项介绍**

倾斜X/Y：将笔尖在x轴或y轴上倾斜。

旋转：用于旋转笔尖。

压力：用于调整画笔的压力。值越高，绘画速度越快，但会产生比较粗糙的线条。

4.4.9 其他选项

“画笔”面板中还有“杂色”“湿边”“建立”“平滑”和“保护纹理”5个选项，如图4-26所示。这些选项不能调整参数，如果要启用其中某个选项，将其勾选即可。

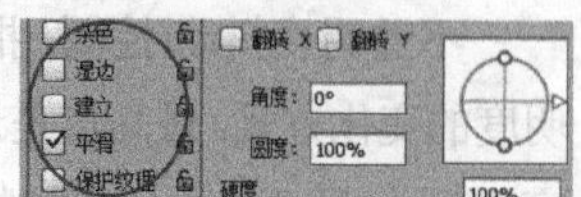

图4-26

● **其他选项介绍**

杂色：为个别画笔笔尖增加额外的随机性。当使用柔边画笔时，该选项最有效果。

湿边：沿画笔描边的边缘增大油彩量，从而创建出水彩效果。

建立：将渐变色调应用于图像，同时模拟传统的喷枪技术。“画笔”面板中的“建立”选项与选项栏中的“启用喷枪样式的建立效果”按钮相对应。

平滑：在画笔描边中生成更加平滑的曲线。当使用压感笔进行快速绘画时，该选项最有效。

保护纹理：将相同图案和缩放比例应用于具有纹理的所有画笔预设。勾选该选项后，在使用多个纹理画笔绘画时，可以模拟出一致的画布纹理。

4.5 绘画工具

使用Photoshop的绘制工具不仅能够绘制出传统意义上的插画，还能够对数码相片进行美化处理，同时还能够对数码相片制作各种特效。Photoshop中的绘制工具包括“画笔工具”、“铅笔工具”、“颜色替换工具”和“混合器画笔工具”。

本节工具概要

工具名称	作用	快捷键	重要程度
画笔工具	用前景色绘制各种线条，或者修改通道与蒙版	B	高
铅笔工具	绘制硬边线条	B	中
颜色替换工具	将选定的颜色替换为其他颜色	B	高
混合器画笔工具	模拟真实的绘画效果，并且可以混合画布颜色和使用不同的绘画湿度	B	中

4.5.1 画笔工具

“画笔工具”与毛笔比较相似，可以使用前景色绘制出各种线条，同时也可以利用它来修改通道和蒙版，是使用频率最高的工具之一，其选项栏如图4-27所示。

图4-27

● **画笔工具选项介绍**

画笔预设选取器：单击图标，可以打开“画笔预设”选取器，在这里面可以选择笔尖、设置画笔的“大小”和“硬度”。

切换画笔面板：单击该按钮，可以打开“画笔”面板。

模式：设置绘画颜色与下面现有像素的混合方法。

不透明度：设置画笔绘制出来的颜色的不透明度。数值越大，笔迹的不透明度越高；数值越小，笔迹的不透明度越低。

流量：设置当将光标移到某个区域上方时应用颜色的速率。在某个区域上方进行绘画时，如果一直按住鼠标左键，颜色量将根据流动速率增大，直至达到“不透明度”设置。例如，如果将“不透明度”和“流量”都设置为10%，则每次移到某个区域上方时，其颜色会以10%的比例接近画笔颜色。除非释放鼠标左键并再次在该区域上方绘画，否则总量将不会超过10%的“不透明度”。

启用喷枪样式的建立效果：激活该按钮以后，可以启用“喷枪”功能，Photoshop会根据鼠标左键的单击程度来确定画笔笔迹的填充数量。例如，关闭“喷枪”功能时，每单击一次会绘制一个笔迹；而启用“喷枪”功能以后，按住鼠标左键不放，即可持续绘制笔迹。

始终对大小使用压力：使用压感笔压力可以覆盖“画笔”面板中的“不透明度”和“大小”设置。

技巧与提示

如果使用绘图板绘画，则可以在“画笔”面板和选项栏中通过设置钢笔压力、角度、旋转或光笔轮来控制应用颜色的方式。

4.5.2 课堂案例——绘制裂痕皮肤

实例位置	实例文件>CH04>4.5.2.psd
素材位置	素材文件>CH04>素材01-1.jpg、素材01-2.abr
视频位置	多媒体教学>CH04>4.5.2.flv
实用指数	★★★★★
技术掌握	预设画笔与外部画笔之间的搭配运用

本例主要针对“画笔工具”的使用方法进行练习，如图4-28所示。

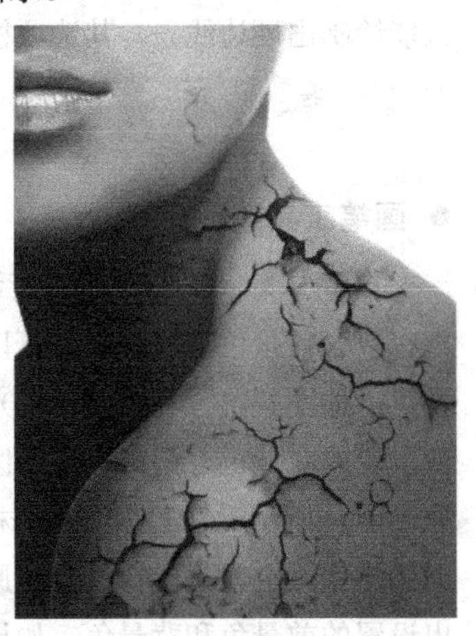

图4-28

01 打开“素材文件>CH04>素材01-1.jpg”文件，如图4-29所示。

02 在“工具箱”中选择“画笔工具”，然后在画布中单击鼠标右键，并在弹出的“画笔预设”选取器中单击图标，接着在弹出的菜单中选择“载入画笔”命令，最后在弹出的“载入”对话框中选择“素材文件>CH04>素材01-2.abr”文件，如图4-30所示。

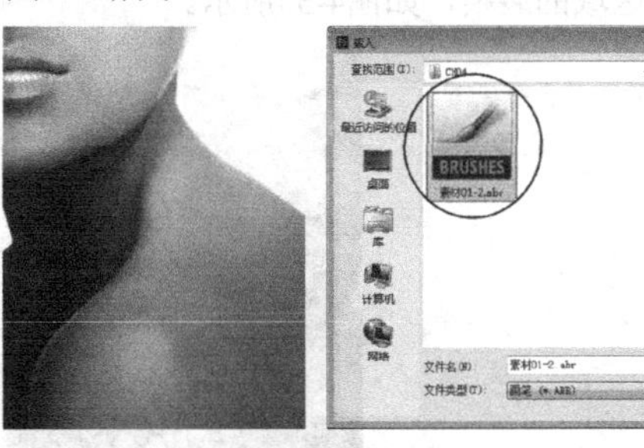

图4-29 图4-30

疑难问答

问：为什么要用外部画笔来绘制裂痕？

答：因为使用Photoshop预设的画笔资源很难绘制出裂痕效果，因此为了提高工作效率，最好使用外部的资源来完成。

03 新建一个名称为“裂痕”的图层，然后选择上一步载入的裂痕画笔，如图4-31所示，接着设置前景色为（R:57，G:12，B:0），最后在肩膀处绘制出裂痕效果（单击一次即可，如图4-32所示）。

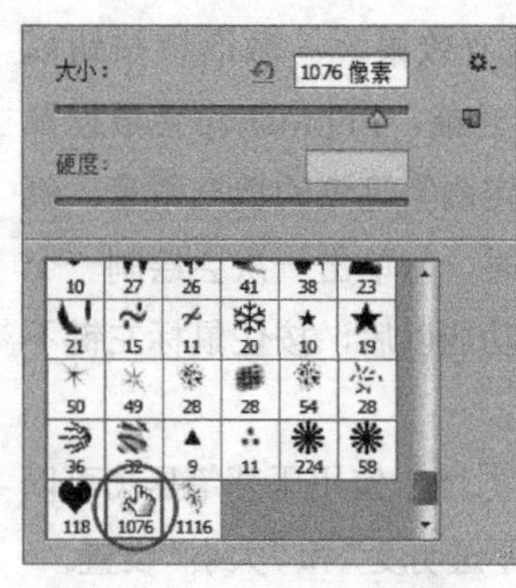

图4-31

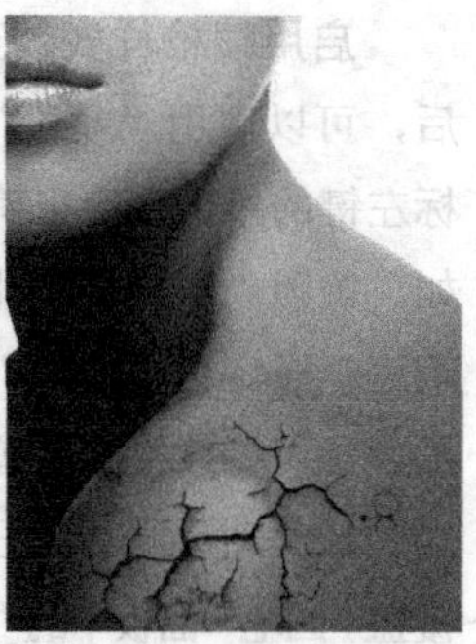

图4-32

04 选择另外一个裂痕画笔，如图4-33所示，然后设置前景色为（R:29，G:10，B:5），接着在颈部绘制出裂痕，如图4-34所示。

图4-33

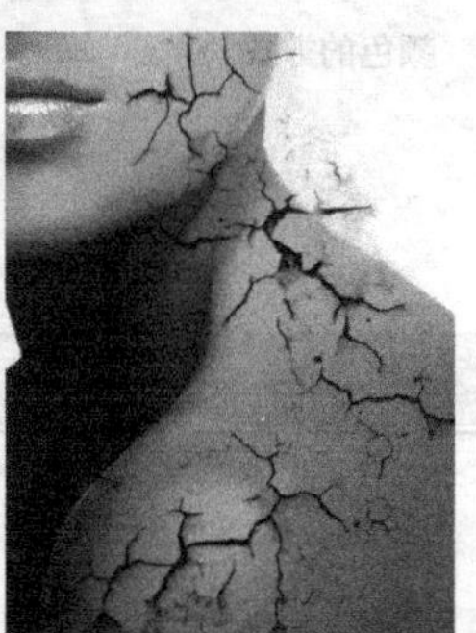

图4-34

05 在“工具箱”中选择“橡皮擦工具”，然后擦除超出人物区域的裂痕，如图4-35所示。

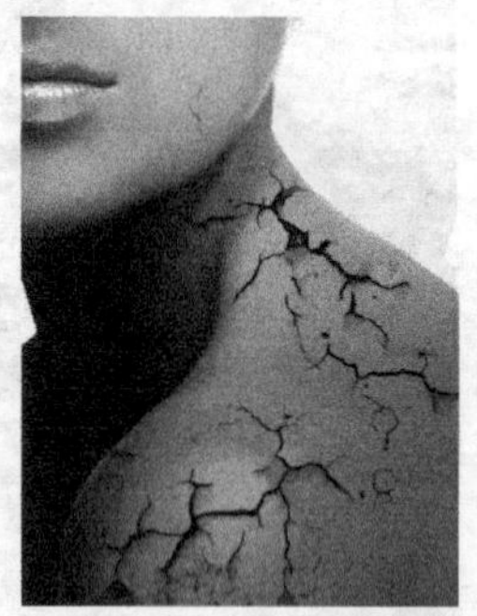

图4-35

知识点 用图层蒙版擦除图像

用“橡皮擦工具”擦除图像是属于“不可逆转”的操作，也就是说，在历史记录允许的步骤范围以外无法恢复被误擦的部分。而图层蒙版遵循“黑色擦除，白色保留”的原则，只需要使用“画笔工具”在图层蒙版中的相应位置进行绘制，即可隐藏掉多余的图像，并且这个操作不会破坏原始图像。在这里我们来简单介绍一下如何使用图层蒙版擦除多余裂痕（关于图层蒙版的更多知识将在后面的章节中进行详细讲解），操作步骤如下。

第1步：选择“裂痕”图层，然后在“图层”面板下面单击“添加图层蒙版”按钮，为该图层添加一个图层蒙版，如图4-36所示。

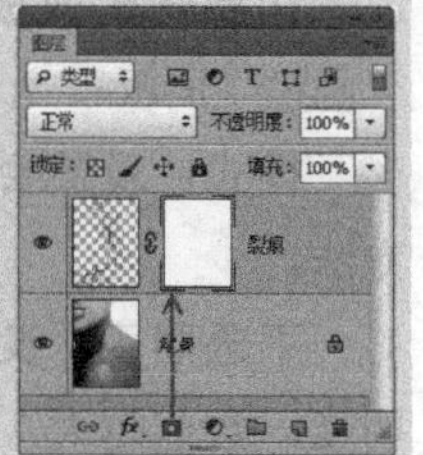

图4-36

第2步：设置前景色为黑色，然后使用“画笔工具”（选择柔边画笔）在多余的部分进行涂抹（注意，必须是选择图层蒙版进行涂抹），此时，多余的图像就可以被隐藏掉（黑色隐藏，白色显示）。图层蒙版显示状态如图4-37所示，图像效果如图4-38所示。

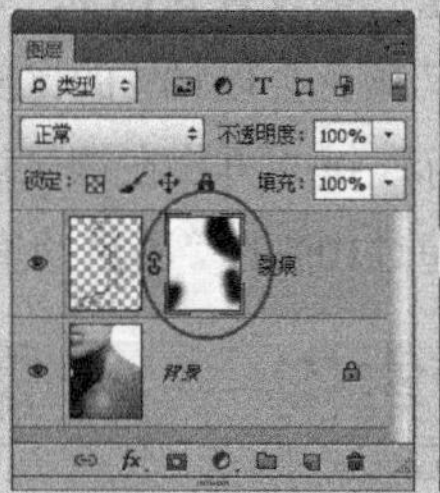

图4-37

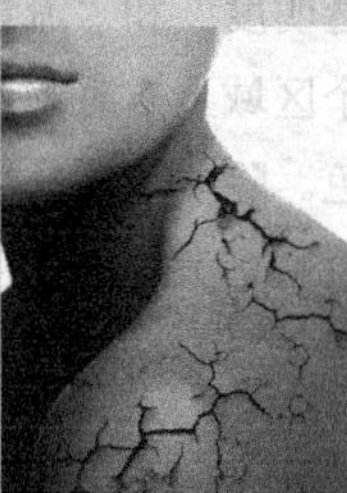

图4-38

4.5.3 铅笔工具

“铅笔工具”不同于“画笔工具”，它只能绘制出硬边线条，其选项栏如图4-39所示。

模式：正常 不透明度：100% 自动抹除

图4-39

- **画笔工具选项介绍**

自动抹除：勾选该选项后，如果将光标中心放在包含前景色的区域上，可以将该区域涂抹成背景色，如图4-40所示；如果将光标中心放在不包含前景色的区域上，则可以将该区域涂抹成前景色，如图4-41所示。注意，“自动抹除”选项只适用于原始图像，也就是说，只有在原始图像上才能绘制出设置的前景色和背景色。如果是在新建的图层中进行涂抹，则“自动抹除”选项不起作用。

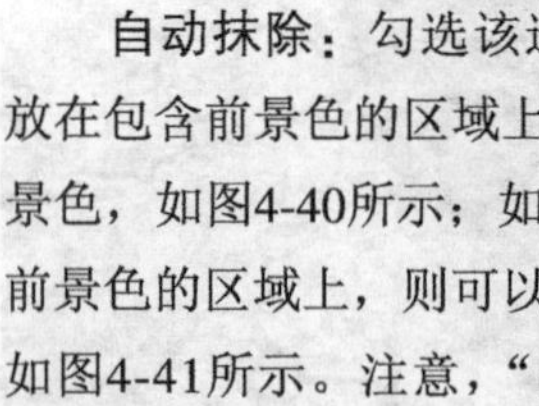

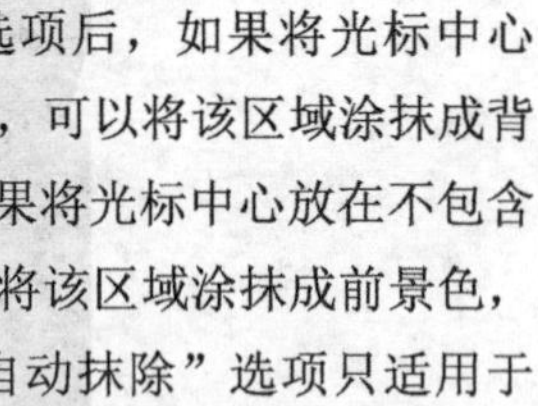

图4-40 图4-41

4.5.4 课堂案例——绘制像素图像

实例位置	实例文件>CH04>4.5.4.psd
素材位置	无
视频位置	多媒体教学>CH04>4.5.4.flv
实用指数	★☆☆☆☆
技术掌握	铅笔工具的用法

本例主要针对“铅笔工具”的使用方法进行练习，如图4-42所示。

图4-42

01 按Ctrl+N组合键新建一个大小为120像素×100像素、“背景内容”为白色的文档，如图4-43所示。

02 设置前景色为（R:255，G:204，B:204），然后按Alt+Delete组合键用前景色填充“背景”图层，效果如图4-44所示。

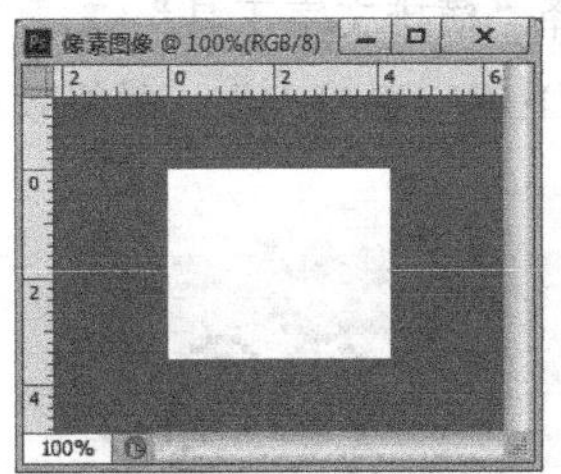

图4-43 图4-44

03 按D键恢复默认的前景色和背景色，然后在“工具箱”中选择“铅笔工具”，接着在“画笔预设”选取器中选择“柔边圆”画笔，最后设置“大小”为1像素、“硬度”为0%，如图4-45所示。

04 新建一个名称为“轮廓”的图层，然后使用设置好的“铅笔工具”绘制出卡通形象的轮廓线，如图4-46所示。

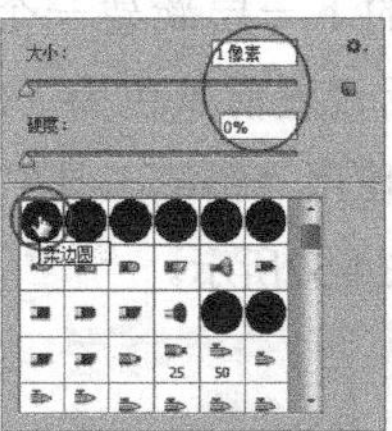

图4-45 图4-46

05 在“轮廓”图层的下一层新建一个名称为“暗部”的图层，然后设置前景色为（R:102，G:153，B:255），接着使用“铅笔工具”绘制出图像暗部，如图4-47所示。

06 在“暗部”图层的下一层新建一个名称为“中间调”的图层，然后设置前景色为（R:153，G:204，B:255），接着使用“铅笔工具”绘制出图像的中间调部分，如图4-48所示。

图4-47 图4-48

07 在“中间调”图层的下一层新建一个名称为“亮部”的图层，然后设置前景色为（R:153，G:204，B:255），接着使用“铅笔工具”绘制出图像的亮部部分，如图4-49所示。

08 在“亮部”图层的下一层新建一个名称为“耳朵1”的图层，然后设置前景色为（R:204，G:102，B:102），接着使用“铅笔工具”绘制出耳朵的前面部分，如图4-50所示。

图4-49 图4-50

09 在“耳朵1”图层的下一层新建一个名称为“耳朵2”的图层，然后设置前景色为（R:255，G:153，B:153），接着使用“铅笔工具”绘制出耳朵的中间部分，如图4-51所示。

10 在“耳朵2”图层的下一层新建一个名称为“耳朵3”的图层，然后设置前景色为（R:255，G:204，B:204），接着使用“铅笔工具”绘制出耳朵的亮部部分，如图4-52所示。

图4-51

图4-52

11 在“耳朵3”图层的下一层新建一个名称为“高光”的图层，然后设置前景色为白色，接着使用“铅笔工具”绘制出肚子上的高光部分，如图4-53所示。

12 在“高光”图层的下一层新建一个名称为“阴影”的图层，然后设置前景色为（R:51，G:102，B:153），接着使用“铅笔工具”绘制出阴影部分，如图4-54所示。

图4-53

图4-54

13 在“阴影”图层的下一层新建一个名称为“肚子1”的图层，然后设置前景色为（R:255，G:255，B:204），接着使用“铅笔工具”绘制出肚子的亮部部分，如图4-55所示。

14 在“肚子1”图层的下一层新建一个名称为“肚子2”的图层，然后设置前景色为（R:255，G:204，B:153），接着使用“铅笔工具”绘制出肚子的暗部部分，如图4-56所示。

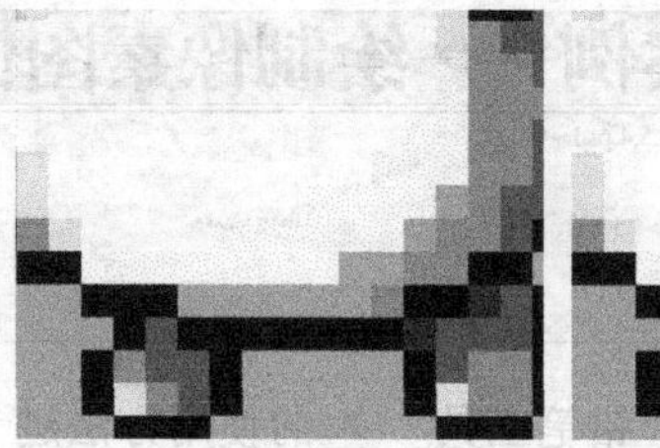

图4-55

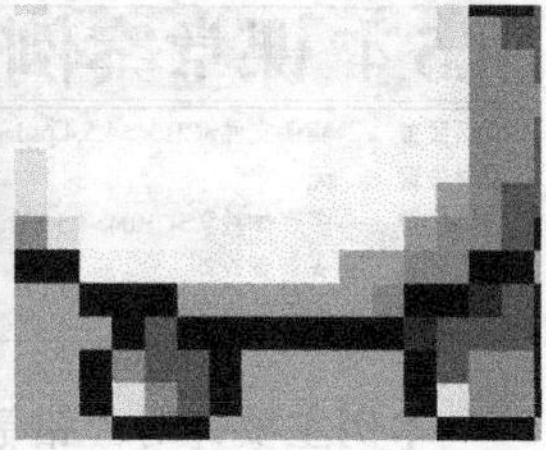

图4-56

15 在最顶层新建一个名称为“心1”的图层，然后设置前景色为（R:255，G:153，B:153），接着使用“铅笔工具”绘制一个心形边缘，如图4-57所示。

16 在“心1”图层的下一层新建一个名称为“心2”的图层，然后设置前景色为白色，接着使用“铅笔工具”绘制出心形的内部，如图4-58所示。

图4-57

图4-58

17 同时选择“心1”和“心2”图层，然后将其拖曳到“图层”面板下面的“创建新图层”按钮上，接着将这两个副本图层放在如图4-59所示的位置。

18 在“工具箱”中选择“横排文字工具”，然后在图像的底部输入“HEY！BABY”，最终效果如图4-60所示。

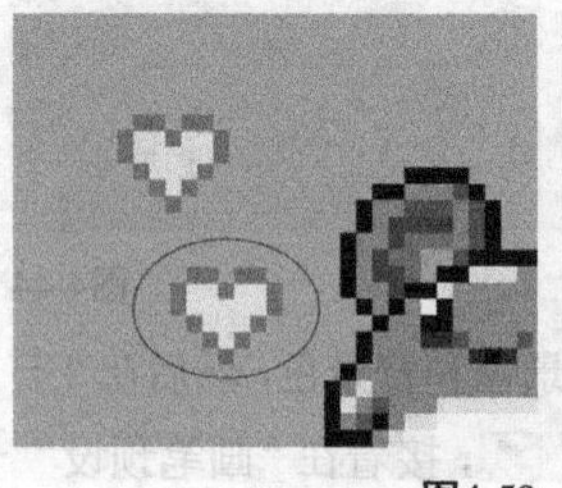

图4-59

图4-60

4.5.5 颜色替换工具

使用“颜色替换工具”可以将选定的颜色替换为其他颜色，其选项栏如图4-61所示。

模式: 颜色　限制: 连续　容差: 30%　消除锯齿

图4-61

● **颜色替换工具选项介绍**

模式：选择替换颜色的模式，包括“色相”“饱和度”“颜色”和“明度”。当选择“颜色”模式时，可以同时替换色相、饱和度和明度。

取样：用来设置颜色的取样方式。激活“取样:连续”按钮以后，在拖曳光标时，可以对颜色进行取样；激活“取样:一次”按钮以后，只替换包含第1次单击的颜色区域中的目标颜色；激活“取样:背景色板”按钮以后，只替换包含当前背景色的区域。

限制：当选择“不连续”选项时，可以替换出现在光标下任何位置的样本颜色；当选择“连续”选项时，只替换与光标下的颜色接近的颜色；当选择“查找边缘”选项时，可以替换包含样本颜色的连接区域，同时保留形状边缘的锐化程度。

容差：用来设置“颜色替换工具”的容差。

消除锯齿：勾选该项以后，可以消除颜色替换区域的锯齿效果，从而使图像变得平滑。

4.5.6 课堂案例——为衣服换色

实例位置	实例文件>CH04>4.5.6.psd
素材位置	素材文件>CH04>素材02.jpg
视频位置	多媒体教学>CH04>4.5.6.flv
实用指数	★★★★☆
技术掌握	颜色替换工具的用法

本例主要针对“颜色替换工具”的使用方法进行练习，如图4-62所示。

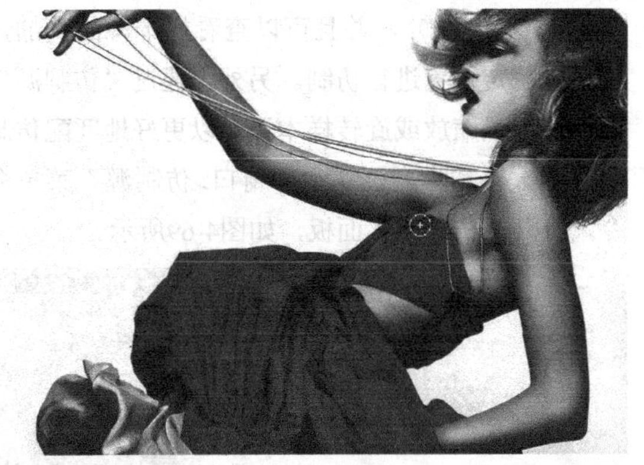

图4-62

01 打开“素材文件>CH04>素材02.jpg”文件，如图4-63所示。

图4-63

02 设置前景色为（R:36，G:0，B:255），然后在“工具箱”中选择“颜色替换工具”，接着在选项栏中设置好各项参数，如图4-64所示，最后在红色衣服上进行绘制，如图4-65所示。

图4-64

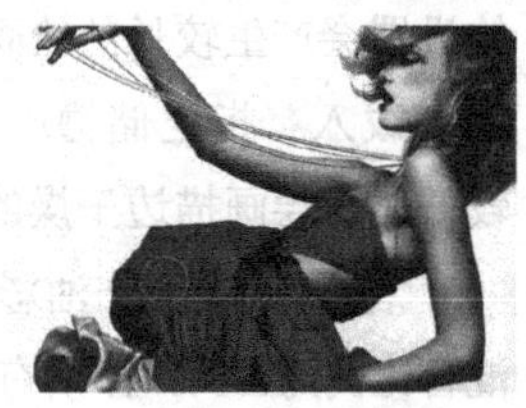

图4-65

03 按“[”键增大画笔的大小，然后在其他红色区域绘制，如图4-66所示。

04 按“]”键减小画笔的大小，然后按Z键放大图像显示比例，接着在细节处绘制，最终效果如图4-67所示。

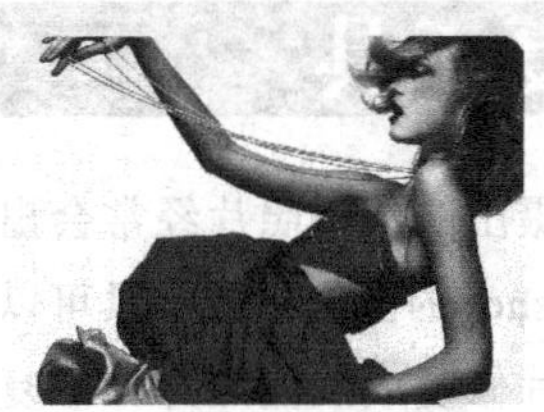

图4-66

图4-67

4.5.7 混合器画笔工具

使用“混合器画笔工具”可以模拟真实的绘画效果，并且可以混合画布颜色和使用不同的绘画湿度，其选项栏如图4-68所示。

图4-68

● 混合器画笔工具选项介绍

当前画笔载入：单击图标，可以弹出一个下拉菜单。选择“载入画笔”选项，按住Alt键单击图像，可以将光标下面的图像载入储槽中；选择“清理画笔”选项，可以清除储槽中的画笔；选择“只载入纯色”选项，按住Alt键单击图像，可以将光标下面的颜色载入储槽中。

每次描边后载入/清理画笔：激活“每次描边后载入画笔”按钮，可以让光标下的颜色与前景色相混合；激活“每次描边后清理画笔”按钮，可以清除油彩。

预设：该下拉列表中提供了干燥、潮湿的画笔组合，选择相应的画笔组合，即可绘制出不同的涂抹效果。

潮湿：控制画笔从画布拾取的油彩量。较高的设置会产生较长的绘画条痕。

载入：指定储槽中载入的油彩量。载入速率较低时，绘画描边干燥的速度会更快。

混合：控制画布油彩量与储槽油彩量的比例。当混合比例为100%时，所有油彩将从画布中拾取；当混合比例为0%时，所有油彩都来自储槽。

流量：控制混合画笔的流量大小。

对所有图层取样：拾取所有可见图层中的画布颜色。

4.6 图像修复工具

在通常情况下，拍摄出的数码照片经常会出现各种缺陷，使用Photoshop的图像修复工具可以轻松地将带有缺陷的照片修复成靓丽照片。修复工具包括“仿制图章工具”、“图案图章工具”、“污点修复画笔工具”、“修复画笔工具”、“修补工具”、“内容感知移动工具”、“红眼工具”、“历史记录画笔工具”和“历史记录艺术画笔工具”。

本节工具概要

工具名称	作用	快捷键	重要程度
仿制图章工具	将图像的一部分绘制到图像的另一个位置	S	高
图案图章工具	用预设图案或载入的图案进行绘画	S	中
污点修复画笔工具	消除图像中的污点和某个对象	J	高
修复画笔工具	校正图像的瑕疵	J	高
修补工具	用样本或图案来修复所选图像区域中不理想的部分	J	高
内容感知移动工具	将选中的对象移动或复制到图像的其他地方，并重组与混合图像	J	高
红眼工具	去除由闪光灯导致的红色反光	J	高
历史记录画笔工具	将标记的历史记录状态或快照用作源数据对图像进行修改	Y	高
历史记录艺术画笔工具	为图像创建不同的颜色和艺术风格	Y	中

4.6.1 仿制源面板

使用图章工具或图像修复工具时，都可以通过“仿制源”面板来设置不同的样本源（最多可以设置5个样本源），并且可以查看样本源的叠加，以便在特定位置进行仿制。另外，通过“仿制源”面板还可以缩放或旋转样本源，以更好地匹配仿制目标的大小和方向。执行“窗口>仿制源”菜单命令，打开“仿制源”面板，如图4-69所示。

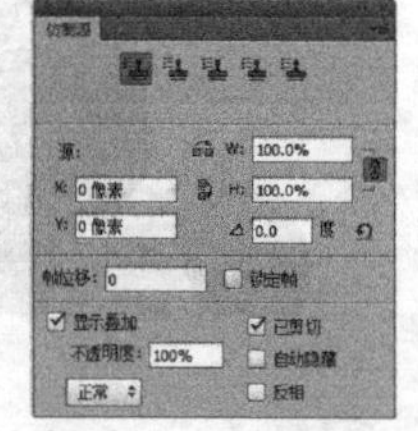

图4-69

● 仿制源面板选项介绍

仿制源：激活“仿制源”按钮以后，按住Alt键使用图章工具或图像修复工具在图像中上单击（注意，“污点修复画笔工具”不需要按住Alt键就可以进行自动取样），可以设置取样点。单击下一个“仿制源”按钮，还可以继续取样。

位移：指定x轴和y轴的像素位移，可以在相对于取样点的精确位置进行仿制。

W/H：输入W（宽度）或H（高度）值，可以缩放仿制源。

旋转：在文本输入框中输入旋转角度，可以旋转仿制源。

翻转：单击“水平翻转”按钮，可以水平翻转仿制源；单击“垂直翻转”按钮，可以垂直翻转仿制源。

复位变换：将W、H、角度值和翻转方向恢复到默认状态。

帧位移/锁定帧：在“帧位移”中输入帧数，可以使用与初始取样的帧相关的特定帧进行仿制，输入正值时，要使用的帧在初始取样的帧之后；输入负值时，要使用的帧在初始取样的帧之前。如果勾选“锁定帧”选项，则总是使用初始取样的相同帧进行仿制。

显示叠加：勾选“显示叠加”选项，并设置了叠加方式以后，可以在使用图章工具或修复工具时，更好地查看叠加以及下面的图像。“不透明度”选项用来设置叠加图像的不透明度；“自动隐藏”选项可以在应用绘画描边时隐藏叠加；“已剪切”选项可将叠加剪切到画笔大小；如果要设置叠加的外观，可以从下面的叠加下拉列表中进行选择；“反相”选项可反相叠加中的颜色。

4.6.2 仿制图章工具

使用“仿制图章工具”可以将图像的一部分绘制到同一图像的另一个位置上，或绘制到具有相同颜色模式的任何打开的文档的另一部分，当然也可以将一个图层的一部分绘制到另一个图层上。“仿制图章工具”对于复制对象或修复图像中的缺陷非常有用，其选项栏如图4-70所示。

图4-70

● **仿制图章工具选项介绍**

切换仿制源面板：打开或关闭“仿制源”面板。

对齐：勾选该选项以后，可以连续对像素进行取样，即使是释放鼠标以后，也不会丢失当前的取样点。

技巧与提示

如果关闭“对齐”选项，则会在每次停止并重新开始绘制时使用初始取样点中的样本像素。

样本：从指定的图层中进行数据取样。

4.6.3 课堂案例——修复图像缺陷

实例位置	实例文件>CH04>4.6.3.psd
素材位置	素材文件>CH04>素材03.jpg
视频位置	多媒体教学>CH04>4.6.3.flv
实用指数	★★★★★
技术掌握	仿制图章工具的用法

本例主要针对“仿制图章工具”的使用方法进行练习，如图4-71所示。

图4-71

01 打开“素材文件>CH04>素材03.jpg”文件，如图4-72所示。

02 在“仿制图章工具”的选项栏中选择一种柔边画笔，然后设置“大小”为189像素，如图4-73所示。

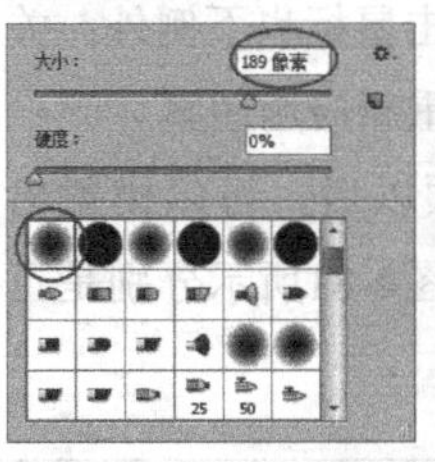

图4-72 图4-73

03 将光标放在如图4-74所示的位置，然后按住Alt单击进行取样，接着在房子前面单击鼠标左键仿制出地平线，如图4-75所示。

图4-74

图4-75

04 将光标放在如图4-76所示的位置，然后按住Alt单击进行取样，接着在房子和山脉处单击鼠标左键仿制出天空，如图4-77所示。

图4-76

图4-77

05 继续使用“仿制图章工具”修补效果不是很好的区域，最终效果如图4-78所示。

图4-78

4.6.4 图案图章工具

“图案图章工具”可以使用预设图案或载入的图案进行绘画，其选项栏如图4-79所示。

模式：正常 不透明度：100% 流量：100% 对齐 印象派效果

图4-79

● **图案图章工具选项介绍**

对齐：勾选该选项以后，可以保持图案与原始起点的连续性，即使多次单击鼠标也不例外；关闭选择时，则每次单击鼠标都重新应用图案。

印象派效果：勾选该选项以后，可以模拟出印象派效果的图案，图4-80和图4-81所示分别是正常绘画与印象派绘画效果。

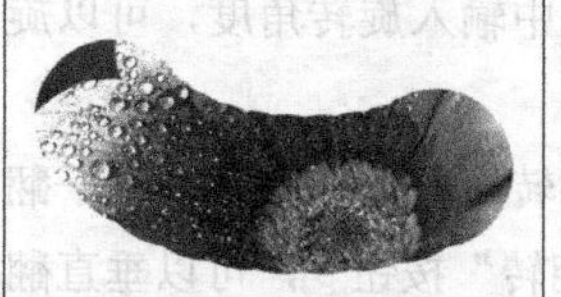
图4-80

图4-81

4.6.5 污点修复画笔工具

使用“污点修复画笔工具”可以消除图像中的污点和某个对象，如图4-82和图4-83所示。

原图

图4-82

修复后

图4-83

“污点修复画笔工具”不需要设置取样点，因为它可以自动从所修饰区域的周围进行取样，其选项栏如图4-84所示。

模式：正常 类型：近似匹配 创建纹理 内容识别 对所有图层取样

图4-84

● **污点修复画笔工具选项介绍**

模式：用来设置修复图像时使用的混合模式。除“正常”“正片叠底”等常用模式以外，还有一个“替换”模式，这个模式可以保留画笔描边的边缘处的杂色、胶片颗粒和纹理。

类型：用来设置修复的方法。选择“近似匹配”选项时，可以使用选区边缘周围的像素来查找要用作选定区域修补的图像区域；选择“创建纹理”选项时，可以使用选区中的所有像素创建一个用于修复该区域的纹理；选择“内容识别”选项时，可以使用选区周围的像素进行修复。

4.5.6 课堂案例——修复面部瑕疵

实例位置	实例文件>CH04>4.5.6.psd
素材位置	素材文件>CH04>素材04.jpg
视频位置	多媒体教学>CH04>4.5.6.flv
实用指数	★★★★★
技术掌握	污点修复画笔工具的用法

本例主要针对“污点修复画笔工具”的使用方法进行练习，如图4-85所示。

图4-85

01 打开“素材文件>CH04>素材04.jpg”文件，如图4-86所示。

图4-86

技巧与提示

放大图像，可以观察到人像的面部有很多雀斑，并且有鱼尾纹。

02 在“工具箱”中选择“污点修复画笔工具”，然后在图像上单击污点，即可将污点消除，如图4-87所示，接着采用相同的方法消除其他的污点，完成后的效果如图4-88所示。

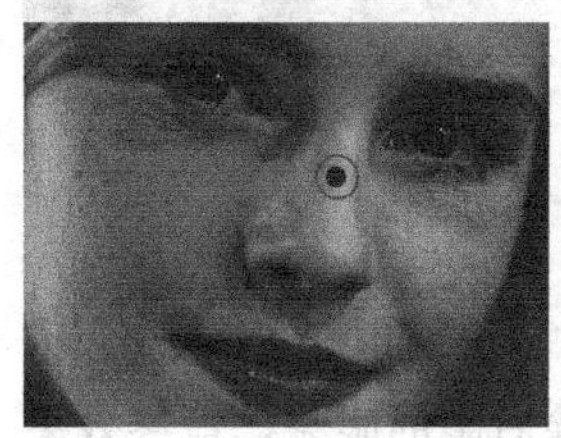

图4-87 图4-88

03 下面修复鱼尾纹。在选项栏中设置画笔的“大小”为7像素，然后设置“类型”为“近似匹配”，如图4-89所示。

图4-89

04 使用设置好的“污点修复画笔工具”，从鱼尾纹的一端向另外一端进行绘制，如图4-90所示，松开鼠标左键以后即可修复鱼尾纹，如图4-91所示。

图4-90 图4-91

05 采用相同的方法修复其他的鱼尾纹，完成后的效果如图4-92所示，最终效果如图4-93所示。

图4-92 图4-93

4.6.7 修复画笔工具

“修复画笔工具”可以校正图像的瑕疵，与“仿制图章工具”一样，“修复画笔工具”也可以用图像中的像素作为样本进行绘制。但是，“修复画笔工具”还可将样本像素的纹理、光照、透明度和阴影与所修复的像素进行匹配，从而使修复后的像素不留痕迹地融入图像的其他部分，如图4-94和图4-95所示，其选项栏如图4-96所示。

原图 修复后

图4-94 图4-95

模式: 正常 源: 取样 图案 对齐 样本: 当前图层

图4-96

- **修复画笔工具选项介绍**

源：设置用于修复像素的源。选择“取样”选项时，可以使用当前图像的像素来修复图像；选择“图案”选项时，可以使用某个图案作为取样点。

对齐：勾选该选项以后，可以连续对像素进行取样，即使释放鼠标也不会丢失当前的取样点；关闭“对齐”选项以后，则会在每次停止并重新开始绘制时使用初始取样点中的样本像素。

4.6.8 课堂案例——修复雀斑和眼袋

实例位置	实例文件>CH04>4.6.8.psd
素材位置	素材文件>CH04>素材05.jpg
视频位置	多媒体教学>CH04>4.6.8.flv
实用指数	★★★★★
技术掌握	修复画笔工具的用法

本例主要针对“修复画笔工具”的使用方法进行练习，最终效果如图4-97所示。

图4-97

01 打开“素材文件>CH04>素材05.jpg”文件，如图4-98所示。

02 在“修复画笔工具”的选项栏中设置画笔的“大小”为21像素、“硬度”为0%，如图4-99所示。

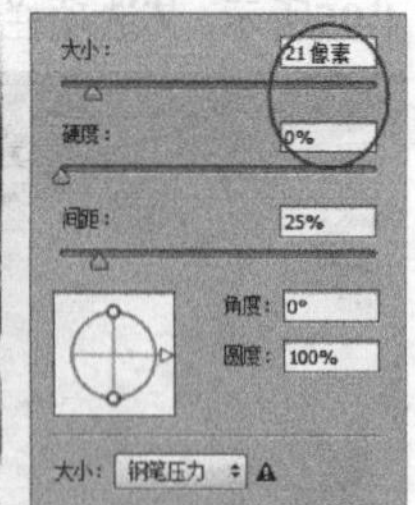

图4-98 图4-99

03 按住Alt键在干净的皮肤上单击鼠标左键进行取样，如图4-100所示，然后在雀斑上单击鼠标左键消除雀斑，如图4-101所示，消除雀斑后的效果如图4-102所示。

图4-100

图4-101 图4-102

04 下面去除眼袋。在选项栏中设置画笔的“大小”为50像素，然后按住Alt键在左眼的眼袋下方单击鼠标左键进行取样，如图4-103所示，接着在眼袋上涂抹，如图4-104所示，去除眼袋以后的效果如图4-105所示。

图4-103

图4-104 图4-105

05 采用相同的方法去除右眼的眼袋，最终效果如图4-106所示。

图4-106

4.6.9 修补工具

“修补工具”可以利用样本或图案来修复所选图像区域中不理想的部分，如图4-107和图4-108所示，其选项栏如图4-109所示。

原图

图4-107

修复后

图4-108

图4-109

● 修补工具选项介绍

修补：包含“正常”和“内容识别”两种方式。

正常：创建选区以后，选择后面的“源”选项，将选区拖曳到要修补的区域以后，松开鼠标左键就会用当前选区中的图像修补原来选中的内容；选择“目标”选项时，则会将选中的图像复制到目标区域。

内容识别：选择这种修补方式以后，可以在后面的“适应”下拉列表中选择一种修复精度。

透明：勾选该选项以后，可以使修补的图像与原始图像产生透明的叠加效果。

使用图案使用图案：使用“修补工具”创建选区以后，单击该按钮，可以使用图案修补选区内的图像。

4.6.10 课堂案例——去除图像中的多余对象

实例位置	实例文件>CH04>4.6.10.psd
素材位置	素材文件>CH04>素材06.jpg
视频位置	多媒体教学>CH04>4.6.10.flv
实用指数	★★★★★
技术掌握	修补工具的用法

本例主要针对“修补工具”的使用方法进行练习，如图4-110所示。

图4-110

01 打开“素材文件>CH04>素材06.jpg”文件，如图4-111所示。

02 在“工具箱”中选择“修补工具”，然后沿着飞鸟轮廓绘制出选区，如图4-112所示。

图4-111

图4-112

03 将光标放在选区内，然后使用鼠标左键将选区向左或向右拖曳，当选区内没有显示出飞鸟时松开鼠标左键，如图4-113所示，接着按Ctrl+D组合键取消选区，最终效果如图4-114所示。

图4-113

图4-114

技巧与提示

使用“修补工具”修复图像中的像素时，较小的选区可以获得更好的效果。

4.6.11 内容感知移动工具

“内容感知移动工具”是Photoshop CS6的新增工具，其选项栏如图4-115所示。使用该工具可以将选中的对象移动或复制到图像的其他地方，并重组、混合图像。

模式：移动 适应：中 对所有图层取样

图4-115

● **内容感知移动工具选项介绍**

模式：包含“移动”和“扩展”两种模式。

移动：用“内容感知移动工具”创建选区以后，将选区移动到其他位置，可以将选区中的图像移动到新位置，并用选区图像填充该位置。

扩展：用“内容感知移动工具”创建选区以后，将选区移动到其他位置，可以将选区中的图像复制到新位置。

适应：用于选择修复的精度。

4.6.12 红眼工具

使用“红眼工具”可以去除由闪光灯导致的红色反光，如图4-116和图4-117所示，其选项栏如图4-118所示。

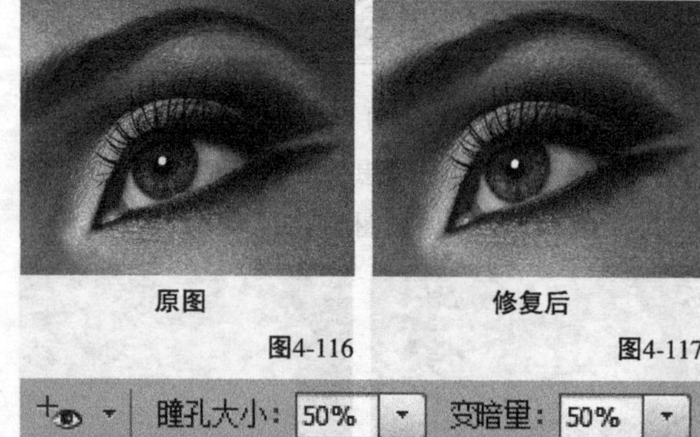

原图 修复后

图4-116 图4-117

瞳孔大小：50% 变暗量：50%

图4-118

● **红眼工具选项介绍**

瞳孔大小：用来设置瞳孔的大小，即眼睛暗色中心的大小。

变暗量：用来设置瞳孔的暗度。

4.6.13 课堂案例——修复照片中的红眼

实例位置	实例文件>CH04>4.6.13.psd
素材位置	素材文件>CH04>素材07.jpg
视频位置	多媒体教学>CH04>4.6.13.flv
实用指数	★★★★★
技术掌握	红眼工具的用法

本例主要针对“红眼工具”的使用方法进行练习，如图4-119所示。

图4-119

01 打开“素材文件>CH04>素材07.jpg”文件，如图4-120所示。

图4-120

02 在“工具箱”中选择“红眼工具”，将图像放大到实际像素，然后使用鼠标左键在左眼处绘制一个矩形区域，如图4-121所示，松开鼠标左键后，红眼的一部分就会变暗，如图4-122所示，接着继续使用“红眼工具”对左眼进行多次修复，完成后的效果如图4-123所示。

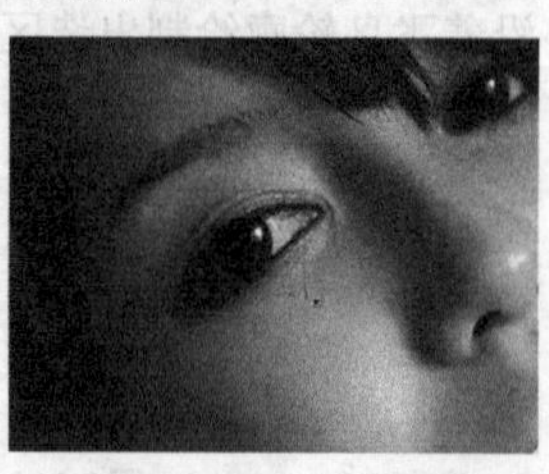

图4-121

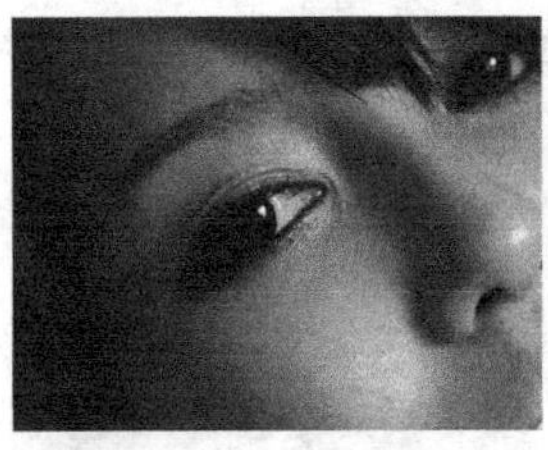

图4-122　图4-123

03 采用相同的方法对右眼进行修复，最终效果如图4-124所示。

图4-124

4.6.14 历史记录画笔工具

使用“历史记录画笔工具”可以将标记的历史记录状态或快照用作源数据对图像进行修改。

图4-125　图4-126

“历史记录画笔工具”可以理性、真实地还原某一区域的某一步操作。图4-125所示为原图，图4-126所示是使用“历史记录画笔工具”还原背景调色后的效果。

技巧与提示

“历史记录画笔工具”通常要与“历史记录”面板一起使用。

“历史记录画笔工具”的选项栏如图4-127所示。

图4-127

4.6.15 课堂案例——为人像皮肤磨皮

实例位置	实例文件>CH04>4.6.15.psd
素材位置	素材文件>CH04>素材08.jpg
视频位置	多媒体教学>CH04>4.6.15.flv
实用指数	★★★★★
技术掌握	历史记录画笔工具的用法

本例主要针对“历史记录画笔工具”的使用方法进行练习，如图4-128所示。

图4-128

01 打开“素材文件>CH04>素材08.jpg”文件，如图4-129所示。

图4-129

技巧与提示

放大图像，可以观察到人像面部的纹路比较明显，噪点也比较突出，所以需要对其进行“磨皮”处理，从而使皮肤更加光滑细腻。

02 按Ctrl+J组合键复制一个“图层1”，然后执行“滤镜>模糊>特殊模糊”菜单命令，接着在弹出的“特殊模糊”对话框中设置“半径”为7、“阈值”为27，如图4-130所示，效果如图4-131所示。

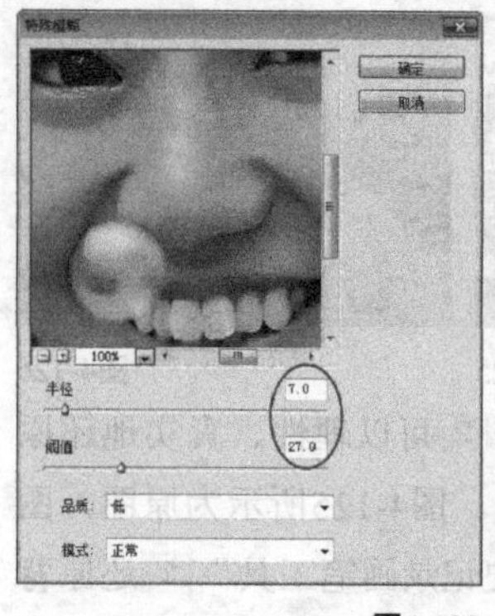

图4-130　　图4-131

技巧与提示

这里的模糊参数并不是固定的，可以一边调整参数，一边观察预览窗口中的模糊效果，只要皮肤的柔化程度达到要求即可。

03 由于“特殊模糊”滤镜将头发也模糊了，因此，需要在“历史记录”面板标记“特殊模糊”操作，如图4-132所示，然后选择“通过拷贝的图层”操作，如图4-133所示。

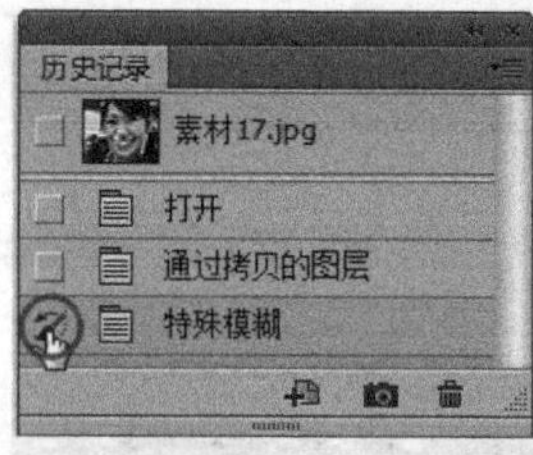

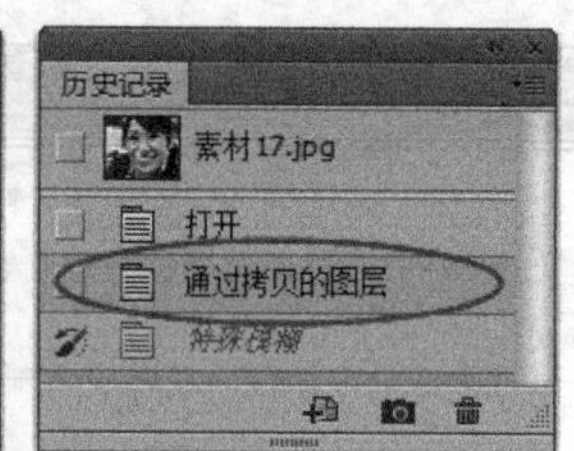

图4-132　　图4-133

04 在“历史记录画笔工具”的选项栏中选择一种柔边画笔，然后设置“大小”为125像素、“硬度”为0%，如图4-134所示，接着在人物的面部涂抹，为其磨皮，如图4-135所示。

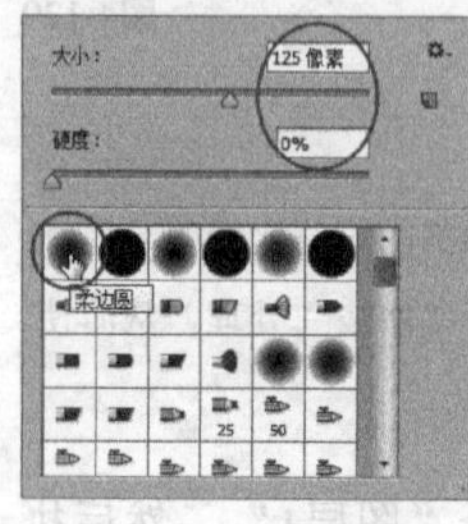

图4-134　　图4-135

05 按“[”键减小画笔的大小，然后继续在眼角、鼻翼和嘴角等细节部位进行涂抹（注意：眉毛、睫毛等部分不需要涂抹），完成后的效果如图4-136所示。

06 使用“污点修复画笔工具”和“修复工具”修复面部的杂点、眼袋与鼻翼两侧，最终效果如图4-137所示。

图4-136　　图4-137

4.6.16 历史记录艺术画笔工具

与“历史记录画笔工具”一样，“历史记录艺术画笔工具”也可以将标记的历史记录状态或快照用作源数据对图像进行修改。但是，“历史记录画笔工具”只能通过重新创建指定的源数据来绘画，而“历史记录艺术画笔工具”在使用这些数据的同时，还可以为图像创建不同的颜色和艺术风格，其选项栏如图4-138所示。

图4-138

技巧与提示

“历史记录艺术画笔工具”作为实际工具使用的频率并不高。因为它属于任意涂抹工具，很难有规整的绘画效果，不过它提供了一种全新的创作思维方式，可以创作出一些独特的效果。

- **历史记录艺术画笔工具选项介绍**

样式：选择一个选项来控制绘画描边的形状，包括“绷紧短”“绷紧中”和“绷紧长”等。

区域：用来设置绘画描边所覆盖的区域。数值越高，覆盖的区域越大，描边的数量也越多。

容差：限定可应用绘画描边的区域。低容差可以用于在图像中的任何地方绘制无数条描边；高容差会将绘画描边限定在与源状态或快照中的颜色明显不同的区域。

4.7 图像擦除工具

图像擦除工具主要用来擦除多余的图像。Photoshop提供了3种擦除工具，分别是“橡皮擦工具”、“背景橡皮擦工具”和“魔术橡皮擦工具”。

本节工具概要

工具名称	作用	快捷键	重要程度
橡皮擦工具	将像素更改为背景色或透明	E	高
背景橡皮擦工具	在抹除背景的同时保留前景对象的边缘	E	高
魔术橡皮擦工具	将所有相似的像素更改为透明	E	高

4.7.1 橡皮擦工具

使用“橡皮擦工具”可以将像素更改为背景色或透明，其选项栏如图4-139所示。如果使用该工具在“背景”图层或锁定了透明像素的图层中进行擦除，则擦除的像素将变成背景色，如图4-140所示；如果在普通图层中进行擦除，则擦除的像素将变成透明，如图4-141所示。

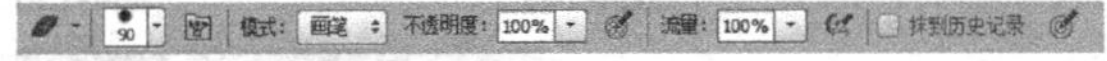

图4-139

图4-140

图4-141

● **橡皮擦工具选项介绍**

模式：选择橡皮擦的种类。选择“画笔”选项时，可以创建柔边（也可以创建硬边）擦除效果；选择“铅笔”选项时，可以创建硬边擦除效果；选择“块”选项时，擦除的效果为块状。

不透明度：用来设置“橡皮擦工具”的擦除强度。设置为100%时，可以完全擦除像素。当设置“模式”设置为“块”时，该选项不可用。

流量：用来设置“橡皮擦工具”的擦除速度。

抹到历史记录：勾选该选项以后，“橡皮擦工具”的作用相当于“历史记录画笔工具”。

4.7.2 课堂案例——擦除背景并重新合成

实例位置	实例文件>CH04>4.7.2.psd
素材位置	素材文件>CH04>素材09-1.jpg、素材09-2.jpg
视频位置	多媒体教学>CH04>4.7.2.flv
实用指数	★★★★★
技术掌握	用橡皮擦工具擦除背景并重新合成背景

本例主要针对“橡皮擦工具”的使用方法进行练习，最终效果如图4-142所示。

图4-142

01 打开“素材文件>CH04>素材09-1.jpg”文件，如图4-143所示。

02 按Ctrl+J组合键复制一个“图层1”，然后隐藏“背景”图层，接着在“橡皮擦工具”的选项栏中选择一种硬边画笔，最后设置画笔的“大小”为300像素、“硬度”为100%，如图4-144所示。

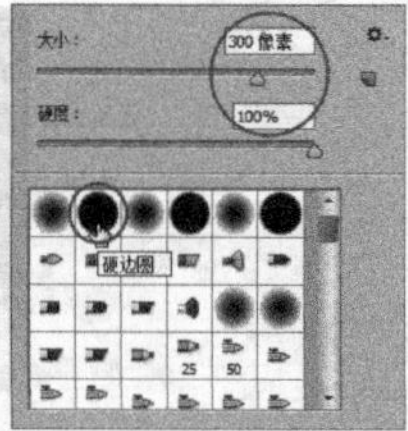

图4-143　　图4-144

03 使用“橡皮擦工具”擦除背景，在背景区域大致涂抹，如图4-145所示。

图4-145

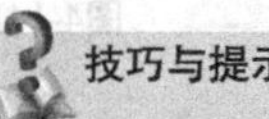
技巧与提示

在用硬边画笔擦除背景时，先不要擦除人物边缘。

04 在选项栏中设置画笔的“大小”为80像素、“硬度”为0%，然后在人像的边缘进行细致的擦除，完成后的效果如图4-146所示。

图4-146

技巧与提示

在擦除发丝上的白色像素时，可以适当地降低画笔的“不透明度”后再进行擦除。

05 打开“素材文件>CH04>素材09-2.jpg”文件，然后将其拖曳到“素材09-1.jpg”操作界面中，接着将新生成的“图层2”放在“图层1”的下一层，效果如图4-147所示。

06 选择“图层1”，然后执行“图层>图层样式>外发光”菜单命令，打开“图层样式”对话框，接着设置“混合模式”为“滤色”、“不透明度”为100%，再设置发光颜色为（R:255，G:158，B:254），最后设置“大小”为200像素，具体参数设置如图4-148所示。

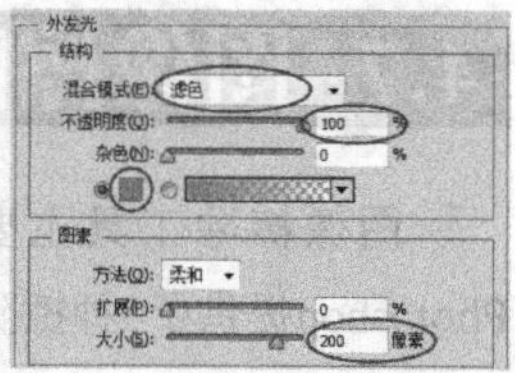

图4-147　　图4-148

07 在“图层样式”对话框中单击“渐变叠加”样式，单击“点按可编辑渐变”按钮，然后在弹出的“渐变编辑器”对话框中选择预设的“日出”渐变，如图4-149所示，接着在“图层样式”对话框中设置“混合模式”为“叠加”、“不透明度”为68%、“角度”为90°，具体参数设置如图4-150所示，最终效果如图4-151所示。

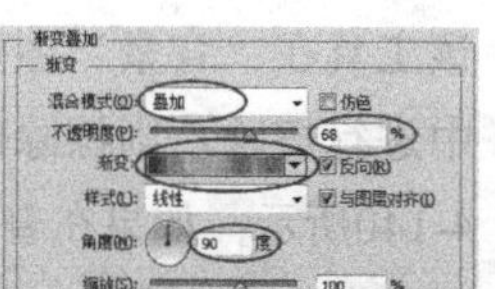

图4-149　　图4-150

图4-151

4.7.3 背景橡皮擦工具

“背景橡皮擦工具”是一种智能化的橡皮擦。设置好背景色以后，使用该工具可以在抹除背景的同时保留前景对象的边缘，如图4-152和图4-153所示，其选项栏如图4-154所示。

图4-152　　图4-153

图4-154

● **背景橡皮擦工具选项介绍**

取样：用来设置取样的方式。激活“取样:连续”按钮，在拖曳鼠标时可以连续对颜色进行取样，凡是出现在光标中心十字线以内的图像都将被擦除；激活“取样:一次”按钮，只擦除包含第1次单击处颜色的图像；激活“取样:背景色板”按钮，只擦除包含背景色的图像。

限制：设置擦除图像时的限制模式。选择“不连续”选项时，可以擦除出现在光标下任何位置的样本颜色；选择“连续”选项时，只擦除包含样本颜色并且相互连接的区域；选择“查找边缘”选项时，可以擦除包含样本颜色的连接区域，同时更好地保留形状边缘的锐化程度。

容差：用来设置颜色的容差范围。

保护前景色：勾选该项以后，可以防止擦除与前景色匹配的区域。

4.7.4 课堂案例——擦除复杂背景并合成特效

实例位置	实例文件>CH04>4.7.4.psd
素材位置	素材文件>CH04>素材10-1.jpg、素材10-2.jpg、素材10-3.png
视频位置	多媒体教学>CH04>4.7.4.flv
实用指数	★★★★★
技术掌握	用背景橡皮擦工具擦除背景并重新合成背景

本例主要针对“背景橡皮擦工具”的使用方法进行练习，如图4-155所示。

图4-155

01 打开“素材文件>CH04>素材10-1.jpg”文件，如图4-156所示。

02 在“背景橡皮擦工具”的选项栏中设置画笔的“大小”为50像素、“硬度”为0%，然后单击“取样:一次”按钮，接着设置“限制”为“连续”、“容差”为50%，并勾选“保护前景色”选项，如图4-157所示。

图4-156

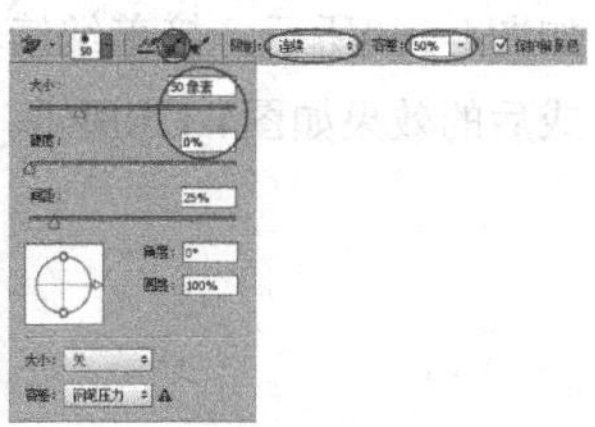

图4-157

03 按Ctrl+J组合键复制一个“图层1”，然后隐藏“背景”图层，接着使用“吸管工具”吸取胳膊部分的皮肤颜色作为前景色，如图4-158所示，最后使用“背景橡皮擦工具”沿着人物头部的边缘擦除背景，如图4-159所示。

图4-158 图4-159

技巧与提示

由于在选项栏中勾选了“保护前景色”选项，并且设置了皮肤颜色作为前景色，因此，在擦除时便能够有效地保证人像部分不被擦除。

04 在选项栏中设置画笔的“大小”为14像素，然后使用“背景橡皮擦工具”擦除贴近皮肤的细节部分，如图4-160所示。

05 使用“吸管工具”吸取裙子上的红色作为前景色，然后使用“背景橡皮擦工具”擦除裙子附近的背景，如图4-161所示。

图4-160　　图4-161

06 使用“吸管工具”吸取大腿上的皮肤颜色作为前景色，然后使用“背景橡皮擦工具”擦除腿部附近及手臂附近的背景，如图4-162所示。

07 继续使用“背景橡皮擦工具”擦除所有的背景，完成后的效果如图4-163所示。

图4-162　　图4-163

08 打开“素材文件>CH04>素材10-2.jpg”文件，然后将其拖曳到“素材11-1.jpg”操作界面中，并将其放置在人像的下一层，效果如图4-164所示。

09 打开“素材文件>CH04>素材10-3.png”文件，然后将其拖曳到“素材13-1.jpg”操作界面中，并将其放在人像的上一层，最终效果如图4-165所示。

图4-164　　图4-165

4.7.5 魔术橡皮擦工具

使用“魔术橡皮擦工具”在图像中单击时，可以将所有相似的像素更改为透明（如果在已锁定了透明像素的图层中工作，这些像素将更改为背景色），其选项栏如图4-166所示。

容差：32　☑消除锯齿　☑连续　□对所有图层取样　不透明度：100%

图4-166

- **魔术橡皮擦工具选项介绍**

容差：用来设置可擦除的颜色范围。

消除锯齿：可以使擦除区域的边缘变得平滑。

连续：勾选该选项时，只擦除与单击点像素邻近的像素；关闭该选项时，可以擦除图像中所有相似的像素。

不透明度：用来设置擦除的强度。值为100%时，将完全擦除像素；较低的值可以擦除部分像素。

4.7.6 课堂案例——抠取人像并合成背景

实例位置	实例文件>CH04>4.7.6.psd
素材位置	素材文件>CH04>素材11-1.jpg、素材11-2.jpg、素材11-3.png、素材11-4.png
视频位置	多媒体教学>CH04>4.7.6.flv
实用指数	★★★★★
技术掌握	用魔术背景橡皮擦工具擦除背景并重新合成背景

本例主要针对“魔术橡皮擦工具”的使用方法进行练习，如图4-167所示。

图4-167

01 打开“素材文件>CH04>素材11-1.jpg”文件，如图4-168所示。

02 在“魔术橡皮擦工具”的选项栏中设置“容差”为2，然后在背景上单击鼠标左键，效果如图4-169所示，接着继续单击其他背景区域，完成后的效果如图4-170所示。

图4-168　　图4-169　　图4-170

技巧与提示

在使用“魔术橡皮擦工具”擦除图像时，如果图层是“背景”图层，则在第1次擦除时，“背景”图层将自动转换为“图层0”。

03 在“图层0”的下一层新建一个“图层1”，然后用黑色填充该图层，接着查看擦除效果，如图4-171所示。

04 在“工具箱”中选择“橡皮擦工具”，然后擦除残留的背景，完成后的效果如图4-172所示。

图4-171　　图4-172

05 打开“素材文件>CH04>素材11-2.jpg”文件，然后将擦除背景的人像拖曳到“素材11-2.jpg”操作界面中，效果如图4-173所示。

图4-173

06 执行“图层>图层样式>外发光”菜单命令，打开“图层样式”对话框，然后设置“混合模式”为“滤色”、“不透明度”为60%，接着设置发光颜色为白色、“大小”为3像素，具体参数设置如图4-174所示，效果如图4-175所示。

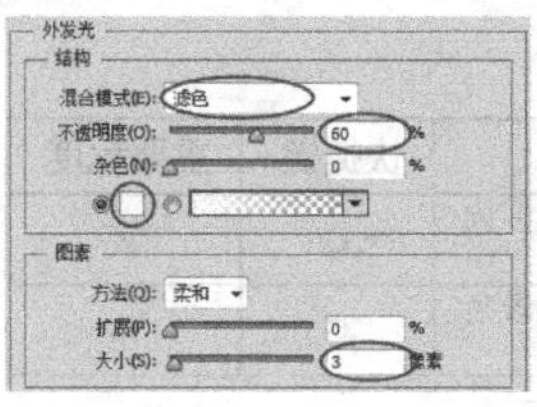

图4-174　　图4-175

07 打开“素材文件>CH04>素材11-3.png”文件，然后将其拖曳到“素材11-2.jpg”操作界面中，接着将新生成的图层放在人像的下一层，效果如图4-176所示。

08 继续打开“素材文件>CH04>素材11-4.png”文件，然后将其拖曳到“素材11-2.jpg”操作界面中，接着将其放在最上层，并将其命名为“光斑”，效果如图4-177所示。

图4-176　　图4-177

09 在“光斑”图层的下一层新建一个“底部光效”图层，设置前景色为（R:107，G:7，B:219），然后使用“画笔工具”（选择柔边笔刷，并将“大小”设置得大一些）在人像底部绘制一个半圆形光效，如图4-178所示。

10 在“图层”面板中设置“底部光效”图层的混合模式为“变亮”、“不透明度”为50%，最终效果如图4-179所示。

图4-178　　图4-179

4.8 图像填充工具

图像填充工具主要用来为图像添加装饰效果。Photoshop提供了两种图像填充工具，分别是“渐变工具”和“油漆桶工具”。

本节工具概要

工具名称	作用	快捷键	重要程度
渐变工具	在整个文档或选区内填充渐变色	G	高
油漆桶工具	在图像中填充前景色或图案	G	中

4.8.1 渐变工具

使用“渐变工具”可以在整个文档或选区内填充渐变色，并且可以创建多种颜色间的混合效果，其选项栏如图4-180所示。“渐变工具”的应用非常广泛，它不仅可以填充图像，还可以用来填充图层蒙版、快速蒙版和通道等，是使用频率最高的工具之一。

图4-180

● 渐变工具选项介绍

点按可编辑渐变：显示了当前的渐变颜色。单击右侧的图标，可以打开“渐变”拾色器，如图4-181所示。如果直接单击“点按可编辑渐变”按钮，则会弹出“渐变编辑器”对话框，在该对话框中可以编辑渐变颜色，或者保存渐变等，如图4-182所示。

图4-181

图4-182

渐变类型：激活“线性渐变”按钮，可以以直线方式创建从起点到终点的渐变，如图4-183所示；激活“径向渐变”按钮，可以以圆形方式创建从起 点到终点的渐变，如图4-184所示；激活“角度渐变”按钮，可以创建围绕起点以逆时针扫描方式的渐变，如图4-185所示；激活“对称渐变”按钮，可以使用均衡的线性渐变在起点的任意一侧创建渐变，如图4-186所示；激活“菱形渐变”按钮，可以以菱形方式从起点向外产生渐变，终点定义菱形的一个角，如图4-187所示。

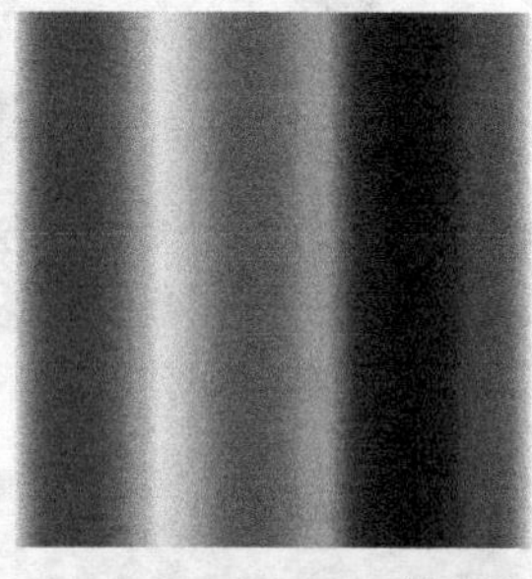

图4-183

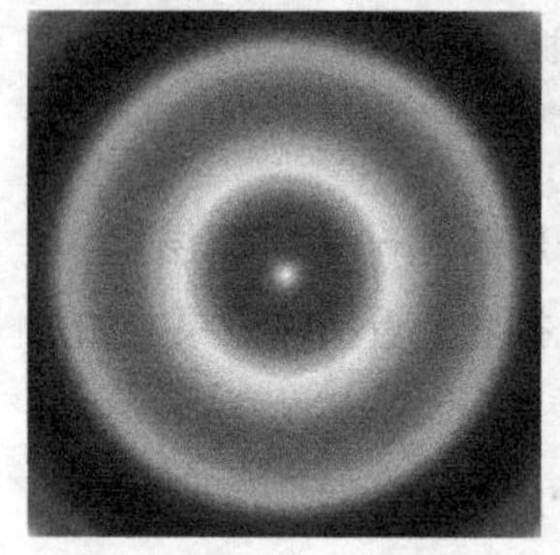

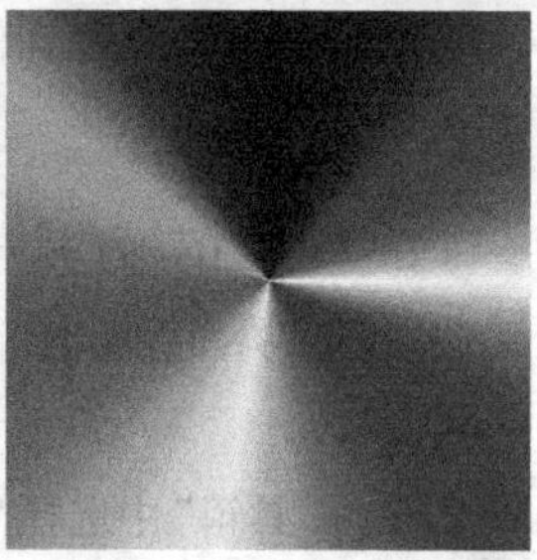

图4-184

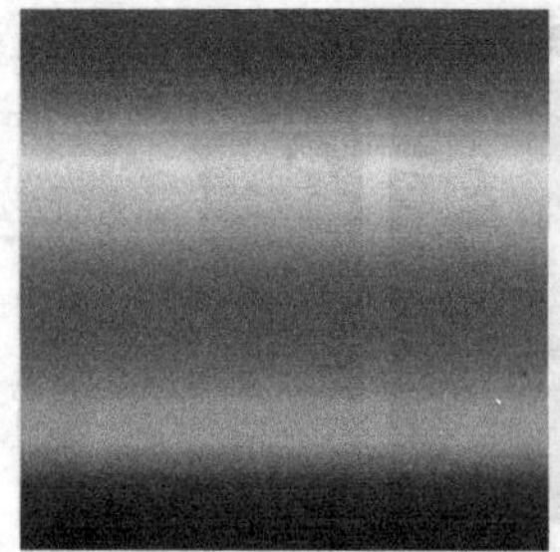

图4-185

图4-186

图4-187

模式：用来设置应用渐变时的混合模式。

不透明度：用来设置渐变色的不透明度。

反向：转换渐变中的颜色顺序，得到反方向的渐变结果。图4-188和图4-189所示分别是正常渐变和反向渐变的效果。

图4-188

图4-189

仿色：勾选该选项时，可以使渐变效果更加平滑。主要用于防止打印时出现条带化现象，但在计算机屏幕上并不能明显地体现出来。

透明区域：勾选该选项时，可以创建包含透明像素的渐变，如图4-190所示。

图4-190

> **技巧与提示**
>
> 需要特别注意的是，“渐变工具”不能用于位图或索引颜色图像。在切换颜色模式时，有些方式观察不到任何渐变效果，此时就需要将图像再切换到可用模式下进行操作。

4.8.2 课堂案例——制作水晶按钮

实例位置	实例文件>CH04>4.8.2.psd
素材位置	素材文件>CH04>素材12.png
视频位置	多媒体教学>CH04>4.8.2.flv
实用指数	★★★★★
技术掌握	渐变工具的用法

本例主要针对“渐变工具”的使用方法进行练习，如图4-191所示。

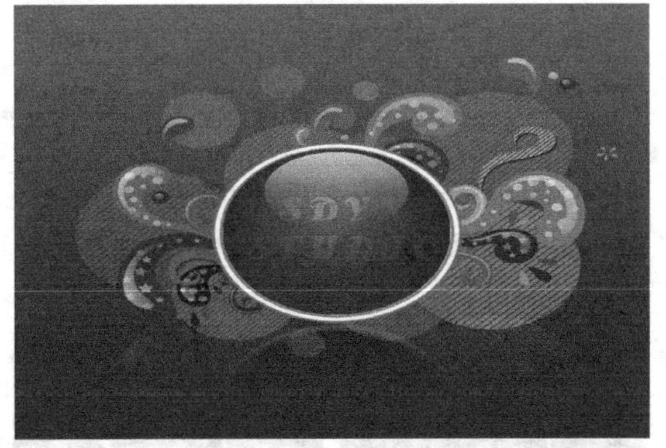

图4-191

01 按Ctrl+N组合键新建一个大小为1640像素×1089像素、“分辨率”为72像素/英寸、“背景内容”为白色的文档，如图4-192所示。

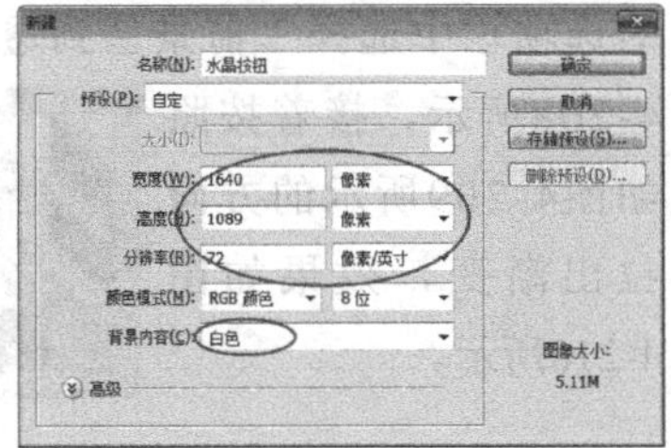

图4-192

02 在“渐变工具”的选项栏中单击“点按可编辑渐变”按钮，打开“渐变编辑器”对话框，然后设置第1个色标的颜色为（R:0，G:51，B:107），接着在渐变颜色条的底部边缘上单击，添加一个色标，如图4-193所示，最后设置该色标的颜色为（R:0，G:62，B:130），如图4-194所示。

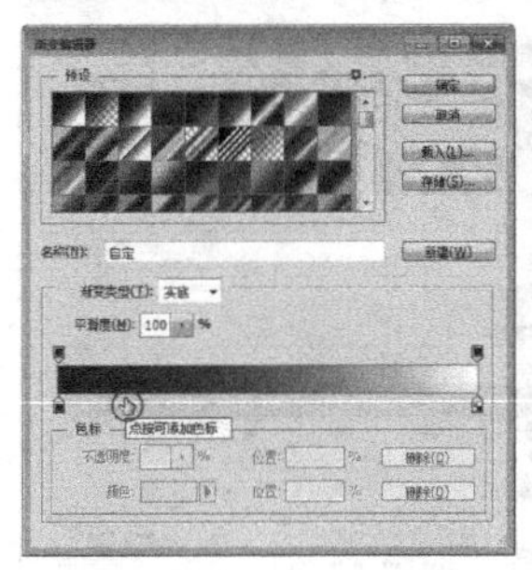

图4-193 图4-194

03 采用相同的方法编辑出如图4-195所示的色标（色标颜色依次减淡），然后在选项栏中单击“线性渐变”按钮，接着按住Shift键从底部向上拉出渐变，如图4-196所示。

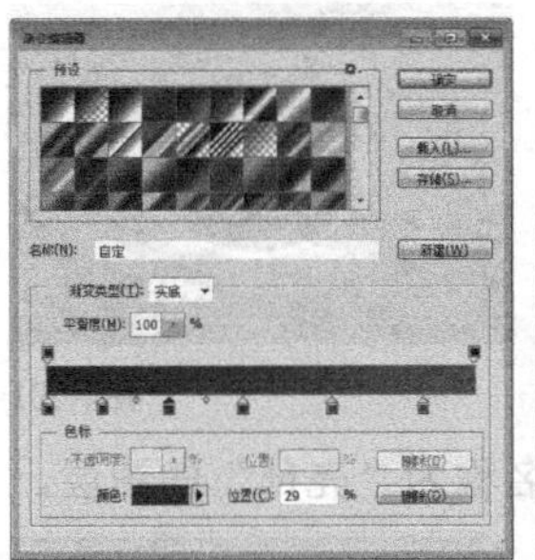

图4-195 图4-196

> **技巧与提示**
>
> 在使用“渐变工具”时，配合Shift键可以在水平、垂直和以45°为增量的方向上填充渐变。

04 打开“素材文件>CH04>素材12.png”文件，然后将其拖曳到当前文档中，并将新生成的图层更名为“花纹”，效果如图4-197所示。

05 使用“魔棒工具”（在选项栏中设置“容差”为20，并勾选“连续”选项）单击花纹中央的椭圆形区域，选择这部分区域，如图4-198所示。

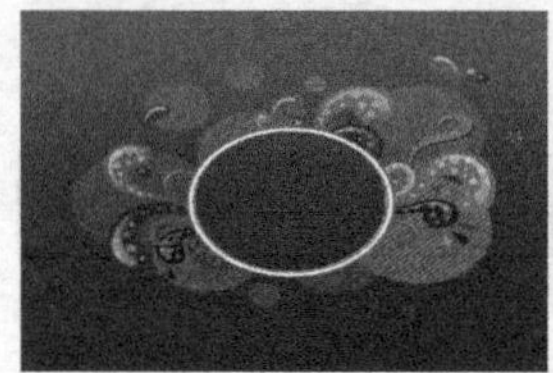

图4-197

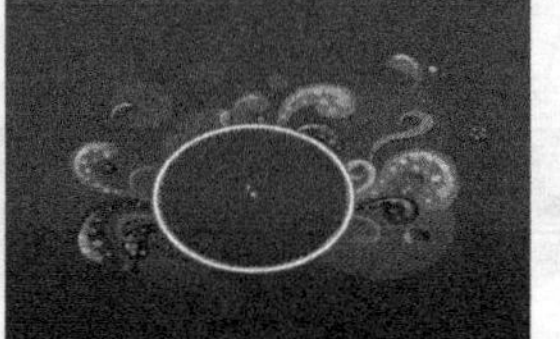

图4-198

06 在最顶层新建一个名称为“填充”的图层，然后在“渐变编辑器”对话框中编辑出如图4-199所示的渐变色。

图4-199

07 在“渐变工具”的选项栏中单击“径向渐变”按钮，然后按照如图4-200所示的方向拉出渐变，效果如图4-201所示。

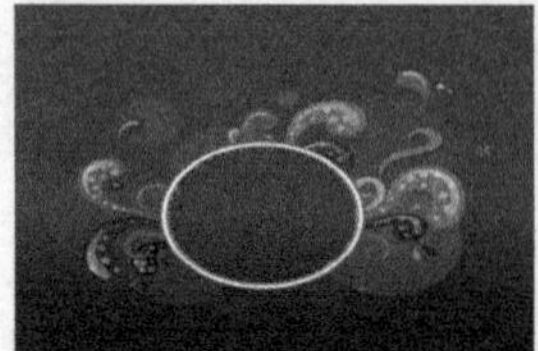

图4-200

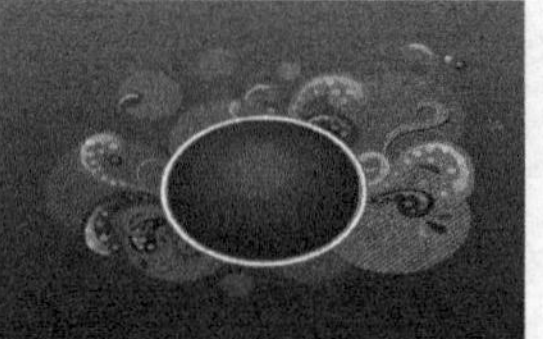

图4-201

08 在最顶层新建一个名称为“亮部”的图层，然后按住Ctrl键单击“填充”图层的缩略图，载入该图层的选区，如图4-202所示。

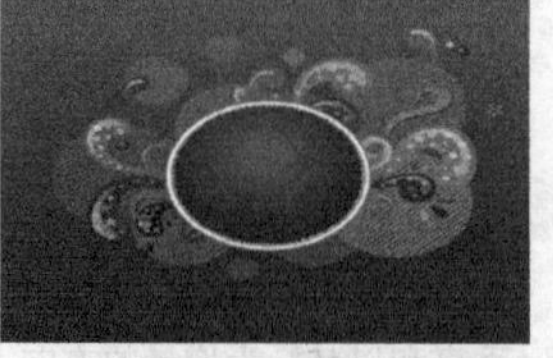

图4-202

09 在“渐变工具”的选项栏中选择“黑，白渐变”，然后单击“线性渐变”按钮，如图4-203所示，接着按照如图4-204所示的方向在选区中拉出渐变，效果如图4-205所示。

图4-203

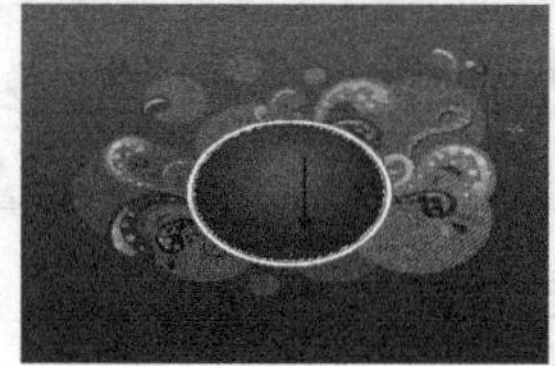

图4-204

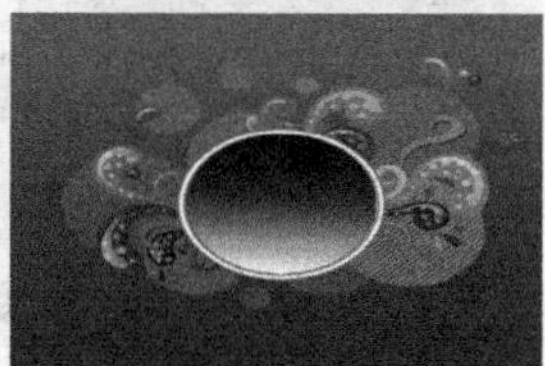

图4-205

10 在“图层”面板中设置“亮部”图层的混合模式为“叠加”、“不透明度”为50%，效果如图4-206所示。

11 在最顶层新建一个名称为“高光”的图层，然后使用“椭圆选框工具”绘制一个如图4-207所示的椭圆选区。

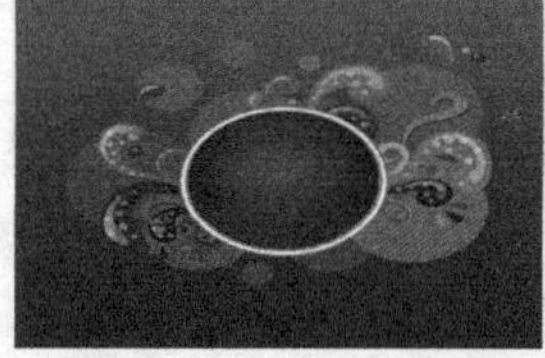

图4-206

图4-207

12 设置前景色为白色，然后在“渐变工具”的选项栏中选择“前景色到透明渐变”，如图4-208所示，接着按照如图4-209所示的方向拉出渐变，效果如图4-210所示。

图4-208

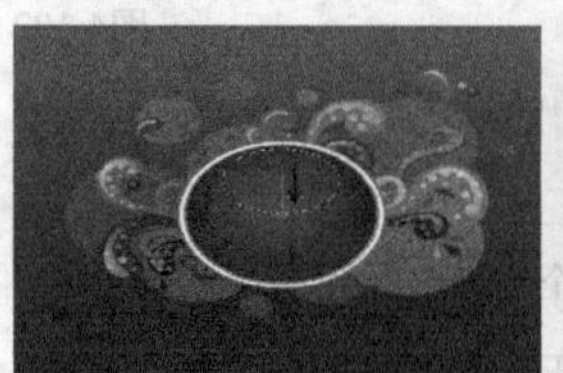

图4-209

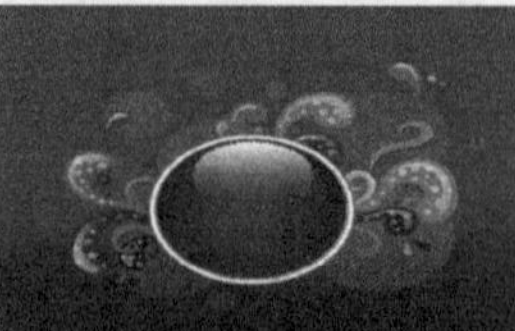

图4-210

⑬ 在“图层”面板中设置“高光”图层的“不透明度”为90%，效果如图4-211所示。

图4-211

⑭ 使用“横排文字工具”T在水晶按钮上输入“SDYX STUDIO”，然后将文字图层放置在“亮部”图层的下一层，如图4-212所示，文字效果如图4-213所示。

图4-212　　图4-213

⑮ 在“图层”面板中设置文字图层的混合模式为“叠加”、“不透明度”为60%，效果如图4-214所示。

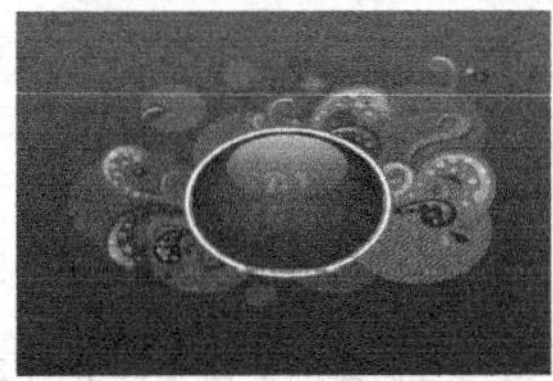

图4-214

⑯ 下面制作倒影。同时选中除“背景”图层以外的所有图层，然后将其拖曳到“创建新图层”按钮上，复制出这些图层的副本图层，如图4-215所示，接着按Ctrl+E组合键合并这些图层，并将合并后的图层更名为“倒影”，最后将其放在“背景”图层的上一层，如图4-216所示。

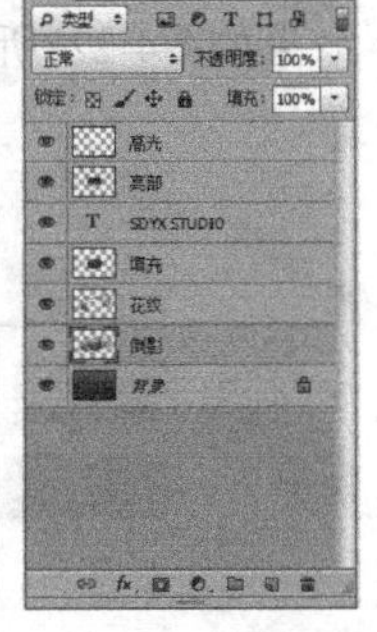

图4-215　　图4-216

⑰ 选择“倒影”图层，然后执行“编辑>变换>垂直翻转”菜单命令，接着将其向下拖曳到如图4-217所示的位置。

⑱ 在“图层”面板中设置“倒影”图层的“不透明度”为31%，效果如图4-218所示。

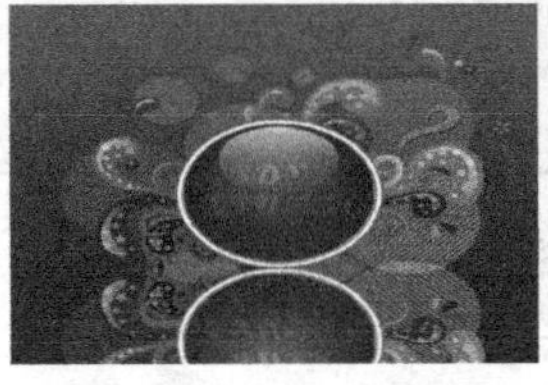

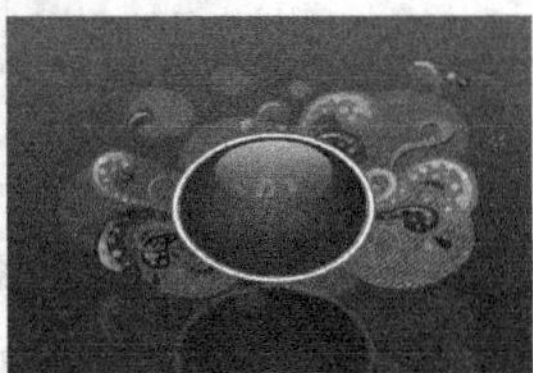

图4-217　　图4-218

⑲ 使用“橡皮擦工具”（画笔的“大小”需要设置得大一些，同时要使用较低的“不透明度”）擦除部分倒影，最终效果如图4-219所示。

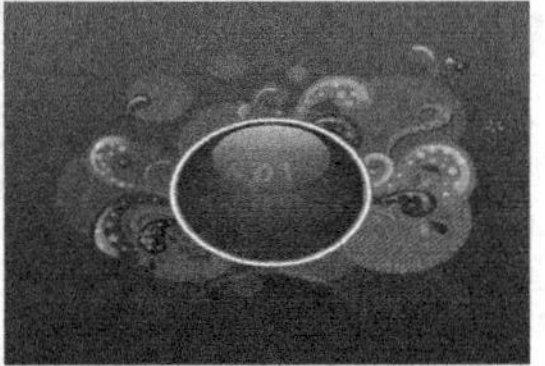

图4-219

4.8.3 油漆桶工具

使用“油漆桶工具”可以在图像中填充前景色或图案，其选项栏如图4-220所示。如果创建了选区，填充的区域为当前选区；如果没有创建选区，填充的就是与鼠标单击处颜色相近的区域。

图4-220

● 油漆桶工具选项介绍

填充模式：选择填充的模式，包含“前景”和“图案”两种模式。

模式：用来设置填充内容的混合模式。

不透明度：用来设置填充内容的不透明度。

容差：用来定义必须填充像素的颜色的相似程度。设置较低的“容差”值会填充颜色范围内与鼠标单击处像素非常相似的像素；设置较高的“容差”值会填充更大范围的像素。

消除锯齿：平滑填充选区的边缘。

连续的：勾选该选项后，只填充图像中处于连续范围内的区域；关闭该选项后，可以填充图像中的所有相似像素。

所有图层：勾选该选项后，可以对所有可见图层中的合并颜色数据填充像素；关闭该选项后，仅填充当前选择的图层。

4.8.4 课堂案例——在图像上填充图案

实例位置	实例文件>CH04>4.8.4.psd
素材位置	素材文件>CH04>素材13-1.jpg、素材13-2.pat
视频位置	多媒体教学>CH04>4.8.4.flv
实用指数	★★★☆☆
技术掌握	油漆桶工具的用法

本例主要针对“油漆桶工具”的使用方法进行练习，如图4-221所示。

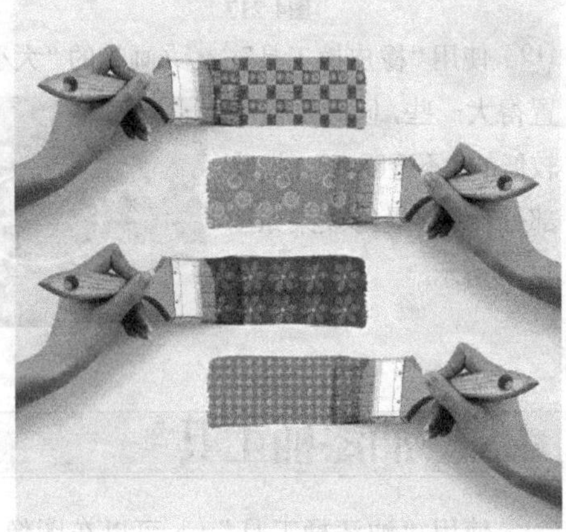
图4-221

01 打开“素材文件>CH04>素材13-1.jpg”文件，如图4-222所示。

图4-222

02 在“工具箱”中选择“油漆桶工具”，在选项栏中设置填充模式为“图案”，然后单击“图案”选项后面的图标，并在弹出的“图案”拾色器中单击图标，接着在弹出的菜单中选择“载入图案”命令，如图4-223所示，最后在弹出“载入”对话框中选择“素材文件>CH04>素材13-2.pat”文件，如图4-224所示。

图4-223

图4-224

03 在选项栏中选择“图案4”，然后设置“模式”为“变亮”、“不透明度”为80%、“容差”为50，并关闭“连续的”选项，如图4-225所示，接着在第1个图像上单击鼠标左键进行填充，效果如图4-226所示。

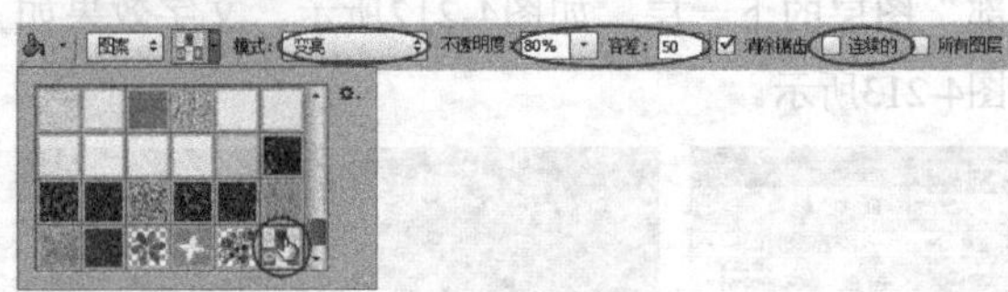
图4-225

图4-226

技巧与提示

“油漆桶工具”的作用是为一块区域进行着色，文档中可以不必存在选区。

04 选择“图案3”，然后在第2个图像上进行填充，效果如图4-227所示。

05 采用相同的方法填充剩下的两个图像，最终效果如图4-228所示。

图4-227

图4-228

4.9 图像润饰工具

使用“模糊工具”、“锐化工具”和“涂抹工具”可以对图像进行模糊、锐化和涂抹处理；使用“减淡工具”、“加深工具”和“海绵工具”可以对图像局部的明暗、饱和度等进行处理。

本节工具概要

工具名称	作用	快捷键	重要程度
模糊工具	柔化硬边缘或减少图像中的细节		中
锐化工具	增强图像中相邻像素之间的对比		中
涂抹工具	模拟手指划过湿油漆时所产生的效果		中
减淡工具	对图像进行减淡处理	O	高
加深工具	对图像进行加深处理	O	高
海绵工具	精确地更改图像某个区域的色彩饱和度	O	低

4.9.1 模糊工具

使用“模糊工具”可柔化硬边缘或减少图像中的细节，其选项栏如图4-229所示。使用该工具在某个区域上方绘制的次数越多，该区域就越模糊。

图4-229

● **模糊工具选项介绍**

模式：用来设置“模糊工具”的混合模式，包括“正常”“变暗”“变亮”“色相”“饱和度”“颜色”和“明度”。

强度：用来设置“模糊工具”的模糊强度。

4.9.2 锐化工具

“锐化工具”可以增强图像中相邻像素之间的对比，以提高图像的清晰度，如图4-230和图4-231所示，其选项栏如图4-232所示。

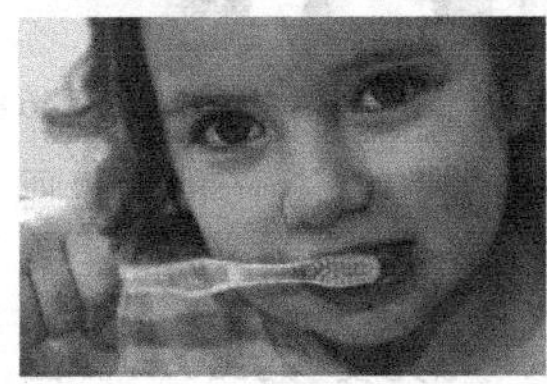

原图

图4-230

锐化后

图4-231

图4-232

4.9.3 涂抹工具

使用“涂抹工具”可以模拟手指划过湿油漆时所产生的效果，如图4-233和图4-234所示。该工具可以拾取鼠标单击处的颜色，并沿着拖曳的方向展开这种颜色，其选项栏如图4-235所示。

原图

图4-233

涂抹后

图4-234

图4-235

● **涂抹工具选项介绍**

强度：用来设置“涂抹工具”的涂抹强度。

手指绘画：勾选该选项后，可以使用前景颜色进行涂抹绘制。

4.9.4 减淡工具

使用“减淡工具”可以对图像进行减淡处理，其选项栏如图4-236所示。在某个区域上方绘制的次数越多，该区域就会变得越亮。

图4-236

● **减淡工具选项介绍**

范围：选择要修改的色调。选择“中间调”选项时，可以更改灰色的中间范围，如图4-237所示；选择“阴影”选项时，可以更改暗部区域，如图4-238所示；选择“高光”选项时，可以更改亮部区域，如图4-239所示。

图4-237

图4-238

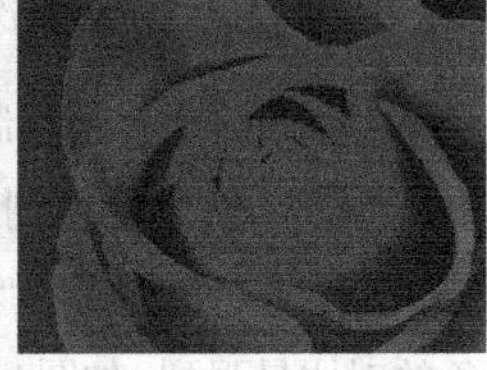

图4-239

曝光度：可以为“减淡工具”指定曝光。数值越高，效果越明显。

保护色调：可以保护图像的色调不受影响。

4.9.5 加深工具

使用“加深工具”可以对图像进行加深处理，其选项栏如图4-240所示。在某个区域上方绘制的次数越多，该区域就会变得越暗。

范围： 中间调 曝光度： 50% 保护色调

图4-240

技巧与提示

关于“加深工具”的参数选项请参阅“减淡工具”。

4.9.6 课堂案例——抠取发丝并合成图像

实例位置	实例文件>CH04>4.9.6.psd
素材位置	素材文件>CH04>素材14-1.jpg、素材14-2.jpg、素材14-3.png
视频位置	多媒体教学>CH04>4.9.6.flv
实用指数	★★★★★
技术掌握	用加深工具和减淡工具编辑通道

本例主要针对如何使用“加深工具”和“减淡工具”进行通道抠图，如图4-241所示。

图4-241

01 打开“素材文件>CH04>素材14-1.jpg”文件，如图4-242所示。

图4-242

技巧与提示

本例的难点在于抠取头发，这里使用到的是当前最主流的通道抠图法。本例所涉及的通道知识并不多，主要就是通过“加深工具”和“减淡工具”将某一个通道的前景与背景颜色拉开层次。

02 按Ctrl+J组合键复制一个“图层1”，并将其更名为“人像”，然后切换到“通道”面板，分别观察红、绿、蓝通道，可以发现“蓝”通道的头发颜色与背景色的对比最强烈，如图4-243所示。

03 将“蓝”通道拖曳到“通道”面板下面的“创建新通道”按钮上，复制一个“蓝副本”通道，如图4-244所示。

图4-243 图4-244

04 选择“蓝副本”通道，然后按Ctrl+M组合键打开“曲线”对话框，接着将曲线调节成如图4-245所示的形状，效果如图4-246所示。

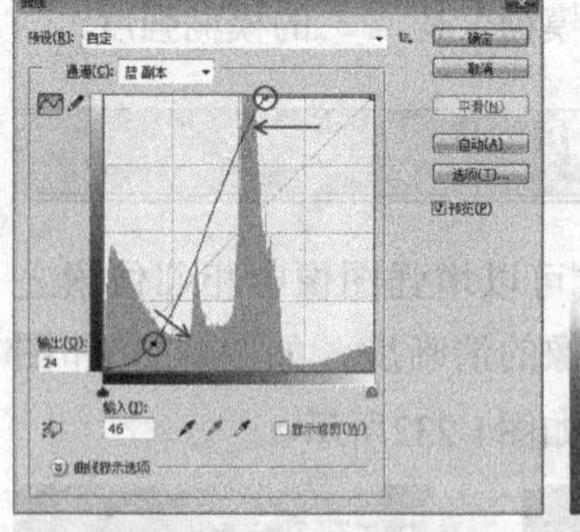

图4-245 图4-246

05 在“减淡工具”的选项栏中选择一种柔边画笔，并设置画笔的“大小”为480像素、“硬度”为0%，然后设置“范围”为“高光”、“曝光度”为100%，如图4-247所示，接着在图像右侧和左侧的背景边缘区域进行涂抹，如图4-248所示。

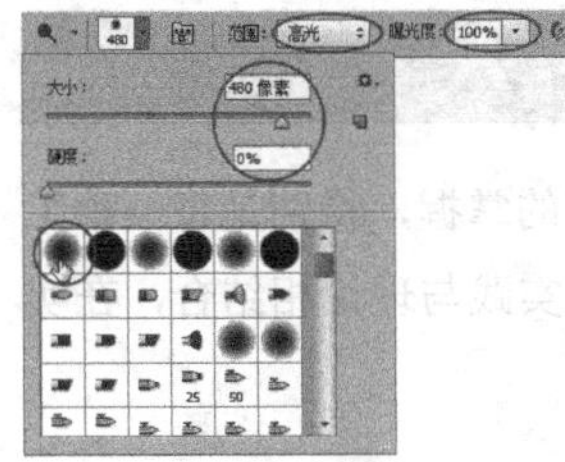

图4-247　　图4-248

06 在"加深工具"的选项栏中选择一种柔边画笔，并设置画笔的"大小"为189像素、"硬度"为0%，然后设置"范围"为"阴影"、"曝光度"为100%，如图4-249所示，接着在人像的头发部分进行涂抹，以加深头发的颜色，如图4-250所示。

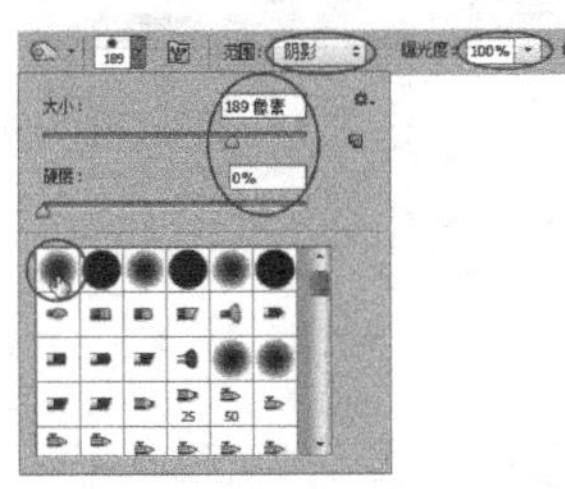

图4-249　　图4-250

技巧与提示

此时头发部分基本已经选择完毕，下面就需要对面部和身体部位进行处理。

07 使用黑色"画笔工具"将面部和身体部分涂抹成黑色，如图4-251所示。

图4-251

08 按住Ctrl键单击"蓝副本"的缩略图，载入该通道的选区（白色部分为所选区域），如图4-252所示，然后单击RGB通道，并切换到"图层"面板，选区效果如图4-253所示，接着按Delete键删除背景区域，效果如图4-254所示。

图4-252　　图4-253　　图4-254

09 打开"素材文件>CH04>素材14-2.jpg"文件，然后将其拖曳到"素材15-1.jpg"操作界面中，并将其放在"人像"图层的下一层，效果如图4-255所示。

10 打开"素材文件>CH04>素材14-3.png"文件，然后将其拖曳到"素材15-1.jpg"操作界面中，并将其放在"人像"图层的上一层，最终效果如图4-256所示。

图4-255　　图4-256

4.9.7 海绵工具

使用"海绵工具"可以精确地更改图像某个区域的色彩饱和度，其选项栏如图4-257所示。如果是灰度图像，该工具将通过灰阶远离或靠近中间灰色来增加或降低对比度。

模式：降...　流量：50%　自然饱和度

图4-257

● **海绵工具选项介绍**

模式：选择"饱和"选项时，可以增加色彩的饱和度，而选择"降低饱和度"选项时，可以降低色彩的饱和度，如图4-258~图4-260所示。

原图

图4-258

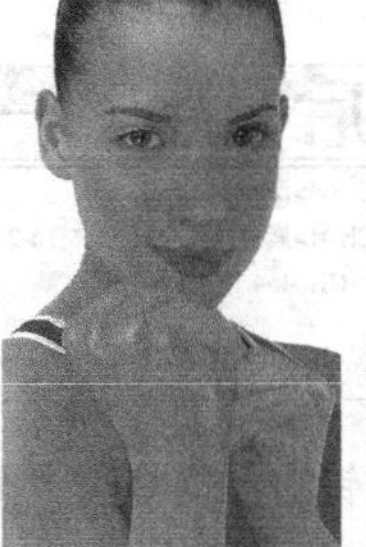

增加饱和度

图4-259

降低饱和度

图4-260

流量：为"海绵工具"指定流量。数值越高，"海绵工具"的强度越大，效果越明显。图4-261和图4-262让所示分别是"流量"为30%和80%时的涂抹效果。

流量=30%

图4-261

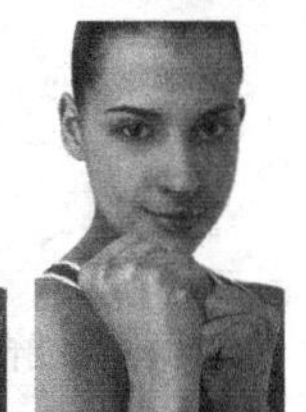

流量=80%

图4-262

自然饱和度：勾选该选项以后，可以在增加饱和度的同时，防止因颜色过度饱和而产生溢色现象。

4.10 本章小结

通过本章的学习，我们应该对Photoshop CS6绘画工具的使用有一个全面系统的掌握，特别是每一种工具的使用方法及具体作用。当然，只是学习理论知识是远远不够的，我们要注意实践与理论相结合，在实践中强化本章所学的知识。

4.11 课后习题

4.11.1 课后习题——制作画笔描边特效

实例位置	实例文件>CH04>4.11.1.psd
素材位置	素材文件>CH04>素材15.jpg
视频位置	多媒体教学>CH04>4.11.1.flv
实用指数	★★★★☆
技术掌握	用动态画笔为路径描边

本习题主要针对如何使用动态画笔为路径进行描边，如图4-263所示。

图4-263

步骤分解如图4-264所示。

图4-264（1）

图4-264（2）

图4-264（3）

4.11.2 课后习题——制作渐变照片

实例位置	实例文件>CH04>课4.11.2.psd
素材位置	素材文件>CH04>素材16-1.jpg、素材16-2.png
视频位置	多媒体教学>CH04>4.11.2.flv
实用指数	★★★★★
技术掌握	渐变工具的用法

本习题主要针对如何使用“渐变工具” 为照片添加渐变效果进行练习，如图4-265所示。

图4-265

步骤分解如图4-266所示。

图4-266（1）

图4-266（2）

图4-266（3）

图4-266（4）

第5章

编辑图像

本章将介绍图像的基本编辑方法，包括用到的基本工具及基本操作方法。通过对本章的学习，我们应更加熟悉基本工具的操作，并能够快速地对图像进行编辑。

课堂学习目标

掌握辅助工具的运用

了解图像与画布的基础知识

熟练使用图像基本编辑工具及命令

5.1 编辑图像的辅助工具

编辑图像的辅助工具包括标尺工具、抓手工具和注释工具等，借助这些辅助工具可以提高图像的编辑和处理效率。

本节工具/命令概要

工具/命令名称	作用	快捷键	重要程度
标尺工具	测量图像中点到点之间的距离、位置和角度等	I	低
抓手工具	用于将图像移动到特定的区域内查看	H	中
注释工具	在图像中添加文字注释、内容等	I	低
计数工具	对图像中的元素进行计数	I	低
对齐到对象	有助于精确地放置选区、裁剪选框、切片、形状和路径等		中
显示/隐藏额外内容	显示/隐藏图层边缘、选区边缘和目标路径等	Ctrl+H	中

5.1.1 标尺工具

“标尺工具”主要用来测量图像中点到点之间的距离、位置和角度等。在“工具箱”中单击“标尺工具”按钮，就可以在工具选项栏中观察到“标尺工具”的相关参数，如图5-1所示。

图5-1

● **标尺工具参数介绍**

X/Y：测量的起始坐标位置。

W/H：在*x*轴和*y*轴上移动的水平（W）和垂直（H）距离。

A：相对于轴测量的角度。

L1/L2：使用量角器时移动的两个长度。

使用测量比例：勾选该选项后，将会使用测量比例进行测量。

拉直图层：单击该按钮，并绘制测量线，画面将按照测量线进行自动旋转。

清除：单击该按钮，将清除画面中的标尺。

5.1.2 抓手工具

在“工具箱”中单击“抓手工具”按钮，可以激活“抓手工具”。图5-2所示为“抓手工具”的选项栏。使用该工具可以在文档窗口中以移动的方式查看图像。

图5-2

● **抓手工具选项栏参数介绍**

滚动所有窗口：勾选该选项时，可以允许滚动所有窗口。

实际像素：单击该按钮，图像以实际像素比例进行显示。

适合屏幕：单击该按钮，可以在窗口中最大化显示完整的图像。

填充屏幕：单击该按钮，可以在整个屏幕范围内最大化显示完整的图像。

打印尺寸：单击该按钮，可以按照实际的打印尺寸显示图像。

5.1.3 注释工具

使用“注释工具”可以在图像中添加文字注释、内容等，可以用这种功能来协同制作图像、备忘录等。

5.1.4 课堂案例——为图像添加注释

实例位置	实例文件>CH05>5.1.4.psd
素材位置	素材文件>CH05>素材01.jpg
视频位置	多媒体教学>CH05>5.1.4.flv
实用指数	★☆☆☆☆
技术掌握	注释工具的用法

本例主要针对“注释工具”的使用方法进行练习，如图5-3所示。

图5-3

01 执行“文件>打开”菜单命令，然后在弹出的对话框中选择“素材文件>CH05>素材01.jpg”文件，如图5-4所示。

02 在“工具箱”中选择“注释工具”，然后在图像上单击鼠标左键，此时会出现记事本图标，并且系统会自动弹出“注释”面板，如图5-5所示。

图5-4 图5-5

03 下面开始注释文件。利用输入法在“注释”面板中输入文字，如图5-6所示。

04 下面记录如何将黄色花卉调整成红色花卉，如图5-7所示。

图5-6 图5-7

05 如果要想在下一个页面上继续注释文件，可以再次用“注释工具”在图像上单击鼠标左键，然后在“注释”面板中的输入框中继续为图像进行注释，如图5-8所示。

图5-8

5.1.5 计数工具

使用“计数工具”可以对图像中的元素进行计数，也可以自动对图像中的多个选定区域进行计数。在“工具箱”中单击“计数工具”按钮可以激活“计数工具”。“计数工具”的选项栏中包括了显示计数的数目、颜色和标记大小等选项，如图5-9所示。

图5-9

- **计数工具参数介绍**

计数：显示所有的计数个数。

计数组：类似于图层组，可以包含计数，每个计数组都可以有自己的名称、标记、标签大小以及颜色。

切换计数组的可见性：在为图像的某个元素进行计数后，单击该按钮可以切换计数组的可见性。

创建新的计数组：单击该按钮，可以创建一个新的计数组。

删除当前计数组：单击该按钮可以删除当前计数组。

清除：单击该按钮，可以将计数重新复原到0。

颜色：设置计数组的颜色。

标记大小：可以输入1~10的值，以定义计数标记的大小。

标签大小：可以输入8~72的值，以定义计数标签的大小。

5.1.6 对齐到对象

“对齐到”命令有助于精确地放置选区、裁剪选框、切片、形状和路径等。在“视图>对齐到”菜单下可以观察到可对齐的对象包含参考线、网格、图层、切片、文档边界、全部和无，如图5-10所示。

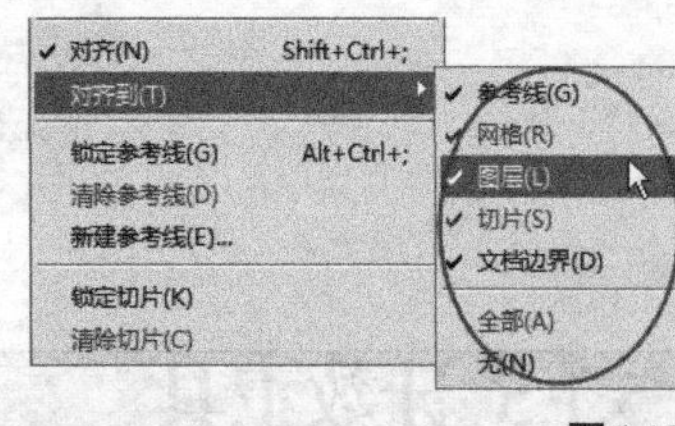

图5-10

● **对齐到对象的类型介绍**

参考线：可以使对象与参考线进行对齐。

网格：可以使对象与网格进行对齐。网格被隐藏时不能选择该选项。

图层：可以使对象与图层中的内容进行对齐。

切片：可以使对象与切片边界进行对齐。切片被隐藏时不能选择该选项。

文档边界：可以使对象与文档的边缘进行对齐。

全部：选择所有“对齐到”选项。

无：取消选择所有“对齐到”选项。

技巧与提示

如果要启用对齐功能，首先需要执行“视图>对齐”菜单命令，使“对齐”命令处于勾选状态，否则“对齐到”下的命令没有任何用处。

5.1.7 显示/隐藏额外内容

执行“视图>显示额外内容”菜单命令（使该选项处于勾选状态），然后再执行“视图>显示”菜单下的命令，可以在画布中显示出图层边缘、选区边缘、目标路径、网格、参考线、智能参考线、切片等额外内容，如图5-11所示。

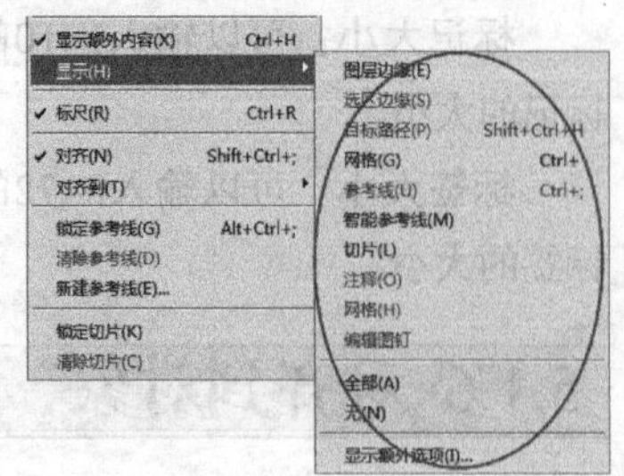

图5-11

● **显示/隐藏额外内容选项介绍**

图层边缘：显示图层内容的边缘。在编辑图像时，通常不会启用该功能。

选区边缘：显示或隐藏选区的边框。

目标路径：显示或隐藏路径。

网格：显示或隐藏网格。

参考线：显示或隐藏参考线。

智能参考线：显示或隐藏智能参考线。

切片：显示或隐藏切片的定界框。

注释：显示或隐藏添加的注释。

编辑图钉：在用图钉操控图像时，显示用于编辑的图钉。

全部：显示以上所有选项。

无：隐藏以上所有选项。

显示额外选项：执行该命令后，可以在打开的“显示额外选项”对话框中设置同时显示或隐藏以上多个项目。

5.2 图像大小

更改图像的像素大小不仅会影响图像在屏幕上的大小，还会影响图像的质量及其打印特性（图像的打印尺寸和分辨率）。执行“图像>图像大小”菜单命令或按Alt+Ctrl+I组合键，打开“图像大小”对话框，在“像素大小”选项组下即可修改图像的像素大小，如图5-12所示。

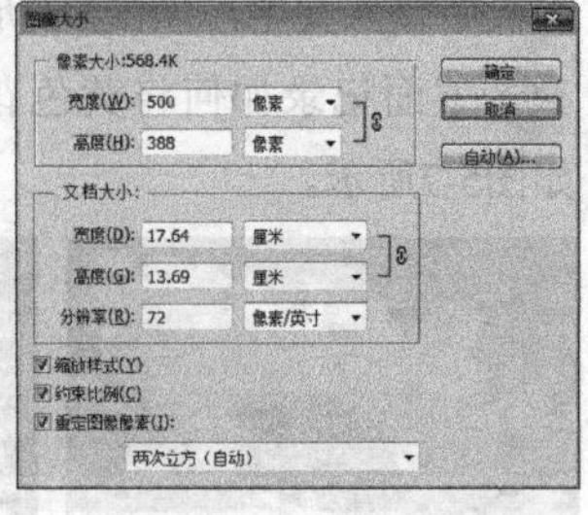

图5-12

5.2.1 像素大小

“像素大小”选项组下的参数主要用来设置图像的尺寸。修改像素大小后，新文件的大小会出现在对话框的顶部，旧文件大小会在括号内显示，如图5-13所示。

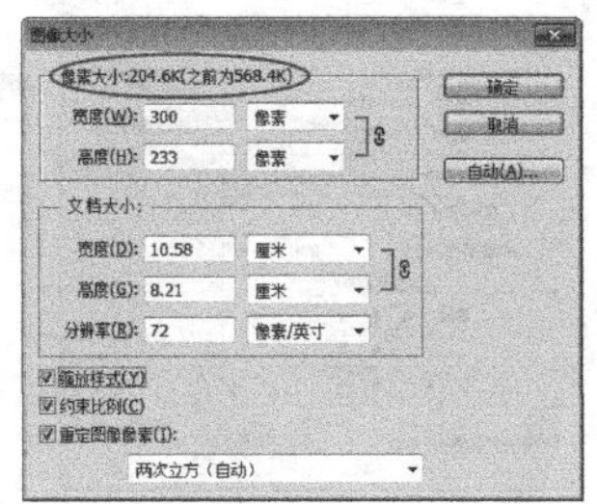

图5-13

5.2.2 文档大小

“文档大小”选项组下的参数主要用来设置图像的打印尺寸。当勾选“重定图像像素”选项时，如果减小文档的大小，就会减少像素数量，此时图像虽然变小了，但是画面质量仍然保持不变，如图5-14和图5-15所示；如果增大文档大小或提高分辨率，则会增加新的像素，此时图像尺寸虽然变大了，但是画面的质量会下降，如图5-16和图5-17所示。

图5-14

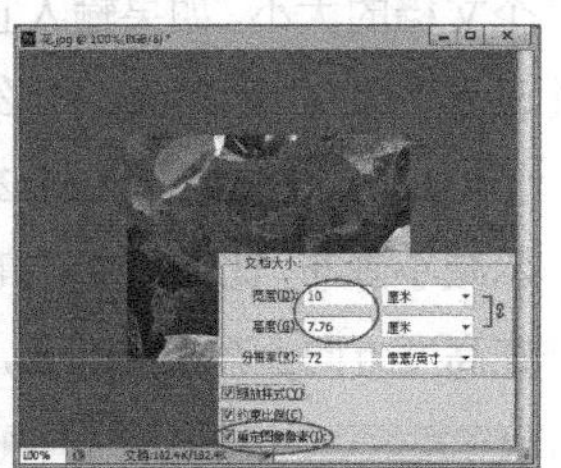

图5-15

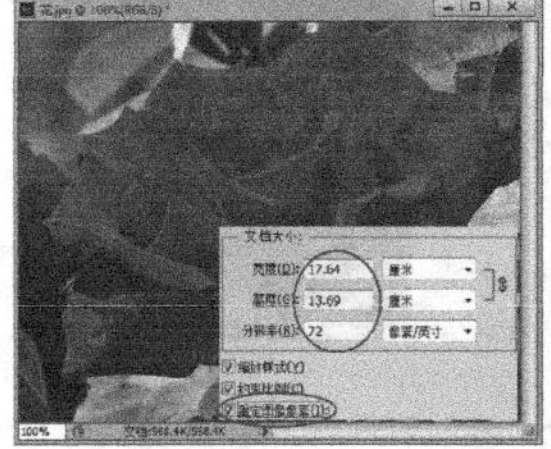

图5-16

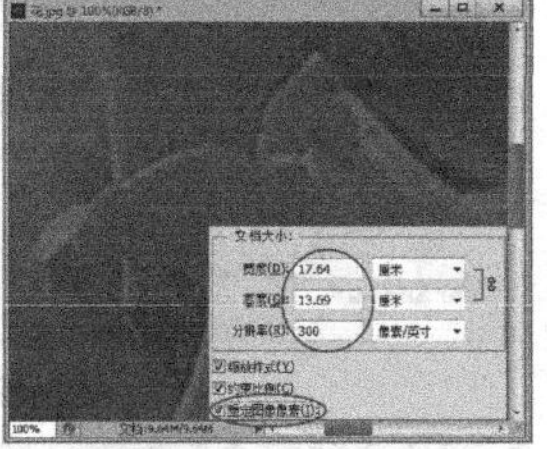

图5-17

当关闭“重定图像像素”选项时，即使修改图像的宽度和高度，图像的像素总量也不会发生变化。也就是说，减少文档宽度和高度时，会自动提高分辨率，如图5-18所示；当增大宽度和高度时，会自动降低分辨率，如图5-19所示。

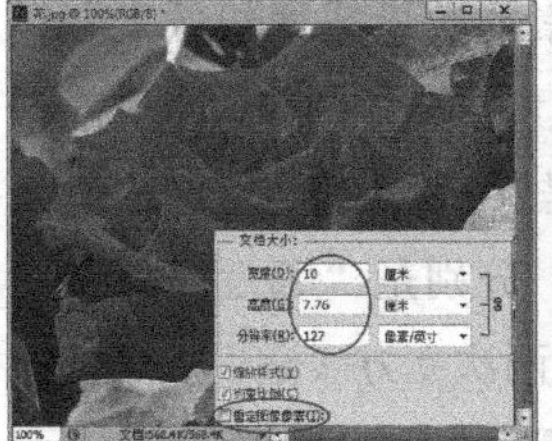

图5-18

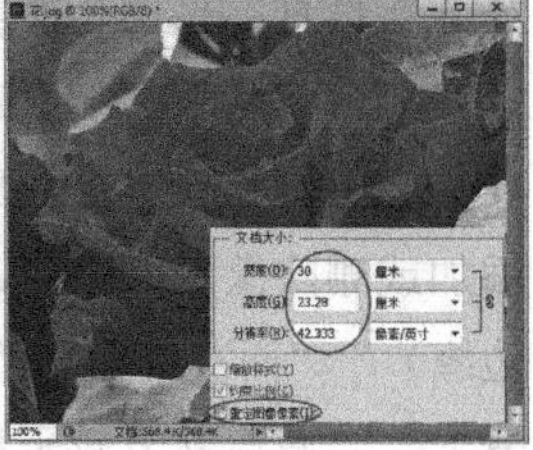

图5-19

技巧与提示

当关闭“重定图像像素”选项时，无论是增大或减小文档的“宽度”和“高度”值，图像的视觉大小看起来都不会发生任何变化，画面的质量也没有变化。

5.2.3 缩放样式

如果为文档中的图层添加了图层样式，勾选“缩放样式”选项后，可以在调整图像的大小时自动缩放样式效果。只有在勾选了“约束比例”选项时，“缩放样式”才可用。

5.2.4 约束比例

当勾选“约束比例”选项时，可以在修改图像的宽度或高度时，保持宽度和高度的比例不变。在一般情况下都应该勾选该选项。

5.2.5 自动

单击“自动”按钮 自动(A)... 可以打开“自动分辨率”对话框，如图5-20所示。在该对话框中输入“挂网”的线数以后，Photoshop可以根据输出设备的网频确定建议使用的图像分辨率。

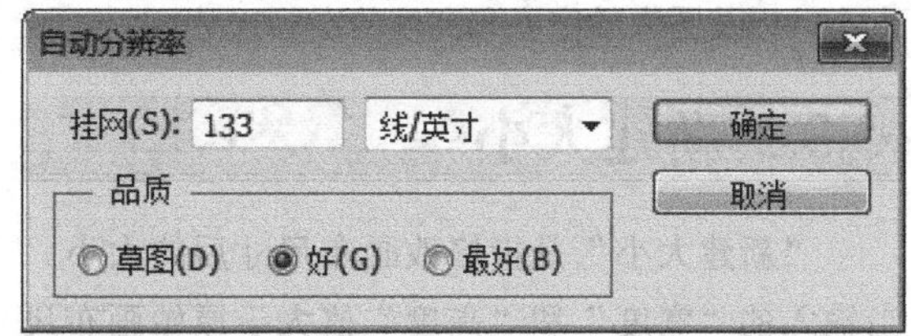

图5-20

5.2.6 插值方法

修改图像的像素大小在Photoshop中称为“重新取样”。当减少像素的数量时，就会从图像中删除一些信息；当增加像素的数量或增加像素取样时，则会增加一些新的像素。在“图像大小”对话框最底部的下拉列表中提供了6种插值方法来确定添加或删除像素的方式，分别是“邻近（保留硬边缘）”“两次线性”“两次立方（适用于平滑渐变）”“两次立方较平滑（适用于扩大）”“两次立方较锐利（适用于缩小）”和“两次立方自动”，如图5-21所示。

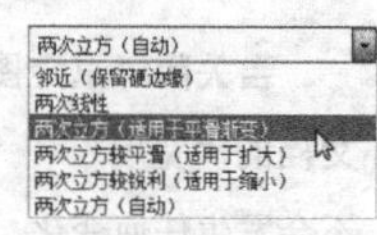

图5-21

5.3 修改画布大小

画布是指整个文档的工作区域，如图5-22所示。执行“图像>画布大小”菜单命令或按Alt+Ctrl+C组合键，打开“画布大小”对话框，如图5-23所示。在该对话框中可以对画布的宽度、高度、定位和扩展背景颜色进行调整。

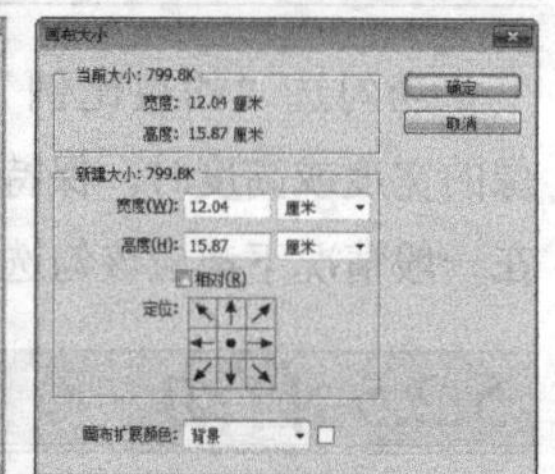

图5-22 图5-23

5.3.1 当前大小

“当前大小”选项组下显示的是文档的实际大小，以及图像的宽度和高度的实际尺寸。

5.3.2 新建大小

“新建大小”是指修改画布尺寸后的大小。当输入的“宽度”和“高度”值大于原始画布尺寸时，会增大画布，如图5-24和图5-25所示；当输入的“宽度”和“高度”值小于原始画布尺寸时，Photoshop会裁掉超出画布区域的图像，如图5-26和图5-27所示。

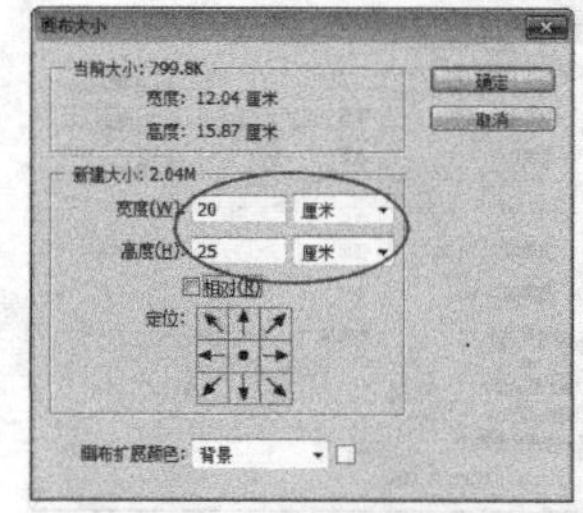

图5-24 图5-25

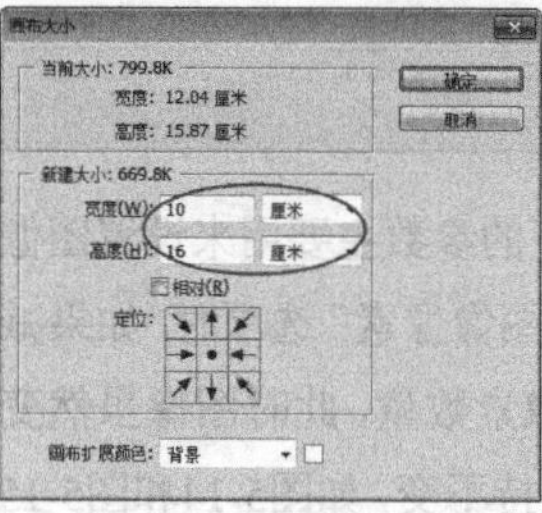

图5-26 图5-27

当勾选“相对”选项时，“宽度”和“高度”数值将代表实际增加或减少的区域的大小，而不再代表整个文档的大小。如果输入正值就表示增加画布，比如设置“宽度”为10cm，那么画布就在宽度方向上增加了10cm，如图5-28和图5-29所示；如果输入负值就表示减小画布，比如设置“高度”为-10cm，那么画布就在高度方向上减小了10cm，如图5-30和图5-31所示。

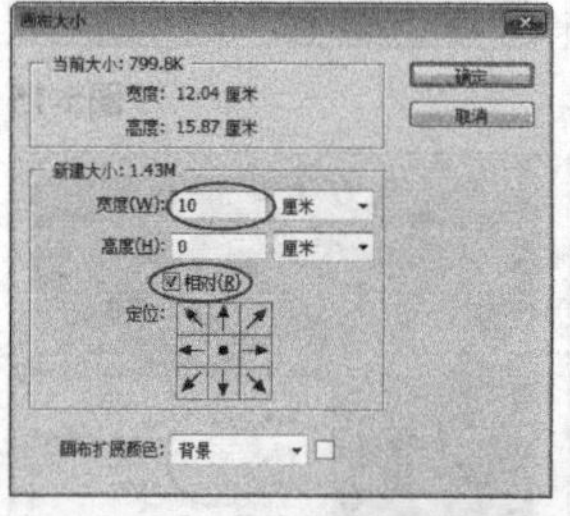

图5-28 图5-29

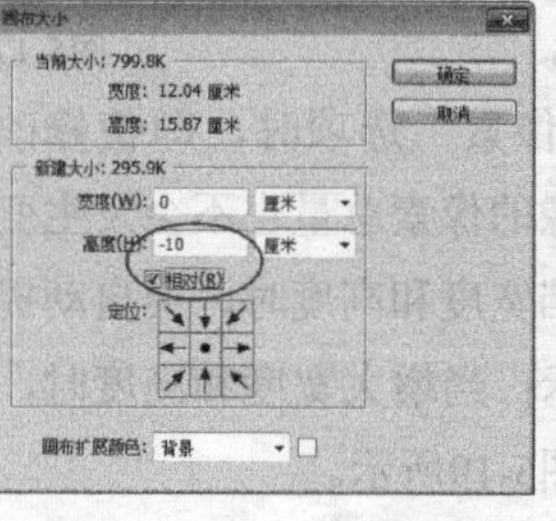

图5-30 图5-31

“定位”选项主要用来设置当前图像在新画布上的位置。图5-32和图5-33所示分别是将图像定位在顶部正中间及左上角时的画布效果（黑色背景为画布的扩展颜色）。

图5-32

图5-33

5.3.3 画布扩展颜色

"画布扩展颜色"是指填充新画布的颜色。如果图像的背景是透明的，那么"画布扩展颜色"选项将不可用，新增加的画布也是透明的。图5-34中，"图层"面板中只有一个"图层0"，没有"背景"图层，因此图像的背景就是透明的。那么将画布的"宽度"扩展到20cm，则扩展的区域就是透明的，如图5-35所示。

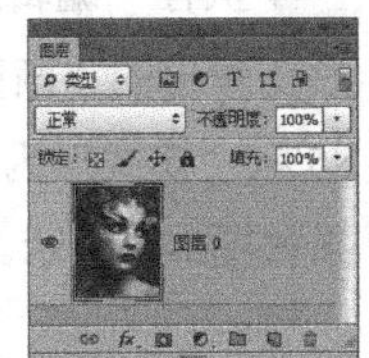
图5-34

图5-35

5.4 旋转画布

Photoshop在"图像>图像旋转"菜单下提供了一些旋转画布的命令，包含"180度""90度（顺时针）""90度（逆时针）""任意角度""水平翻转画布"和"垂直翻转画布"，如图5-36所示。在执行这些命令时，可以旋转或翻转整个图像。图5-37所示为原图，图5-38和图5-39所示是执行"90度（逆时针）"命令和"水平翻转画布"命令后的图像效果。

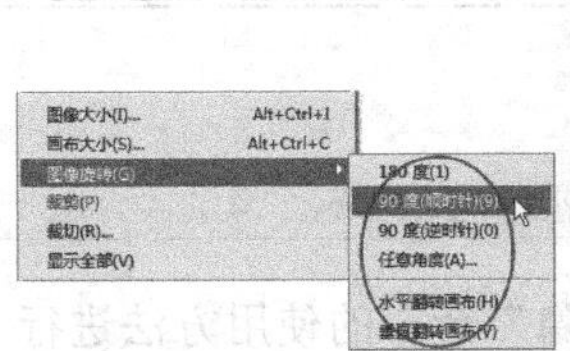
图5-36

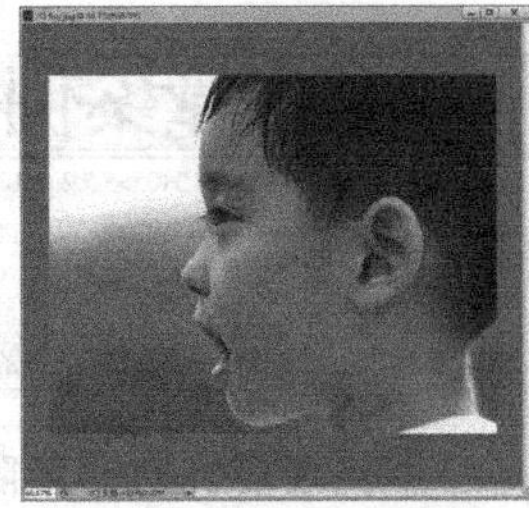
图5-37

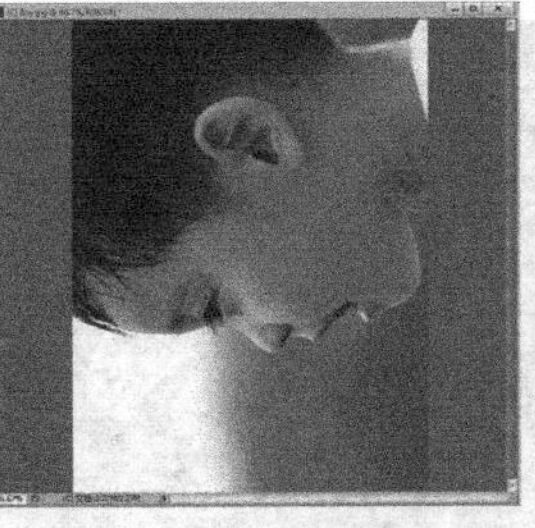
图5-38

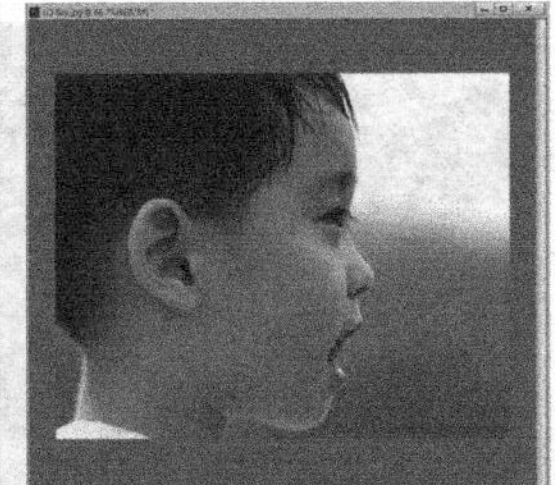
图5-39

知识点 用任意角度旋转画布

在"图像>图像旋转"菜单下提供了一个特殊的"任意角度"命令，这个命令主要用来以任意角度旋转画布。

在执行"任意角度"命令，Photoshop会弹出"旋转画布"对话框，在该对话框中可以设置旋转的角度和旋转的方式（顺时针和逆时针）。

5.5 渐隐调整结果

当使用画笔、滤镜编辑图像，或进行了填充、颜色调整、添加了图层样式等操作以后，"编辑>渐隐"菜单命令才可用。

5.5.1 渐隐对话框

执行"编辑>渐隐"菜单命令可以修改操作结果的不透明度和混合模式，图5-40所示是"渐隐"对话框。

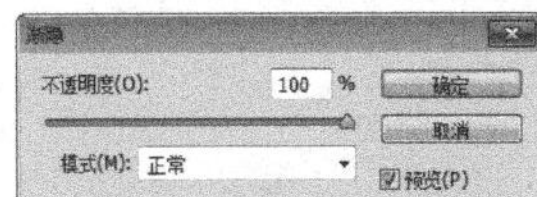

图5-40

● **渐隐对话框选项介绍**

不透明度：用于设置操作结果对图像的影响程度。设置为100%时，不执行渐隐操作；设置为0%时，操作结果对图像没有任何影响。

模式：用于设置操作结果与图像的混合效果。

技巧与提示

关于这些混合模式将在后面的章节中进行详细讲解。

5.5.2 课堂案例——调整校色结果对图像的影响程度

实例位置	实例文件>CH05>5.5.2.psd
素材位置	素材文件>CH05>素材02.jpg
视频位置	多媒体教学>CH05>5.5.2.flv
实用指数	★★★☆☆
技术掌握	用渐隐命令调整校色结果的不透明度与混合模式

本例主要针对“渐隐”命令的使用方法进行练习，如图5-41所示。

图5-41

01 按Ctrl+O组合键打开“素材文件>CH05>素材02.jpg”文件，如图5-42所示。

图5-42

02 执行“图像>调整>色相/饱和度”菜单命令或按Ctrl+U组合键，打开“色相/饱和度”对话框，然后设置“色相”为-128、“饱和度”为-10，如图5-43所示，效果如图5-44所示。

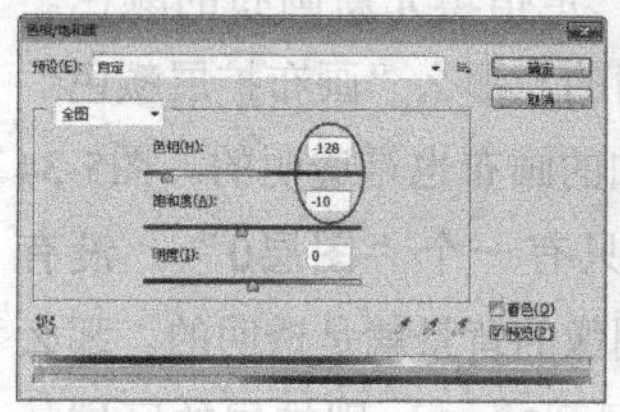

图5-43

图5-44

03 执行“编辑>渐隐色相/饱和度”菜单命令，然后在弹出的“渐隐”对话框中设置“不透明度”为85%、“模式”为“色相”，如图5-45所示，最终效果如图5-46所示。

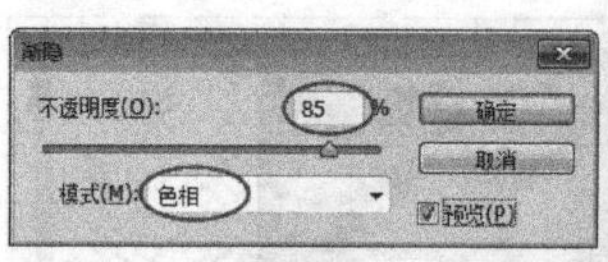

图5-45

图5-46

5.6 图像变换与变形

移动、旋转、缩放、扭曲、斜切等是处理图像的基本方法。其中移动、旋转和缩放称为变换操作，而扭曲和斜切称为变形操作。通过执行“编辑”菜单下的“自由变换”和“变换”命令，可以改变图像的形状。

本节命令概要

命令名称	作用	快捷键	重要程度
移动工具	在单个或多个文档中移动图层、选区中的图像等	V	高
变换	对图层、路径、矢量图形，以及选区中的图像进行变换操作		高
自由变换	在一个连续的操作中应用旋转、缩放、斜切、扭曲、透视和变形	Ctrl+T	高

5.6.1 认识定界框、中心点和控制点

在执行“编辑>自由变换”菜单下的命令与执行“编辑>变换”菜单命令时，当前对象的周围会出现一个用于变换的定界框，定界框的中间有一个中心点，四周还有控制点，如图5-47所示。在默认情况下，中心点位于变换对象的中心，用于定义对象的变换中心，拖曳中心点可以移动它的位置，如图5-48所示；控制点主要用来变换图像。图5-49和图5-50所示分别是等比例缩小球体与向下压缩球体时的变换效果。

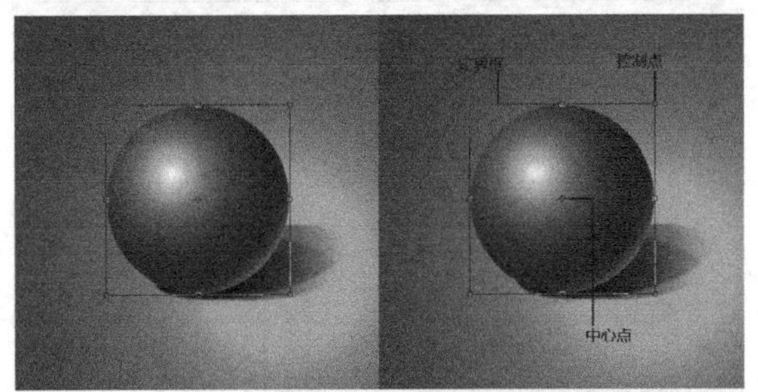

图5-47

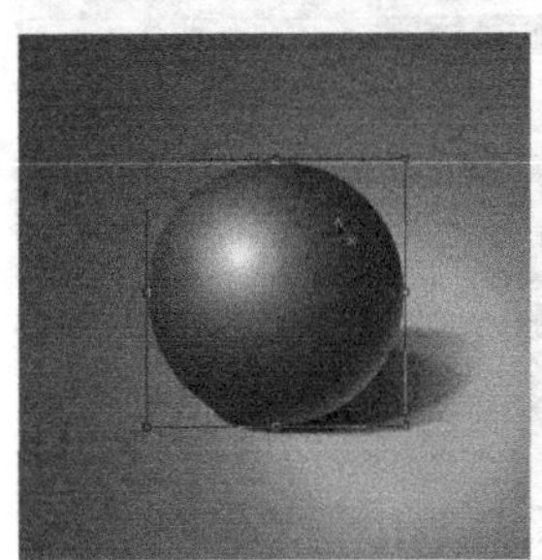
图5-48

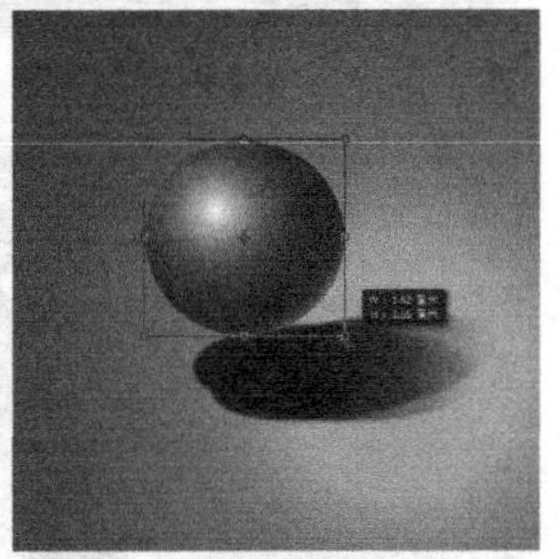
图5-49

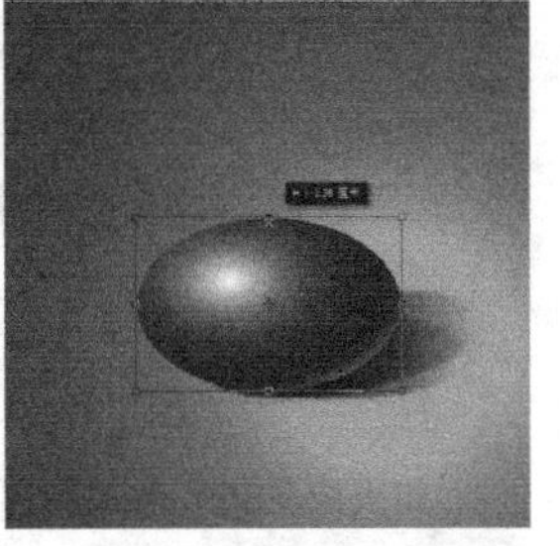
图5-50

5.6.2 移动对象

“移动工具”是最常用、最重要的工具之一，无论是在文档中移动图层、选区中的图像，还是将其他文档中的图像拖曳到当前文档，都需要使用“移动工具”。图5-51所示是该工具的选项栏。

图5-51

● **移动工具选项介绍**

自动选择：如果文档中包含了多个图层或图层组，可以在后面的下拉列表中选择要自动选择的对象。如果选择“图层”选项，使用“移动工具”在画布中单击时，可以自动选择“移动工具”下面包含像素的最顶层的图层；如果选择“组”选项，在画布中单击时，可以自动选择“移动工具”下面包含像素的最顶层的图层所在的图层组。

显示变换控件：勾选该选项以后，当选择一个图层时，就会在图层内容的周围显示定界框。用户可以拖曳控制点来对图像进行变换操作。

对齐图层：当同时选择了两个或两个以上的图层时，单击相应的按钮可以将所选图层进行对齐。对齐方式包括“顶对齐”、“垂直居中对齐”、“底对齐”、“左对齐”、“水平居中对齐”和“右对齐”，另外还有一个“自动对齐图层”。

分布图层：如果选择了3个或3个以上的图层，单击相应的按钮可以将所选图层按一定规则进行均匀分布排列。分布方式包括“按顶分布”、“垂直居中分布”、“按底分布”、“按左分布”、“水平居中分布”和“按右分布”。

1.在同一个文档中移动图像

在“图层”面板中选择要移动的对象所在的图层，如图5-52所示，然后在“工具箱”中选择“移动工具”，接着在画布中拖曳鼠标左键即可移动选中的对象，如图5-53所示。

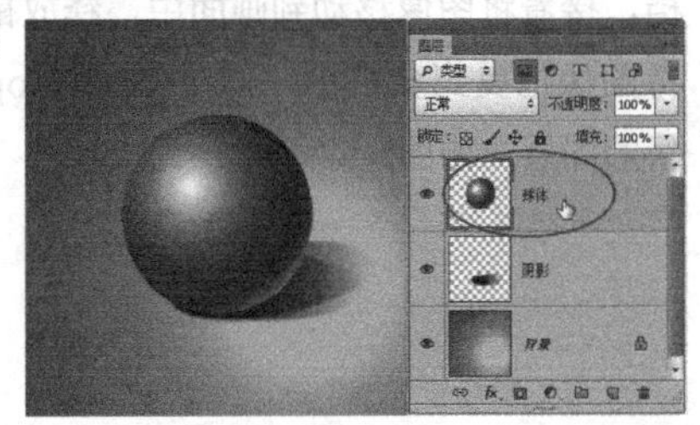
图5-52

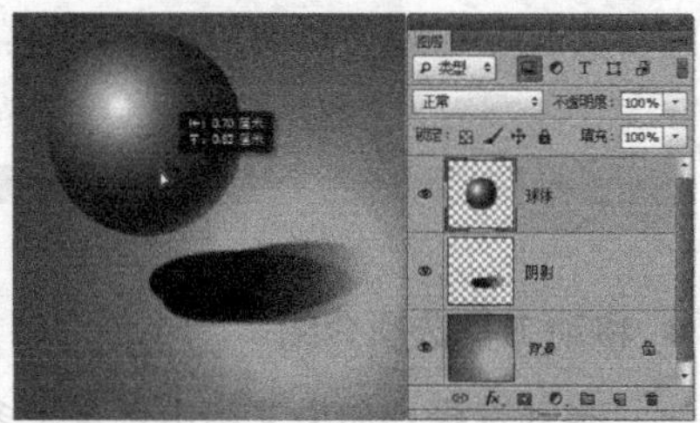

图5-53

如果已经创建了选区，如图5-54所示，可以将光标放置在选区内，拖曳鼠标左键移动选中的图像，如图5-55所示。

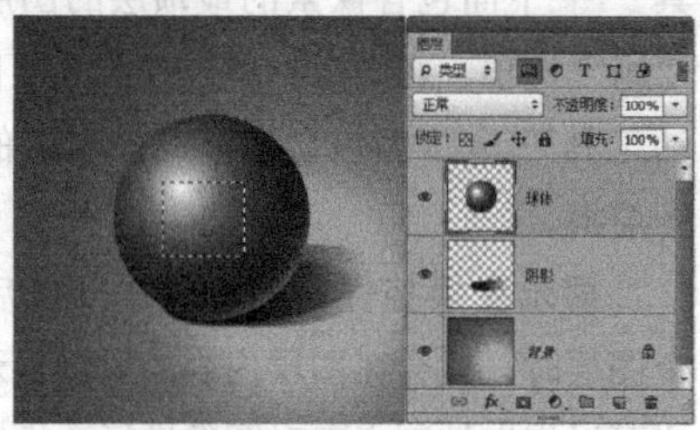

图5-54

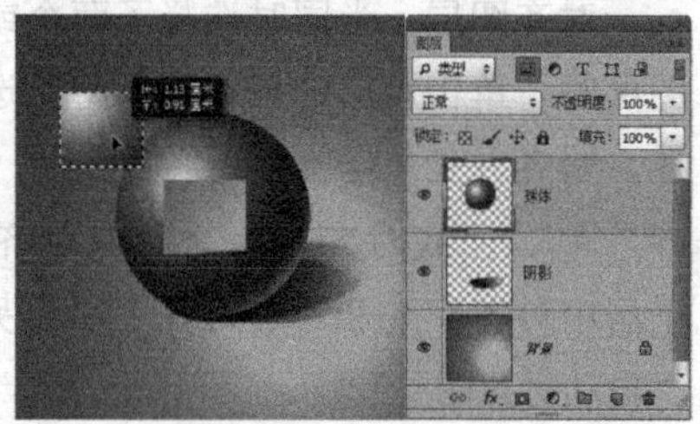

图5-55

技巧与提示

在使用“移动工具”移动图像时，按住Alt键拖曳图像，可以复制图像，同时会生产一个新的图层。

2.在不同的文档间移动图像

打开两个或两个以上的文档，将光标放置在画布中，如图5-56所示，然后使用“移动工具”将选定的图像拖曳到另外一个文档的标题栏上，如图5-57所示，停留片刻后切换到目标文档，接着将图像移动到画面中，释放鼠标左键即可将图像拖曳到文档中，同时Photoshop会生成一个新的图层，如图5-58所示。

图5-56

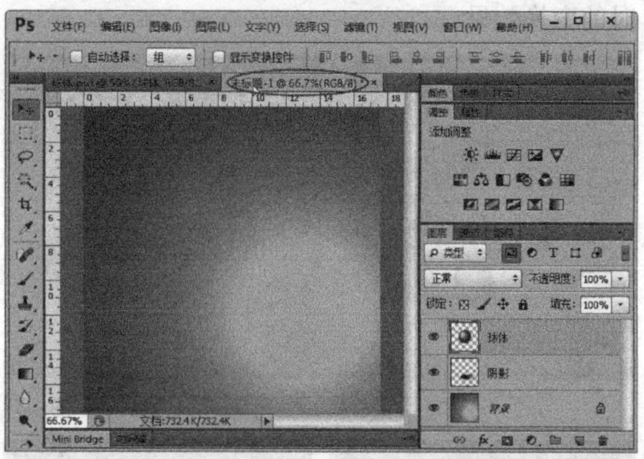

图5-57

图5-58

技巧与提示

如果按住Shift键将一个图像拖曳到另外一个文档中，那么这个图像在源文档中的位置将保持不变。例如按住Shift键将一个图像（假如这个图像的位置为（0，0））从文档A拖曳到文档B中，那么这个图像在文档B中的位置仍然会保持在（0，0）的位置。

5.6.3 变换

“编辑>变换”菜单提供了各种变换命令，如图5-59所示。用这些命令可以对图层、路径、矢量图形，以及选区中的图像进行变换操作。另外，还可以对矢量蒙版和Alpha进行应用变换。

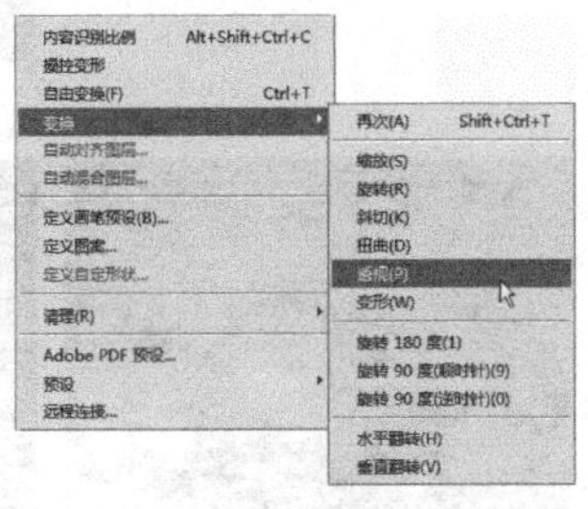

图5-59

1.缩放

使用“缩放”命令可以相对于变换对象的中心点对图像进行缩放。如果不按住任何快捷键，可以任意缩放图像，如图5-60所示；如果按住Shift键，可以等比例缩放图像，如图5-61所示；如果按住Shift+Alt组合键，可以以中心点为基准点等比例缩放图像，如图5-62所示。

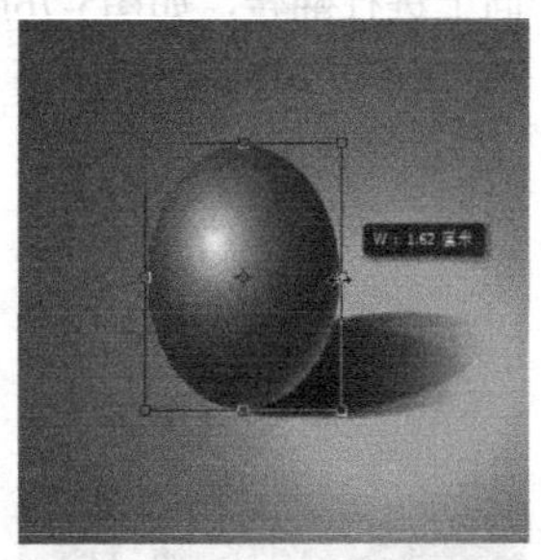

图5-60

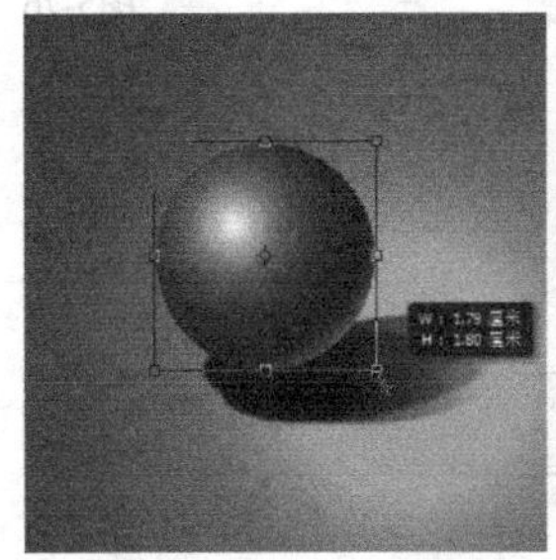

图5-61　图5-62

2.旋转

使用“旋转”命令可以围绕中心点转动变换对象。如果不按住任何快捷键，可以用任意角度旋转图像，如图5-63所示；如果按住Shift键，可以以15°为单位旋转图像，如图5-64所示。

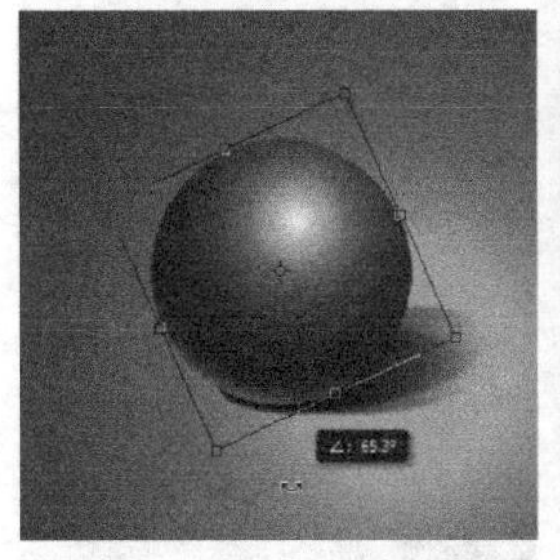

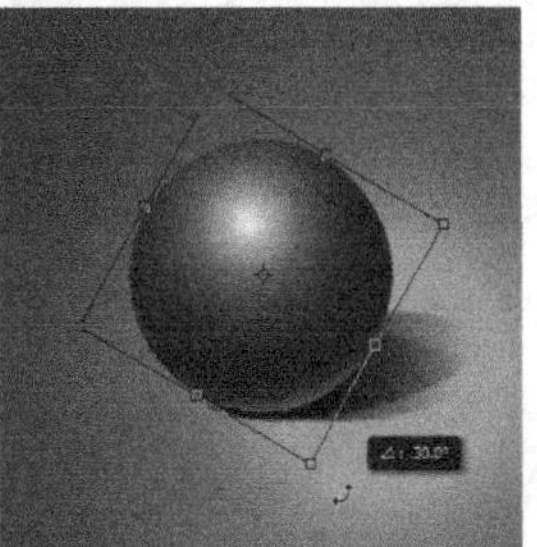

图5-63　图5-64

3.斜切

使用“斜切”命令可以在任意方向、垂直方向或水平方向上倾斜图像。如果不按住任何快捷键，可以在任意方向上倾斜图像，如图5-65所示；如果按住Shift键，可以在垂直或水平方向上倾斜图像，如图5-66所示。

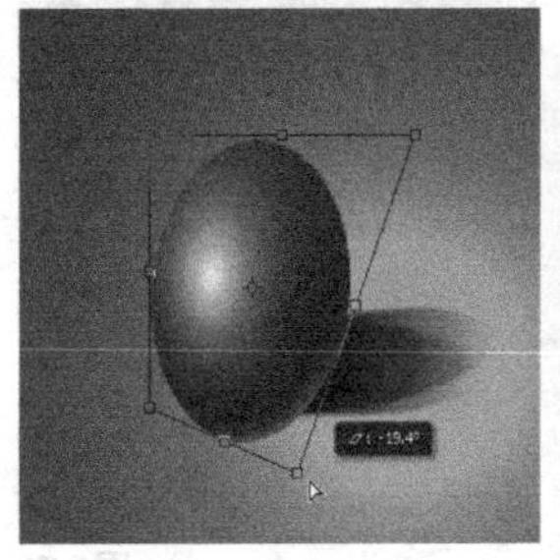

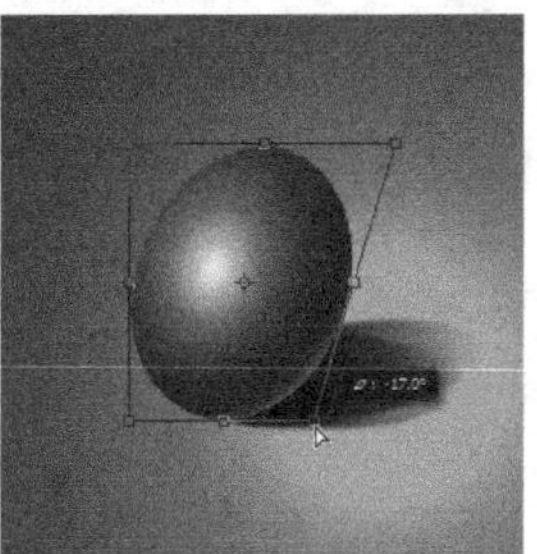

图5-65　图5-66

4.扭曲

使用“扭曲”命令可以在各个方向上伸展变换对象。如果不按住任何快捷键，可以在任意方向上扭曲图像，如图5-67所示；如果按住Shift键，可以在垂直或水平方向上扭曲图像，如图5-68所示。

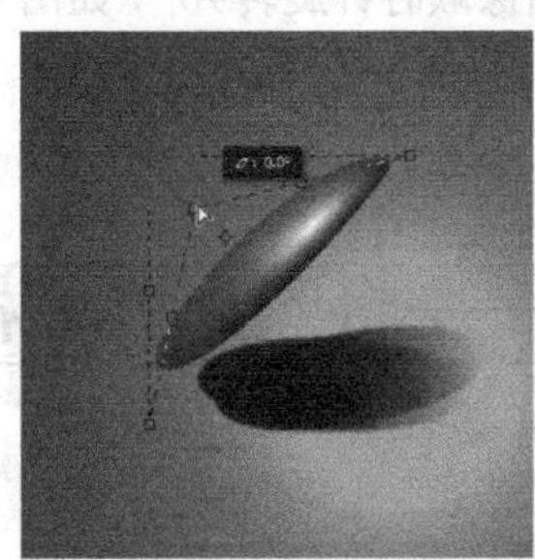

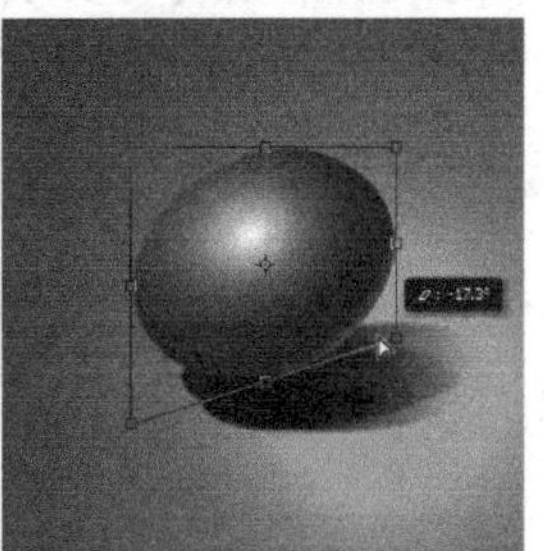

图5-67　图5-68

5.透视

使用“透视”命令可以对变换对象应用单点

透视。拖曳定界框4个角上的控制点，可以在水平或垂直方向上对图像应用透视，如图5-69和图5-70所示。

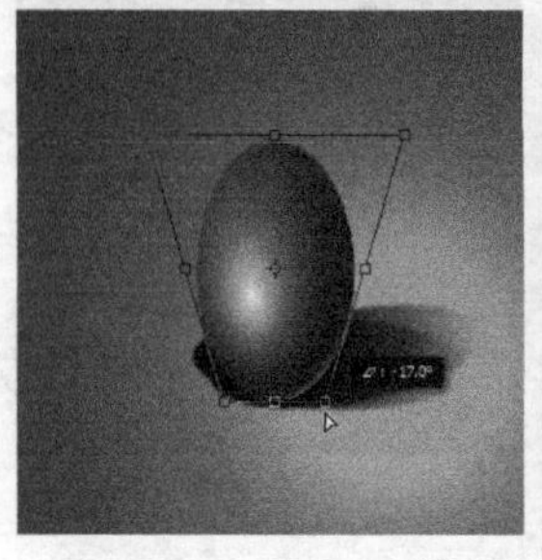

图5-69

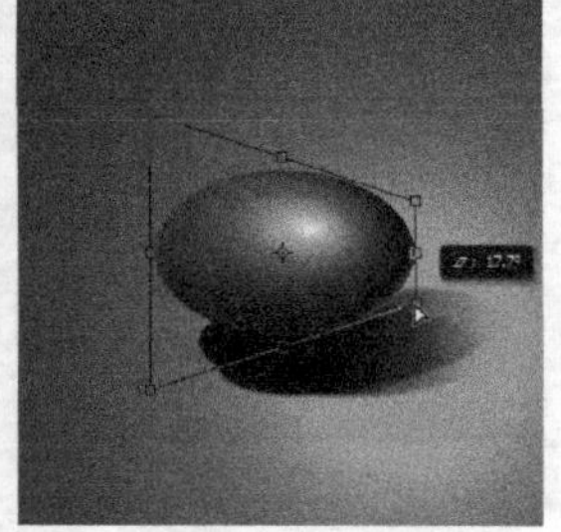

图5-70

6.变形

如果要对图像的局部内容进行扭曲，可以使用“变形”命令来操作。执行该命令时，图像上将会出现变形网格和锚点，拖曳锚点或调整锚点的方向线可以对图像进行更加自由和灵活的变形处理，如图5-71所示。

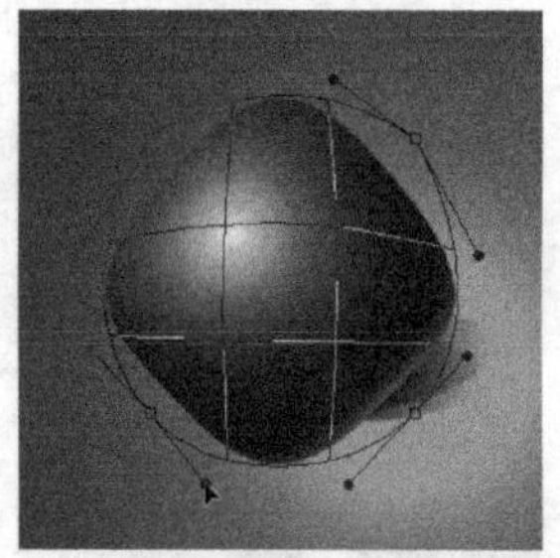

图5-71

7.旋转180°/旋转90°（顺时针）/旋转90°（逆时针）

这3个命令非常简单。执行“旋转180°”命令，可以将图像旋转180°，如图5-72所示；执行“旋转90°（顺时针）”命令可以将图像顺时针旋转90°，如图5-73所示；执行“旋转90°（逆时针）”命令可以将图像逆时针旋转90°，如图5-74所示。

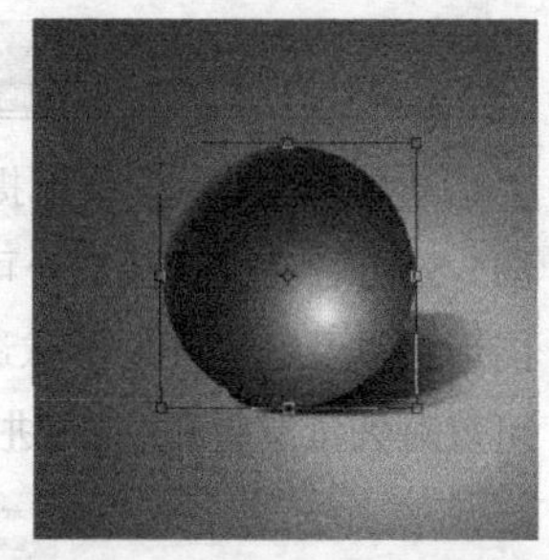

图5-72

图5-73

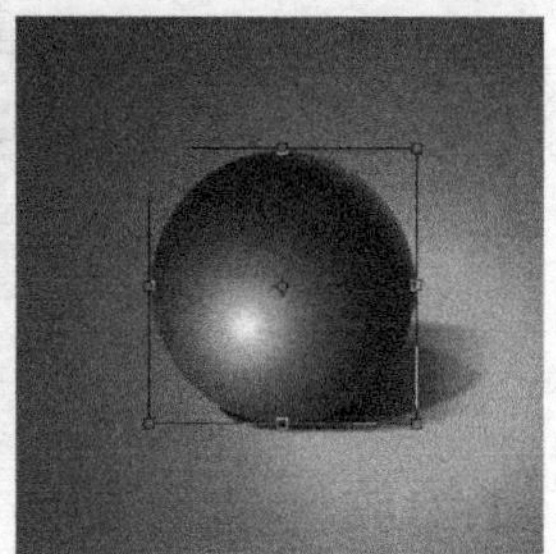

图5-74

8.水平/垂直翻转

这两个命令也非常简单。执行“水平翻转”命令可以将图像在水平方向上进行翻转，如图5-75所示；执行“垂直翻转”命令可以将图像在垂直方向上进行翻转，如图5-76所示。

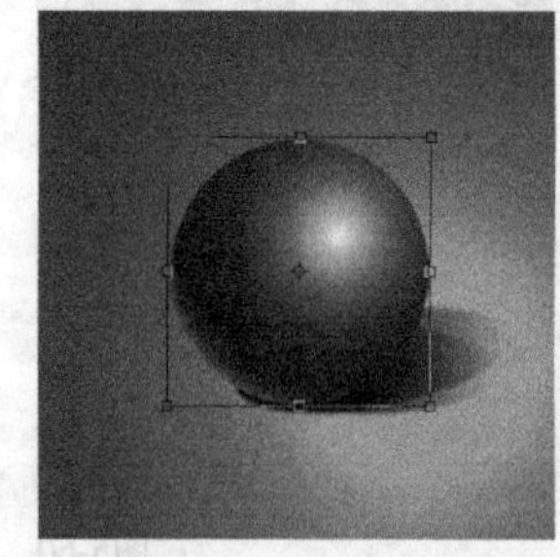

图5-75

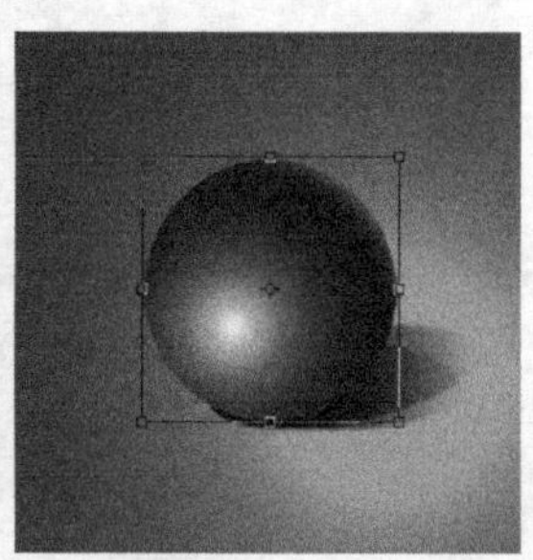

图5-76

5.6.4 课堂案例——将照片放入相框

实例位置	实例文件>CH05>5.6.4.psd
素材位置	素材文件>CH05>素材03-1.jpg、素材03-2.jpg
视频位置	多媒体教学>CH05>5.6.4.flv
实用指数	★★★★★
技术掌握	缩放和扭曲图像的方法

本例主要针对“缩放”和“扭曲”变换功能进行练习，如图5-77所示。

图5-77

01 按Ctrl+O组合键打开“素材文件> CH05>素材03-1.jpg”文件，如图5-78所示。

02 执行“文件>置入”菜单命令，然后在弹出的对话框中选择“素材文件>CH05>素材03-2.jpg”文件，如图5-79所示。

图5-78

图5-79

03 执行“编辑>变换>缩放”菜单命令，然后按住Shift键将照片缩小到与相框相同的大小，如图5-80所示。缩放完成后暂时不要退出变换模式。

图5-80

技巧与提示

在实际工作中，为了节省操作时间，也可以直接按Ctrl+T组合键进入自由变换状态。

04 在画布中单击鼠标右键，然后在弹出的菜单中选择“扭曲”命令，如图5-81所示，接着分别调整4个角上的控制点，使照片的4个角刚好与相框的4个角相吻合，如图5-82所示，最后按Enter键完成变换操作，最终效果如图5-83所示。

图5-81

图5-82

图5-83

5.6.5 课堂案例——为效果图添加室外环境

实例位置	实例文件>CH05>5.6.5.psd
素材位置	素材文件>CH05>素材04-1.png、素材04-2.jpg
视频位置	多媒体教学>CH05>5.6.5.flv
实用指数	★★★☆☆
技术掌握	透视变换图像的方法

本例主要针对“透视”变换功能进行练习，如图5-84所示。

图5-84

01 按Ctrl+O组合键打开“素材文件>CH05>素材04-1.png”文件，如图5-85所示。

02 执行“文件>置入”菜单命令，然后在弹出的对话框中选择“素材文件>CH05>素材04-2.jpg”文件，如图5-86所示。

图5-85

图5-86

03 执行“编辑>变换>透视”菜单命令，然后向下拖曳左下角的控制点，使图像遮挡住左侧的透明区域，如图5-87所示，接着向下拖曳右下角的控制点，使图像遮挡住右侧的透明区域，如图5-88所示。

图5-87

图5-88

04 在“图层”面板中选择“素材04-2”图层，然后将其拖曳到“图层0”的下一层，接着设置“素材04-2”图层的“不透明度”为76%，如图5-89所示，效果如图5-90所示。

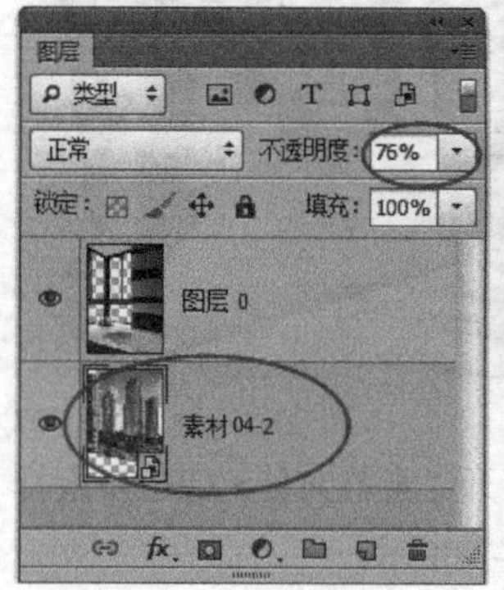

图5-89

图5-90

05 在“图层”面板中单击“创建新图层”按钮，新建一个“图层1”，然后将其放置在“素材04-2”图层的下一层，接着设置前景色为白色，最后按Alt+Delete组合键用前景色填充“图层1”，如图5-91所示，最终效果如图5-92所示。

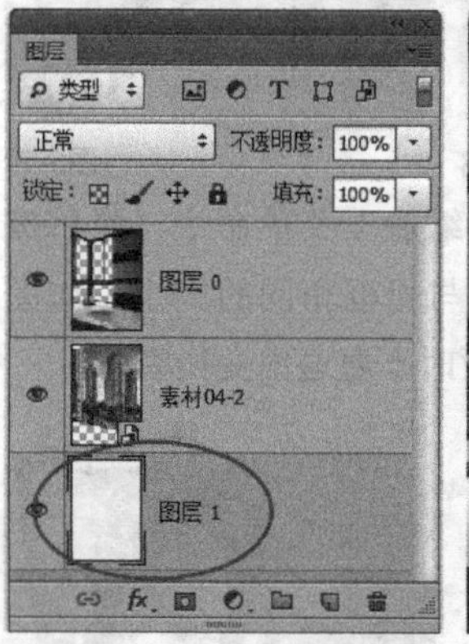

图5-91

图5-92

5.6.6 课堂案例——制作鲜嫩苹果

实例位置	实例文件>CH05>5.6.6.psd
素材位置	素材文件>CH05>素材05-1.psd、素材05-2.jpg
视频位置	多媒体教学>CH05>5.6.6.flv
实用指数	★★★★☆
技术掌握	变形图像的方法

本例主要针对“变形”变换功能进行练习，如图5-93所示。

图5-93

01 按Ctrl+O组合键打开“素材文件>CH05>素材05-1.psd”文件，如图5-94所示。

图5-94

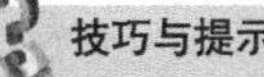

技巧与提示

这个文件里面包含4个图层，如图5-95所示。将苹果的每个部分分开以后，就可以很方便地进行操作。

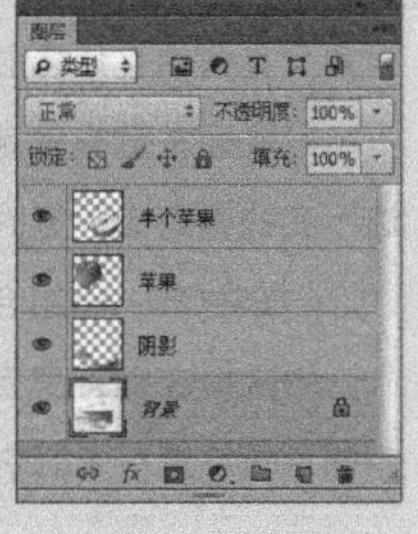

图5-95

02 执行“文件>置入”菜单命令，然后在弹出的对话框中选择“素材文件>CH05>素材05-2.jpg”文件，如图5-96所示。

03 执行“编辑>变换>水平翻转”菜单命令，效果如图5-97所示。

图5-96 图5-97

04 执行“编辑>变换>变形”菜单命令，然后拖曳4个角上的锚点，使图像完全裹住苹果，如图5-98所示。

图5-98

05 在“图层”面板中选择“素材05-2”图层，然后设置该图层的混合模式为“柔光”，接着将其拖曳到“苹果”图层的上一层，如图5-99所示，效果如图5-100所示。

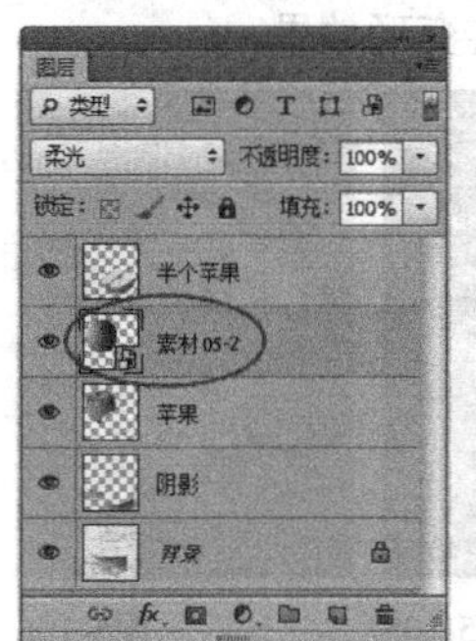

图5-99 图5-100

06 选择“素材05-2”图层，然后执行“图层>创建剪贴蒙版”菜单命令或按Alt+Ctrl+G组合键，将该图层设置为“苹果”图层的剪贴蒙版，如图5-101所示，效果如图5-102所示。

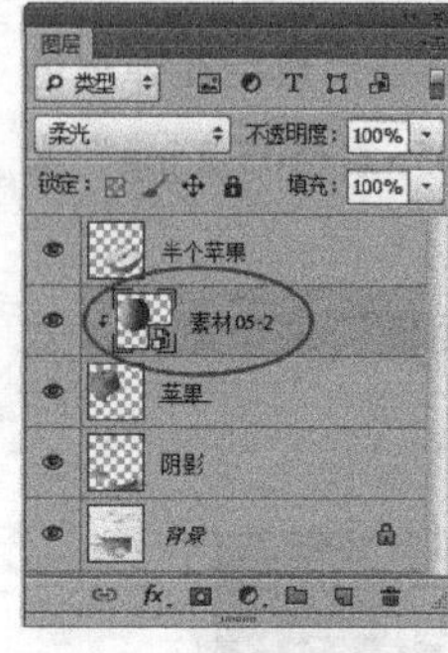

图5-101

图5-102

07 采用相同的方法为另外一半苹果制作出水滴效果，最终效果如图5-103所示。

图5-103

5.6.7 自由变换

“自由变换”命令其实是“变换”命令的加强版，它可以在一个连续的操作中应用旋转、缩放、斜切、扭曲、透视和变形命令（如果是变换路径，“自由变换”命令将自动切换为“自由变换路径”命令；如果是变换路径上的锚点，“自由变换”命令将自动切换为“自由变换点”命令），并且可以不必选取其他变换命令。图5-104~图5-106所示分别是缩放变形、移动图像以及旋转变形效果。

图5-104

图5-105

图5-106

知识点 自由变换快捷键

在Photoshop中，自由变换的功能很强大，熟练掌握自由变换可以大大提高工作效率。下面就对这项功能的快捷键之间的配合进行详细介绍。

在“编辑>变换”菜单下包含缩放、旋转、翻转等命令，其功能是对所选图层或选区内的图像进行缩放、旋转或翻转等操作。而自由变换其实也是变换中的一种，按Ctrl+T组合键可以使所选图层或选区内的图像进入自由变换状态。

在进入自由变换状态以后，Ctrl键、Shift键和Alt键这3个快捷键将经常一起搭配使用。

1.在没有按住任何快捷键的情况下

用鼠标左键拖曳定界框4个角上的控制点，可以形成以对角不变的自由矩形方式变换，也可以反向拖动形成翻转变换。

用鼠标左键拖曳定界框边上的控制点，可以形成对边不变的等高或等宽的自由变形。

用鼠标左键在定界框外拖曳可以自由旋转图像（精确至0.1°），也可以直接在选项栏中定义旋转角度。

2.按住Shift键

用鼠标左键拖曳定界框4个角上的控制点，可以等比例放大或缩小图像，也可以反向拖曳形成翻转变换。

用鼠标左键在定界框外拖曳，可以以15°为单位顺时针或逆时针旋转图像。

3.按住Ctrl键

用鼠标左键拖曳定界框4个角上的控制点，可以形成以对角为直角的自由四边形方式变换。

用鼠标左键拖曳定界框边上的控制点，可以形成以对边不变的自由平行四边形方式变换。

4.按住Alt键

用鼠标左键拖曳定界框4角上的控制点，可以形成以中心对称的自由矩形方式变换。

用鼠标左键拖曳定界框边上的控制点，可以形成以中心对称的等高或等宽的自由矩形方式变换。

5.按住Shift +Ctrl组合键

用鼠标左键拖曳定界框4个角上的控制点，可以形成以对角为直角的直角梯形方式变换。

用鼠标左键拖曳定界框边上的控制点，可以形成以对边不变的等高或等宽的自由平行四边形方式变换。

6.按住Ctrl+Alt组合键

用鼠标左键拖曳定界框4个角上的控制点，可以形成以相邻两角位置不变的中心对称、自由平行四边形方式变换。

用鼠标左键拖曳定界框边上的控制点，可以形成以相邻两边位置不变的中心对称、自由平行四边形方式变换。

7.按住Shift+Alt组合键

用鼠标左键拖曳定界框4个角上的控制点，可以形成以中心对称的等比例放大或缩小的矩形方式变换。

用鼠标左键拖曳定界框边上的控制点，可以形成以中心对称的对边不变的矩形方式变换。

8.按下Shift+Ctrl+ Alt组合键

用鼠标左键拖曳定界框4个角上的控制点，可以形成以等腰梯形、三角形或相对等腰三角形方式变换。

用鼠标左键拖曳定界框边上的控制点，可以形成以中心对称等高或等宽的自由平行四边形方式变换。

通过对以上8种快捷键或组合键的介绍，我们可以总结出一个规律：Ctrl键可以使变换更加自由；Shift键主要用来控制方向、旋转角度和等比例缩放；Alt键主要用来控制中心对称。

5.6.8 课堂案例——制作飞舞的蝴蝶

实例位置	实例文件>CH05>5.6.8.psd
素材位置	素材文件>CH05>素材06-1.jpg、素材06-2.png
视频位置	多媒体教学>CH05>5.6.8.flv
实用指数	★★★★★
技术掌握	自由变换功能的用法

本例主要针对“自由变换”功能进行练习，如图5-107所示。

图5-107

01 按Ctrl+O组合键打开“素材文件>CH05>素材06-1.jpg”文件，如图5-108所示。

02 再次打开“素材文件>CH05>素材06-2.png”文件，然后将其拖曳到“素材06-1.jpg”操作界面中，如图5-109所示。

图5-108 图5-109

03 按Ctrl+T组合键进入自由变换状态，然后按住Shift键将图像等比例缩小到如图5-110所示的大小。

图5-110

04 在画布中单击鼠标右键，然后在弹出的菜单中选择“变形”命令，如图5-111所示，接着拖曳变形网格和锚点，将图像变形成如图5-112所示的效果。

图5-111 图5-112

05 在画布中单击鼠标右键，然后在弹出的菜单中选择“旋转”命令，接着将图像逆时针旋转到如图5-113所示的角度。

06 继续导入一只蝴蝶，然后利用“缩放”变换、“透视”变换和“旋转”变换将其调整成如图5-114所示的效果。

图5-113 图5-114

07 再次导入两只蝴蝶，然后利用“缩放”变换、“斜切”变换和“旋转”变换调整好其形态，最终效果如图5-115所示。

图5-115

5.7 内容识别比例

“内容识别比例”是Photoshop中一个非常实用的缩放功能，它可以在不更改重要可视内容（如人物、建筑、动物等）的情况下缩放图像大小。常规缩放在调整图像大小时会统一影响所有像素，而“内容识别比例”命令主要影响没有重要可视内容区域中的像素。图5-116所示为原图，图5-117和图5-118所示分别是常规缩放和内容识别比例缩放效果。

图5-116

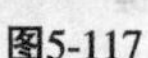

图5-117

图5-118

5.7.1 内容识别比例的选项

执行“内容识别比例”命令，调出该命令的选项栏，如图5-119所示。

X: 252.00 像素 Y: 246.50 像素 W: 100.00% H: 100.00% 数量: 100% 保护: 无

图5-119

● **内容识别比例选项介绍**

参考点位置：单击其他的白色方块，可以指定缩放图像时要围绕的固定点。在默认情况下，参考点位于图像的中心。

使用参考点相对定位：单击该按钮，可以指定相对于当前参考点位置的新参考点位置。

X/Y：设置参考点的水平和垂直位置。

W/H：设置图像按原始大小的缩放百分比。

数量：设置内容识别缩放与常规缩放的比例。在一般情况下，都应该将该值设置为100%。

保护：选择要保护的区域的Alpha通道。

保护肤色：激活该按钮后，在缩放图像时，可以保护人物的肤色区域。

5.7.2 课堂案例——缩放图像并保护重要部位

实例位置	实例文件>CH05>5.7.2.psd
素材位置	素材文件>CH05>素材07.jpg
视频位置	多媒体教学>CH05>5.7.2.flv
实用指数	★★★★☆
技术掌握	内容识别比例功能的用法

本例主要针对“内容识别比例”命令的使用方法进行练习，最终效果如图5-120所示。

图5-120

01 按Ctrl+O组合键打开“素材文件> CH05>素材07.jpg”文件，如图5-121所示。

图5-121

02 按住Alt键双击“背景”图层的缩略图，如图5-122所示，将其转换为可编辑“图层0”，如图5-123所示。

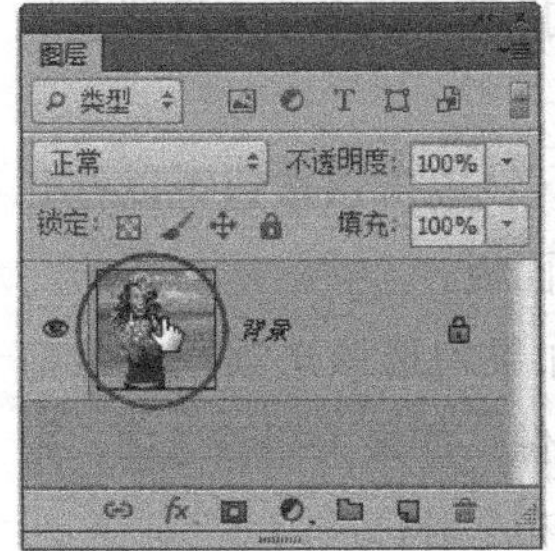
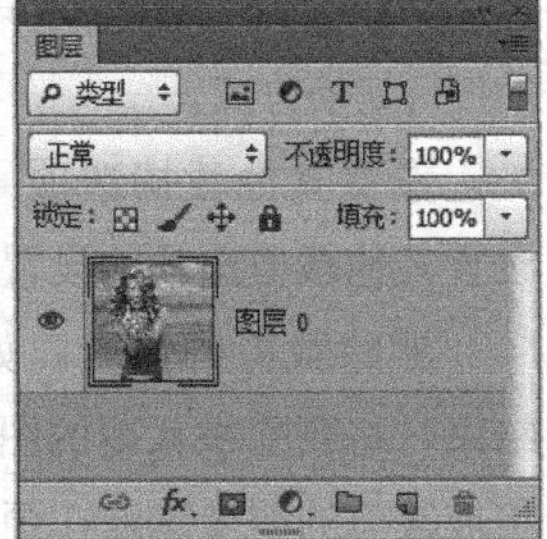
图5-122　图5-123

03 执行“编辑>内容识别比例”菜单命令或按Alt+Shift+Ctrl+C组合键，进入内容识别比例缩放状态，然后向左拖曳定界框右侧中间的控制点（在缩放过程中可以观察到人物几乎没有发生变形），如图5-124所示。缩放完成后按Enter键完成操作。

图5-124

技巧与提示

如果采用常规的缩放方法来缩放这张图像，人物将会发生很大的变形。

04 在“工具箱”中选择“裁剪工具”，然后向左拖曳右侧中间的控制点，将透明区域裁剪掉，如图5-125所示。确定裁切区域后，按Enter键确认操作，最终效果如图5-126所示。

图5-125　图5-126

5.8 裁剪与裁切

当使用数码相机拍摄照片或将老照片进行扫描时，经常需要裁剪掉多余的内容，使画面的构图更加完美。裁剪图像主要使用“裁剪工具”、“裁剪”命令和“裁切”命令来完成。

本节工具/命令概要

命令名称	作用	快捷键	重要程度
裁剪工具	裁剪掉多余的图像，并重新定义画布的大小	C	高
裁剪	裁剪掉选区之外的图像		中
透视裁剪工具	将图像中的某个区域裁剪下来作为纹理或仅校正某个偏斜的区域	C	中
裁切	基于图像的像素颜色来裁剪图像		中

5.8.1 裁剪图像

裁剪是指移去部分图像，以突出或加强构图效果的过程。使用“裁剪工具”可以裁剪掉多余的图像，并重新定义画布的大小。选择“裁剪工具”后，在画布中会自动出现一个裁剪框，拖曳这个裁剪框上的控制点可以选择要保留的部分或旋转图像，然后按Enter键或双击鼠标左键即可完成裁剪。但是此时仍然可以继续对图像进行进一步的裁剪和旋转。如果要完全退出裁剪操作，可以在按Enter键或双击鼠标左键后单击其他工具。

技巧与提示

相比于以前的版本，Photoshop CS6中的“裁剪工具”做了一些改进。例如，在用Photoshop CS5裁剪图像过程中，如果裁剪失误是不能返回上一步重新确定裁剪框的，但Photoshop CS6可以。且在Photoshop CS6中选择“裁剪工具”或按C键，在画布中会自动出现裁剪框，而以前的版本没有。

在“工具箱”中选择“裁剪工具”，调出其选项栏，如图5-127所示。

图5-127

● **裁剪工具选项介绍**

裁剪预设：单击图标可以打开裁剪的预设管

理器。选择一个预设选项后，在画布中会显示出裁剪区域。

约束：在该下拉列表中可以选择一个约束选项，以按一定比例对图像进行裁剪。

纵向与横向旋转裁剪框：在旋转裁剪框时，切换纵向和横向的裁剪框形态。

通过在图像上画一条线来拉直该图像：激活该按钮后，可以通过在图像上绘制一条线来确定裁剪区域与裁剪框的旋转角度。

视图：在该下拉列表中可以选择裁剪参考线的样式及其叠加方式。裁剪参考线包含“三等分”“网格”“对角”“三角形”“黄金比例”和“金色螺线”6种；叠加方式包含“自动显示叠加”“总是显示叠加”和“从不显示叠加”3个选项。剩下的“循环切换叠加”和“循环切换叠加取向”两个选项用来设置叠加的循环切换方式。

设置其他裁切选项：单击该按钮可以打开设置其他裁剪选项的设置面板。

删除裁剪的像素：如果勾选该选项，在裁剪结束时将删除被裁剪的图像；如果关闭该选项，则将被裁剪的图像隐藏在画布之外。

5.8.2 课堂案例——裁剪照片的多余部分

实例位置	实例文件>CH05>5.7.2.psd
素材位置	素材文件>CH05>素材08.jpg
视频位置	多媒体教学>CH05>5.7.2.flv
实用指数	★★★★★
技术掌握	裁剪工具的用法

本例主要针对“裁剪工具”的使用方法进行练习，如图5-128所示。

图5-128

01 按Ctrl+O组合键打开“素材文件>CH05>素材08.jpg”文件，如图5-129所示。

02 在“工具箱”中单击“裁剪工具”按钮或按C键，此时在画布中会显示出裁剪框，如图5-130所示。

图5-129

图5-130

03 用鼠标左键仔细调整裁剪框上的定界点，确定裁剪区域，如图5-131所示。

04 如果觉得图像角度不合适，可以将光标放在裁剪框之外，然后旋转裁剪框，如图5-132所示。

图5-131

图5-132

05 确定裁剪区域和旋转角度以后，可以按Enter键、双击鼠标左键，或在选项栏中单击“提交当前裁剪操作”按钮完成裁剪操作，最终效果如图5-133所示。

图5-133

5.8.3 透视裁剪图像

“透视裁剪工具”是一个全新的工具，它将

图像中的某个区域裁剪下来作为纹理或仅校正某个偏斜的区域，图5-134所示是该工具的选项栏。该工具的最大优点在于可以通过绘制出正确的透视形状告诉Photoshop哪里是要被校正的图像区域。

图5-134

● **透视裁剪工具选项介绍**

W/H/分辨率：通过输入裁剪图像的“宽度”（W）、“高度”（H）和“分辨率”的数值，来确定裁剪后图像的尺寸。

高度和宽度互换：单击该按钮可以互换“高度”和“宽度”值。

设置裁剪图像的分辨率：该下拉列表主要用来设置分辨率的单位。

前面的图像：单击该按钮，可以在“宽度”“高度”和“分辨率”输入框中显示当前图像的尺寸和分辨率。如果打开了两个文件，会显示另外一个图像的尺寸和分辨率。

清除：单击该按钮，可以清除上次操作设置的“宽度”“高度”和“分辨率”数值。

显示网格：勾选该选项后，可以显示裁剪区域的网格。

5.8.4 课堂案例——将图像裁剪为平面图

实例位置	实例文件>CH05>5.7.4.psd
素材位置	素材文件>CH05>素材09.jpg
视频位置	多媒体教学>CH05>5.7.4.flv
实用指数	★★☆☆☆
技术掌握	透视裁剪工具的用法

本例主要针对“透视裁剪工具”的使用方法进行练习，如图5-135所示。

图5-135

01 按Ctrl+O组合键打开“素材文件>CH05>素材09.jpg”文件，如图5-136所示。

图5-136

技巧与提示

这是一张户外展架图，下面要用“透视裁剪工具”将展架的正面宣传区域裁剪出来，使其恢复成平面图。

02 在“工具箱”中选择“透视裁剪工具”，然后在图像上拖曳出一个裁剪框，如图5-137所示。

03 仔细调节裁剪框上的4个定界点，使其包含正面宣传区域，如图5-138所示。

图5-137  图5-138

04 按Enter键确认裁剪操作，此时Photoshop会自动校正透视效果，使其成为平面图，最终效果如图5-139所示。

图5-139

技巧与提示

如果觉得裁剪后的图像过宽，可以将“背景”图层解锁，然后用“自由变换”功能调整其宽度，如图5-140所示。

图5-140

5.8.5 裁切图像

使用“裁切”命令可以基于图像的像素颜色来裁剪图像。执行“编辑>裁切”命令，打开“裁切”对话框，如图5-141所示。

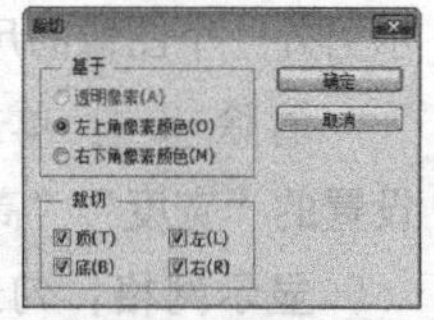

图5-141

● **裁切对话框选项介绍**

透明像素：可以裁剪掉图像边缘的透明区域，只将非透明像素区域的最小图像保留下来。该选项只有在图像中存在透明区域时才可用。

左上角像素颜色：从图像中删除左上角像素颜色的区域。

右下角像素颜色：从图像中删除右下角像素颜色的区域。

顶/底/左/右：设置修正图像区域的方式。

5.8.6 课堂案例——裁切图像中的留白

实例位置	实例文件>CH05>5.7.6.psd
素材位置	素材文件>CH05>素材10.jpg
视频位置	多媒体教学>CH05>5.7.6.flv
实用指数	★★★★☆
技术掌握	裁切命令的用法

本例主要针对“裁切”命令的使用方法进行练习，如图5-142所示。

图5-142

01 按Ctrl+O组合键打开“素材文件>CH05>素材10.jpg”文件，可以观察到这张图像有很多留白区域，如图5-143所示。

图5-143

02 执行“图像>裁切”命令，然后在弹出的“裁切”对话框设置“基于”为“左上角像素颜色”或“右下角像素颜色”，如图5-144所示，最终效果如图5-145所示。

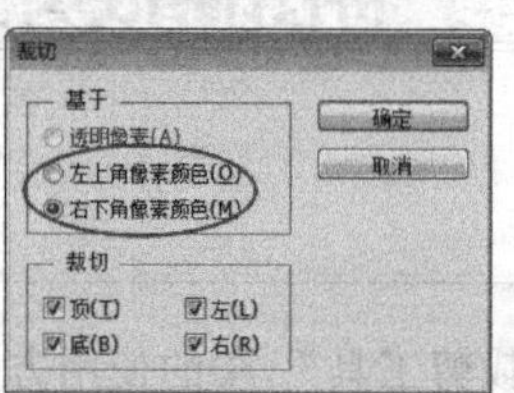

图5-144 图5-145

5.9 本章小结

本章主要讲解了编辑图像的辅助工具和对图像进行编辑的工具以及命令。在辅助工具的讲解中，详细讲解了每种工具的基本用法，包括标尺、抓手、注释工具等；在讲解编辑的工具以及命令中，首先讲解了图像、画布的基本知识以及调整方法，接着讲解了怎样利用各种工具及其命令对图像进行变换、变形以及裁剪、裁切。本章虽然是编辑图像的一个基础讲解，但却是编辑图像的基本功，我们应对本章所介绍的操作方法勤加练习。

5.10 课后习题

5.10.1 课后习题——调整滤镜对图像的影响程度

实例位置	实例文件>CH05>5.10.1.psd
素材位置	素材文件>CH05>素材11.jpg
视频位置	多媒体教学>CH05>5.10.1.flv
实用指数	★★★★☆
技术掌握	用渐隐命令调整滤镜的不透明度和混合模式

本习题主要针对“渐隐”命令的使用方法进行练习，如图5-146所示。

图5-146

步骤分解如图5-147所示。

图5-147（1）

图5-147（2）

图5-147（3）

5.10.2 课后习题——更换电视屏幕

实例位置	实例文件>CH05>5.10.2.psd
素材位置	素材文件>CH05>素材12-1.jpg、素材12-2.jpg
视频位置	多媒体教学>CH05>5.10.2.flv
实用指数	★★★★☆
技术掌握	斜切和扭曲图像的方法

本习题主要针对“斜切”和“扭曲”变换功能进行练习，如图5-148所示。

图5-148

步骤分解如图5-149所示。

图5-149（1）

图5-149（2）

图5-149（3）

5.10.3 课后习题——制作重复图像

实例位置	实例文件>CH05>5.10.3.psd
素材位置	素材文件>CH05>素材13-1.jpg、素材13-2.png、素材13-3.png
视频位置	多媒体教学>CH05>5.10.3.flv
实用指数	★★★★★
技术掌握	自由变换并复制功能的用法

本习题主要针对“自由变换并复制”功能进行练习，如图5-150所示。

图5-150

步骤分解如图5-151所示。

图 5-151（1）

图 5-151（2）

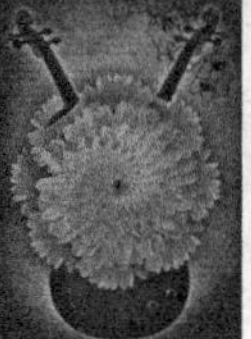

图 5-151（3）

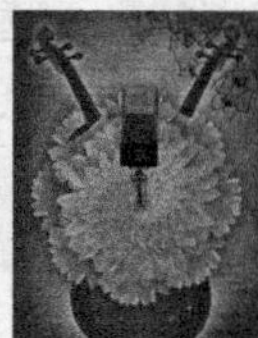

图 5-151（4）

5.10.4 课后习题——缩放图像并保护人像的皮肤

实例位置	实例文件>CH05>5.10.4.psd
素材位置	素材文件>CH05>素材14.jpg
视频位置	多媒体教学>CH05>5.10.4.flv
实用指数	★★★★☆
技术掌握	保护肤色功能的用法

本习题主要针对“内容识别比例”命令的“保护肤色”功能进行练习，如图5-152所示。

图5-152

步骤分解如图5-153所示。

图5-153（1）

图5-153（2）

图5-153（3）

图5-153（4）

5.10.5 课后习题——裁剪风景照片的多余部分

实例位置	实例文件>CH05>5.10.5.psd
素材位置	素材文件>CH05>素材15.jpg
视频位置	多媒体教学>CH05>5.10.5.flv
实用指数	★☆☆☆☆
技术掌握	保护肤色功能的用法

本习题主要针对“裁剪”命令的使用方法进行练习，如图5-154所示。

图5-154

步骤分解如图5-155所示。

图 5-155（1）

图 5-155（2）

图 5-155（3）

第6章

路径与矢量工具

本章主要介绍路径的绘制、编辑方法以及图形的绘制与应用技巧。路径与矢量工具在图片处理后期与图像合成中的使用是非常频繁的，希望大家能认真学习，加强对本章知识的掌握。

课堂学习目标

掌握绘图模式的类型
掌握钢笔工具的用法
掌握路径的基本操作
掌握形状工具的用法

6.1 绘图前的必备知识

在使用Photoshop中的钢笔工具和形状工具绘图前，首先要了解使用这些工具可以绘制出什么图形，也就是通常所说的绘图模式。而在了解了绘图模式之后，就需要了解路径与锚点之间的关系，因为在使用钢笔工具等矢量工具绘图时，基本上都会涉及它们。

6.1.1 认识绘图模式

使用Photoshop中的钢笔工具和形状工具可以绘制出很多图形，包含“形状”“路径”和“像素”3种，如图6-1所示。在绘图前，首先要在工具选项栏中选择一种绘图模式，然后才能进行绘制。

图6-1

1.形状

在选项栏中选择“形状”绘图模式，可以在单独的一个形状图层中创建形状图形，并且保留在“路径”面板中，如图6-2所示。路径可以转换为选区或创建矢量蒙版，当然也可以对其进行描边或填充。

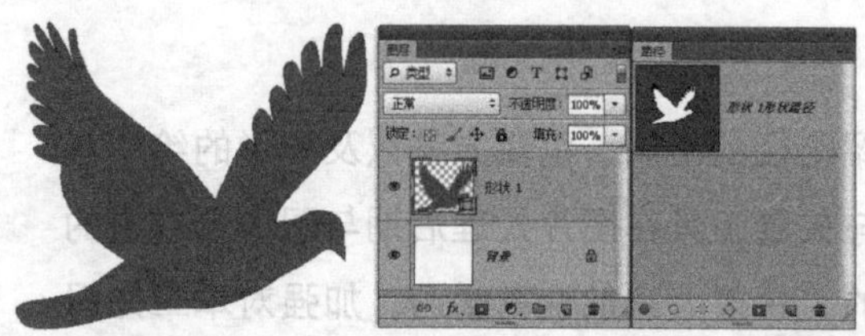

图6-2

2.路径

在选项栏中选择“路径”绘图模式，可以创建工作路径。工作路径不会出现在“图层”面板中，只出现在“路径”面板中，如图6-3所示。

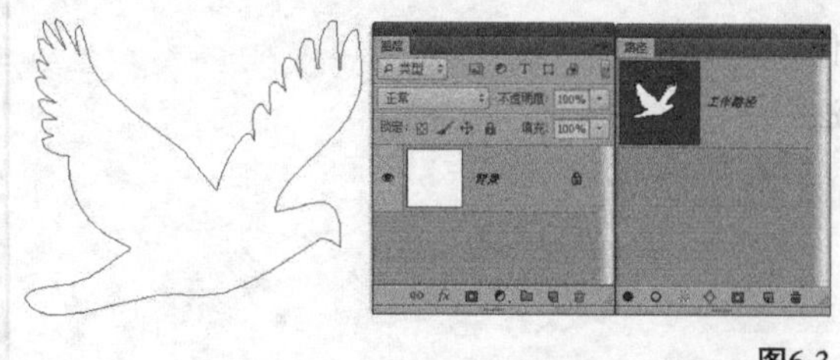

图6-3

3.像素

在选项栏中选择“像素”绘图模式，可以在当前图像上创建出光栅化的图像，如图6-4所示。这种绘图模式不能创建矢量图像，因此在“路径”面板也不会出现路径。

图6-4

6.1.2 认识路径与锚点

1.路径

路径是一种轮廓，它主要有以下5点用途。

第1点：可以使用路径作为矢量蒙版来隐藏图层区域。

第2点：将路径转换为选区。

第3点：可以将路径保存在“路径”面板中，以备随时使用。

第4点：可以使用颜色填充或描边路径。

第5点：将图像导出到页面排版或矢量编辑程序时，将已存储的路径指定为剪贴路径，可以使图像的一部分变为透明。

路径可以使用钢笔工具和形状工具来绘制，绘制的路径可以是开放式、闭合式和组合式，如图6-5~图6-7所示。

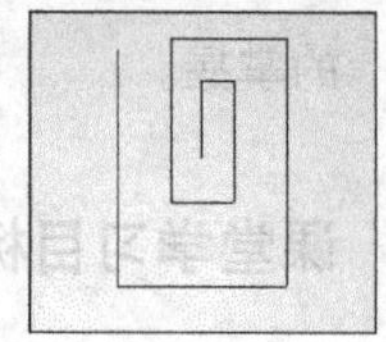

图6-5

图6-6

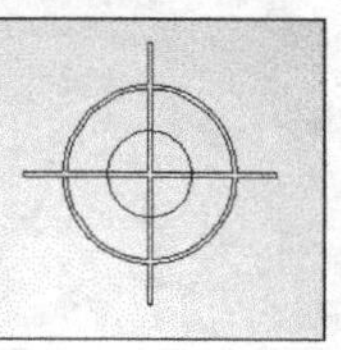

图6-7

2.锚点

路径由一个或多个直线段或曲线段组成，锚点标记路径段的端点。在曲线段上，每个选中的锚点显示一条或两条方向线，方向线以方向点结束，方向线和方向点的位置共同决定了曲线段的大小和形状，如图6-8所示。锚点分为平滑点和角点两种类型。由平滑点连接的路径段可以形成平滑的曲线，如图6-9所示；由角点连接起来的路径段可以形成直线或转折曲线，如图6-10所示。

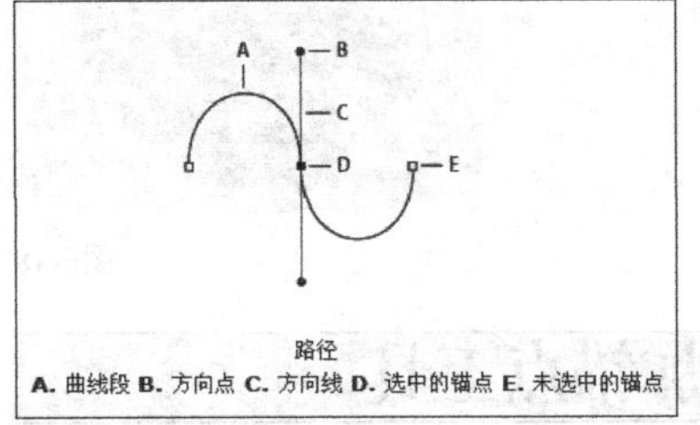

图6-8

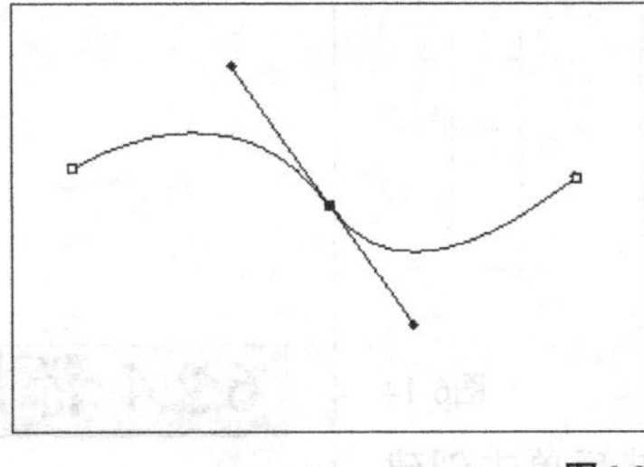

图6-9

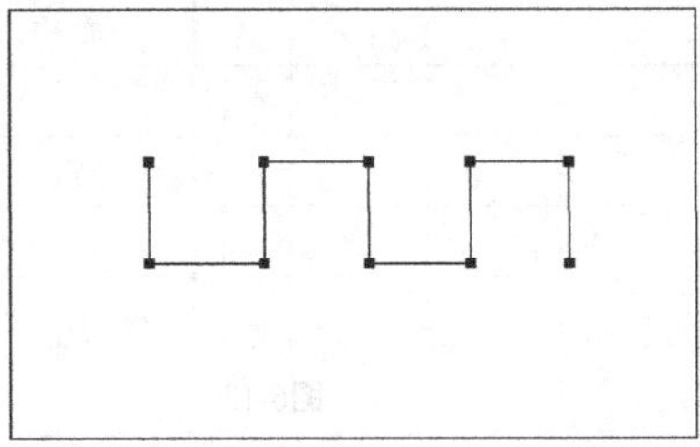

图6-10

6.2 钢笔工具组

钢笔工具是Photoshop中最常用的绘图工具，它可以用来绘制各种形状的矢量图形与选取对象。

本节工具概述

工具名称	作用	快捷键	重要程度
钢笔工具	绘制任意形状的直线或曲线路径	P	高
自由钢笔工具	绘制比较随意的路径	P	中
添加锚点工具	在路径上添加锚点		中
删除锚点工具	删除路径上的锚点		中
转换点工具	转换锚点的类型		中

6.2.1 钢笔工具

"钢笔工具"是最基本、最常用的路径绘制工具，使用该工具可以绘制任意形状的直线或曲线路径，其选项栏如图6-11所示。

图6-11

6.2.2 课堂案例——绘制等腰梯形

实例位置	实例文件>CH06>6.2.2.psd
素材位置	无
视频位置	多媒体教学>CH06>6.2.2.flv
实用指数	★★★★★
技术掌握	用钢笔工具绘制直线

本例主要针对"钢笔工具"的使用方法进行练习，如图6-12所示。

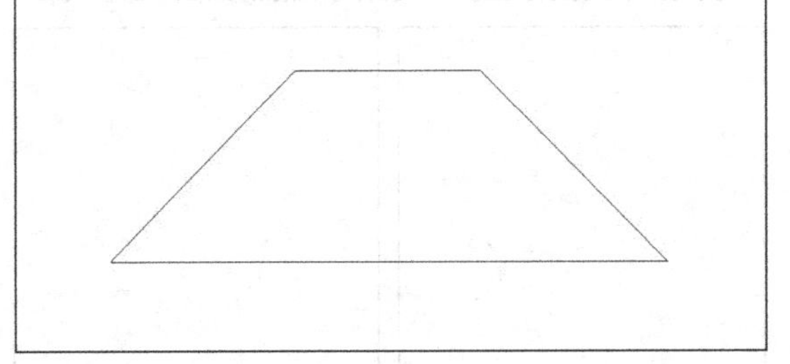

图6-12

01 按Ctrl+N组合键新建一个大小为500像素×500像素的文档，然后执行"视图>显示>网格"菜单命令，显示出网格，如图6-13所示。

02 选择"钢笔工具"，然后在选项栏中选择"路径"绘图模式，接着将光标放在一个网格上，当光标变成形状时单击鼠标左键，确定路径的起点，如图6-14所示。

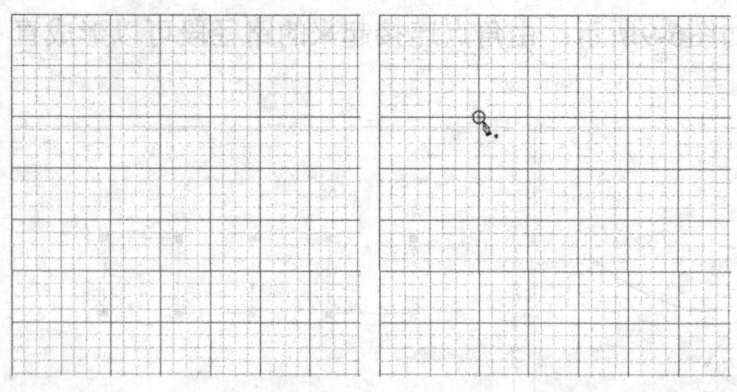

图6-13　　图6-14

03 将光标移动到下一个网格处，然后单击创建一个锚点，两个锚点会连接出一条直线路径，如图6-15所示。

04 继续在其他的网格上创建出锚点，如图6-16所示。

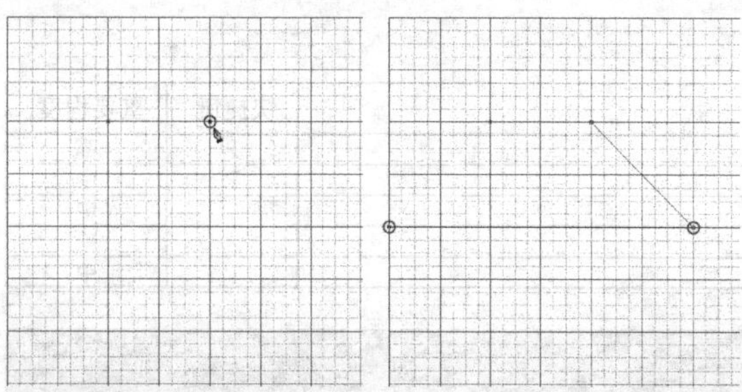

图6-15　　图6-16

05 将光标放在起点上，当光标变成形状时，单击鼠标左键闭合路径，然后取消网格，绘制的等腰梯形如图6-17所示。

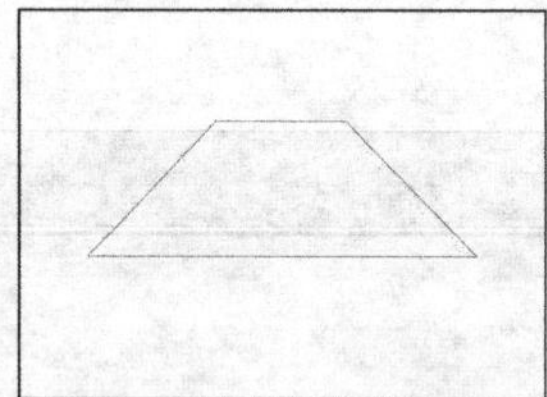

图6-17

6.2.3 自由钢笔工具

使用“自由钢笔工具”可以绘制比较随意的路径、形状和像素，就像用铅笔在纸上绘图一样，如图6-18所示。在绘图时，将自动添加锚点，无需确定锚点的位置，完成路径后可进一步对其进行调整。

图6-18

6.2.4 添加锚点工具

使用“添加锚点工具”可以在路径上添加锚点。将光标放在路径上，如图6-19所示，当光标变成形状时，在路径上单击即可添加一个锚点，如图6-20所示。添加锚点以后，可以用“直接选择工具”对锚点进行调节，如图6-21所示。

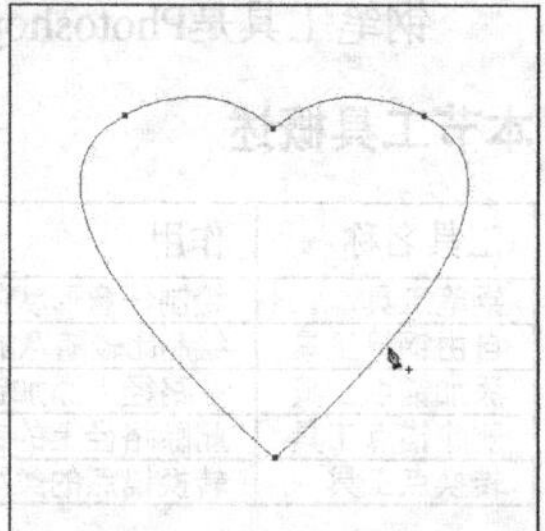

图6-19

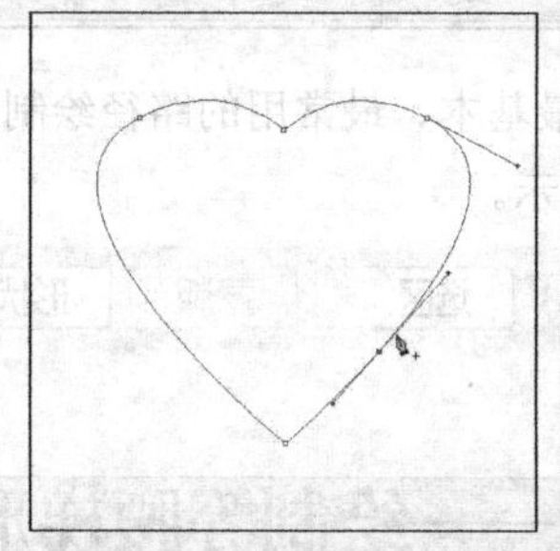

图6-20　　图6-21

6.2.5 删除锚点工具

使用“删除锚点工具”可以删除路径上的锚点。将光标放在锚点上，如图6-22所示，当关闭变成形状时，单击鼠标左键即可删除锚点，如图6-23所示。

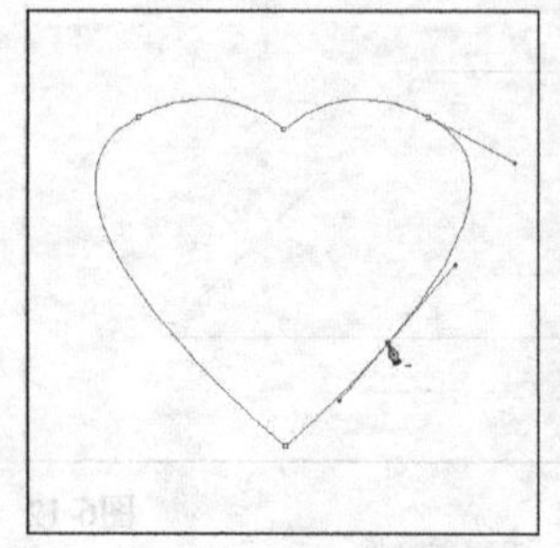

图6-22　　图6-23

技巧与提示

路径上的锚点越多，这条路径就越复杂，而越复杂的路径就越难编辑。这时最好是先使用“删除锚点工具”删除多余的锚点，降低路径的复杂程度后再对其进行相应的调整。

6.2.6 转换点工具

“转换点工具”主要用来转换锚点的类型。在平滑点上单击，如图6-24所示，可以将平滑点转换为角点，如图6-25所示；在角点上单击，如图6-26所示，然后拖曳关闭可以将角点转换为平滑点，如图6-27所示。

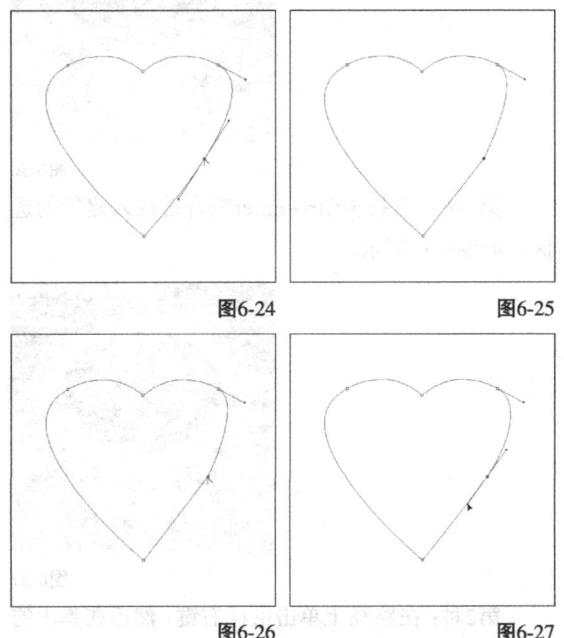

图6-24　图6-25

图6-26　图6-27

6.3 路径的基本操作

使用钢笔等工具绘制出路径以后，我们还可以在原有路径的基础上继续进行绘制，同时也可以对路径进行变换、定义为形状、建立选区、描边等操作。

6.3.1 路径的运算

如果要使用钢笔或形状工具创建多个子路径或子形状，可以在工具选项栏中单击“路径操作”按钮，然后在弹出的下拉菜单中选择一个运算方式，以确定子路径的重叠区域会产生什么样的交叉结果，如图6-28所示。

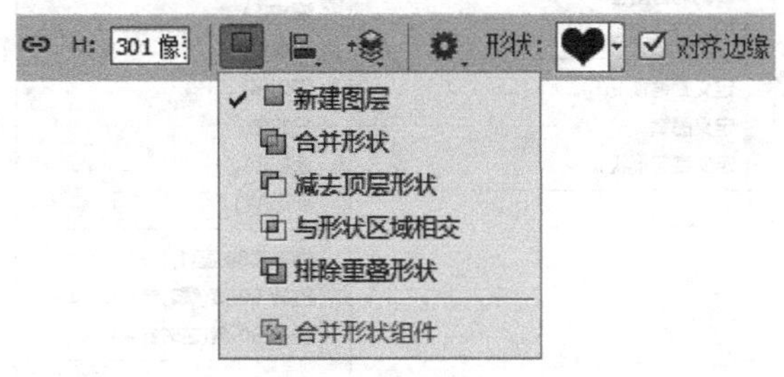

图6-28

下面通过一个形状图层来讲解路径的运算方法。图6-29所示是原有的桃心图形，图6-30所示是要添加到桃心图形上的箭矢图形。

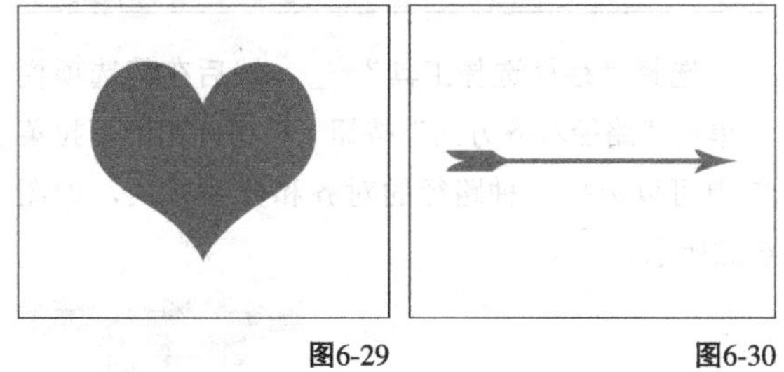

图6-29　图6-30

- **路径运算方式介绍**

新建图层：选择该选项，可以新建形状图层。

合并形状：选择该选项，新绘制的图形将添加到原有的形状中，使两个形状合并为一个形状。

减去顶层形状：选择该选项，可以从原有的形状中减去新绘制的形状。

与形状区域相交：选择该选项，可以得到新形状与原有形状的交叉区域。

排除重叠形状：选择该选项，可以得到新形状与原有形状重叠部分以外的区域。

合并形状组件：选择该选项，可以合并重叠的形状组件。

6.3.2 变换路径

变换路径与变换图像的方法完全相同。在“路径”面板中选择路径，然后执行“编辑>自由变换路径”菜单命令或执行“编辑>变换路径”菜单下的命令即可对其进行相应的变换，如图6-31所示。

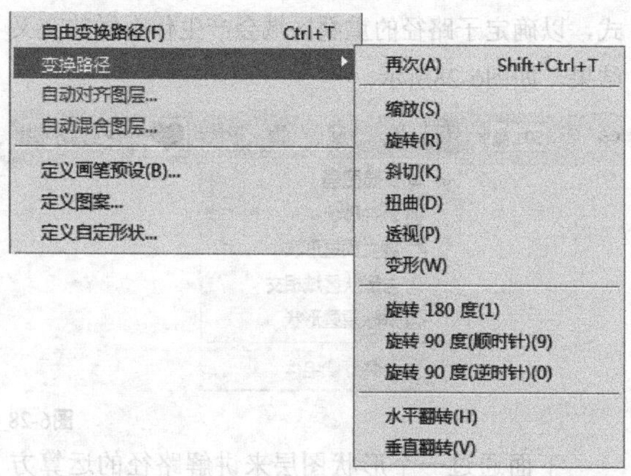

图6-31

6.3.3 对齐与分布路径

选择“路径选择工具”，然后在其选项栏中单击“路径对齐方式”按钮，在弹出的下拉菜单中可以选择一种路径的对齐和分布方式，如图6-32所示。

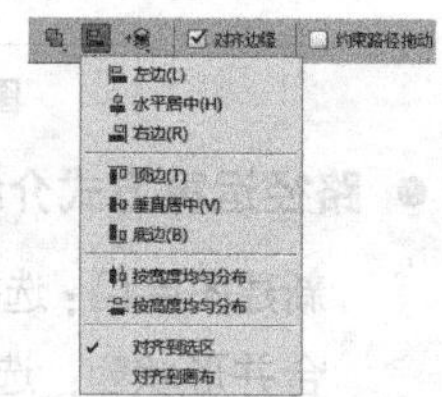

图6-32

6.3.4 路径叠放顺序

选择一个路径，然后在选项栏中单击“路径排列方式”按钮，在弹出的下拉菜单中可以选择路径的叠放顺序，如图6-33所示。

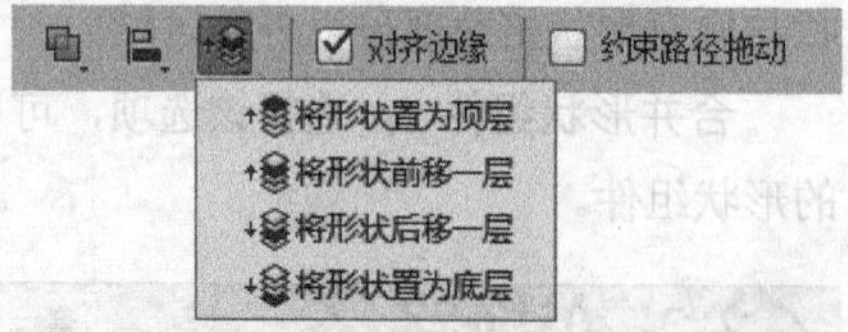

图6-33

6.3.5 定义为自定形状

使用钢笔或形状工具绘制出路径以后，如图6-34所示，执行“编辑>定义自定形状”菜单命令可以将其定义为形状，如图6-35所示。

图6-34　图6-35

6.3.6 将路径转换为选区

使用钢笔或形状工具绘制出路径以后，如图6-36所示，可以通过以下3种方法将路径转换为选区。

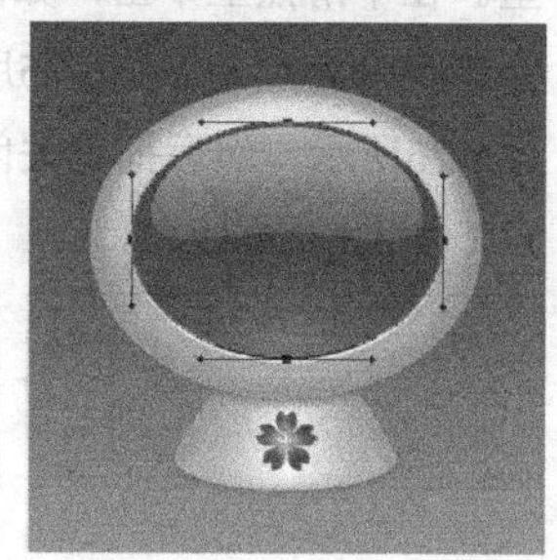

图6-36

第1种：直接按Ctrl+Enter组合键载入路径的选区，如图6-37所示。

图6-37

第2种：在路径上单击鼠标右键，然后在弹出的菜单中选择“建立选区”命令，如图6-38所示。另外，也可以在选项栏中单击“选区”按钮。

第3种：按住Ctrl键在“路径”面板中单击路径的缩略图，或单击“将路径作为选区载入”按钮，如图6-39所示。

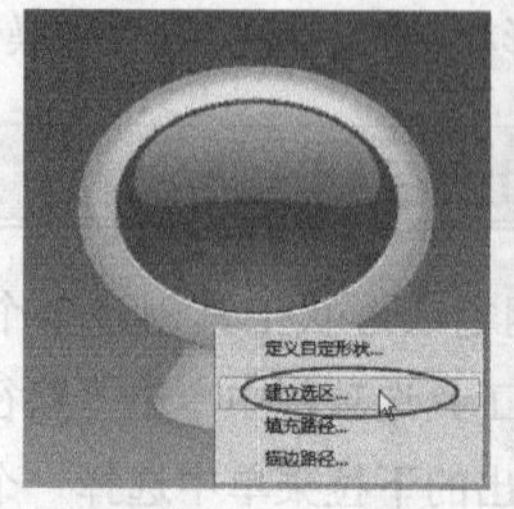

图6-38　图6-39

6.3.7 填充路径与形状

1.填充路径

使用钢笔或形状工具绘制出路径以后，在路径上单击鼠标右键，然后在弹出的菜单中选择“填充路径”命令，如图6-40所示，打开“填充路径”对话框，在该对话框中可以设置需要填充的内容，如图6-41所示。图6-42所示是用图案填充路径以后的效果。

图6-40

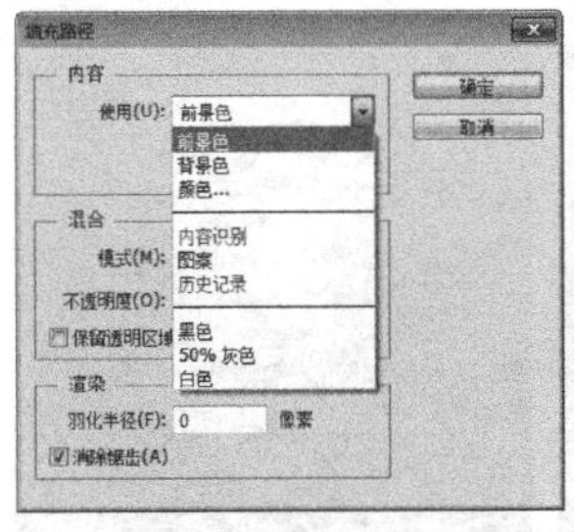

图6-41

图6-42

2.填充形状

使用钢笔或形状工具绘制出形状图层以后，如图6-43所示，可以在选项栏中单击“设置形状填充类型”按钮，在弹出的面板中可以选择纯色、渐变或图案对形状进行填充，如图6-44所示。

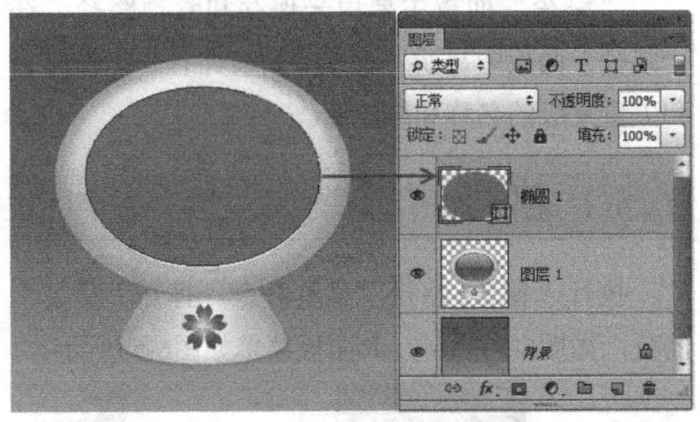

图6-43

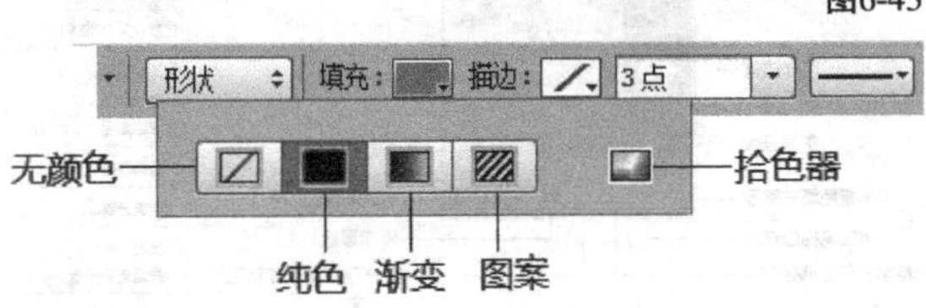

图6-44

- **形状填充类型介绍**

无颜色：单击该按钮，表示不应用填充，但会保留形状路径。

纯色：单击该按钮，在弹出的颜色选择面板中选择一种颜色，可以用纯色对形状进行填充。

渐变：单击该按钮，在弹出的渐变选择面板中选择一种颜色，可以用渐变色对形状进行填充。

图案：单击该按钮，在弹出的图案选择面板中选择一种颜色，可以用图案对形状进行填充。

拾色器：在对形状填充纯色或渐变色时，可以单击该按钮，打开“拾色器（填充颜色）”对话框，然后选择一种颜色作为纯色或渐变色。

6.3.8 描边路径与形状

1.描边路径

描边路径是一个非常重要的功能，在描边之前需要先设置好描边工具的参数，比如画笔、铅笔、橡皮擦、仿制图章等。使用钢笔或形状工具绘制出路径以后，然后在路径上单击鼠标右键，在弹出的菜单中选择“描边路径”命令，如图6-45所示，打开“描边路径”对话框，在该对话框中可以选择描边的工具，如图6-46所示。图6-47所示是使用画笔描边路径后的效果。

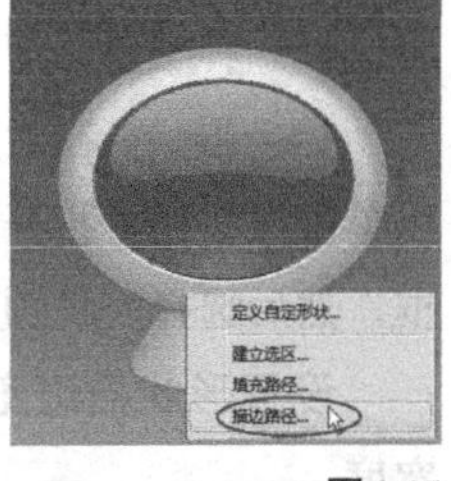

图6-45

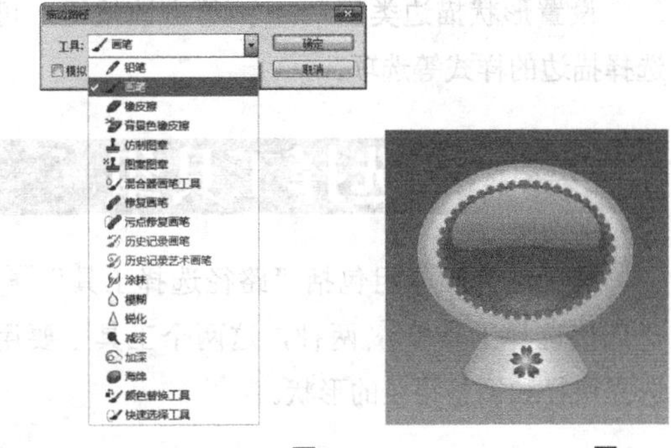

图6-46　　图6-47

技巧与提示

设置好画笔的参数以后，按Enter键可以直接为路径描边。另外，在“描边路径”对话框中有一个“模拟压力”选项，勾选该选项，可以使描边的线条产生比较明显的粗细变化。

2.描边形状

使用钢笔或形状工具绘制出形状图层以后，可以在选项栏中单击“设置形状描边类型”按钮，在弹出的面板上选择纯色、渐变或图案对形状进行填充，如图6-48所示。

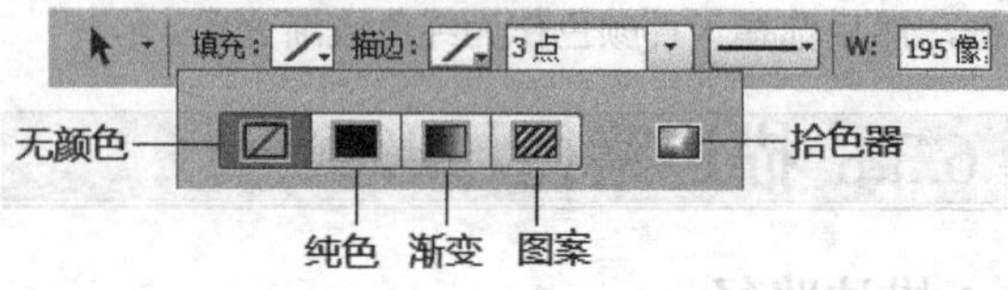

图6-48

- **形状描边类型介绍**

无颜色：单击该按钮，表示不应用描边，但会保留形状路径。

纯色：单击该按钮，在弹出的颜色选择面板中选择一种颜色，可以用纯色对形状进行描边。

渐变：单击该按钮，在弹出的渐变选择面板中选择一种颜色，可以用渐变色对形状进行描边。

图案：单击该按钮，在弹出的图案选择面板中选择一种颜色，可以用图案对形状进行描边。

拾色器：在对形状描边纯色或渐变色时，可以单击该按钮，打开“拾色器（填充颜色）”对话框，然后选择一种颜色作为纯色或渐变色。

设置形状描边宽度：用于设置描边的宽度。

设置形状描边类型：单击该按钮，可以选择描边的样式等选项。

6.4 路径选择工具组

路径选择工具组包括“路径选择工具”和“直接选择工具”两种，这两个工具主要用来选择路径和调整路径的形状。

6.4.1 路径选择工具

使用“路径选择工具”可以选择单个的路径，也可以选择多个路径，同时它还可以用来组合、对齐和分布路径，其选项栏如图6-49所示。

图6-49

6.4.2 直接选择工具

“直接选择工具”主要用来选择路径上的单个或多个锚点，可以移动锚点、调整方向线，如图6-50和图6-51所示。“直接选择工具”的选项栏如图6-52所示。

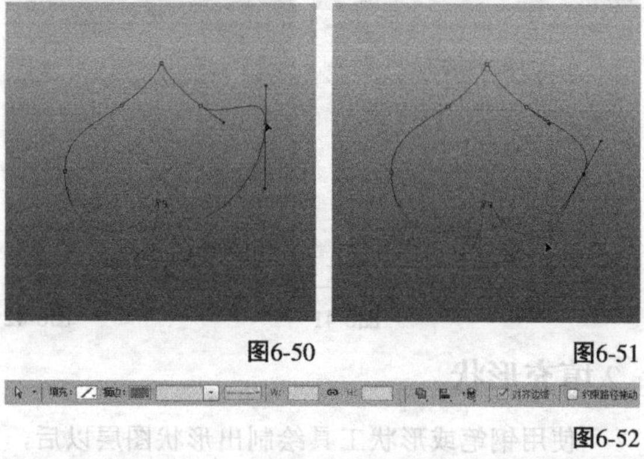

图6-50　图6-51

图6-52

6.5 路径面板

“路径”面板主要用来保存和管理路径。在“路径”面板中显示了存储的所有路径、工作路径和矢量蒙版的名称和缩览图。

6.5.1 路径面板

执行“窗口>路径”菜单命令，打开“路径”面板，如图6-53所示，其面板菜单如图6-54所示。

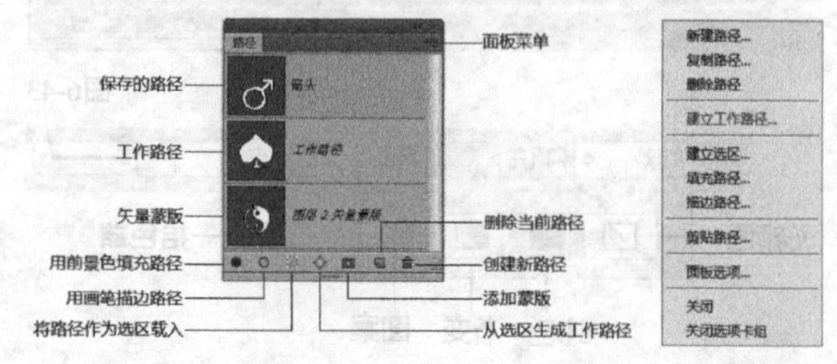

图6-53　图6-54

● **路径面板选项介绍**

用前景色填充路径：单击该按钮，可以用前景色填充路径区域。

用画笔描边路径：单击该按钮，可以用设置好的“画笔工具”对路径进行描边。

将路径作为选区载入：单击该按钮，可以将路径转换为选区。

从选区生成工作路径：如果当前文档中存在选区，单击该按钮，可以将选区转换为工作路径。

添加蒙版：单击该按钮，可以从当前选定的路径生成蒙版。选择“路径”面板中的问号路径，然后单击“添加蒙版”按钮，可以用当前路径为“图层1”添加一个矢量蒙版。

创建新路径：单击该按钮，可以创建一个新的路径。

删除当前路径：将路径拖曳到该按钮上，可以将其删除。

6.5.2 认识工作路径

工作路径是临时路径，是在没有新建路径的情况下使用钢笔等工具绘制的路径。一旦重新绘制了路径，原有的路径就将被当前路径替代，成为新的工作路径，如图6-55所示。如果不想替换工作路径，可以双击其缩略图，打开“存储路径”对话框，将其保存起来，如图6-56和图6-57所示。

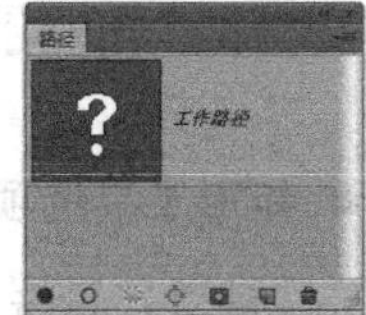

图6-55

图6-56 图6-57

6.5.3 新建路径

在“路径”面板下单击“创建新路径”按钮，可以创建一个新路径层，此后使用钢笔等工具绘制的路径都将包含在该路径层中。

6.5.4 复制/粘贴路径

如果要复制路径，可以将其拖曳到“路径”面板下的“创建新路径”按钮上，复制出路径的副本，如图6-58和图6-59所示。如果要将当前文档中的路径复制到其他文档中，可以执行“编辑>拷贝”菜单命令，然后切换到其他文档，接着执行“编辑>粘贴”菜单命令即可。

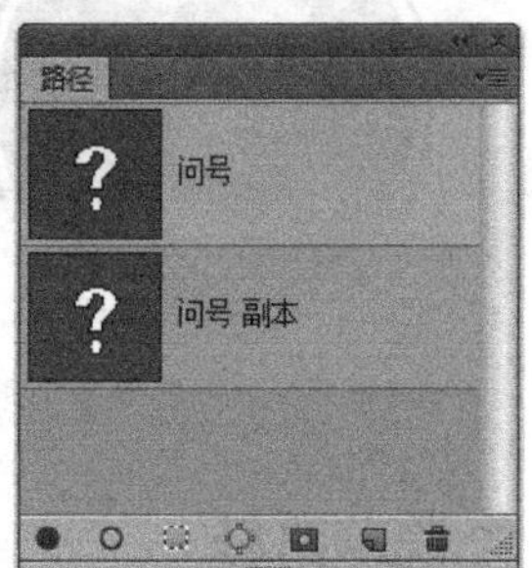

图6-58 图6-59

知识点 在当前路径中复制路径

将路径拖曳到“创建新路径”按钮上，只能复制出路径的副本，也就是说，原始路径与复制出来的路径是两个独立的路径。如果要将当前路径复制并添加到当前路径中，可以采用以下3种方法中的一种。

第1种：原位复制法。选择路径，然后按Ctrl+C组合键拷贝路径，然后按Ctrl+V组合键粘贴路径。此时，复制的路径与原路径在同一位置，用“路径选择工具”可以将复制出来的路径拖曳到其他位置。

第2种：移动复制法。用“路径选择工具”选择路径，然后按住Alt键拖曳路径，即可复制路径。

第3种：变换并复制法。这是一种特殊的复制方法，可以边变换路径，边复制路径。先按Ctrl+Alt+T组合键进入自由变换并复制状态，然后对路径进行缩放、旋转或调整位置，此时便会复制一个路径，如图9-142所示。变换完成后，按Shift+Ctrl+Alt+T组合键，可以按照前面的变换规律不断地复制出路径。

6.5.5 删除路径

如果要删除某个不需要的路径，可以将其拖曳到“路径”面板下面的“删除当前路径”按钮上，或者直接按Delete键将其删除。

6.5.6 显示/隐藏路径

1.显示路径

如果要将路径在文档窗口中显示出来，可以在“路径”面板单击该路径。如图6-60所示。

图6-60

2.隐藏路径

在“路径”面板中单击路径以后，文档窗口中就会始终显示该路径，如果不希望它妨碍我们的操作，可以在“路径”面板的空白区域单击，即可取消对路径的选择，将其隐藏起来，如图6-61所示。另外，按Ctrl+H组合键也可以隐藏路径。只是此时路径仍然处于选择状态，再次按Ctrl+H组合键才可以显示出路径。

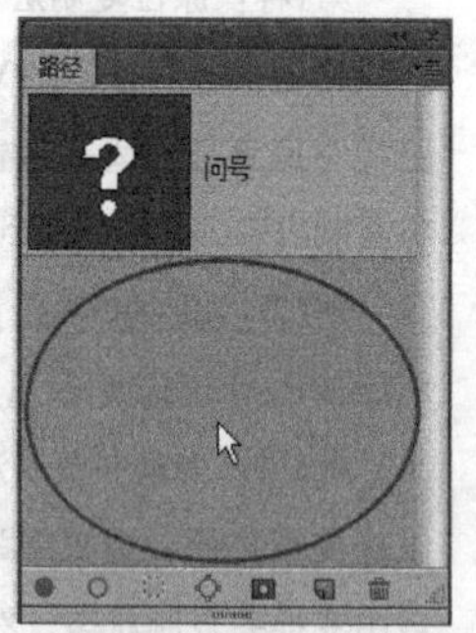

图6-61

技巧与提示

按Ctrl+H组合键不仅可以隐藏路径，还可以隐藏选区和参考线。

6.6 形状工具组

Photoshop中的形状工具可以创建出很多种矢量形状，这些工具包含“矩形工具”、“圆角矩形工具”、“椭圆工具”、“多边形工具”、“直线工具”和“自定形状工具”。

本节工具概述

工具名称	作用	快捷键	重要程度
矩形工具	创建正方形和矩形	U	高
圆角矩形工具	创建具有圆角效果的矩形	U	高
椭圆工具	创建椭圆和圆形	U	高
多边形工具	创建正多边形	U	中
直线工具	创建直线和箭头	U	中
自定形状工具	创建任何形状	U	高

6.6.1 矩形工具

使用“矩形工具”可以创建出正方形和矩形，其使用方法与“矩形选框工具”类似。在绘制时，按住Shift键可以绘制出正方形，如图6-62所示；按住Alt键可以以鼠标单击点为中心绘制矩形，如图6-63所示；按住Shift+Alt组合键可以以鼠标单击点为中心绘制正方形，如图6-64所示。

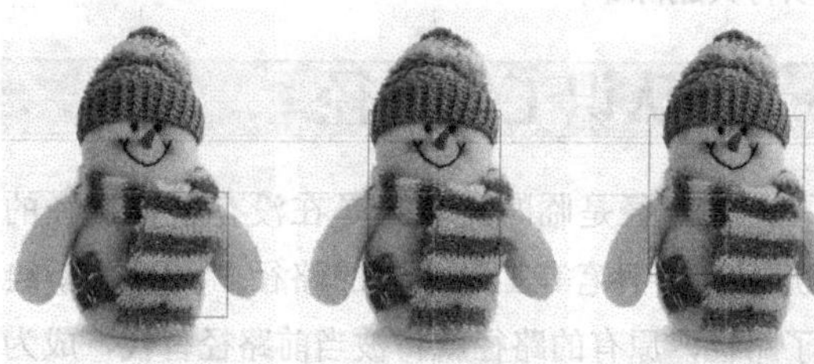

图6-62　　图6-63　　图6-64

“矩形工具”的选项栏如图6-65所示。

路径　建立：选区...　蒙版　形状　对齐边缘

图6-65

● **矩形工具选项介绍**

建立：单击“选区”按钮，可以将当前路径转换为选区；单击“蒙版”按钮，可以基于当前路径为当前图层创建矢量蒙版；单击“形状”按钮，可以将当前路径转换为形状。

矩形选项：单击该按钮，可以在弹出的下拉面板中设置矩形的创建方法。

不受约束：勾选该选项，可以绘制出任何大小的矩形。

方形：勾选该选项，可以绘制出任何大小的正方形。

固定大小：勾选该选项后，可以在其后面的数值输入框中输入宽度（W）和高度（H），然后在图像上单击，即可创建出矩形。

比例：勾选该选项后，可以在其后面的数值输入框中输入宽度（W）和高度（H）比例，此后创建的矩形始终保持这个比例。

从中心：以任何方式创建矩形时，勾选该选项，鼠标单击点即为矩形的中心。

对齐边缘：勾选该选项后，可以使矩形的边缘与像素的边缘相重合，这样图形的边缘就不会出现锯齿，反之则会出现锯齿。

6.6.2 圆角矩形工具

使用“圆角矩形工具”可以创建出具有圆角效果的矩形，其创建方法、选项与矩形完全相同，只不过多了一个“半径”选项，如图6-66所示。“半径”选项用来设置圆角的半径，值越大，圆角越大。图6-67和图6-68所示分别是“半径”为10像素和30像素的圆角矩形。

图6-66

图6-67 图6-68

6.6.3 椭圆工具

使用“椭圆工具”可以创建出椭圆和圆形，如图6-69所示，其设置选项如图6-70所示。如果要创建椭圆，可以拖曳鼠标进行创建；如果要创建圆形，可以按住Shift键或Shift+Alt组合键（以鼠标单击点为中心）进行创建。

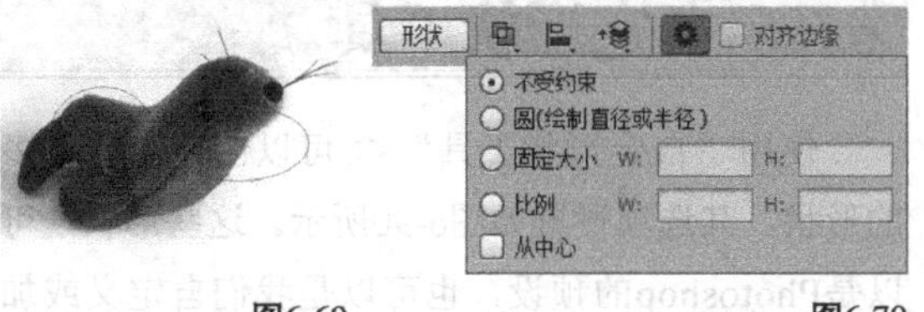

图6-69 图6-70

6.6.4 多边形工具

使用“多边形工具”可以创建出正多边形（最少为3条边）和星形，其设置选项如图6-71所示。

图6-71

● **多边形工具选项介绍**

边：设置多边形的边数。设置为3时，可以创建出正三角形，如图6-72所示；设置为5时，可以绘制出正五边形，如图6-73所示。

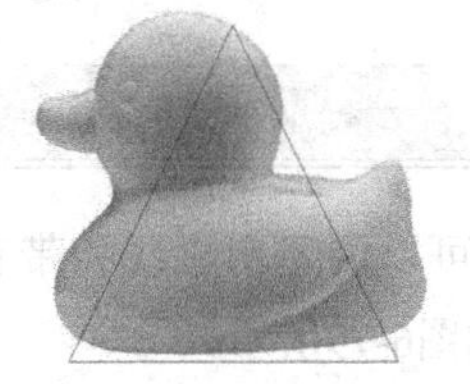

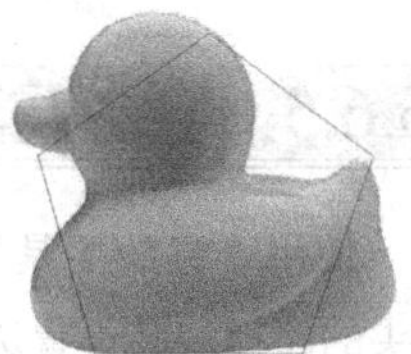

图6-72 图6-73

多边形选项：单击该按钮，可以打开多边形选项面板。在该面板中可以设置多边形的半径，或将多边形创建为星形等。

半径：用于设置多边形或星形的“半径”长度。设置好“半径”数值以后，在画布中拖曳鼠标即可创建出相应半径的多边形或星形。

平滑拐角：勾选该选项以后，可以创建出具有平滑拐角效果的多边形或星形，如图6-74和图6-75所示。

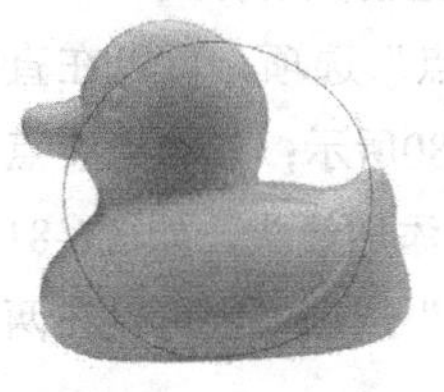

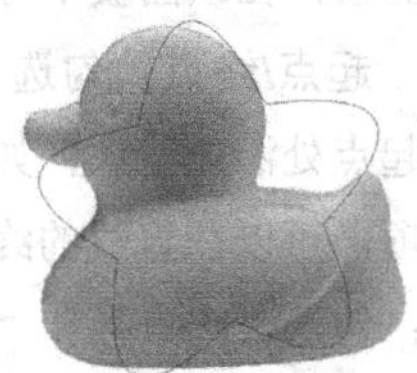

图6-74 图6-75

星形：勾选该选项后，可以创建星形，下面的“缩进边依据”选项主要用来设置星形边缘向中心缩进的百分比，数值越高，缩进量越大。图6-76和图6-77所示分别是20%和60%的缩进效果。

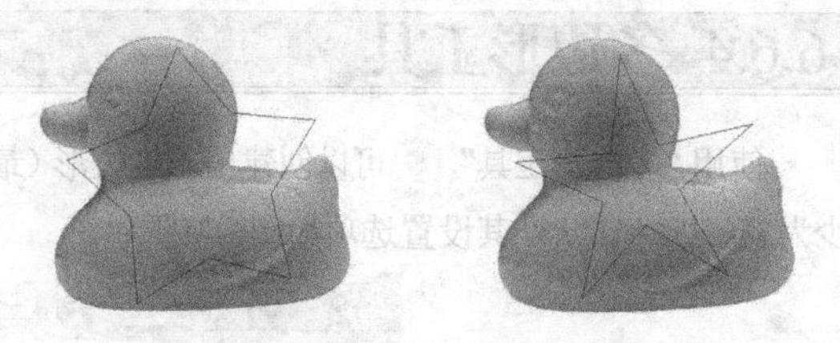

图6-76　　图6-77

平滑缩进：勾选该选项后，可以使星形的每条边向中心平滑缩进，如图6-78所示。

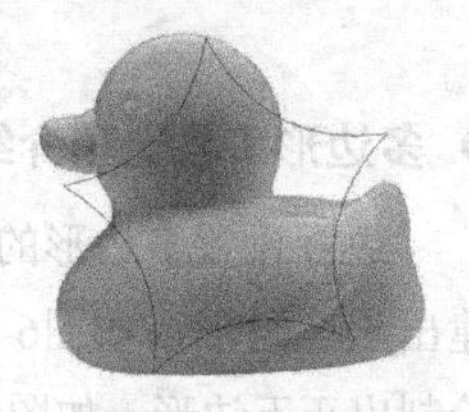

图6-78

6.6.5 直线工具

使用“直线工具”可以创建出直线和带有箭头的路径，其设置选项如图6-79所示。

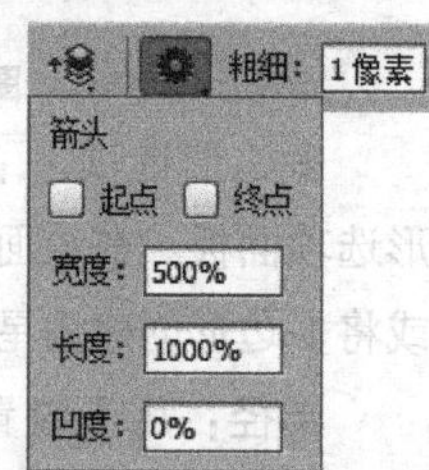

图6-79

● **直线工具选项介绍**

粗细：设置直线或箭头线的粗细。

箭头选项：单击该按钮，可以打开箭头选项面板，在该面板中可以设置箭头的样式。

起点/终点：勾选“起点”选项，可以在直线的起点处添加箭头，如图6-80所示；勾选“终点”选项，可以在直线的终点处添加箭头，如图6-81所示；勾选“起点”和“终点”选项，则可以在两头都添加箭头，如图6-82所示。

图6-80

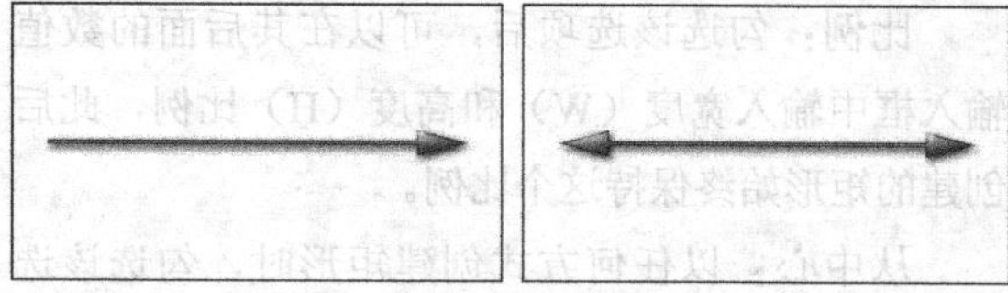

图6-81　　图6-82

宽度：用来设置箭头宽度与直线宽度的百分比，范围从10%~1000%。图6-83和图6-84所示分别为使用200%和1000%创建的箭头。

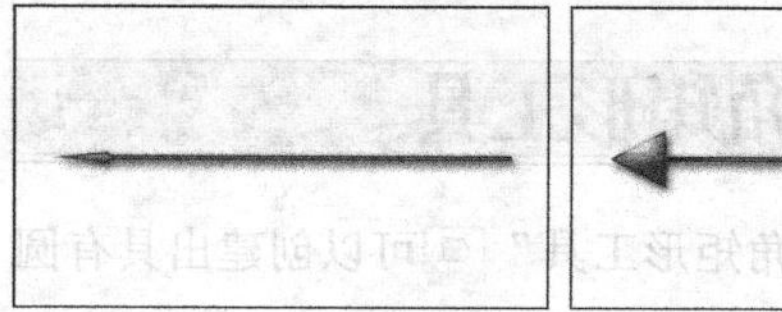

图6-83 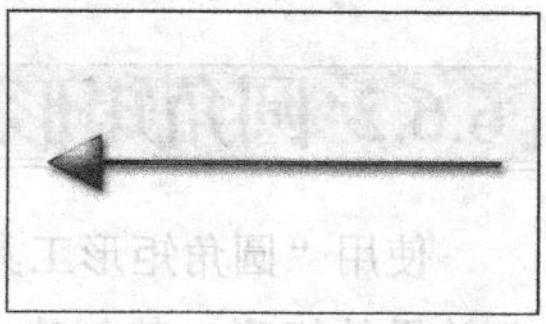　　图6-84

长度：用来设置箭头长度与直线宽度的百分比，范围从10%~5000%。图6-85和图6-86分别为使用500%和5000%创建的箭头。

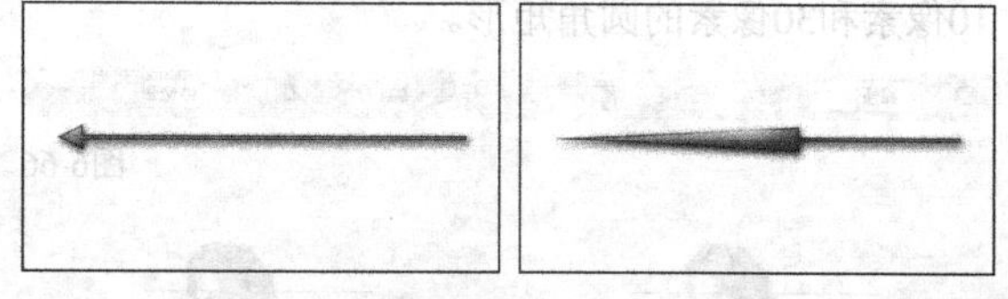

图6-85　　图6-86

凹度：用来设置箭头的凹陷程度，范围为-50%~50%。值为0%时，箭头尾部平齐，如图6-87所示；值大于0%时，箭头尾部向内凹陷，如图6-88所示；值小于0%时，箭头尾部向外凸出，如图6-89所示。

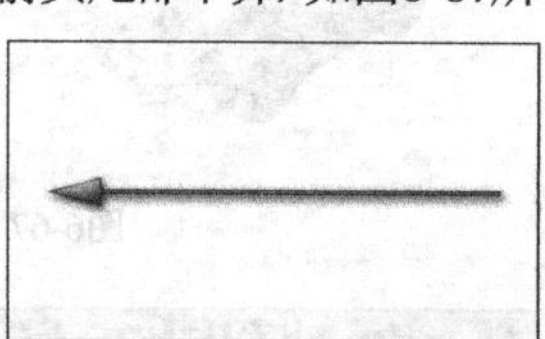

图6-87

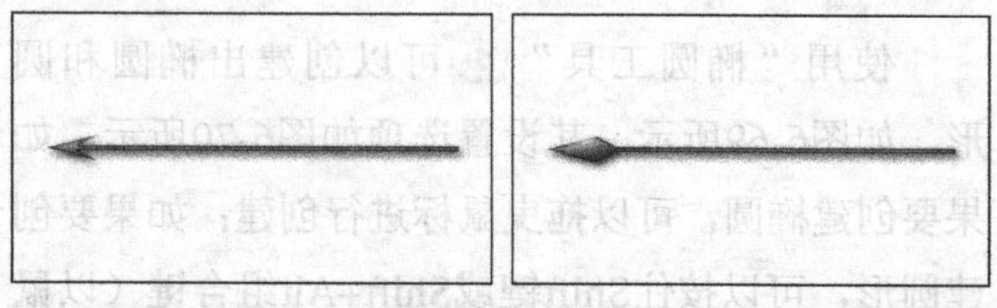

图6-88　　图6-89

6.6.6 自定形状工具

使用“自定形状工具”可以创建出非常多的形状，其选项设置如图6-90所示。这些形状既可以是Photoshop的预设，也可以是我们自定义或加载的外部形状。

图6-90

6.6.7 课堂案例——制作LOMO风格的相片集

实例位置	实例文件>CH06>6.6.3.psd
素材位置	素材文件>CH06>素材01-1~素材01-3.jpg、素材01-4.png、素材01-5.png
视频位置	多媒体教学>CH06>6.6.3.flv
实用指数	★★★★★
技术掌握	用圆角矩形工具创建相框

本例主要针对形状工具的使用方法进行练习，如图6-91所示。

图6-91

01 打开“素材文件>CH06>素材01-1.jpg”文件，如图6-92所示。

02 导入“素材文件>CH06>素材01-2.jpg”文件，然后调整好其大小和位置，如图6-93所示。

图6-92

图6-93

03 选择“圆角矩形工具”，然后在选项栏中设置“半径”为150像素，接着在人像上创建一个如图6-94所示的圆角矩形。

04 按Ctrl+Enter组合键载入路径的选区，然后按Shift+Ctrl+I组合键反向选择选区，接着用白色填充选区，效果如图6-95所示。

图6-94

图6-95

05 使用“矩形线框工具”框选出需要的部分，如图6-96所示，然后按Shift+Ctrl+I组合键反向选择选区，接着按Delete键删除反选的区域，效果如图6-97所示。

图6-96

图6-97

06 执行“图像>调整>曲线”菜单命令，打开“曲线”对话框，然后将曲线调节成如图6-98所示的形状，效果如图6-99所示。

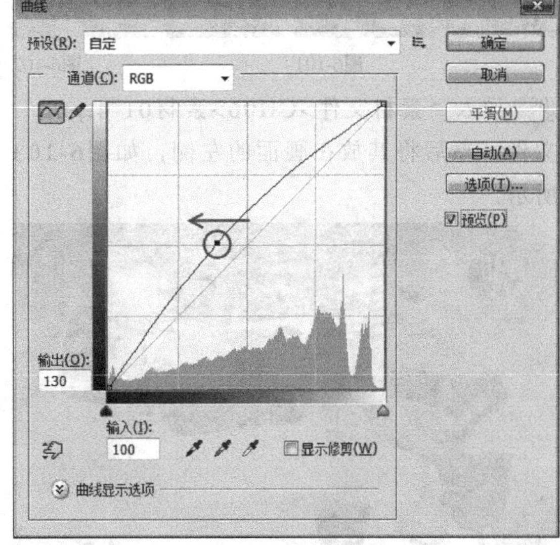

图6-98

图6-99

07 按Ctrl+T组合键进入自由变换状态，然后将人像顺时针旋转一定的角度，效果如图6-100所示。

图6-100

08 导入“素材文件>CH06>素材01-3.jpg”文件，然后调整好其大小，如图6-101所示，接着采用相同的方法为其制作一个灰色的相框，最后将其放置在第1张人像的下面，使画面更加具有层次感，如图6-102所示。

图6-101

图6-102

09 导入“素材文件>CH06>素材01-4.png”文件，然后将其放在画面的左侧，如图6-103所示。

图6-103

10 将第1张人像复制一份，然后执行“编辑>变换>透视”菜单命令，将人像调整成如图6-104所示的形状，使其像是刚从相机中拍摄出来一样。

图6-104

11 使用“横排文字工具”T在第1张人像上输入一些英文，如图6-105所示，然后导入“素材文件>CH06>素材01-5.png”文件，将其放在相片上作为装饰，最终效果如图6-106所示。

图6-105

图6-106

6.7 本章小结

通过本章的学习，我们应该对“钢笔工具”的使用方法有一个整体的概念，对路径的基本操作方法和形状工具的基本使用方法有一个明确的认识。在实际的图片处理中能做到熟练、灵活、快速，是学习本章的目的。

6.8 课后习题

6.8.1 课后习题——制作可爱相框

实例位置	实例文件>CH06>6.8.1.psd
素材位置	素材文件>CH06>素材02-1.jpg、素材02-2.jpg、素材02-3.png
视频位置	多媒体教学>CH06>6.8.1.flv
实用指数	★★★★★
技术掌握	用钢笔工具绘制不规则路径

本习题主要针对“钢笔工具”的使用方法进行练习，如图6-107所示。

图6-107

步骤分解如图6-108所示。

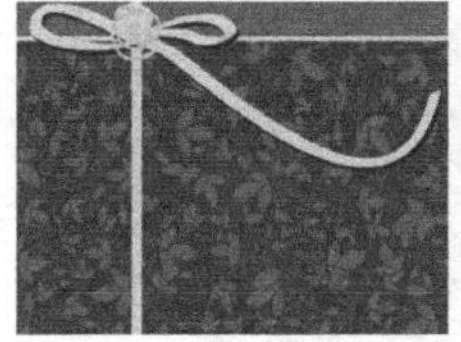

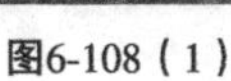

图6-108（1）

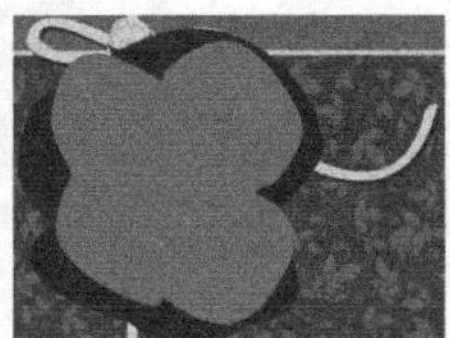

图6-108（2）

图6-108（3）

图6-108（4）

图6-108（5）

6.8.2 课后习题——制作ADOBE软件图标

实例位置	实例文件>CH06>6.8.2.psd
素材位置	素材文件>CH06>素材03-1.jpg、素材03-2.png
视频位置	多媒体教学>CH06>6.8.2.flv
实用指数	★★★★★
技术掌握	用椭圆工具配合图层样式制作图标

本习题主要针对“椭圆工具” 的使用方法进行练习，如图6-109所示。

图6-109

步骤分解如图6-110所示。

图6-110（1）

图6-110（2）

图6-110（3）

图6-110（4）

图6-110（5）

第7章 图像颜色与色调调整

图像颜色与色调的调整是处理图片的基础知识，同时也是一张图片能否处理好的关键环节。本章将重点介绍色彩的相关知识以及各种调色的命令，希望大家结合课堂案例认真学习并加以巩固。

课堂学习目标

了解色彩的相关知识
掌握快速调整图像颜色与色调的命令
掌握调整图像颜色与色调的命令
掌握匹配/替换/混合颜色的命令
了解调整特殊色调的命令
了解Lab调色技术

7.1 快速调整颜色与色调的命令

在“图像”菜单下，有一部分命令可以快速调整图像的颜色和色调，这些命令包含“自动色调”“自动对比度”“自动颜色”“亮度/对比度”“色彩平衡”“自然饱和度”“照片滤镜”“变化”“去色”和“色调均化”命令。

本节命令概述

命令名称	作用	快捷键	重要程度
自动色调	根据图像的色调自动进行调整	Shift+Ctrl+L	中
自动对比度	根据图像的对比度自动进行调整	Alt+Shift+Ctrl+L	中
自动颜色	根据图像的颜色自动进行调整	Shift+Ctrl+B	中
亮度/对比度	对图像的色调范围进行简单的调整		高
色彩平衡	更改图像总体颜色的混合程度	Ctrl+B	高
自然饱和度	快速调整图像的饱和度		高
照片滤镜	模仿在相机镜头前面添加彩色滤镜的效果		高
变化	调整图像的色彩、饱和度和明度		高
去色	去掉图像中的颜色，使其成为灰度图像	Shift+Ctrl+U	高
色调均化	重新分布图像中像素的亮度值		中

7.1.1 自动色调/对比度/颜色

“自动色调”“自动对比度”和“自动颜色”命令没有对话框，它们可以根据图像的色调、对比度和颜色来进行快速调整，但只能进行简单的调整，并且调整效果不是很明显。

7.1.2 亮度/对比度

使用“亮度/对比度”命令可以对图像的色调范围进行简单的调整。打开一张图像，如图7-1所示，然后执行“图像>调整>亮度/对比度”菜单命令。打开“亮度/对比度”对话框，如图7-2所示，将亮度滑块向右移动，会增加色调值并扩展图像高光范围，而向左移动会减少色调值并扩展阴影范围。对比度滑块可以扩展或收缩图像中色调值的总体范围。

图7-1

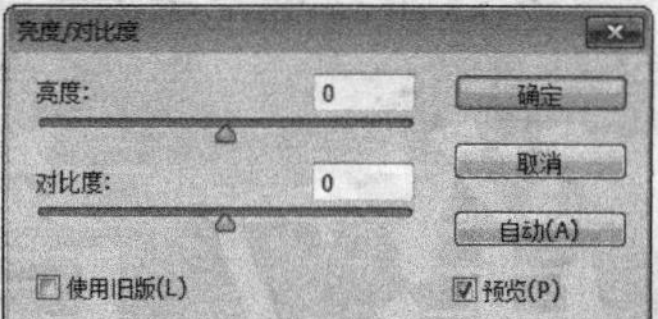

图7-2

● **亮度/对比度对话框选项介绍**

亮度：用来设置图像的整体亮度。数值为负值时，表示降低图像的亮度；数值为正值时，表示提高图像的亮度。

对比度：用于设置图像亮度对比的强烈程度。数值越低，对比度越低；数值越高，对比度越高。

使用旧版：勾选该选项后，可以得到与Photoshop CS3以前的版本相同的调整结果。

预览：勾选该选项后，在“亮度/对比度”对话框中调节参数时，可以在文档窗口中观察到图像的亮度变化。

7.1.3 色彩平衡

对于普通的色彩校正，“色彩平衡”命令可以更改图像总体颜色的混合程度。打开一张图像，如图7-3所示，然后执行“图像>调整>色彩平衡”菜单命令或按Ctrl+B组合键，打开“色彩平衡”对话框，如图7-4所示。

图7-3

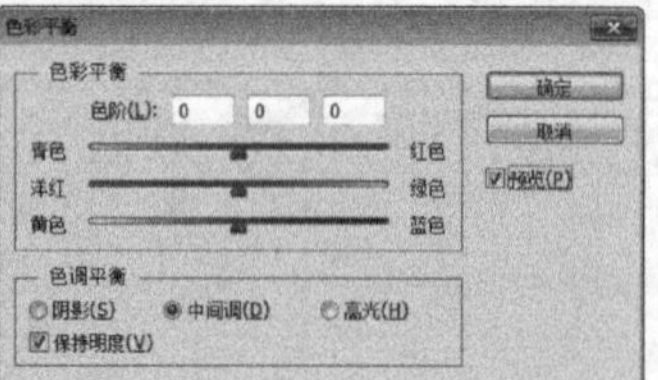

图7-4

● **色彩平衡对话框选项介绍**

色彩平衡：用于调整“青色-红色”“洋红-绿

色”以及“黄色-蓝色”在图像中所占的比例，可以手动输入，也可以拖曳滑块来进行调整。比如，向左拖曳“青色-红色”滑块，可以在图像中增加青色，同时减少其补色红色；向右拖曳“青色-红色”滑块，可以在图像中增加红色，同时减少其补色青色。

色调平衡：它是选择调整色彩平衡的方式，包含“阴影”“中间调”和“高光”3个选项。如果勾选“保持明度”选项，还可以保持图像的色调不变，以防止亮度值随着颜色的改变而改变。

7.1.4 课堂案例——制作三色调照片

实例位置	实例文件>CH07>7.1.4.psd
素材位置	素材文件>CH07>素材01-1.jpg~素材01-4.jpg
视频位置	多媒体教学>CH07>7.1.4.flv
实用指数	★★★★★
技术掌握	用色彩平衡命令调整照片的阴影色调、中间色调和高光色调

本例主要针对“色彩平衡”命令的使用方法进行练习，如图7-5所示。

图7-5

01 打开“素材文件>CH07>素材01-1.jpg”文件，如图7-6所示。

02 导入“素材文件>CH07>素材01-2.jpg”文件，然后将得到图层命名为“人像1”，效果如图7-7所示。

图7-6

图7-7

03 在“图层”面板下单击“添加图层蒙版”按钮，为“人像1”图层添加一个图层蒙版，设置前景色为黑色，然后选择“画笔工具”。接着在选项栏中选择一种布团笔刷，并设置“大小”为120像素，如图7-8所示，最后在蒙版中将人像的边缘涂抹成如图7-9所示的效果。

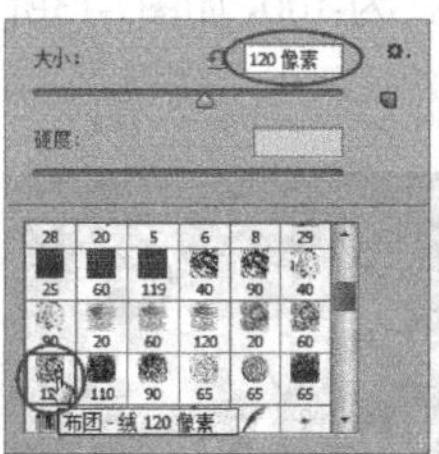

图7-8

图7-9

04 导入“素材文件>CH07>素材01-3.jpg和素材01-4.jpg”文件，然后将得到图层分别命名为“人像2”和“人像3”，接着采用步骤（3）的方法将其处理成如图7-10所示的效果。

图7-10

05 执行“图层>新建调整图层>色彩平衡”菜单命令，在“人像1”图层的上一层新建一个“色彩平衡”调整图层，然后按Ctrl+Alt+G组合键将其设置为“人像1”图层的剪贴蒙版，接着在“属性”面板中设置“色调”为“阴影”，最后设置“青色-红色”为-65、“洋红-绿色”为-67、“黄色-蓝色”为-5，如图7-11所示，效果如图7-12所示。

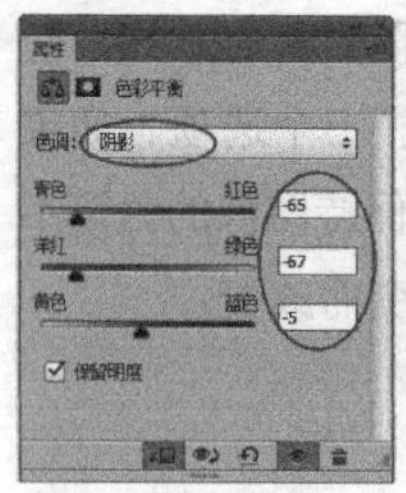

图7-11　　图7-12

06 在“人像2”图层的上一层创建一个“色彩平衡”调整图层，然后按Ctrl+Alt+G组合键将其设置为“人像2”图层的剪贴蒙版，接着在“属性”面板中设置“色调”为“中间调”，最后设置“青色-红色”为15、“洋红-绿色”为-22、“黄色-蓝色”为-100，如图7-13所示，效果如图7-14所示。

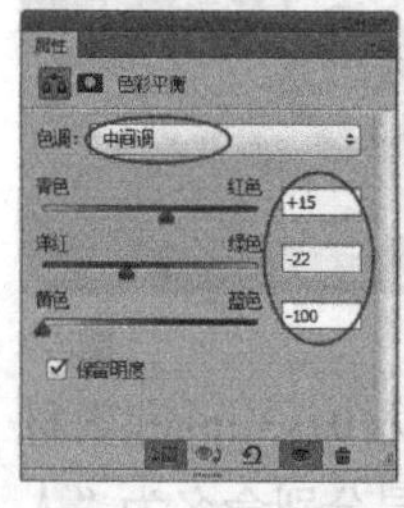

图7-13　　图7-14

07 在“人像2”图层的上一层创建一个“色彩平衡”调整图层，然后按Ctrl+Alt+G组合键将其设置为“人像3”图层的剪贴蒙版，接着在“属性”面板中设置“色调”为“高光”，最后设置“青色-红色”为100、“洋红-绿色”为22、“黄色-蓝色”为93，如图7-15所示，效果如图7-16所示。

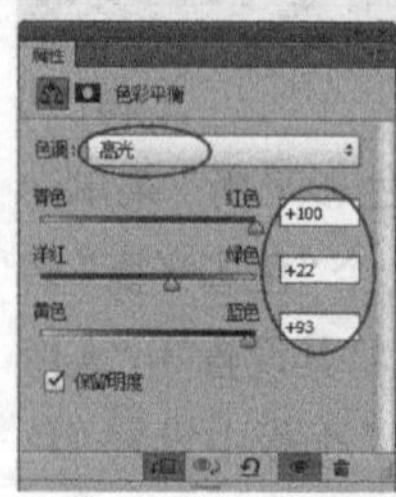

图7-15　　图7-16

08 在最上层创建一个“色彩平衡”调整图层，然后在“属性”面板中设置“色调”为“中间调”，接着设置“青色-红色”为93、“洋红-绿色”为61、“黄色-蓝色”为-15，如图7-17所示，最终效果如图7-18所示。

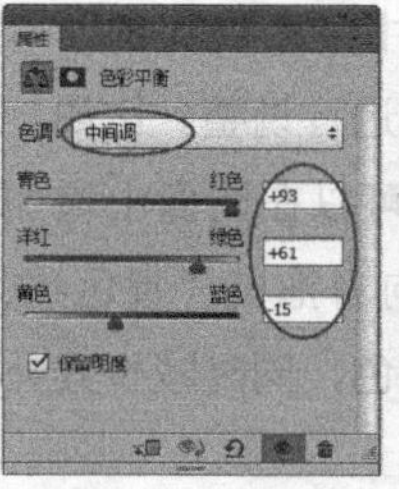

图7-17　　图7-18

技巧与提示

步骤（8）创建的“色彩平衡”调整图层是用来调整整体画面的色调的，而前面3个则是针对单个人像的色调进行调整。

7.1.5 自然饱和度

使用“自然饱和度”命令可以快速调整图像的饱和度，并且可以在增加图像饱和度的同时，有效地控制因颜色过于饱和而出现的溢色现象。打开一张图像，如图7-19所示，然后执行“图像>调整>自然饱和度”菜单命令，打开“自然饱和度”对话框，如图7-20所示。

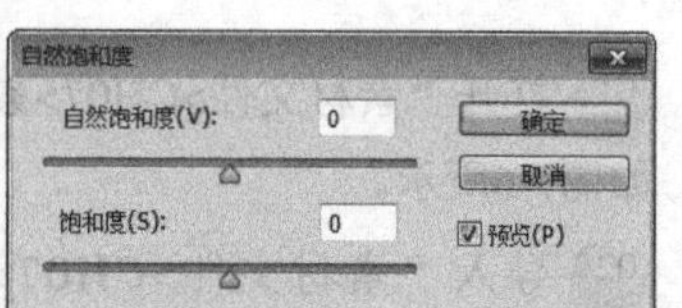

图7-19　　图7-20

- **自然饱和度对话框选项介绍**

自然饱和度：向左拖曳滑块，可以降低颜色的饱和度；向右拖曳滑块，可以增加颜色的饱和度。

技巧与提示

调节“自然饱和度”选项，不会生成饱和度过高或过低的颜色，画面始终会保持一个比较平衡的色调，对于调节人像非常有用。

饱和度：向左拖曳滑块，可以增加所有颜色的饱和度；向右拖曳滑块，可以降低所有颜色的饱和度。

7.1.6 课堂案例——制作棕色调可爱照片

实例位置	实例文件>CH07>7.1.6.psd
素材位置	素材文件>CH07>素材02.jpg
视频位置	多媒体教学>CH07>7.1.6.flv
实用指数	★★★★★
技术掌握	用自然饱和度命令调整照片的饱和度

本例主要针对"自然饱和度"命令的使用方法进行练习，如图7-21所示。

图7-21

01 打开"素材文件>CH07>素材02.jpg"文件，如图7-22所示。

图7-22

02 执行"图层>新建调整图层>自然饱和度"菜单命令，创建一个"自然饱和度"调整图层，然后在"属性"面板中设置"自然饱和度"为66、"饱和度"为-86，如图7-23所示，效果如图7-24所示。

图7-23 图7-24

03 创建一个"色彩平衡"调整图层，然后在"属性"面板中设置"青色-红色"为29、"洋红-绿色"为10，向图像中加入少许红色和绿色，如图7-25所示，效果如图7-26所示。

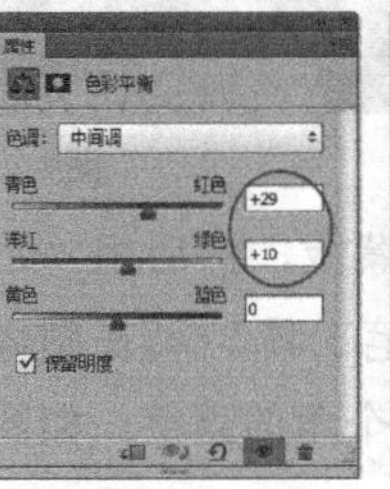

图7-25 图7-26

04 创建一个"曲线"调整图层，然后在"属性"面板中将曲线调节成如图7-27所示的形状，效果如图7-28所示。

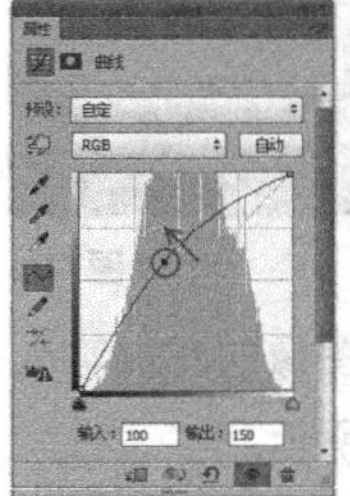

图7-27 图7-28

05 选择"曲线"调整图层的蒙版，然后用黑色柔边"画笔工具"在图像的4个角上涂抹，只保留对画面中心的调整，如图7-29所示，效果如图7-30所示。

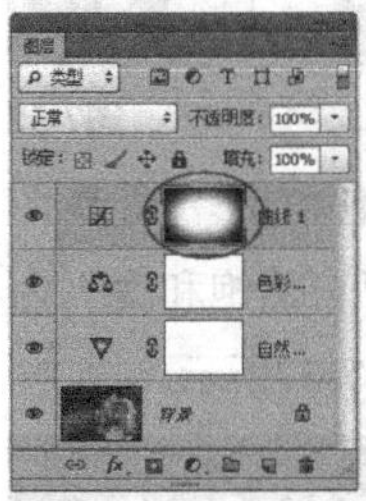

图7-29 图7-30

06 继续创建一个"曲线"调整图层，然后在"属性"面板中将曲线调节成如图7-31所示的形状，效果如图7-32所示。

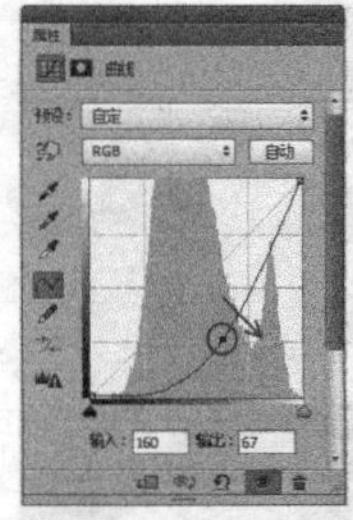

图7-31 图7-32

07 选择“曲线”调整图层的蒙版，然后用“不透明度”较低的黑色柔边“画笔工具”在图像中间区域涂抹，只保留对图像4个角的调整，如图7-33所示，效果如图7-34所示。

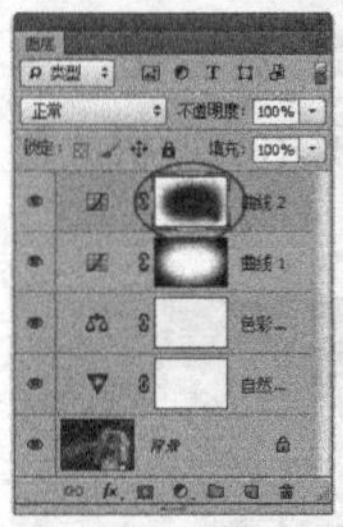

图7-33 图7-34

08 使用“横排文字工具”在图像的左侧输入一些装饰性的文字，效果如图7-35所示。

图7-35

09 在最上层创建一个“自然饱和度”调整图层，然后在“属性”面板中设置“自然饱和度”为60，如图7-36所示，最终效果如图7-37所示。

图7-36 图7-37

7.1.7 照片滤镜

使用“照片滤镜”命令可以模仿在相机镜头前面添加彩色滤镜的效果，以便调整通过镜头传输的光的色彩平衡、色温和胶片曝光。“照片滤镜”允许选取一种颜色将色相调整应用到图像中。打开一张图像，如图7-38所示，然后执行“图像>调整>照片滤镜”菜单命令，打开“照片滤镜”对话框，如图7-39所示。

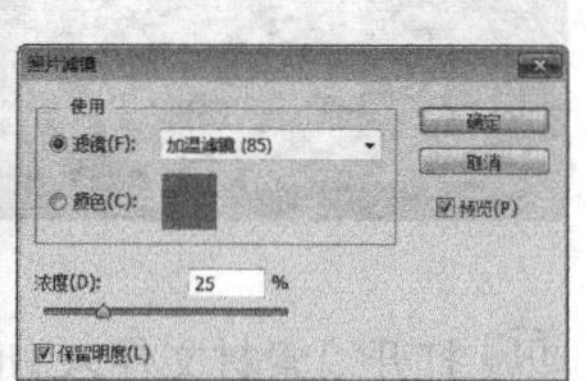

图7-38 图7-39

- **照片滤镜对话框选项介绍**

使用：在“滤镜”下拉列表中可以选择一种预设的效果应用到图像中；如果要自己设置滤镜的颜色，可以勾选“颜色”选项，然后在后面重新调节颜色。

浓度：设置滤镜颜色应用到图像中的颜色百分比。数值越高，应用到图像中的颜色浓度就越大；数值越小，应用到图像中的颜色浓度就越低。

保留明度：勾选该选项以后，可以保留图像的明度不变。

7.1.8 课堂案例——制作冷调照片

实例位置	实例文件>CH07>7.1.8.psd
素材位置	素材文件>CH07>素材03-1.jpg、素材03-2.png
视频位置	多媒体教学>CH07>7.1.8.flv
实用指数	★★★★★
技术掌握	用照片滤镜命令改变照片的色调

本例主要针对“照片滤镜”命令的使用方法进行练习，如图7-40所示。

图7-40

01 打开“素材文件>CH07>素材03-1.jpg”文件，如图7-41所示。

图7-41

02 按Ctrl+J组合键将“背景”图层复制一层，得到“图层1”，然后隐藏“图层1”，选择“背景”图层，接着执行“滤镜>模糊>径向模糊”菜单命令，打开“径向模糊”对话框，最后设置“模糊方法”为“缩放”、“数量”为100%，如图7-42所示，效果如图7-43所示。

图7-42 图7-43

03 由于径向模糊效果还不够好，因此按两次Ctrl+F组合键再应用两次“径向模糊”滤镜，效果如图7-44所示。

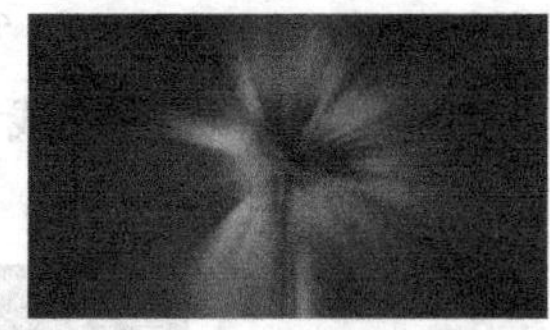

图7-44

04 按住Alt键双击“背景”图层的缩略图，将其转换为可编辑“图层0”，然后使用“裁剪工具”增高画布的高度，如图7-45所示，接着按Ctrl+T组合键进入自由变换状态，最后向上拖曳定界框顶部中间的定界点，让图像充满画布，如图7-46所示。

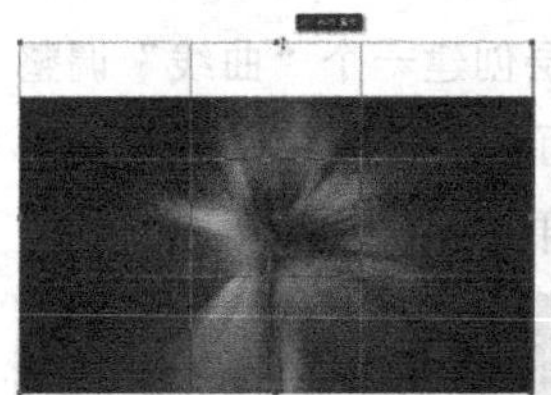

图7-45 图7-46

05 显示“图层1”，然后在“图层”面板下单击“添加图层蒙版”按钮，为其添加一个图层蒙版，接着使用黑色柔边“画笔工具”在蒙版中涂去人像以外的区域，如图7-47所示。

06 导入“素材文件>CH07>素材03-2.png”文件，将其放在图像的右上角，效果如图7-48所示。

图7-47 图7-48

07 创建一个“照片滤镜”调整图层，然后在“属性”面板中设置“滤镜”为“冷却滤镜（80）”，接着设置“浓度”为60%，如图7-49所示，效果如图7-50所示。

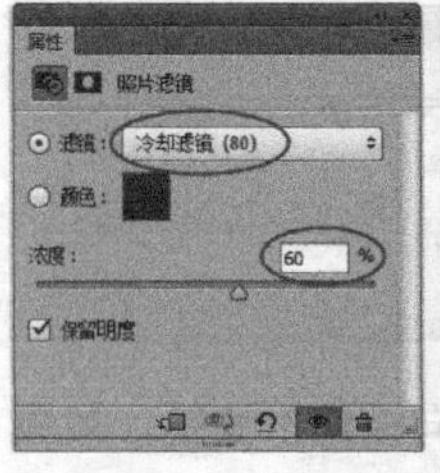

图7-49　　图7-50

08 在最上层创建一个“曲线”调整图层，然后在“属性”面板中将曲线调节成如图7-51所示的形状，效果如图7-52所示。

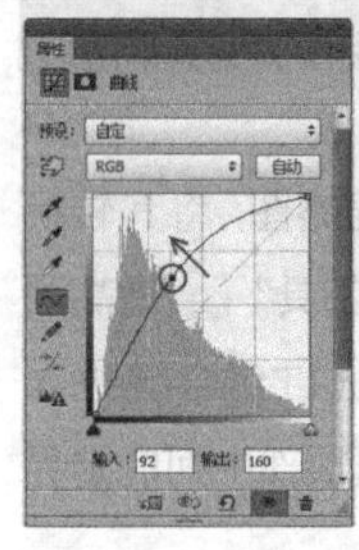

图7-51　　图7-52

09 在“图层0”的上一层创建一个“曲线”调整图层，然后在“属性”面板中将曲线调节成如图7-53所示的形状，最终效果如图7-54所示。

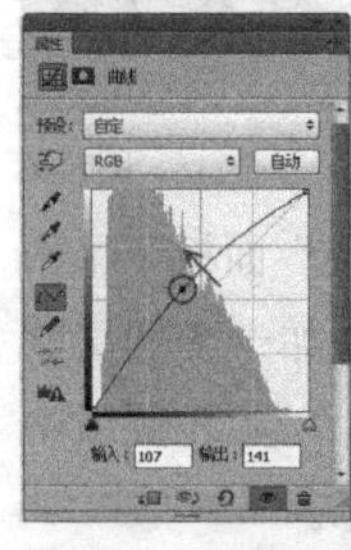

图7-53　　图7-54

7.1.9 变化

“变化”命令是一个非常简单直观的调色命令，只需要单击它的缩略图即可调整图像的色彩、饱和度和明度，同时还可以预览调色的整个过程。打开一张图像，如图7-55所示，然后执行“图像>调整>变化”菜单命令，打开“变化”对话框，如图7-56所示。

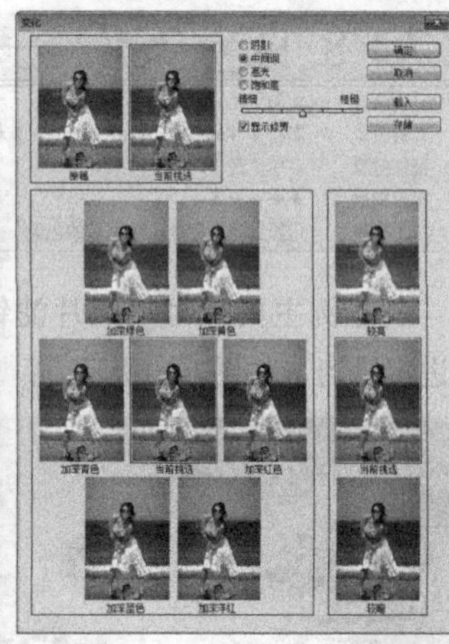

图7-55　　图7-56

● 变化对话框选项介绍

原稿/当前挑选：“原稿”缩略图显示的是原始图像；“当前挑选”缩略图显示的是图像调整结果。

阴影/中间调/高光：可以分别对图像的阴影、中间调和高光进行调节。

饱和度/显示修剪：专门用于调节图像的饱和度。勾选该选项以后，在对话框的下面会显示出“减少饱和度”“当前挑选”和“增加饱和度”3个缩略图。单击“减少饱和度”缩略图可以减少图像的饱和度，单击“增加饱和度”缩略图可以增加图像的饱和度。另外，勾选“显示修剪”选项，可以警告超出了饱和度范围的最高限度。

精细-粗糙：该选项用来控制每次进行调整的量。特别注意，每移动一个滑块，调整数量会双倍增加。

各种调整缩略图：单击相应的缩略图，可以进行相应的调整，例如，单击一次“加深蓝色”缩略图，可以加深一次蓝色，而单击两次，则加深两次蓝色。

技巧与提示

单击调整缩览图产生的效果是累积性的。比如，单击两次“加深红色”缩略图，将应用两次调整。

7.1.10 课堂案例——制作四色风景照片

实例位置	实例文件>CH07>7.1.10.psd
素材位置	素材文件>CH07>素材04.jpg
视频位置	多媒体教学>CH07>7.1.10.flv
实用指数	★★★★★
技术掌握	用变化命令快速调整照片的色调

本例主要针对“变化”命令的使用方法进行练习，如图7-57所示。

图7-57

01 打开“素材文件>CH07>素材04.jpg”文件，如图7-58所示。

02 使用“矩形选框工具”框选图像的1/4，如图7-59所示，然后按Ctrl+J组合键将选区内的图像复制到一个新的“原色”图层中。

图7-58

图7-59

03 使用“矩形选框工具”框选图像的另外1/4，如图7-60所示，然后按Ctrl+J组合键将选区内的图像复制到一个新的“黄色”图层中。

图7-60

04 选择“黄色” 图层，然后执行“图像>调整>变化”菜单命令，打开“变化”对话框，然后单击两次“加深黄色”缩略图，将黄色加深两个色阶，如图7-61所示，效果如图7-62所示。

图7-61

图7-62

05 使用“矩形选框工具”框选风景图像的另外1/4，如图7-63所示，然后按Ctrl+J组合键将选区内的图像复制到一个新的“青色”图层中。

06 选择“青色”图层，然后执行“图像>调整>变化”菜单命令，打开“变化”对话框。然后单击两次“加深青色”缩略图，将青色加深两个色阶，效果如图7-64所示。

图7-63

图7-64

07 使用“矩形选框工具”框选风景图像的最后1/4，然后按Ctrl+J组合键将选区内的图像复制到一个新的“红色”图层中，接着执行“图像>调整>变化”菜单命令，打开“变化”对话框。最后单击两次“加深洋红”缩略图，将洋红加深两个色阶，效果如图7-65所示。

08 为照片制作一个黑底，然后使用“横排文字工具”在图像的底部输入一些装饰文字，最终效果如图7-66所示。

图7-65

图7-66

7.1.11 去色

使用“去色”命令（该命令没有对话框）可以去掉图像中的颜色，使其成为灰度图像。打开一张图像，如图7-67所示，然后执行“图像>调整>去色”菜单命令或按Shift+Ctrl+U组合键，可以将其调整为灰度效果，如图7-68所示。

图7-67

图7-68

7.1.12 课堂案例——制作老照片

实例位置	实例文件>CH07>7.1.12.psd
素材位置	素材文件>CH07>素材05-1.jpg~素材05-3.jpg
视频位置	多媒体教学>CH07>7.1.12.flv
实用指数	★★★★★
技术掌握	用去色命令配合线性加深模式制作旧照片

本例主要针对“去色”命令的使用方法进行练习，如图7-69所示。

图7-69

01 打开“素材文件>CH07>素材05-1.jpg”文件，如图7-70所示。

02 导入“素材文件>CH07>素材05-2.jpg”文件，然后将其放在黑底上，接着按Ctrl+T组合键进入自由变换状态，最后将其调整成如图7-71所示的形状。

图7-70

图7-71

03 执行“图像>调整>去色”菜单命令，将图像调整为灰度效果，如图7-72所示。

图7-72

04 执行“图层>新建调整图层>曲线”菜单命令，创建一个“曲线”调整图层，然后按Ctrl+Alt+G组合键将其设置为人像的剪贴蒙版，接着在“属性”面板中将曲线调节成如图7-73所示的形状，效果如图7-74所示。

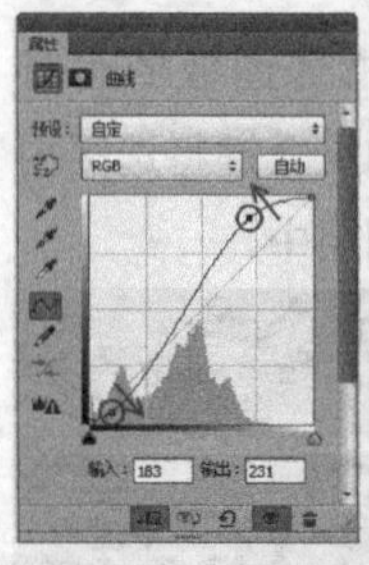

图7-73

图7-74

05 执行“图层>新建调整图层>亮度/对比度”菜单命令，创建一个“亮度/对比度”调整图层，然后按Ctrl+Alt+G组合键将其设置为人像的剪贴蒙版，接着在“属性”面板中设置“亮度”为31，效果如图7-75所示。

06 导入"素材文件>CH07>素材05-3.jpg"文件，然后将其放在人像上，如图7-76所示。

图7-75

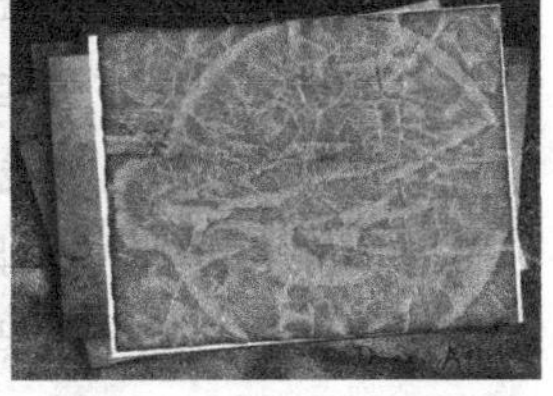
图7-76

07 按Ctrl+Alt+G组合键将纸纹设置为人像的剪贴蒙版，然后设置其"混合模式"为"线性加深"、"不透明度"为56%，最终效果如图7-77所示。

图7-77

7.1.13 色调均化

使用"色调均化"命令可以重新分布图像中像素的亮度值，以便它们更均匀地呈现所有范围的亮度级（即0~255）。在使用该命令时，图像中最亮的值将变成白色，最暗的值将变成黑色，中间的值将分布在整个灰度范围内。打开一张图像，如图7-78所示，然后执行"图像>调整>色调均化"菜单命令，效果如图7-79所示。

图7-78

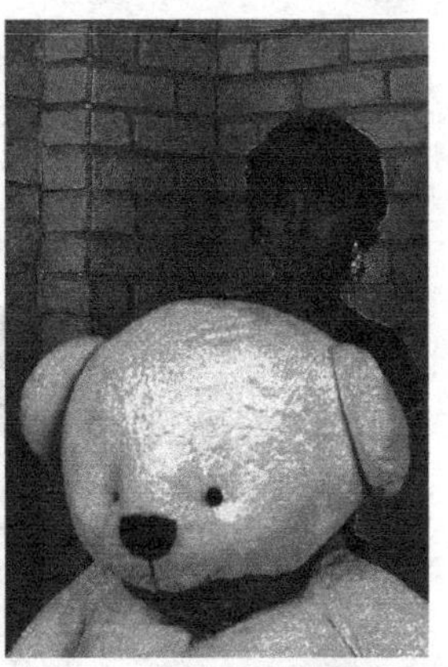
图7-79

7.2 调整颜色与色调的命令

在"图像"菜单下，"色阶"和"曲线"命令是专门针对颜色和色调进行调整的命令；"色相/饱和度"命令是专门针对色彩进行调整的命令；"阴影/高光"和"曝光度"命令是专门针对色调进行调整的命令。

本节命令概述

命令名称	作用	快捷键	重要程度
色阶	对图像的阴影、中间调和高光强度级别进行调整	Ctrl+L	高
曲线	对图像的色调进行非常精确的调整	Ctrl+M	高
色相/饱和度	调整整个图像、单通道或选区内的图像的色相、饱和度和明度	Ctrl+U	高
阴影/高光	基于阴影/高光中的局部相邻像素来校正每个像素		中
曝光度	调整HDR图像的曝光效果		中

7.2.1 色阶

"色阶"命令是一个非常强大的颜色与色调调整工具，它可以对图像的阴影、中间调和高光强度级别进行调整，从而校正图像的色调范围和色彩平衡。另外，"色阶"命令还可以分别对各个通道进行调整，以校正图像的色彩。打开一张图像，如图7-80所示，然后执行"图像>调整>色阶"菜单命令或按Ctrl+L组合键，打开"色阶"对话框，如图7-81所示。

图7-80

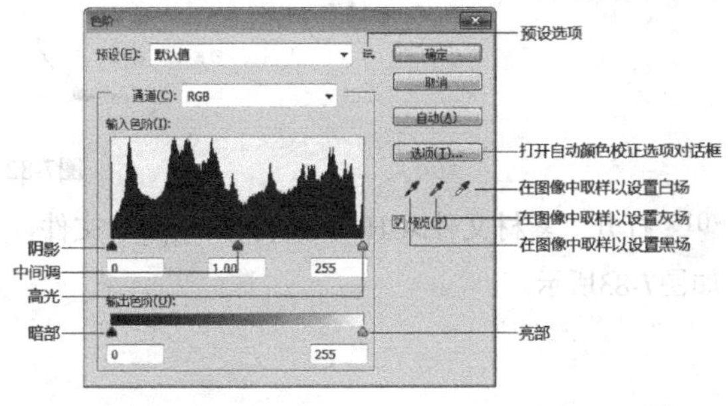

图7-81

● **色阶对话框选项介绍**

预设：单击“预设”下拉列表，可以选择一种预设的色阶调整选项来对图像进行调整。

预设选项：单击该按钮，可以对当前设置的参数进行保存，或载入一个外部的预设调整文件。

通道：在“通道”下拉列表中可以选择一个通道来对图像进行调整，以校正图像的颜色。

输入色阶：这里可以通过拖曳滑块来调整图像的阴影、中间调和高光，同时也可以直接在对应的输入框中输入数值。将滑块向左拖曳，可以使图像变亮；将滑块向右拖曳，可以使图像变暗。

输出色阶：这里可以设置图像的亮度范围，从而降低对比度。

自动 自动(A)：单击该按钮，Photoshop会自动调整图像的色阶，使图像的亮度分布更加均匀，从而达到校正图像颜色的目的。

选项 选项(T)...：单击该按钮，可以打开“自动颜色校正选项”对话框。在该对话框中可以设置单色、每通道、深色和浅色的算法等。

在图像中取样以设置黑场：使用该吸管在图像中单击取样，可以将单击点处的像素调整为黑色，同时图像中比该单击点暗的像素也会变成黑色。

在图像中取样以设置灰场：使用该吸管在图像中单击取样，可以根据单击点像素的亮度来调整其他中间调的平均亮度。

在图像中取样以设置白场：使用该吸管在图像中单击取样，可以将单击点处的像素调整为白色，同时图像中比该单击点亮的像素也会变成白色。

7.2.2 课堂案例——制作唯美照片

实例位置	实例文件>CH07>7.2.2.psd
素材位置	素材文件>CH07>素材06-1.jpg、素材06-2.png
视频位置	多媒体教学>CH07>7.2.2.flv
实用指数	★★★★★
技术掌握	用色阶命令调出亮色调

本例主要针对“色阶”命令的使用方法进行练习，如图7-82所示。

图7-82

01 打开“素材文件>CH07>素材06-1.jpg”文件，如图7-83所示。

图7-83

02 由于整体颜色偏黄，因此要先调整一下图像的色彩平衡。创建一个“色彩平衡”调整图层，然后在“属性”面板中设置“青色-红色”为22、“洋红-绿色”为10、“黄色-蓝色”为71，如图7-84所示，效果如图7-85所示。

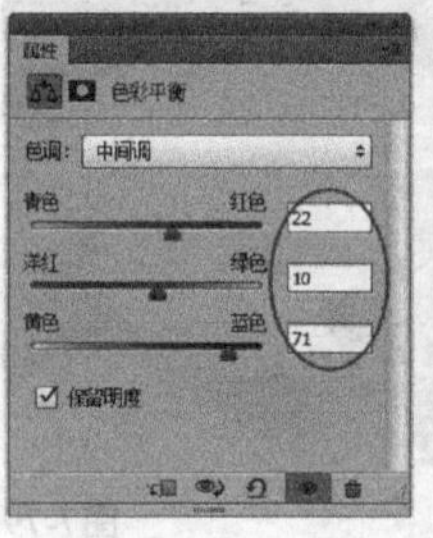

图7-84

图7-85

03 由于图像的整体色调太过灰暗，因此要提高整体色阶。创建一个“色阶”调整图层，然后在

"属性"面板中设置"输入色阶"为（0，2.9，255），如图7-86所示，效果如图7-87所示。

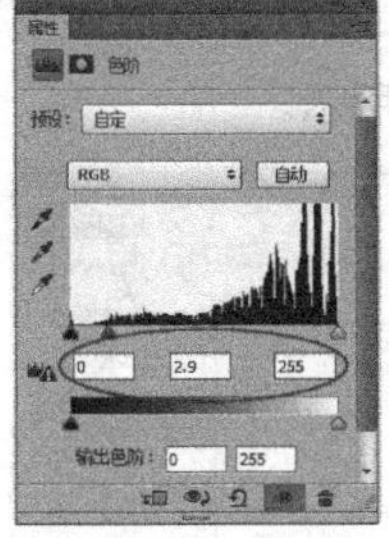

图7-86　图7-87

04 由于人像背景比较杂乱，因此可以使用"仿制图章工具"把高跟鞋和人像身后的部分静物涂抹掉，如图7-88所示。

图7-88

05 创建一个"曲线"调整图层，然后在"属性"面板中将曲线调节成如图7-89所示的形状，接着使用黑色"画笔工具"在调整图层的蒙版涂去人像以外的区域，效果如图7-90所示。

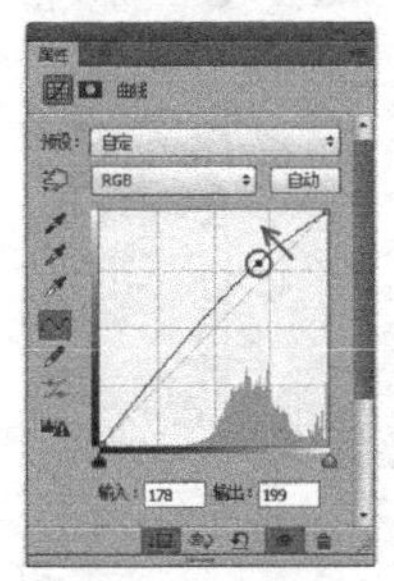

图7-89　图7-90

06 创建一个"可选颜色"调整图层，然后在"属性"面板中设置"颜色"为"白色"，接着设置"洋红"为3%、"黄色"为6%，如图7-91所示，最后使用黑色"画笔工具"在调整图层的蒙版中涂去人像区域，效果如图7-92所示。

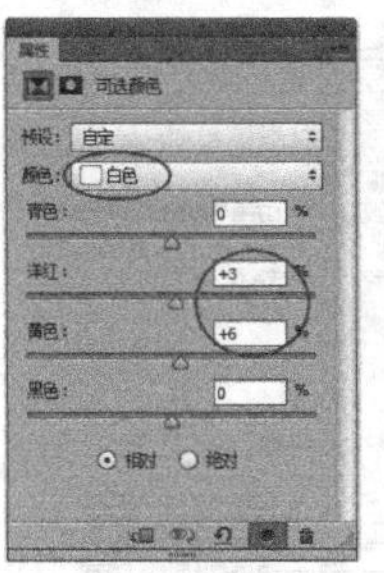

图7-91　图7-92

07 按Ctrl+N组合键新建一个大小为1920像素×1880像素的文档，然后将调整人像的所有图层都拖曳到该文档中，接着调整好人像的大小和位置，如图7-93所示。

08 导入"素材文件>CH07>素材06-2.png"文件，然后将其放在图像的合适位置作为装饰，最终效果如图7-94所示。

图7-93　图7-94

7.2.3 曲线

"曲线"命令是最重要、最强大的调整命令，也是实际工作中使用频率最高的调整命令之一。它具备了"亮度/对比度""阈值"和"色阶"等命令的功能，通过调整曲线的形状，可以对图像的色调进行非常精确的调整。打开一张图像，如图7-95所示，然后执行"曲线>调整>曲线"菜单命令或按Ctrl+M组合键，打开"曲线"对话框，如图7-96所示。

图7-95

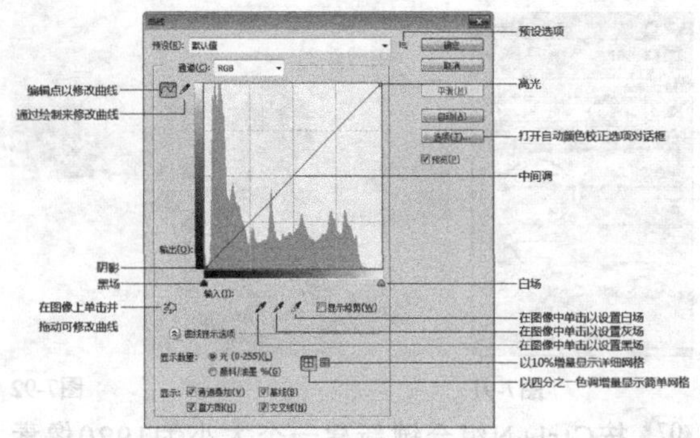

图7-96

● 曲线对话框选项介绍

预设：在“预设”下拉列表中共有9种曲线预设效果，如图7-97所示。

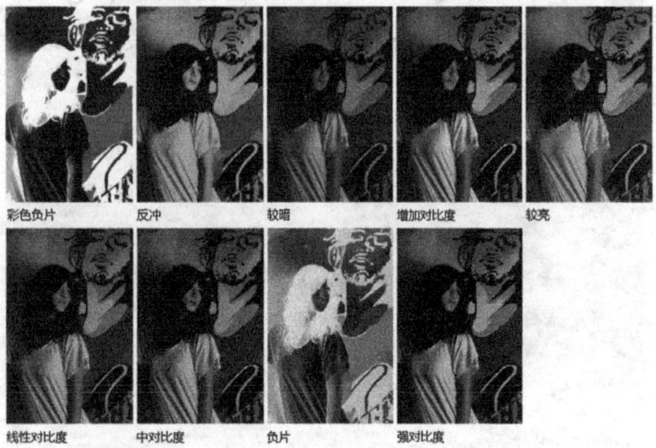

图7-97

预设选项：单击该按钮，可以对当前设置的参数进行保存，或载入一个外部的预设调整文件。

通道：在“通道”下拉列表中可以选择一个通道来对图像进行调整，以校正图像的颜色。

编辑点以修改曲线：使用该工具在曲线上单击，可以添加新的控制点，通过拖曳控制点可以改变曲线的形状，从而达到调整图像的目的，如图7-98和图7-99所示。

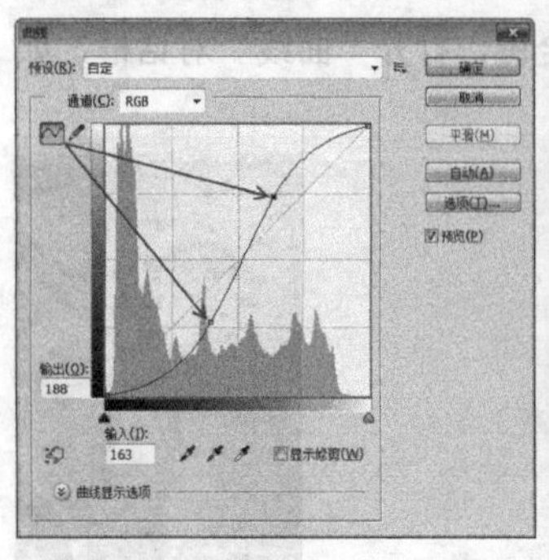

图7-98　图7-99

通过绘制来修改曲线：使用该工具可以以手绘的方式自由绘制出曲线，绘制好曲线以后单击“编辑点以修改曲线”按钮，可以显示出曲线上的控制点，如图7-100~图7-102所示。

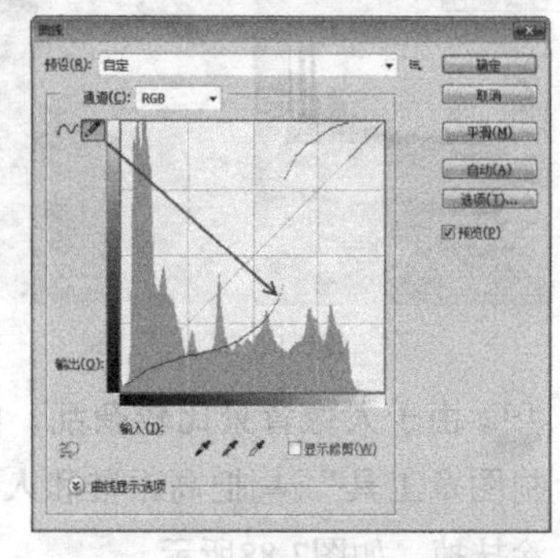

图7-100

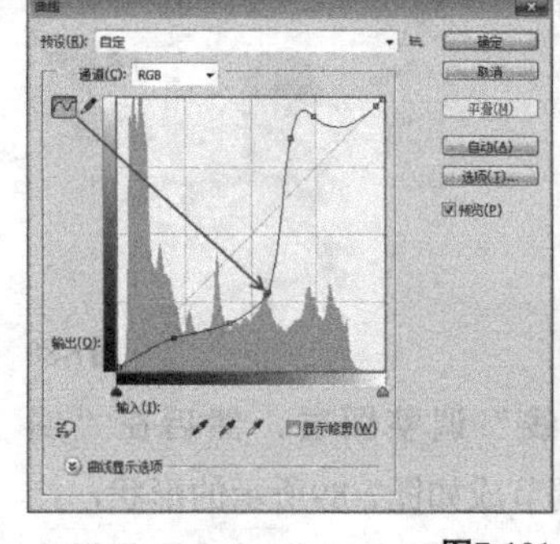

图7-101　图7-102

平滑：使用“通过绘制来修改曲线”绘制出曲线以后，如图7-103所示，单击“平滑”按钮，可以对曲线进行平滑处理，如图7-104所示。

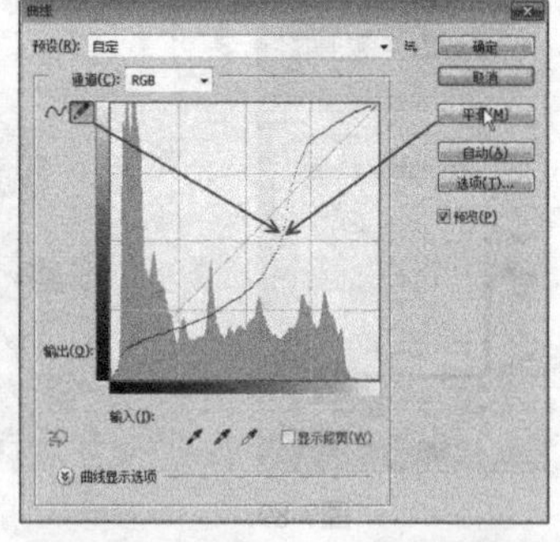

图7-103

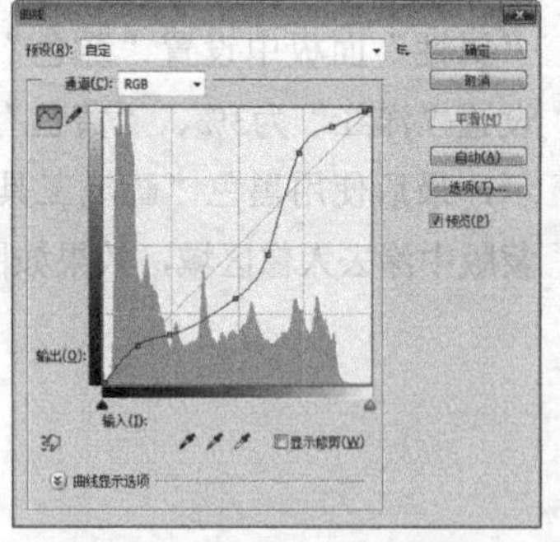

图7-104

在图像上单击并拖动可修改曲线：选择该工具以后，将光标放在图像上，曲线上会出现一个圆圈，表示光标处的色调在曲线上的位置，如图7-105所示，在图像上单击并拖曳鼠标左键可以添加控制点以调整图像的色调，如图7-106所示。

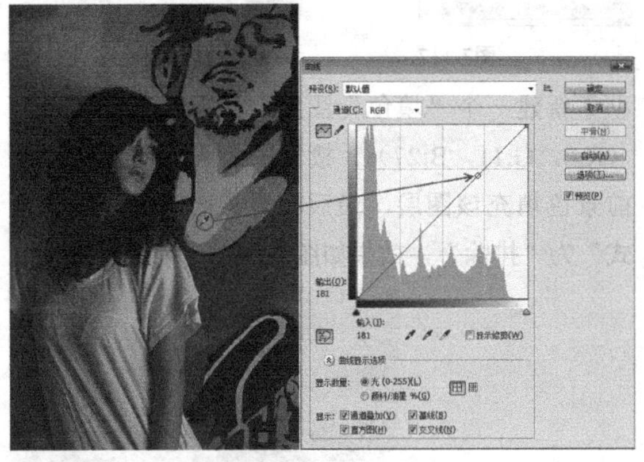

图7-105

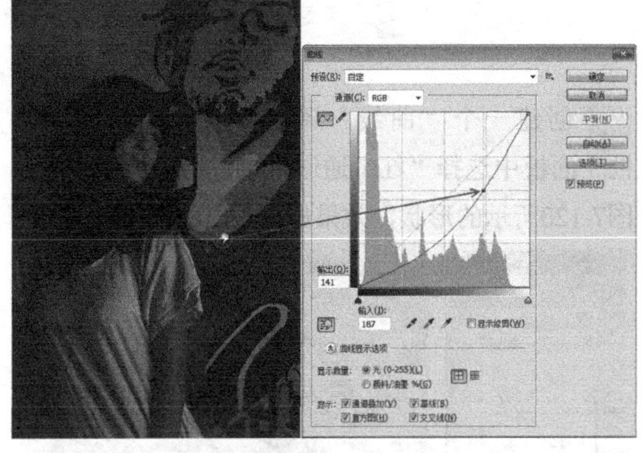

图7-106

输入/输出："输入"即"输入色阶"，显示的是调整前的像素值；"输出"即"输出色阶"，显示的是调整以后的像素值。

自动：单击该按钮，可以对图像应用"自动色调""自动对比度"或"自动颜色"校正。

显示数量：包含"光（0-255）"和"颜料/油墨%"两种显示方式。

以四分之一色调增量显示简单网格/以10%增量显示详细网格：单击"以四分之一色调增量显示简单网格"按钮，可以以1/4（即25%）的增量来显示网格，这种网格比较简单，如图7-107所示；单击"以10%增量显示详细网格"按钮，可以以10%的增量来显示网格，这种网格更加精细，如图7-108所示。

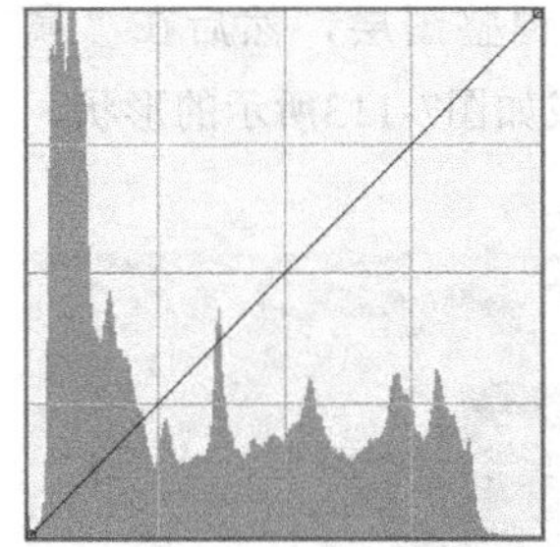

图7-107

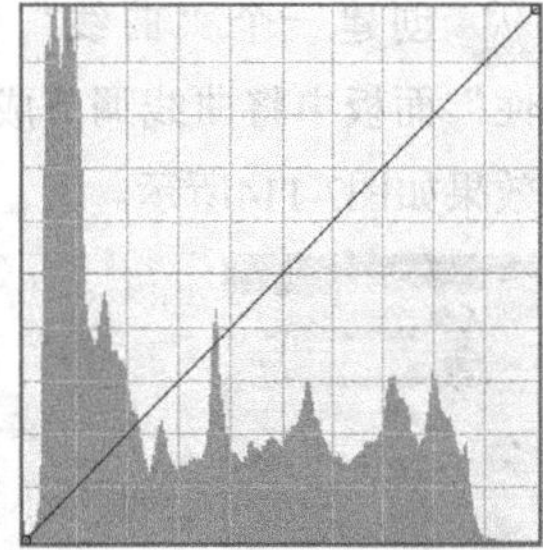

图7-108

通道叠加：勾选该选项，可以在复合曲线上显示颜色通道。

基线：勾选该选项，可以显示基线曲线值的对角线。

直方图：勾选该选项，可在曲线上显示直方图以作为参考。

交叉线：勾选该选项，可以显示用于确定点的精确位置的交叉线。

7.2.4 课堂案例——打造流行电影色

实例位置	实例文件>CH07>7.2.4.psd
素材位置	素材文件>CH07>素材07.jpg
视频位置	多媒体教学>CH07>7.2.4.flv
实用指数	★★★★★
技术掌握	用曲线命令调出流行电影色

本例主要针对"曲线"命令的使用方法进行练习，如图7-109所示。

图7-109

01 打开"素材文件>CH07>素材07.jpg"文件，如图7-110所示。

图7-110

02 创建一个“色彩平衡”调整图层，然后在“属性”面板中设置“青色-红色”为-60、“洋红-绿色”为-22、“黄色-蓝色”为37，如图7-111所示，效果如图7-112所示。

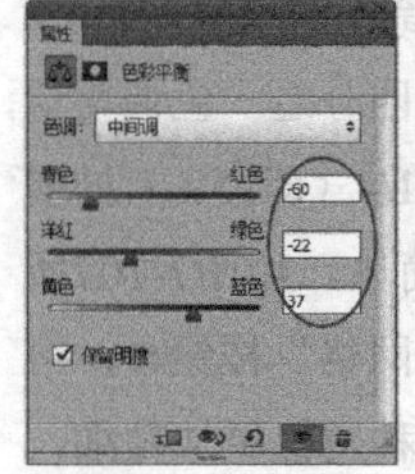

图7-111

图7-112

03 创建一个“曲线”调整图层，然后在“属性”面板中将曲线调节成如图7-113所示的形状，效果如图7-114所示。

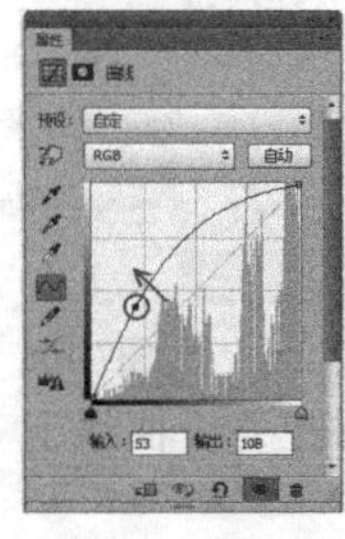

图7-113

图7-114

04 创建一个“色相/饱和度”调整图层，然后在“属性”面板中设置“饱和度”为-57，如图7-115所示，效果如图7-116所示。

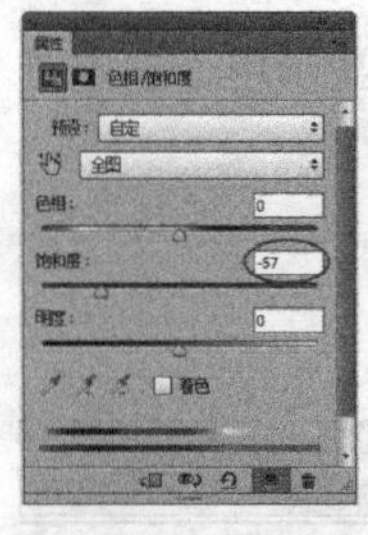

图7-115

图7-116

05 创建一个“色彩平衡”调整图层，然后在“属性”面板中设置“青色-红色”为34、“洋红-绿色”为39、“黄色-蓝色”为29，如图7-117所示，效果如图7-118所示。

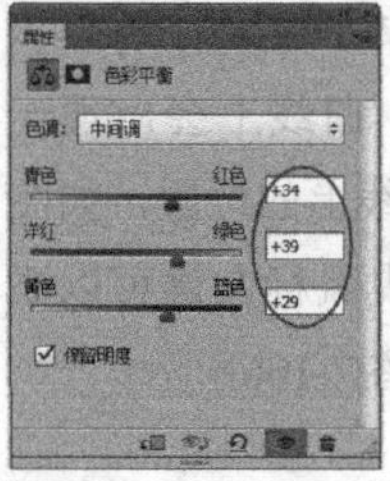

图7-117

图7-118

06 新建一个“填色”图层，然后设置前景色为（R:6，G:11，B:27），接着按Alt+Delete组合键用前景色填充该图层，最后设置该图层的“混合模式”为“排除”，效果如图7-119所示。

图7-119

07 创建一个“曲线”调整图层，然后在“属性”面板中选择“红”通道，接着将曲线调节成如图7-120所示的形状，效果如图7-121所示。

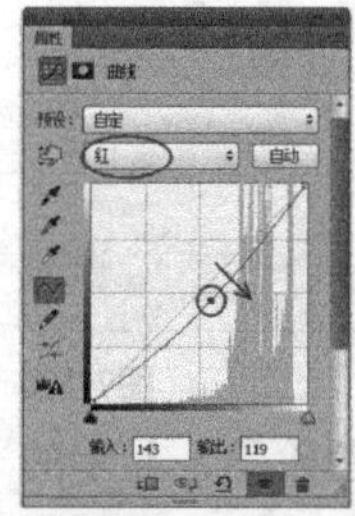

图7-120

图7-121

08 再次创建一个“曲线”调整图层，然后在“属性”面板中将曲线调节成如图7-122所示的形状，效果如图7-123所示。

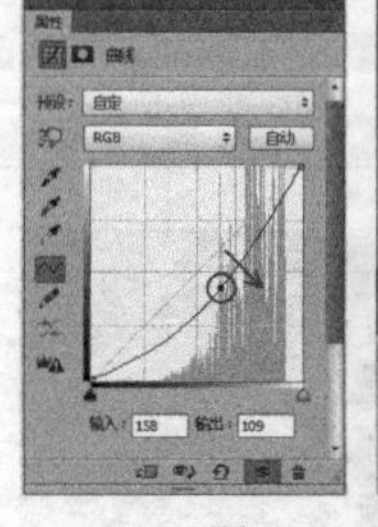

图7-122

图7-123

09 使用“椭圆选框工具”绘制一个如图7-124所示的椭圆选区，然后按Shift+F6组合键打开“羽化选区”对话框，接着设置“羽化半径”为250像素，如图7-125所示。

图7-124

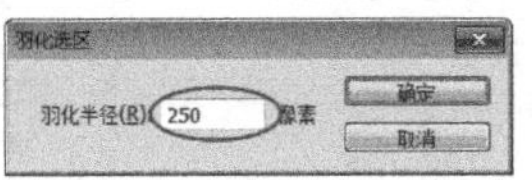

图7-125

10 设置前景色为（R:112，G:112，B:112），然后选择“曲线”调整图层的蒙版，接着按Alt+Delete组合键用前景色填充蒙版选区，如图7-126所示，效果如图7-127所示。

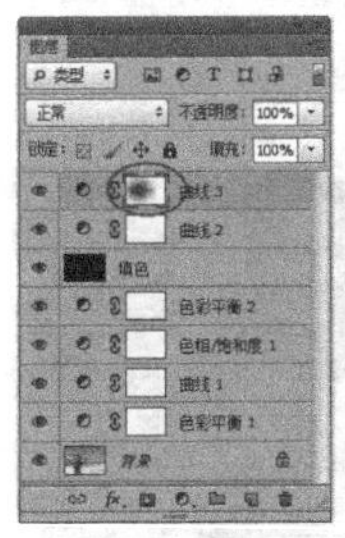

图7-126

图7-127

11 使用“横排文字工具”在图像的右侧输入一些装饰文字，最终效果如图7-128所示。

图7-128

7.2.5 色相/饱和度

使用“色相/饱和度”命令可以调整整个图像或选区内的图像的色相、饱和度和明度，同时也可以对单个通道进行调整，该命令也是实际工作使用频率最高的调整命令之一。打开一张图像，如图7-129所示，然后执行“图像>调整>色相/饱和度”菜单命令或按Ctrl+U组合键，打开“色相/饱和度”对话框，如图7-130所示。

图7-129

图7-130

● 色相/饱和度对话框选项介绍

预设：在“预设”下拉列表中提供了8种色相/饱和度预设，如图7-131所示。

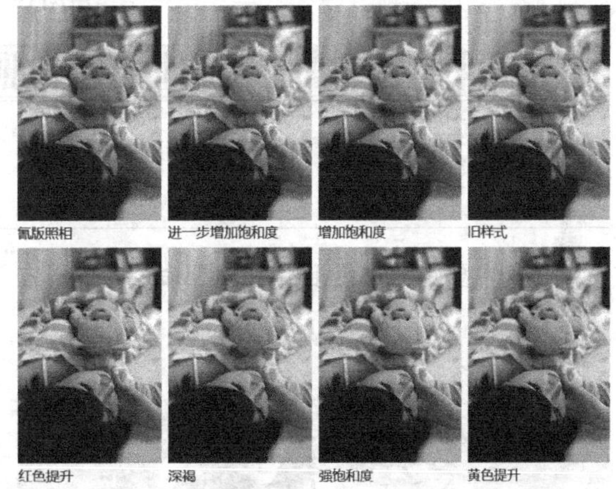

图7-131

预设选项：单击该按钮，可以对当前设置的参数进行保存，或载入一个外部的预设调整文件。

通道下拉列表：在通道下拉列表中可以选择全图、红色、黄色、绿色、青色、蓝色和洋红通道进行调整。选择好通道以后，拖曳下面的“色相”“饱和度”和“明度”的滑块，可以对该通道的色相、饱和度和明度进行调整，如图7-132和图7-133所示。

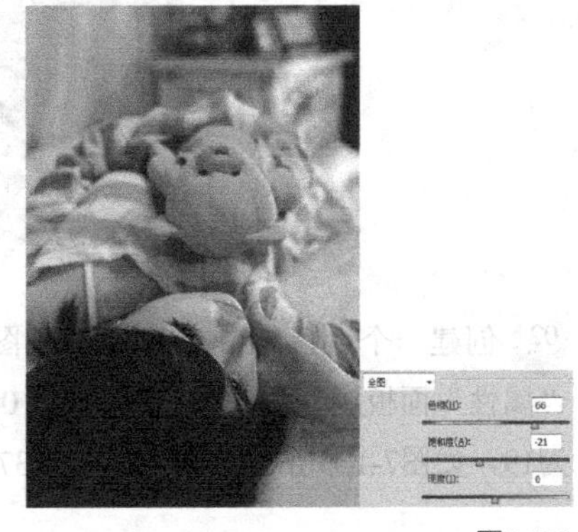

图7-132

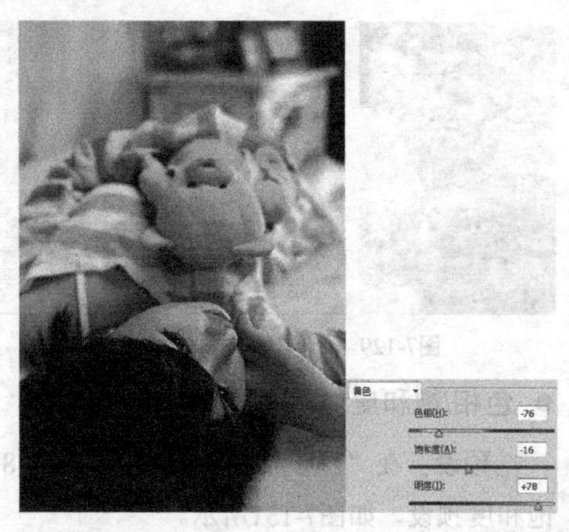

图7-133

在图像上单击并拖动可修改饱和度：使用该工具在图像上单击设置取样点以后，向右拖曳鼠标可以增加图像的饱和度，向左拖曳鼠标可以降低图像的饱和度。

着色：勾选该项以后，图像会整体偏向于单一的色调。另外，还可以通过拖曳3个滑块来调节图像的色调。

7.2.6 课堂案例——制作高对比照片

实例位置	实例文件>CH07>7.2.6.psd
素材位置	素材文件>CH07>素材08.jpg
视频位置	多媒体教学>CH07>7.2.6.flv
实用指数	★★★★★
技术掌握	用色相/饱和度命令调出高对比色调

本例主要针对“色相/饱和度”命令的使用方法进行练习，如图7-134所示。

图7-134

01 打开“素材文件>CH07>素材08.jpg”文件，如图7-135所示。

图7-135

02 创建一个“色相/饱和度”调整图层，然后在“属性”面板中设置“饱和度”为-100、“明度”为19，如图7-136所示，效果如图7-137所示。

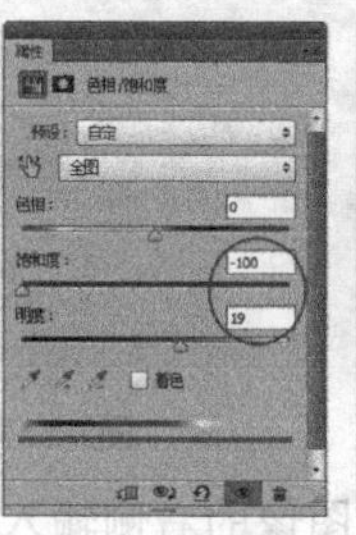

图7-136

图7-137

03 创建一个“图层1”，然后设置该图层的“混合模式”为“叠加”，效果如图7-138所示。

图7-138

04 双击“图层1”的缩略图，打开“图层样式”对话框，然后单击“颜色叠加”样式，接着设置“混合模式”为“正片叠底”、叠加颜色为（R:228，G:219，B:181）、“不透明度”为24%，如图7-139所示，效果如图7-140所示。

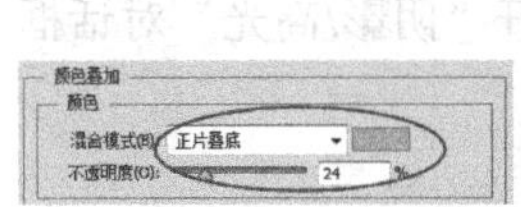

图7-139　　图7-140

05 创建一个“色彩平衡”调整图层，然后按Ctrl+Alt+G组合键将其设置为“图层1”的剪贴蒙版，接着设置“色调”为“阴影”，最后设置“青色-红色”为-2、“洋红-绿色”为-22、“黄色-蓝色”为80，如图7-141所示；设置“色调”为“中间调”，然后设置“青色-红色”为100、“洋红-绿色”为59、“黄色-蓝色”为-24，如图7-142所示；设置“色调”为“高光”，然后设置“洋红-绿色”为37，如图7-143所示，效果如图7-144所示。

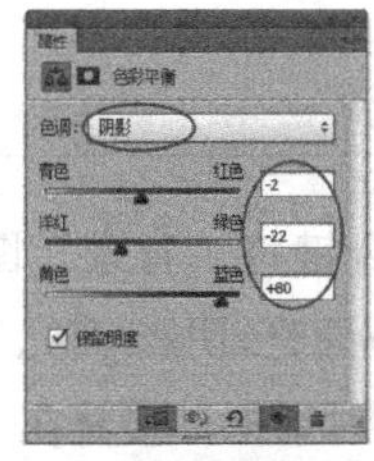
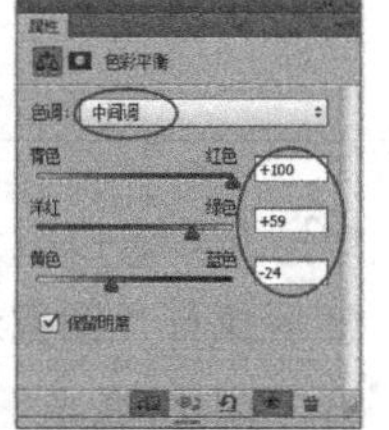

图7-141　　图7-142

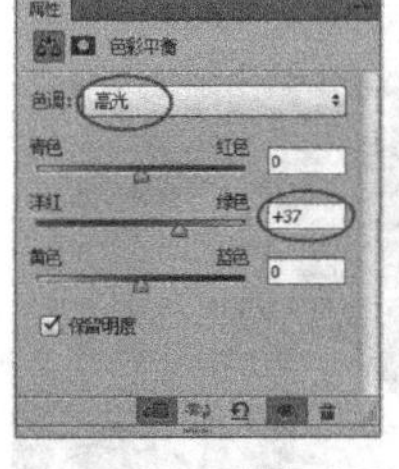

图7-143　　图7-144

06 创建一个“色相/饱和度”调整图层，然后按Ctrl+Alt+G组合键将其设置为“图层1”的剪贴蒙版，接着设置该调整图层的“混合模式”为“叠加”，最后在“属性”面板中设置“明度”为31，如图7-145所示，效果如图7-146所示。

图7-145　　图7-146

07 使用“横排文字工具”T在图像的左侧输入一些装饰文字，最终效果如图7-147所示。

图7-147

7.2.7 阴影/高光

“阴影/高光”命令可以基于阴影/高光中的局部相邻像素来校正每个像素，在调整阴影区域时，对高光区域的影响很小，而调整高光区域又对阴影区域的影响很小。打开一张图像，如图7-148所示，然后执行“图像>调整>阴影/高光”菜单命令，打开“阴影/高光”对话框，如图7-149所示。

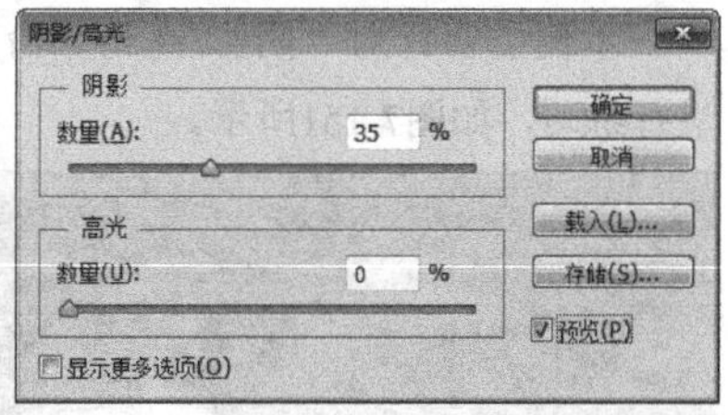

图7-148　　图7-149

- **阴影/高光对话框选项介绍**

显示更多选项：勾选该选项以后，可以显示“阴影/高光”的完整选项，如图7-150所示。

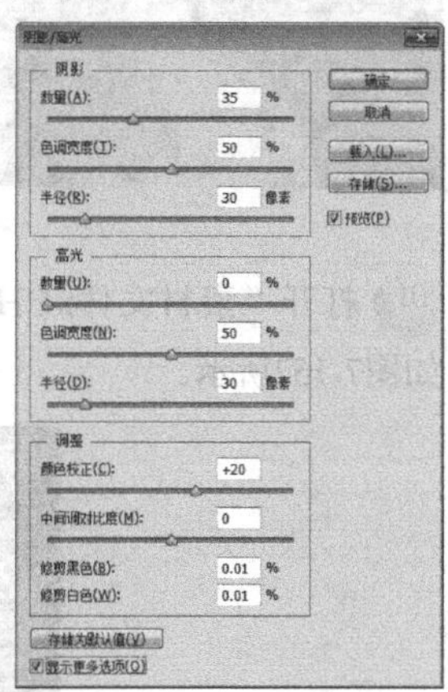

图7-150

阴影：“数量”选项用来控制阴影区域的亮度，值越大，阴影区域就越亮；“色调宽度”选项用来控制色调的修改范围，值越小，修改的范围就越只针对较暗的区域；“半径”选项用来控制像素是在阴影中还是在高光中。

高光：“数量”选项用来控制高光区域的黑暗程度，值越大，高光区域越暗；“色调宽度”选项用来控制色调的修改范围，值越小，修改的范围就越只针对较亮的区域；“半径”选项用来控制像素是在阴影中还是在高光中。

调整：“颜色校正”选项用来调整已修改区域的颜色；“中间调对比度”选项用来调整中间调的对比度；“修剪黑色”和“修剪白色”决定了在图像中将多少阴影和高光剪到新的阴影中。

存储为默认值 存储为默认值(V) ：如果要将对话框中的参数设置存储为默认值，可以单击该按钮。存储为默认值以后，再次打开“阴影/高光”对话框时，就会显示该参数。

技巧与提示

如果要将存储的默认值恢复为Photoshop的默认值，可以在“阴影/高光”对话框中按住Shift键，此时“存储为默认值”按钮会变成“复位默认值”按钮，单击即可复位为Photoshop的默认值。

7.2.8 课堂案例——调整灰暗照片

实例位置	实例文件>CH07>7.2.8.psd
素材位置	素材文件>CH07>素材09.jpg
视频位置	多媒体教学>CH07>7.2.8.flv
实用指数	★★★★☆
技术掌握	用阴影/高光命令调整灰暗照片

本例主要针对“阴影/高光”命令的使用方法进行练习，如图7-151所示。

图7-151

01 打开“素材文件>CH07>素材09.jpg”文件，如图7-152所示。

图7-152

02 按Ctrl+J组合键将“背景”图层复制一层，然后执行“图像>调整>阴影/高光”菜单命令，打开“阴影/高光”对话框，接着在“阴影”选项组下设置“数量”为63%，以提亮阴影区域，如图7-153所示，效果如图7-154所示。

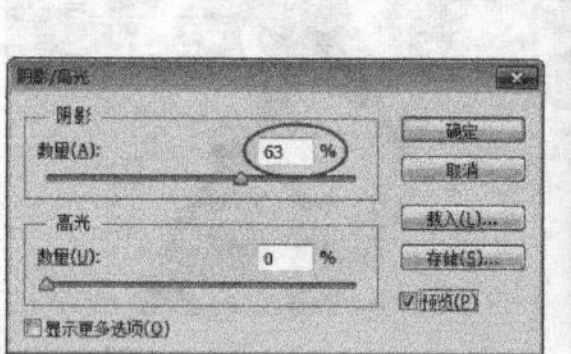

图7-153

图7-154

03 在“高光”选项组下设置“数量”为27%，以降低人像脸部的高光，如图7-155所示，效果如图7-156所示。

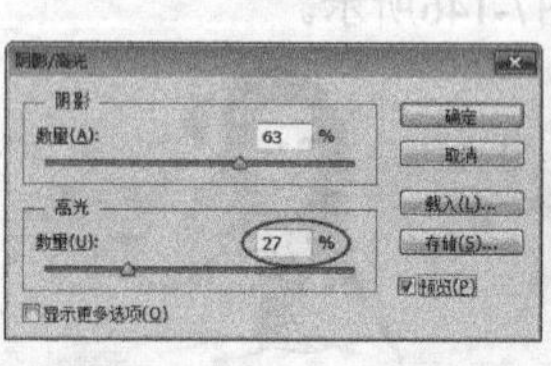

图7-155

图7-156

04 按Ctrl+J组合键将人像图层复制一层，然后执行“滤镜>模糊>高斯模糊”菜单命令，接着在弹出的“高斯模糊”对话框中设置“半径”为6像素，如图7-157所示，效果如图7-158所示。

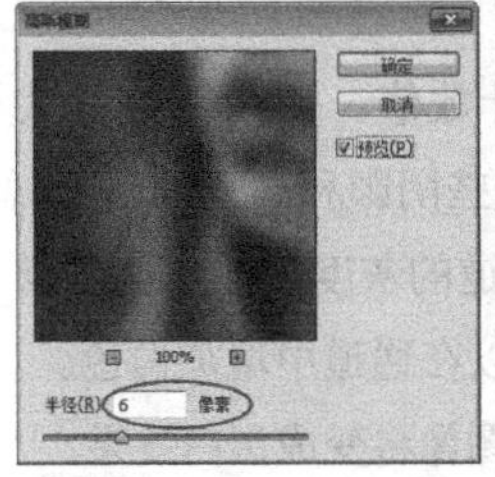

图7-157　图7-158

05 执行“窗口>历史记录”菜单命令，打开“历史记录”面板，然后标记最后一项“高斯模糊”操作，并返回到上一步操作状态下，如图7-159所示，接着使用“历史记录画笔工具”在背景上涂抹，以绘制出模糊的背景，最终效果如图7-160所示。

图7-159　图7-160

7.2.9 曝光度

“曝光度”命令专门用于调整HDR图像的曝光效果，它是通过在线性颜色空间（而不是当前颜色空间）执行计算而得出的曝光效果。打开一张图像，如图7-161所示，然后执行“图像>调整>曝光度”菜单命令，打开“曝光度”对话框，如图7-162所示。

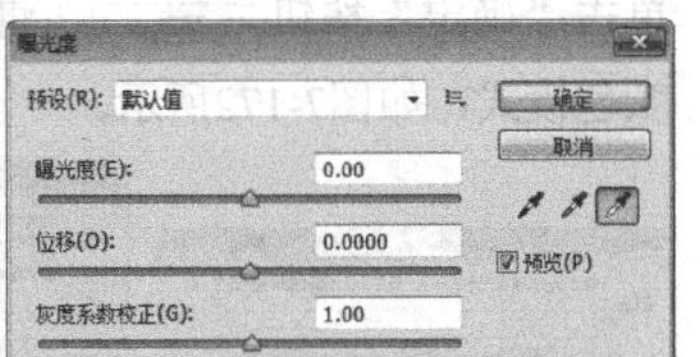

图7-161　图7-162

● **曝光度对话框选项介绍**

预设：Photoshop预设了4种曝光效果，分别是“减1.0”“减2.0”“加1.0”和“加2.0”。

预设选项：单击该按钮，可以对当前设置的参数进行保存，或载入一个外部的预设调整文件。

曝光度：向左拖曳滑块，可以降低曝光效果；向右拖曳滑块，可以增强曝光效果。

位移：该选项主要对阴影和中间调起作用，可以使其变暗，但对高光基本不会产生影响。

灰度系数校正：使用一种乘方函数来调整图像灰度系数。

7.3 匹配/替换/混合颜色的命令

“图像”菜单下的“通道混合器”“可选颜色”“匹配颜色”和“替换颜色”命令可以对多个图像的颜色进行匹配，或替换设置的颜色。

本节命令概述

命令名称	作用	快捷键	重要程度
通道混合器	对图像的某一个通道的颜色进行调整或制作灰度图像		高
可选颜色	在图像中的每个主要原色成分中更改印刷色的数量		高
匹配颜色	将一个图像的颜色与另一个图像的颜色匹配起来		高
替换颜色	将选定的颜色替换为其他颜色		高

7.3.1 通道混合器

使用“通道混合器”命令可以对图像的某一个通道的颜色进行调整，以创建出各种不同色调的图像，同时也可以用来创建高品质的灰度图像。打开一张图像，如图7-163所示，然后执行“图像>调整>通道混合器”菜单命令，打开“通道混合器”对话框，如图7-164所示。

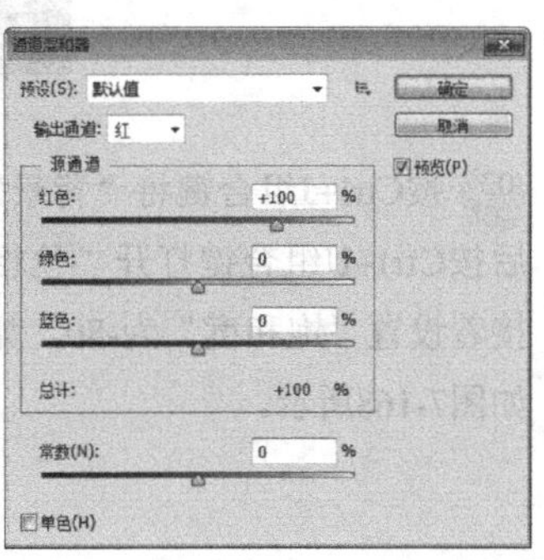

图7-163　图7-164

- **通道混合器对话框选项介绍**

预设：Photoshop提供了6种制作黑白图像的预设效果。

预设选项：单击该按钮，可以对当前设置的参数进行保存，或载入一个外部的预设调整文件。

输出通道：在下拉列表中可以选择一种通道来对图像的色调进行调整。

源通道：用来设置源通道在输出通道中所占的百分比。将一个源通道的滑块向左拖曳，可以减小该通道在输出通道中所占的百分比；向右拖曳，则可以增加百分比。

总计：显示源通道的计数值。如果计数值大于100%，则有可能会丢失一些阴影和高光细节。

常数：用来设置输出通道的灰度值，负值可以在通道中增加黑色，正值可以在通道中增加白色。

单色：勾选该选项以后，图像将变成黑白效果。

7.3.2 课堂案例——打造复古调照片

实例位置	实例文件>CH07>7.3.2.psd
素材位置	素材文件>CH07>素材10.jpg
视频位置	多媒体教学>CH07>7.3.2.flv
实用指数	★★★★★
技术掌握	用通道混合器调出复古色

本例主要针对“通道混合器”命令的使用方法进行练习，如图7-165所示。

图7-165

01 打开“素材文件>CH07>素材10.jpg”文件，如图7-166所示。

图7-166

02 按Ctrl+J组合键将“背景”图层复制一层，然后按Ctrl+U组合键打开“色相/饱和度”对话框，接着设置“饱和度”为-80，如图7-167所示，效果如图7-168所示。

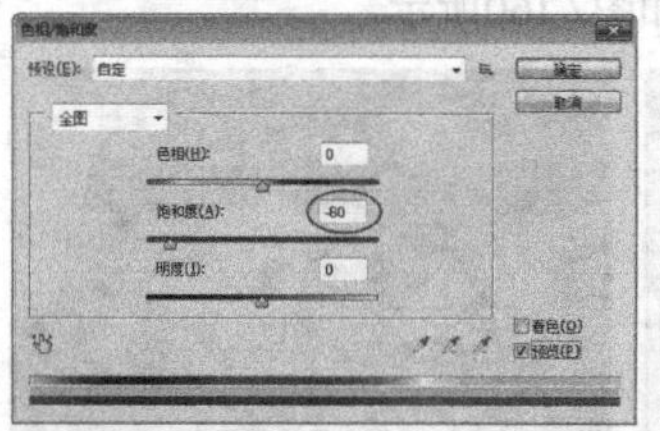

图7-167　图7-168

03 执行“图像>调整>亮度/对比度”菜单命令，然后在弹出的“亮度/对比度”对话框中设置“亮度”为30、“对比度”为28，如图7-169所示，效果如图7-170所示。

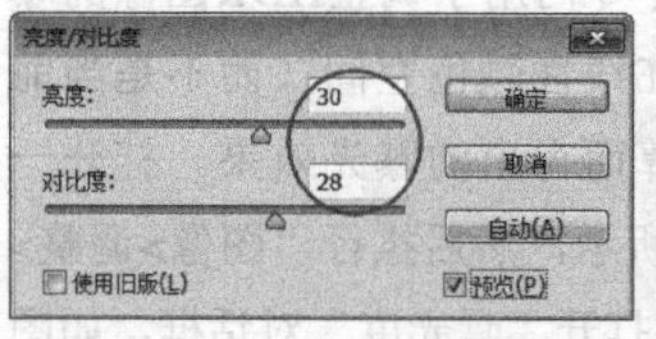

图7-169　图7-170

04 执行“图像>模式>CMYK颜色”菜单命令，然后在弹出的对话框中单击“不拼合”按钮 不拼合(D) ，如图7-171所示，接着在弹出的对话框中单击“确定”按钮 确定 ，将图像转换为CMYK颜色模式，如图7-172所示。

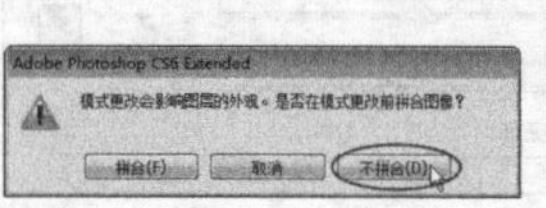

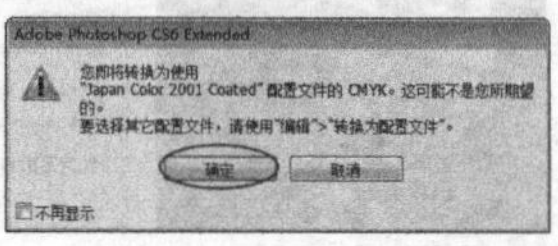

图7-171　图7-172

05 创建一个“通道混合器”调整图层，然后在“属性”面板中设置“输出通道”为“黄色”通道，接着设置“青色”为24%、“洋红”为89%、“黄色”为62%、“黑色”为-81%，如图7-173所示，效果如图7-174所示。

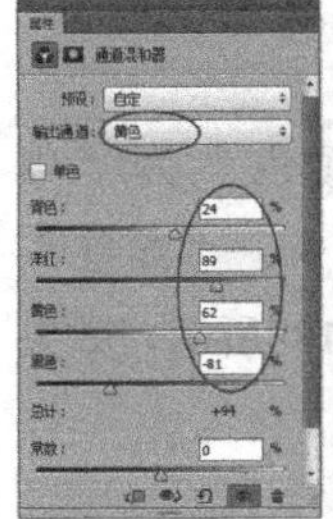

图7-173　图7-174

06 设置“输出通道”为“洋红”通道，然后设置“青色”为16%、“洋红”为98%、“黄色”为2%、“黑色”为28%，如图7-175所示，效果如图7-176所示。

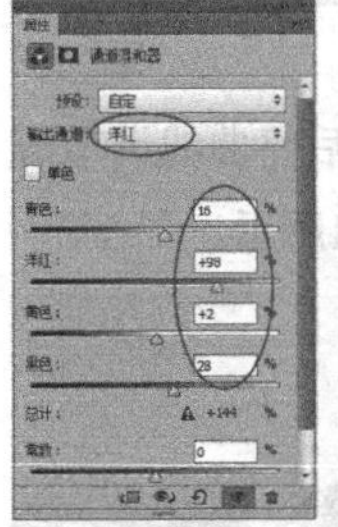

图7-175　图7-176

07 执行“图像>模式>RGB颜色”菜单命令，然后在弹出的对话框中单击“拼合”按钮 拼合 ，将颜色模式切换回RGB颜色模式，同时所有图层都将被拼合到“背景”图层中，接着执行“滤镜>锐化>USM锐化”菜单命令，最后在弹出的“USM锐化”对话框中设置“数量”为96%，如图7-177所示，效果如图7-178所示。

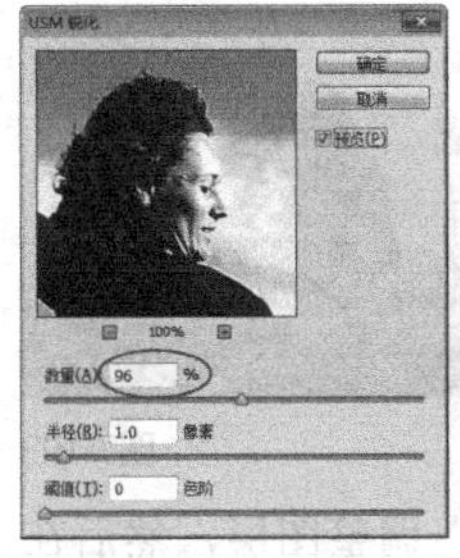

图7-177　图7-178

08 使用“横排文字工具” T 在图像的右侧输入一些装饰文字，最终效果如图7-179所示。

图7-179

7.3.3 可选颜色

“可选颜色”命令是一个很重要的调色命令，它可以在图像中的每个主要原色成分中更改印刷色的数量，也可以有选择地修改任何主要颜色中的印刷色数量，并且不会影响其他主要颜色。打开一张图像，如图7-180所示，然后执行“图像>调整>可选颜色”菜单命令，打开“可选颜色”对话框，如图7-181所示。

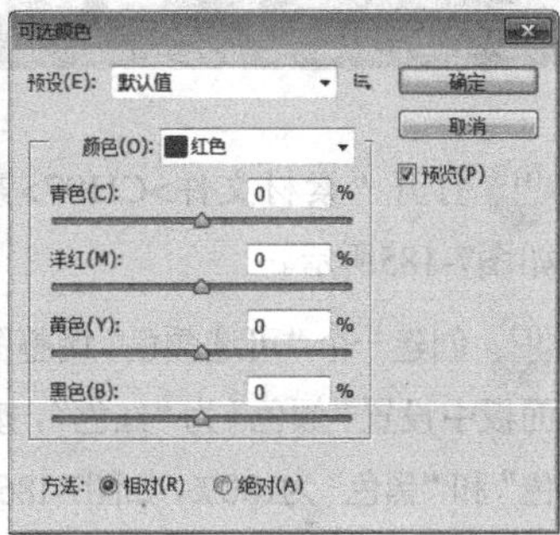

图7-180　图7-181

● 可选颜色对话框选项介绍

颜色：在下拉列表中选择要修改的颜色，然后在下面的颜色进行调整，可以调整该颜色中青色、洋红、黄色和黑色等所占的百分比，如图7-182和图7-183所示。

图7-182　图7-183

方法：选择“相对”方式，可以根据颜色总量的百分比来修改青色、洋红、黄色和黑色等的数量；选择“绝对”方式，可以采用绝对值来调整颜色。

7.3.4 课堂案例——打造潮流LOMO色调照片

实例位置	实例文件>CH07>7.3.4.psd
素材位置	素材文件>CH07>素材11.jpg
视频位置	多媒体教学>CH07>7.3.4.flv
实用指数	★★★★★
技术掌握	用可选颜色调出LOMO色调

本例主要针对“可选颜色”命令的使用方法进行练习，如图7-184所示。

图7-184

01 打开“素材文件>CH07>素材11.jpg”文件，如图7-185所示。

02 创建一个“可选颜色”调整图层，然后在“属性”面板中设置“颜色”为“红色”，接着设置“洋红”“黄色”和“黑色”为100%，如图7-186所示。

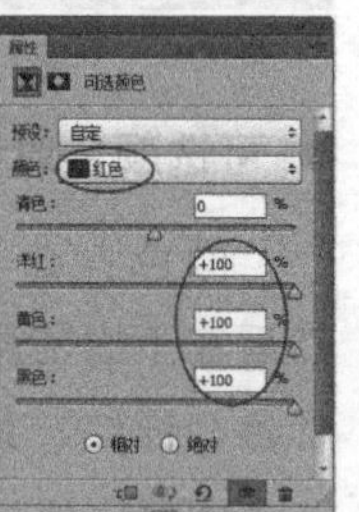

图7-185　图7-186

03 在“属性”面板中设置“颜色”为“白色”，然后设置“青色”为100%、“洋红”为-100%、“黄色”为-18%，如图7-187所示。

图7-187

04 在“属性”面板中设置“颜色”为“中性色”，然后设置“青色”为16%、“洋红”为-34%、“黄色”为-35%，如图7-188所示，效果如图7-189所示。

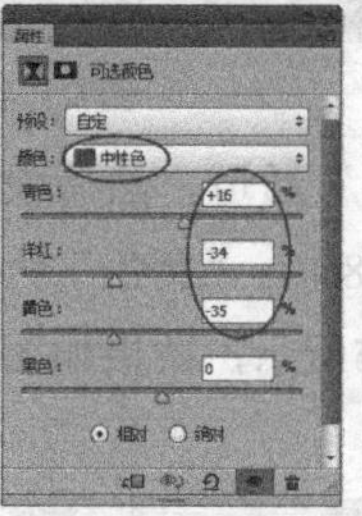

图7-188　图7-189

05 创建一个“曲线”调整图层，然后将曲线调节成如图7-190所示的形状，效果如图7-191所示。

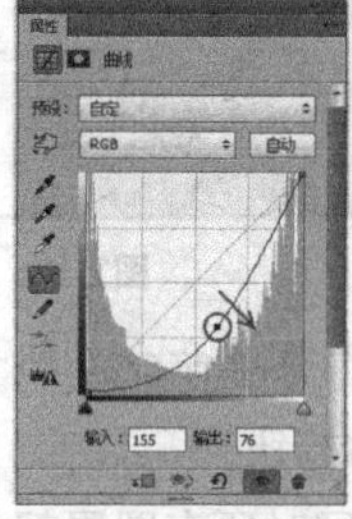

图7-190　图7-191

06 使用“椭圆选框工具”绘制一个如图7-192所示的椭圆选区，然后将其羽化300像素，接着用黑色填充“曲线”调整图层的蒙版，效果如图7-193所示。

图7-192　图7-193

07 创建一个“色相/饱和度”调整图层，然后在“属性”面板中设置“饱和度”为-10，如图7-194所示，效果如图7-195所示。

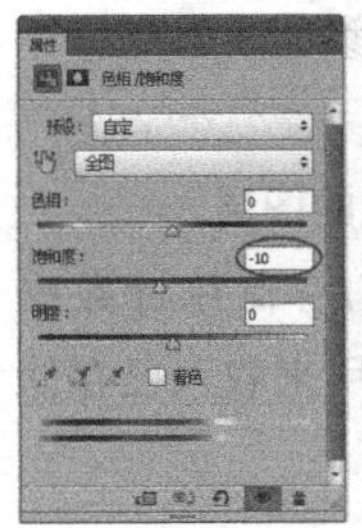

图7-194

图7-195

08 使用“横排文字工具” T 在图像的右上角输入一些装饰文字，最终效果如图7-196所示。

图7-196

7.3.5 匹配颜色

使用“匹配颜色”命令可以将一个图像（源图像）的颜色与另一个图像（目标图像）的颜色匹配起来，也可以匹配同一个图像中不同图层之间的颜色。打开两张图像（图A和图B，如图7-197和图7-198所示），然后在图A的文档窗口中执行“图像>调整>匹配颜色”菜单命令，打开“匹配颜色”对话框，如图7-199所示。

图A

图7-197

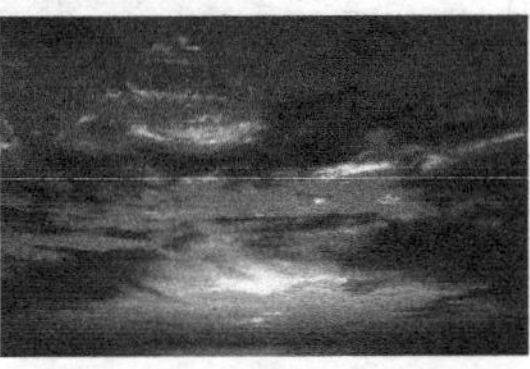

图B

图7-198

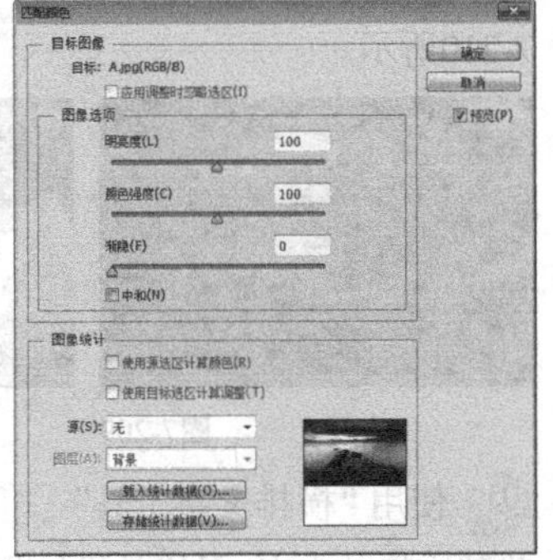

图7-199

● 匹配颜色对话框选项介绍

目标：在这里显示要修改的图像的名称以及颜色模式。

应用调整时忽略选区：如果目标图像（即被修改的图像）中存在选区，如图7-200所示，勾选该选项，Photoshop将忽视选区的存在，会将调整应用到整个图像，如图7-201所示；如果关闭该选项，那么调整只针对选区内的图像，如图7-202所示。

图7-200

图7-201

图7-202

图像选项：该选项组用于设置图像的混合选项，如明亮度、颜色混合强度等。

明亮度：用于调整图像匹配的明亮程度。数值越小于100，混合效果越暗；数值越大于100，混合效果越亮。

颜色强度：该选项相当于图像的饱和度。数值越低，混合后的饱和度越低；数值越高，混合后的饱和度越高。

渐隐：该选项有点类似于图层蒙版，它决定了有多少源图像的颜色匹配到目标图像的颜色中。数值越低，源图像匹配到目标图像的颜色越多；数值越高，源图像匹配到目标图像的颜色越少。

中和：勾选该选项后，可以消除图像中的偏色现象，如图7-203所示。

图7-203

图像统计：该选项组用于选择要混合要目标图像的源图像以及设置源图像的相关选项。

使用源选区计算颜色：如果源图像中存在选区，勾选该选项后，可以使用源图像中的选区图像的颜色来计算匹配颜色。

使用目标选区计算调整：如果目标图像中存在选区，勾选该选项后，可以使用目标图像中的选区图像的颜色来计算匹配颜色。

技巧与提示

注意，要使用“使用目标选区计算调整”选项，必须先在“源”选项中选择源图像为目标图像。

源：用来选择源图像，即将颜色匹配到目标图像的图像。

图层：选择需要用来匹配颜色的图层。

载入统计数据 载入统计数据(O)... /**存储统计数据** 存储统计数据(V)... ：这两个选项主要用来载入已存储的设置与存储当前的设置。

7.3.6 课堂案例——制作奇幻色调照片

实例位置	实例文件>CH07>7.3.6.psd
素材位置	素材文件>CH07>素材12-1.jpg~素材12-3.jpg
视频位置	多媒体教学>CH07>7.3.6.flv
实用指数	★★★★★
技术掌握	用匹配颜色命令混合图像的颜色

本例主要针对“匹配颜色”命令的使用方法进行练习，如图7-204所示。

图7-204

01 打开“素材文件>CH07>素材12-1.jpg”文件，如图7-205所示。

02 导入“素材文件>CH07>素材12-2.jpg”文件，得到“图层1”，如图7-206所示。

图7-205 图7-206

03 选择“背景”图层，然后执行“图像>调整>匹配颜色”菜单命令，打开“匹配颜色”对话框，接着设置“源”为“素材12-1.jpg”图像、“图层”为“图层1”，最后设置“明亮度”为84、“颜色强度”为100、“渐隐”为27，如图7-207所示，效果如图7-208所示。

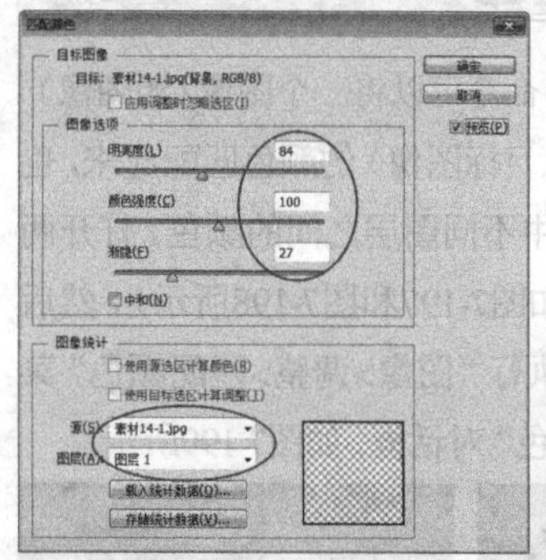

图7-207 图7-208

04 隐藏“图层1”，然后导入“素材文件>CH07>素材12-3.jpg”文件，并将其放在如图7-209所示的位置作为光效，接着设置光效的“混合模式”为“线性减淡（添加）”，效果如图7-210所示。

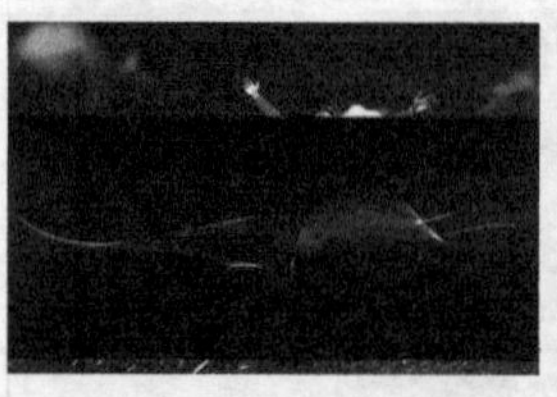

图7-209 图7-210

05 使用“横排文字工具” T 在图像的左侧输入一些装饰特效文字，最终效果如图7-211所示。

图7-211

7.3.7 替换颜色

使用“替换颜色”命令可以将选定的颜色替换为其他颜色，颜色的替换是通过更改选定颜色的色相、饱和度和明度来实现的。打开一张图像，如图7-212所示，然后执行“图像>调整>替换颜色”菜单命令，打开“替换颜色”对话框，如图7-213所示。

图7-212

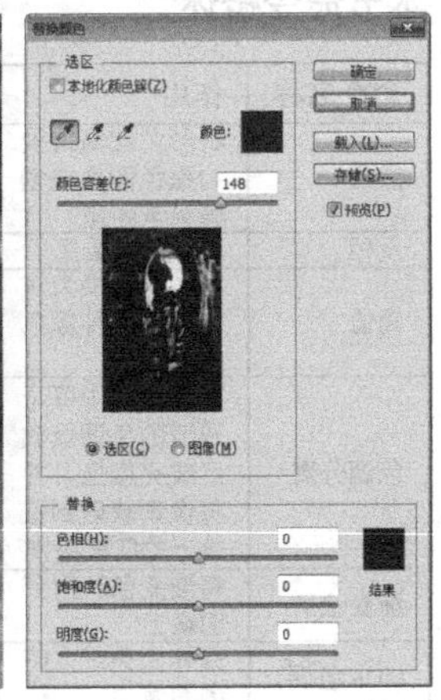

图7-213

● **替换颜色对话框选项介绍**

吸管：使用“吸管工具”在图像上单击，可以选中单击点处的颜色，同时在“选区”缩略图中也会显示选中的颜色区域（白色代表选中的颜色，黑色代表未选中的颜色，如图7-214所示）；使用“添加到取样”在图像上单击，可以将单击点处的颜色添加到选中的颜色中，如图7-215所示；使用“从取样中减去”在图像上单击，可以将单击点处的颜色从选定的颜色中减去，如图7-216所示。

图7-214

图7-215

图7-216

本地化颜色簇/颜色：该选项主要用来在图像上选择多种颜色。比如，如果要选中图像中的深绿色和黄绿色，可以先勾选该选项，然后使用“吸管工具”在深绿色上单击，如图7-217所示，再使用“添加到取样”在黄绿色上单击，同时选中这两种颜色（如果继续单击其他颜色，还可以选中多种颜色，如图7-218所示）。“颜色”选项用于显示选中的颜色。

图7-217

图7-218

颜色容差：该选项用来控制选中颜色的范围。数值越大，选中的颜色范围越广。

选区/图像：选择“选区”方式，可以以蒙版方式进行显示，其中白色表示选中的颜色，黑色表示未选中的颜色，灰色表示只选中了部分颜色，如图7-219所示；选择“图像”方式，则只显示图像，如图7-220所示。

图7-219　　图7-220

结果：该选项用于显示结果颜色，同时也可以用来选择替换的结果颜色。

色相/饱和度/明度：这3个选项与“色相/饱和度”命令的3个选项相同，可以调整选中颜色的色相、饱和度和明度。

7.4 调整特殊色调的命令

在“图像”菜单下，有一部分命令可以调整出特殊的色调，它们是“黑白”“反相”“阈值”“色调分离”“渐变映射”和“HDR色调”命令。

本节命令概述

命令名称	作用	快捷键	重要程度
黑白	将彩色图像转换为黑色图像或创建单色图像	Alt+Shift+Ctrl+B	高
反相	创建负片效果	Ctrl+I	高
阈值	将图像转换为只有黑白两种颜色的图像		中
色调分离	指定图像中每个通道的色调级数目或亮度值，并将像素映射到最接近的匹配级别		中
渐变映射	将渐变色映射到图像上		高
HDR色调	修补太亮或太暗的图像		高

7.4.1 黑白

使用“黑白”命令可以将彩色图像转换为黑色图像，同时可以控制每一种色调的量。另外，“黑白”命令还可以为黑白图像着色，以创建单色图像。打开一张图像，如图7-221所示，然后执行“图像>调整>黑白”菜单命令或按Alt+Shift+Ctrl+B组合键，打开“黑白”对话框，如图7-222所示。

图7-221

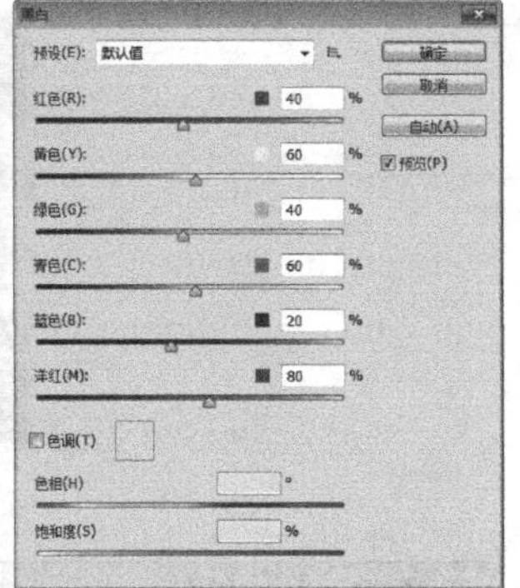

图7-222

● **黑白对话框选项介绍**

预设：在"预设"下拉列表中提供了12种黑色效果，可以直接选择相应的预设来创建黑白图像。

颜色：这6个选项用来调整图像中特定颜色的灰色调。比如，向左拖曳"红色"滑块，可以使由红色转换而来的灰度色变暗，如图7-223所示；向右拖曳，则可以使灰度色变亮，如图7-224所示。

图7-223

图7-224

色调/色相/饱和度：勾选"色调"选项，可以为黑色图像着色，以创建单色图像，另外还可以调整单色图像的色相和饱和度，如图7-225所示。

图7-225

7.4.2 课堂案例——打造浪漫老照片

实例位置	实例文件>CH07>7.4.2.psd
素材位置	素材文件>CH07>素材13.jpg
视频位置	多媒体教学>CH07>7.4.2.flv
实用指数	★★★★★
技术掌握	用黑白命令制作单色照片

本例主要针对"黑白"命令的使用方法进行练习，如图7-226所示。

图7-226

01 打开"素材文件>CH07>素材13.jpg"文件，如图7-227所示。

图7-227

02 创建一个"黑白"调整图层，然后在"属性"面板中勾选"色调"选项，直接将图像转换为浅黄色的单色图像，如图7-228所示，效果如图7-229所示。

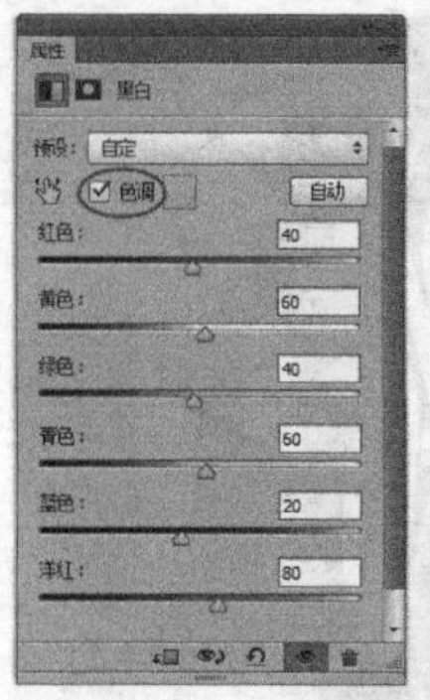

图7-228　　图7-229

03 按Ctrl+Alt+Shift+E组合键将可见图层盖印到一个新的“图层1”中，然后执行“滤镜>杂色>添加杂色”菜单命令，接着在弹出的“添加杂色”对话框中设置“数量”为12.5%、“分布”为“平均分布”，如图7-230所示，效果如图7-231所示。

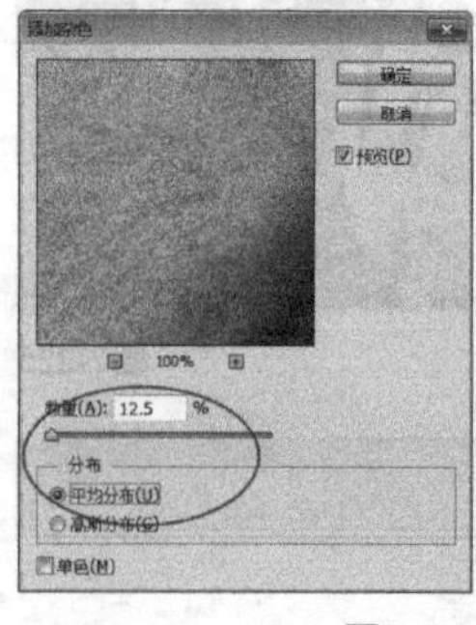

图7-230　　图7-231

04 执行“编辑>描边”菜单命令，打开“描边”对话框，然后设置“宽度”为60像素、“颜色”为浅黄色（R:238，G:230，B:217）、“位置”为“内部”，如图7-232所示，效果如图7-233所示。

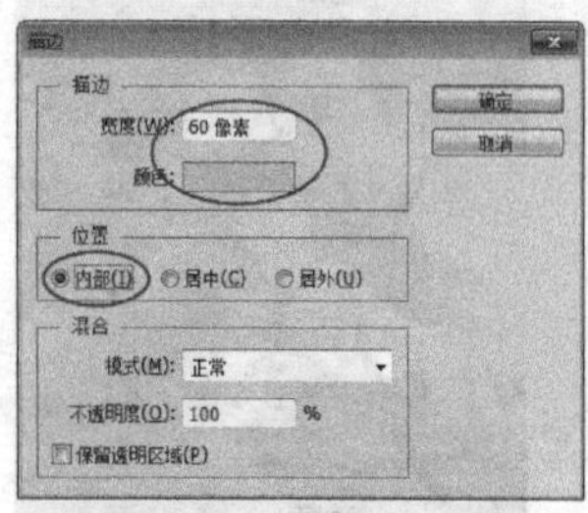

图7-232　　图7-233

05 使用“横排文字工具”T在图像底部输入一行装饰英文，最终效果如图7-234所示。

图7-234

7.4.3 反相

使用“反相”命令可以将图像中的某种颜色转换为它的补色，即将原来的黑色变成白色，将原来的白色变成黑色，从而创建出负片效果。打开一张图像，如图7-235所示，然后执行“图层>调整>反相”命令或按Ctrl+I组合键，即可得到反相效果，如图7-236所示。

图7-235　　图7-236

技巧与提示

“反相”命令是一个可以逆向操作的命令，例如，对一张图像执行“反相”命令，创建出负片效果，再次对负片图像执行“反相”命令，又会得到原来的图像。

7.4.4 课堂案例——制作反相插画

实例位置	实例文件>CH07>7.4.4.psd
素材位置	素材文件>CH07>素材14.jpg
视频位置	多媒体教学>CH07>7.4.4.flv
实用指数	★★☆☆☆
技术掌握	反相命令的用法

本例主要针对“反相”命令的使用方法进行练习，如图7-237所示。

图7-237

01 打开“素材文件>CH07>素材14.jpg”文件，如图7-238所示。

图7-238

02 使用“矩形选框工具”在图像上部绘制一个矩形选区，如图7-239所示，然后按住Shift键继续在图像的底部绘制一个矩形选区，如图7-240所示。

图7-239 图7-240

03 继续按住Shift键使用“矩形选框工具”在图像的左侧绘制一个矩形选区，如图7-241所示，然后按住Shift键在图像的右侧再绘制一个矩形选区，得到如图7-242所示的选区。

图7-241 图7-242

04 执行“图像>调整>反相”菜单命令或按Ctrl+I组合键，将选区内的图像制作成负片效果，如图7-243所示。

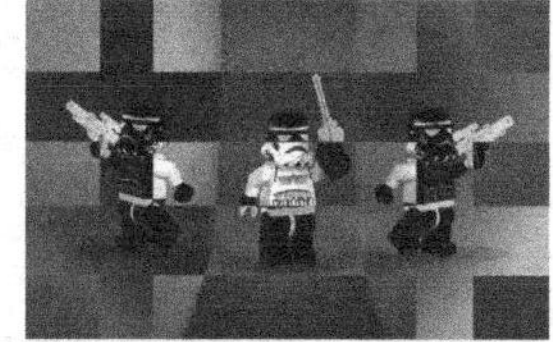

图7-243

05 使用“横排文字蒙版工具”在图像底部创建一行文字选区，如图7-244所示，然后按Ctrl+I组合键将选区中的图像反相，效果如图7-245所示。

图7-244 图7-245

技巧与提示

使用“横排文字蒙版工具”输入的文字不是矢量文字，而是文字选区。

06 执行“编辑>描边”菜单命令，打开“描边”对话框，然后设置“宽度”为30像素、“颜色”为黑色、“位置”为“内部”，如图7-246所示，最终效果如图7-247所示。

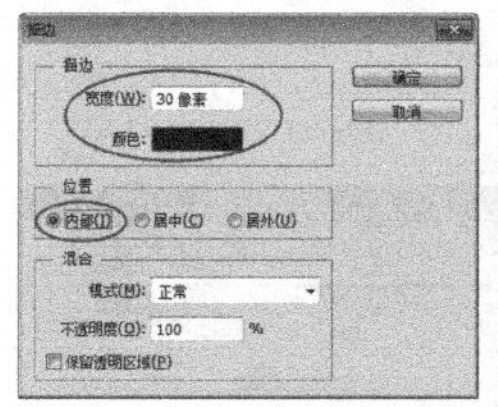

图7-246 图7-247

7.4.5 阈值

使用“阈值”命令可以删除图像中的色彩信息，将其转换为只有黑白两种颜色的图像。打开一张图像，如图7-248所示，然后执行“图像>调整>阈值”菜单命令。打开“阈值”对话框，如图7-249所示，输入“阈值色阶”数值或拖曳直方图下面的滑块，可以指定一个色阶作为阈值。比阈值亮的像素将转换为白色，比阈值暗的像素将转换为黑色，如图7-250所示。

图7-248

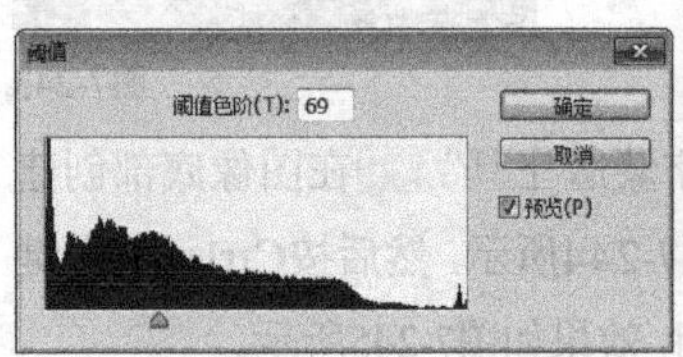

图7-249　图7-250

7.4.6 色调分离

使用“色调分离”命令可以指定图像中每个通道的色调级数目或亮度值，并将像素映射到最接近的匹配级别。打开一张图像，如图7-251所示，然后执行“图像>调整>色调分离”菜单命令。打开“色调分离”对话框，如图7-252所示，设置的“色阶”值越小，分离的色调越多，如图7-253所示；值越大，保留的图像细节就越多，如图7-254所示。

图7-251　图7-252

色阶=2

图7-253

色阶=6

图7-254

7.4.7 渐变映射

顾名思义，“渐变映射”就是将渐变色映射到图像上。在影射过程中，先将图像转换为灰度图像，然后将相等的图像灰度范围映射到指定的渐变填充色。打开一张图像，如图7-255所示，然后执行“图像>调整>渐变映射”菜单命令，打开“渐变映射”对话框，如图7-256所示。

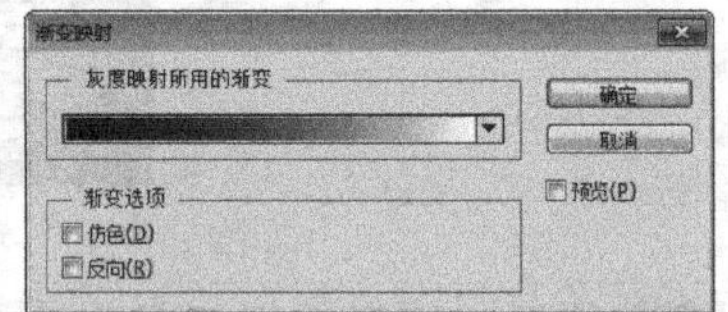

图7-255　图7-256

● **渐变映射对话框选项介绍**

灰度映射所用的渐变：单击下面的渐变条，打开“渐变编辑器”对话框，在该对话框中可以选择或重新编辑一种渐变应用到图像上，如图7-257和图7-258所示。

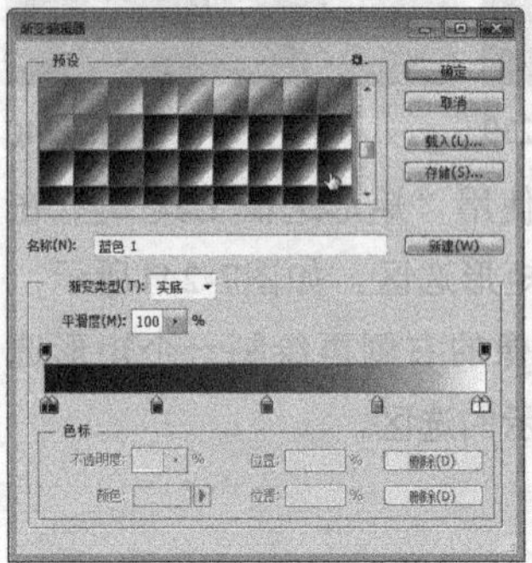

图7-257　图7-258

仿色：勾选该选项以后，Photoshop会添加一些随机的杂色来平滑渐变效果。

反向：勾选该选项以后，可以反转渐变的填充方向，如图7-259所示。

图7-259

7.4.8 HDR色调

使用“HDR色调”命令可以用来修补太亮或太暗的图像，制作出高动态范围的图像效果，对于处理风景图像非常有用。打开一张图像，如图7-260所示，然后执行“图像>调整>HDR色调”菜单命令，打开“HDR色调”对话框，如图7-261所示。

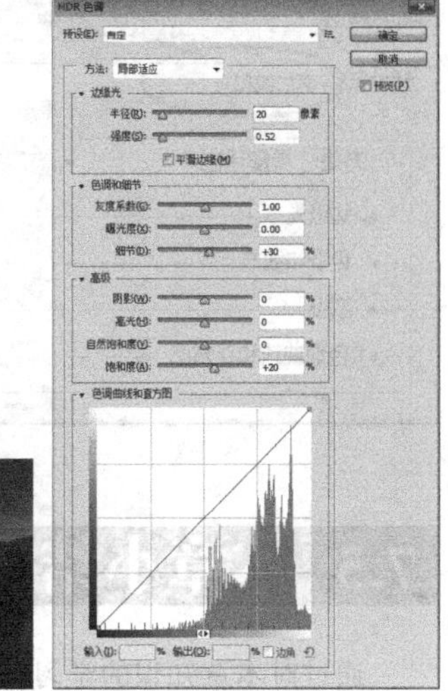

图7-260 图7-261

● **HDR色调对话框选项介绍**

预设：在下拉列表中可以选择预设的HDR效果，既有黑白效果，也有彩色效果。

方法：选择调整图像采用何种HDR方法。

边缘光：该选项组用于调整图像边缘光的强度。

色调和细节：调节该选项组中的选项可以使图像的色调和细节更加丰富细腻。

高级：该选项组可以用来调整图像的整体色彩。

色调曲线和直方图：该选项组的使用方法与“曲线”命令的使用方法相同。

7.4.9 课堂案例——打造奇幻风景照片

实例位置	实例文件>CH07>7.4.9.psd
素材位置	素材文件>CH07>素材15.jpg
视频位置	多媒体教学>CH07>7.4.9.flv
实用指数	★★★★★
技术掌握	用HDR色调命令调出奇幻风景照片

本例主要针对“HDR色调”命令的使用方法进行练习，如图7-262所示。

图7-262

01 打开“素材文件>CH07>素材15.jpg”文件，如图7-263所示。

图7-263

02 执行“图像>调整>HDR色调”菜单命令，打开“HDR色调”对话框，在这里选择“预设”下拉列表中的“更加饱和”选项即可得到比较好的图像效果，如图7-264所示，最终效果如图7-265所示。

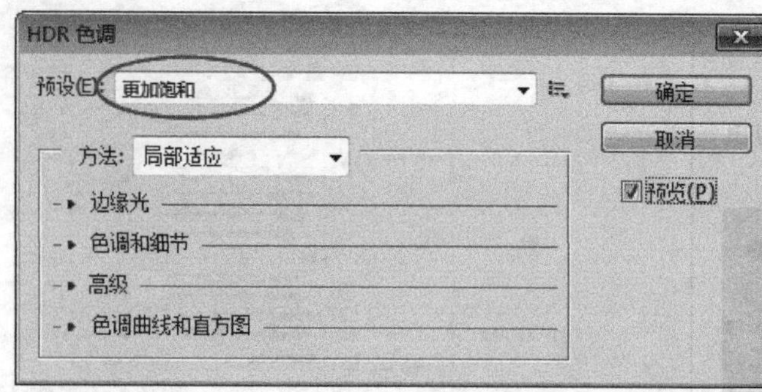

图7-264

图7-265

7.5 本章小结

通过对本章知识的学习，我们对图像的调色有了一个整体的了解，建立了一个整体的知识体系，对各个调色命令的操作方法和作用都有了完整的认识。

7.6 课后习题

7.6.1 课后习题——调整灰蒙蒙的照片

实例位置	实例文件>CH07>7.6.1.psd
素材位置	素材文件>CH07>素材16.jpg
视频位置	多媒体教学>CH07>7.6.1.flv
实用指数	★★★★★
技术掌握	照片的亮度与对比度的调节方法

本习题主要针对如何使用“亮度/对比度”命令调整灰蒙蒙的照片进行练习，如图7-266所示。

图7-266

步骤分解如图7-267所示。

图7-267（1）

图7-267（2）

7.6.2 课后习题——打造高贵紫色调照片

实例位置	实例文件>CH07>7.6.2.psd
素材位置	素材文件>CH07>素材17.jpg
视频位置	多媒体教学>CH07>7.6.2.flv
实用指数	★★★★★
技术掌握	用渐变映射命令调整照片的色调

本习题主要针对如何使用“渐变映射”命令调出紫色调照片进行练习，如图7-268所示。

图7-268

步骤分解如图7-269所示。

图7-269（1）

图7-269（2）

图7-269（3）

7.6.3 课后习题——打造清冷海报色照片

实例位置	实例文件>CH07>7.6.3.psd
素材位置	素材文件>CH07>素材18.jpg
视频位置	多媒体教学>CH07>7.6.3.flv
实用指数	★★★★★
技术掌握	用可选颜色调出清冷海报色

本习题主要针对如何使用“可选颜色”命令调出清冷海报色进行练习，如图7-270所示。

图7-270

步骤分解如图7-271所示。

图7-271（1）

图7-271（2）

图7-271（3）

7.6.4 课后习题——制作浪漫青色婚纱版面

实例位置	实例文件>CH07>7.6.4.psd
素材位置	素材文件>CH07>素材19-1.jpg、素材19-2.jpg
视频位置	多媒体教学>CH07>7.6.4.flv
实用指数	★★★★★
技术掌握	用替换颜色命令替换照片颜色

本习题主要针对如何使用“替换颜色”命令调出浪漫青色婚纱版面进行练习，如图7-272所示。

图7-272

步骤分解如图7-273所示。

图7-273（1）

图7-273（2）

图7-273（3）

图7-273（4）

第8章

图层的应用

本章主要介绍了图层的基本应用知识及技巧，讲解了图像的基本调整方法及混合模式、智能对象等高级应用知识。通过本章的学习，我们可以运用图层知识制作出多种图像效果，可以对图层添加样式效果，还可以单独对智能对象图层进行编辑。

课堂学习目标

掌握图层样式的使用方法
掌握图层混合模式的使用方法
掌握如何新建填充和调整图层的方法
了解智能对象的运用

8.1 图层样式

“图层样式”，也称为“图层效果”，它是制作纹理、质感和特效的灵魂，可以为图层中的图像添加投影、发光、浮雕、光泽、描边等效果，以创建出诸如金属、玻璃、水晶以及具有立体感的特效。

本节样式概述

样式名称	作用	重要程度
斜面和浮雕	为图层添加高光与阴影，使图像产生立体的浮雕效果	高
描边	用颜色、渐变以及图案来描绘图像的轮廓边缘	高
内阴影	在紧靠图层内容的边缘内添加阴影，使图层内容产生凹陷效果	高
内发光	沿图层内容的边缘向内创建发光效果	高
光泽	为图像添加光滑的具有光泽的内部阴影	高
颜色叠加	在图像上叠加设置的颜色	高
渐变叠加	在图层上叠加指定的渐变色	高
图案叠加	在图像上叠加设置的图案	高
外发光	沿图层内容的边缘向外创建发光效果	高
投影	为图层添加投影，使其产生立体感	高

8.1.1 添加图层样式

如果要为一个图层添加图层样式，先要打开“图层样式”对话框。打开“图层样式”对话框的方法主要有以下3种。

第1种：执行“图层>图层样式”菜单下的子命令，如图8-1所示，此时将弹出“图层样式”对话框，如图8-2所示。

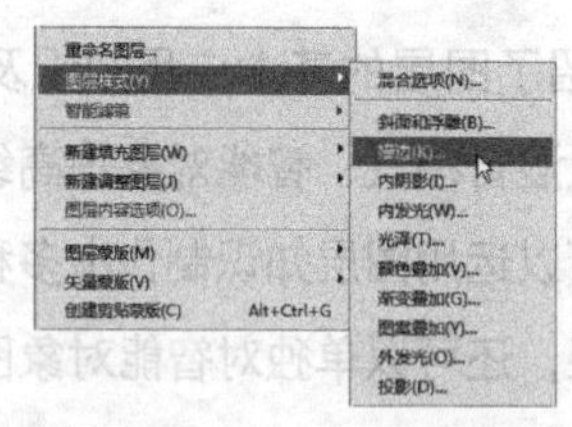

图8-1

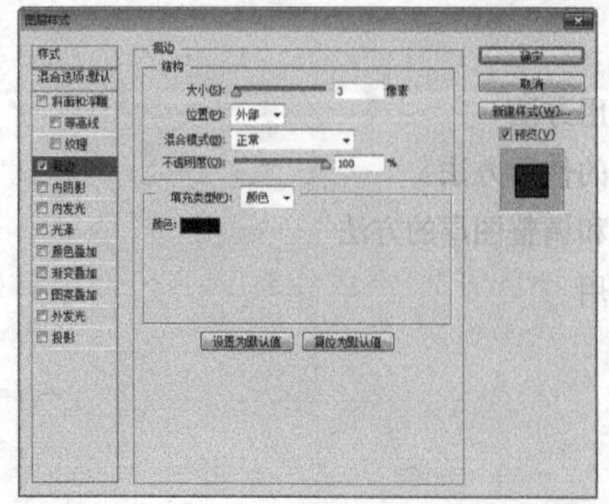

图8-2

第2种：在“图层”面板下单击“添加图层样式”按钮fx，在弹出的菜单中选择一种样式即可打开“图层样式”对话框，如图8-3所示。

图8-3

第3种：在“图层”面板中双击需要添加样式的图层缩略图，也可以打开“图层样式”对话框。

技巧与提示

注意：“背景”图层和图层组不能应用图层样式。如果要对“背景”图层应用图层样式，可以按住Alt键双击图层缩略图，将其转换为普通图层以后再进行添加；如果要为图层组添加图层样式，需要先将图层组合并为一个图层以后才可以。

8.1.2 图层样式对话框

“图层样式”对话框的左侧列出了10种样式，如图8-4所示。样式名称前面的复选框内有√标记，表示在图层中添加了该样式。

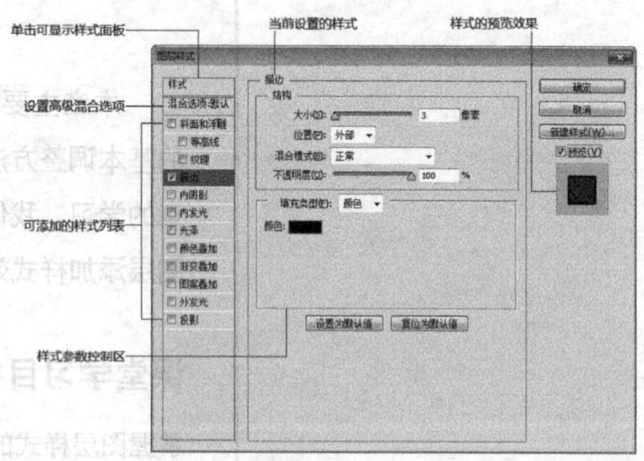

图8-4

单击一个样式的名称，如图8-5所示，可以选中该样式，同时切换到该样式的设置面板，如图8-6所示。

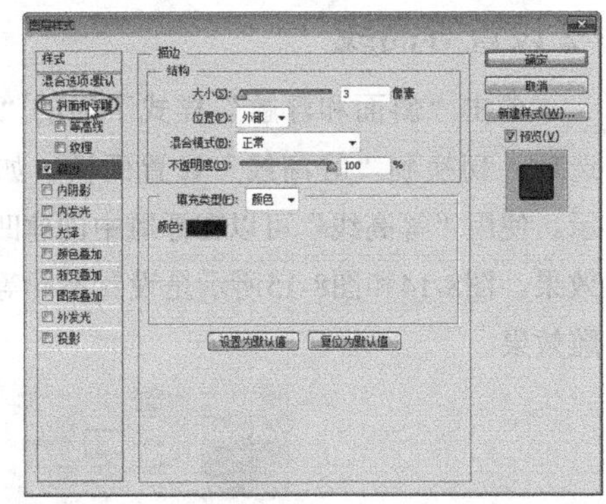

图8-5

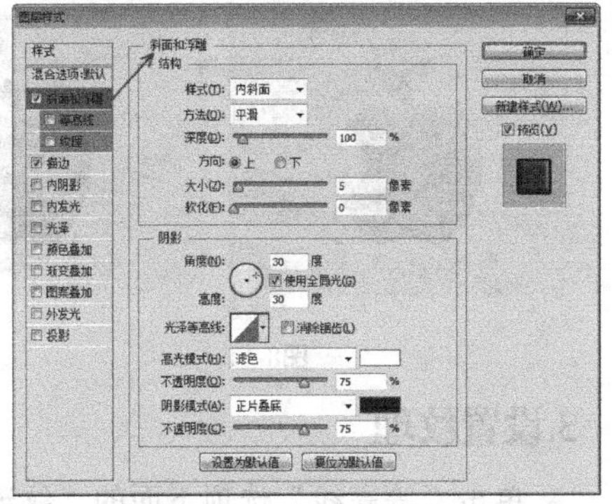

图8-6

技巧与提示

注意：如果单击样式名称前面的复选框，则可以应用该样式，但不会显示样式设置面板。

在“图层样式”对话框中设置好样式参数以后，单击“确定”按钮 确定 即可为选定图层添加样式，添加了样式的图层的右侧会出现一个 fx 图标，如图8-7所示。另外，单击▲图标可以折叠或展开图层样式列表，如图8-8所示。

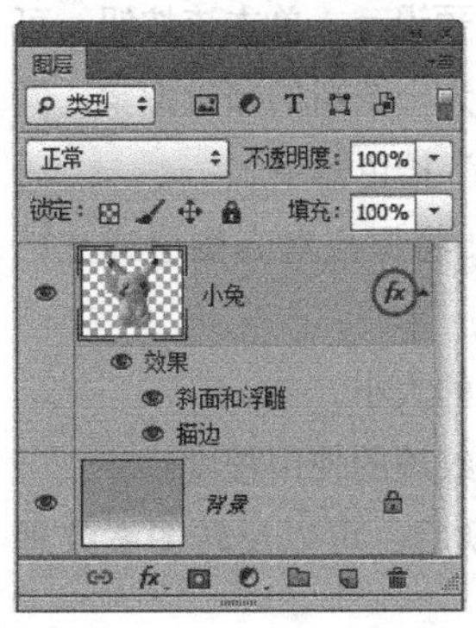

图8-7 图8-8

8.1.3 斜面和浮雕

使用“斜面和浮雕”样式可以为图层添加高光与阴影，使图像产生立体的浮雕效果。图8-9所示是其参数设置面板，图8-10所示是原始图像，图8-11所示是添加的默认浮雕效果。

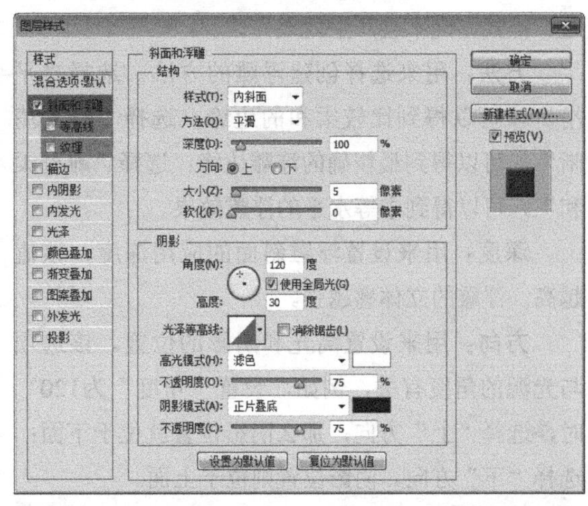

图8-9

图8-10 图8-11

1.设置斜面和浮雕

在“斜面和浮雕”面板中可以设置浮雕的结构和阴影，如图8-12所示。

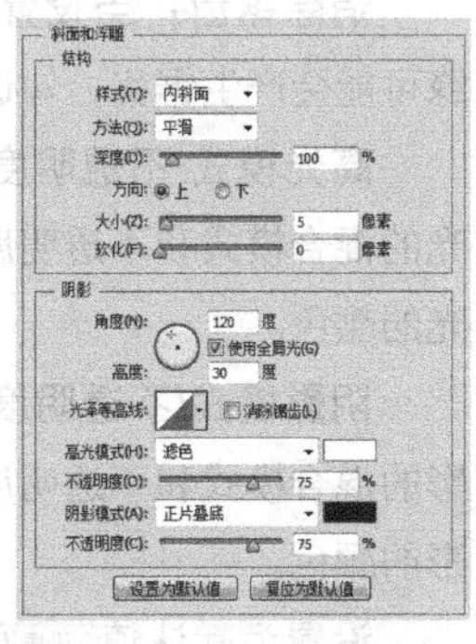

图8-12

● **斜面和浮雕重要选项介绍**

样式：选择斜面和浮雕的样式。选择“外斜面”，可以在图层内容的外侧边缘创建斜面；选择“内斜面”，可以在图层内容的内侧边缘创建斜面；选择“浮雕效果”，可以使图层内容相对于下层图层产生浮雕状的效果；选择“枕状浮雕”，可以模拟图层内容的边缘嵌入到下层图层中产生的效果；选择“描边浮雕”，可以将浮雕应用于图层的“描边”样式的边界（注意：如果图层没有“描边”样式，则不会产生效果）。

方法：用来选择创建浮雕的方法。选择“平滑”，可以得到比较柔和的边缘；选择“雕刻清晰”，可以得到最精确的浮雕边缘；选择“雕刻柔和”，可以得到中等水平的浮雕效果。

深度：用来设置浮雕斜面的应用深度，该值越高，浮雕的立体感越强。

方向：用来设置高光和阴影的位置。该选项与光源的角度有关，例如，设置“角度”为120°时，选择“上”方向，那么阴影位置就位于下面；选择“下”方向，阴影位置则位于上面。

大小：该选项表示斜面和浮雕的阴影面积的大小。

软化：用来设置斜面和浮雕的平滑程度。

角度/高度：这两个选项用于设置光源的发光角度和光源的高度。

使用全局光：如果勾选该选项，那么所有浮雕样式的光照角度都将保持在同一个方向。

光泽等高线：选择不同的等高线样式，可以为斜面和浮雕的表面添加不同的光泽质感，也可以自己编辑等高线样式。

消除锯齿：当设置了光泽等高线时，斜面边缘可能会产生锯齿，勾选该选项可以消除锯齿。

高光模式/不透明度：这两个选项用来设置高光的混合模式和不透明度，后面的色块用于设置高光的颜色。

阴影模式/不透明度：这两个选项用来设置阴影的混合模式和不透明度，后面的色块用于设置阴影的颜色。

设置为默认值[设置为默认值]：单击该按钮，可以将当前设置设为默认值。

复位为默认值[复位为默认值]：单击该按钮，可以将当前设置恢复到默认值。

2.设置等高线

单击“斜面和浮雕”样式下面的“等高线”选项，切换到“等高线”设置面板，如图8-13所示。使用“等高线”可以在浮雕中创建凹凸起伏的效果。图8-14和图8-15所示是设置不同等高线的浮雕效果。

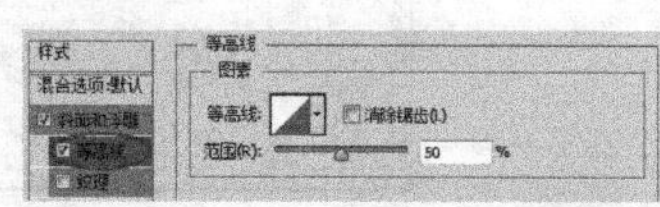

图8-13

图8-14

图8-15

3.设置纹理

单击“等高线”选项下面的“纹理”选项，切换到“纹理”设置面板，如图8-16所示。

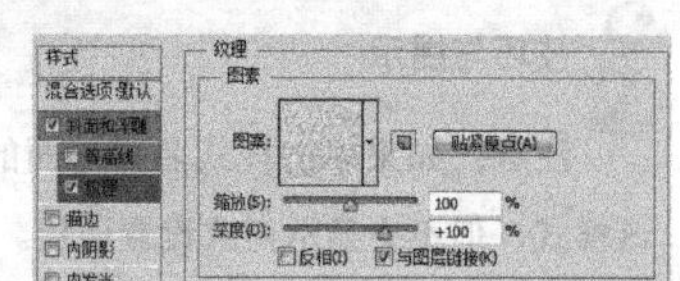

图8-16

● 等高线重要选项介绍

图案：单击“图案”选项右侧的图标，可以在弹出的“图案”拾色器中选择一个图案，并将其应用到斜面和浮雕上。

从当前图案创建新的预设：单击该按钮，可以将当前设置的图案创建为一个新的预设图案，同时新图案会保存在“图案”拾色器中。

贴紧原点[贴紧原点(A)]：将原点对齐图层或文档的左上角。

缩放：用来设置图案的大小。

深度：用来设置图案纹理的使用程度。

反相：勾选该选项以后，可以反转图案纹理的凹凸方向。

与图层链接：勾选该项以后，可以将图案和图层链接在一起，这样在对图层进行变换等操作时，图案也会跟着一同变换。

8.1.4 课堂案例——制作浮雕按钮

实例位置	实例文件>CH08>8.1.4.psd
素材位置	素材文件>CH08>素材01.psd
视频位置	多媒体教学>CH08>8.1.4.flv
实用指数	★★★★★
技术掌握	斜面和浮雕样式的用法

本例主要针对如何使用“斜面和浮雕”样式制作浮雕卡通按钮进行练习，如图8-17所示。

图8-17

01 打开“素材文件>CH08>素材01.psd”文件，如图8-18所示。

02 选择“图层1”，执行“图层>图层样式>斜面和浮雕”菜单命令，打开“图层样式”对话框，然后设置“深度”为1000%、“大小”为10像素、“软化”为16像素，接着设置“角度”和“高度”为30°，如图8-19所示。

图8-18 图8-19

03 在“图层样式”对话框中单击“渐变叠加”样式，然后设置“混合模式”为“点光”、“不透明度”为76%，接着编辑出一种青色的渐变色，如图8-20所示，最后设置“缩放”为80%，如图8-21所示。

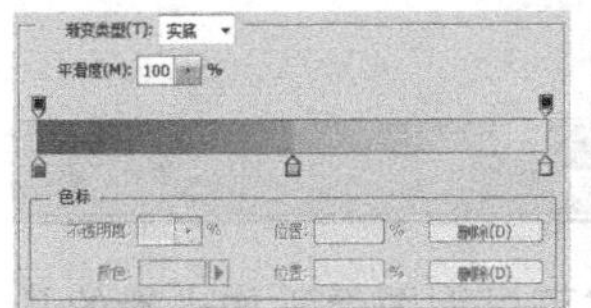
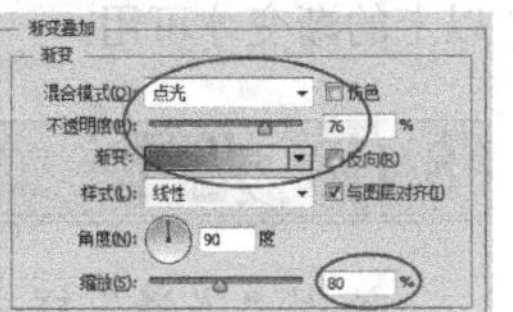

图8-20 图8-21

04 在“图层样式”对话框中单击“描边”样式，然后设置“大小”为16像素、“位置”为“外部”，接着设置“颜色”为蓝色（R:52，G:167，B:219），如图8-22所示，效果如图8-23所示。

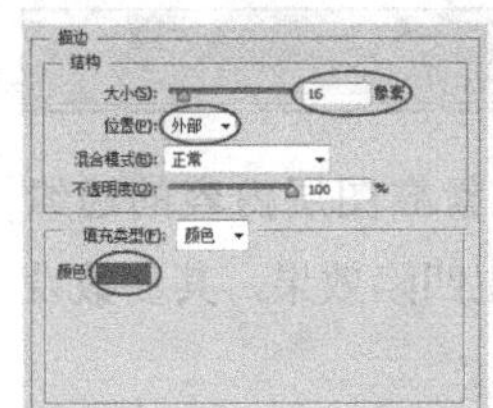

图8-22 图8-23

05 按Ctrl+J组合键复制一个卡通按钮，然后执行“编辑>变换>垂直翻转”菜单命令，接着将其放在图像的底部，最后设置其“不透明度”为31%，最终效果如图8-24所示。

图8-24

8.1.5 描边

“描边”样式可以使用颜色、渐变以及图案来描绘图像的轮廓边缘，其参数设置面板如图8-25所示。

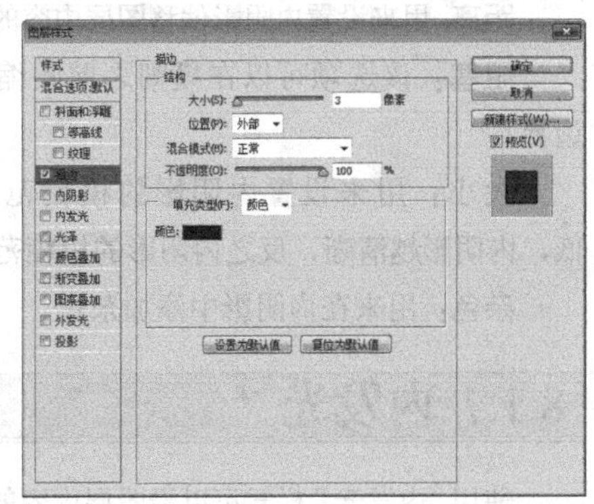

图8-25

- **描边选项介绍**

大小：设置描边的大小。

位置：选择描边的位置。

混合模式：设置描边效果与下层图像的混合模式。

不透明度：设置描边的不透明度。

填充类型：设置描边的填充类型，包含“颜色”“渐变”和“图案”3种类型。

8.1.6 内阴影

“内阴影”样式可以在紧靠图层内容的边缘内添加阴影，使图层内容产生凹陷效果，其参数设置面板如图8-26所示。

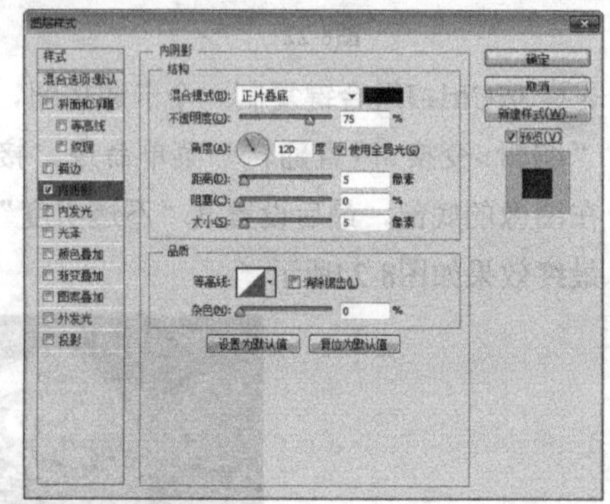

图8-26

- **内阴影重要选项介绍**

混合模式/不透明度：“混合模式”选项用来设置内阴影效果与下层图像的混合方式；“不透明度”选项用来设置内阴影效果的不透明度。

设置阴影颜色：单击“混合模式”选项右侧的颜色块，可以设置阴影的颜色。

距离：用来设置内阴影偏移图层内容的距离。

阻塞：该选项可以在模糊之前收缩内阴影的边界。

大小：用来设置内阴影的模糊范围，值越低，内阴影越清晰，反之内阴影的模糊范围越广。

杂色：用来在内阴影中添加杂色。

8.1.7 内发光

使用“内发光”样式可以沿图层内容的边缘向内创建发光效果，其参数设置面板如图8-27所示。

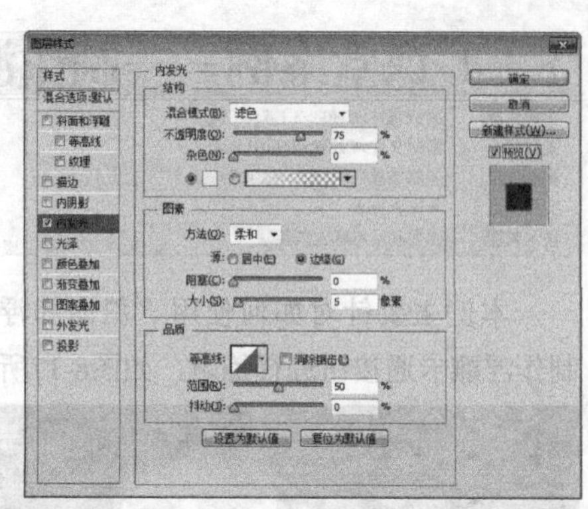

图8-27

- **内发光选项介绍**

混合模式/不透明度：“混合模式”选项用来设置发光效果与下层图像的混合方式；“不透明度”选项用来设置发光效果的不透明度。

杂色：在发光效果中添加随机的杂色效果，使光晕产生颗粒感。

设置发光颜色：单击“杂色”选项下面的颜色块，可以设置内发光颜色；单击颜色块后面的渐变条，可以在“渐变编辑器”对话框中选择或编辑渐变色。

方法：用来设置发光的方式。选择“柔和”选项，发光效果比较柔和；选择“精确”选项，可以得到精确的发光边缘。

源：用于选择内发光的位置，包含“居中”和“边缘”两种方式。

阻塞/大小：“阻塞”选项可以在模糊之前收缩内发光的边界；“大小”选项用来设置内发光的模糊范围，值越低，内发光越清晰，反之内发光的模糊范围越广。

范围：用于设置内发光的发光范围。值越低，内发光范围越大，发光效果越清晰；值越高，内发光范围越低，发光效果越模糊。

抖动：这是一个比较难理解的选项。该选项只有当设置内发光颜色为渐变色时才起作用，且前景色到背景色渐变或两色渐变无效，只有3种或3种以上的渐变才可用。

8.1.8 光泽

使用“光泽”样式可以为图像添加光滑的具

有光泽的内部阴影，通常用来制作具有光泽质感的按钮和金属。图8-28所示是其参数设置面板，图8-29和图8-30所示为不同的光泽效果。

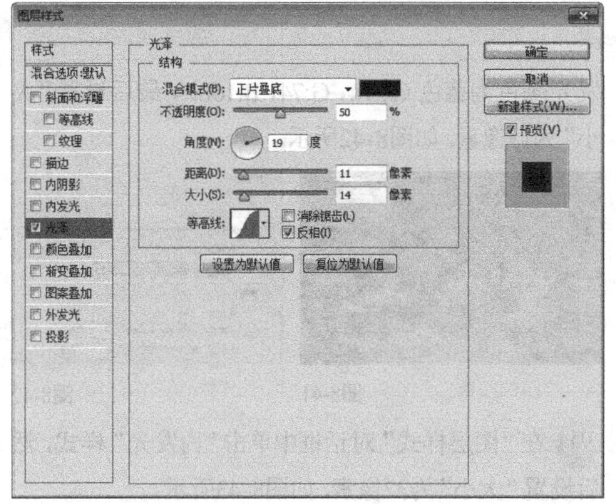

图8-28

图8-29　　图8-30

8.1.9 颜色叠加

使用“颜色叠加”样式可以在图像上叠加设置的颜色。图8-31所示是其参数设置面板，图8-32和图8-33所示为不同的颜色叠加效果。

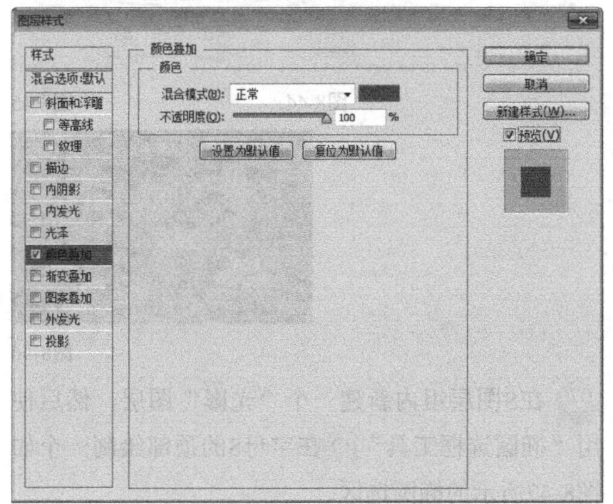

图8-31

图8-32　　图8-33

8.1.10 渐变叠加

使用“渐变叠加”样式可以在图层上叠加指定的渐变色。图8-34所示是其参数设置面板，图8-35和图8-36所示为不同的渐变叠加效果。

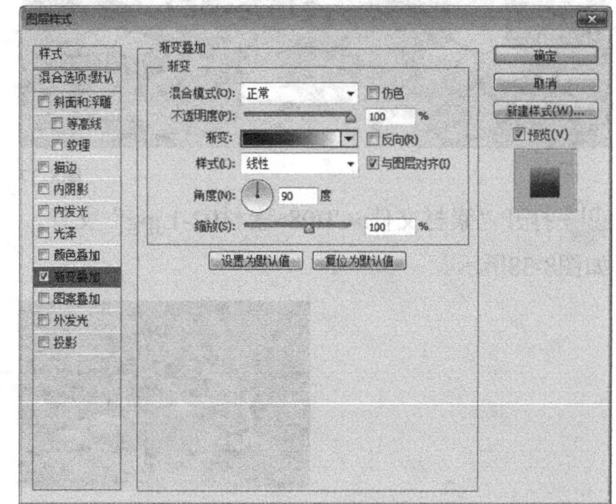

图8-34

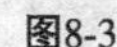

图8-35　　图8-36

8.1.11 课堂案例——制作晶莹文字

实例位置	实例文件>CH08>8.1.11.psd
素材位置	素材文件>CH08>素材02-1.jpg、素材02-2.png
视频位置	多媒体教学>CH08>8.1.11.flv
实用指数	★★★★★
技术掌握	用渐变叠加样式制作渐变文字特效；用选区蒙版制作光影特效

本例主要针对如何使用“渐变叠加”样式和选区蒙版制作晶莹文字进行练习，如图8-37所示。

图8-37

01 打开“素材文件>CH08>素材02-1.jpg”文件，如图8-38所示。

图8-38

02 在“图层”面板下单击“创建新组”按钮，新建一个S组，然后使用“横排文字工具”在图像的左下角的云朵上输入青色的字母S，如图8-39和图8-40所示。

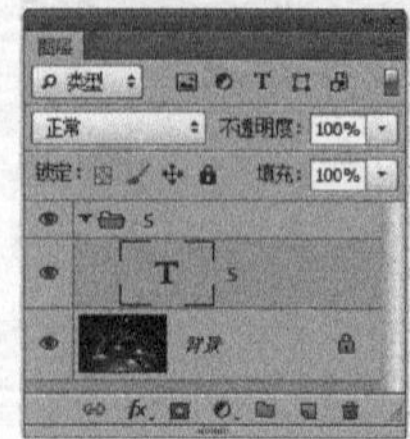

图8-39　　图8-40

03 按Ctrl+J组合键复制一个“S副本”图层，然后设置文字的颜色为深蓝色（R:51，G:81，B:126），接着将其放在E图层的下一层，最后将其向左下角移动一段距离，以制作出阴影效果，如图8-41所示。

04 选择E图层，然后执行“图层>图层样式>外发光”菜单命令，打开“图层样式”对话框，接着设置发光颜色为蓝色（R:74，G:74，B:168），最后设置“大小”为13像素，如图8-42所示。

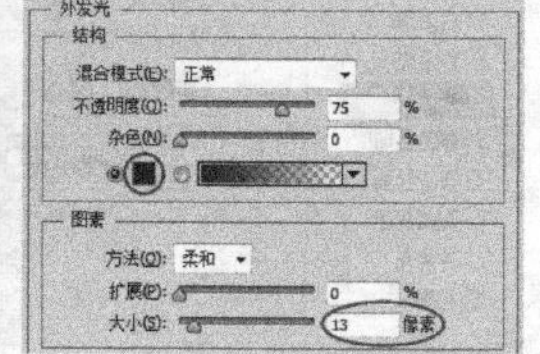

图8-41　　图8-42

05 在“图层样式”对话框中单击“内发光”样式，然后设置“大小”为32像素，如图8-43所示。

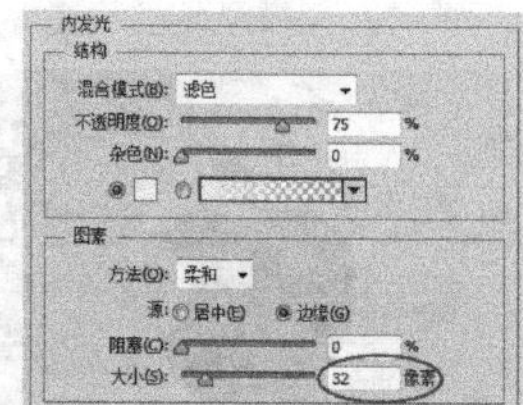

图8-43

06 在“图层样式”对话框中单击“渐变叠加”样式，然后编辑出一种浅青色到深蓝色的渐变色，如图8-44所示，接着设置“角度”为90°，如图8-45所示，文字效果如图8-46所示。

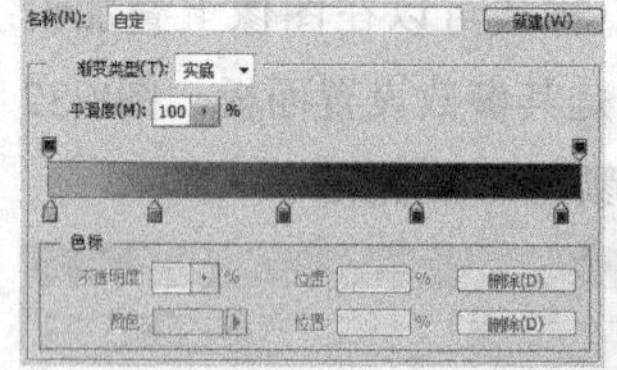

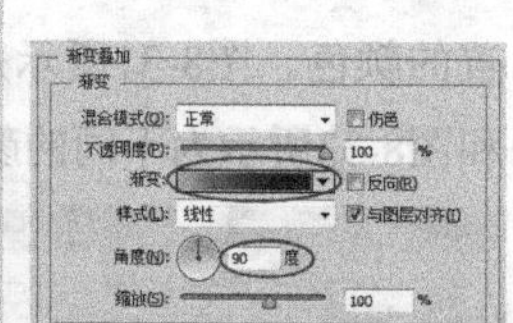

图8-44　　图8-45

图8-46

07 在S图层组内新建一个“光影”图层，然后使用“椭圆选框工具”在字母S的顶部绘制一个如图8-47所示的椭圆选区。

08 设置前景色为白色，然后使用“渐变工具”在选区中从下向上填充白色到透明的渐变色，效果如图8-48所示。

图8-47

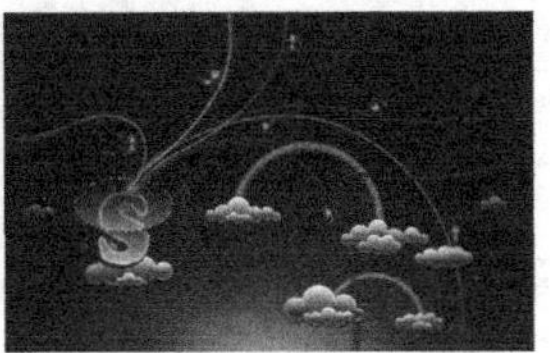

图8-48

09 载入字母S图层的选区，然后选择“光影”图层，接着在“图层”面板的下面单击“添加图层蒙版”按钮，为“光影”图层添加一个选区蒙版，如图8-49所示，效果如图8-50所示。

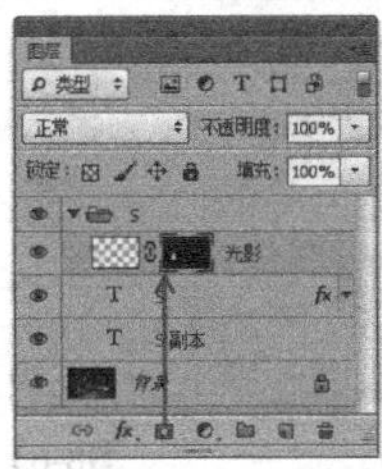

图8-49

图8-50

10 最后采用相同的方法在其他云朵上制作出其他的字母，完成后的效果如图8-51所示。

11 打开“素材文件>CH08>素材02-2.png”文件，然后将其拖曳到当前文档中作为气泡特效，最终效果如图8-52所示。

图8-51

图8-52

8.1.12 图案叠加

使用“图案叠加”样式可以在图像上叠加设置的图案。图8-53所示是其参数设置面板，图8-54和图8-55所示为不同的图案叠加效果。

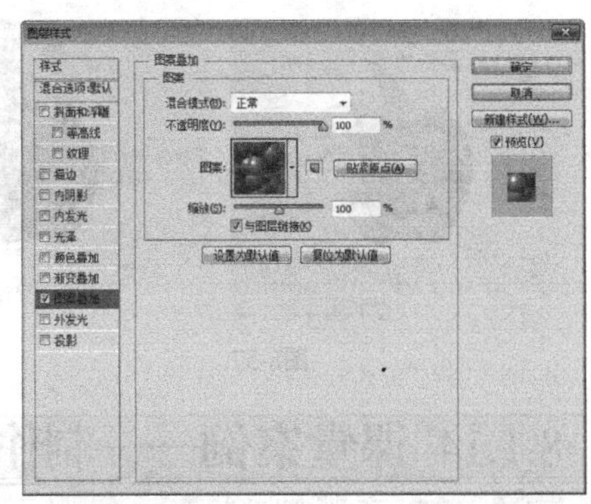

图8-53

图8-54

图8-55

技巧与提示

“图案叠加”样式的参数选项很简单，且在前面的内容中有类似的介绍，因此这里就不再重复讲解了。

8.1.13 外发光

使用“外发光”样式可以沿图层内容的边缘向外创建发光效果，其参数设置面板如图8-56所示。

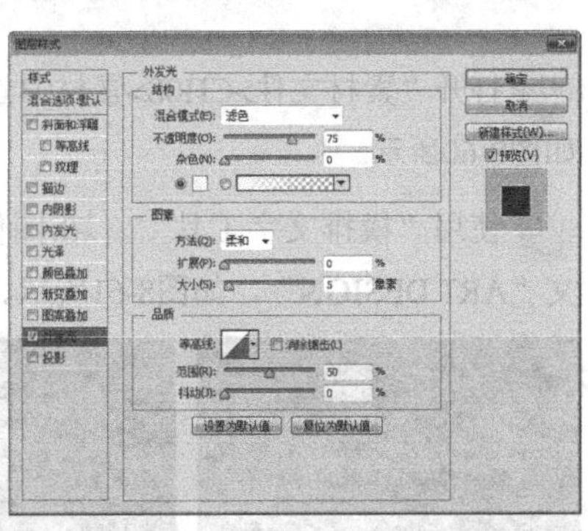

图8-56

● **外发光重要选项介绍**

扩展/大小：“扩展”选项用来设置发光范围的大小；“大小”选项用来设置光晕范围的大小。这两个选项是有很大关联的。比如，设置“大小”为12像素，设置“扩展”为0%，可以得到最柔和的外发光效果，如图8-57所示；而设置“扩展”为100%，则可以得到宽度为12像素的，类似于描边的效果，如图8-58所示。

图8-57　　图8-58

8.1.14 课堂案例——制作炫色文字

实例位置	实例文件>CH08>8.1.14.psd
素材位置	素材文件>CH08>素材03-1.jpg、素材03-2.jpg
视频位置	多媒体教学>CH08>8.1.14.flv
实用指数	★★★★★
技术掌握	用外发光样式制作发光字

本例主要针对如何使用“外发光”样式制作炫色文字进行练习，如图8-59所示。

图8-59

01 打开“素材文件>CH08>素材03-1.jpg”文件，如图8-60所示。

02 使用“横排文字工具”T在图像右侧输入英文“ART DESIGN”，如图8-61所示。

图8-60　　图8-61

03 执行“图层>图层样式>外发光”菜单命令，打开“图层样式”对话框，然后设置“不透明度”为32%、发光颜色为黄色（R:255，G:156，B:0），接着设置“扩展”为16%、“大小”为16像素，如图8-62所示，文字效果如图8-63所示。

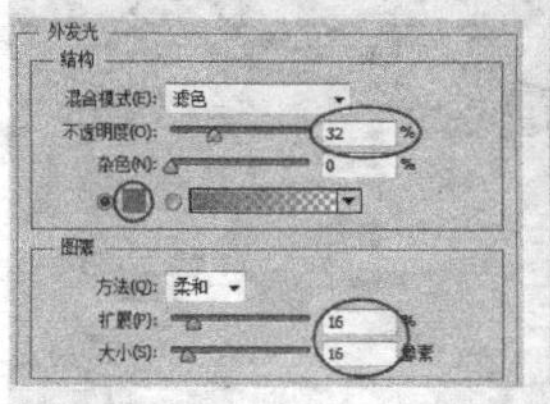

图8-62　　图8-63

04 使用“横排文字工具”T在图像中输入英文“STUDIO”，然后将“ART DESIGN”文字图层的“外发光”样式拷贝并粘贴给“STUDIO”文字图层，接着将“不透明度”修改为45%，如图8-64所示，效果如图8-65所示。

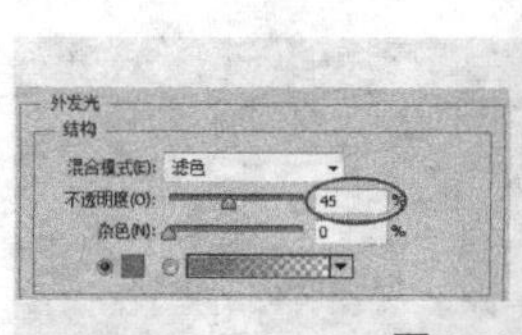

图8-64　　图8-65

05 继续使用“横排文字工具”T在图像中输入英文“SDYX”，如图8-66所示，同样为文字添加一个“外发光”样式，然后设置发光颜色为黄色（R:255，G:174，B:0），接着设置“扩展”为16%、“大小”为24像素，如图8-67所示。

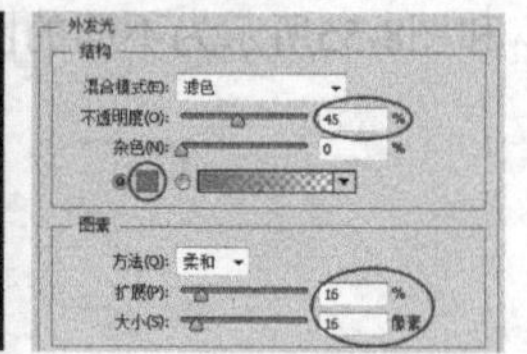

图8-66　　图8-67

06 在“图层样式”对话框中单击“渐变叠加”样式，

然后调节出一种金黄色的渐变色，如图8-68所示，接着设置“角度”为90°，如图8-69所示。

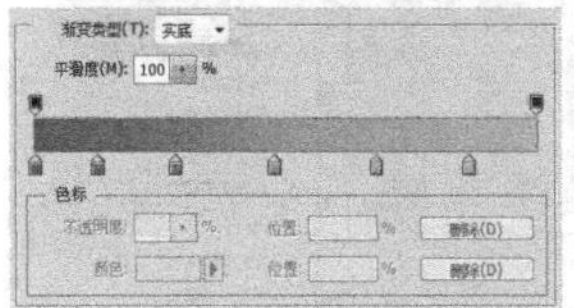

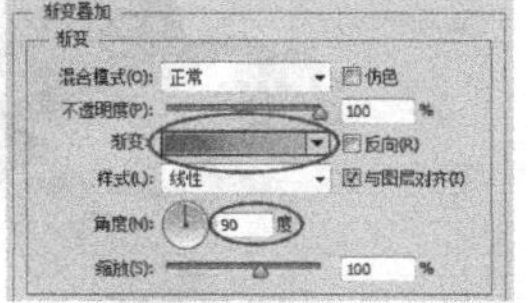

图8-68　　图8-69

07 在“图层样式”对话框中单击“描边”样式，然后设置“颜色”为白色，如图8-70所示，文字效果如图8-71所示。

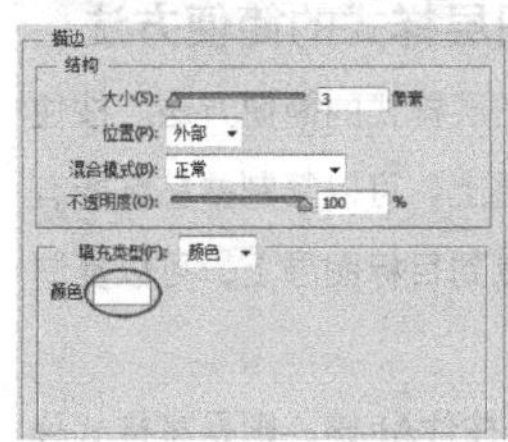

图8-70　　图8-71

08 继续使用“横排文字工具” T 和“外发光”样式制作出发光字Cc，完成后的效果如图8-72所示。

09 打开“素材文件>CH08>素材03-2.jpg”文件，然后将其拖曳到当前文档中，接着设置其“混合模式”为“滤色”，最终效果如图8-73所示。

图8-72　　图8-73

8.1.15 投影

使用“投影”样式可以为图层添加投影，使其产生立体感。图8-74所示是其参数设置面板，图8-75和图8-76为不同参数产生的投影效果。

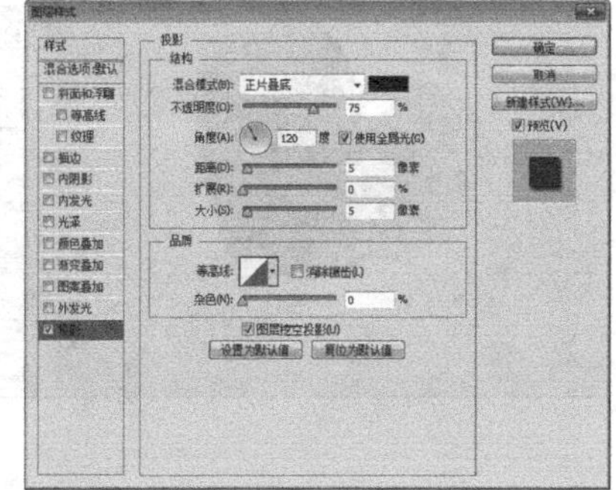

图8-74

图8-75　　图8-76

● **投影重要选项介绍**

图层挖空投影：用来控制半透明图层中投影的可见性。勾选该选项后，如果当前图层的“填充”数值小于100%，则半透明图层中的投影不可见，如图8-77所示；反之，如果关闭该选项，则透明图层中的投影将显示出来，如图8-78所示。

图8-77　　图8-78

8.2 编辑图层样式

为图像添加图层样式以后，如果对样式效果不满意，我们还可以重新对其进行编辑，以得到最佳的样式效果。

8.2.1 显示与隐藏图层样式

如果要隐藏一个样式，可以单击该样式前面的眼睛图标，如图8-79所示；如果要隐藏某个图层中的所有样式，可以单击“效果”前面的眼睛图标，如图8-80所示。

图8-79

图8-80

8.2.2 修改图层样式

如果要修改某个图层样式，可以执行该命令或在“图层”面板中双击该样式的名称，然后再打开“图层样式”对话框重新进行编辑。

8.2.3 复制/粘贴与清除图层样式

1.复制/粘贴图层样式

如果要将某个图层的样式复制给其他图层，可以选择该图层，然后执行“图层>图层样式>拷贝图层样式”命令；或者在图层名称上单击鼠标右键，在弹出的菜单中选择“拷贝图层样式”命令，如图8-81所示，接着选择目标图层，再执行“图层>图层样式>粘贴图层样式”菜单命令；或者在目标图层的名称上单击鼠标右键，在弹出的菜单中选择“粘贴图层样式”命令，如图8-82所示。

图8-81

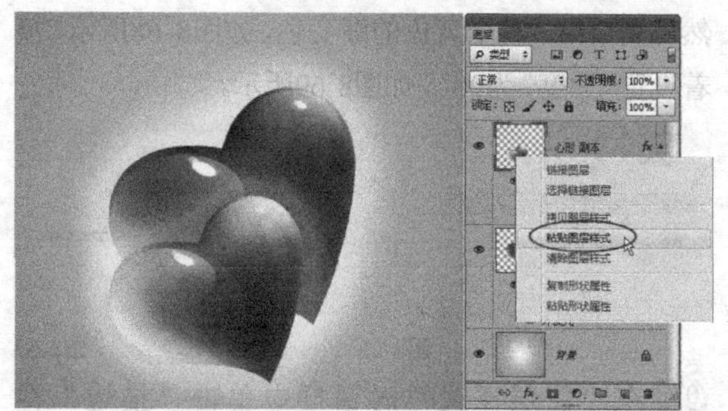

图8-82

知识点　拷贝/粘贴图层样式的简便方法

在这里介绍一个复制/粘贴图层样式的简便方法。按住Alt键将“效果”拖曳到目标图层上，可以复制并粘贴所有样式；按住Alt键将单个样式拖曳到目标图层上，可以复制并粘贴这个样式。

这里要注意一点，如果没有按住Alt键，则是将样式移动到目标图层中，原始图层不再有样式。

2.清除图层样式

如果要删除某个图层样式，可以将该样式拖曳到“删除图层”按钮 上，如图8-83和图8-84所示。

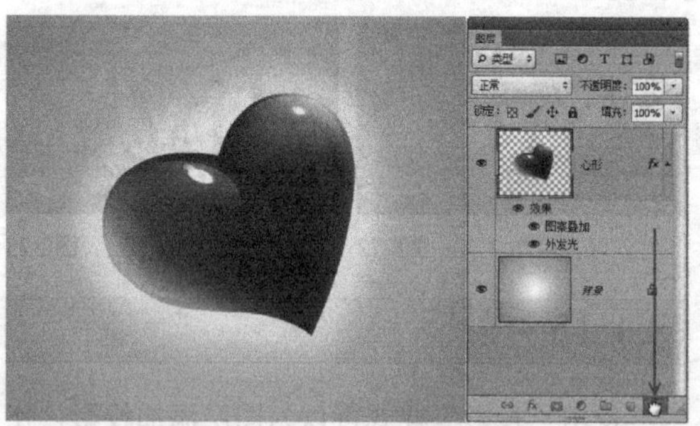

图8-83

图8-84

如果要删除某个图层中的所有样式，可以将“效果”拖曳到“删除图层”按钮上，或执行“图层>图层样式>清除图层样式”菜单命令。另外，还可以在图层名称上单击鼠标右键，在弹出的菜单中选择“清除图层样式”命令，如图8-85和图8-86所示。

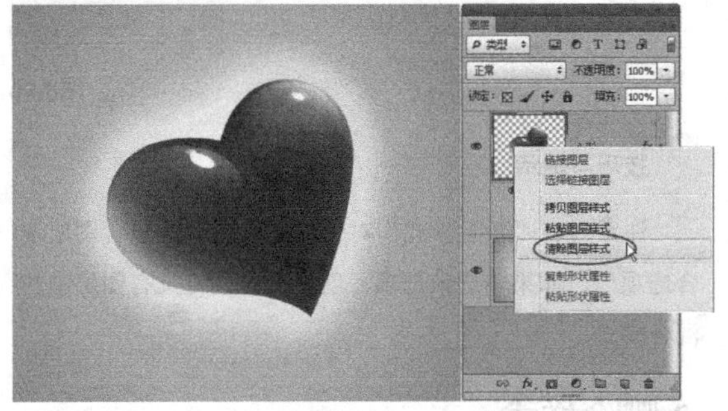

图8-85

图8-86

8.2.4 缩放图层样式

将一个图层A的样式拷贝并粘贴给另外一个图层B后，图层B中的样式将保持与图层A的样式的大小比例。比如，将“红心”图层的样式拷贝并粘贴给“紫心”图层，如图8-87所示，虽然“红心”图层的尺寸比“紫心”图层大得多，但拷贝给“紫心”图层的样式的大小比例不会发生变化。为了让样式与“紫心”图层的尺寸比例相匹配，就需要缩小“紫心”图层的样式比例。缩放方法是选择“紫心”图层，然后执行“图层>图层样式>缩放效果”菜单命令，接着在弹出的“缩放图层效果”对话框中对“缩放”数值进行设置，如图8-88所示，缩放后的效果如图8-89所示。

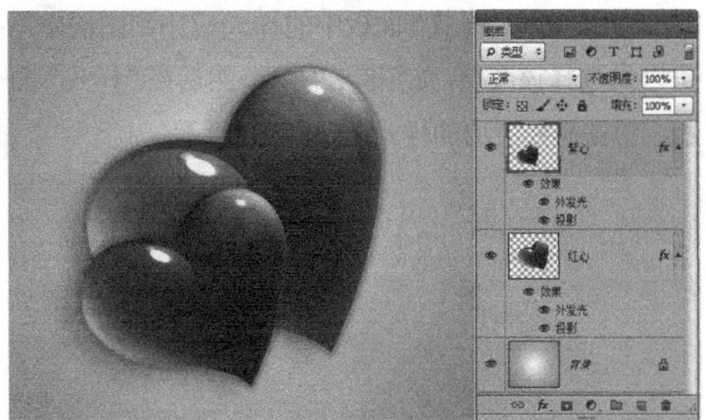

图8-87

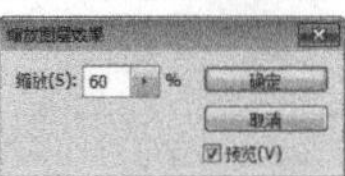

图8-88

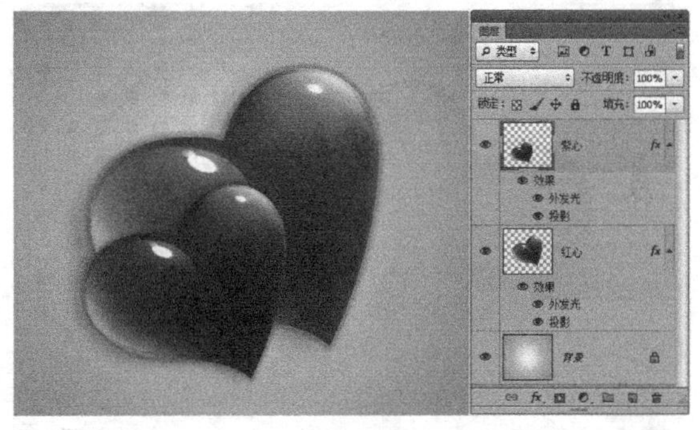

图8-89

8.3 管理图层样式

我们不仅可以对图层样式重新进行修改，还可以对创建好的图层样式进行保存，也可以创建和删除图层样式。另外，我们还可以载入外部的样式库以供己用。

8.3.1 样式面板

执行“窗口>样式”菜单命令，打开“样式”面板，如图8-90所示，其面板菜单如图8-91所示。在“样式”面板中，我们可以清除为图层添加的样式，也可以新建和删除样式。

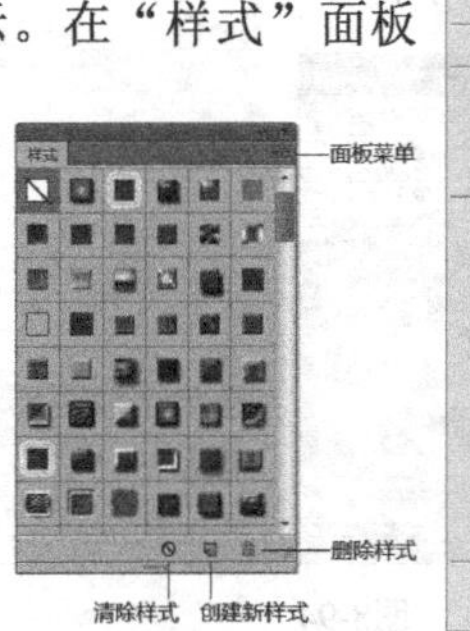

图8-90 图8-91

如果要将“样式”面板中的样式应用到图层中，可以先选择该图层，如图8-92所示，然后在“样式”面板中单击需要应用的样式，如图8-93所示。

图8-92

图8-93

8.3.2 创建与删除样式

1.创建样式

如果要将当前图层的样式创建为预设，可以在“图层”面板中选择该图层，如图8-94所示，然后在“样式”面板下单击“创建新样式”按钮，接着在弹出的“新建样式”对话框中为样式设置一个名称，如图8-95所示，单击“确定”按钮后，新建的样式会保存在“样式”面板的末尾，如图8-96所示。

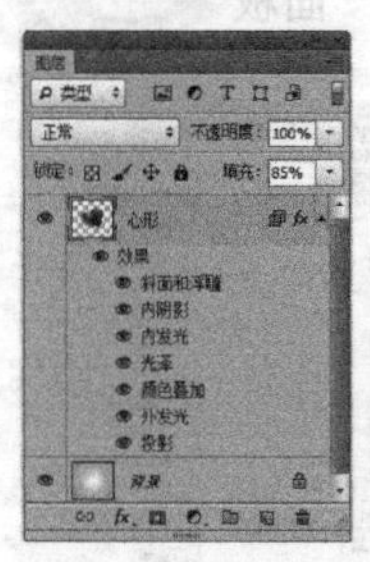

图8-94

图8-95

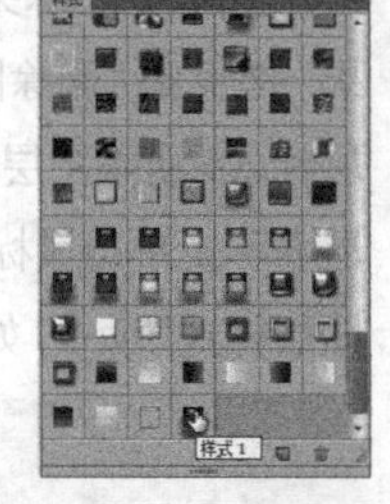

图8-96

技巧与提示

注意：在“新建样式”对话框中有一个“包含图层混合选项”，如果勾选该选项，创建的样式将具有图层中的混合模式。

2.删除样式

如果要删除创建的样式，可以将该样式拖曳到“样式”面板下面的“删除样式”按钮上，如图8-97所示。另外，也可以将光标放在要删除的样式上，当光标变成剪刀状时单击鼠标左键，即可将其删除，如图8-98所示。

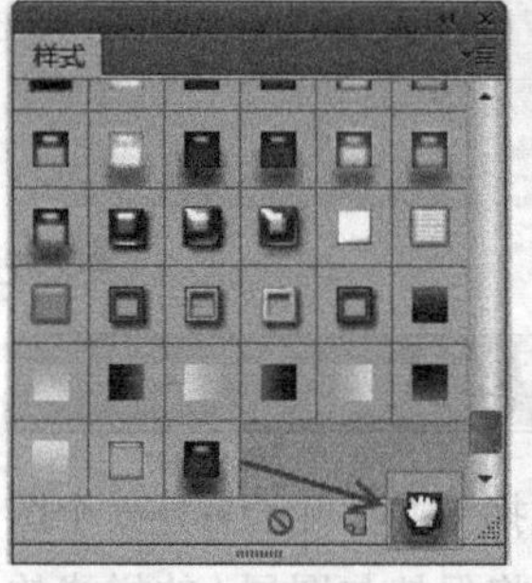

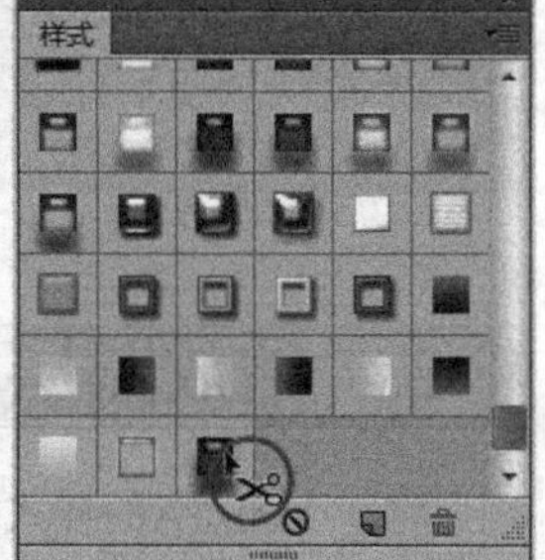

图8-97　图8-98

8.3.3 存储样式库

在实际工作中，经常会用到图层样式，可以随时将设置好的样式保存到“样式”面板中。当积累到一定数量以后，可以在面板菜单中选择“存储样式”命令，打开“存储”对话框，然后为其设置一个名称，将其保存为一个单独的样式库，如图8-99所示。

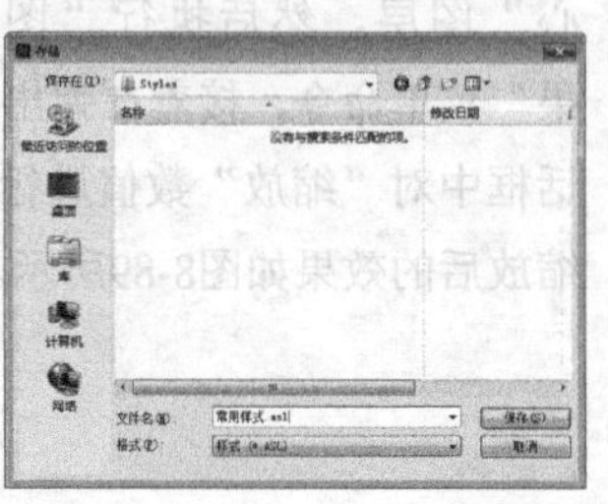

图8-99

技巧与提示

如果将样式库保存在Photoshop安装程序的Presets>Styles文件夹中，那么在重启Photoshop后，该样式库的名称就会出现在“样式”面板菜单的底部。

8.3.4 载入样式库

“样式”面板菜单的底部是Photoshop提供的预设样式库，选择一种样式库，如图8-100所示，Photoshop会弹出一个提示对话框，如图8-101所示。如果单击“确定”按钮 确定 ，可以载入样式库并替换掉“样式”面板中的所有样式，如图8-102所示；如果单击“追加”按钮 追加(A) ，则该样式库会添加到原有样式的后面，如图8-103所示。

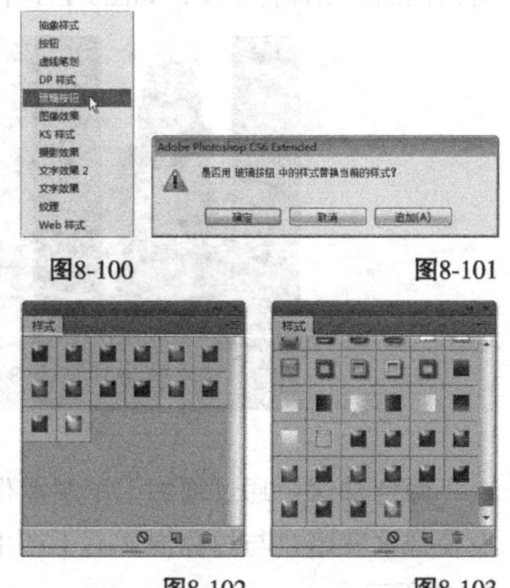

图8-100 图8-101

图8-102 图8-103

8.4 图层的混合模式

“混合模式”是Photoshop的一项非常重要的功能，它决定了当前图像的像素与下面图像的像素的混合方式，可以用来创建各种特效，并且不会损坏原始图像的任何内容。在绘画工具和修饰工具的选项栏，以及“渐隐”“填充”“描边”命令和“图层样式”对话框中都包含有混合模式。

8.4.1 混合模式的类型

在“图层”面板中选择一个图层，单击面板顶部的“类型” 类型 下拉列表，可以从中选择一种混合模式。图层的“混合模式”分为6组，共27种，如图8-104所示。

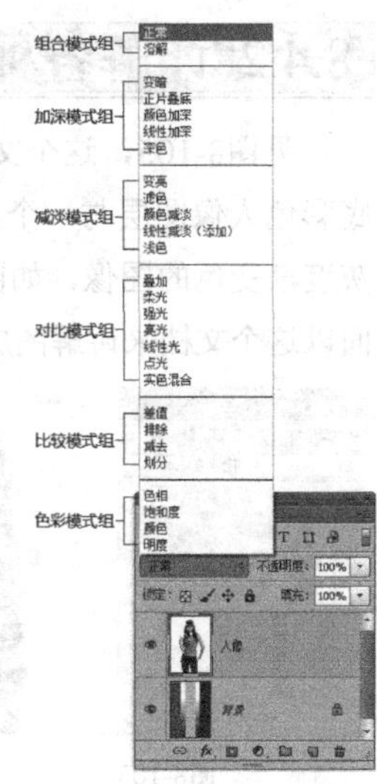

图8-104

● **各组混合模式介绍**

组合模式组：该组中的混合模式需要降低图层的“不透明度”或“填充”数值才能起作用，这两个参数的数值越低，就越能看到下面的图像。

加深模式组：该组中的混合模式可以使图像变暗。在混合过程中，当前图层的白色像素会被下层较暗的像素替代。

减淡模式组：该组与加深模式组产生的混合效果完全相反，它们可以使图像变亮。在混合过程中，图像中的黑色像素会被较亮的像素替换，而任何比黑色亮的像素都可能提亮下层图像。

对比模式组：该组中的混合模式可以加强图像的差异。在混合时，50%的灰色会完全消失，任何亮度值高于50%灰色的像素都可能提亮下层的图像，亮度值低于50%灰色的像素则可能使下层图像变暗。

比较模式组：该组中的混合模式可以比较当前图像与下层图像，将相同的区域显示为黑色，不同的区域显示为灰色或彩色。如果当前图层中包含白色，那么白色区域会使下层图像反相，而黑色不会对下层图像产生影响。

色彩模式组：使用该组中的混合模式时，Photoshop会将色彩分为色相、饱和度和亮度3种成分，然后再将其中的一种或两种应用在混合后的图像中。

8.4.2 详解各种混合模式

见图8-105，这个文档包含两个图层，一个白底彩色人像图层与一个具有红、绿、蓝3种纯色和灰度渐变色的图像，如图8-106和图8-107所示。下面以这个文档来讲解图层的各种混合模式的特点。

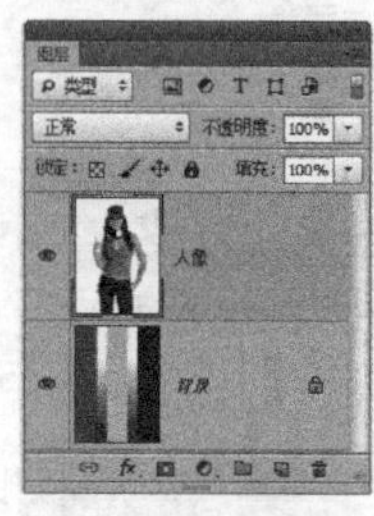

图8-105

图8-106

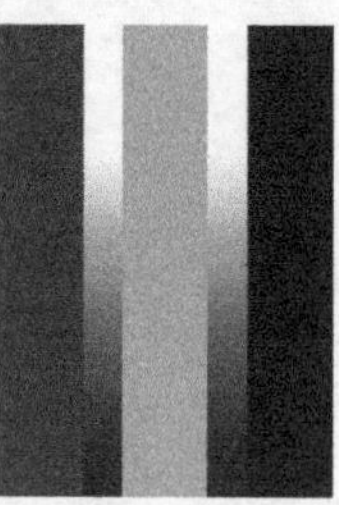

图8-107

● 各种混合模式介绍

正常：这种模式是Photoshop默认的模式。在正常情况下（“不透明度”为100%），上层图像将完全遮盖住下层图像，只有降低“不透明度”数值以后才能与下层图像相混合，如图8-108所示。

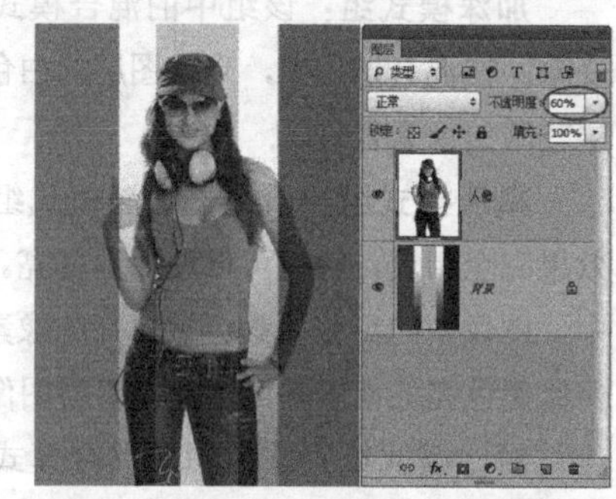

图8-108

溶解：在“不透明度”和“填充”数值为100%时，该模式不会与下层图像相混合，只有这两个数值中的其中一个或两个低于100%时才能产生效果，使透明度区域上的像素发生离散，如图8-109所示。

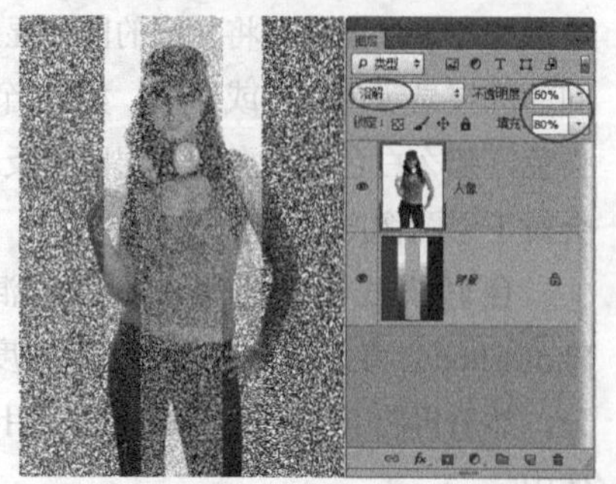

图8-109

变暗：比较每个通道中的颜色信息，并选择基色或混合色中较暗的颜色作为结果色，同时替换比混合色亮的像素，而比混合色暗的像素保持不变，如图8-110所示。

图8-110

正片叠底：任何颜色与黑色混合产生黑色，与白色混合则保持不变，如图8-111所示。

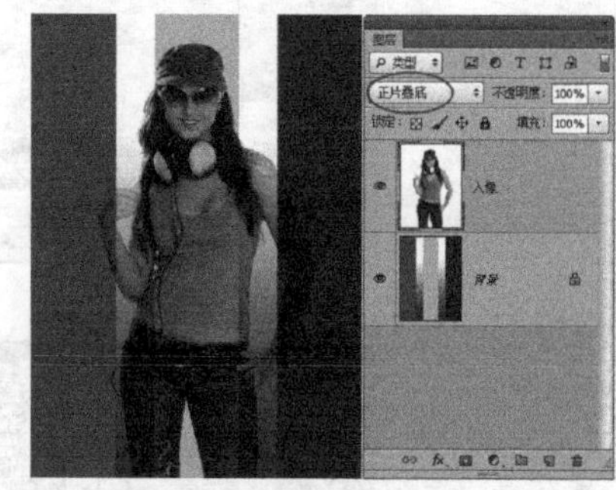

图8-111

颜色加深：通过增加上下层图像之间的对比度使像素变暗，与白色混合后不产生变化，如图8-112所示。

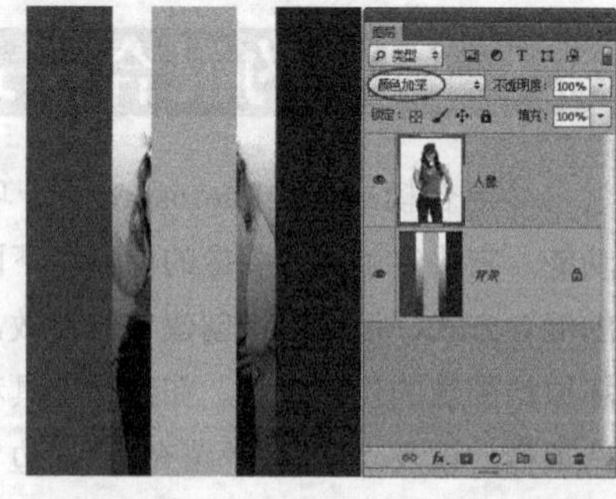

图8-112

线性加深：通过减小亮度使像素变暗，与白色混合不产生变化，如图8-113所示。

图8-113

深色：通过比较两个图像的所有通道的数值的总和，然后显示数值较小的颜色，如图8-114所示。

图8-114

变亮：比较每个通道中的颜色信息，并选择基色或混合色中较亮的颜色作为结果色，同时替换比混合色暗的像素，而比混合色亮的像素保持不变，如图8-115所示。

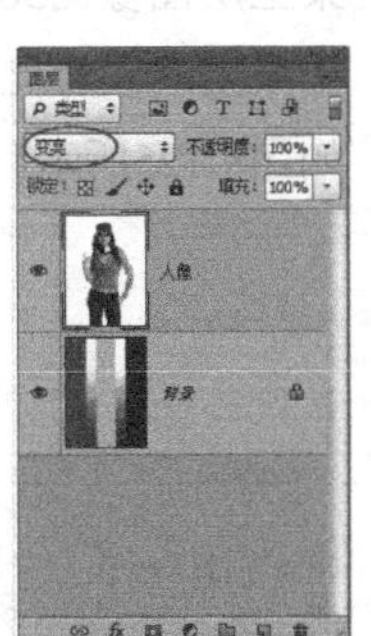

图8-115

滤色：与黑色混合时颜色保持不变，与白色混合时产生白色，如图8-116所示。

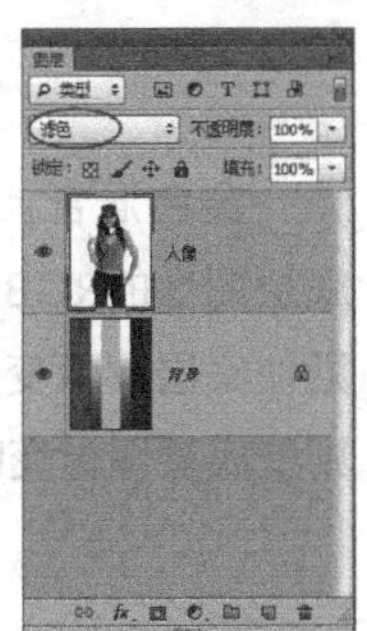

图8-116

颜色减淡：通过减小上下层图像之间的对比度来提亮底层图像的像素，如图8-117所示。

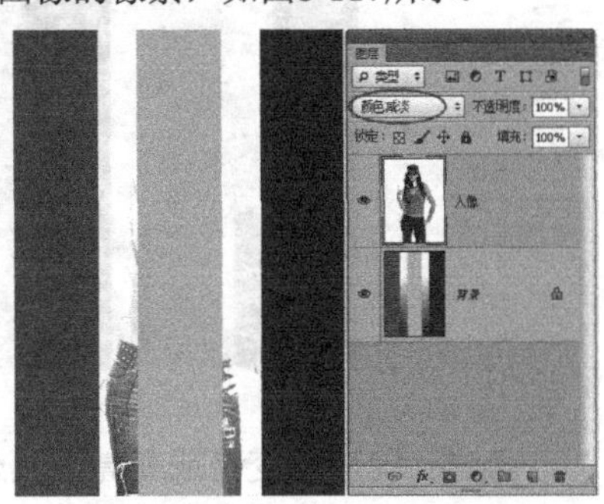

图8-117

线性减淡（添加）：与“线性加深”模式产生的效果相反，可以通过提高亮度来减淡颜色，如图8-118所示。

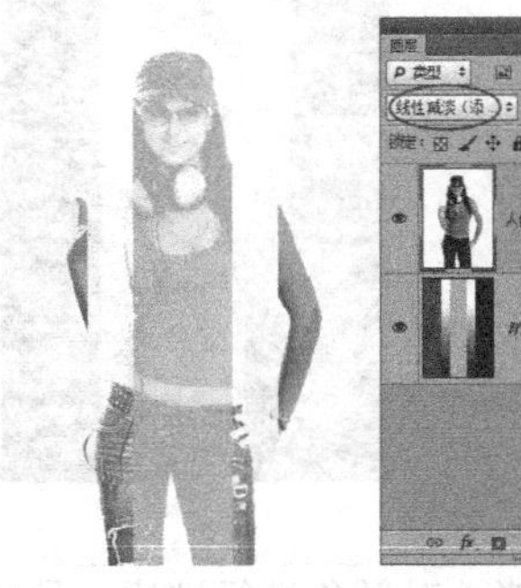

图8-118

浅色：通过比较两个图像的所有通道的数值的总和，然后显示数值较大的颜色，如图8-119所示。

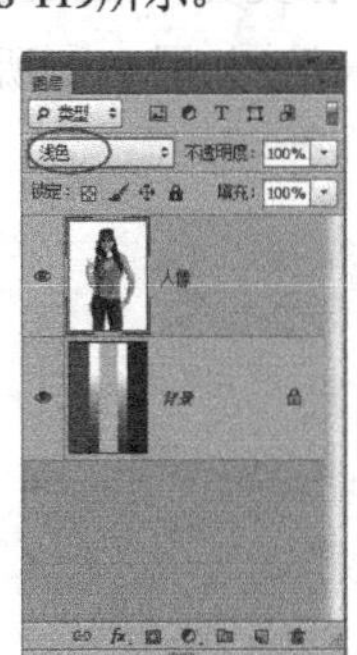

图8-119

叠加：对颜色进行过滤并提亮上层图像，具体情况取决于底层颜色，同时保留底层图像的明暗对比，如图8-120所示。

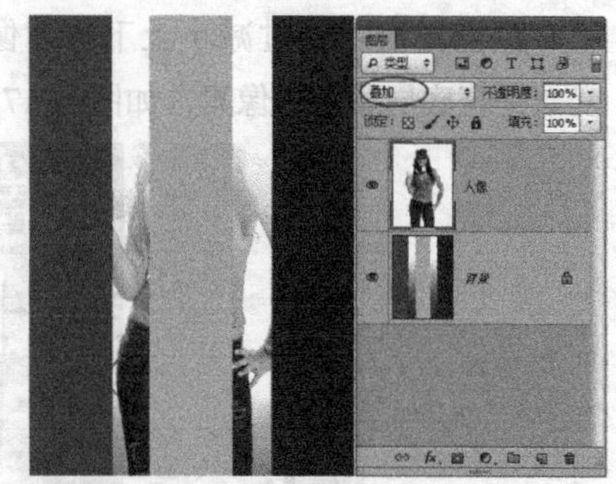

图8-120

柔光：使颜色变暗或变亮，具体情况取决于当前图像的颜色。如果上层图像比50%灰色亮，则图像变亮；如果上层图像比50%灰色暗，则图像变暗，如图8-121所示。

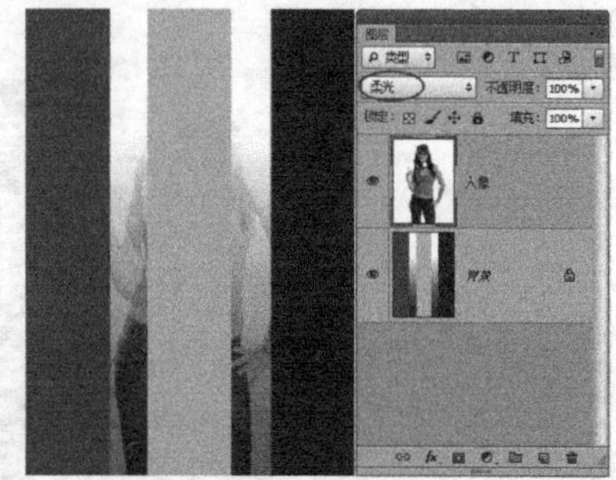

图8-121

强光：对颜色进行过滤，具体情况取决于当前图像的颜色。如果上层图像比50%灰色亮，则图像变亮；如果上层图像比50%灰色暗，则图像变暗，如图8-122所示。

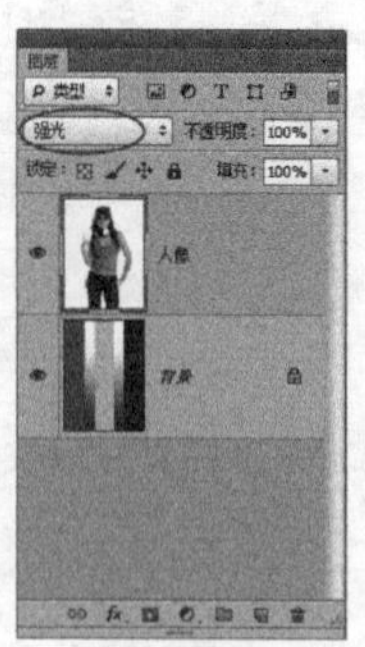

图8-122

亮光：通过增加或减小对比度来加深或减淡颜色，具体情况取决于上层图像的颜色。如果上层图像比50%灰色亮，则图像变亮；如果上层图像比50%灰色暗，则图像变暗，如图8-123所示。

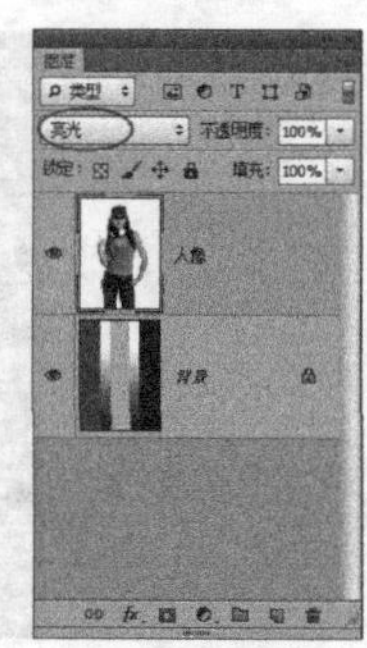

图8-123

线性光：通过减小或增加亮度来加深或减淡颜色，具体情况取决于上层图像的颜色。如果上层图像比50%灰色亮，则图像变亮；如果上层图像比50%灰色暗，则图像变暗，如图8-124所示。

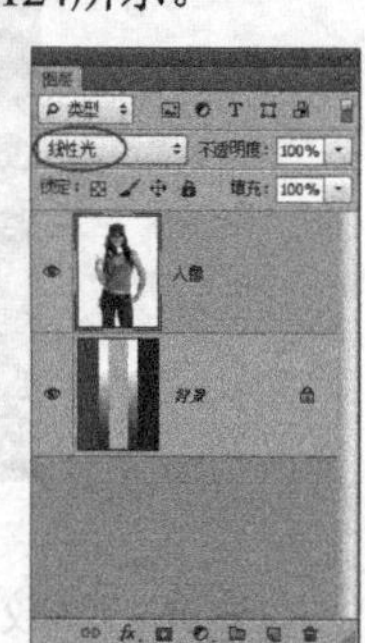

图8-124

点光：根据上层图像的颜色来替换颜色。如果上层图像比50%灰色亮，则替换比较暗的像素；如果上层图像比50%灰色暗，则替换较亮的像素，如图8-125所示。

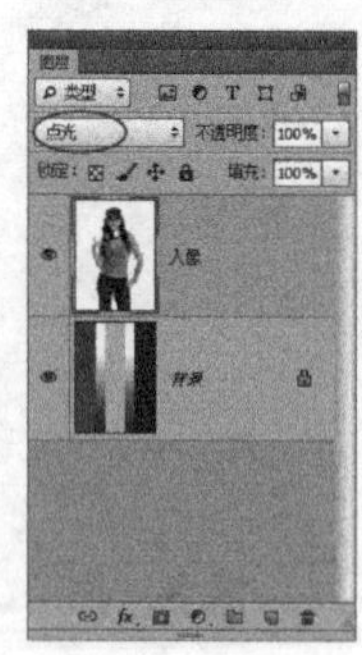

图8-125

实色混合：将上层图像的RGB通道值添加到底层图像的RGB值。如果上层图像比50%灰色亮，则使底层图像变亮；如果上层图像比50%灰色暗，则使底层图像变暗，如图8-126所示。

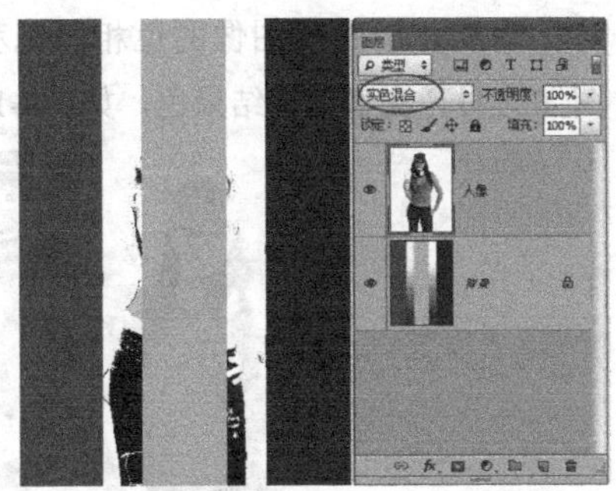

图8-126

差值：上层图像与白色混合将反转底层图像的颜色，与黑色混合则不产生变化，如图8-127所示。

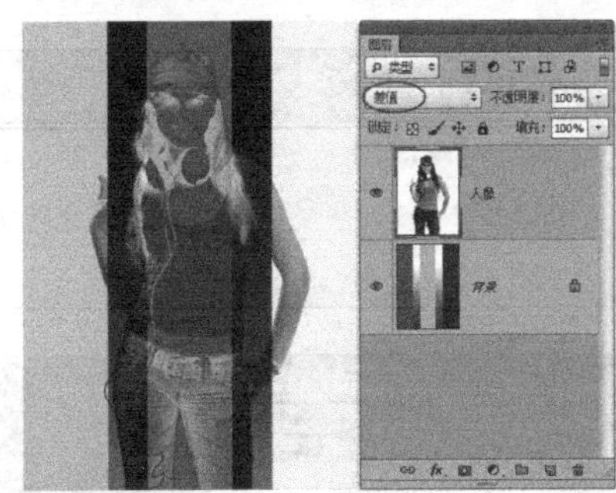

图8-127

排除：创建一种与“差值”模式相似，但对比度更低的混合效果，如图8-128所示。

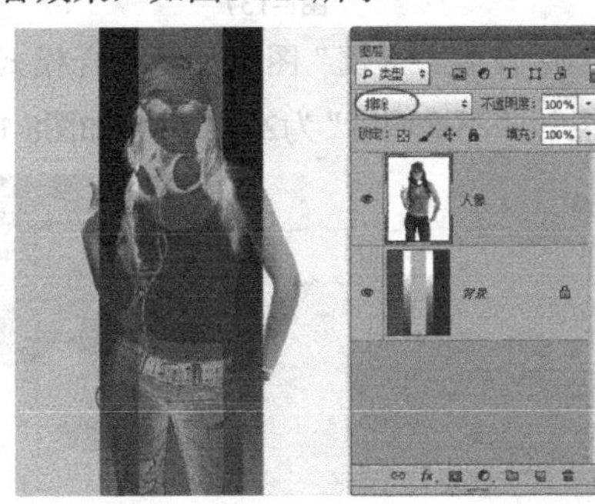

图8-128

减去：从目标通道中相应的像素上减去源通道中的像素值，如图8-129所示。

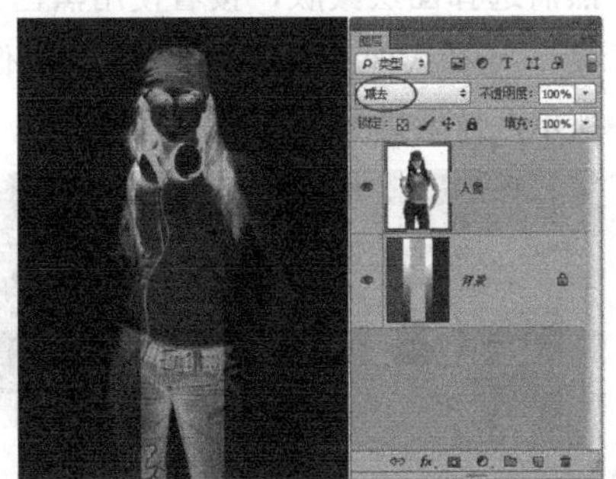

图8-129

划分：比较每个通道中的颜色信息，然后从底层图像中划分上层图像，如图8-130所示。

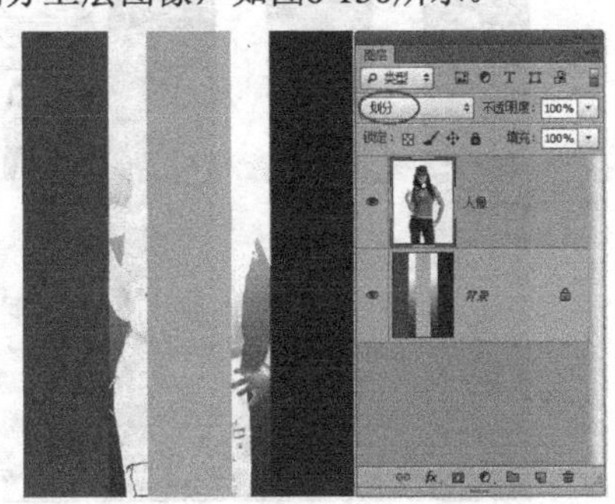

图8-130

色相：用底层图像的明亮度和饱和度以及上层图像的色相来创建结果色，如图8-131所示。

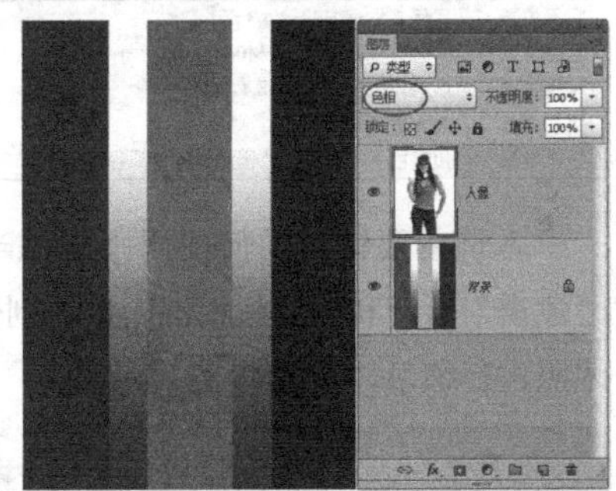

图8-131

饱和度：用底层图像的明亮度和色相以及上层图像的饱和度来创建结果色，在饱和度为0的灰度区域应用该模式不会产生任何变化，如图8-132所示。

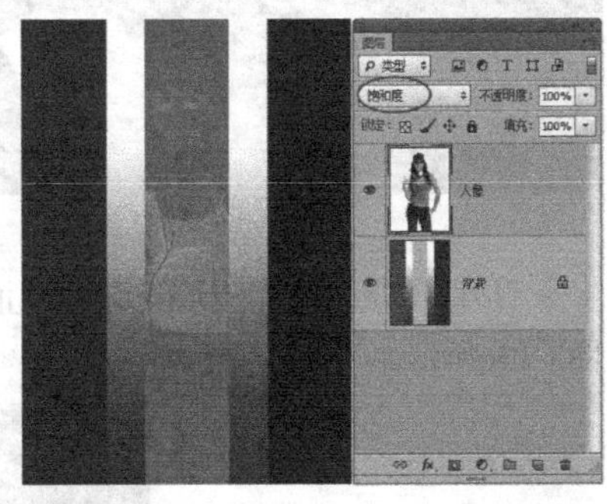

图8-132

颜色：用底层图像的明亮度以及上层图像的色相和饱和度来创建结果色，如图8-133所示。这样可以保留图像中的灰阶，对于为单色图像上色或给彩色图像着色非常有用。

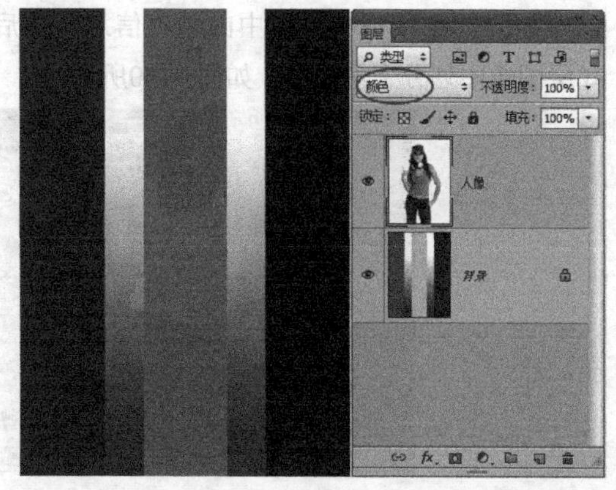

图8-133

明度：用底层图像的色相和饱和度以及上层图像的明亮度来创建结果色，如图8-134所示。

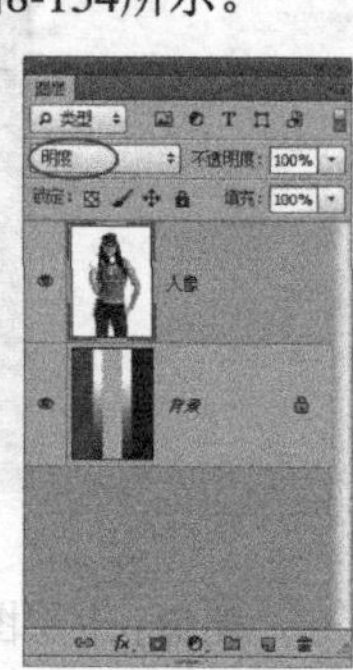

图8-134

8.4.3 课堂案例——打造彩虹半调艺术照

实例位置	实例文件>CH08>8.4.3.psd
素材位置	素材文件>CH08>素材04.jpg
视频位置	多媒体教学>CH08>8.4.3.flv
实用指数	★★★★★
技术掌握	用彩色半调滤镜和色谱渐变配合实色相混模式制作彩虹半调艺术照

本例主要针对如何使用“彩色半调”滤镜、“色谱”渐变和“实色相混”模式制作彩虹半调艺术照进行练习，如图8-135所示。

图8-135

01 打开“素材文件>CH08>素材04.jpg”文件，如图8-136所示。

图8-136

02 按Ctrl+J组合键将“背景”图层复制一层，然后将其重命名为“半调”，接着执行“滤镜>像素化>彩色半调”菜单命令，最后在弹出的“彩色半调”对话框中单击“确定”按钮，如图8-137所示，效果如图8-138所示。

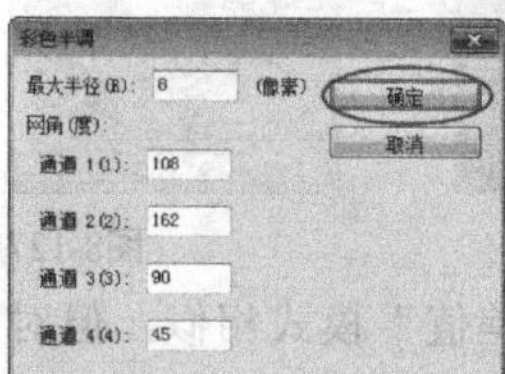

图8-137

图8-138

03 设置“半调”图层的“混合模式”为“实色相混”、“不透明度”为20%，效果如图8-139所示。

图8-139

04 在“图层”面板下单击“添加图层蒙版”按钮，为“半调”图层添加一个图层蒙版。然后选择图层蒙版，接着使用黑色柔边“画笔工具”在人像上涂抹，以隐藏掉人像，如图8-140所示，效果如图8-141所示。

图8-140

图8-141

05 新建一个“彩虹”图层，然后选择“渐变工具”，接着在选项栏中选择“色谱”渐变，再单击“径向渐变”按钮，如图8-142所示，最后从图像的左下角向右上角拉出渐变，效果如图8-143所示。

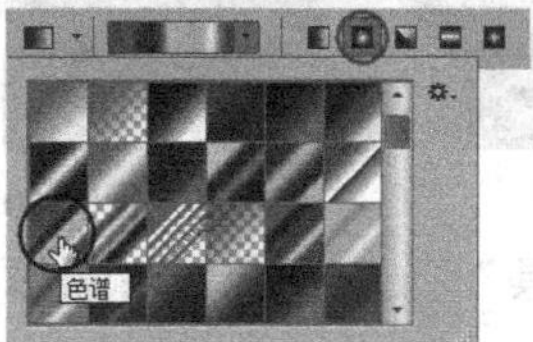

图8-142 图8-143

06 设置“彩虹”图层的“混合模式”为“颜色减淡”、“不透明度”为60%，效果如图8-144所示。

图8-144

07 为“彩虹”图层添加一个图层蒙版，然后选择图层蒙版，接着使用黑色柔边“画笔工具”（设置画笔的“不透明度”为30%）在人像上涂抹，以隐藏部分彩虹，如图8-145所示，效果如图8-146所示。

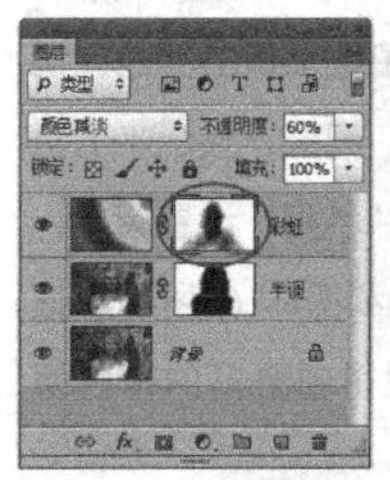

图8-145 图8-146

08 在“图层”面板下单击“创建新的填充或调整图层”按钮，然后在弹出的菜单中选择“曲线”命令，创建一个“曲线”调整图层，接着在“属性”面板中将“曲线”调节成如图8-147所示的形状，以降低画面的亮度，效果如图8-148所示。

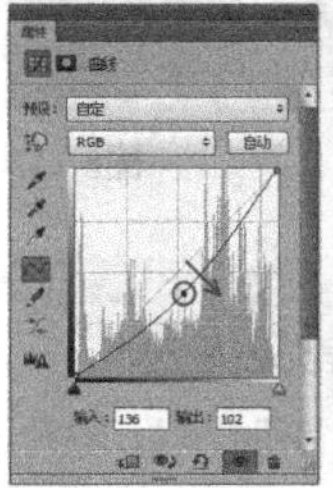

图8-147 图8-148

09 选择“半调”图层的蒙版，然后按住Alt键将其拖曳到“曲线”调整图层的蒙版上，如图8-149所示，接着在弹出的提示对话框中单击“是”按钮，如图8-150所示，这样可以将“半调”图层的蒙版复制并替换掉“曲线”调整图层的蒙版，如图8-151所示，最终效果如图8-152所示。

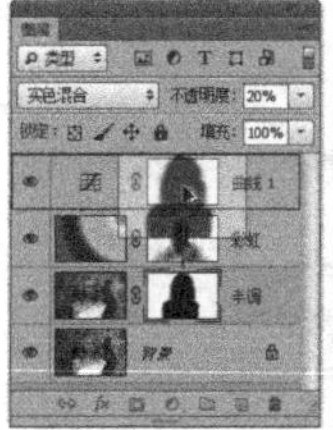

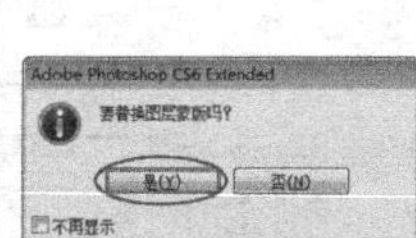

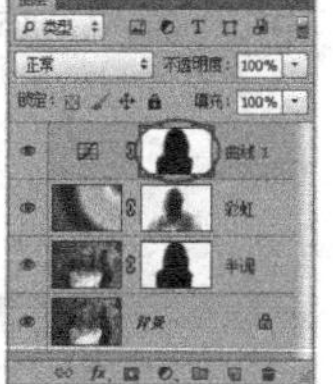

图8-149 图8-150 图8-151

图8-152

8.4.4 课堂案例——制作单色照片

实例位置	实例文件>CH08>8.4.4.psd
素材位置	素材文件>CH08>素材05.jpg
视频位置	多媒体教学>CH08>8.4.4.flv
实用指数	★★★★★
技术掌握	用去色命令配合柔光模式将彩色照片转为单色照片

本例主要针对如何使用“去色”命令与“柔光”模式将彩色照片转为单色照片进行练习，如图8-153所示。

图8-153

01 打开“素材文件>CH08>素材05.jpg”文件，如图8-154所示。

02 按Ctrl+J组合键将“背景”图层复制一层，然后按Shift+Ctrl+U组合键将图像去色，使其成为灰色图像，如图8-155所示。

图8-154

图8-155

知识点 将彩色图像去色的常见方法

为彩色图像去色的方法有很多种，最常用的有以下3种方法。

第1种：执行“图像>调整>去色”菜单命令，或按Shift+Ctrl+U组合键。

第2种：执行“图像>调整>色相/饱和度”菜单命令，或按Ctrl+U组合键打开“色相/饱和度”对话框，然后将“饱和度”数值调到最低，如图8-156所示。

第3种：执行“图像>调整>黑白”菜单命令，或按Ctrl+U组合键打开“黑色”对话框，然后单击“确定”按钮 确定 即可，如图8-157所示。

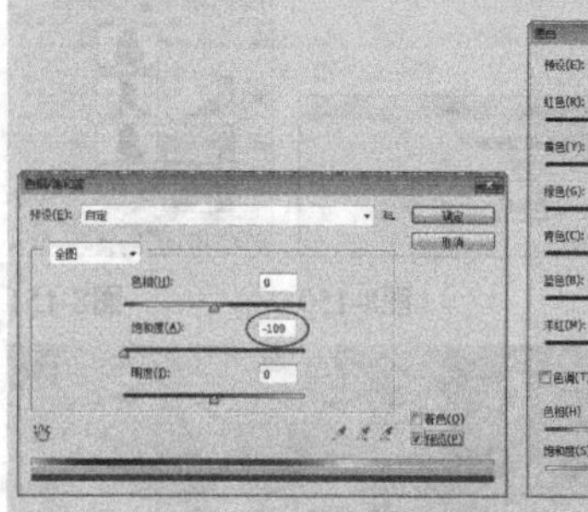
图8-156

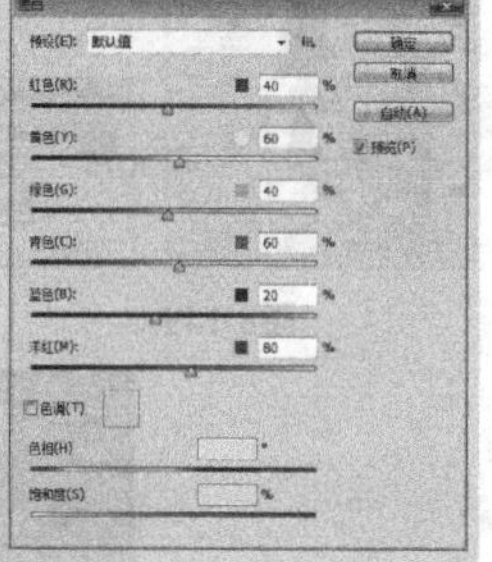
图8-157

03 新建一个“上色”图层，然后设置前景色为黄色（R:212，G:136，B:2），接着按Alt+Delete组合键用前景色填充该图层，效果如图8-158所示。

图8-158

04 设置“上色”图层的“混合模式”为“柔光”、“不透明度”为86%，如图8-159所示，效果如图8-160所示。

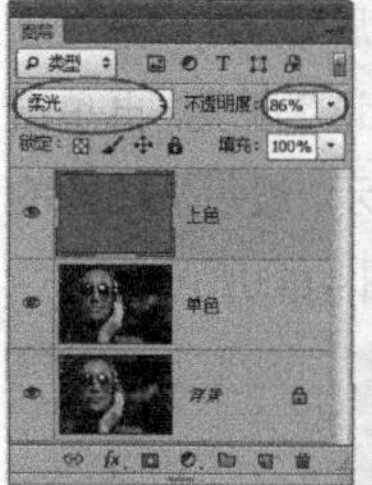
图8-159

图8-160

05 使用“横排文字工具” T 在图像的右侧输入“Monochrome”，然后设置其“混合模式”为“柔光”，最终效果如图8-161所示。

图8-161

知识点 快速为单色照片换色

从本例中可以发现，只要为黑白照片添加一个彩色图像，然后更换其混合模式即可打造出比较好看的单色照片。基于此，我们可以利用这个单色图像来调出其他色调的单色照片。例如本例，选择“上色”图层，按Ctrl+U组合键打开“色相/饱和度”对话框，将“色相”设置为30，照片就将变成偏绿的色调，如图8-162和图8-163所示。继续对“色相”数值进行调节，就可以得到更多的单色照片，如图8-164和图8-165所示。

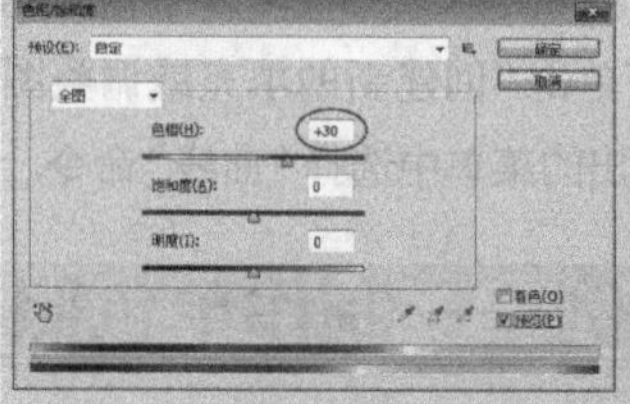
图8-162

图8-163

图8-164

图8-165

8.5 填充图层

填充图层是一种比较特殊的图层，它可以使用纯色、渐变或图案填充图层。与调整图层不同，填充图层不会影响它们下面的图层。

8.5.1 纯色填充图层

纯色填充图层可以用一种颜色填充图层，并带有一个图层蒙版。打开一个图像，如图8-166所示，然后执行“图层>新建填充图层>纯色”菜单命令，可以打开“新建图层”对话框。在该对话框中可以设置纯色填充图层的名称、颜色、混合模式和不透明度，并且可以为下一图层创建剪贴蒙版，如图8-167所示。

图8-166 图8-167

在“新建图层”对话框中设置好相关选项以后，单击“确定”按钮确定，打开“拾取实色”对话框，然后拾取一种颜色，如图8-168所示，单击“确定”按钮确定后即可创建一个纯色填充图层，如图8-169所示。

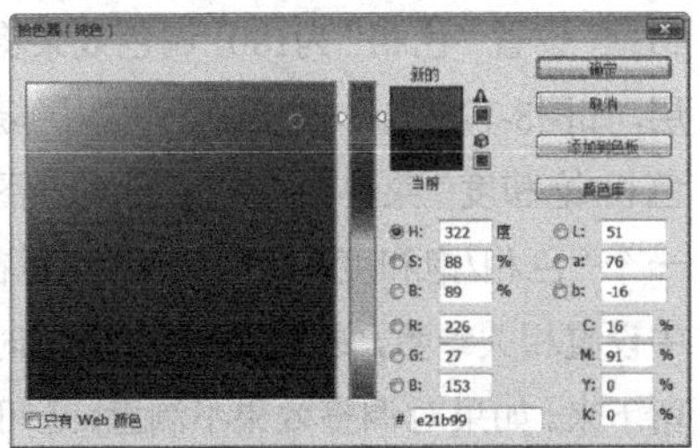

图8-168

图8-169

创建好纯色填充图层以后，我们可以调整其“混合模式”、“不透明度”或编辑其蒙版，使其与下面的图像混合在一起，如图8-170所示。

图8-170

8.5.2 渐变填充图层

渐变填充图层可以用一种渐变色填充图层，并带有一个图层蒙版。执行“图层>新建填充图层>渐变”菜单命令，可以打开“新建图层”对话框。在该对话框中可以设置渐变填充图层的名称、颜色、混合模式和不透明度，并且可以为下一图层创建剪贴蒙版。

在“新建图层”对话框中设置好相关选项以后，单击“确定”按钮确定，打开“渐变填充”对话框。在该对话框中可以选择渐变色，或设置渐变样式、角度和缩放等，如图8-171所示，单击“确定”按钮确定后即可创建一个渐变填充图层，如图8-172所示。

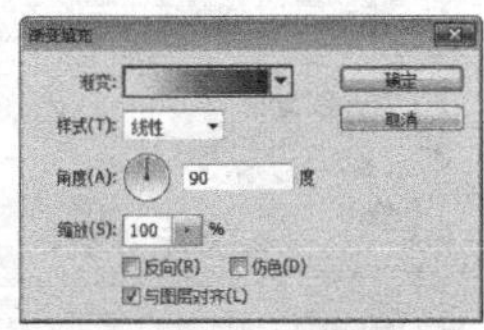

图8-171

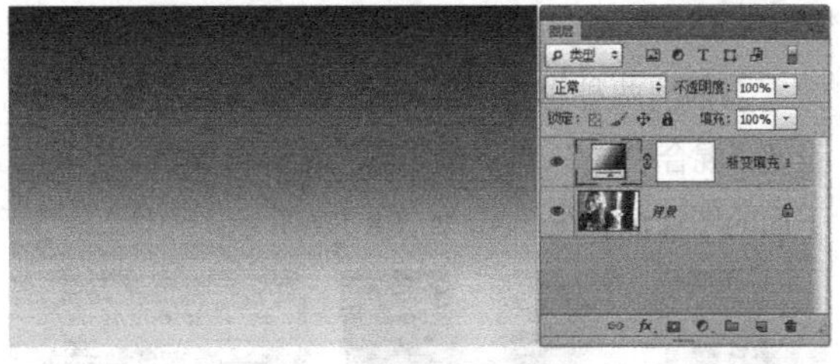

图8-172

与纯色填充图层相同，渐变填充图层也可以设置“混合模式”“不透明度”或编辑蒙版，使其与下面的图像混合在一起，如图8-173所示。

图8-173

8.5.3 图案填充图层

图案填充图层可以用一种图案填充图层，并带有一个图层蒙版。执行“图层>新建填充图层>图案”菜单命令，可以打开“新建图层”对话框。在该对话框中可以设置图案填充图层的名称、颜色、混合模式和不透明度，并且可以为下一图层创建剪贴蒙版。

在“新建图层”对话框中设置好相关选项以后，单击“确定”按钮，打开“图案填充”对话框。在该对话框中可以选择一种图案，并且可以设置图案的缩放比例等，如图8-174所示，单击“确定”按钮后即可创建一个图案填充图层，如图8-175所示。

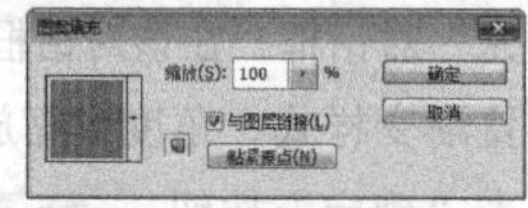

图8-174

图8-175

与前面两种填充图层相同，图案填充图层也可以设置“混合模式”、“不透明度”或编辑蒙版，使其与下面的图像混合在一起，如图8-176所示。

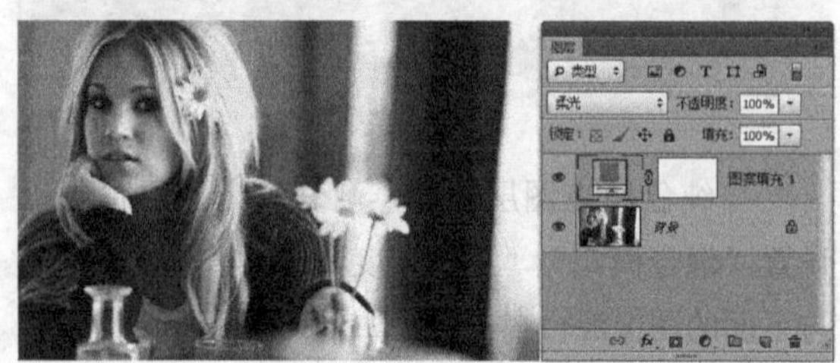

图8-176

技巧与提示

填充也可以直接在“图层”面板中进行创建，单击“图层”面板下面的“创建新的填充或调整图层”按钮，在弹出的菜单中选择相应的命令即可。

8.6 调整图层

调整图层是一种非常重要而又特殊的图层，它不仅可以调整图像的颜色和色调，并且不会破坏图像的像素。

8.6.1 调整图层与调色命令的区别

在Photoshop中，调整图像色彩的最基本方法共有以下两种。

第1种：直接执行“图像>调整”菜单下的调色命令进行调节。这种方式属于不可修改方式，也就是说一旦调整了图像的色调，就不可以再重新修改调色命令的参数。

第2种：使用调整图层。这种方式属于可修改方式，也就是说如果对调色效果不满意，还可以重新对调整图层的参数进行修改，直到满意为止。

这里再举例说明一下调整图层与调色命令之间的区别，以图8-177所示的图像为例。执行“图像>调整>色相/饱和度”菜单命令，打开“色相/饱和度”对话框，设置“色相”为180，调色效果将直接作用于图层，如图8-178所示。然后执行“图层>新建调整图层>色相/饱和度”菜单命令，在“背景”图层的上方创建一个“色相/饱和度”图层，此时可以在“属性”面板中设置相关参数，如图8-179所示，同时调整图层将保留下来。如果对调整效果不满意，还可以重新设置其参数，并且还可以编辑“色相/饱和度”调整图层的蒙版，使调色只针对背景，如图8-180所示。

图8-177

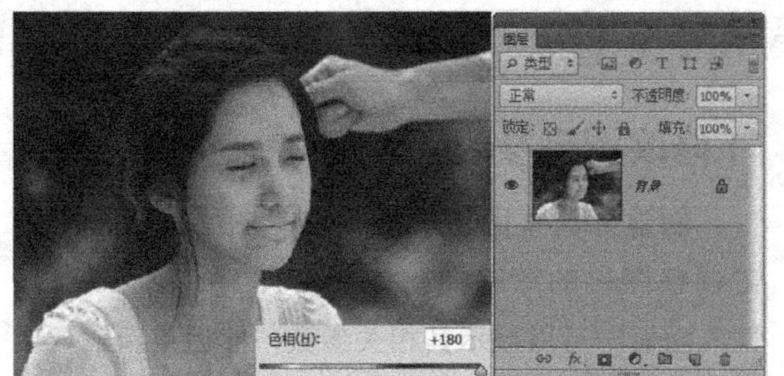
图8-178

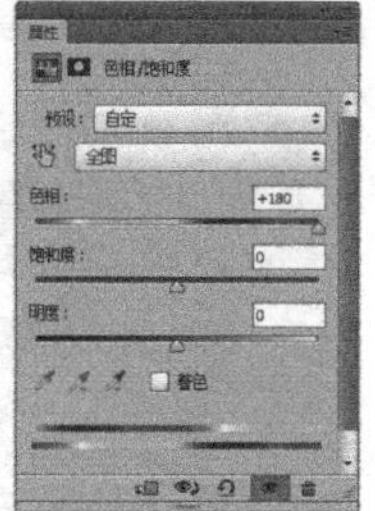
图8-179

图8-180

综上所述，现总结调整图层的优点如下。

第1点：编辑不会造成破坏。可以随时修改调整图层的相关参数值，并且可以修改其“混合模式”与“不透明度”。

第2点：编辑具有选择性。在调整图层的蒙版上绘画，可以将调整应用于图像的一部分。

第3点：能够将调整应用于多个图层。调整图层不仅可以只对一个图层产生作用（创建剪贴蒙版），还可以对下面的所有图层产生作用。

8.6.2 调整面板

执行“窗口>调整”菜单命令，打开“调整”面板，如图8-181所示，其面板菜单如图8-182所示。在“调整”面板中单击相应的按钮，可以创建相应的调整图层，也就是说这些按钮与“图层>新建调整图层”菜单下的命令相对应。

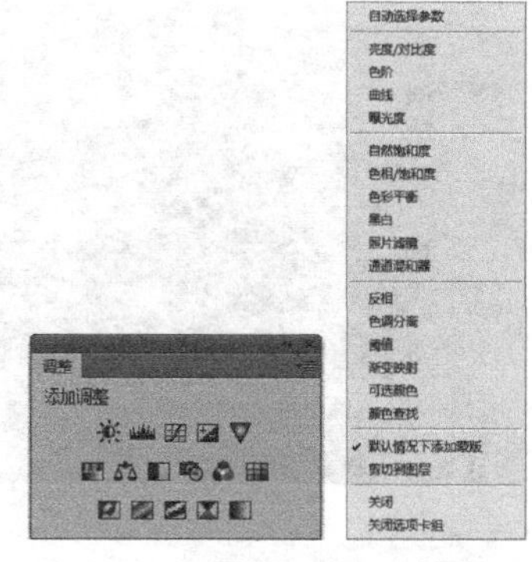
图8-181 图8-182

8.6.3 属性面板

创建调整图层以后，可以在“属性”面板中修改其参数，如图8-183所示。

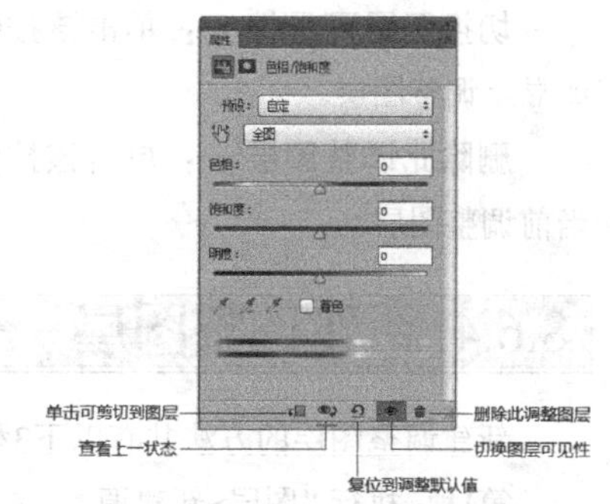

图8-183

● **属性面板选项介绍**

单击可剪切到图层：单击该按钮，可以将调整图层设置为下一图层的剪贴蒙版，让该调整图层只作用于它下面的一个图层，如图8-184所示；再次单击该按钮，调整图层会影响下面的所有图层，如图8-185所示。

图8-184

图8-185

查看上一状态：单击该按钮，可以在文档窗口中查看图像的上一个调整效果，以比较两种不同的调整效果。

复位到调整默认值：单击该按钮，可以将调整参数恢复到默认值。

切换图层可见性：单击该按钮，可以隐藏或显示调整图层。

删除此调整图层：单击该按钮，可以删除当前调整图层。

8.6.4 新建调整图层

新建调整图层的方法共有以下3种。

第1种：执行“图层>新建调整图层”菜单下的调整命令。

第2种：在“图层”面板下面单击“创建新的填充或调整图层”按钮，然后在弹出的菜单中选择相应的调整命令，如图8-186所示。

图8-186

第3种：在“调整”面板中单击调整图层的相应按钮。

8.6.5 修改与删除调整图层

1.修改调整参数

创建好调整图层以后，在“图层”面板中单击调整图层的缩略图，如图8-187所示，在“属性”面板中可以显示其相关参数，然后重新输入要修改参数值即可，如图8-188所示。

图8-187

图8-188

2.删除调整图层

如果要删除调整图层，可以直接按Delete键，也可以将其拖曳到“图层”面板下的“删除图层”按钮上，也可以在“属性”面板中单击“删除此调整图层”按钮。如果要删除调整图层的蒙版，可以将蒙版缩略图拖曳到“图层”面板下面的“删除图层”按钮上。

8.6.6 课堂案例——调整照片的背景色调

实例位置	实例文件>CH08>8.6.6.psd
素材位置	素材文件>CH08>素材06.jpg
视频位置	多媒体教学>CH08>8.6.6.flv
实用指数	★★★★★
技术掌握	用调整图层配合其蒙版调整照片的背景色调

本例主要针对如何使用调整图层和其蒙版调整图像的色调进行练习，如图8-189所示。

图8-189

01 打开“素材文件>CH08>素材06.jpg”文件，如图8-190所示。

图8-190

02 创建一个“色相/饱和度”调整图层，然后在“属性”面板中设置“色相”为88，如图8-191所示，然后选择“黄色”通道，接着设置“色相”为60，如图8-192所示，效果如图8-193所示。

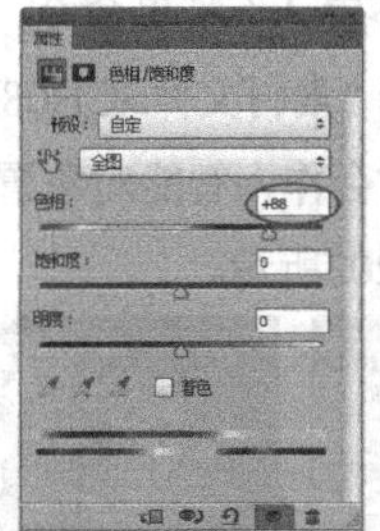

图8-191 图8-192

图8-193

03 选择“色相/饱和度”调整图层的蒙版，然后使用黑色柔边“画笔工具”在人像的皮肤区域涂抹，消除调整图层对皮肤区域的影响，如图8-194所示，最终效果如图8-195所示。

图8-194

图8-195

8.7 智能对象图层

智能对象是包含栅格或矢量图像中的图像数据的图层。智能对象可以保留图像的源内容及其所有原始特性，因此对智能对象图层所执行的操作都是非破坏性操作。

8.7.1 创建智能对象

创建智能对象的方法主要有以下3种。

第1种：执行“文件>打开为智能对象”菜单命令，可以选择一个图像作为智能对象打开。打开以后，在“图层”面板中的智能对象图层的缩略图右下角会出现一个智能对象图标，如图8-196所示。

图8-196

第2种：先打开一个图像，如图8-197所示，然后执行“文件>置入”菜单命令，可以选择一个图像作为智能对象置入当前文档中，如图8-198所示。

图8-197

图8-198

第3种：在“图层”面板中选择一个图层，然后执行“图层>智能对象>转换为智能对象”菜单命令，或者在图层名称上单击鼠标右键，然后在弹出的菜单中选择“转换为智能对象”命令，如图8-199所示。

图8-199

技巧与提示

除了以上3种方法以外，还可以将Adobe Illustrator中的矢量图形粘贴为智能对象，或是将PDF文件创建为智能对象。

8.7.2 编辑智能对象

创建智能对象以后，我们可以根据实际情况对其进行编辑。编辑智能对象不同于编辑普通图层，它需要在一个单独的文档中进行操作。下面以一个实例来讲解智能对象的编辑方法。

8.7.3 课堂案例——编辑智能对象

实例位置	实例文件>CH08>8.7.3.psd
素材位置	素材文件>CH08>素材07-1.jpg、素材07-2.png
视频位置	多媒体教学>CH08>8.7.3.flv
实用指数	★★★☆☆
技术掌握	智能对象的编辑方法

本例主要针对智能对象的编辑方法进行练习，如图8-200所示。

图8-200

01 打开“素材文件>CH08>素材07-1.jpg”文件，如图8-201所示。

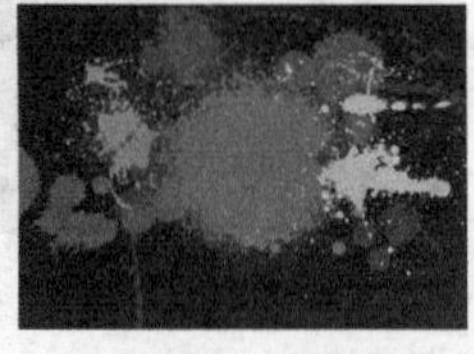

图8-201

02 执行“文件>置入”菜单命令，然后在弹出“置入”对话框中选择“素材文件>CH08>素材07-2.png”文件，此时该素材会作为智能对象置入当前文档中，如图8-202和图8-203所示。

图8-202　图8-203

03 执行“图层>智能对象>编辑内容”菜单命令，或双击智能对象图层的缩略图，Photoshop会弹出一个对话框，如图8-204所示，单击“确定”按钮 确定 ，可以将智能对象在一个单独的文档中打开，如图8-205所示。

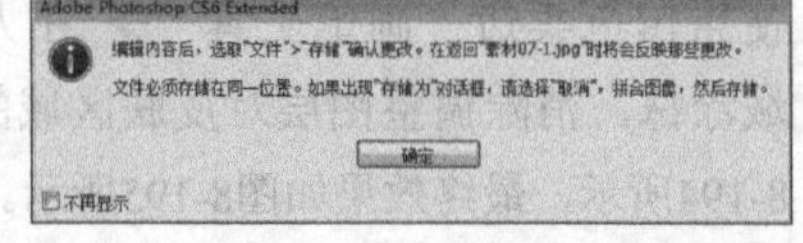

图8-204

图8-205

04 按Ctrl+M组合键打开“曲线”对话框，然后选择“通道”为“蓝”通道，接着将曲线调节成如图8-206所示的形状，效果如图8-207所示。

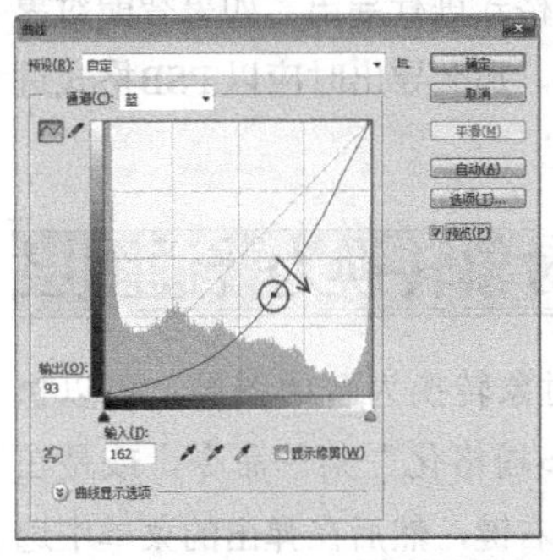

图8-206　图8-207

05 按Ctrl+S组合键保存对智能对象所进行的修改，然后切换到原始文档中，效果如图8-208所示。

图8-208

技巧与提示

在对智能对象进行修改以后，一定要记住保存智能对象文档，否则对智能对象的修改无效。

06 执行“图层>图层样式>描边”菜单命令，打开“图层样式”对话框，然后设置“颜色”为紫色（R:29，G:0，B:73，如图8-209所示）。

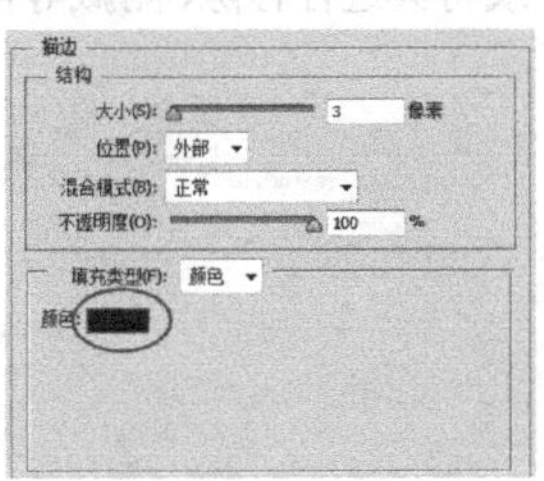

图8-209

07 在“图层样式”对话框中单击“渐变叠加”样式，然后设置“混合模式”为“柔光”、“不透明度”为60%，接着选择预设的“橙色、紫色、红色”渐变，如图8-210所示。

08 在“图层样式”对话框中单击“图案叠加”样式，然后设置“混合模式”为“强光”，接着选择“气泡”图案，并设置“缩放”为11%，如图8-211所示。

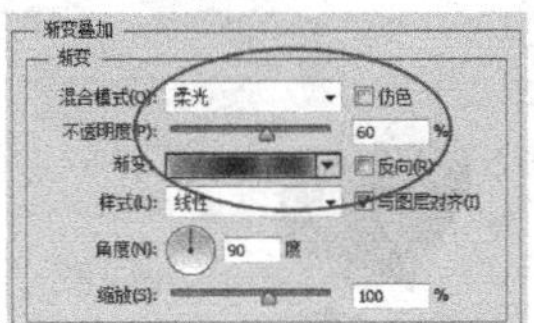

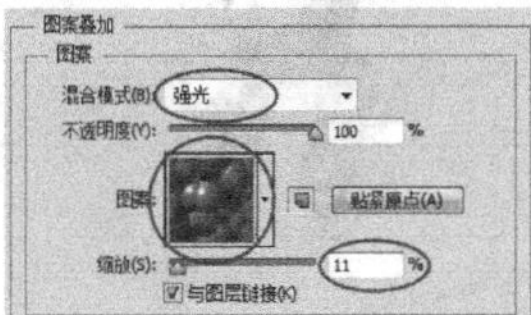

图8-210　图8-211

09 在“图层样式”对话框中单击“外发光”样式，然后设置发光颜色为黄色（R:248，G:179，B:82），接着设置“大小”为50像素，如图8-212所示，最终效果如图8-213所示。

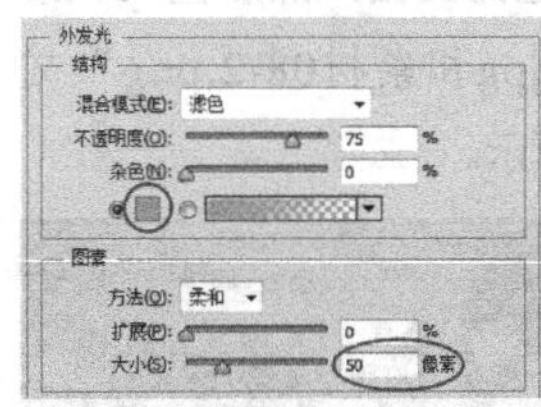

图8-212　图8-213

8.7.4 复制智能对象

在“图层”面板中选择智能对象图层，然后执行“图层>智能对象>通过拷贝新建智能对象”菜单命令，可以复制一个智能对象。当然也可以将智能对象图层拖曳到“图层”面板下面的“创建新图层”按钮上，或者直接按Ctrl+J组合键也可以复制智能对象。

8.7.5 替换智能对象

创建智能对象以后，如果对其不满意，我们还可以将其替换成其他的智能对象。下面就以一个实例来讲解如何替换智能对象。

8.7.6 课堂案例——替换智能对象内容

实例位置	实例文件>CH08>8.7.6.psd
素材位置	素材文件>CH08>素材08-1.jpg、素材08-2.png、素材08-3.jpg
视频位置	多媒体教学>CH08>8.7.6.flv
实用指数	★☆☆☆☆
技术掌握	智能对象的替换方法

本例主要针对智能对象的替换方法进行练习，如图8-214所示。

图8-214

01 按Ctrl+N组合键新建一个大小为1605像素×951像素、"背景内容"为白色的文档，然后置入"素材文件>CH08>素材08-1.jpg和素材08-2.png"文件，如图8-215和图8-216所示。

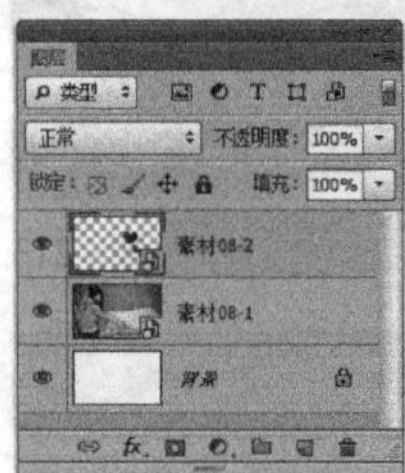

图8-215

图8-216

02 选择"素材07-1"智能对象，然后执行"图层>智能对象>替换内容"菜单命令，接着在弹出的"置入"对话框中选择"素材文件>CH08>素材08-3.jpg"文件。此时"素材08-1"智能对象将被替换成"素材08-3.jpg"文件，但是图层名称不会改变，如图8-217所示，最终效果如图8-218所示。

图8-217

图8-218

8.7.7 导出智能对象

在"图层"面板中选择智能对象，然后执行"图层>智能对象>导出内容"菜单命令，可以将智能对象以原始置入格式进行导出。如果智能对象是利用图层来创建的，那么导出时应以.PSB格式进行导出。

8.7.8 将智能对象转换为普通图层

如果要将智能对象转换为普通图层，可以执行"图层>智能对象>栅格化"菜单命令，或是在图层名称上单击鼠标右键，然后在弹出的菜单中选择"栅格化图层"命令，如图8-219所示，转换为普通图层以后，原始图层缩览图上的智能对象标志也会消失，如图8-220所示。

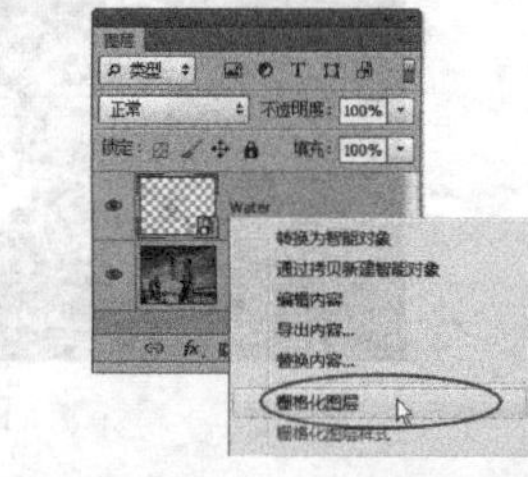

图8-219

图8-220

8.7.9 为智能对象添加智能滤镜

应用于智能对象的任何滤镜都是智能滤镜，智能滤镜属于"非破坏性滤镜"。由于智能滤镜的参数是可以调整的，因此可以调整智能滤镜的作用范围，或将其进行移除、隐藏等操作，如图8-221所示。

图8-221

8.8 本章小结

本章主要讲解了图像的应用知识。首先讲解了图层样式及图层样式的编辑和管理；然后讲解了图层的操作，包括图层的填充和调整；最后讲解了智能对象图层的相关操作。通过本章的学习我们应重点掌握图层的基本操作及各种模式，希望大家认真学习和练习，以便在今后的学习与工作中更加方便快捷地进行图像处理。

8.9 课后习题

8.9.1 课后习题——制作黄金文字

实例位置	实例文件>CH08>8.9.1.psd
素材位置	素材文件>CH08>素材09-1.psd、素材09-2.pat
视频位置	多媒体教学>CH08>8.9.1.flv
实用指数	★★★★☆
技术掌握	图案叠加样式的用法

本习题主要针对如何使用“图案叠加”样式制作黄金文字进行练习，如图8-222所示。

图8-222

步骤分解如图8-223所示。

图 8-223（1）

图 8-223（2）

图 8-223（3）

8.9.2 课后习题——为插画添加投影效果

实例位置	实例文件>CH08>8.9.2.psd
素材位置	素材文件>CH08>素材10-1.jpg、素材10-2.png
视频位置	多媒体教学>CH08>8.9.2.flv
实用指数	★★★★★
技术掌握	投影样式的用法

本习题主要针对“投影”样式的用法进行练习，如图8-224所示。

图8-224

步骤分解如图8-225所示。

图8-225（1）

图8-225（2）

图8-225（3）

8.9.3 课后习题——制作炫色唇彩

实例位置	实例文件>CH08>8.9.3.psd
素材位置	素材文件>CH08>素材11.jpg
视频位置	多媒体教学>CH08>8.9.3.flv
实用指数	★★★★★
技术掌握	用柔光模式配合画笔编辑蒙版技术制作唇彩

本习题主要针对如何使用“柔光”模式与画笔编辑蒙版技术制作炫色唇彩进行练习，如图8-226所示。

图8-226

步骤分解如图8-227所示。

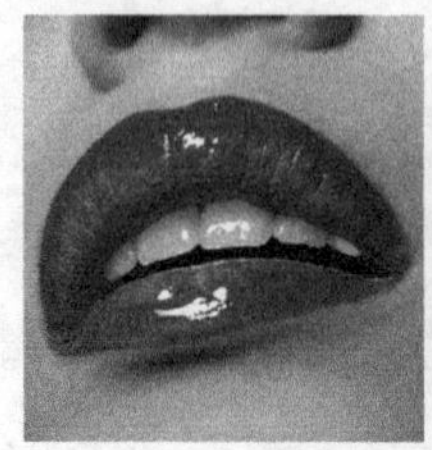

图8-227（1）

图8-227（2）

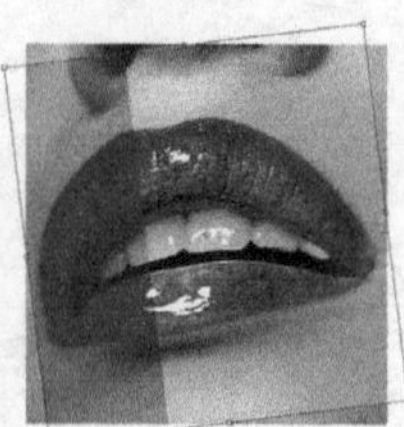

图8-227（3）

图8-227（4）

第9章 文字与蒙版

本章主要介绍了Photoshop CS6中的文字与蒙版应用方法。通过本章的学习，我们要了解并掌握文字的功能与特点，快速地掌握点文字、段落文字的输入方法、变形文字的设置、路径文字的制作以及应用对图层操作制作多变图像效果的技巧。

课堂学习目标

了解文字的作用
掌握文字工具的用法
掌握字符/段落面板的用法
了解常见文字特效的制作方法
掌握快速蒙版的使用方法
掌握剪贴蒙版的使用方法
掌握矢量蒙版的使用方法
掌握图层蒙版的工作原理
掌握用图层蒙版合成图像

9.1 创建文字的工具

Photoshop提供了4种创建文字的工具。“横排文字工具”和“直排文字工具”主要用来创建点文字、段落文字和路径文字；“横排文字蒙版工具”和“直排文字蒙版工具”主要用来创建文字选区。

本节工具概要

工具名称	作用	重要程度
横/直排文字工具	创建点文字、段落文字、路径文字、变形文字等	高
横/直排文字蒙版工具	创建文字选区	中

9.1.1 文字工具

Photoshop提供了两种输入文字的工具，分别是“横排文字工具”和“直排文字工具”。“横排文字工具”可以用来输入横向排列的文字；“直排文字工具”可以用来输入竖向排列的文字。

下面以“横排文字工具”为例来讲解文字工具的参数选项。在“横排文字工具”的选项栏中可以设置字体的系列、样式、大小、颜色和对齐方式等，如图9-1所示。

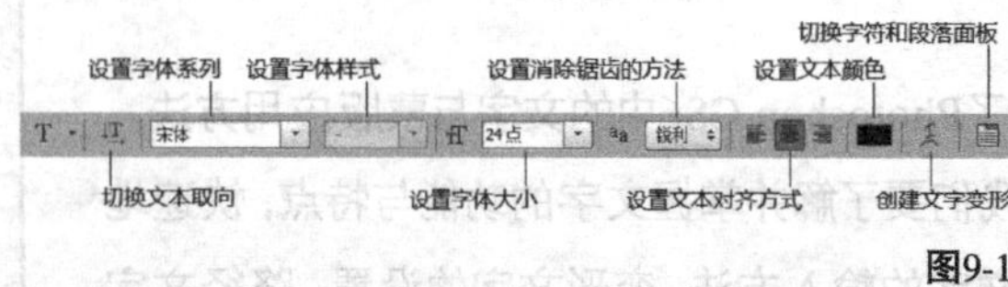

图9-1

● **横排文字工具选项介绍**

切换文本取向：如果当前使用的是“横排文字工具”输入的文字，如图9-2所示，选中文本以后，在选项栏中单击“切换文本取向”按钮，可以将横向排列的文字更改为直向排列的文字，如图9-3所示。

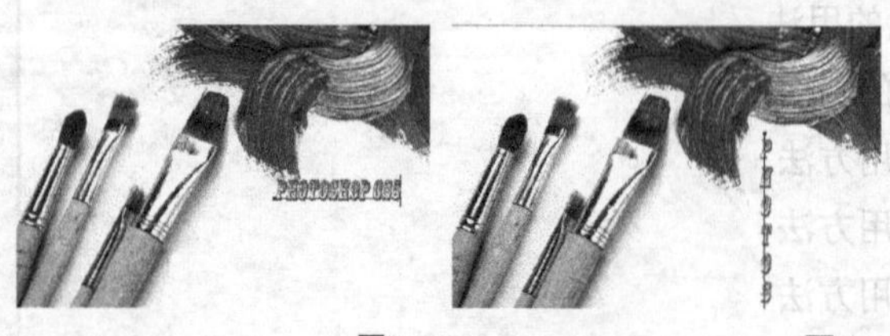

图9-2　　图9-3

设置字体系列：在文档中输入文字以后，如果要更改字体的系列，可以在文档中选择文本，如图9-4所示，然后在选项栏中单击“设置字体系列”下拉列表，接着选择想要的字体即可，如图9-5和图9-6所示。

图9-4

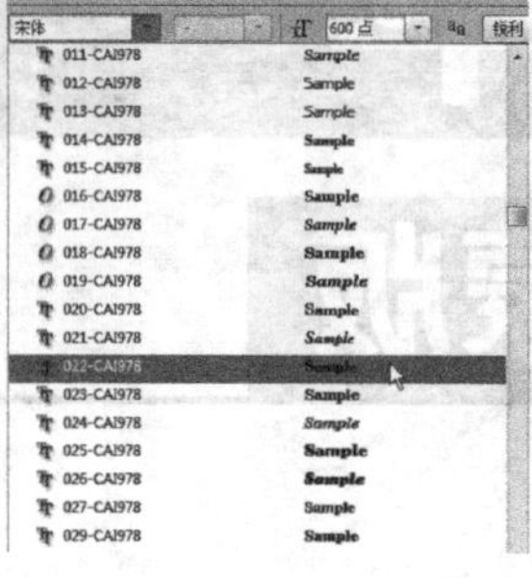

图9-5　　图9-6

知识点　如何在计算机中安装字体

在实际工作中，往往要用到各种各样的字体，而一般的计算机中的字体又非常有限，这时就需要用户自己安装一些字体（字体可以从互联网上下载）。下面介绍一下如何将外部的字体安装到计算机中。

第1步：打开“我的电脑”，进入系统安装盘符（一般为C盘），然后找到Windows文件夹，接着打开该文件夹，找到Fonts文件夹。

第2步：打开Fonts文件夹，然后选择下载的字体，接着按Ctrl+C组合键复制字体，最后按Ctrl+V组合键将其粘贴到Fonts文件夹中。在安装字体时，系统会弹出一个正在安装字体的进度对话框。

安装好字体并重新启动Photoshop后，就可以在选项栏中的“设置字体系列”下拉列表中查找到安装的字体。注意：系统中安装的字体越多，使用文字工具处理文字的运行速度就越慢。

设置字体样式：输入好英文以后，可以在选项栏中设置字体的样式，包含Regular（规则）、Italic（斜体）、Bold（粗体）和Bold Italic（粗斜体），如图9-7所示。

设置字体大小：输入文字以后，如果要更改字体的大小，可以直接在选项栏中输入数值，也可以在下拉列表中选择预设的字体大小，如图9-8所示。

设置消除锯齿的方法：输入文字以后，可以在选项栏中为文字指定一种消除锯齿的方式，如图9-9所示。选择“无”方式时，Photoshop不会应用消除锯齿；选择“锐利”方式时，文字的边缘最为锐利；选择“犀利”方式时，文字的边缘就比较锐利；选择“浑厚”方式时，文字会变粗一些；选择“平滑”方式时，文字的边缘会非常平滑。

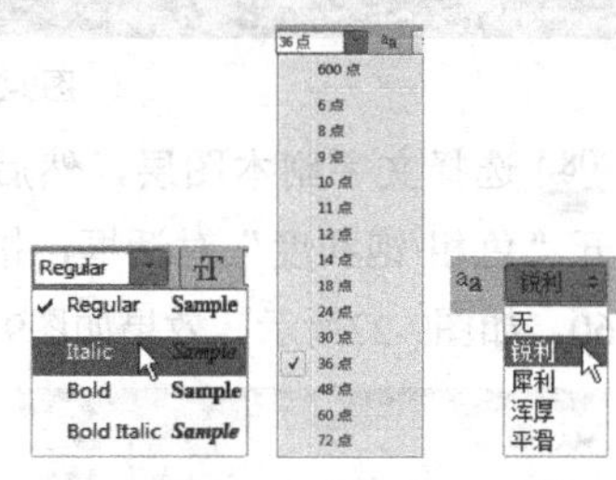

图9-7 图9-8 图9-9

设置文本对齐方式：在文字工具的选项栏中提供了3种设置文本段落对齐方式的按钮。选择文本以后，单击所需要的对齐按钮，就可以使文本按指定的方式对齐。

设置文本颜色：输入文本时，文本颜色默认为前景色。如果要修改文字颜色，可以先在文档中选择文本，然后在选项栏中单击颜色块，接着在弹出的“拾色器（文本颜色）”对话框中设置所需要的颜色。图9-10所示是黑色文字，图9-11所示是将白色更改为红色以后的效果。

图9-10

图9-11

创建变形文字：单击该按钮，可以打开“变形文字”对话框。在该对话框中可以选择文字变形的方式。

切换字符和段落面板：单击该按钮，可以打开“字符”面板和“段落”面板。

9.1.2 课堂案例——制作多彩文字

实例位置	实例文件>CH09>课堂案例——制作多彩文字.psd
素材位置	素材文件>CH09>素材01.jpg
视频位置	多媒体教学>CH09>课堂案例——制作多彩文字.flv
实用指数	★★★★☆
技术掌握	文字颜色的设置方法

利用文字颜色的设置方法制作多彩文字，最终效果如图9-12所示。

图9-12

01 按Ctrl+N组合键新建一个文档，具体参数设置如图9-13所示。

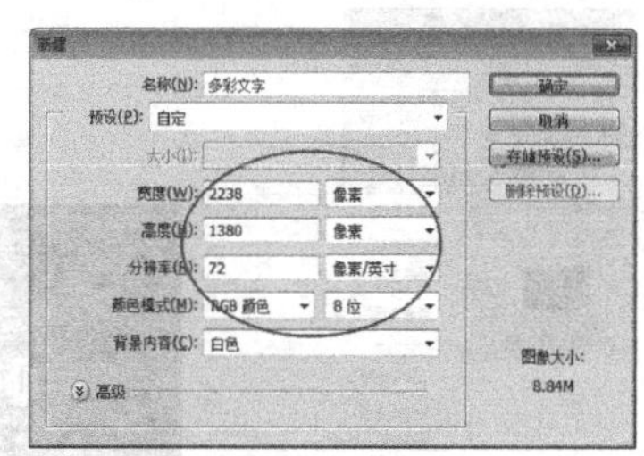

图9-13

02 设置前景色为黑色，然后按Alt+Delete组合键用前景色填充“背景”图层，接着在“横排文字工具”的选项栏中选择一个较粗的字体，并设置字体大小为290点、字体颜色为白色，如图9-14所示，最后在画布中间输入英文colourful，如图9-15所示。

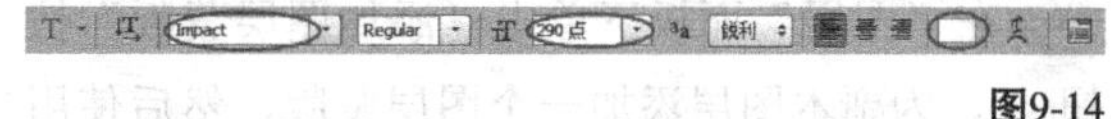

图9-14

图9-15

03 在“图层”面板中双击文字图层的缩略图，选择所有的文本，然后单独选择字母C，接着在选项栏中单击颜色块，并在弹出的“拾色器（文本颜色）”对话框中设置颜色为（R:152，G:5，B:213，如图9-16所示），效果如图9-17所示。

图9-16　图9-17

技巧与提示

在“字符”面板中也可以设置文本的颜色。“字符”面板将在下面的内容中进行讲解。

04 采用相同的方法将其他字母更改为如图9-18所示的颜色。

05 按Ctrl+J组合键复制一个文字副本图层，然后在副本图层的名称上单击鼠标右键，接着在弹出的菜单中选择“栅格化文字”命令，如图9-19所示。

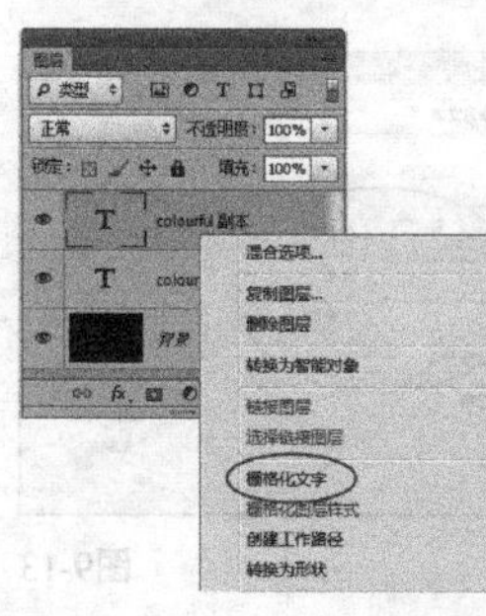

图9-18　图9-19

技巧与提示

如果不栅格化文字，那么将不能对其进行调色，或利用选区删除其中某个部分等操作。栅格化文字图层以后，就可以像操作普通图层一样编辑文字。

06 在“图层”面板下单击“添加图层蒙版”按钮，为副本图层添加一个图层蒙版，然后使用“矩形选框工具”绘制一个如图9-20所示的矩形选区。

07 设置前景色为黑色，然后按Alt+Delete组合键用黑色填充蒙版选区，如图9-21所示。

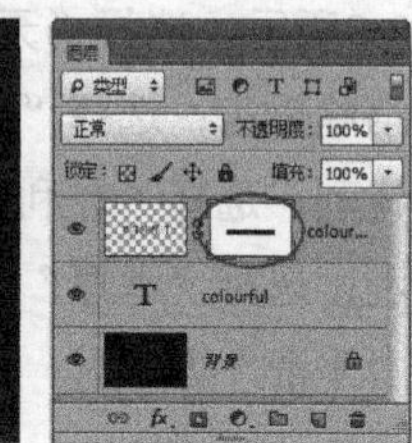

图9-20　图9-21

08 选择文字副本图层，然后按Ctrl+U组合键打开“色相/饱和度”对话框，接着设置“明度”为60，如图9-22所示，效果如图9-23所示。

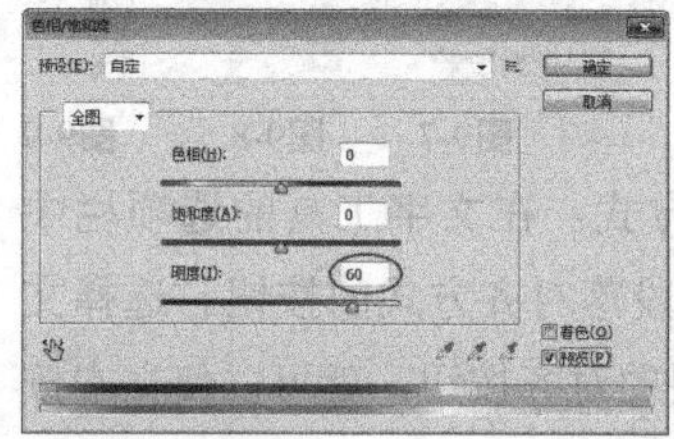

图9-22　图9-23

09 选择原始的文字图层，然后按Ctrl+J组合键再次复制一个副本图层，并将其放置在原始文字图层的下一层，如图9-24所示。

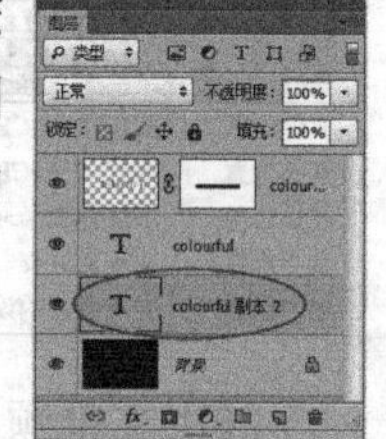

图9-24

10 将副本文字图层栅格化，然后执行“滤镜>模糊>动感模糊”命令，接着在弹出的“动感模糊”对话框中设置“角度”为90°、“距离”为320像素，如图9-25所示，效果如图9-26所示。

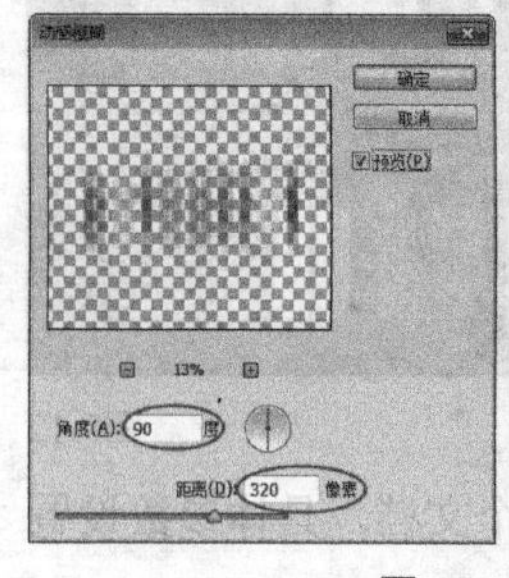

图9-25　图9-26

⑪ 使用“橡皮擦工具”擦去底部的模糊部分，如图9-27所示。

⑫ “横排文字工具”在英文colourful的底部输入较小的英文作为装饰，如图9-28所示。

图9-27　图9-28

⑬ 执行“图层>图层样式>渐变叠加”菜单命令，然后在弹出的“图层样式”对话框中设置“不透明度”为100%、“样式”为“线性”，接着选择一个颜色比较丰富的预设渐变，如图9-29所示，效果如图9-30所示。

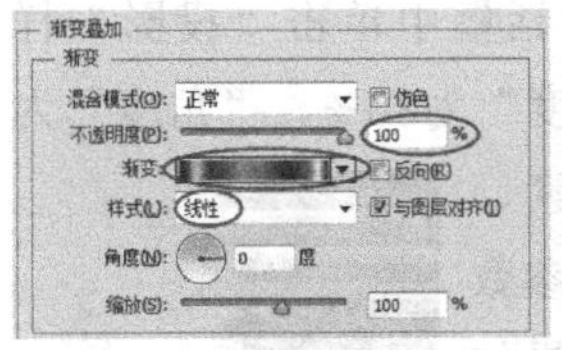

图9-29　图9-30

技巧与提示

为了与上面的文字颜色统一起来，底部的小字颜色最好选用一种与大字颜色比较接近的渐变色。

⑭ 打开“素材文件>CH09>素材01.jpg”文件，然后将所有的文字拖曳到“素材01.jpg”操作界面中，最终效果如图9-31所示。

图9-31

9.1.3 文字蒙版工具

文字蒙版工具包含“横排文字蒙版工具”和“直排文字蒙版工具”两种。使用文字蒙版工具输入文字以后，文字将以选区的形式出现，如图9-32所示。在文字选区中，可以填充前景色、背景色以及渐变色等，如图9-33所示。

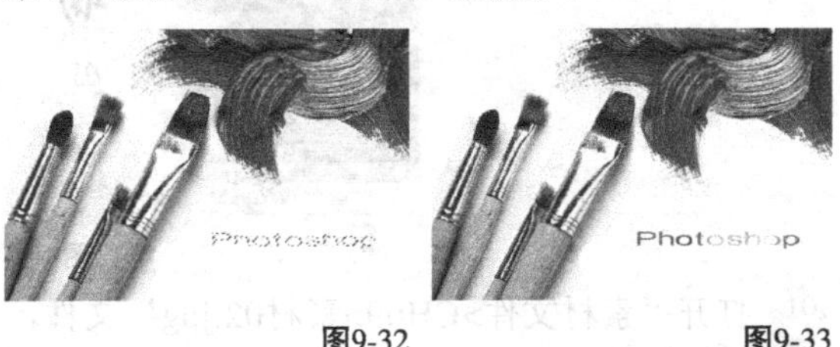

图9-32　图9-33

9.2 创建文字

在Photoshop中，可以创建点文字、段落文字、路径文字和变形文字等。下面我们就来学习这几种文字的创建方法。

9.2.1 点文字

点文字是一个水平或垂直的文本行，每行文字都是独立的，行的长度随着文字的输入而不断增加，但是不会换行，如图9-34所示。

图9-34

9.2.2 课堂案例——创建点文字

实例位置	实例文件>CH09>9.2.1.psd
素材位置	素材文件>CH09>素材02.jpg
视频位置	多媒体教学>CH09>9.2.1.flv
实用指数	★★★★☆
技术掌握	点文字的创建方法

本例主要针对点文字的创建方法进行练习，如图9-35所示。

图9-35

01 打开“素材文件>CH09>素材02.jpg”文件，如图9-36所示。

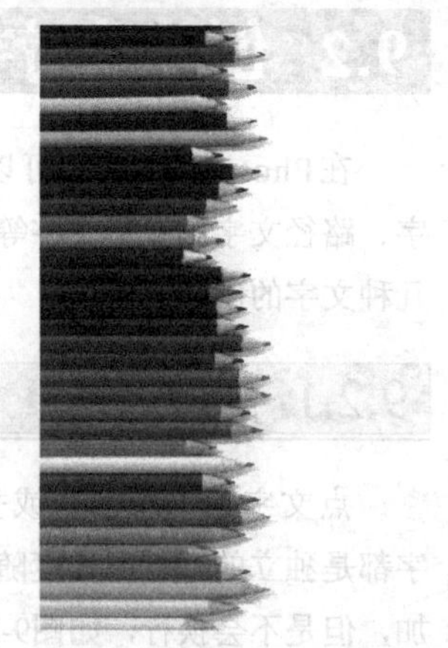

图9-36

02 在“直排文字工具”的选项栏中设置字体为“汉仪娃娃篆简”、字体大小为32点、消除锯齿方式为“锐利”、字体颜色为黑色，如图9-37所示。

图9-37

03 在画布中单击鼠标左键设置插入点，如图9-38所示，然后输入“色彩斑斓”，接着按小键盘上的Enter键确认操作，如图9-39所示。

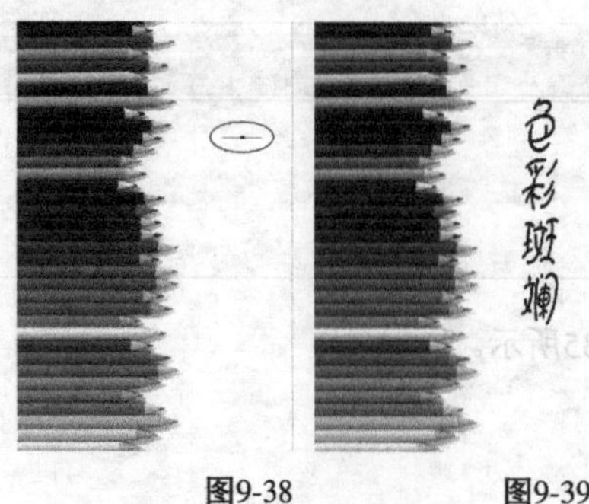

图9-38　　图9-39

技巧与提示

如果要在输入文字时移动文字的位置，可以将光标放在文字输入区域以外，拖曳鼠标左键即可移动文字。

04 执行“图层>图层样式>渐变叠加”菜单命令，然后在弹出的“图层样式”对话框中选择预设的“蓝、红、黄渐变”，如图9-40所示，效果如图9-41所示。

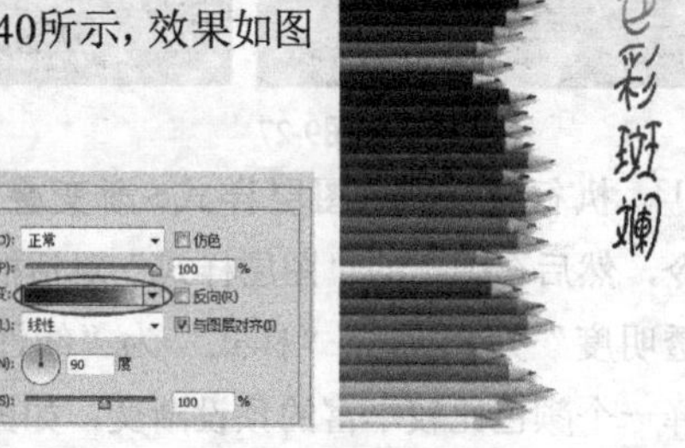

图9-40　　图9-41

05 在“图层样式”对话框中单击“投影”样式，然后设置“不透明度”为80%、“角度”为30°、“距离”为2像素、“大小”为2像素，具体参数设置如图9-42所示，效果如图9-43所示。

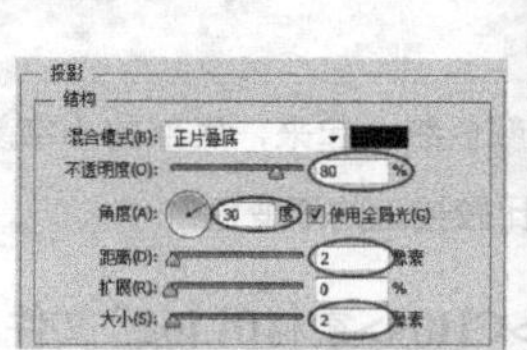

图9-42　　图9-43

06 使用“横排文字工具”在图像中输入“PS”，然后为其添加相同的图层样式，最终效果如图9-44所示。

图9-44

9.2.3 段落文字

段落文字是在文本框内输入的文字，它具有自动换行、可调整文字区域大小等优势。段落文字主要用在大量的文本中，如海报、画册等。

9.2.4 课堂案例——创建段落文字

实例位置	实例文件>CH09>9.2.4.psd
素材位置	素材文件>CH09>素材03.jpg
视频位置	多媒体教学>CH09>9.2.4.flv
实用指数	★★★☆☆
技术掌握	段落文字的创建方法

本例主要针对段落文字的创建方法进行练习，如图9-45所示。

图9-45

01 打开“素材文件>CH09>素材03.jpg”文件，如图9-46所示。

图9-46

02 在“横排文字工具”的选项栏中设置字体为Monotype Corsiva、字体大小为30点、字体颜色为黑色，具体参数设置如图9-47所示，然后按住鼠标左键在图像右侧拖曳出一个文本框，如图9-48所示。

图9-47

图9-48

03 在光标插入点处输入文字，当一行文字超出文本框的宽度时，文字会自动换行，输入完成以后按小键盘上的Enter键完成操作，如图9-49所示。

图9-49

04 当输入的文字过多时，文本框右下角的控制点将变为“⊞”形状，如图9-50所示，这时可以通过调整文本框的大小让所有的文字在文本框中完全显示出来，如图9-51所示，最终效果如图9-52所示。

图9-50

图9-51

图9-52

9.2.5 路径文字

路径文字是指在路径上创建的文字，文字会沿着路径排列。当改变路径形状时，文字的排列方式也会随之发生改变。

9.2.6 课堂案例——创建路径文字

实例位置	实例文件>CH09>9.2.6.psd
素材位置	素材文件>CH09>素材04.jpg
视频位置	多媒体教学>CH09>9.2.6.flv
实用指数	★★★☆☆
技术掌握	路径文字的创建方法

本例主要针对路径文字的创建方法进行练习，如图9-53所示。

图9-53

01 打开“素材文件>CH09>素材04.jpg”文件，如图9-54所示。

02 使用“钢笔工具”绘制一条如图9-55所示的路径。

图9-54 图9-55

技巧与提示

用于排列文字的路径可以是闭合式的，也可以是开放式的。

03 在“横排文字工具”的选项栏中选择一种英文字体，然后设置字体大小为60点、字体颜色为黄色，具体参数设置如图9-56所示。

图9-56

04 将光标放在路径上，当光标变成“⌶”形状时，单击设置文字插入点，如图9-57所示，接着在路径上输入“Please Protect Our Earth”，此时可以发现文字会沿着路径排列，如图9-58所示。

图9-57 图9-58

05 如果要调整文字在路径上的位置，可以在“工具箱”中选择“路径选择工具”或“直接选择工具”，然后将光标放在文本的起点、终点或文本上，当光标变成“⌶”形状时，如图9-59所示，拖曳光标即可沿路径移动文字，如图9-60所示。

图9-59 图9-60

9.2.7 变形文字

输入文字以后，在文字工具的选项栏中单击“创建文字变形”按钮，打开“变形文字”对话框，在该对话框中可以选择变形文字的方式，如图9-61所示。图9-62所示是这些变形文字的效果。

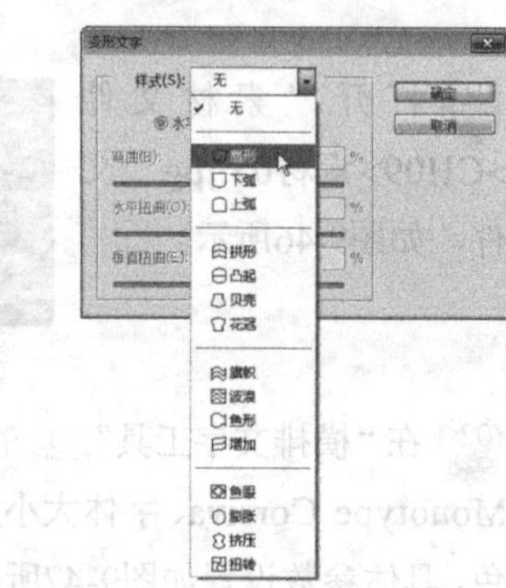

图9-61

图9-62

创建变形文字后，可以调整其他参数选项来调整变形效果。下面以“鱼形”样式为例来介绍变形文字的各项功能，如图9-63所示。

图9-63

● **变形文字对话框选项介绍**

水平/垂直：选择“水平”选项时，文本扭曲的方向为水平方向，如图9-64所示；选择“垂直”选项时，文本扭曲的方向为垂直方向，如图9-65所示。

图9-64 图9-65

弯曲：用来设置文本的弯曲程度。图9-66和图9-67所示分别是“弯曲”为-50%和100%时的效果。

图9-66 图9-67

水平扭曲：设置水平方向的透视扭曲变形的程度。图9-68和图9-69所示分别是“水平扭曲”为-66%和86%时的扭曲效果。

图9-68 图9-69

垂直扭曲：用来设置垂直方向的透视扭曲变形的程度。图9-70和图9-71所示分别是“垂直扭曲”为-60%和60%时的扭曲效果。

图9-70 图9-71

9.2.8 课堂案例——制作扭曲文字

实例位置	实例文件>CH09>9.2.8.psd
素材位置	素材文件>CH09>素材05-1.jpg、素材05-2.asl
视频位置	多媒体教学>CH09>9.2.8.flv
实用指数	★★★★☆
技术掌握	变形文字的创建方法

本例主要针对扭曲文字的创建方法进行练习，如图9-72所示。

图9-72

01 打开“素材文件>CH09>素材05-1.jpg”文件，如图9-73所示。

图9-73

02 在“横排文字工具”T的选项栏中单击“切换字符和段落面板”按钮，打开“字符”面板，然后设置字体为Myriad Pro、字体大小为16点、字距为300点、颜色为白色，具体参数设置如图9-74所示。接着在告示牌上输入英文“HELLO SUMMER”，如图9-75所示。

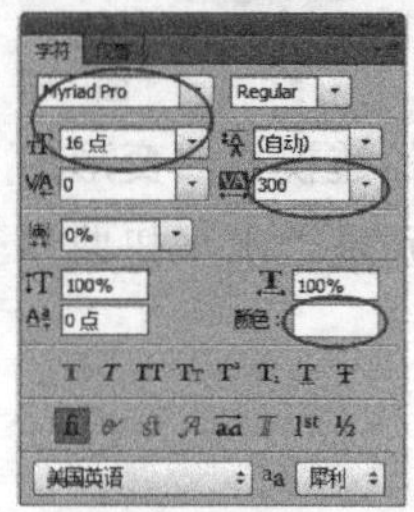
图9-74

图9-75

03 在选项栏中单击“创建文字变形”按钮，打开“变形文字”对话框，然后设置“样式”为“花冠”，接着设置“弯曲”为50%、“水平扭曲”为3%、“垂直扭曲”为7%，如图9-76所示，效果如图9-77所示。

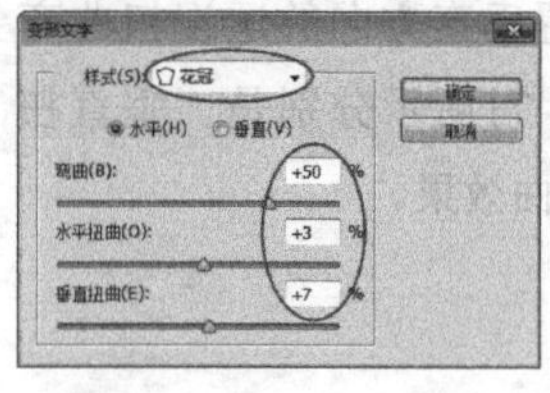
图9-76

图9-77

04 执行“窗口>样式”菜单命令，打开“样式”面板，然后单击图标，接着在弹出的菜单中选择“载入样式”命令，如图9-78所示，最后在弹出的对话框中选择“素材文件>CH09>素材05-2.asl”文件，如图9-79所示。

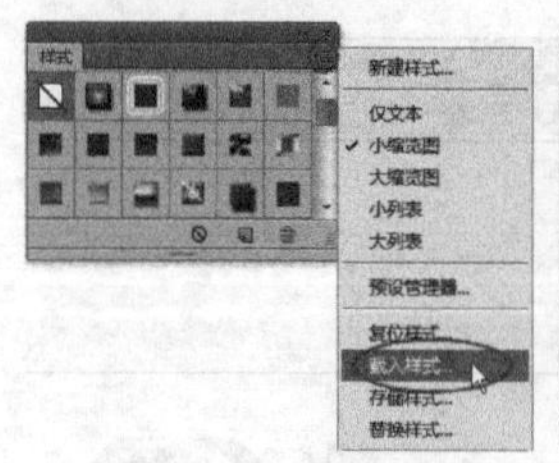
图9-78

图9-79

05 选择文字图层，然后在“样式”面板中单击上一步载入的“水蓝”样式，如图9-80所示，最终效果如图9-81所示。

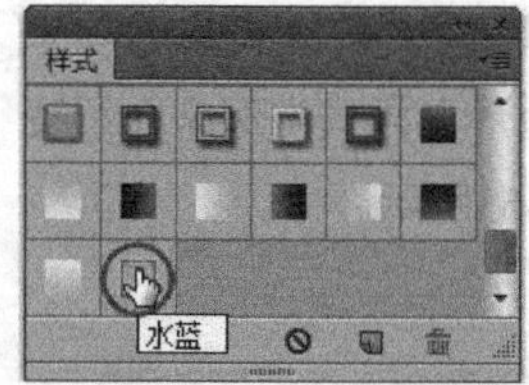

图9-80

图9-81

9.3 编辑文本

输入文字以后，我们可以对文字进行修改，比如修改文字的大小写、颜色、行距等。另外，还可以检查和更正拼写、查找和替换文本、更改文字的方向等。

9.3.1 修改文字属性

使用文字工具输入文字以后，在“图层”面板中双击文字图层，选择所有的文本。此时可以对文字的大小、大小写、行距、字距、水平/垂直缩放等进行设置。

9.3.2 拼写检查

如果要检查当前文本中的英文单词拼写是否有错误，可以先选择文本，如图9-82所示，然后执行“编辑>拼写检查”菜单命令，打开“拼写检查”对话框，Photoshop会提供修改建议，如图9-83所示。

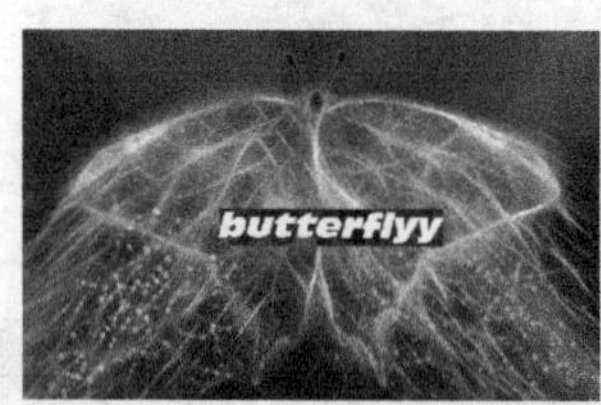

图9-82

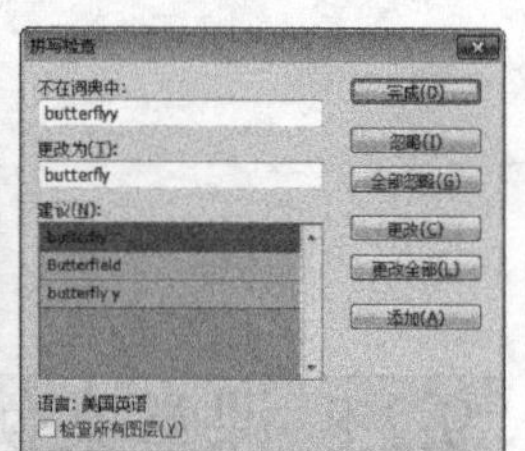

图9-83

9.3.3 查找和替换文本

执行“编辑>查找和替换文本”菜单命令，打开“查找和替换文本”对话框，在该对话框中可以查找和替换指定的文字，如图9-84所示。

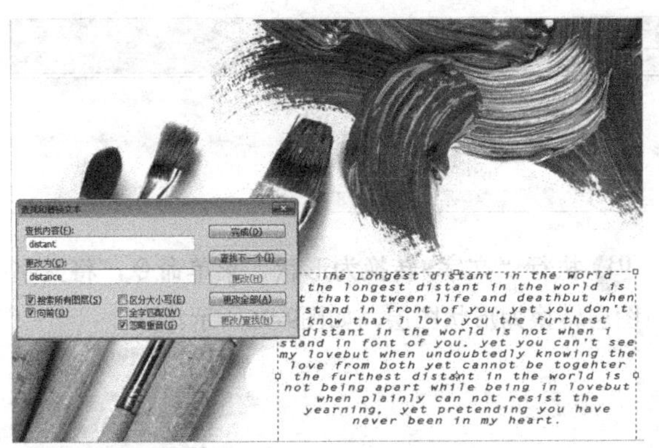

图9-84

9.3.4 更改文字方向

如果当前选择的文字是横排文字，如图9-85所示，执行“文字>取向>垂直”菜单命令，可以将其更改为直排文字，如图9-86所示。如果当前选择的文字是直排文字，执行“文字>取向>水平”菜单命令，可以将其更改为横排文字。

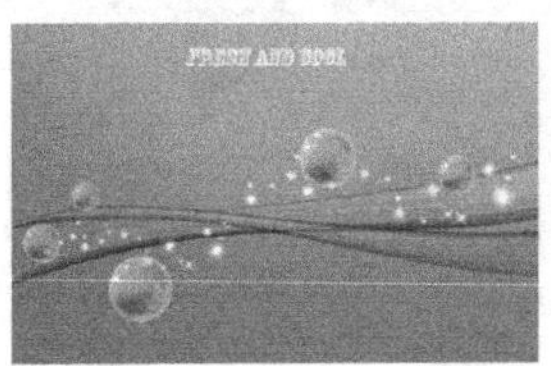

图9-85

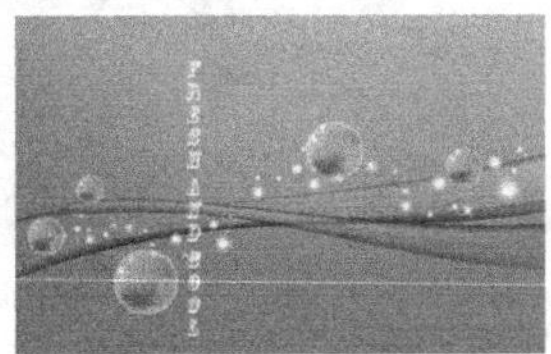

图9-86

9.3.5 转换点文本和段落文本

如果当前选择的是点文本，执行“文字>转换为段落文本”菜单命令，可以将点文本转换为段落文本；如果当前选择的是段落文本，执行“文字>转换为点文本”菜单命令，可以将段落文本转换为点文本。

9.3.6 编辑段落文本

创建段落文本以后，可以根据实际需求来调整文本框的大小，文字会自动在调整后的文本框内重新排列。另外，通过文本框还可以旋转、缩放和斜切文字，如图9-87所示。

图9-87

9.4 转换文字

在Photoshop中输入文字后，Photoshop会自动生成与文字内容相同的文字图层。由于Photoshop对文字图层的编辑功能相对有限，因此在编辑和处理文字时，就需要将文字图层转换为普通图层（栅格化文字），或将文字转换为形状、路径。

9.4.1 栅格化文字

Photoshop中的文字图层不能直接应用滤镜或进行扭曲、透视等变换操作，若要对文本应用这些滤镜或变换时，就需要将其栅格化，使文字变成像素图像。栅格化文字图层的方法共有以下3种。

第1种：在“图层”面板中选择文字图层，然后在图层名称上单击鼠标右键，接着在弹出的菜单中选择“栅格化文字”命令，如图9-88所示，就可以将文字图层转换为普通图层，如图9-89所示。

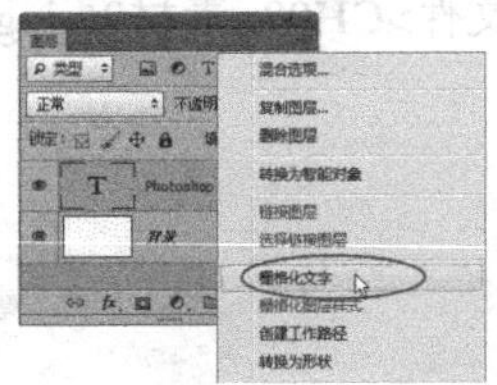

图9-88

图9-89

第2种：执行“文字>栅格化文字图层”菜单命令。

第3种：执行“图层>栅格化>文字”菜单命令。

9.4.2 转换为形状

选择文字图层，然后在图层名称上单击鼠标右键，接着在弹出的菜单中选择“转换为形状”命令，如图9-90所示，可以将文字转换为形状图层，如图9-91所示。另外，执行“文字>转换为形状”菜单命令也可以将文字图层转换为形状图层。执行“转换为形状”命令以后，不会保留文字图层。

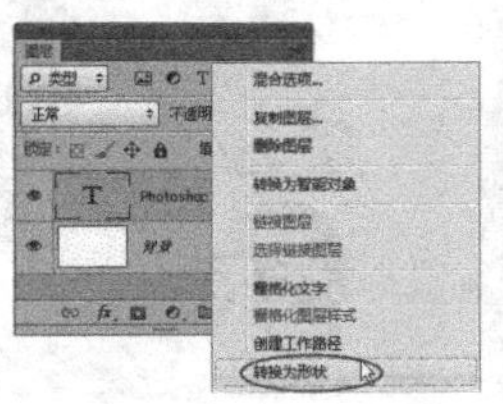

图9-90

图9-91

9.4.3 课堂案例——制作形状艺术字

实例位置	实例文件>CH09>9.4.3.psd
素材位置	素材文件>CH09>素材06.jpg
视频位置	多媒体教学>CH09>9.4.3.flv
实用指数	★★★☆☆
技术掌握	文字形状的运用

本例主要针对如何使用文字形状制作艺术字进行练习，如图9-92所示。

图9-92

01 打开“素材文件>CH09>素材06.jpg”文件，如图9-93所示。

图9-93

02 在“横排文字工具”的选项栏中单击“切换字符和段落面板”按钮，打开“字符”面板，然后设置字体为“黑体”、字体大小为300点、字距为-180点、颜色为（R:140，G:211，B:29），接着设置字符样式为“仿斜体”，具体参数设置如图9-94所示，最后在操作界面中输入“公主”两个字，如图9-95所示。

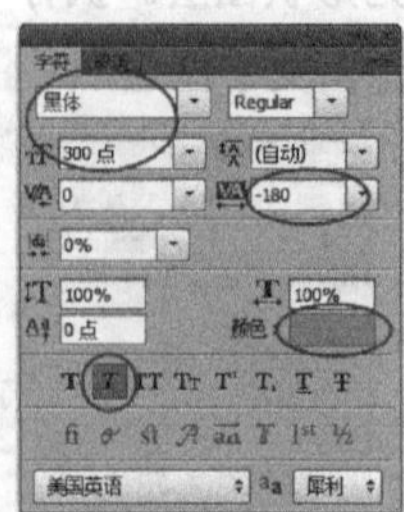

图9-94

图9-95

03 执行“文字>转换为形状”菜单命令，将文字图层转换为形状图层，如图9-96所示。

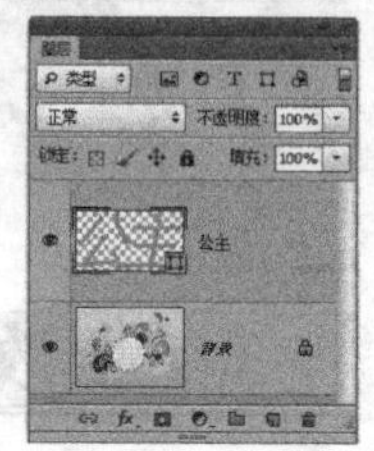

图9-96

04 在“工具箱”中选择“直接选择工具”，然后选择“公”字的路径，如图9-97所示，接着调整各锚点，将其调整成如图9-98所示的形状。

图9-97

图9-98

05 采用相同的方法使用“直接选择工具”将“主”调整成如图9-99所示的形状。

06 在“工具箱”中选择“钢笔工具”，然后在选项栏中选择工具模式为“形状”，接着在文字两侧绘制两个装饰花纹，如图9-100所示。

图9-99

图9-100

07 执行“图层>图层样式>投影”菜单命令，打开“图层样式”对话框，然后设置阴影颜色为（R:13，G:76，B:0，如图9-101所示）。

08 在“图层样式”对话框中单击“内发光”样式，然后设置“不透明度”为100%、发光颜色为（R:92，G:151，B:15），接着设置“阻塞”

为14%、“大小”为16像素，具体参数设置如图9-102所示。

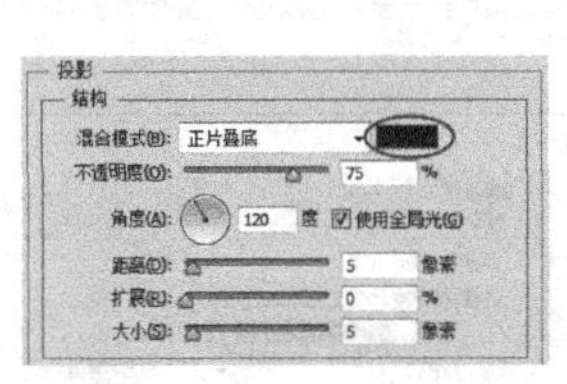

图9-101

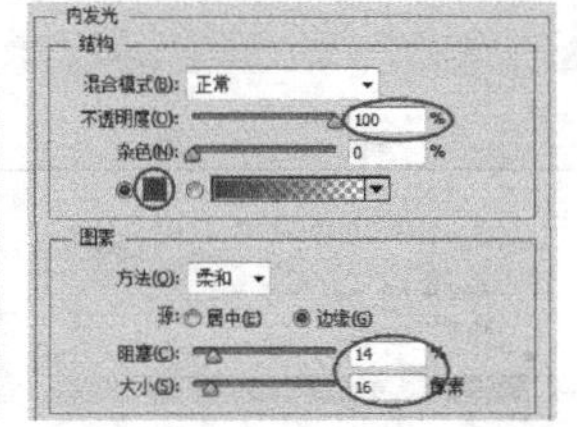

图9-102

09 在“图层样式”对话框中单击“斜面和浮雕”样式，然后设置“深度”为300%、“大小”为10像素、“软化”为2像素，接着设置高光的“不透明度”为100%，最后设置“阴影模式”为“颜色减淡”、“不透明度”为40%，具体参数设置如图9-103所示。

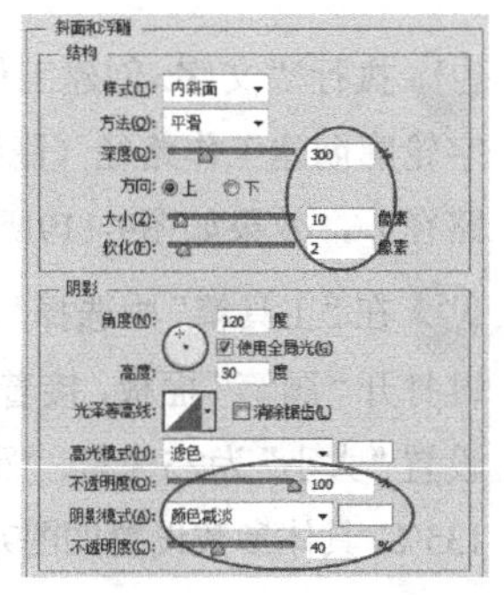

图9-103

10 在“斜面和浮雕”样式下单击“等高线”选项，然后单击“等高线”选项后面的预览框，接着在弹出的“等高线编辑器”对话框中设置“预设”为“半圆”，如图9-104和图9-105所示。

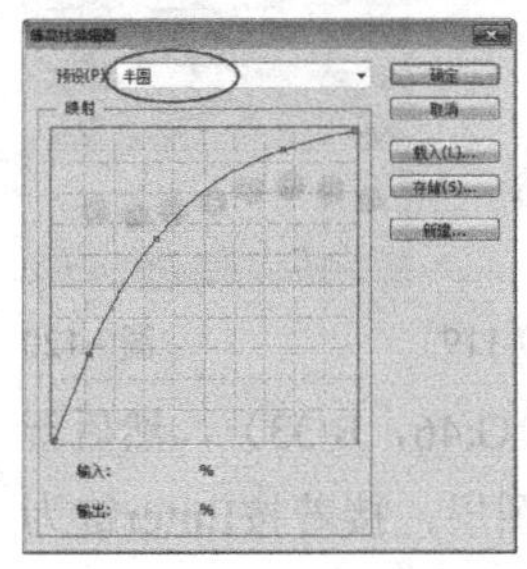

图9-104

图9-105

11 在“图层样式”对话框中单击“颜色叠加”样式，然后设置叠加颜色为（R:170，G:255，B:10，如图9-106所示）。

12 在“图层样式”对话框中单击“光泽”样式，然后设置效果颜色为（R:12，G:169，B:0）、“不透明度”为45%、“角度”为19°、“距离”为19像素、“大小”为14像素，接着勾选“消除锯齿”选项，最后关闭“反相”选项，具体参数设置如图9-107所示。

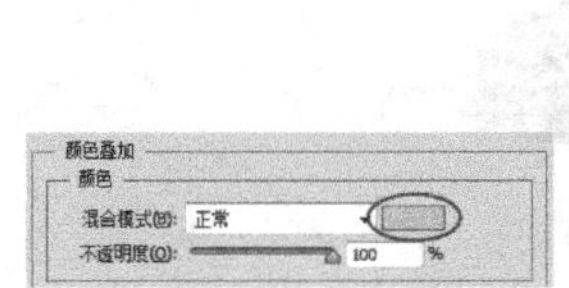

图9-106

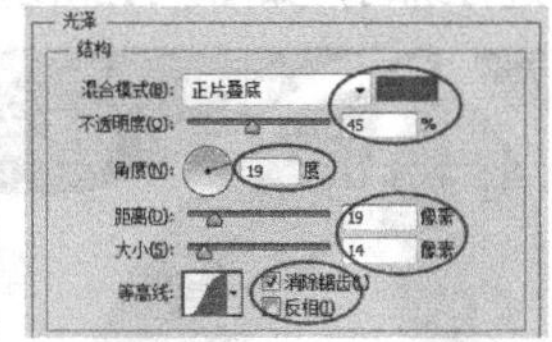

图9-107

13 在“图层样式”对话框中单击“描边”样式，然后设置“大小”为18像素，接着设置“颜色”为白色，如图9-108所示，最终效果如图9-109所示。

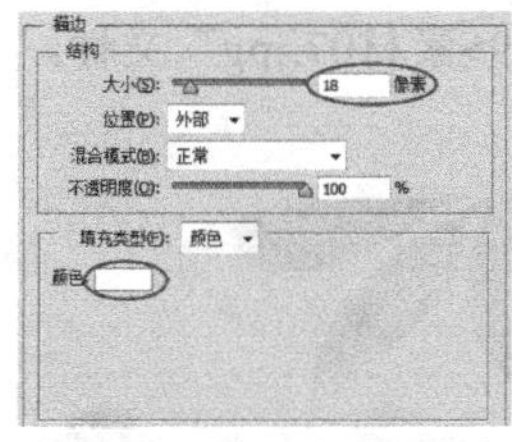

图9-108

图9-109

9.4.4 将文字创建为工作路径

在“图层”面板中选择一个文字图层，如图9-110所示，然后执行“文字>创建工作路径”菜单命令，可以将文字的轮廓转换为工作路径，如图9-111所示。

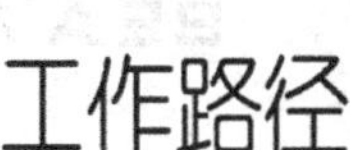

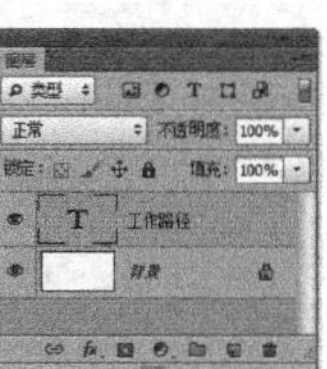

图9-110

图9-111

9.4.5 课堂案例——制作路径斑点字

实例位置	实例文件>CH09>9.4.5.psd
素材位置	素材文件>CH09>素材07.jpg
视频位置	多媒体教学>CH09>9.4.5.flv
实用指数	★★★☆☆
技术掌握	文字路径的运用

本例主要针对如何使用文字路径制作斑点字进行练习，如图9-112所示。

图9-112

01 打开“素材文件>CH09>素材07.jpg”文件，如图9-113所示。

图9-113

02 在“字符”面板中设置字体为“汉仪综艺体繁”、字体大小为58点、行距为14.4点（颜色可以随意设置），具体参数设置如图9-114所示，接着在操作区域中输入“BEATLES”，如图9-115所示。

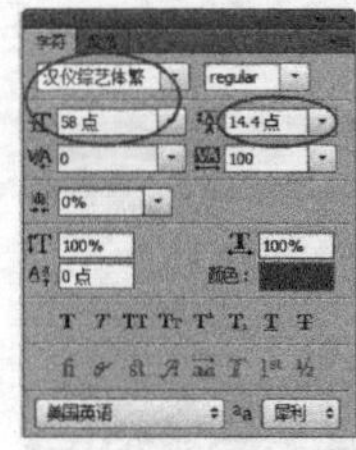

图9-114

图9-115

03 执行“图层>图层样式>渐变叠加”菜单命令，打开“图层样式”对话框，然后设置“不透明度”为100%，接着选择一种橙黄色预设渐变，最后设置“角度”为90°，如图9-116和图9-117所示，效果如图9-118所示。

图9-116

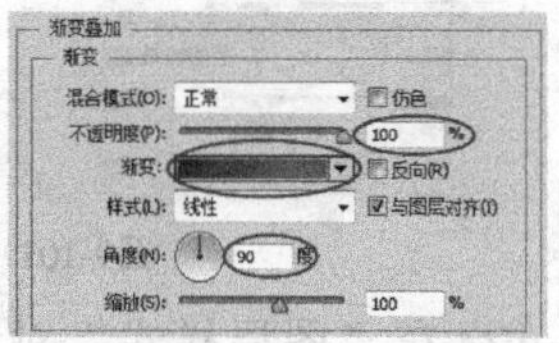

图9-117

图9-118

04 执行“文字>创建工作路径”菜单命令，为文字轮廓创建工作路径（隐藏文字图层可清楚地查看路径），效果如图9-119所示。

05 在“工具箱”中选择“画笔工具”，然后按F5键打开“画笔”面板，接着选择一种硬边画笔，最后设置“大小”为25像素、“硬度”为100%、“间距”为135%，具体参数设置如图9-120所示。

图9-119

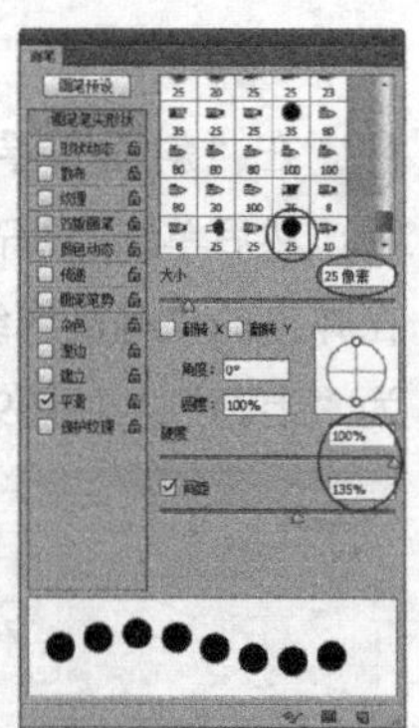

图9-120

06 设置前景色为（R:66，G:46，B:33），然后新建一个名称为“斑点”的图层，接着按Enter键为路径描边，效果如图9-121所示。

图9-121

技巧与提示

由于边缘处的斑点超出了文字的范围，所以下面还需要对斑点进行处理。

07 在“路径”面板的空白处单击鼠标左键，取消对路径的选择，如图9-122所示，然后在“图层”面板中按住Ctrl键单击文字图层的缩略图，载入其选区，如图9-123所示。

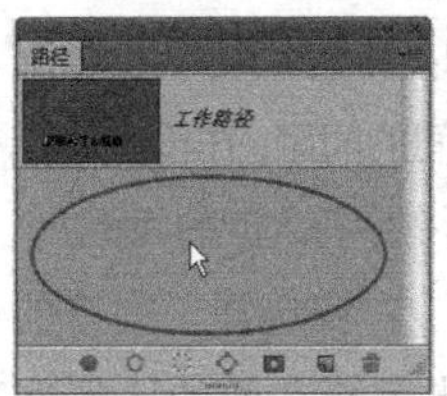

图9-122

图9-123

08 选择“斑点”图层，然后在“图层”面板下单击“添加图层蒙版”按钮，为斑点添加一个选区蒙版，如图9-124所示，效果如图9-125所示。

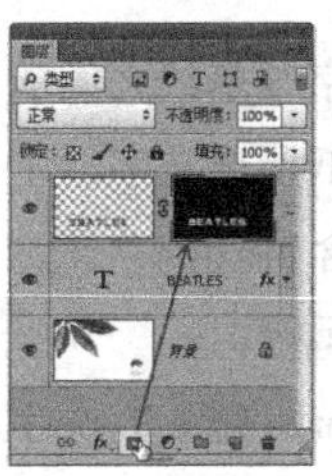

图9-124

图9-125

技巧与提示

在保持选区的状态下直接为图层添加图层蒙版时，Photoshop会自动保留选区内部的图像，而隐藏掉选区外部的图像。在图层蒙版中，白色区域代表显示出来的区域，黑色区域代表隐藏的区域。

09 在最上层新建一个名称为“高光”的图层，然后载入文字图层的选区，接着设置前景色为白色，最后按Alt+Delete组合键用白色填充选区，效果如图9-126所示。

图9-126

10 使用“矩形选框工具”框选出下半部分区域，如图9-127所示，然后按Delete键将其删掉，接着设置“高光”图层的“不透明度”为40%，效果如图9-128所示。

图9-127

图9-128

11 暂时隐藏“背景”图层，然后在最上层新建一个名称为“倒影”的图层，如图9-129所示，接着按Ctrl+Alt+Shift+E组合键将可见图层盖印到“倒影”图层中，最后将其放在“背景”图层的上一层，并显示出“背景”图层，如图9-130所示。

图9-129

图9-130

12 按Ctrl+T组合键进入自由变换状态，然后将中心点拖曳到如图9-131所示的位置，接着单击鼠标右键，并在弹出的菜单中选择“垂直翻转”命令，最后将倒影向下拖曳到如图9-132所示的位置。

图9-131

图9-132

13 在“图层”面板下单击“添加图层蒙版”按钮，为“倒影”图层添加一个图层蒙版，然后按住Shift键使用黑色“画笔工具”（选择一个柔边画笔，并适当降低“不透明度”）在蒙版中从左向右绘制蒙版，如图9-133所示，接着设置“倒影”图层的“不透明度”为40%，最终效果如图9-134所示。

图9-133

图9-134

9.5 字符/段落面板

在文字工具的选项栏中，只提供了很少的参数选项。如果要对文本进行更多的设置，就需要使用到“字符”面板和“段落”面板。

本节面板概要

面板名称	作用	重要程度
字符面板	设置文本的字体系列、样式、颜色、行距、间距、缩放等	高
段落面板	设置段落编排的格式	中

9.5.1 字符面板

“字符”面板中提供了比文字工具选项栏更多的调整选项，如图9-135所示。在“字符”面板中，字体系列、字体样式、字体大小、文字颜色和消除锯齿等都与工具选项栏中的选项相对应。

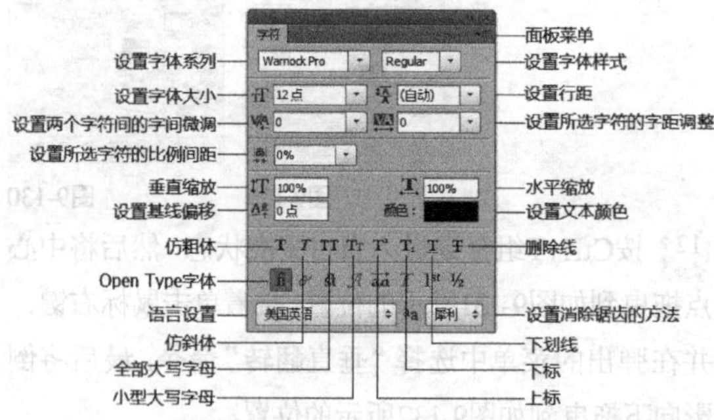

图9-135

● **字符面板选项介绍**

设置行距：行距就是上一行文字基线与下一行文字基线之间的距离。选择需要调整的文字图层，然后在“设置行距”数值框中输入行距数值或在其下拉列表中选择预设的行距值，接着按Enter键即可。

设置两个字符间的字距微调：用于设置两个字符之间的间距，在设置前先在两个字符间单击鼠标左键，以设置插入点，然后对数值进行设置。

设置所选字符的字距调整：在选择了字符的情况下，该选项用于调整所选字符之间的间距；在没有选择字符的情况下，该选项用于调整所有字符之间的间距。

设置所选字符的比例间距：在选择了字符的情况下，该选项用于调整所选字符之间的比例间距；在没有选择字符的情况下，该选项用于调整所有字符之间的比例间距。

垂直缩放/水平缩放：这两个选项用于设置字符的高度和宽度。

设置基线偏移：用于设置文字与基线之间的距离。该选项的设置可以升高或降低所选文字。

特殊字符样式：特殊字符样式包含“仿粗体”、“仿斜体”、“上标”、“下标”等。

Open Type字体：包含PostScript和True Type字体不具备的功能，如自由连字等。

语言设置：用于设置文本连字符和拼写的语言类型。

9.5.2 课堂案例——制作便签

实例位置	实例文件>CH09>9.5.2.psd
素材位置	素材文件>CH09>素材08.jpg
视频位置	多媒体教学>CH09>9.5.2.flv
实用指数	★★★☆☆
技术掌握	特殊字符样式的设置方法

本例主要针对如何使用特殊字符样式制作便签进行练习，如图9-136所示。

图9-136

01 打开“素材文件>CH09>素材08.jpg”文件，如图9-137所示。

图9-137

02 使用“横排文字工具”在蓝色便签上输入“9：00 am 会议室”，接着在“字符”面板中设置字体为“Adobe楷体Std”、字体大小为30点、文本颜色为白色，如图9-138所示，效果如图9-139所示。

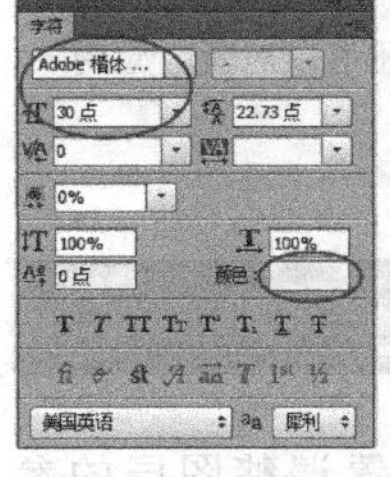

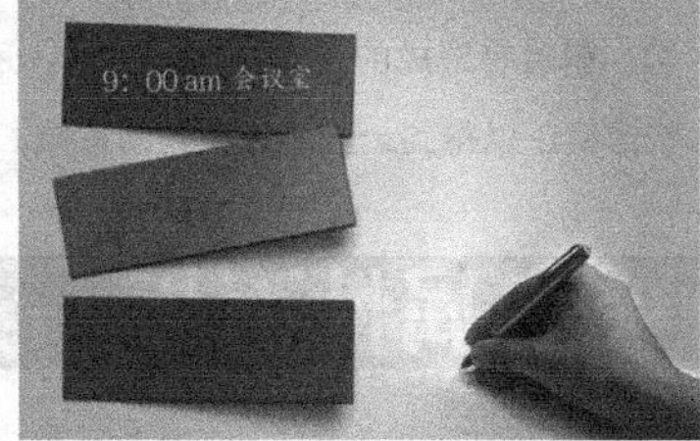

图9-138　图9-139

03 按Ctrl+T键组合键进入自由变换状态，然后将文字旋转到如图9-140所示的角度。

图9-140

04 在绿色便签上输入“11：20 am 客户”，然后设置特殊字符样式为“仿斜体”，如图9-141所示，接着将文字旋转一定的角度，效果如图9-142所示。

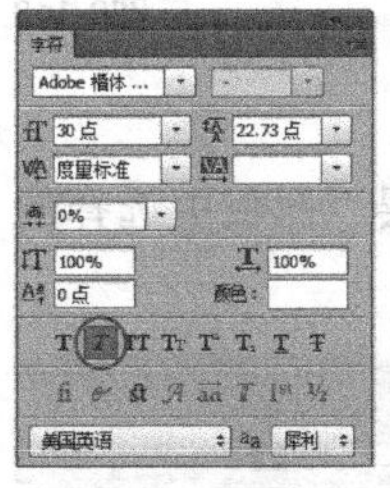

图9-141　图9-142

05 在粉色便签上输入“2：30 pm 报告”，然后设置特殊字符样式为“仿粗体”，如图9-143所示，接着将文字旋转一定的角度，最终效果如图9-144所示。

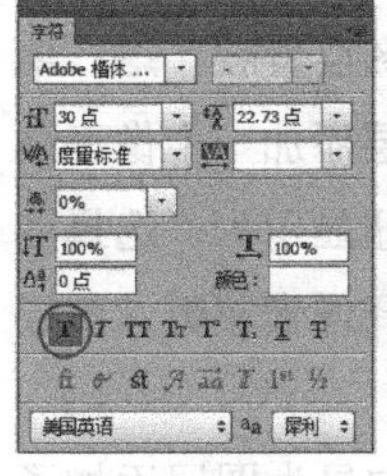

图9-143　图9-144

9.5.3 段落面板

“段落”面板提供了用于设置段落编排格式的所有选项。通过“段落”调板，可以设置段落文本的对齐方式和缩进量等参数，如图9-145所示。

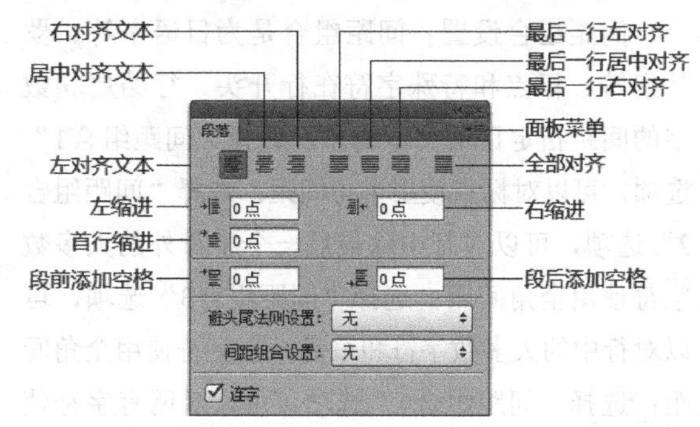

图9-145

- **段落面板选项介绍**

左对齐文本：文字左对齐，段落右端参差不齐。

居中对齐文本：文字居中对齐，段落两端参差不齐。

右对齐文本：文字右对齐，段落左端参差不齐。

最后一行左对齐：最后一行左对齐，其他行左右两端强制对齐。

最后一行居中对齐：最后一行居中对齐，其他行左右两端强制对齐。

最后一行右对齐：最后一行右对齐，其他行左右两端强制对齐。

全部对齐：在字符间添加额外的间距，使文本左右两端强制对齐。

左缩进：用于设置段落文本向右（横排文字）或向下（直排文字）的缩进量。

右缩进：用于设置段落文本向左（横排文字）或向上（直排文字）的缩进量。

首行缩进：用于设置段落文本中每个段落的第1行向右（横排文字）或第1列文字向下（直排文字）的缩进量。

段前添加空格：设置光标所在段落与前一个段落之间的间隔距离。

段后添加空格：设置当前段落与另外一个段落之间的间隔距离。

避头尾法则设置：不能出现在一行的开头或

结尾的字符称为避头尾字符。Photoshop提供了基于标准JIS的宽松和严格的避头尾集，宽松的避头尾设置忽略长元音字符和小平假名字符。选择“JIS宽松”或“JIS严格”选项时，可以防止在一行的开头或结尾出现不能使用的字母。

间距组合设置：间距组合是为日语字符、罗马字符、标点和特殊字符在行开头、行结尾和数字的间距指定日语文本编排。选择“间距组合1”选项，可以对标点使用半角间距；选择“间距组合2”选项，可以对行中除最后一个字符外的大多数字符使用全角间距；选择“间距组合3”选项，可以对行中的大多数字符和最后一个字符使用全角间距；选择“间距组合4”选项，可以对所有字符使用全角间距。

连字：勾选该选项以后，在输入英文单词时，如果段落文本框的宽度不够，英文单词将自动换行，并在单词之间用连字符连接起来。

9.6 认识蒙版

蒙版原本是摄影术语，指的是用于控制照片不同区域曝光的传统暗房技术。而在Photoshop中处理图像时，我们常常需要隐藏一部分图像，使它们不显示出来，蒙版就是这样一种可以隐藏图像的工具。蒙版是一种灰度图像，其作用就像一张布，可以遮盖住处理区域中的一部分或全部。当我们对处理区域内进行模糊、上色等操作时，被蒙版遮盖起来的部分就不会受到影响。图9-146和图9-147所示是用蒙版合成的作品。

图9-146

图9-147

在Photoshop中，蒙版分为快速蒙版、剪贴蒙版、矢量蒙版和图层蒙版，这些蒙版都具有各自的功能，在下面的内容中将对这些蒙版进行详细讲解。

技巧与提示

使用蒙版编辑图像，可以避免因为使用橡皮擦或剪切、删除等造成的失误操作。另外，还可以对蒙版应用一些滤镜，以得到一些意想不到的特效。

9.7 属性面板

“属性”面板不仅可以设置调整图层的参数，还可以对蒙版进行设置。创建蒙版以后，在“属性”面板中可以调整蒙版的浓度、羽化范围等，如图9-148所示。

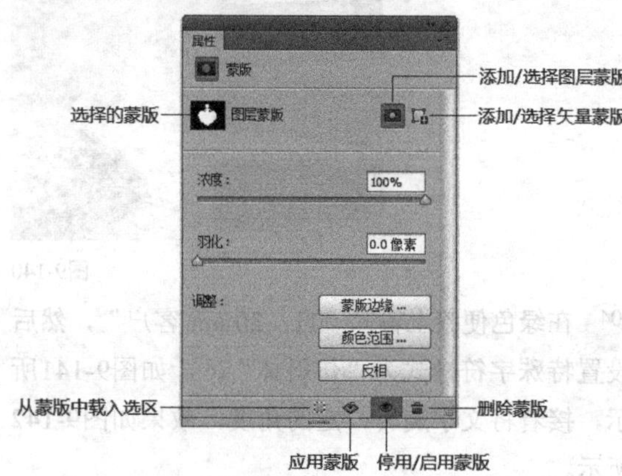

图9-148

● **属性面板选项介绍**

选择的蒙版：显示在“图层”面板中选择的蒙版类型，如图9-149所示。

图9-149

添加/选择图层蒙版：如果为图层添加了矢量蒙版，该按钮显示为“添加图层蒙版”。单击该按钮，可以为当前选择的图层添加一个像素蒙版。添加像素蒙版以后，则该按钮显示为“选择图层蒙版”，单击该按钮可以选择像素蒙版（图层蒙版）。

添加/选择矢量蒙版：如果为图层添加了像素蒙版，该按钮显示为“添加矢量蒙版”。单击该按钮，可以为当前选择的图层添加一个矢量蒙版。添加矢量蒙版以后，则该按钮显示为“选择矢量蒙版”，单击该按钮可以选择矢量蒙版。

浓度：该选项类似于图层的“不透明度”，用来控制蒙版的不透明度，也就是蒙版遮盖图像的强度。

羽化：用来控制蒙版边缘的柔化程度。数值越大，蒙版边缘越柔和，如图9-150所示；数值越小，蒙版边缘越生硬，如图9-151所示。

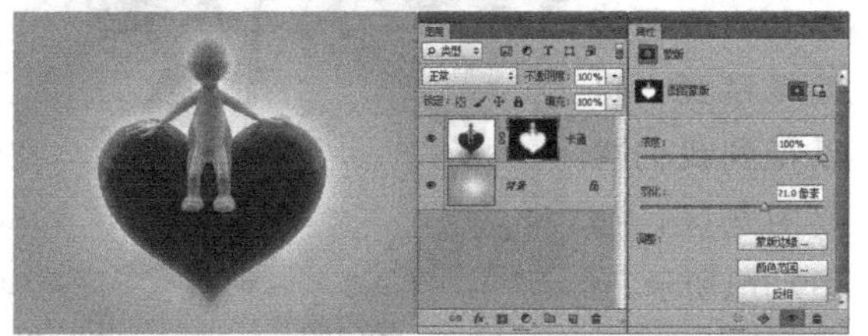

图9-150

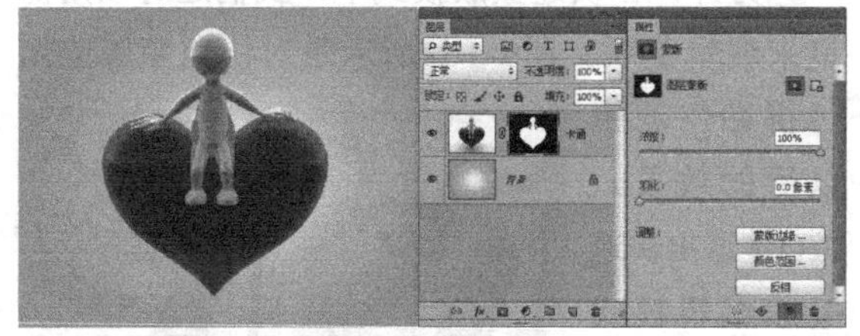

图9-151

蒙版边缘 蒙版边缘...：单击该按钮，可以打开“调整蒙版”对话框，如图9-152所示。在该对话框中，可以修改蒙版边缘，也可以使用不同的背景来查看蒙版。

颜色范围 颜色范围...：单击该按钮，可以打开“色彩范围”对话框，如图9-153所示。在该对话框中可以通过修改“颜色容差”来修改蒙版的边缘范围。

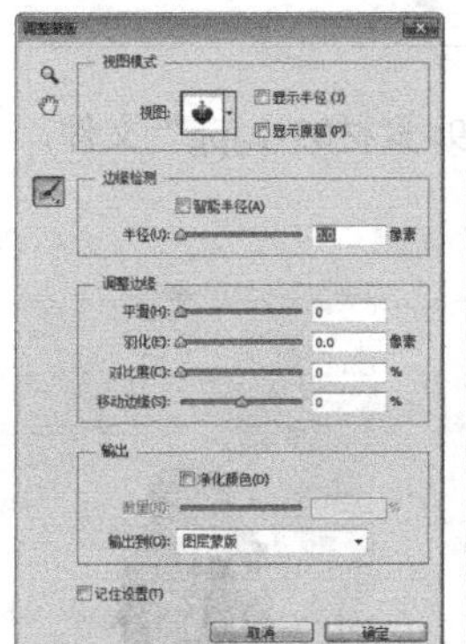

图9-152

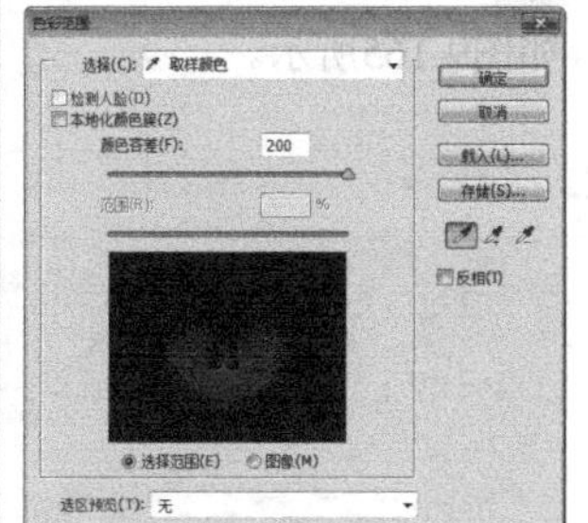

图9-153

反相 反相：单击该按钮，可以反转蒙版的遮盖区域，即蒙版中黑色部分变成白色，而白色部分变成黑色，未遮盖的图像将边调整为负片，如图9-154所示。

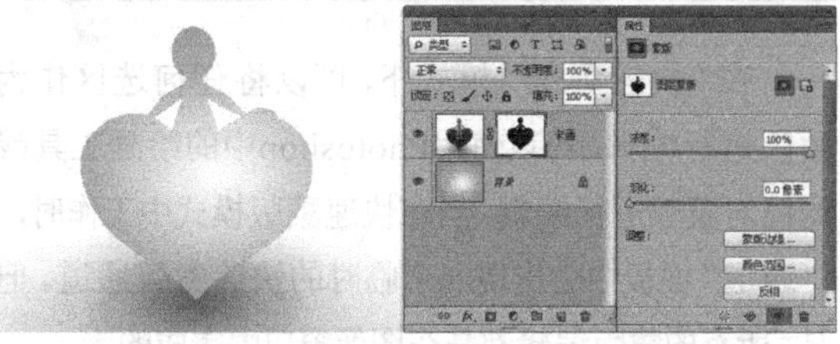

图9-154

从蒙版中载入选区：单击该按钮，可以从蒙版中生成选区，如图9-155所示。另外，按住Ctrl键单击蒙版的缩略图，也可以载入蒙版的选区。

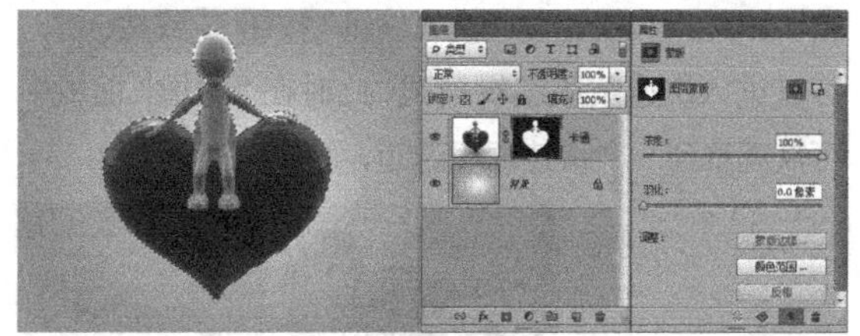

图9-155

应用蒙版：单击该按钮，可以将蒙版应用到图像中，同时删除被蒙版遮盖的区域，如图9-156所示。

图9-156

停用/启用蒙版：单击该按钮，可以停用或重新启用蒙版。停用蒙版后，在“属性”面板的缩览图和“图层”面板中的蒙版缩略图中都会出现一个红色的交叉线“×”，如图9-157所示。

图9-157

删除蒙版 ：单击该按钮，可以删除当前选择的蒙版。

9.8 快速蒙版

在"快速蒙版"模式下，可以将任何选区作为蒙版进行编辑。可以使用Photoshop中的绘画工具或滤镜对蒙版进行编辑。当在快速蒙版模式中工作时，"通道"面板中会出现一个临时的快速蒙版通道。但是，所有的蒙版编辑都是在图像窗口中完成的。

9.8.1 创建快速蒙版

打开一张图像，如图9-158所示，然后在"工具箱"中单击"以快速蒙版模式编辑"按钮或按Q键，可以进入快速蒙版编辑模式，此时在"通道"面板中可以观察到一个快速蒙版通道，如图9-159所示。

图9-158

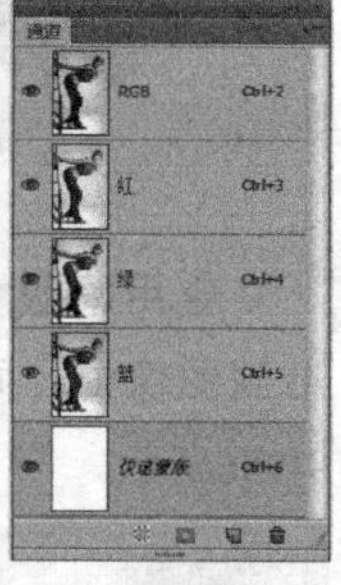

图9-159

9.8.2 编辑快速蒙版

进入快速蒙版编辑模式以后，我们可以使用绘画工具（比如"画笔工具"）在图像上进行绘制，绘制区域将以红色显示出来，如图9-160所示。红色的区域表示未选中的区域，非红色区域表示选中的区域。在"工具箱"中单击"以快速蒙版模式编辑"按钮或按Q键退出快速蒙版编辑模式，可以得到我们想要的选区，如图9-161所示。

图9-160

图9-161

另外，在快速蒙版模式下，我们还可以用滤镜来编辑蒙版。图9-162所示是对快速蒙版应用"拼贴"滤镜以后的效果，按Q键退出快速蒙版编辑模式以后，可以得到具有拼贴效果的选区，如图9-163所示。

图9-162

图9-163

9.8.3 课堂案例——制作音乐插画

实例位置	实例文件>CH09>9.8.3.psd
素材位置	素材文件>CH09>素材09-1.jpg、素材09-2.jpg
视频位置	多媒体教学>CH09>9.8.3.flv
实用指数	★★★★★
技术掌握	用快速蒙版抠图、用剪贴蒙版制作蒙版文字

本例主要针对如何使用快速蒙版制作音乐插画进行练习，如图9-164所示。

图9-164

01 打开"素材文件>CH09>素材09-1.jpg"文件，如图9-165所示。

图9-165

02 按Q键进入快速蒙版编辑模式，设置前景色为黑色，然后使用柔边“画笔工具”在背景上绘制，如图9-166所示，接着将画笔的“硬度”调整到80%左右，最后将背景绘制完整，如图9-167所示。绘制完成后按Q键退出快速蒙版编辑模式，得到如图9-168所示的选区。

图9-166

图9-167

图9-168

03 按Ctrl+J组合键将选区内的图像复制一个新的“人像”图层中，然后隐藏“背景”图层，效果如图9-169所示。

04 导入“素材文件>CH09>素材09-2.jpg”文件，然后将其放在“人像”图层的下一层作为背景，效果如图9-170所示。

图9-169

图9-170

05 选择“人像”图层，然后按Ctrl+J组合键复制一个“人像副本”图层，接着执行“图像>调整>阈值”菜单命令，接着在弹出的“阈值”对话框中设置“阈值色阶”为186，如图9-171所示，效果如图9-172所示，最后设置该图层的“混合模式”为“强光”，效果如图9-173所示。

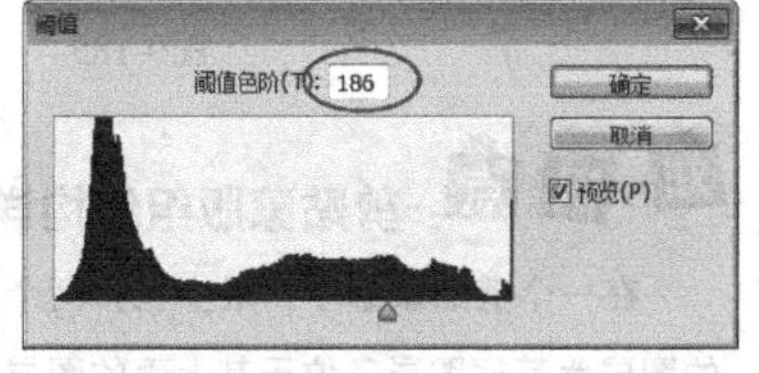

图9-171

图9-172

图9-173

06 选择“人像”图层和“人像副本”图层，然后将其拖曳到“创建新图层”按钮，为这两个图层创建副本图层，接着按Ctrl+E组合键将其合并为一个“投影”图层，并将其放在“人像”图层的下一层，最后将其拖曳到如图9-174所示的位置作为投影。

图9-174

07 在“图层”面板下单击“添加图层蒙版”按钮，为“投影”图层添加一个蒙版，然后使用黑色柔边“画笔工具”在蒙版中涂去头部后面的投影，如图9-175所示，接着设置“投影”图层的“不透明度”为60%，效果如图9-176所示。

图9-175

图9-176

08 使用“横排文字工具”在图像顶部输入黑色英文“MUSIC”，如图9-177所示。这里提供一张隐藏音乐背景的文字效果图，如图9-178所示。

图9-177

图9-178

09 新建一个“文字蒙版”图层，然后使用“矩形选框工具”制作如图9-179所示的白色矩形图像，接着按Ctrl+Alt+G组合键将其设置为MUSIC图层的剪贴蒙版，最终效果如图9-180所示。

图9-179 图9-180

9.9 剪贴蒙版

剪贴蒙版技术非常重要，它可以用一个图层中的图像来控制处于它上层的图像的显示范围，并且可以针对多个图像。另外，可以为一个或多个调整图层创建剪贴蒙版，使其只针对一个图层进行调整。

9.9.1 创建剪贴蒙版

打开一个文档，如图9-181所示，这个文档中包含3个图层：一个“背景”图层，一个“黑底”图层和一个“小孩”图层。下面就以这个文档来讲解创建剪贴蒙版的3种常用方法。

图9-181

第1种：选择“小孩”图层，然后执行“图层>创建剪贴蒙版”菜单命令或按Alt+Ctrl+G组合键，可以将“小孩”图层和“黑底”图层创建为一个剪贴蒙版组。创建剪贴蒙版后，“小孩”图层就只显示“黑底”图层的区域，如图9-182所示。

图9-182

技巧与提示

注意：剪贴蒙版虽然可以应用在多个图层中，但是这些图层不能是隔开的，必须是相邻的图层。

第2种：在“小孩”图层的名称上单击鼠标右键，然后在弹出的菜单中选择“创建剪贴蒙版”命令，如图9-183所示，即可将“小孩”图层和“黑底”图层创建为一个剪贴蒙版组，如图9-184所示。

图9-183 图9-184

第3种：先按住Alt键，然后将光标放在“小孩”图层和“黑底”图层之间的分隔线上，待光标变成“↲□”形状时单击鼠标左键，如图9-185所示。这样也可以将“小孩”图层和“黑底”图层创建为一个剪贴蒙版组，如图9-186所示。

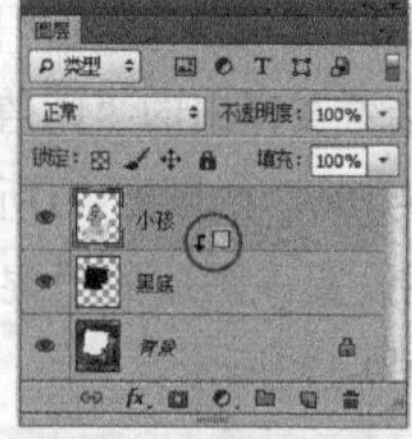

图9-185 图9-186

知识点 剪贴蒙版组结构详解

在一个剪贴蒙版中，最少包含两个图层，处于最下面的图层为基底图层，位于其上面的图层统称为内容图层，如图9-187所示。

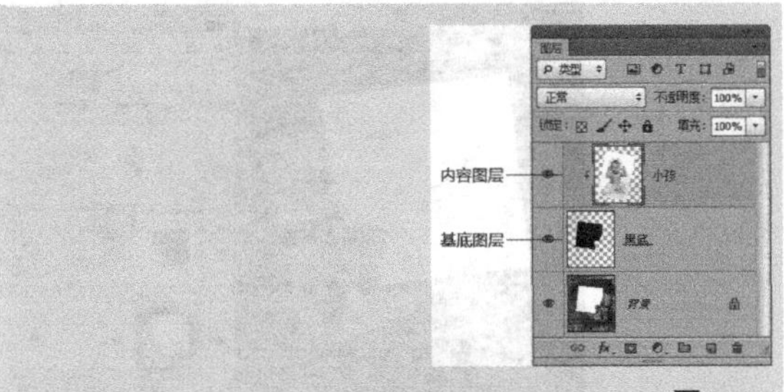

图9-187

基底图层：基底图层只有一个，它决定了位于其上面的图像的显示范围。如果对基底图层进行移动、变换等操作，那么上面的图像也会随之受到影响，如图9-188所示。

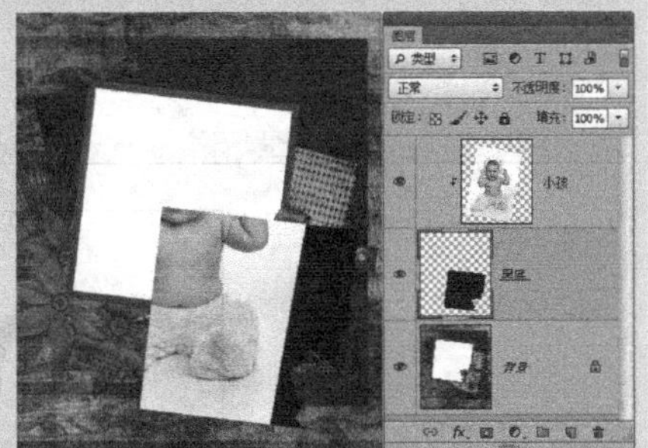

图9-188

内容图层：内容图层可以是一个或多个。对内容图层的操作不会影响基底图层，但是对其进行移动、变换等操作时，其显示范围也会随之而改变，如图9-189所示。

图9-189

9.9.2 释放剪贴蒙版

创建剪贴蒙版以后，如果要释放剪贴蒙版，可以采用以下3种方法来完成。

第1种：选择“小孩”图层，然后执行“图层>释放剪贴蒙版”菜单命令或按Alt+Ctrl+G组合键，即可释放剪贴蒙版。释放剪贴蒙版以后，“小孩”图层就不再受“黑底”图层的控制，如图9-190所示。

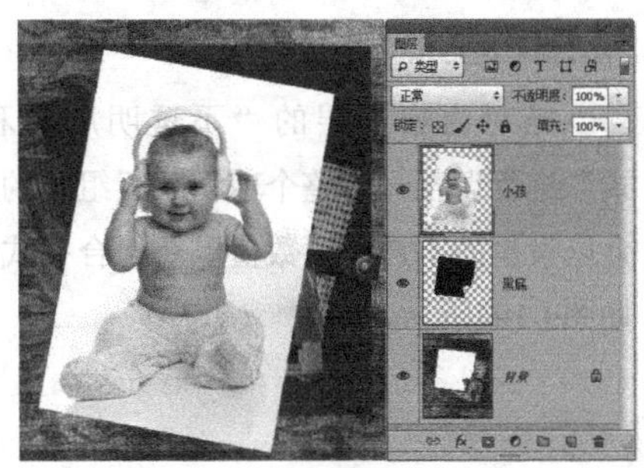

图9-190

第2种：在“美女”图层的名称上单击鼠标右键，然后在弹出的菜单中选择“释放剪贴蒙版”命令，如图9-191所示。

第3种：先按住Alt键，然后将光标放置在“小孩”图层和“黑底”图层之间的分隔线上，待光标变成“↘□”形状时单击鼠标左键，如图9-192所示。

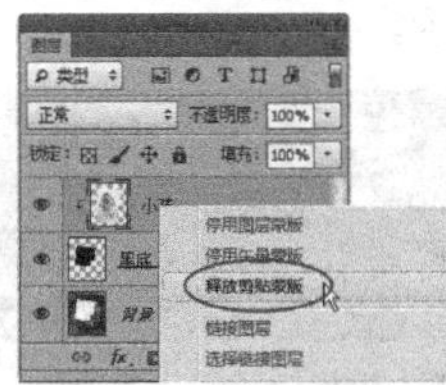

图9-191　图9-192

9.9.3 编辑剪贴蒙版属性

剪切蒙版作为图层，也具有图层的属性，可以对“不透明度”及“混合模式”进行调整。

1.编辑内容图层

当对内容图层的“不透明度”和“混合模式”进行调整时，不会影响到剪切蒙版组中的其他图层，而只与基地图层混合，如图9-193所示。

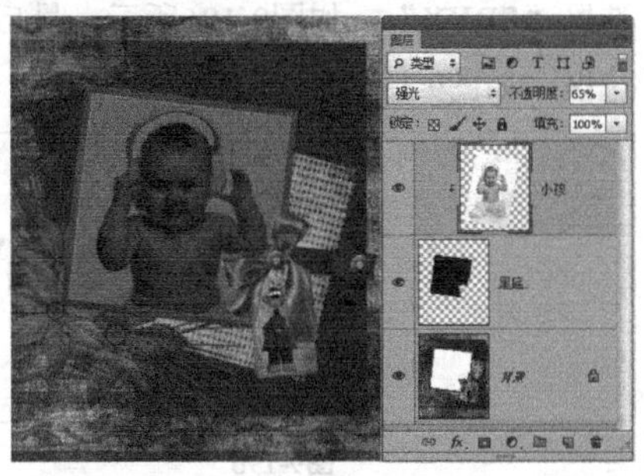

图9-193

2.编辑基底图层

当对内容图层的“不透明度”和“混合模式”进行调整时，整个剪切蒙版组中的所有图层都会以设置的不透明度数值以及混合模式进行混合，如图9-194所示。

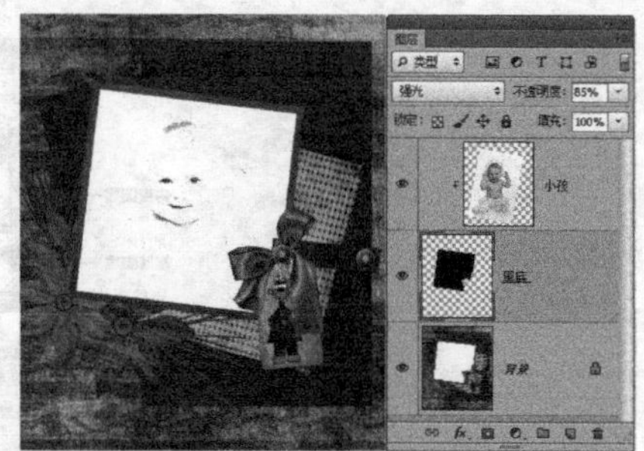

图9-194

9.9.4 课堂案例——制作剪贴蒙版艺术字

实例位置	实例文件>CH09>9.9.4.psd
素材位置	素材文件>CH09>素材10.jpg
视频位置	多媒体教学>CH09>9.9.4.flv
实用指数	★★★★★
技术掌握	剪贴蒙版的用法

本例主要针对剪贴蒙版的使用方法进行练习，如图9-195所示。

图9-195

01 按Ctrl+N组合键新建一个大小为1526像素×1049像素的文档，然后新建一个“文字”图层，接着使用“横排文字蒙版工具”在图像中间输入文字选区“SDYX”，如图9-196所示，最后用黑色填充选区，如图9-197所示。

图9-196

SDYX

图9-197

02 执行“图层>图层样式>投影”菜单命令，打开“图层样式”对话框，为“文字”图层添加一个默认的“投影”样式，效果如图9-198所示。

SDYX

图9-198

03 导入“素材文件>CH09>素材10.jpg”文件，并将新生成的图层命名为“花纹”，然后将其放在文字上，遮盖住文字区域，如图9-199所示，接着执行“图层>创建剪贴蒙版”菜单命令，将“花纹”图层与“文字”图层创建为一个剪贴蒙版组，效果如图9-200所示。

图9-199

SDYX

图9-200

04 新建一个“圆环”图层，选择“画笔工具”，然后选择一种圆环笔刷，并设置“大小”为67像素，如图9-201所示，接着在文字的上方绘制一排圆环，最后为其添加一个默认的“投影”样式，效果如图9-202所示。

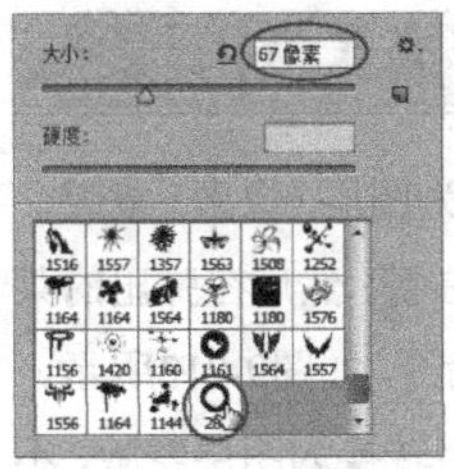

图9-201 图9-202

05 选择“花纹”图层，然后按Ctrl+J组合键将其复制一层，并将其放在“圆环”图层的上方，接着按Alt+Ctrl+G组合键将其与“圆环”图层创建为一个剪贴蒙版组，如图9-203所示，效果如图9-204所示。

图9-203 图9-204

技巧与提示

注意：在为“花纹副本”图层和“圆环”图层创建剪贴蒙版时，同样需要花纹完全遮盖住圆环。

06 将制作好的圆环复制一份到文字的底部，然后删除中间的部分，接着使用“横排文字工具”T在文字的下方输入一些装饰文字，最后利用“斜切”自由变换功能为文字制作一个比较模糊的投影，完成后的效果如图9-205所示。

图9-205

07 按住Ctrl键双击“背景”图层的缩略图，将其转换为“图层0”，然后执行“图层>图层样式>渐变叠加”菜单命令，打开“图层样式”对话框，接着设置“不透明度”为80%，再选择Photoshop预设的“日出”杂色渐变，最后设置“角度”为90°、“缩放”为61%，如图9-206所示，最终效果如图9-207所示。

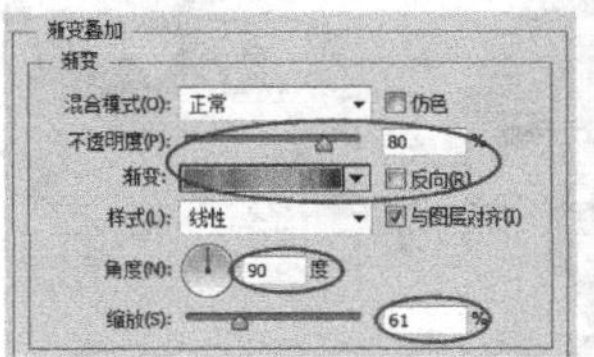

图9-206 图9-207

9.10 矢量蒙版

矢量蒙版是通过钢笔或形状工具创建出来的蒙版。与图层蒙版相同，矢量蒙版也是非破坏性的，也就是说在添加完矢量蒙版之后还可以返回并重新编辑蒙版，并且不会丢失蒙版隐藏的像素。

9.10.1 创建矢量蒙版

打开一个文档，如图9-208所示。这个文档中包含两个图层，一个“背景”图层和一个“小孩”图层。下面就以这个文档来讲解如何创建矢量蒙版。

图9-208

先使用“自定形状工具”（在选项栏中选择“路径”绘图模式）在图像上绘制一个心形路径，如图9-209所示，然后执行“图层>矢量蒙版>当前路径”菜单命令，可以基于当前路径为图层创建一个矢量蒙版，如图9-210所示。

图9-209

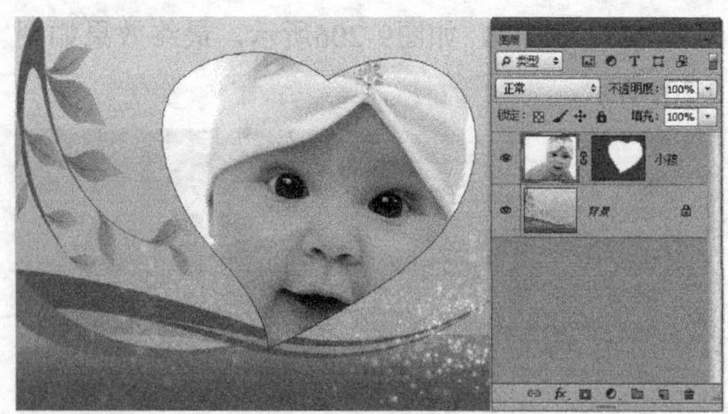

图9-210

技巧与提示

绘制出路径以后，按住Ctrl键在“图层”面板下单击“添加图层蒙版”按钮，也可以为图层添加矢量蒙版。

9.10.2 在矢量蒙版中绘制形状

创建矢量蒙版以后，我们还可以继续使用钢笔、形状工具在矢量蒙版中绘制形状，具体操作步骤如下。

第1步：在“图层”面板中选择矢量蒙版，如图9-211所示。

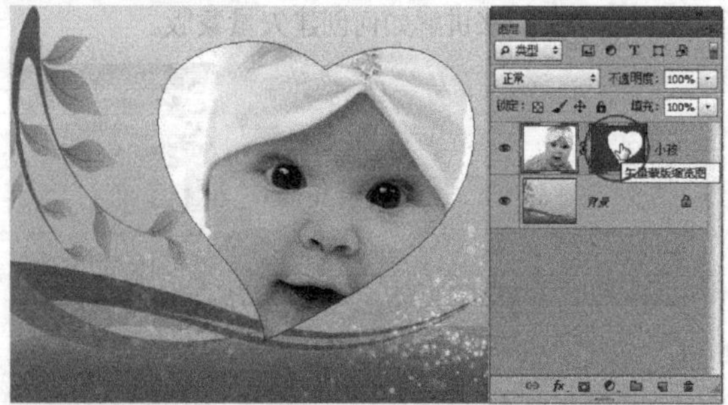

图9-211

第2步：在钢笔或形状工具的选项栏中单击“路径操作”按钮，然后在弹出的下拉菜单中选择“合并形状”方式，接着绘制出路径就可以将其添加到形状中，如图9-212所示。

图9-212

9.10.3 将矢量蒙版转换为图层蒙版

如果需要将矢量蒙版转换为图层（像素）蒙版，可以在蒙版缩略图上单击鼠标右键，然后在弹出的菜单中选择“栅格化矢量蒙版”命令，如图9-213所示。栅格化矢量蒙版以后，蒙版就会转换为图层蒙版，不再有矢量形状存在，如图9-214所示。

图9-213　图9-214

技巧与提示

也可以先选择图层，然后执行“图层>栅格化>矢量蒙版”菜单命令将矢量蒙版转换为图层蒙版。

9.10.4 删除矢量蒙版

如果要删除矢量蒙版，可以在蒙版缩略图上单击鼠标右键，然后在弹出的菜单中选择“删除矢量蒙版”命令，如图9-215和图9-216所示。

图9-215　图9-216

9.10.5 编辑矢量蒙版

除了可以使用钢笔、形状工具在矢量蒙版中绘制形状以外，我们还可以像编辑路径一样在矢量蒙版上添加锚点，然后对锚点进行调整，如图9-217所示。另外，我们还可以像变换图像一样对矢量蒙版进行编辑，以调整蒙版的形状，如图9-218所示。

图9-217

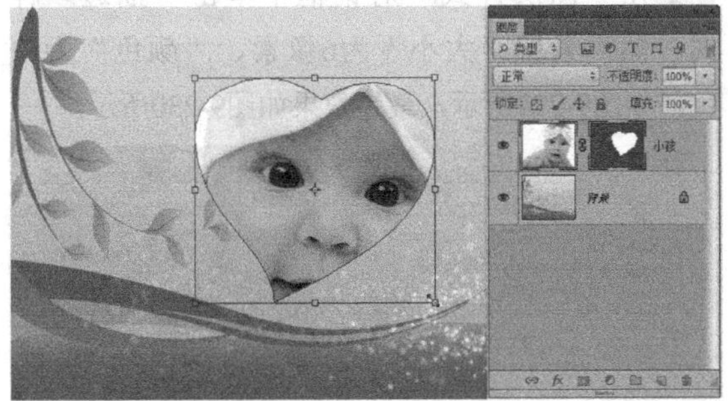

图9-218

9.10.6 链接/取消链接矢量蒙版

在默认情况下，图层与矢量蒙版是链接在一起的（链接处有一个🔗图标），当移动、变换图层时，矢量蒙版也会跟着发生变化，如图9-219所示。如果不想变换图层或矢量蒙版时影响对方，可以单击链接🔗图标，取消链接，如图9-220和图9-221所示。

图9-219

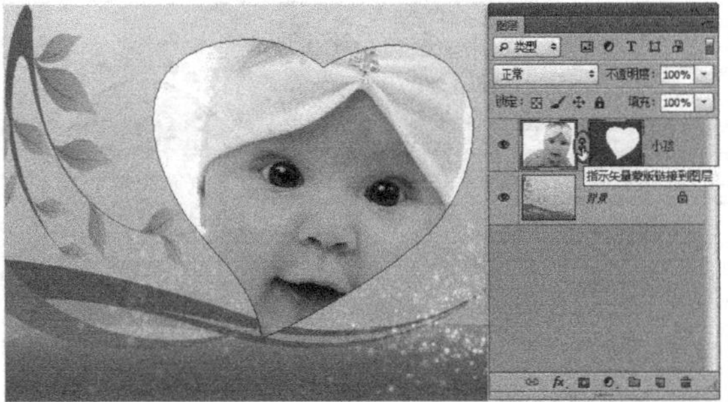

图9-220

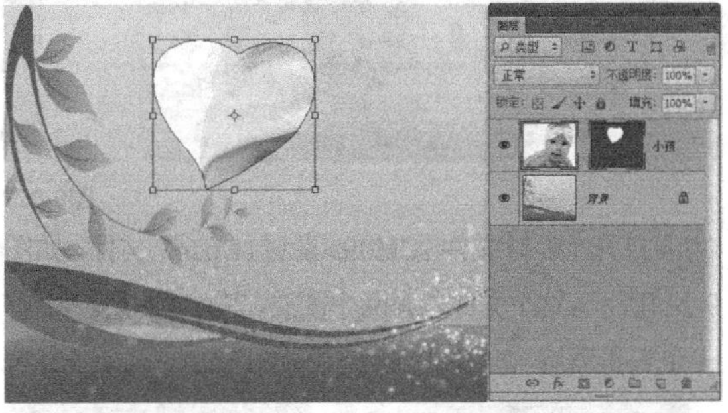

图9-221

9.10.7 为矢量蒙版添加效果

矢量蒙版可以像普通图层一样，可以向其添加图层样式。只不过图层样式只对矢量蒙版中的内容起作用，对隐藏的部分不会有影响，如图9-222所示。

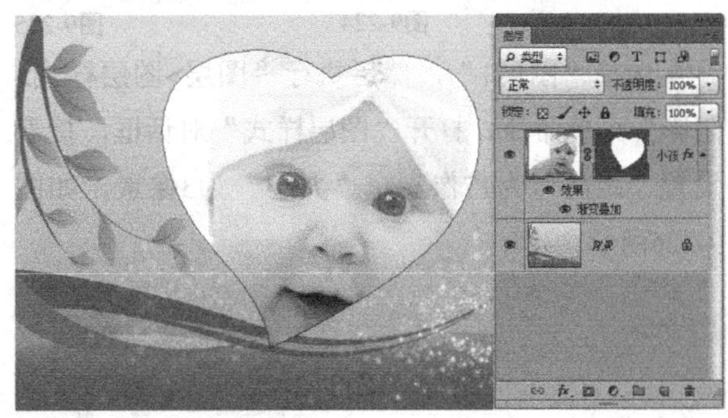

图9-222

9.10.8 课堂案例——为矢量蒙版添加样式

实例位置	实例文件>CH09>9.10.8.psd
素材位置	素材文件>CH09>素材11.psd
视频位置	多媒体教学>CH09>9.10.8.flv
实用指数	★★☆☆☆
技术掌握	为矢量蒙版添加样式的方法

本例主要针对如何为矢量蒙版添加图层样式进行练习，如图9-223所示。

图9-223

01 打开"素材文件>CH09>素材11.psd"文件，如图9-224所示。这个文件包含两个图层，其中"图层1"中有一个矢量蒙版，如图9-225所示。

图9-224

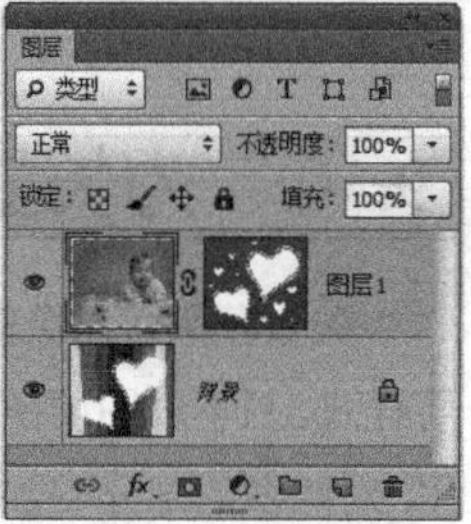

图9-225

02 选择"图层1"，然后执行"图层>图层样式>阴影"菜单命令，打开"图层样式"对话框，接着设置"距离"为17像素、"大小"为3像素，如图9-226所示。

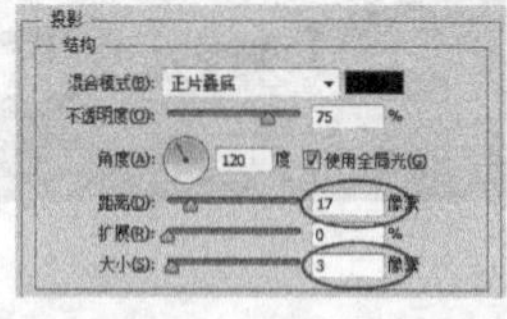

图9-226

技巧与提示

在添加图层样式时，既可以选择图层，也可以选择矢量蒙版进行添加。

03 在"图层样式"对话框中单击"内阴影"样式，然后设置"距离"和"大小"为4像素，如图9-227所示。

04 在"图层样式"对话框中单击"外发光"样式，然后设置发光颜色为白色，接着设置"大小"为111像素，如图9-228所示。

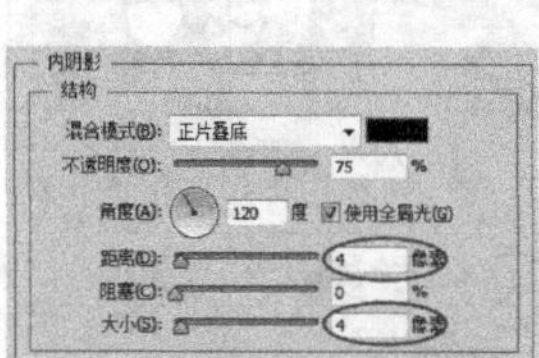

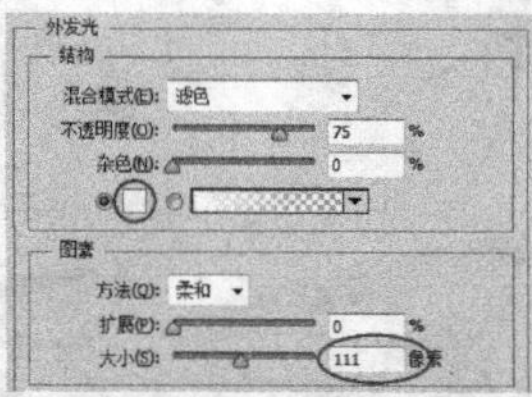

图9-227 图9-228

05 在"图层样式"对话框中单击"描边"样式，然后设置"大小"为6像素、"颜色"为白色，如图9-229所示，最终效果如图9-230所示。

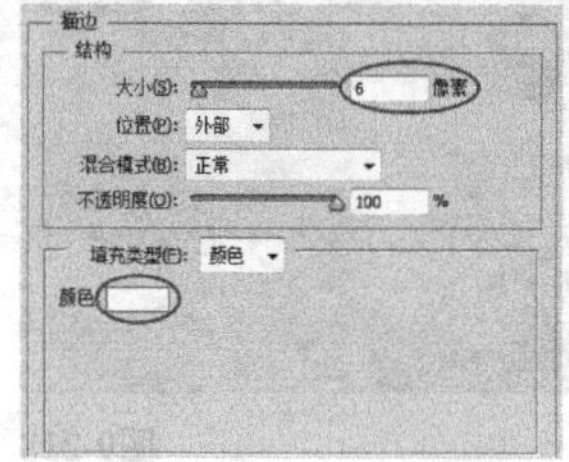

图9-229 图9-230

9.11 图层蒙版

图层蒙版是所有蒙版中最为重要的一种，也是实际工作中使用频率最高的工具之一，它可以用来隐藏、合成图像等。另外，在创建调整图层、填充图层以及为智能对象添加智能滤镜时，Photoshop会自动为图层添加一个图层蒙版，我们可以在图层蒙版中对调色范围、填充范围及滤镜应用区域进行调整。

9.11.1 图层蒙版的工作原理

图层蒙版可以理解为在当前图层上面覆盖了一层玻璃，这种玻璃片有透明的和不透明两种，前者显示全部图像，后者隐藏部分图像。在Photoshop中，图层蒙版遵循"黑透、白不透"的工作原理。

打开一个文档，如图9-231所示。该文档中包含两个图层，"背景"图层和"图层1"，其中"图层1"有一个图层蒙版，并且图层蒙版为白色。按照图层蒙版"黑透、白不透"的工作原理，此时文档窗口中将完全显示"图层1"的内容。

图9-231

如果要全部显示“背景”图层的内容，可以选择“图层1”的蒙版，然后用黑色填充蒙版，如图9-232所示。

图9-232

如果以半透明方式来显示当前图像，可以用灰色填充“图层1”的蒙版，如图9-233所示。

图9-233

9.11.2 创建图层蒙版

创建图层蒙版的方法有很多种，既可以直接在“图层”面板中进行创建，也可以从选区或图像中生成图层蒙版。

1.在图层面板中创建图层蒙版

选择要添加图层蒙版的图层，然后在“图层”面板下单击“添加图层蒙版”按钮，如图9-234所示，可以为当前图层添加一个图层蒙版，如图9-235所示。

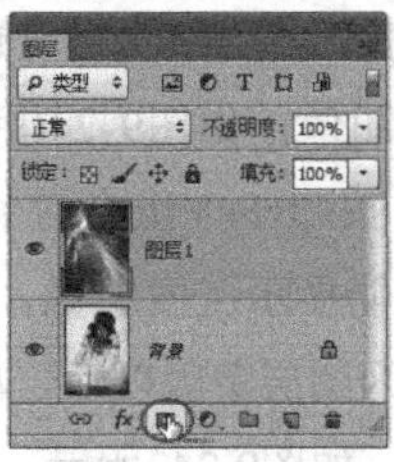

图9-234

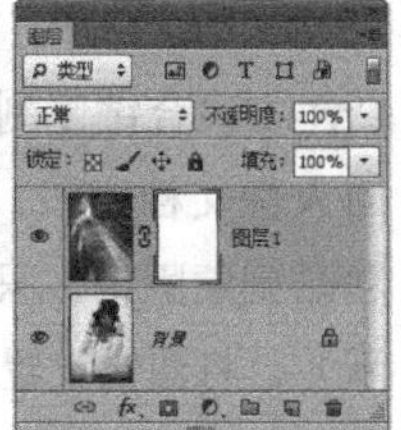

图9-235

2.从选区生成图层蒙版

如果当前图像中存在选区，如图9-236所示，单击“图层”面板下的“添加图层蒙版”按钮，可以基于当前选区为图层添加图层蒙版，选区以外的图像将被蒙版隐藏，如图9-237所示。

图9-236

图9-237

技巧与提示

创建选区蒙版以后，我们可以在“属性”面板中调整“羽化”数值，以模糊蒙版，制作出朦胧的效果。

3.从图像生成图层蒙版

除了以上两种创建图层蒙版的方法以外，我们还可以将一个图像创建为某个图层的图层蒙版。首先为人像添加一个图层蒙版，如图9-238所示，然后按住Alt键单击蒙版缩略图，将其在文档窗口中显示出来，如图9-239所示，接着切换到第2个图像的文档窗口中，按Ctrl+A组合键全选图像，并按Ctrl+C组合键复制图像，如图9-240所示，再切换回人像文档窗口，按Ctrl+V组合键将复制的图像粘贴到蒙版中（只能显示灰度图像，如图9-241所示）。将图像设置为图层蒙版以后，单击图层缩略图，显示图像效果，如图9-242所示。

图9-238

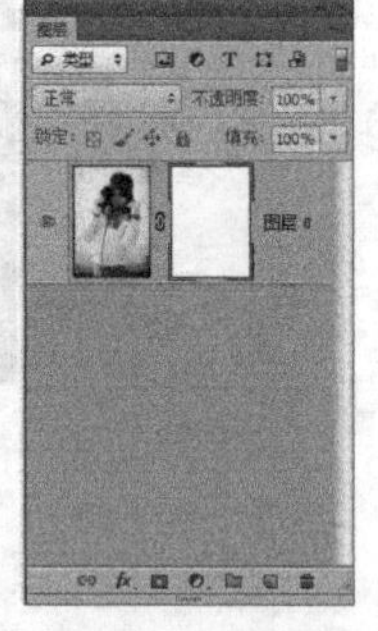

图9-239

图9-240

图9-241

图9-242

9.11.3 课堂案例——合成风景照片

实例位置	实例文件>CH09>9.11.3.psd
素材位置	素材文件>CH09>素材12-1.jpg、素材12-2.jpg
视频位置	多媒体教学>CH09>9.11.3.flv
实用指数	★★★★★
技术掌握	图层蒙版的用法

本例主要针对图层蒙版的使用方法进行练习，如图9-243所示。

图9-243

01 打开“素材文件>CH09>素材12-1.jpg”文件，如图9-244所示。

02 按住Alt键的同时双击“背景”图层的缩略图，将其转换为可编辑图层，然后在“图层”面板下单击“添加图层蒙版”按钮，为“图层0”添加一个图层蒙版，如图9-245所示。

图9-244　图9-245

03 选择“图层0”的蒙版，然后选择“画笔工具”，并设置前景色为黑色，接着在天空部分进行绘制，将其隐藏掉，如图9-246和图9-247所示。

图9-246　图9-247

04 导入“素材文件>CH09>素材12-2.jpg”文件，然后将其放置在“图层0”的下一层，如图9-248所示，最终效果如图9-249所示。

图9-248　图9-249

9.11.4 应用图层蒙版

在图层蒙版缩略图上单击鼠标右键，在弹出的菜单中选择“应用图层蒙版”命令，如图9-250所示，可以将蒙版应用在当前图层中，如图9-251所示。应用图层蒙版以后，蒙版效果将会应用到图像上，也就是说蒙版中的黑色区域将被删除，白色区域将被保留下来，而灰色区域将呈透明效果。

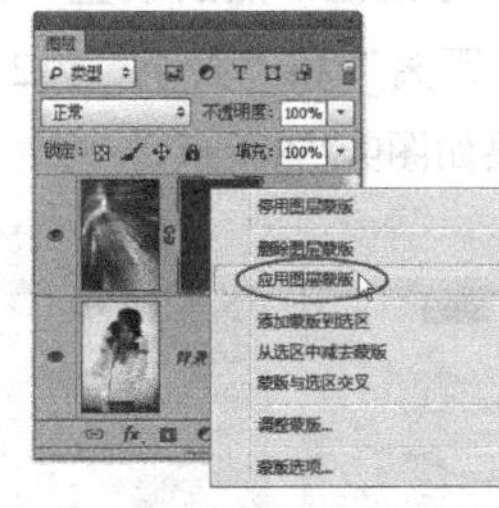

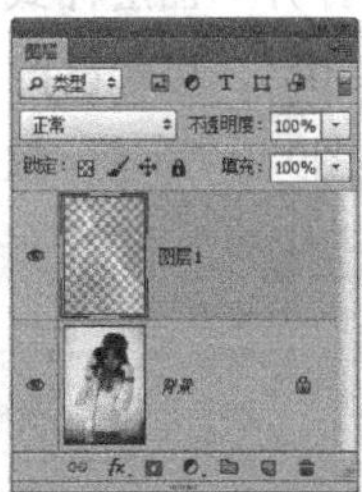

图9-250　图9-251

9.11.5 课堂案例——合成老照片

实例位置	实例文件>CH09>9.11.5.psd
素材位置	素材文件>CH09>素材13-1.jpg、素材13-2.jpg
视频位置	多媒体教学>CH09>9.11.5.flv
实用指数	★★★★★
技术掌握	将图层蒙版应用到图像中

本例主要针对如何应用图层蒙版合成照片进行练习，如图9-252所示。

图9-252

01 打开“素材文件>CH09>素材13-1.jpg”文件，如图9-253所示。

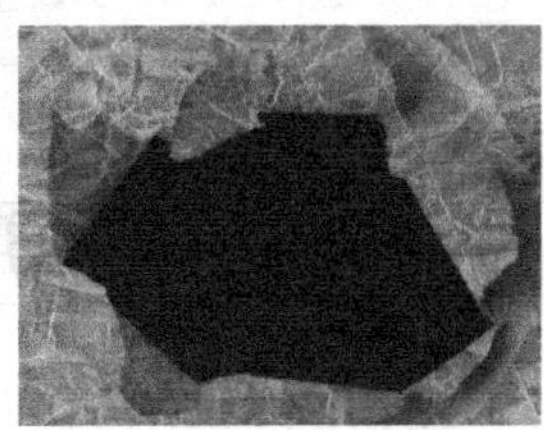

图9-253

02 按住Alt键的同时双击“背景”图层的缩略图，将其转换为可编辑图层，然后使用“魔棒工具”选择黑色区域，并按Shift+Ctrl+I组合键反向选择选区，接着在“图层”面板下单击“添加图层蒙版”按钮，这样就可以基于当前选区为“图层0”添加一个图层蒙版，如图9-254所示，效果如图9-255所示。

图9-254　　图9-255

03 选择“图层0”的蒙版，然后执行“图层>图层蒙版>应用”菜单命令，将蒙版效果应用到图层中，如图9-256所示。

图9-256

04 执行“图层>图层样式>投影”菜单命令，打开“图层样式”对话框，然后设置“角度”为30°，接着设置“距离”和“大小”为2像素，如图9-257所示，效果如图9-258所示。

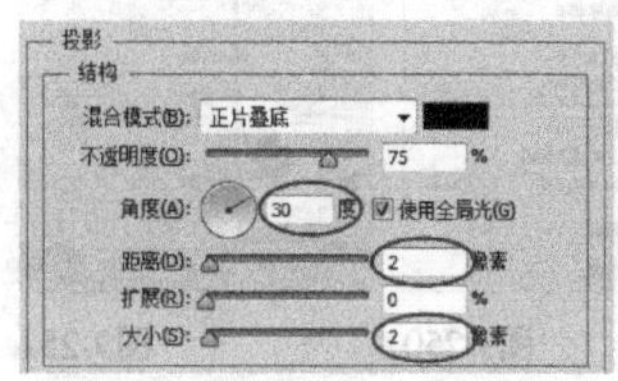

图9-257　　图9-258

05 导入“素材文件>CH09>素材13-2.jpg”文件，然后将其放在“图层0”的下面，接着调整好其位置，最终效果如图9-259所示。

图9-259

9.11.6 停用/启用/删除图层蒙版

1.停用图层蒙版

如果要停用图层蒙版，可以采用以下两种方法来完成。

第1种：执行“图层>图层蒙版>停用”菜单命令，或在图层蒙版缩略图上单击鼠标右键，然后在弹出的菜单中选择“停用图层蒙版”命令，如图9-260和图9-261所示。停用蒙版后，在“属性”面板的缩览图和“图层”面板中的蒙版缩略图中都会出现一个红色的交叉线“×”。

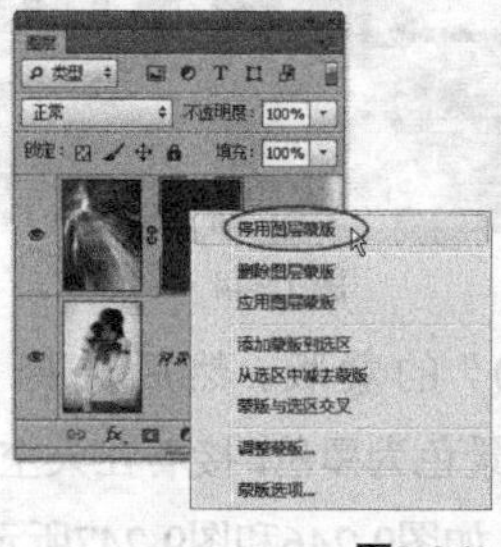
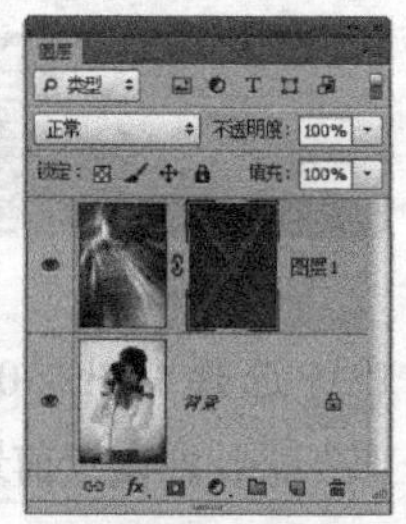

图9-260　　图9-261

第2种：选择图层蒙版，然后在“属性”面板下单击“停用/启用蒙版”按钮，如图9-262所示。

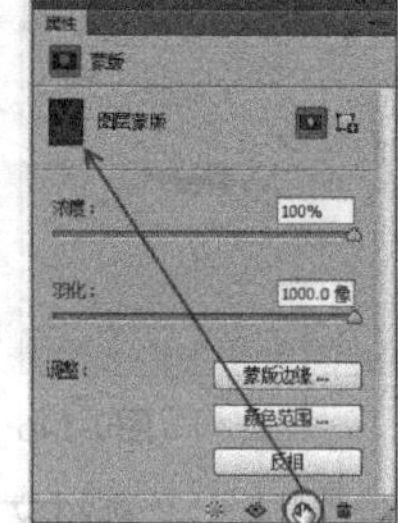

图9-262

2.重新启用图层蒙版

在停用图层蒙版以后，如果要重新启用图层蒙版，可以采用以下3种方法来完成。

第1种：执行“图层>图层蒙版>启用”菜单命令，或在蒙版缩略图上单击鼠标右键，然后在弹出的菜单中选择“启用图层蒙版”命令，如图9-263和图9-264所示。

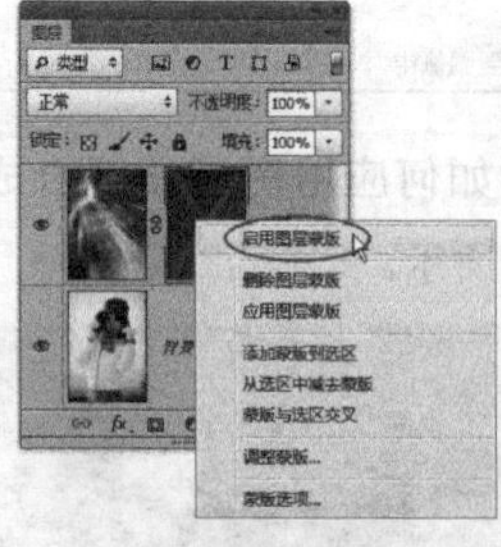
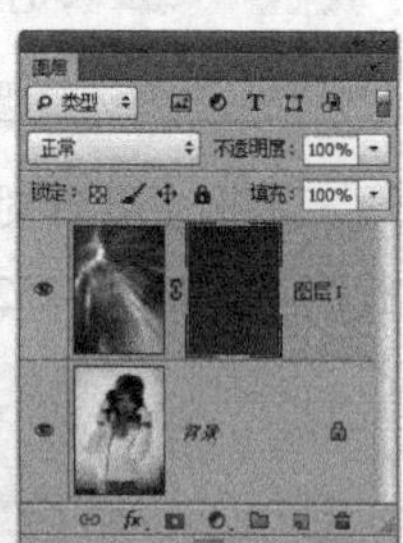

图9-263　　图9-264

第2种：在蒙版缩略图上单击鼠标左键，即可重新启用图层蒙版。

第3种：选择蒙版，然后在“属性”面板的下面单击“停用/启用蒙版”按钮。

3.删除图层蒙版

如果要删除图层蒙版，可以采用以下3种方法来完成。

第1种：执行"图层>图层蒙版>删除"菜单命令，或在蒙版缩略图上单击鼠标右键，然后在弹出的菜单中选择"删除图层蒙版"命令，如图9-265和图9-266所示。

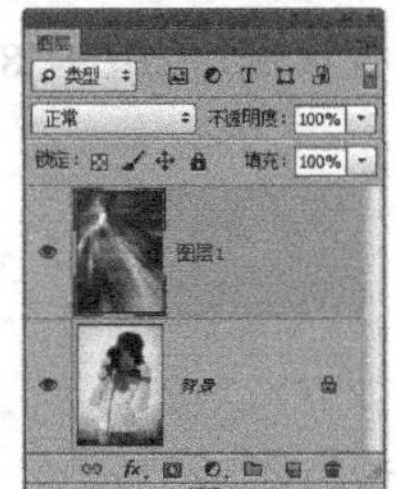

图9-265　图9-266

第2种：将蒙版缩略图拖曳到"图层"面板下面的"删除图层"按钮上，如图9-267所示，然后在弹出的对话框中单击"删除"按钮，如图9-268所示。

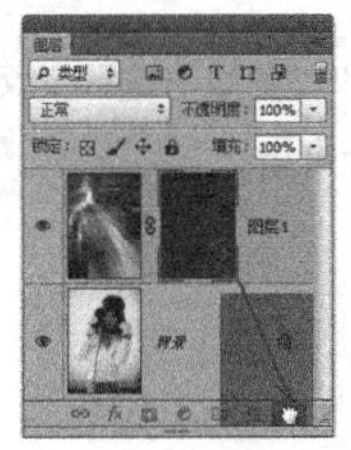
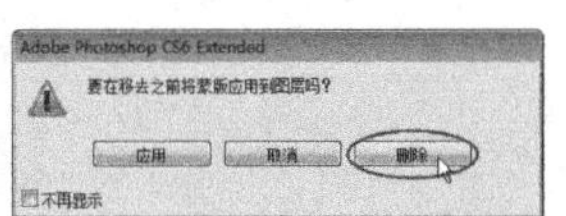

图9-267　图9-268

第3种：选择蒙版，然后直接在"属性"面板中单击"删除蒙版"按钮。

9.11.7 转移/替换/复制图层蒙版

1.转移图层蒙版

如果要将某个图层的蒙版转移到其他图层上，可以将蒙版缩略图拖曳到其他图层上，如图9-269和图9-270所示。

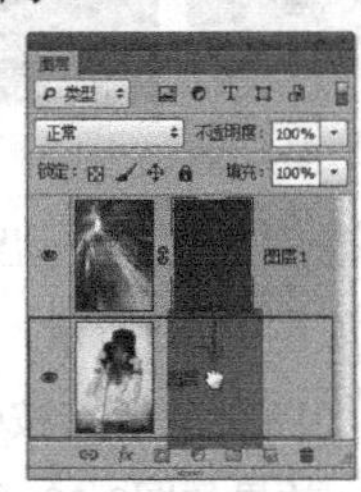
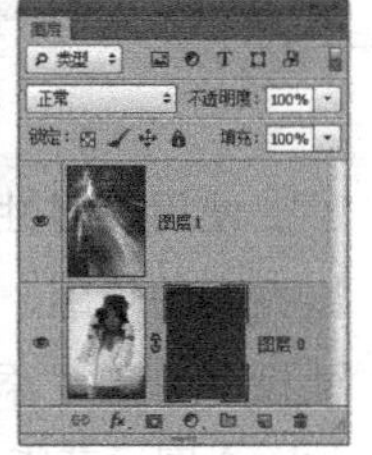

图9-269　图9-270

2.替换图层蒙版

如果要将一个图层的蒙版替换掉另外一个图层的蒙版，可以将该图层的蒙版缩略图拖曳到另外一个图层的蒙版缩略图上，如图9-271所示，然后在弹出的对话框中单击"是"按钮，如图9-272所示。替换图层蒙版以后，"图层1"的蒙版将被删除，同时"图层0"的蒙版会被换成"图层1"的蒙版，如图9-273所示。

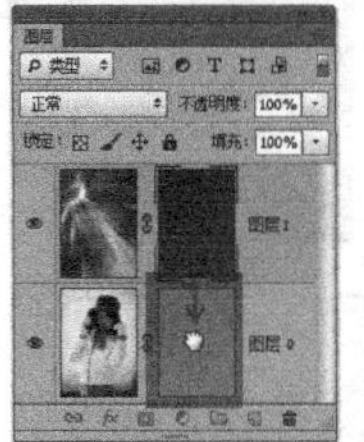
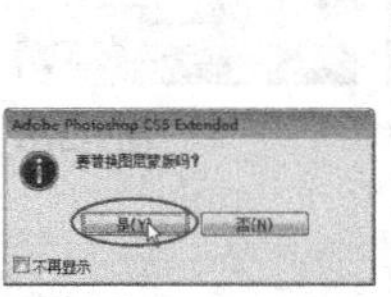
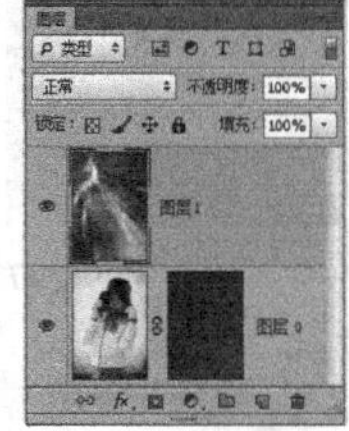

图9-271　图9-272　图9-273

3.复制图层蒙版

如果要将一个图层的蒙版复制到另外一个图层上，可以按住Alt将蒙版缩略图拖曳到另外一个图层上，如图9-274和图9-275所示。

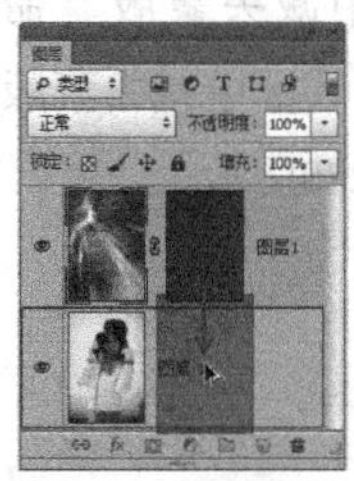
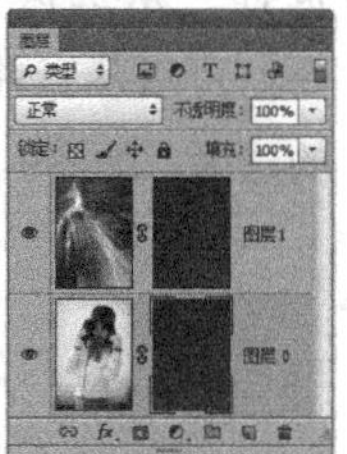

图9-274　图9-275

9.11.8 蒙版与选区的运算

在图层蒙版缩略图上单击鼠标右键，在弹出的菜单中可以看到3个关于蒙版与选区运算的命令，如图9-276所示。

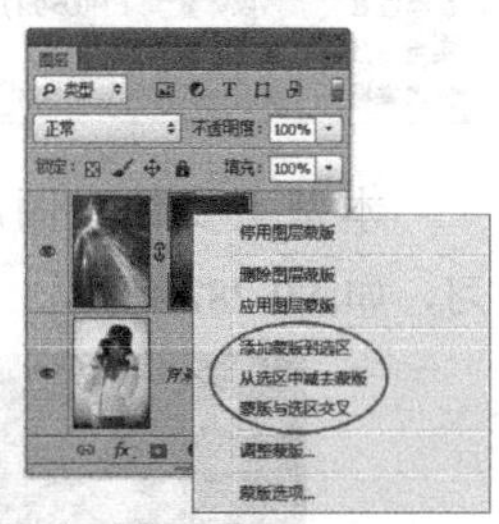

图9-276

1.添加蒙版到选区

如果当前图像中没有选区，执行"添加蒙版到选区"命令，可以载入图层蒙版的选区，如图9-277所示；如果当前图像中存在选区，如图9-278所示，执行该命令，可以将蒙版的选区添加到当前选区中，如图9-279所示。

图9-277 图9-278 图9-279

技巧与提示

按住Ctrl键单击蒙版的缩略图，也可以载入蒙版的选区。

2.从选区中减去蒙版

如果当前图像中存在选区，执行“从选区中减去蒙版”命令，可以从当前选区中减去蒙版的选区，如图9-280所示。

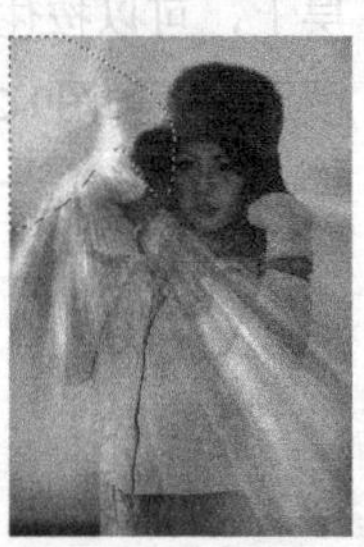

图9-280

3.蒙版与选区交叉

如果当前图像中存在选区，执行“蒙版与选区交叉”命令，可以得到当前选区与蒙版选区的交叉区域，如图9-281所示。

图9-281

技巧与提示

“从选区中减去蒙版”和“蒙版与选区交叉”命令只有在当前图像中存在选区时才可用。

9.11.9 课堂案例——合成蝴蝶女王

实例位置	实例文件>CH09>9.11.9.psd
素材位置	素材文件>CH09>素材14-1.jpg~素材14-4.jpg
视频位置	多媒体教学>CH09>9.11.9.flv
实用指数	★★★★★
技术掌握	图层蒙版的综合运用

本例主要针对图层蒙版的综合运用进行练习，如图9-282所示。

图9-282

01 打开“素材文件>CH09>素材14-1.jpg”文件，如图9-283所示。

02 下面合成人像。导入“素材文件> CH09>素材14-2.jpg”文件，然后调整好其大小和位置，如图9-284所示。

图9-283 图9-284

03 使用“磁性套索工具”沿着人像边缘勾勒出大致的轮廓，如图9-285所示，然后在“图层”面板下单击“添加图层蒙版”按钮，为人像添加一个图层蒙版，效果如图9-286所示。

图9-285 图9-286

04 按Ctrl+D组合键取消选区，然后选择人像的图层蒙版，接着使用黑色“画笔工具”（选择一种柔角笔刷，并设置“大小”为66像素、“不透明度”为28%、“流量”为40%）在人像边缘细细涂抹，将残留的背景部分隐藏掉，完成后的效果如图9-287所示。

图9-287

05 下面合成翅膀。打开“素材文件> CH09>素材14-3.jpg”文件，然后使用“魔棒工具”选择蝴蝶，如图9-288所示，接着使用“移动工具”将选区内的图像拖曳到当前文档中，如图9-289所示。

图9-288 图9-289

06 使用“矩形选框工具”框选蝴蝶的一半，然后按Ctrl+J组合键选区内的图像复制到一个新的“翅膀1”图层中，接着按Ctrl+U组合键打开“色相/饱和度”对话框，并设置“色相”为126，如图9-290所示，再按Ctrl+T组合键进入自由变换状态，最后将其调整成如图9-291所示的效果。

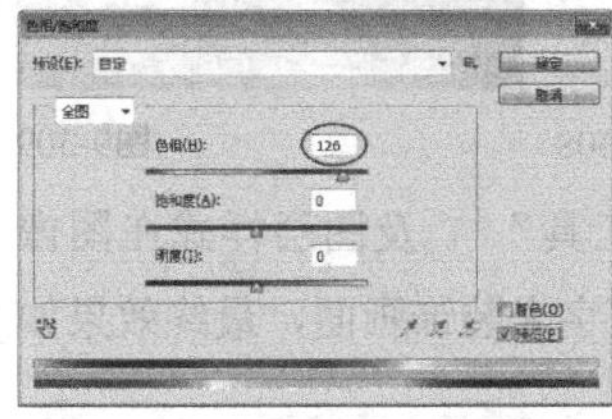

图9-290 图9-291

07 为“翅膀1”图层添加一个图层蒙版，并选择蒙版，然后使用黑色“画笔工具”在翅膀与背部的衔接处细细涂抹，使其能完美地衔接在一起，如图9-292所示。

08 执行“图层>图层样式>外发光”菜单命令，打开“图层样式”对话框，然后设置“不透明度”为39%、发光颜色为绿色（R:161，G:255，B:78），接着设置“大小”为59像素，如图9-293所示。

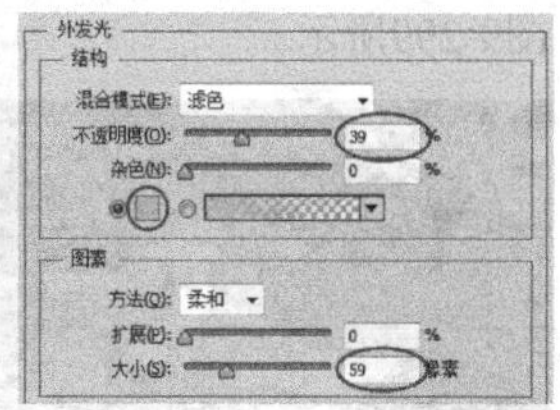

图9-292 图9-293

09 在“图层样式”对话框中单击“内发光”样式，然后设置“不透明度”为20%、发光颜色为绿色（R:147，G:232，B:106），接着设置“源”为“边缘”、“大小”为40像素，如图9-294所示，效果如图9-295所示。

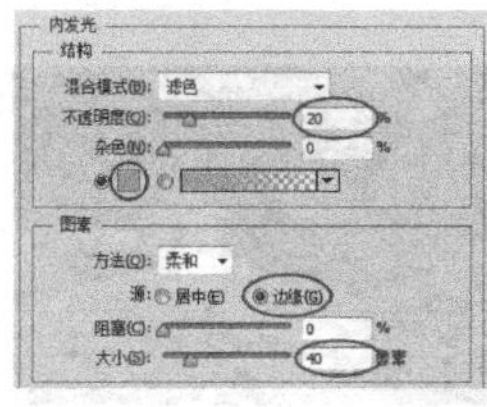

图9-294 图9-295

10 按Ctrl+J组合键将“翅膀1”图层复制一层，并将复制出来的图层命名为“翅膀2”，接着按Ctrl+T组合键进入自由变换状态，最后调整顺时针旋转一定的角度，如图9-296所示。

11 选择“翅膀2”图层的蒙版，然后使用黑色“画笔工具”在翅膀与手臂的衔接处细细涂抹，使其能完美地衔接在一起，完成后的效果如图9-297所示。

图9-296 图9-297

12 下面合成蝴蝶。再次将前面选择的蝴蝶拖曳到当前文档中，同样调整其“色相”为126，然后利用自由变换和复制功能制作出一群飞舞的蝴蝶，接着选择这些蝴蝶，最后按Ctrl+E组合键将其合并为一个“蝴蝶”图层，完成后的效果如图9-298所示。

⑬ 在“翅膀1”图层的名称上单击鼠标右键，然后在弹出的菜单中选择“拷贝图层样式”命令，接着在“蝴蝶”图层的名称上单击鼠标右键，最后在弹出的菜单中选择“粘贴图层样式”命令，效果如图9-299所示。

图9-298

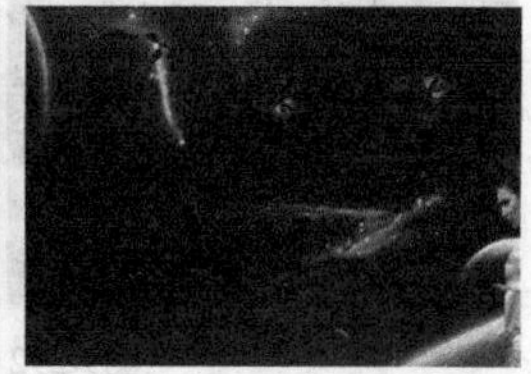
图9-299

⑭ 下面合成光效。导入“素材文件> CH09>素材14-4.jpg”文件，并将新生成的图层命名为“光效”，然后将其放在如图9-300所示的位置，接着设置其“混合模式”为“滤色”，效果如图9-301所示。

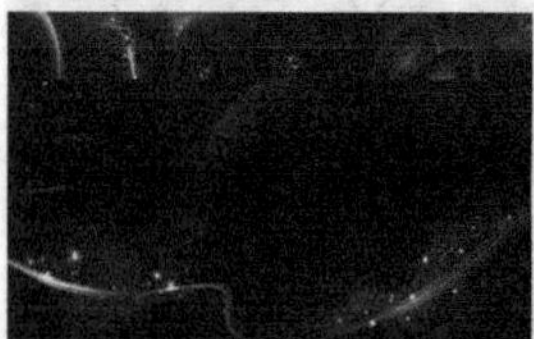
图9-300

图9-301

⑮ 为“光效”图层添加一个图层蒙版，然后使用黑色“画笔工具”在蒙版中涂去多余的光效，完成后的效果如图9-302所示。

图9-302

⑯ 下面制作光斑特效。选择“画笔工具”，然后按F5键打开“画笔”面板，接着选择一种柔角笔刷，并设置“大小”为30像素、“间距”为38%，如图9-303所示；单击“形状动态”选项，然后设置“大小抖动”为100%，如图9-304所示；单击“散布”选项，然后关闭“两轴”选项，接着设置“散布”为1000%、“数量”为1、“数量抖动”为20%，具体参数设置如图9-305所示。

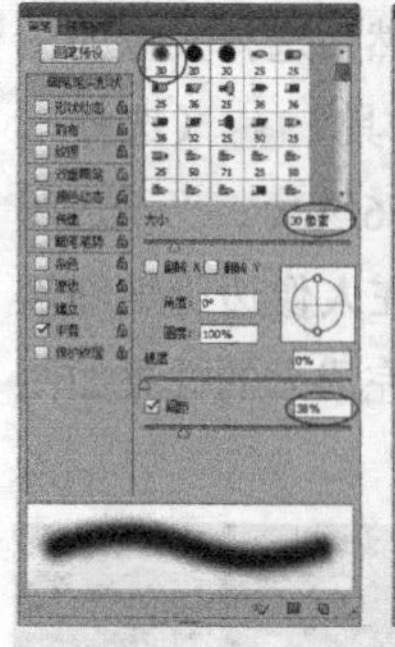
图9-303

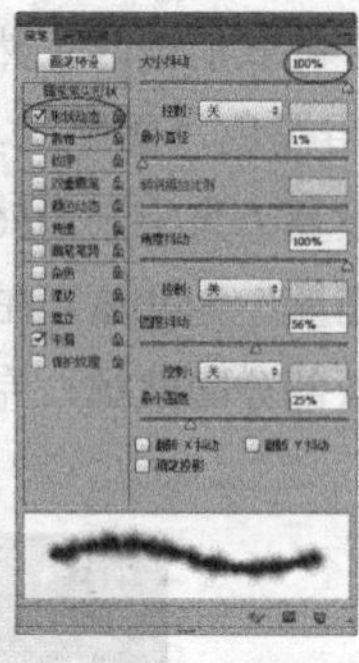
图9-304

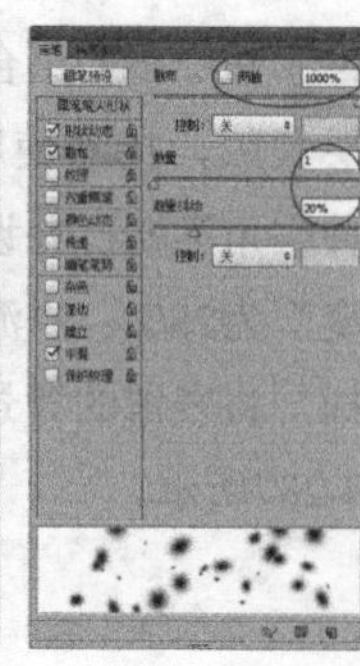
图9-305

⑰ 新建一个“光斑”图层，然后使用设置好的“画笔工具”在图像上绘制一些光斑，如图9-306所示。

⑱ 执行“图层>图层样式>外发光”菜单命令，打开“图层样式”样式，然后设置“不透明度”为29%、发光颜色为白色，接着设置“大小”为18像素，如图9-307所示。

图9-306

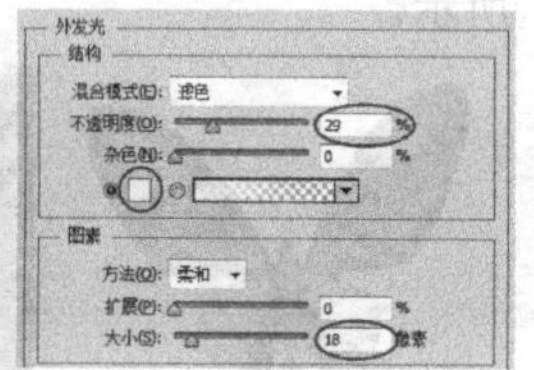

图9-307

⑲ 在“图层样式”对话框中单击“渐变叠加”样式，然后设置“渐变”为Photoshop预设的“橙，黄，橙渐变”，接着设置“角度”为-155°，如图9-308所示，效果如图9-309所示。

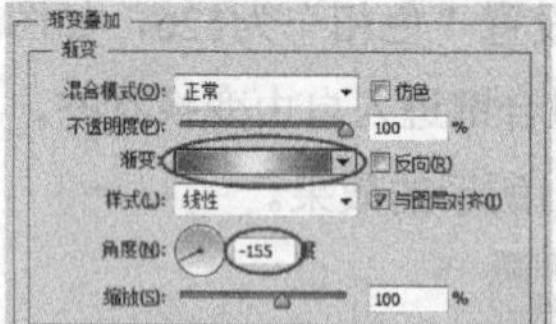

图9-308

图9-309

⑳ 使用“横排文字工具”及图层样式在图像的左侧制作一些特效文字来装饰画面，最终效果如图9-310所示。

图9-310

9.12 本章小结

本章主要讲解了文字工具与蒙版。在文字工具的讲解中，详细讲解了各种文字的创建方法和文字的修改。在蒙版的讲解中，首先讲解了蒙版的工作原理以及蒙版的创建方法，然后讲解了图层蒙版的应用，最后讲解了蒙版的其他操作，例如，停用、启用、删除、转移、复制等。通过本章的学习，我们要熟练掌握各种文字的输入方法及修改和蒙版的生成及应用图层蒙版的处理方法。

9.13 课后习题

9.13.1 课后习题——制作云朵文字

实例位置	实例文件>CH09>9.13.1.psd
素材位置	素材文件>CH09>素材15.jpg
视频位置	多媒体教学>CH09>9.13.1.flv
实用指数	★★★★★
技术掌握	文字路径、画笔描边的运用

本习题使用文字路径和画笔描边技术制作云朵文字，效果如图9-311所示。

图9-311

步骤分解如图9-312所示。

图9-312（1）

图9-312（2）

图9-312（3）

图9-312（4）

图9-312（5）

9.13.2 课后习题——制作气球文字

实例位置	实例文件>CH09>9.13.2.psd
素材位置	素材文件>CH09>素材16-1.png、素材16-2.png
视频位置	多媒体教学>CH09>9.13.2.flv
实用指数	★★★★★
技术掌握	图层样式、画笔描边路径、画笔工具的运用

本习题使用图层样式、画笔描边路径和“画笔工具”制作气球文字，效果如图9-313所示。

图9-313

步骤分解如图9-314所示。

图9-314（1）

图9-314（2）

图9-314（3）

图9-314（4）

图9-314（5）

9.13.3 课后习题——制作草地文字

实例位置	实例文件>CH09>9.13.3.psd
素材位置	素材文件>CH09>素材17-1.jpg、素材17-2.jpg、素材17-3.png
视频位置	多媒体教学>CH09>9.13.3.flv
实用指数	★★★★★
技术掌握	选区蒙版、动态画笔描边的运用

本习题使用选区蒙版和动态画笔描边技术制作草地文字，效果如图9-315所示。

图9-315

步骤分解如图9-316所示。

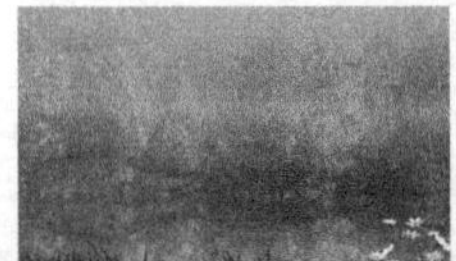

图9-316（1）

图9-316（2）

图9-316（3）

图9-316（4）

图9-316（5）

9.13.4 课后习题——合成插画

实例位置	实例文件>CH09>9.13.4.psd
素材位置	素材文件>CH09>素材18-1.jpg、素材18-2.jpg
视频位置	多媒体教学>CH09>9.13.4.flv
实用指数	★★★★★
技术掌握	基于选区创建图层蒙版

本习题使用选区蒙版合成插画，效果如图9-317所示。

图9-317

步骤分解图如图9-318所示。

图9-318（1）

图9-318（2）

图9-318（3）

第10章 通道

本章主要介绍了通道的使用方法。通过本章的学习，我们需要掌握通道的基本操作和使用方法，以便能快速、准确地制作出生动精彩的图像。

课堂学习目标

了解通道的类型及其相关用途
掌握通道的基本操作方法
掌握通道的高级操作方法
掌握用通道抠取特定对象

10.1 了解通道的类型

Photoshop中的通道用于存储图像颜色信息和选区信息等不同类型信息的灰度图像。一个图像最多可以拥有56个通道。所有的新通道都具有与原始图像相同的尺寸和像素数目。在Photoshop中，通道分为颜色通道、Alpha通道和专色通道。

10.1.1 颜色通道

颜色通道是将构成整体图像的颜色信息整理并表现为单色图像的工具。根据图像颜色模式的不同，颜色通道的数量也不同。比如，RGB模式的图像有RGB、红、绿、蓝4个通道，如图10-1所示；CMYK颜色模式的图像有CMYK、青色、洋红、黄色、黑色5个通道，如图10-2所示；Lab颜色模式的图像有Lab、明度、a、b4个通道，如图10-3所示；而位图和索引颜色模式的图像只有一个位图通道和一个索引通道，如图10-4和图10-5所示。

图10-1

图10-2

图10-3

图10-4

图10-5

10.1.2 课堂案例——制作迷幻海报

实例位置	实例文件>CH10>10.1.2.psd
素材位置	素材文件>CH10>素材01-1.jpg~素材01-3.jpg
视频位置	多媒体教学>CH10>10.1.2.flv
实用指数	★★★★★
技术掌握	移动通道中的图像

本例使用通道移动功能制作迷幻海报效果如图10-6所示。

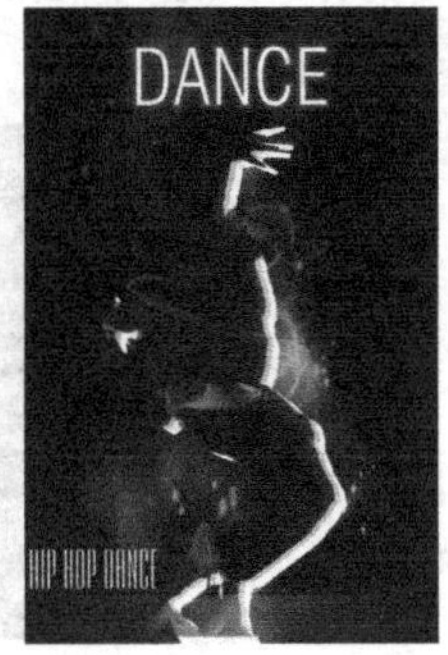

图10-6

01 打开“素材文件>CH10>素材01-1.jpg”文件，如图10-7所示。

02 按Ctrl+J组合键将“背景”图层复制一层，并将图层命名为“人像”（隐藏“背景”图层），然后使用“魔棒工具”选择白色背景区域，接着按Delete键删除背景区域，效果如图10-8所示。

图10-7 图10-8

03 按Ctrl+J组合键复制一个“人像副本”图层，并隐藏该副本图层，然后选择“人像”图层，切换到“通道”面板，单独选中“红”通道，接着按Ctrl+A组合键全选通道图像，如图10-9所示，最后使用“移动工具”将选区中的图像向左上方移动一段距离，如图10-10所示。

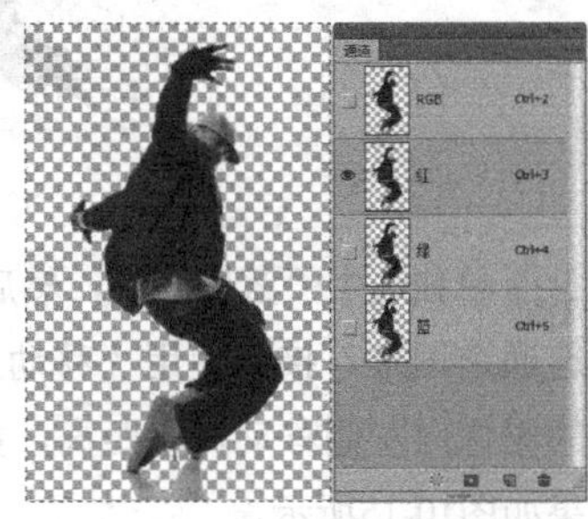

图10-9

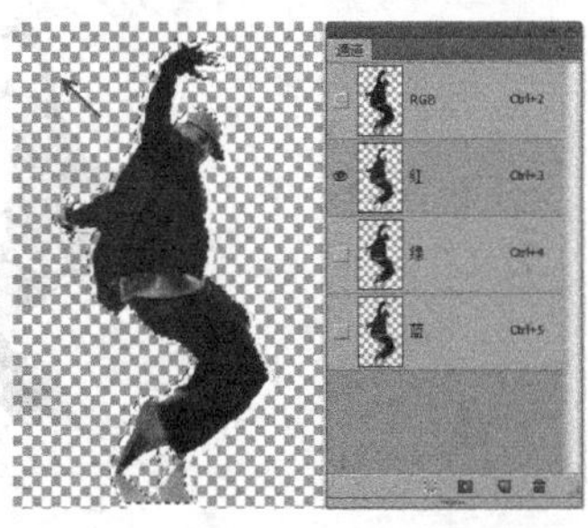

图10-10

04 单击RGB通道，显示彩色图像，此时可以观察到图像右下侧出现了红色边缘，效果如图10-11所示。

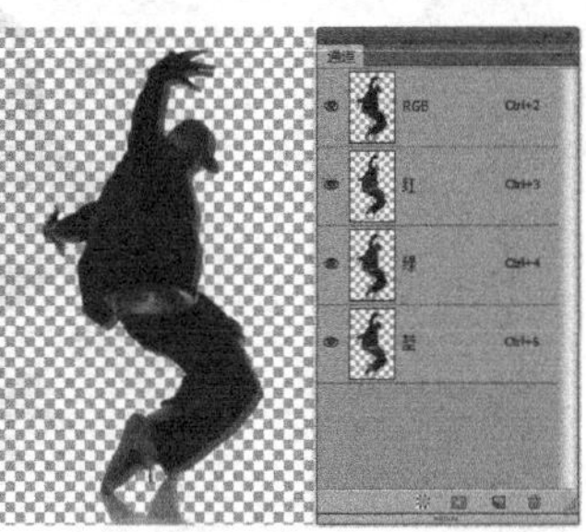

图10-11

05 单独选中“绿”通道，然后按Ctrl+A组合键全选通道图像，接着使用“移动工具”将选区中的图像向左上方移动一段距离，如图10-12所示，效果如图10-13所示。

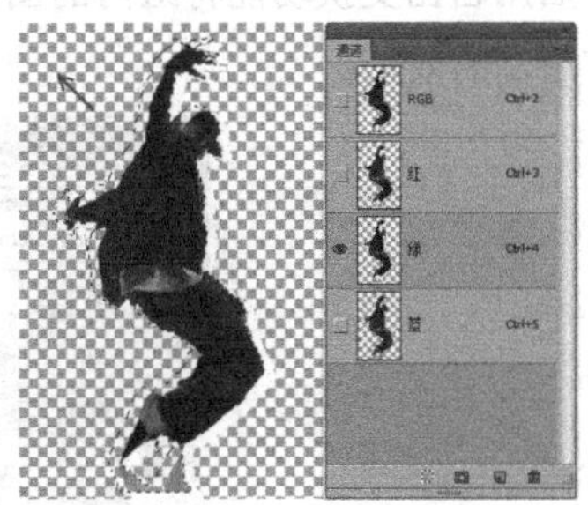

图10-12

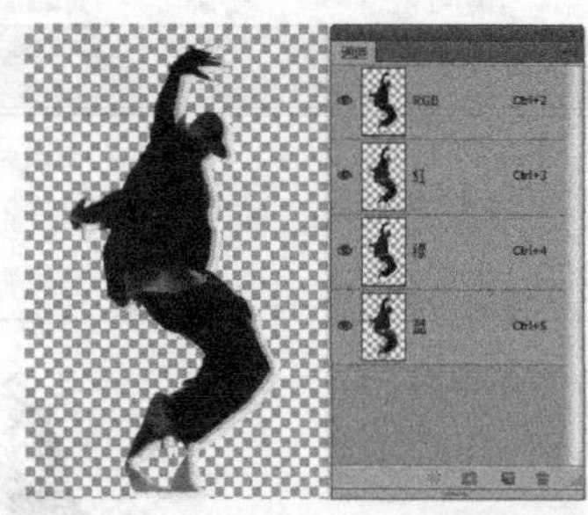

图10-13

06 单独选中“蓝”通道，然后按Ctrl+A组合键全选通道图像，接着使用“移动工具”将选区中的图像向左侧移动一段距离，如图10-14所示，效果如图10-15所示。

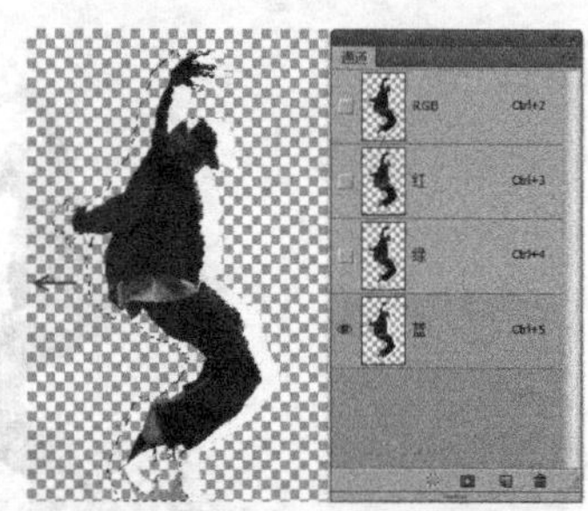

图10-14

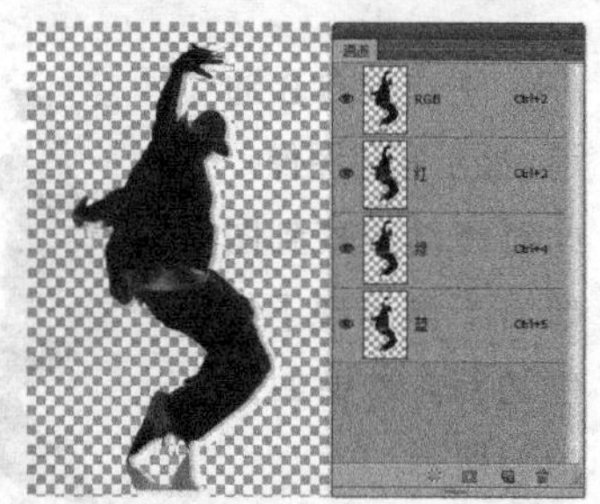

图10-15

07 打开“素材文件>CH10>素材01-2.jpg”文件，然后将“素材01-1.jpg”文档中的所有图层拖曳到“素材01-2.jpg”文档中，接着按Ctrl+G组合键为其建立一个“人像”图层组，如图10-16所示，最后用自由变换功能将组内的图层缩放成如图10-17所示的效果。

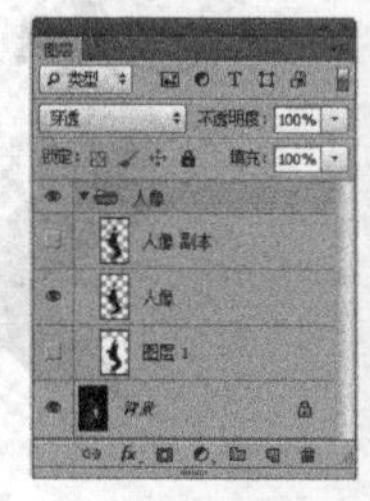

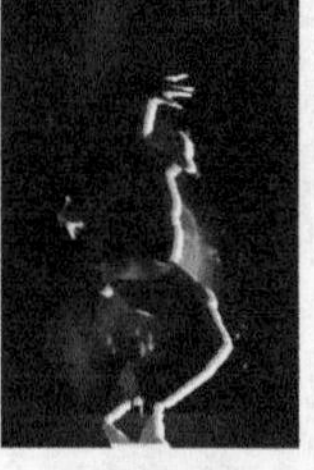

图10-16　图10-17

08 显示“人像副本”图层，然后为其添加一个图层蒙版，并用黑色填充蒙版，接着使用白色“画笔工具”在蒙版中涂抹，将人像头部显示出来，如图10-18所示。

09 暂时隐藏“背景”图层，然后按Shift+Ctrl+Alt+E组合键将可见图层盖印到一个“模糊”图层中，并将其放在“人像”图层的下一层，最后显示出“背景”图层，如图10-19所示。

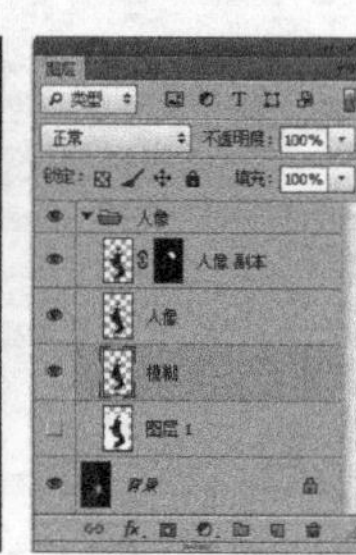

图10-18　图10-19

10 执行“滤镜>模糊>动感模糊”菜单命令，然后在弹出“动感模糊”对话框中设置“角度”为40°、“距离”为380像素，如图10-20所示，效果如图10-21所示。

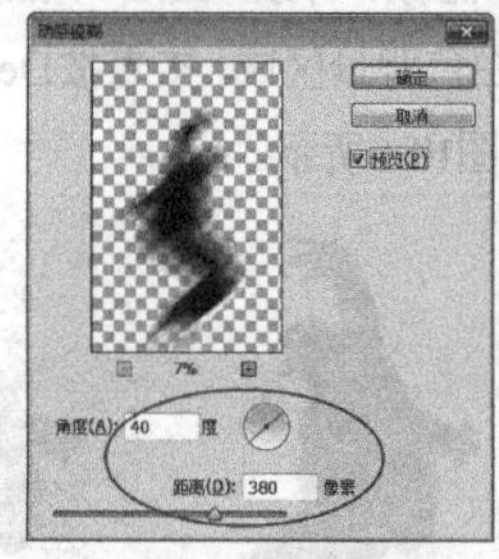

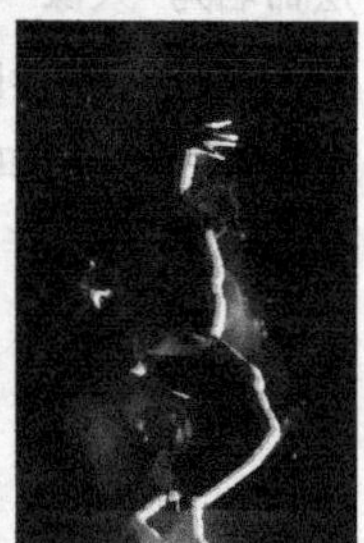

图10-20　图10-21

11 使用“横排文字工具”及图层样式在图像的顶部和左下角制作一些海报文字来装饰画面，完成后的效果如图10-22所示。

12 导入“素材文件>CH10>素材01-3.jpg”文件，然后设置其“混合模式”为“滤色”，效果如图10-23所示。

图10-22　图10-23

13 为光效添加一个图层蒙版，然后使用黑色“画笔工具”在蒙版中涂去人像上的部分光效，接着设置其“不透明度”为60%，最终效果如图10-24所示。

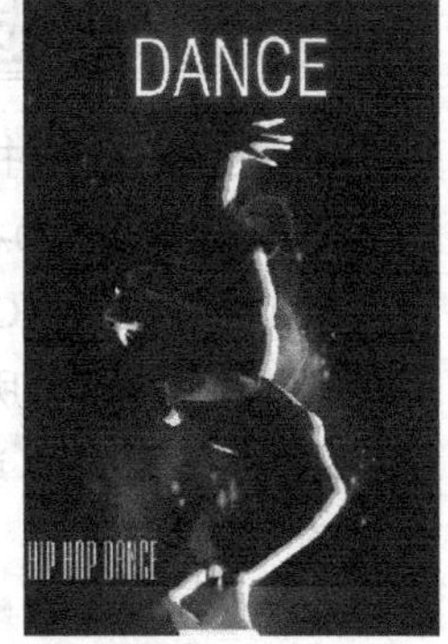

图10-24

10.1.3 Alpha通道

在认识Alpha通道之前先打开一张图像，该图像中包含一个人像的选区，如图10-25所示。下面就以这张图像来讲解Alpha通道的主要功能。

图10-25

功能1：在“通道”面板下单击“将选区存储为通道”按钮，可以创建一个Alpha1通道，同时选区会存储到通道中，这就是Alpha通道的第1个功能，即存储选区，如图10-26所示。

图10-26

功能2：单击Alpha1通道，将其单独选择，此时文档窗口中将显示为花朵的黑白图像，就是Alpha通道的第2个功能，即存储黑白图像，如图10-27所示。其中黑色区域表示不能被选择的区域，白色区域表示可以选区的区域（如果有灰色区域，表示可以被部分选择）。

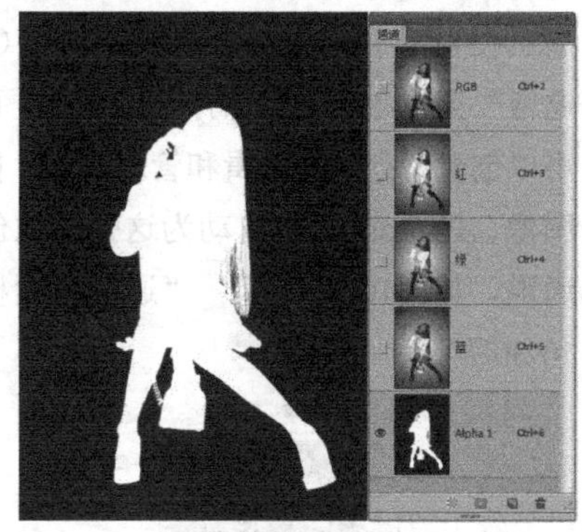

图10-27

功能3：在“通道”面板下单击“将通道作为选区载入”按钮或按住Ctrl键单击Alpha1通道的缩略图，可以载入Alpha1通道的选区，这就是Alpha通道第3个功能，即可以从Alpha通道中载入选区，如图10-28所示。

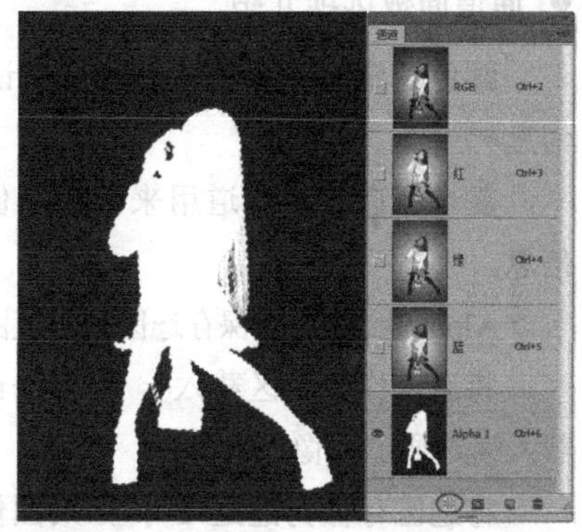

图10-28

10.1.4 专色通道

专色通道主要用来指定用于专色油墨印刷的附加印版。它可以保存专色信息，同时也具有Alpha通道的特点。每个专色通道只能存储一种专色信息，而且是以灰度形式来存储的。

技巧与提示

除了位图模式以外，其余所有的色彩模式图像都可以建立专色通道。

10.2 通道面板

“通道”面板与“图层”面板和“路径”面板是Photoshop中最重要的3个面板，在默认情况下都显示在视图中。在“通道”面板中（执行“窗口>通道”菜单命令，可以打开“通道”面板），我们可以创建、存储、编辑和管理通道。随意打开一张图像，Photoshop会自动为这张图像创建颜色信息通道，如图10-29所示。“通道”面板的菜单如图10-30所示。

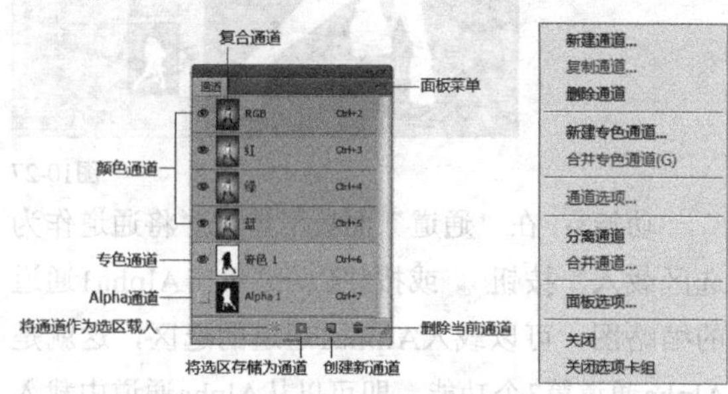

图10-29　图10-30

- **通道面板选项介绍**

颜色通道：这4个通道都用来记录图像颜色信息。

复合通道：该通道用来记录图像的所有颜色信息。

Alpha通道：用来保存选区和灰度图像的通道。

将通道作为选区载入：单击该按钮。可以载入所选通道图像的选区。

将选区存储为通道：如果图像中有选区，单击该按钮，可以将选区中的内容存储到通道中。

创建新通道：单击该按钮，可以新建一个Alpha通道。

删除当前通道：将通道拖曳到该按钮上，可以删除选择的通道。

10.3 通道的基本操作

在“通道”面板中，我们可以选择某个通道进行单独操作，也可以隐藏/显示、删除、复制、合并已有的通道，或对其位置进行调换等操作。

10.3.1 快速选择通道

在“通道”面板中的每个通道后面有对应的Ctrl+数字。比如在图10-31中，“红”通道后面有Ctrl+3组合键，这就表示按Ctrl+3组合键可以单独选择“红”通道，如图10-32所示。同样道理，按Ctrl+4组合键可以单独选择“绿”通道，按Ctrl+5组合键可以单独选择“蓝”通道。

图10-31

图10-32

10.3.2 显示/隐藏通道

每个通道的右侧都有一个眼睛图标（处于隐藏状态的通道眼睛图标为状，如图10-33所示），单击该图标，可以隐藏该通道与复合通道（注意，复合通道不能被单独隐藏，如图10-34所示）。单击隐藏状态的通道右侧的眼睛图标，可以恢复该通道的显示。

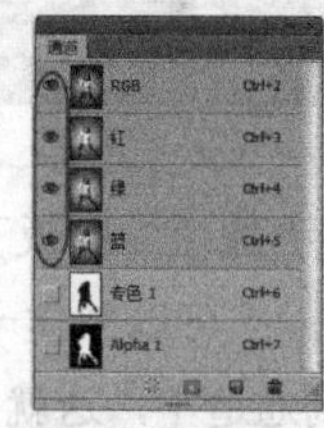

图10-33

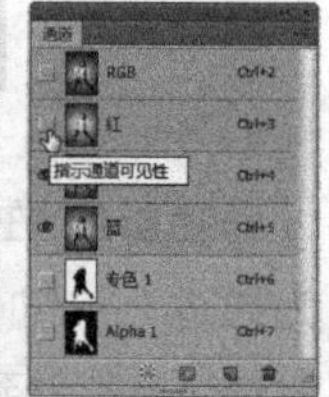

图10-34

10.3.3 排列通道

如果“通道”面板中包含多通道，可以像调整图层位置一样调整通道的排列位置，如图10-35和图10-36所示。

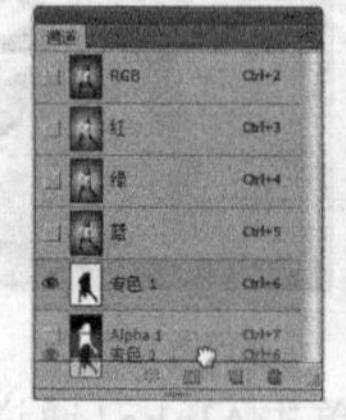

图10-35

图10-36

技巧与提示

注意：默认的颜色通道的顺序是不能进行调整的。

10.3.4 重命名通道

要重命名Alpha通道或专色通道，可以在“通道”面板中双击该通道的名称，激活输入框，然后输入新名称即可，如图10-37和图10-38所示。

图10-37

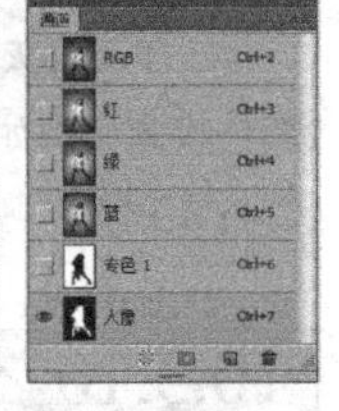
图10-38

技巧与提示

注意：默认的颜色通道的名称是不能进行重命名的。

10.3.5 新建Alpha/专色通道

1.新建Alpha通道

如果要新建Alpha通道，可以在“通道”面板下面单击“创建新通道”按钮，如图10-39和图10-40所示。

图10-39

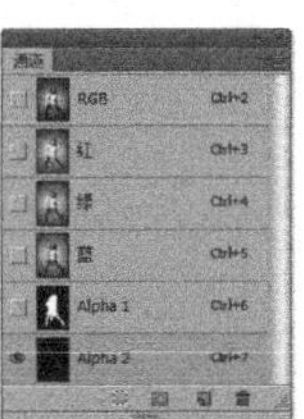
图10-40

2.新建专色通道

如果要新建专色通道，可以在“通道”面板的菜单中选择“新建专色通道”命令，如图10-41和图10-42所示。

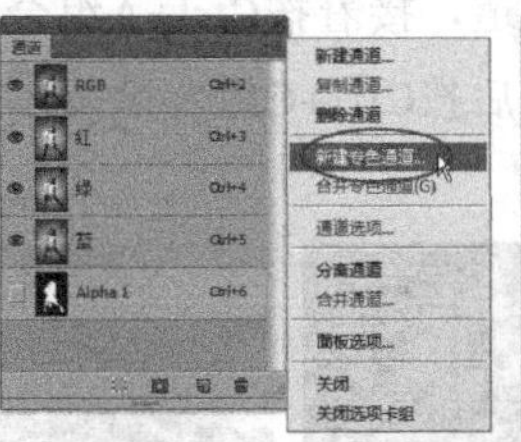
图10-41

图10-42

10.3.6 复制通道

如果要复制通道，可以采用以下3种方法来完成（注意：不能复制复合通道）。

第1种：在面板菜单中选择“复制通道”命令，即可将当前通道复制出一个副本，如图10-43和图10-44所示。

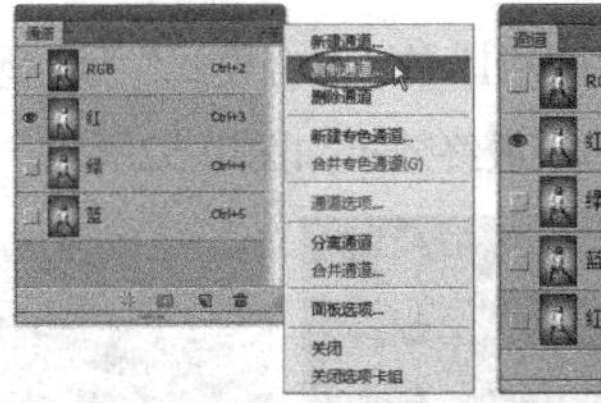
图10-43

图10-44

第2种：在通道上单击鼠标右键，然后在弹出的菜单中选择“复制通道”命令，如图10-45所示。

第3种：直接将通道拖曳到“创建新通道”按钮上，如图10-46所示。

图10-45

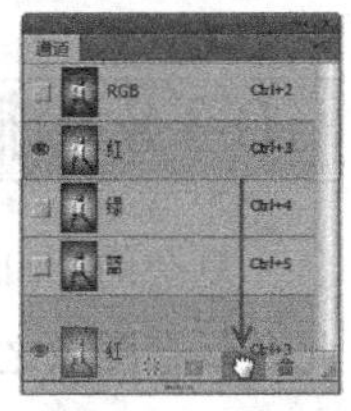
图10-46

10.3.7 课堂案例——将通道中的内容复制到图层中

实例位置	实例文件>CH10>10.3.7.psd
素材位置	素材文件>CH10>素材02-1.jpg、素材02-2.jpg
视频位置	多媒体教学>CH10>10.3.7.flv
实用指数	★★☆☆☆
技术掌握	复制通道图像的方法

本例学习将通道中的内容复制到图层中的效果如图10-47所示。

图10-47

01 打开“素材文件>CH10>素材02-1.jpg”文件，如图10-48所示。

图10-48

02 打开“素材文件>CH10>素材02-2.jpg”文件，如图10-49所示，然后切换到“通道”面板，单独选择“蓝”通道，接着按Ctrl+A组合键全选通道中的图像，最后按Ctrl+C组合键复制图像，如图10-50所示。

图10-49

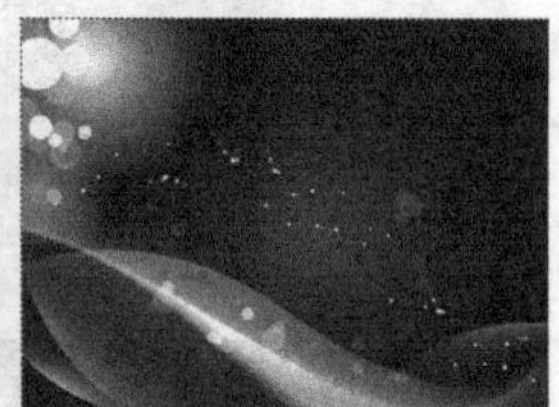
图10-50

03 切换到人像文档窗口，然后按Ctrl+V组合键将复制的图像粘贴到当前文档，此时Photoshop将生成一个新的“图层1”，效果如图10-51所示。

04 设置“图层1”的“混合模式”为“叠加”、“不透明度”为60%，最终效果如图10-52所示。

图10-51

图10-52

10.3.8 删除通道

复杂的Alpha通道会占用很大的磁盘空间，因此在保存图像之前，可以删除无用的Alpha通道和专色通道。如果要删除通道，可以采用以下两种方法来完成。

第1种：将通道拖曳到“通道”面板下面的“删除当前通道”按钮 上，如图10-53和图10-54所示。

第2种：在通道上单击鼠标右键，然后在弹出的菜单中选择“删除通道”命令，如图10-55所示。

图10-53

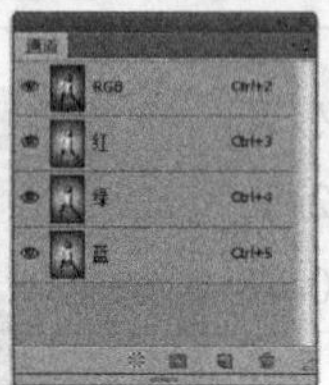
图10-54

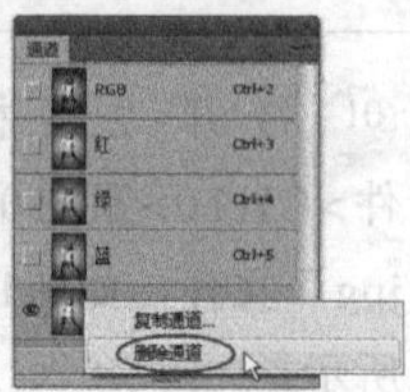
图10-55

10.3.9 合并通道

可以将多个灰度图像合并为一个图像的通道。要合并的图像必须具备以下3个特点。

第1点：图像必须为灰度模式，并且已被拼合。

第2点：具有相同的像素尺寸。

第3点：处于打开状态。

技巧与提示

已打开的灰度图像的数量决定了合并通道时可用的颜色模式。例如，4张图像可以合并为一个RGB图像或CMYK图像。

10.3.10 分离通道

打开一张图像，如图10-56所示。这是一张RGB颜色模式的图像。在“通道”面板的菜单中选择“分离”通道命令，如图10-57所示，可以将红、绿、蓝3个通道单独分离成3张灰度图像（分离成3个文档，并关闭彩色图像），同时每个图像的灰度都与之前的通道灰度相同，如图10-58和图10-59所示。

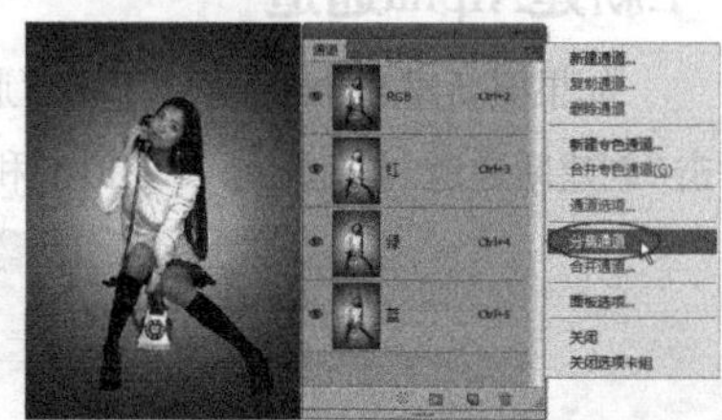
图10-56

图10-57

图10-58

图10-59

10.4 通道的高级操作

通道的功能非常强大，它不仅可以用来存储选区，还可以用来混合图像、制作选区、调色和抠图等。

10.4.1 用应用图像命令混合通道

打开一个文档，如图10-60所示。这个文档中包含一个人像和一个光效。下面我们就根据这个文档来讲解如何使用“应用图像”命令来混合通道。

图10-60

选择“光效”图层，然后执行“图像>应用图像”菜单命令，打开“应用图像”对话框，如图10-61所示。“应用图像”命令可以将作为“源”的图像的图层或通道与作为“目标”的图像的图层或通道进行混合。

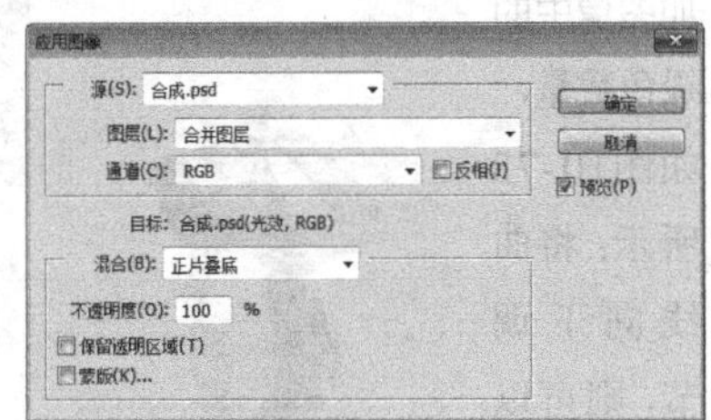

图10-61

● **应用图像对话框选项介绍**

源：该选项组主要用来设置参与混合的源对象。“源”选项用来选择混合通道的文件（必须是打开的文档才能进行选择）；“图层”选项用来选择参与混合的图层；“通道”选项用来选择参与混合的通道，如图10-62所示；“反相”选项可以使通道先反相，然后再进行混合，如图10-63所示。

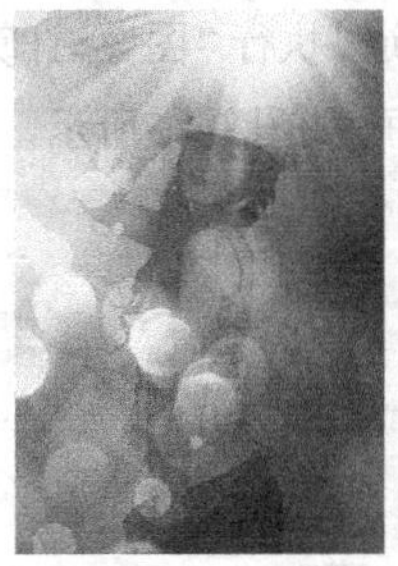

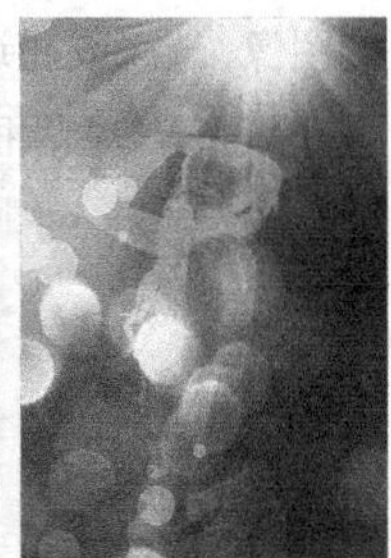

图10-62　图10-63

目标：显示被混合的对象。

混合：该选项组用于控制“源”对象与“目标”对象的混合方式。“混合”选项用于设置混合模式，图10-64所示为“变暗”混合效果；“不透明度”选项用来控制混合的程度；勾选“保留透明区域”选项，可以将混合效果限定在图层的不透明区域范围内；勾选“蒙版”选项，可以显示出“蒙版”的相关选项，我们可以选择任何颜色通道和Alpha通道来作为蒙版，如图10-65和图10-66所示。

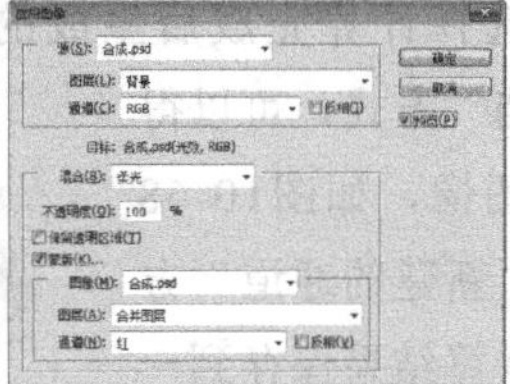

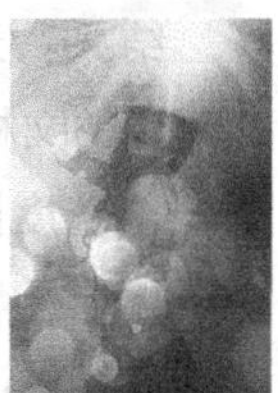

图10-64　图10-65　图10-66

知识点 通道混合中的相加与减去模式

在“混合”选项中，有两种非常特殊的混合方式，即“相加”与“减去”模式。这两种模式是通道独特的混合模式，“图层”面板中不具备这两种混合模式。

相加：这种混合方式可以增加两个通道中的像素值。“相加”模式是在两个通道中组合非重叠图像的好方法。因为较高的像素值代表较亮的颜色，所以可以向通道添加重叠像素使图像变亮。

减去：这种混合方式可以从目标通道中相应的像素上减去源通道中的像素值。

10.4.2 用计算命令混合通道

“计算”命令可以混合两个来自一个源图像或多个源图像的单个通道，得到的混合结果可以是新的灰度图像、选区或通道。执行“图像>计算”菜单命令，打开“计算”对话框，如图10-67所示。

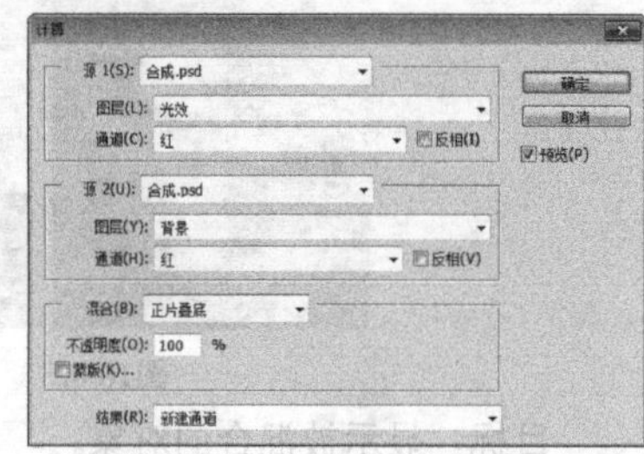

图10-67

● **计算对话框选项介绍**

源1/2：用于选择参与计算的第1/2个源图像、图层及通道。

图层：如果源图像具有多个图层，可以在这里选择相应的图层。

混合：与“应用图像”命令的“混合”选项相同。

结果：选择计算完成后生成的结果。选择“新建的文档”方式，可以得到一个灰度图像，如图10-68所示；选择“新建的通道”方式，可以将计算结果保存到一个新的通道中，如图10-69所示；选择“选区”方式，可以生成一个新的选区，如图10-70所示。

图10-68

图10-69

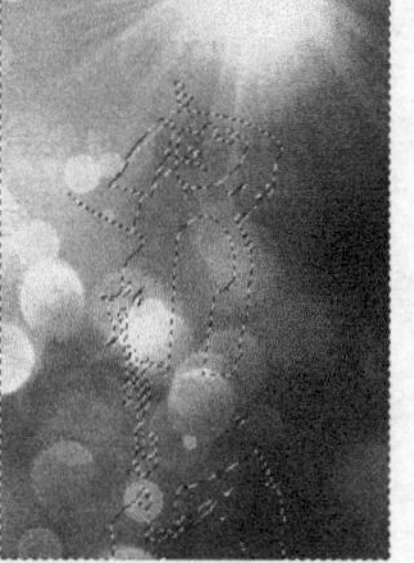

图10-70

10.4.3 用通道调整颜色

通道调色是一种高级调色技术。我们可以对一张图像的单个通道应用各种调色命令，从而达到调整图像中单种色调的目的。下面用“曲线”调整图层来介绍如何用通道进行调色。

单独选择“红”通道，按Ctrl+M组合键打开“曲线”对话框，将曲线向上调节，可以增加图像中的红色数量，如图10-71所示；将曲线向下调节，则可以减少图像中的红色，如图10-72所示。

图10-71

图10-72

单独选择“绿”通道，将曲线向上调节，可以增加图像中的绿色数量，如图10-73所示；将曲线向下调节，则可以减少图像中的绿色，如图10-74所示。

图10-73

图10-74

单独选择“蓝”通道，将曲线向上调节，可以增加图像中的蓝色数量，如图10-75所示；将曲线向下调节，则可以减少图像中的蓝色，如图10-76所示。

图10-75

图10-76

10.4.4 课堂案例——打造唯美青调照片

实例位置	实例文件>CH10>10.4.4.psd
素材位置	素材文件>CH10>素材03.jpg
视频位置	多媒体教学>CH10>10.4.4.flv
实用指数	★★★★★
技术掌握	用Lab通道调整照片的色调

本例使用Lab通道调色技术打造唯美青调照片，效果如图10-77所示。

图10-77

01 打开“素材文件>CH10>素材03.jpg”文件，如图10-78所示。

图10-78

02 执行“图像>模式>Lab颜色”菜单命令，将图像转换为Lab颜色模式，然后在“通道”面板中选择a通道，按Ctrl+A组合键全选通道图像，接着按Ctrl+C组合复制通道图像，如图10-79所示；再选择b通道，按Ctrl+V组合键将复制的通道图像粘贴到b通道中，如图10-80所示；最后显示出Lab复合通道，效果如图10-81所示。

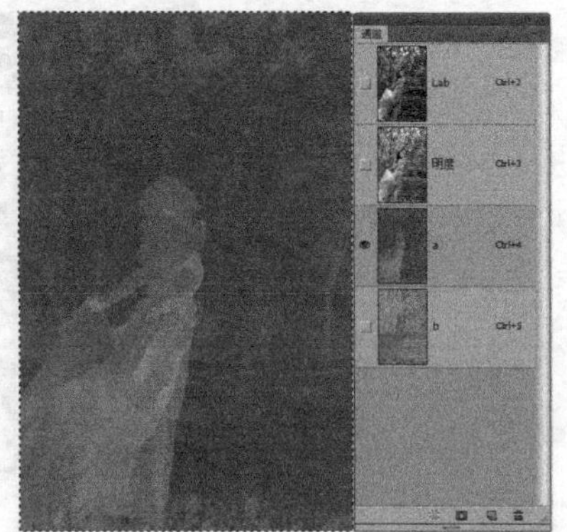
图10-79

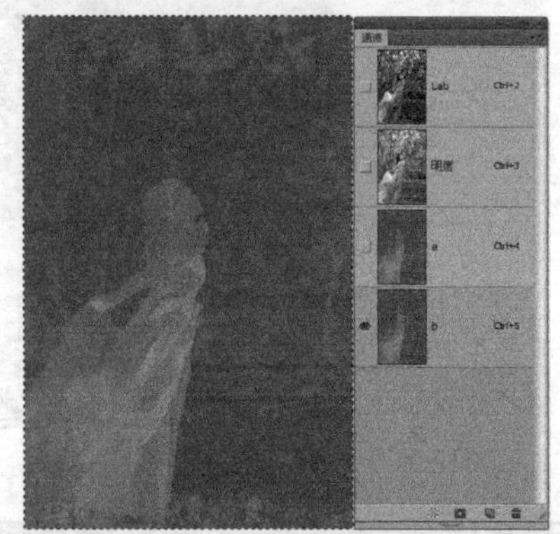
图10-80

图10-81

03 创建一个“色彩平衡”调整图层，然后在“属性”面板中设置“绿色-洋红”为-47、“蓝色-黄色”为-50，如图10-82所示，效果如图10-83所示。

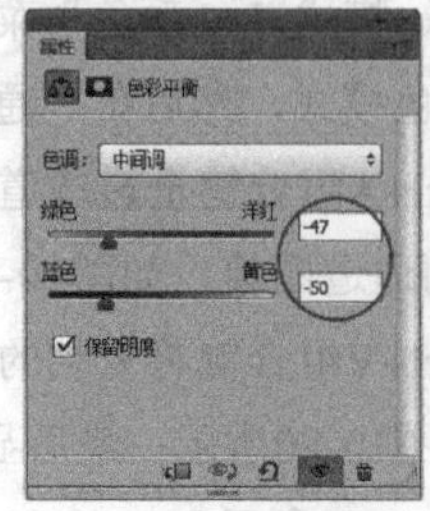

图10-82 图10-83

04 使用黑色“画笔工具”在“色彩平衡”调整图层的蒙版中涂去人像区域，如图10-84所示，效果如图10-85所示。

图10-84 图10-85

05 按Ctrl+J组合键将“色彩平衡”调整图层复制一层，然后在“属性”面板中单击“复位到调整默认值”按钮，接着设置“色调”为“阴影”，最后设置“绿色-洋红”为-65、“蓝色-黄色”为-64，如图10-86所示，效果如图10-87所示。

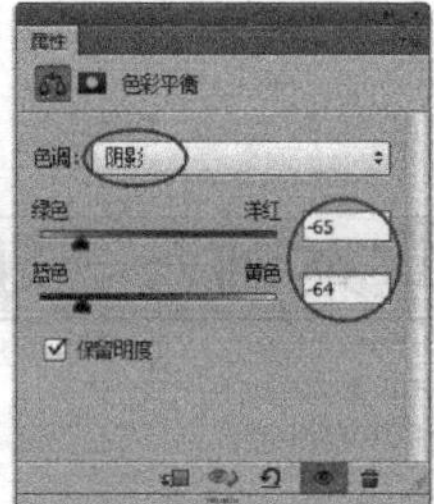

图10-86 图10-87

06 继续按Ctrl+J组合键将“色彩平衡”调整图层复制一层，然后在“属性”面板中单击“复位到调整默认值”按钮，接着设置“色调”为“高光”，再设置“绿色-洋红”为-58、“蓝色-黄色”为-11，如图10-88所示，效果如图10-89所示。最后使用黑色“画笔工具”在蒙版中涂去多余的高光区域，完成后的效果如图10-90所示。

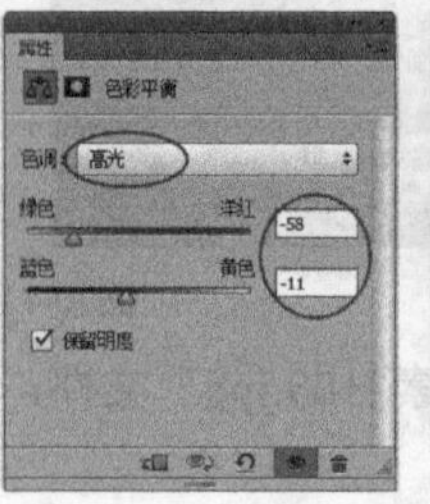

图10-88 图10-89 图10-90

07 创建一个“色相/饱和度”调整图层，然后在“属性”面板中选择“青色”通道，接着设置“色相”为53，如图10-91所示，效果如图10-92所示。最后使用黑色“画笔工具”在蒙版中涂去草地以外的区域，完成后的效果如图10-93所示。

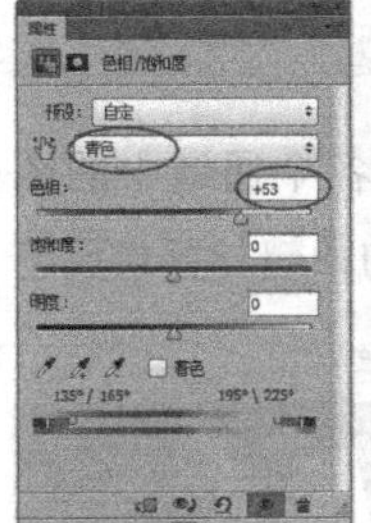
图10-91

图10-92

图10-93

08 继续创建一个“色相/饱和度”调整图层，然后在“属性”面板中选择“红色”通道，接着设置“色相”为-133，如图10-94所示；选择“青色”通道，然后设置“色相”为53，如图10-95所示，效果如图10-96所示。

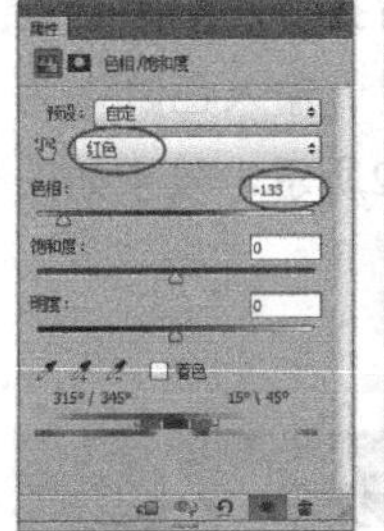
图10-94

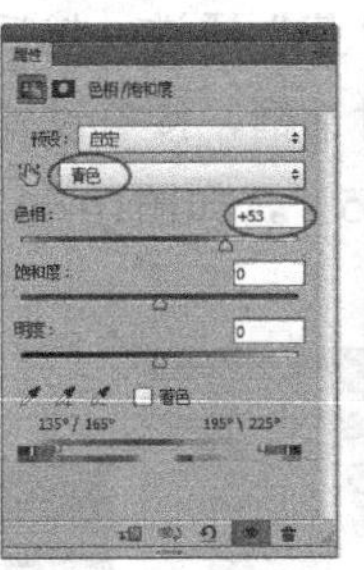
图10-95

图10-96

09 使用黑色“画笔工具”在“色相/饱和度”调整图层的蒙版中涂去裙子以外的区域，完成后的效果如图10-97所示。

10 创建一个“曲线”调整图层，然后在“属性”面板中将曲线调节成如图10-98所示的形状，效果如图10-99所示。

图10-97

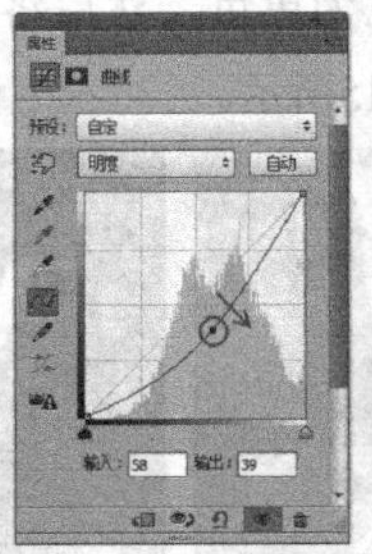
图10-98

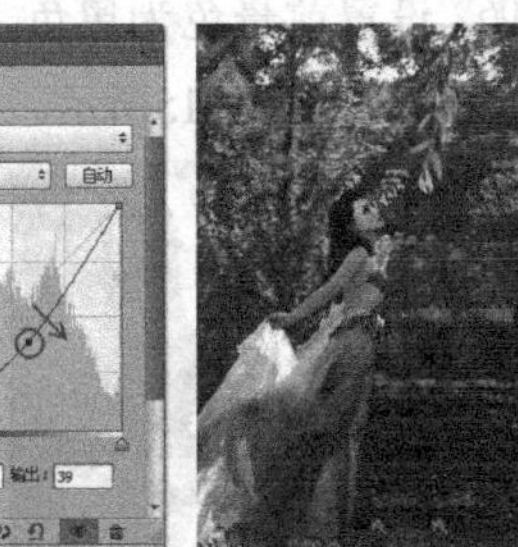
图10-99

11 使用黑色“画笔工具”在“曲线”调整图层的蒙版中涂去右上角和右下角以外的区域，以形成暗角效果，如图10-100所示，效果如图10-101所示。

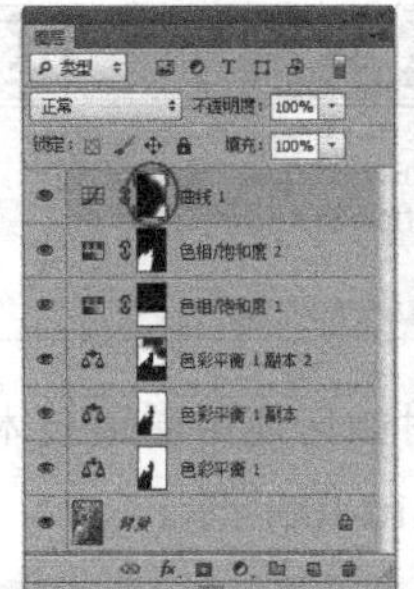
图10-100

图10-101

12 使用“裁剪工具”将画布向右扩展一段距离，如图10-102所示，然后使用“直排文字工具”在扩展的区域输入一些装饰文字，最终效果如图10-103所示。

图10-102

图10-103

10.4.5 用通道抠图

使用通道抠取图像是一种非常主流的抠图方法，常用于抠选毛发、云朵、烟雾以及半透明的婚纱等。通道抠图主要是利用图像的色相差别或明度差别来创建选区，在操作过程中可以多次重复使用“亮度/对比度”“曲线”“色阶”等调整命令，以及画笔、加深、减淡等工具对通道进行调整，以得到最精确的选区。图10-104和图10-105所示分别是将头发比较杂乱的人像抠选出来并更换背景后的效果。

图10-104

图10-105

10.4.6 课堂案例——抠取多毛动物

实例位置	实例文件>CH10>10.4.6.psd
素材位置	素材文件>CH10>素材04-1.jpg、素材04-2.jpg
视频位置	多媒体教学>CH10>10.4.6.flv
实用指数	★★★★★
技术掌握	用通道抠取边缘很细密的对象

本例主要针对如何使用通道技术抠取多毛动物进行练习，如图10-106所示。

图10-106

01 打开“素材文件>CH10>素材04-1.jpg”文件，如图10-107所示。

图10-107

02 按Ctrl+J组合键将“背景”图层复制一层，得到“图层1”，然后按Ctrl+M组合键打开“曲线”对话框，接着将曲线调节成如图10-108所示的形状，效果如图10-109所示。

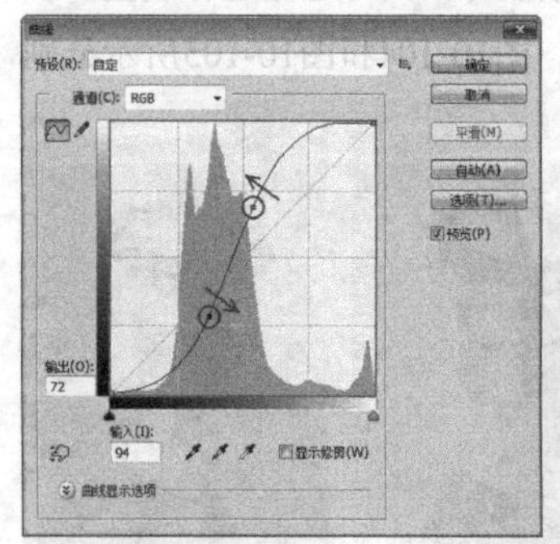

图10-108 图10-109

03 切换到“通道”面板，观察各个通道中的图像反差，可以发现“蓝”通道中的仙鹤与背景反差最大，如图10-110和图10-111所示。

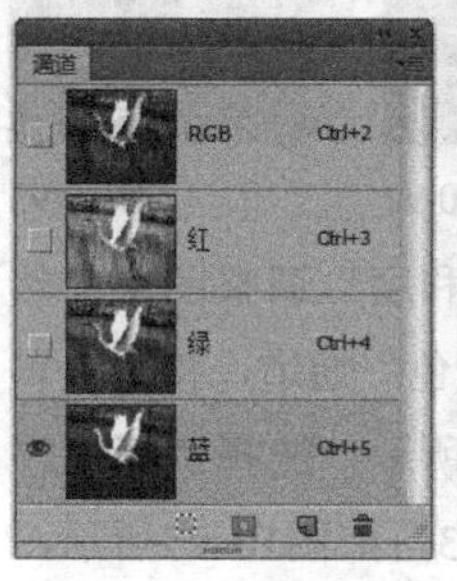

图10-110 图10-111

04 单独选择“蓝”通道，然后按Ctrl+L组合键打开“色阶”对话框，接着设置“输入色阶”为（15，0.96，185），如图10-112所示，效果如图10-113所示。

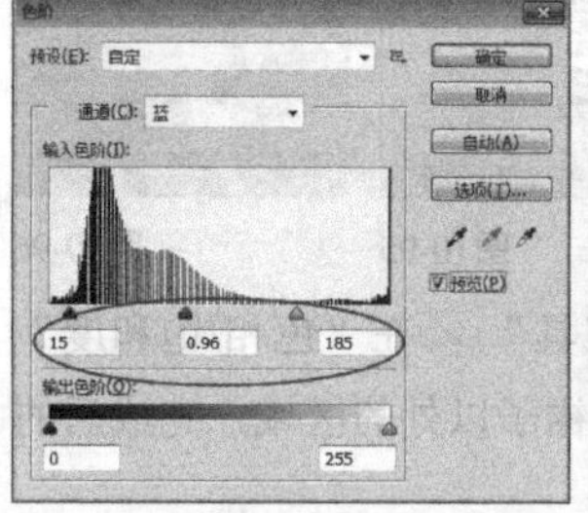

图10-112 图10-113

05 选择“画笔工具”，然后设置前景色为白色，接着将仙鹤涂成白色，如图10-114所示。

06 设置前景色为黑色，然后将背景和水面涂成黑色，如图10-115所示。

图10-114 图10-115

07 选择“加深工具”，然后将仙鹤边缘的像素涂成黑色，如图10-116所示。

图10-116

08 按住Ctrl键单击“蓝”通道的缩略图，载入其选区，如图10-117所示，接着显示RGB通道，并隐藏“图层1”，再选择“背景”图层，最后按Ctrl+J组合键将选区内的图像复制到一个新的“仙鹤”图层中（隐藏“背景”图层），效果如图10-118所示。

图10-117　图10-118

09 打开“素材文件>CH10>素材04-1.jpg”文件，如图10-119所示，然后使用“套索工具”勾勒出如图10-120所示的选区。

图10-119　图10-120

10 按Shift+F6组合键将选区羽化30像素，然后执行“滤镜>扭曲>波纹”菜单命令，接着在弹出的“波纹”对话框中设置“数量”为269%、“大小”为“中”，如图10-121所示，效果如图10-122所示。

图10-121　图10-122

11 将前面抠出来的仙鹤拖曳到当前文档中，将其放在如图10-123所示的位置，然后执行“编辑>变换>变形”菜单命令，接着仙鹤调节成如图10-124所示的形状，最终效果如图10-125所示。

图10-123　图10-124

图10-125

10.5 本章小结

本章主要讲解通道的类型及操作方法。在基本操作方法中着重讲解怎样新建、删除、合并、分离通道。在通道的高级操作中主要讲解怎样利用通道调色以及抠图。

通过本章的学习，我们应该对通道有一个深刻的认识。当然，只学习理论知识是远远不够的，我们应注意平时勤加练习，熟练掌握通道的基本操作及高级操作方法。

10.6 课后习题

10.6.1 课后习题——制作梦幻人像

实例位置	实例文件>CH10>10.6.1.psd
素材位置	素材文件>CH10>素材05-1.jpg~素材05-4.jpg
视频位置	多媒体教学>CH10>10.6.1.flv
实用指数	★★★☆☆
技术掌握	通道的合并方法

本习题主要针对使用通道合并技术来制作梦幻人像进行练习，如图10-126所示。

图10-126

步骤分解如图10-127所示。

图10-127（1）　图10-127（2）　图10-127（3）

10.6.2 课后习题——用通道抠取头发并制作插画

实例位置	实例文件>CH10>10.6.2.psd
素材位置	素材文件>CH10>素材06-1.jpg、素材06-2.jpg
视频位置	多媒体教学>CH10>10.6.2.flv
实用指数	★★★★★
技术掌握	用通道抠取头发

本习题主要针对如何使用通道抠取头发进行练习，如图10-128所示。

图10-128

步骤分解如图10-129所示。

图10-129（1）　图10-129（2）　图10-129（3）　图10-129（4）

第11章 滤镜

本章主要介绍滤镜的基本应用知识、应用技巧与各种滤镜的艺术效果。通过本章的学习，我们应该了解滤镜的基础知识及使用方法，熟悉并掌握各种滤镜组的艺术效果，以便能快速、准确地创作出精彩的图像。

课堂学习目标

掌握滤镜的使用原则与相关技巧
掌握智能滤镜的用法
掌握各组滤镜的功能与特点

11.1 认识滤镜与滤镜库

滤镜是Photoshop最重要的功能之一，主要用来制作各种特殊效果。滤镜的功能非常强大，不仅可以调整照片，而且可以创作出绚丽无比的创意图像，如图11-1和图11-2所示。另外，滤镜还可以将图像转换为素描、印象派绘画等特殊艺术效果。

图11-1

图11-2

Photoshop中的滤镜可以分为特殊滤镜、滤镜组和外挂滤镜。Adobe公司提供的内置滤镜显示在“滤镜”菜单中。第3方开发商开发的滤镜可以作为增效工具使用，在安装外挂滤镜后，这些增效工具滤镜将出现在“滤镜”菜单的底部。

11.1.1 Photoshop中的滤镜

Photoshop CS6中的滤镜多达100余种，其中“抽出”“滤镜库”“镜头校正”“液化”和“消失点”滤镜属于特殊滤镜；“风格化”“模糊”“扭曲”“锐化”“视频”“像素化”“渲染”“杂色”和“其它”属于滤镜组。如果安装了外挂滤镜，在“滤镜”菜单的底部会显示出来，如图11-3所示。

如果想显示“画笔描边”“素描”“纹理”和“艺术效果”这几项，需要执行“编辑>首选项>增效工具”命令，打开“首选项”对话框，勾选“显示滤镜库的所有组和名称”。

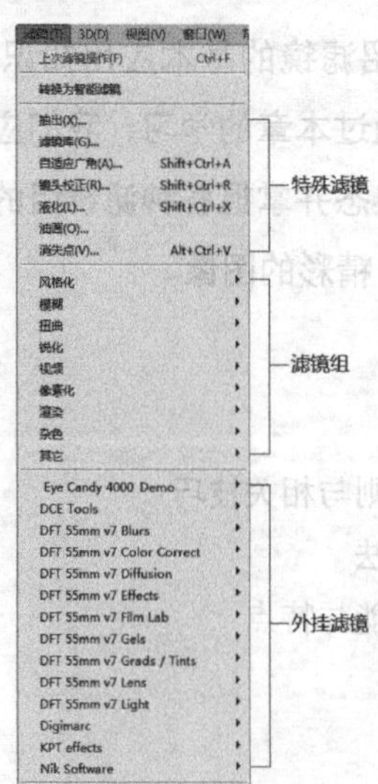

图11-3

从功能上可以将滤镜分为3大类，分别是修改类滤镜、创造类滤镜和复合类滤镜。修改类滤镜主要用于调整图像的外观，比如“画笔描边”滤镜、“扭曲”滤镜、“像素化”滤镜等；创造类滤镜可以脱离原始图像进行操作，比如“云彩”滤镜；复合滤镜与前两种差别较大，它包含自己独特的工具，例如，“液化”“抽出”滤镜等。

11.1.2 滤镜库

“滤镜库”是一个集合了大部分常用滤镜的对话框，如图11-4所示。在滤镜库中，可以对一张图像应用一个或多个滤镜，或对同一图像多次应用同一个滤镜，另外还可以使用其他滤镜替换原有的滤镜。

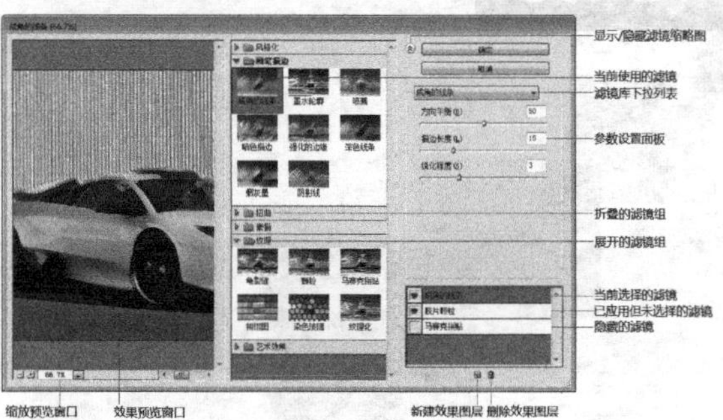

图11-4

● **滤镜库对话框选项介绍**

效果预览窗口：用来预览应用滤镜后的效果。

当前使用的滤镜：处于灰底状态的滤镜表示正在使用的滤镜。

缩放预览窗口：单击⊟按钮，可以缩小预览窗口的显示比例；单击⊞按钮，可以放大预览窗口的显示比例。另外，还可以在缩放列表中选择预设的缩放比例。

显示/隐藏滤镜缩略图⊗：单击该按钮，可以隐藏滤镜缩略图，以增大预览窗口。

滤镜库下拉列表：在该列表中可以选择一个滤镜。这些滤镜是按名称汉语拼音的先后顺序排列的。

参数设置面板：单击滤镜组中的一个滤镜，可以将该滤镜应用于图像，同时在参数设置面板中会显示该滤镜的参数选项。

折叠/展开的滤镜组：单击▶按钮可以展开滤镜组；单击▼按钮可以折叠滤镜组。

当前选择的滤镜：单击一个效果图层，可以选择该滤镜。

技巧与提示

选择一个滤镜效果图层以后，使用鼠标左键可以向上或向下调整该图层的位置，如图11-5所示。效果图层的顺序对图像效果有影响。

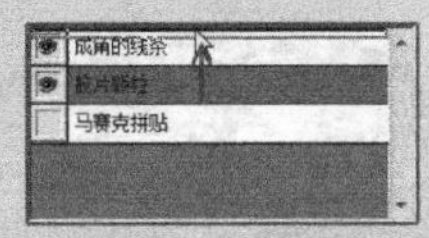

图11-5

隐藏的滤镜：单击效果图层前面的图标，可以隐藏滤镜效果。

新建效果图层：单击该按钮，可以新建一个效果图层，在该图层中可以应用一个滤镜。

删除效果图层：选择一个效果图层以后，单击该按钮可以将其删除。

疑难问答

问：滤镜库中包含“滤镜”菜单下的所有滤镜吗？

答：滤镜库中只包含一部分滤镜，比如“模糊”滤镜组和“锐化”滤镜组就不在滤镜库中。

11.1.3 课堂案例——制作风景油画

实例位置	实例文件>CH11>11.1.3.psd
素材位置	素材文件>CH11>素材01-1.jpg、素材01-2.jpg
视频位置	多媒体教学>CH11>11.1.3.flv
实用指数	★★★★☆
技术掌握	滤镜库的用法

本例主要针对滤镜库的使用方法进行练习，如图11-6所示。

图11-6

01 打开“素材文件>CH11>素材01-1.jpg”文件，如图11-7所示。

图11-7

02 执行“滤镜>滤镜库”菜单命令，打开“滤镜库”对话框，然后在“艺术效果”滤镜组下选择“绘画涂抹”滤镜，接着设置“画笔大小”为8、“锐化程度”为7，如图11-8所示。

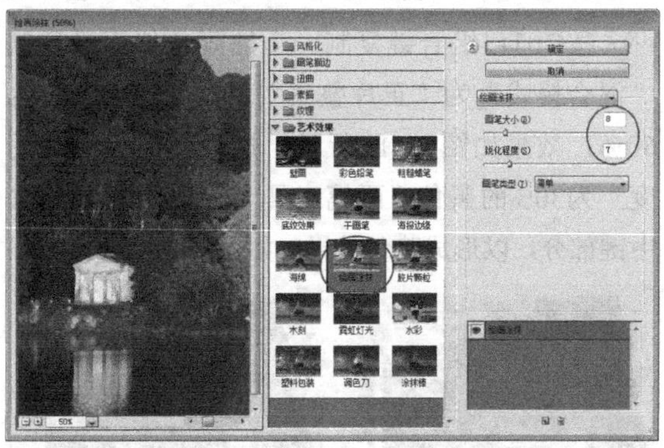

图11-8

03 单击“新建效果图层”按钮，新建一个效果图层，然后在“纹理”滤镜组下选择“纹理化”滤镜，接着设置“缩放”为100%、“凸现”为3，如图11-9所示，效果如图11-10所示。

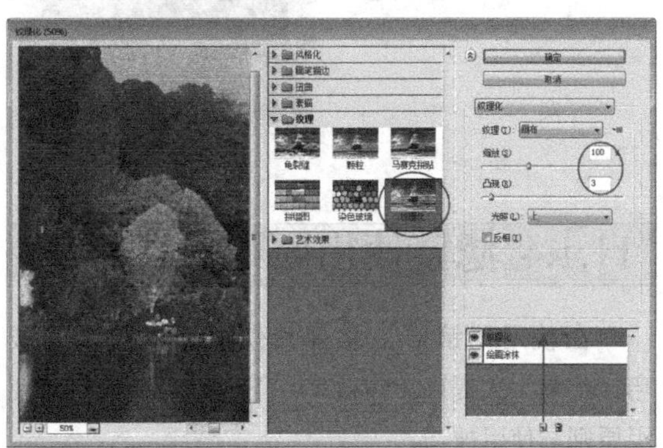

图11-9

图11-10

04 打开“素材文件>CH11>素材01-2.jpg”文件，然后将处理好的风景照片拖曳到当前文档中，如图11-11所示。

05 为油画添加一个图层蒙版，然后使用黑色“画笔工具”在蒙版中涂去边缘部分，如图11-12所示。

图11-11

图11-12

06 按Ctrl+J组合键复制一个油画，然后设置其“混合模式”为“正片叠底”、“不透明度”为60%，效果如图11-13所示。接着使用“不透明度”为30%的黑色“画笔工具”在蒙版中涂去中键部分，以形成暗角效果，如图11-14所示。

图11-13

图11-14

07 为油画制作一个投影，最终效果如图11-15所示。

图11-15

11.1.4 滤镜使用原则与技巧

在使用滤镜时，掌握其使用原则和使用技巧，可以大大提高工作效率。下面是滤镜的11点使用原则与使用技巧。

第1点：使用滤镜处理图层中的图像时，该图层必须是可见图层。

第2点：如果图像中存在选区，则滤镜效果只应用在选区之内，如图11-16所示；如果没有选区，则滤镜效果将应用于整个图像，如图11-17所示。

图11-16

图11-17

第3点：滤镜效果以像素为单位进行计算。因此，在用相同参数处理不同分辨率的图像时，其效果也不一样。

第4点：只有“云彩”滤镜可以应用在没有像素的区域，其余滤镜都必须应用在包含像素的区域（某些外挂滤镜除外）。

第5点：滤镜可以用来处理图层蒙版、快速蒙版和通道。

第6点：在CMYK颜色模式下，某些滤镜不可用；在索引和位图颜色模式下，所有的滤镜都不可用。如果要对CMYK图像、索引图像和位图图像应用滤镜，可以执行“图像>模式>RGB颜色”菜单命令，将图像模式转换为RGB颜色模式后，再应用滤镜。

第7点：当应用完一个滤镜以后，“滤镜”菜单下的第1行会出现该滤镜的名称，如图11-18所示。执行该命令或按Ctrl+F组合键，可以按照上一次应用该滤镜的参数配置再次对图像应用该滤镜。另外，按Alt+Ctrl+F组合键可以打开该滤镜的对话框，对滤镜参数进行重新设置。

第8点：在任何一个滤镜对话框中按住Alt键，“取消”按钮 取消 都将变成“复位”按钮 复位，如图11-19所示。单击“复位”按钮 复位，可以将滤镜参数恢复到默认设置。

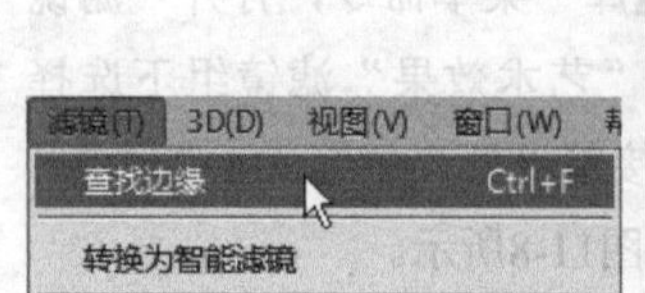

图11-18

图11-19

第9点：滤镜的顺序对滤镜的总体效果有明显的影响。例如，在图11-20中，"彩色半调"滤镜位于"马赛克"滤镜之上，图像效果如图11-21所示。如果将"彩色半调"滤镜拖曳到"马赛克"滤镜之下，图像效果将会发生很明显的变化，如图11-22所示。

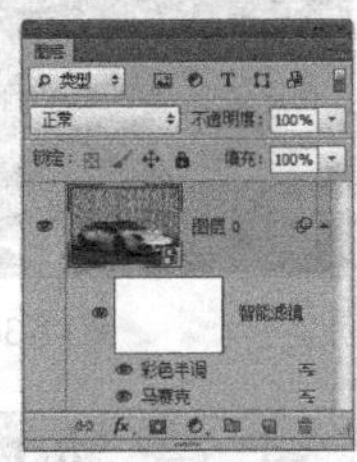

图11-20

图11-21　　图11-22

第10点：在应用滤镜的过程中，如果要终止处理，可以按Esc键。

第11点：在应用滤镜时，通常会弹出该滤镜的对话框或滤镜库。在预览窗口中可以预览滤镜效果，同时可以拖曳图像，以观察其他区域的效果，如图11-23所示。单击⊟按钮和⊞按钮可以缩放图像的显示比例。另外，在图像的某个点上单击，在预览窗口中就会显示出该区域的效果，如图11-24所示。

图11-23

图11-24

11.1.5 渐隐滤镜效果

使用"渐隐"命令可以更改任何滤镜、绘画工具、橡皮擦工具或颜色调整的不透明度和混合模式。

11.1.6 课堂案例——渐隐滤镜的发光效果

实例位置	实例文件>CH11>11.1.6.psd
素材位置	素材文件>CH11>素材02-1.jpg、素材02-2.jpg
视频位置	多媒体教学>CH11>11.1.6.flv
实用指数	★★★★☆
技术掌握	滤镜的渐隐方法

本例主要针对如何使用"渐隐"命令进行渐隐滤镜效果练习，如图11-25所示。

图11-25

01 打开"素材文件>CH11>素材02-1.jpg"文件，如图11-26所示。

图11-26

02 按Ctrl+J组合键复制一个“图层1”，然后执行“滤镜>滤镜库”菜单命令，打开“滤镜库”对话框，接着在“风格化”滤镜组下选择“照亮边缘”滤镜，最后设置“边缘宽度”为3、“边缘亮度”为20、“平滑度”为13，如图11-27所示。

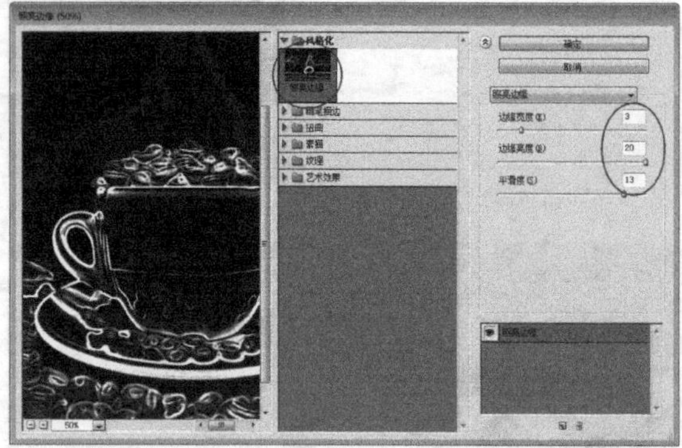

图11-27

03 执行“编辑>渐隐滤镜库”菜单命令，然后在弹出的“渐隐”对话框中设置“模式”为“滤色”，如图11-28所示，效果如图11-29所示。

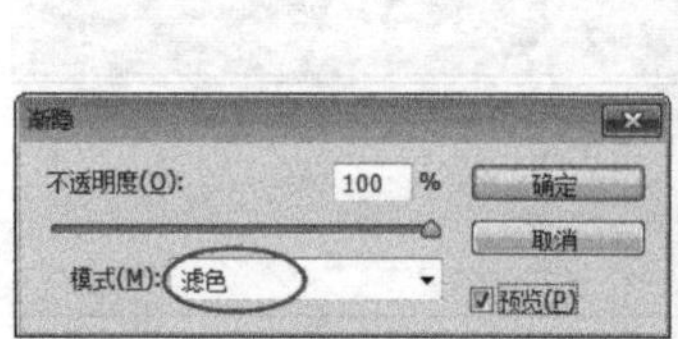

图11-28 图11-29

技巧与提示

“渐隐”命令必须在进行了编辑操作之后立即执行。如果这中间又进行其他操作，则该命令会发生相应的变化。

04 导入“素材文件>CH11>素材02-2.jpg”文件，如图11-30所示。

05 设置“图层1”的“混合模式”为“变亮”，效果如图11-31所示。然后新建一个图层，接着使用黑色柔边“画笔工具”在图像的底部绘制出暗角，最终效果如图11-32所示。

图11-30 图11-31 图11-32

11.1.7 如何提高滤镜性能

在应用某些滤镜时，会占用大量的内存，比如“铬黄渐变”“光照效果” 等滤镜，特别是处理高分辨率的图像，Photoshop的处理速度会更慢。遇到这种情况，可以尝试使用以下3种方法来提高处理速度。

第1种：关闭掉多余的应用程序。

第2种：在应用滤镜之前先执行“编辑>清理”菜单下的命令，释放出部分内存。

第3种：将计算机内存多分配给Photoshop一些。执行“编辑>首选项>性能”菜单命令，打开“首选项”对话框，然后在“内存使用情况”选项组下将Photoshop的内容使用量设置得高一些。

11.2 智能滤镜

应用于智能对象的任何滤镜都是智能滤镜，智能滤镜属于“非破坏性滤镜”。由于智能滤镜的参数是可以调整的，因此可以调整智能滤镜的作用范围，或对其进行移除、隐藏等操作。打开一张图像，如图11-33所示。

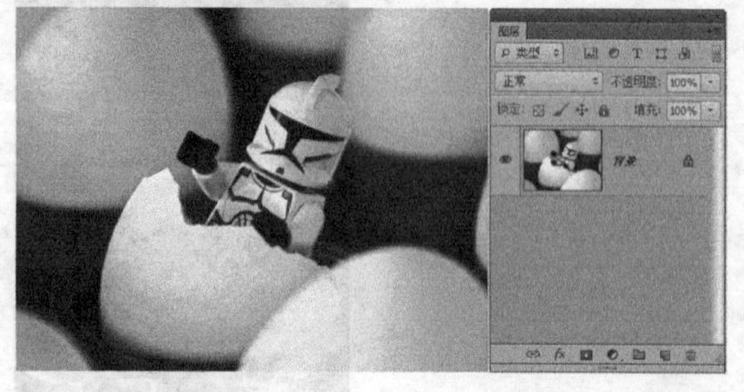

图11-33

11.2.1 智能滤镜的基本操作

要使用智能滤镜，首先需要将普通图层转换为智能对象。在图层缩略图上单击鼠标右键，在弹出的菜单中选择“转换为智能对象”命令，即可将图层转换为智能对象，如图11-34所示。

图11-34

在“滤镜”菜单下选择一个滤镜命令，对智能对象应用智能滤镜，如图11-35所示。智能滤镜包含一个类似于图层样式的列表，因此可以隐藏、停用和删除滤镜，如图11-36和图11-37所示。

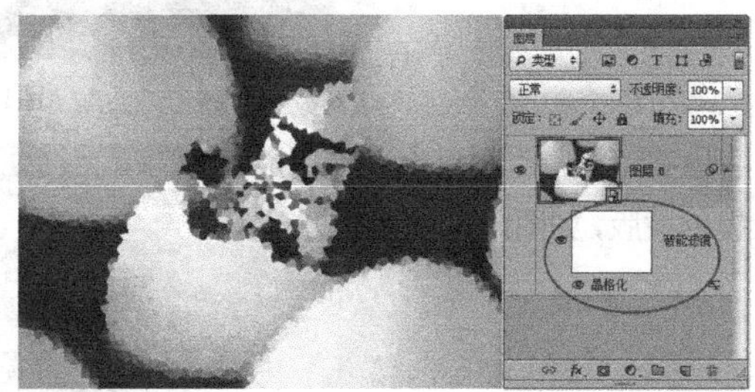

图11-35

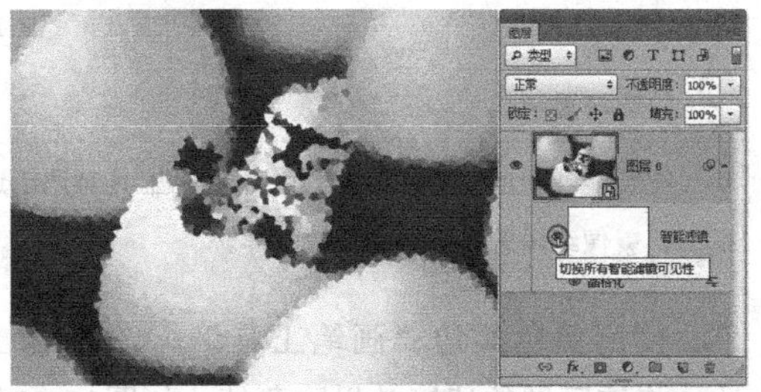

图11-36

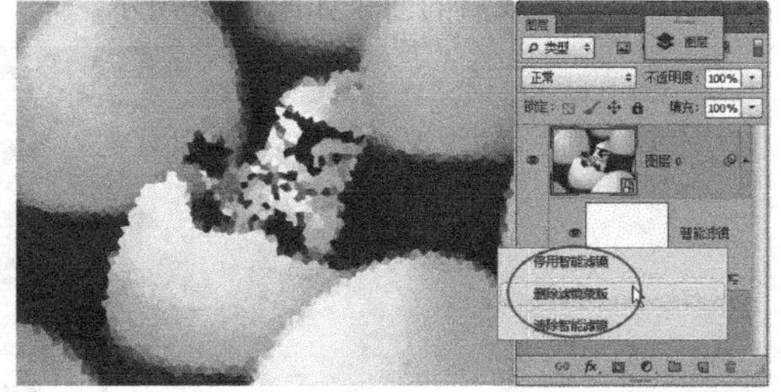

图11-37

疑难问答

问：哪些滤镜可以作为智能滤镜使用？

答：除了“抽出”滤镜、“液化”滤镜、“消失点”“场景模糊”“光圈模糊”“倾斜模糊”和“镜头模糊”滤镜以外，其他滤镜都可以作为智能滤镜应用，当然也包含支持智能滤镜的外挂滤镜。

另外，我们还可以像编辑图层蒙版一样用画笔编辑智能滤镜的蒙版，使滤镜只影响部分图像，如图11-38所示。同时，我们还可以设置智能滤镜与图像的混合模式。双击滤镜名称右侧的图标，可以在弹出的“混合选项”对话框中调节滤镜的“模式”和“不透明度”，如图11-39和图11-40所示。

图11-38

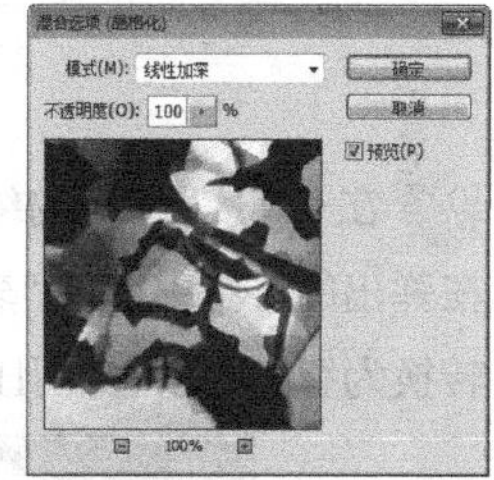

图11-39

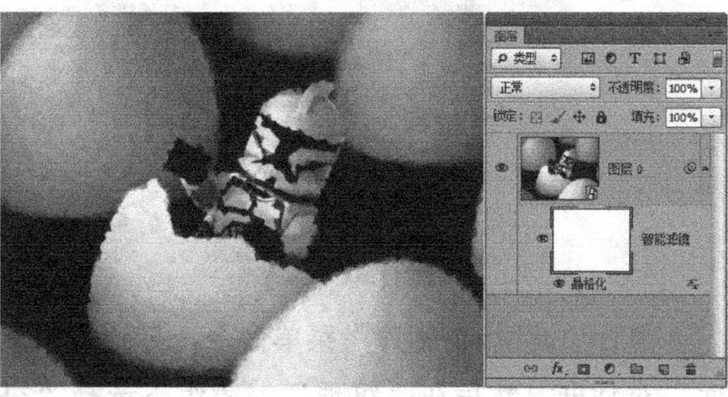

图11-40

11.2.2 课堂案例——制作拼缀照片

实例位置	实例文件>CH11>11.3.2.psd
素材位置	素材文件>CH11>素材03.jpg
视频位置	多媒体教学>CH11>11.3.2.flv
实用指数	★★★★★
技术掌握	智能滤镜的用法

本例主要针对智能滤镜的使用方法进行练习，如图11-41所示。

图11-41

01 打开“素材文件>CH11>素材03.jpg”文件，如图11-42所示。

图11-42

02 在“背景”图层的缩略图上单击鼠标右键，然后在弹出的菜单中选择“转换为智能对象”命令，将其转换为智能对象，如图11-43和图11-44所示。

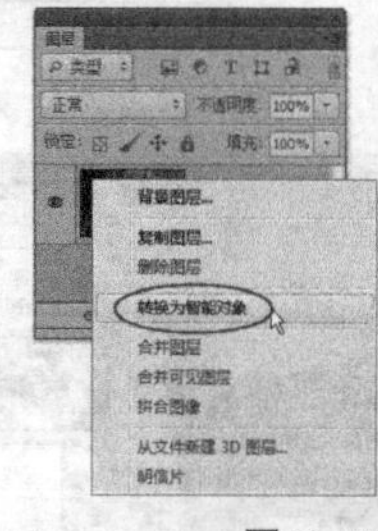

图11-43

图11-44

03 执行“滤镜>滤镜库”菜单命令，打开“滤镜库”对话框，然后在“纹理”滤镜组下选择“拼缀图”滤镜，接着设置“方形大小”为10，如图11-45所示，图像效果如图11-46所示。

图11-45

图11-46

04 在“图层”面板中选择智能滤镜的蒙版，如图11-47所示。

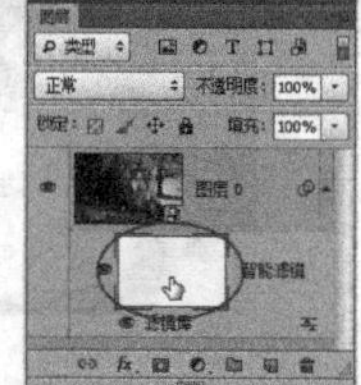

图11-47

技巧与提示

在智能滤镜的蒙版中，可以使用绘画工具对滤镜进行编辑，就像编辑普通图层的蒙版一样。

05 使用黑色柔边“画笔工具”在人像上涂抹，将该区域的滤镜效果隐藏掉，如图11-48和图11-49所示，完成后的效果如图11-50所示。

图11-48

图11-49

图11-50

06 在“图层”面板中双击滤镜名称右侧的图标，然后在弹出的“混合选项”对话框中设置“模式”为“线性加深”、“不透明度”为12%，如图11-51所示，效果如图11-52所示。

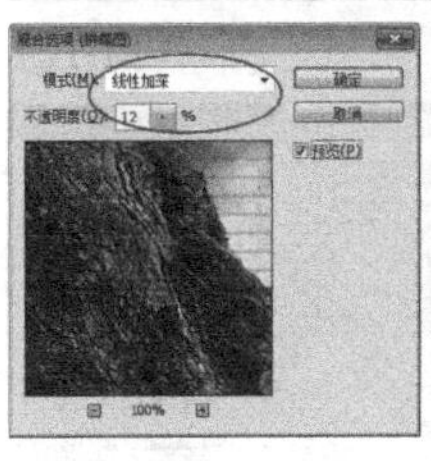

图11-51

图11-52

07 使用“横排文字工具”T在图像的左侧输入一些装饰文字，最终效果如图11-53所示。

图11-53

11.3 特殊滤镜

特殊滤镜包括“抽出”滤镜、“自适应广角”滤镜、“镜头校正”滤镜、“液化”滤镜、“油画”滤镜和“消失点”滤镜。这些滤镜都拥有自己的工具，功能相当强大。

疑难问答

问：为何找不到“抽出”滤镜？

答：“抽出”滤镜在Photoshop CS6版本中是以“可选增效工具”的形式出现的，用户可以自己决定是否要安装这两种滤镜。如果不知道怎么安装，可以到互联网上下载下来进行安装。安装方法是将文件安装到Photoshop安装文件下的Plug-in目录下。

本节滤镜概述

滤镜名称	作用	快捷键	重要程度
抽出	隔离前景对象，通常用来抠取图像		高
自适应广角	拉直弯曲对象或全景图	Shift+Ctrl+A	中
镜头校正	修复桶形失真、枕形失真、晕影和色差	Shift+Ctrl+R	中
液化	创建推、拉、旋转、扭曲和收缩等变形效果	Shift+Ctrl+X	高
油画	快速创建油画效果		中
消失点	在包含透视平面的图像中进行透视校正	Alt+Ctrl+V	中

11.3.1 抽出

“抽出”滤镜的功能非常强大，它可以隔离前景对象，通常用来抠取图像。即使对象的边缘很复杂，甚至无法确定，都可以使用“抽出”滤镜将其抠取出来。执行“滤镜>抽出”菜单命令，打开“抽出”对话框，如图11-54所示。

图11-54

● **抽出对话框选项介绍**

边缘高光器工具：当抽出对象时，Photoshop会将对象的背景抹除为透明，即删除背景。使用“边缘高光器工具”可以沿着对象边缘绘制出要抽取的边缘轮廓，如图11-55所示。

图11-55

填充工具：使用该工具可以填充需要保留的区域，使其受保护而不被删除，如图11-56所示。

图11-56

橡皮擦工具：在使用“边缘高光器工具”绘制对象边缘时，如果绘制错误，可以使用“橡皮擦工具”将其擦除，然后重新绘制，如图11-57所示。

图11-57

吸管工具：只有在参数设置面板中勾选“强制背景”选项后，该工具才可用，主要用来强制前景的颜色。

清除工具/边缘修饰工具：绘制出边缘高光，并填充颜色以后，单击“预览”按钮，进入预览模式，这两个工具才可用。使用“清除工具”可以清除细节区域，如图11-58所示；使用“边缘修饰工具”可以修饰图像的边缘，使其更加清晰可见，如图11-59所示。

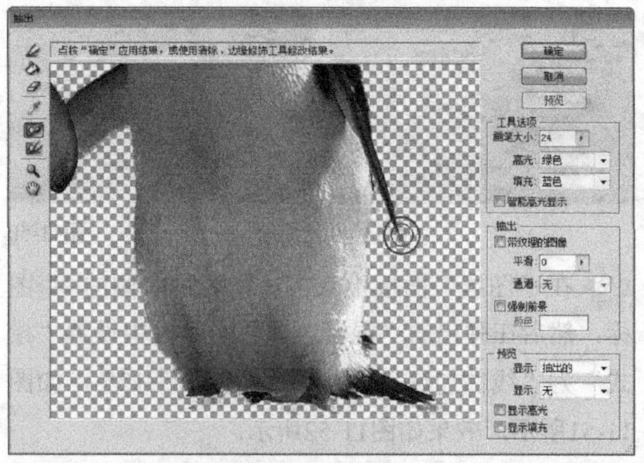

图11-58

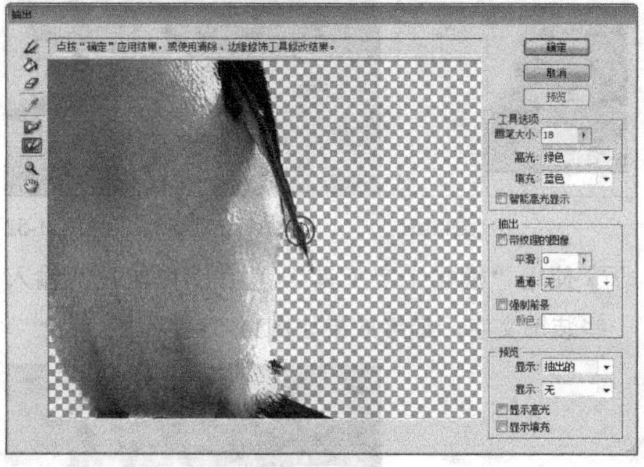

图11-59

缩放工具/抓手工具：这两个工具的使用方法与“工具箱”中的相应工具完全相同。

工具选项：“画笔大小”选项用来设置工具的笔刷大小；“高光”选项用来设置“边缘高光器工具”绘制高光的颜色；“填充”选项用来设置“填充工具”填充保护区域时的颜色；如果需要高光显示定义的精确边缘，可以勾选“智能高光显示”选项。

技巧与提示

“画笔大小”选项是一个全局参数。例如，设置“画笔大小”为10，那么“边缘高光器工具”、“橡皮擦工具”、“清除工具”和“边缘修饰工具”的画笔大小都为10。

抽出：如果图像的前景或背景包含大量纹理，则应该勾选“带纹理的图像”选项；“平滑”选项用来设置边缘轮廓的平滑程度；从“通道”列表中选择Alpha通道，可以基于Alpha通道中存储的选区进行高光处理；如果对象非常复杂或者缺少清晰的内部，则应该勾选“强制前景”选项。

预览：“显示”选项用来设置预览的方式，包含“原稿”和“抽出的”两种方式；“效果”选项用来设置查看抽出对象的背景，图11-60所示是“黑色杂边”效果；“显示高光”和“显示填充”选项用来设置是否在预览时显示边缘高光和填充效果。

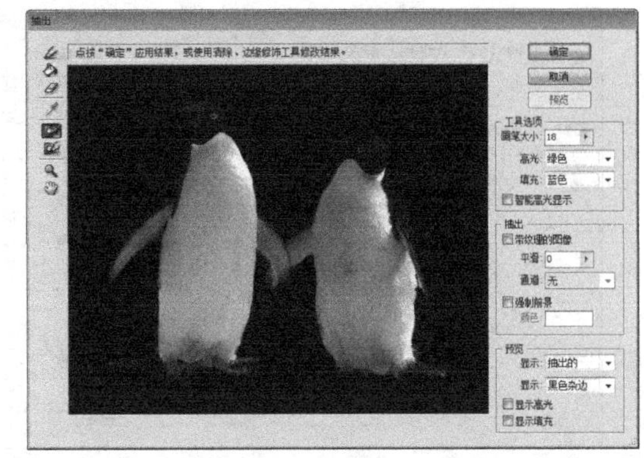

图11-60

11.3.2 课堂案例——制作运动海报

实例位置	实例文件>CH11>11.3.2.psd
素材位置	素材文件>CH11>素材04-1.jpg、素材04-2.jpg
视频位置	多媒体教学>CH11>11.3.2.flv
实用指数	★★★★★
技术掌握	用抽出滤镜抠取多毛动物

本例主要针对“抽出”滤镜的使用方法进行练习，如图11-61所示。

图11-61

01 打开“素材文件>CH11>素材04-1.jpg”文件，如图11-62所示。

图11-62

02 执行“滤镜>抽出”菜单命令，打开“抽出”对话框，然后使用“边缘高光器工具”沿猎豹的边缘绘制出高光，如图11-63所示，接着使用“填充工具”在绘制的边缘内单击鼠标左键填充高光，如图11-64所示。

图11-63

图11-64

03 单击“预览”按钮，然后使用“清除工具”和“边缘修饰工具”对多余的边缘进行擦除和修饰，如图11-65所示，接着单击“确定”按钮完成抠像，效果如图11-66所示。

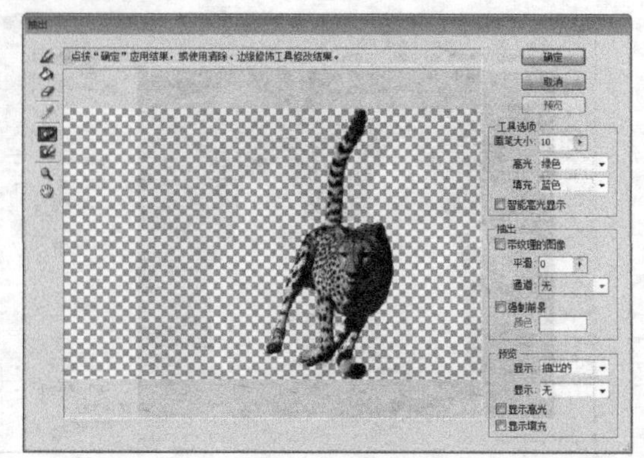

图11-65

图11-66

技巧与提示

抠像完成后，如果仍然残留有多余像素，可以继续使用“工具箱”中的“橡皮擦工具”将其擦除。

04 导入“素材文件>CH11>素材04-2.jpg”文件，将其作为猎豹的背景，如图11-67所示。

图11-67

05 按Ctrl+B组合键打开“色彩平衡”对话框，接着设置“黄色-蓝色”为20，如图11-68所示，效果如图11-69所示。

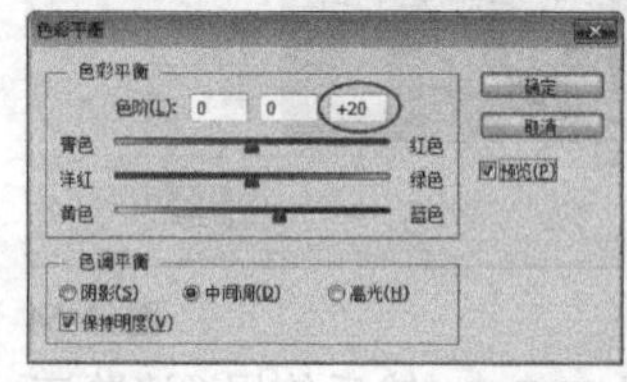

图11-68　图11-69

06 按Ctrl+J组合键复制一个“猎豹副本”图层，将其放在“猎豹”图层的下一层，并将其命名为“动感”。然后执行“滤镜>模糊>动感模糊”菜单命令，打开“动感模糊”对话框。接着设置“角度”为36°、“距离”为79像素，如图11-70所示，效果如图11-71所示。

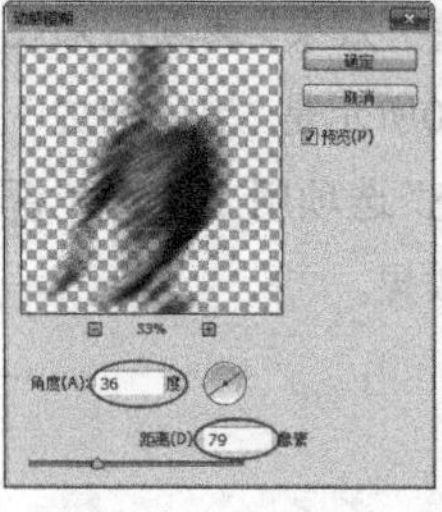

图11-70　图11-71

07 设置“猎豹副本”图层的“混合模式”为“正片叠底”，然后使用“橡皮擦工具”擦除多余的图像，效果如图11-72所示。接着按Ctrl+J组合键复制一个“动感副本”图层，将其放在“猎豹”图层的上一层。最后设置该图层的“混合模式”为“正常”、“不透明度”为30%，效果如图11-73所示。

图11-72　图11-73

08 选择“背景”图层，然后执行“滤镜>模糊>动感模糊”菜单命令，打开“动感模糊”对话框，接着设置“角度”为36°、“距离”为20像素，如图11-74所示，效果如图11-75所示。

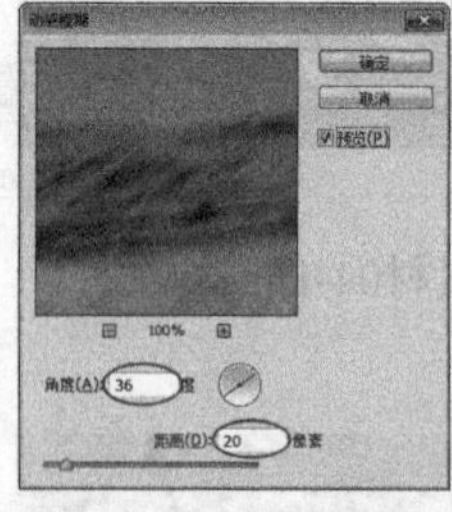

图11-74　图11-75

09 在“历史记录”面板中标记最后一项“动感模糊”操作，并返回到上一步操作，如图11-76所示，然后使用“历史记录画笔工具”在草地上绘制出模糊效果，如图11-77所示。

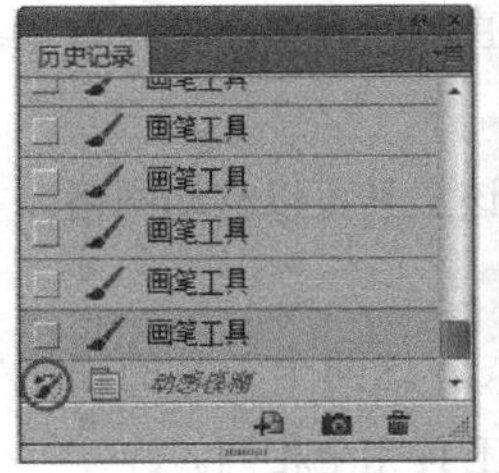

图11-76

图11-77

(10) 使用“横排文字工具”T和“动感模糊”滤镜制作一些特效文字作为装饰，最终效果如图11-78所示。

图11-78

11.3.3 自适应广角

“自适应广角”滤镜是Photoshop CS6中新增的滤镜，利用该滤镜可以拉直使用广角镜头或鱼眼镜头拍摄照片时产生的弯曲对象，也可以拉直全景图。打开一张图像，如图11-79所示，然后执行“滤镜>自适应广角”菜单命令，打开“自适应广角”对话框，如图11-80所示。

图11-79

图11-80

● **自适应广角对话框选项介绍**

约束工具：使用该工具沿着弯曲对象的边缘绘制出约束线（会自动捕捉弯曲边缘，如图11-81所示），松开鼠标左键后，弯曲对象会自动校正，如图11-82所示。另外，按住Shift键可以绘制约束直线；按住Alt键可以删除约束线。

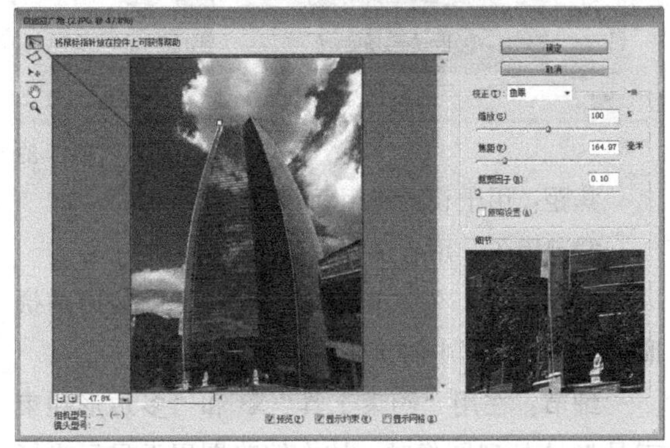
图11-81

图11-82

多边形约束工具：使用该工具可以创建多边形约束线。

移动工具：使用该工具可以移动图像。

抓手工具/缩放工具：这两个工具的使用方法与“工具箱”中的相应工具完全相同。

校正：在该下拉列表中可以选择校正的投影方式，包含“鱼眼”“透视”“自动”和“完整球面”4种方式。

缩放：校正图像以后，用该选项可以缩放图像，如图11-83所示。

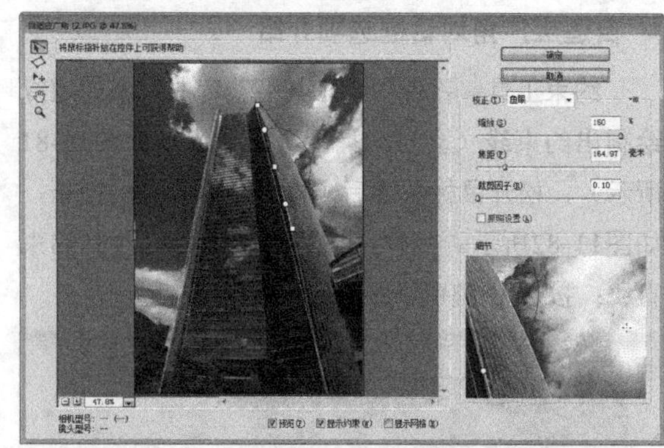

图11-83

焦距：用于设置焦距。

裁剪因子：用于设置裁剪因子。

原照设置：勾选该选项以后，可以使用拍摄照片时的元数据中的焦距和裁剪因子。

细节：在用“约束工具”和“多边形约束工具”处理图像时，这个缩略图用于显示光标所处位置的细节。

11.3.4 镜头校正

使用“镜头校正”滤镜可以修复常见的镜头瑕疵，例如，桶形失真、枕形失真、晕影和色差等；也可以使用该滤镜来旋转图像，或修复由于相机在垂直或水平方向上倾斜而导致的图像透视错误现象（该滤镜只能处理8位/通道和16位/通道的图像）。执行“滤镜>镜头校正”菜单命令，打开“镜头校正”对话框，如图11-84所示。

图11-84

● 镜头校正对话框选项介绍

移去扭曲工具：使用该工具可以校正镜头桶形失真或枕形失真。

拉直工具：绘制一条直线，以将图像拉直到新的横轴或纵轴。

移动网格工具：使用该工具可以移动网格，以将其与图像对齐。

抓手工具/缩放工具：这两个工具的使用方法与“工具箱”中的相应工具完全相同。

下面讲解“自定”面板中的参数选项，如图11-85所示。

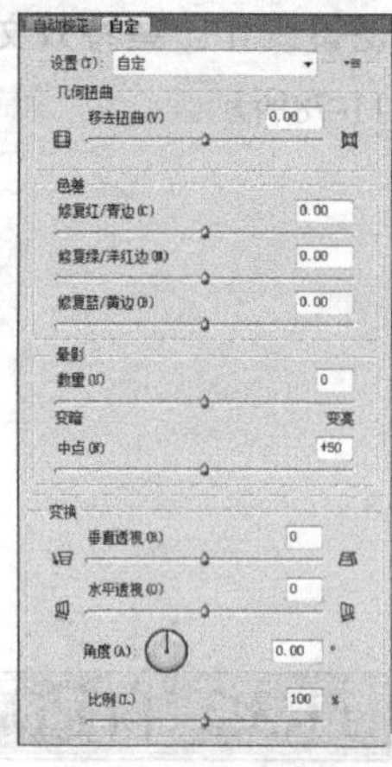

图11-85

几何扭曲：“移去扭曲”选项主要用来校正镜头桶形失真或枕形失真。数值为正时，图像将向外扭曲，如图11-86所示；数值为负时，图像将向中心扭曲，如图11-87所示。

图11-86　　图11-87

色差：用于校正色边。在进行校正时，放大预览窗口的图像，可以清楚地查看色边校正情况。

晕影：校正由于镜头缺陷或镜头遮光处理不当而导致边缘较暗的图像。“数量”选项用于设置沿图像边缘变亮或变暗的程度，如图11-88和图11-89所示；“中点”选项用来指定受“数量”数值影响的区域的宽度。

图11-88　图11-89

变换："垂直透视"选项用于校正由于相机向上或向下倾斜而导致的图像透视错误，设置为负值时，可以将其变换为俯视效果，如图11-90所示；设置为正值时，可以将其变换为仰视效果，如图11-91所示。"水平透视"选项用于校正图像在水平方向上的透视效果，设置为负值时，可以向左倾斜，如图11-92所示；设置为正值时，可以向右倾斜，如图11-93所示。"角度"选项用于旋转图像，以针对相机歪斜加以校正，如图11-94所示。"比例"选项用来控制镜头校正的比例。

图11-90　图11-91

图11-92　图11-93

图11-94

11.3.5 液化

"液化"滤镜是修饰图像和创建艺术效果的强大工具，其使用方法比较简单，但功能却相当强大，可以创建推、拉、旋转、扭曲、收缩等变形效果，并且可以修改图像的任何区域（"液化"滤镜只能应用于8位/通道或16位/通道的图像）。执行"滤镜>液化"菜单命令，打开"液化"对话框，如图11-95所示。

图11-95

技巧与提示

由于"液化"滤镜支持硬件加速功能，因此如果没有在首选项中开启"使用图形加速器"选项，Photoshop就会弹出一个"液化"提醒对话框，如图11-96所示，提醒用户是否需要开启"使用图形加速器"选项，单击"确定"按钮 确定 可以继续应用"液化"滤镜。

图11-96

● 液化对话框选项介绍

向前变形工具：可以向前推动像素，如图11-97所示。

图11-97

技巧与提示

使用“液化”对话框中的变形工具在图像上单击并拖曳鼠标即可进行变形操作，变形集中在画笔的中心。

重建工具：用于恢复变形的图像。在变形区域单击或拖曳鼠标进行涂抹时，可以使变形区域的图像恢复到原来的效果，如图11-98所示。

图11-98

顺时针旋转扭曲工具：拖曳鼠标可以顺时针旋转像素，如图11-99所示。如果按住Alt键进行操作，则可以逆时针旋转像素，如图11-100所示。

图11-99　图11-100

褶皱工具：可以使像素向画笔区域的中心移动，使图像产生内缩效果，如图11-101所示。

膨胀工具：可以使像素向画笔区域中心以外的方向移动，使图像产生向外膨胀的效果，如图11-102所示。

图11-101　图11-102

左推工具：当向上拖曳鼠标时，像素会向左移动，如图11-103所示；当向下拖曳鼠标时，像素会向右移动，如图11-104所示；按住Alt键向上拖曳鼠标时，像素会向右移动；按住Alt键向下拖曳鼠标时，像素会向左移动。

图11-103　图11-104

冻结蒙版工具：如果需要对某个区域进行处理，并且不希望操作影响到其他区域，可以使用该工具绘制出冻结区域（该区域将受到保护而不会发生变形）。比如，在头部绘制出冻结区域，如图11-105所示，然后使用“向前变形工具”处理图像，被冻结起来的像素就不会发生变形，如图11-106所示。

图11-105　图11-106

解冻蒙版工具：使用该工具在冻结区域涂抹，可以将其解冻，如图11-107所示。

图11-107

抓手工具/缩放工具：这两个工具的使用方法与“工具箱”中的相应工具完全相同。

工具选项：该选项组下的参数主要用来设置当前使用工具的各种属性。

画笔大小：用来设置扭曲图像的画笔的大小。

画笔密度：控制画笔边缘的羽化范围。画笔中心产生的效果最强，边缘处最弱。

画笔压力：控制画笔在图像上产生扭曲的速度。

画笔速率：设置在使工具（比如旋转扭曲工具）在预览图像中保持静止时扭曲所应用的速度。

光笔压力：当计算机配有压感笔或数位板时，勾选该选项，可以通过压感笔的压力来控制工具。

重建选项：该选项组下的参数主要用来设置重建方式。

重建 重建(U)：单击该按钮，可以"恢复重建"对话框，如图11-108所示。在该对话框中可以设置重建的比例数量。

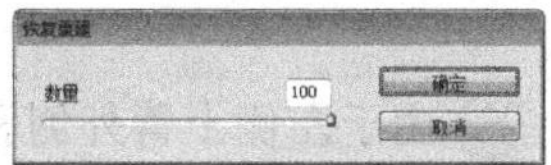

图11-108

恢复全部 恢复全部(A)：单击该按钮，可以取消所有的变形效果，包含冻结区域。

蒙版选项：如果图像中有选区或蒙版，可以通过该选项组来设置蒙版的保留方式。

替换选区：显示原始图像中的选区、蒙版或透明度。

添加到选区：显示原始图像中的蒙版，以便可以使用"冻结蒙版工具"添加到选区。

从选区中减去：从当前的冻结区域中减去通道中的像素。

与选区交叉：只使用当前处于冻结状态的选定像素。

反相选区：使用选定像素使当前的冻结区域反相。

无 无：单击该按钮，可以使图像全部解冻。

全部蒙住 全部蒙住：单击该按钮，可以使图像全部冻结。

全部反相 全部反相：单击该按钮，可以使冻结区域和解冻区域反相。

视图选项：该选项组主要用来显示或隐藏图像、网格和背景。另外，还可以设置网格大小和颜色、蒙版颜色、背景模式和不透明度。

显示图像：控制是否在预览窗口中显示图像。

显示网格：勾选该选项可以在预览窗口中显示网格，通过网格可以更好地查看变形，如图11-109和图11-110所示。启用"显示网格"选项以后，下面的"网格大小"选项和"网格颜色"选项才可以使用，这两个选项主要用来设置网格的密度和颜色。

图11-109

图11-110

显示蒙版：控制是否显示蒙版。可以在下面的"蒙版颜色"下拉列表中选择蒙版的颜色。图11-111所示是蓝色蒙版效果。

图11-111

显示背景：如果当前文档中包含多个图层，可以在"使用"下拉列表中选择其他图层作为查看背景；"模式"选项主要用来设置背景的查看方式；"不透明度"选项主要用来设置背景的不透明度。

11.3.6 课堂案例——修出完美脸形

实例位置	实例文件>CH11>11.3.6.psd
素材位置	素材文件>CH11>素材05.jpg
视频位置	多媒体教学>CH11>11.3.6.flv
实用指数	★★★★★
技术掌握	用液化滤镜修像

在近距离拍摄人像时，经常会出现人物面部扭曲，或者表情僵硬的现象，本例的原片就是如此。出现这种情况时，可以使用"液化"滤镜来进行调整，如图11-112所示。

图11-112

01 打开“素材文件>CH11>素材05.jpg”文件，如图11-113所示。

图11-113

02 下面修饰整体。执行“滤镜>液化”菜单命令，然后在弹出的“液化”对话框中选择“向前变形工具”，接着将右侧额角轮廓从外向内轻推，如图11-114所示。

图11-114

03 由于人像发际线过高，因此继续使用“向前变形工具”从上向下进行轻推，使额头发际线稍低一些，如图11-115所示。

图11-115

04 由于左侧上臂外侧和右侧小臂过胖，因此继续使用“向前变形工具”从左向右进行轻推，如图11-116所示。

图11-116

技巧与提示

在调整过程中，可以按“[”键和“]”键来调节画笔的大小。

05 由于左上部的头发过低，而右上部的头发过高，因此继续使用“向前变形工具”对其进行相应的处理，如图11-117所示。

图11-117

06 下面调整五官。选择“膨胀工具”，然后设置“画笔大小”为400、“画笔密度”为45，接着在两只眼睛上单击鼠标左键，使眼睛变大，如图11-118所示。

图11-118

技巧与提示

注意：“膨胀工具”类似于“喷枪”，单击时间越长（松开鼠标左键的时间），对图像局部的影响就越大，所以放大眼睛的时间需要适可而止。

07 由于右眼眼角明显上挑且向右上方倾斜，而左眼的外眼角上挑，因此使用“向前变形工具”修整眼睛形状，使其变得更加对称，如图11-119所示。

图11-119

08 人像的鼻梁有些“塌”，使面部缺少立体感，因此使用“向前变形工具”提高鼻梁的高度和宽度，如图11-120所示。

图11-120

09 由于下唇稍厚，并且嘴角的角度也有问题，因此继续使用“向前变形工具”从下向上沿唇边四周进行轻推，如图11-121所示。

图11-121

10 继续使用“向前变形工具”对眉毛的形状进行调整（向上轻推），使人像更加妩媚，如图11-122所示。

图11-122

11 继续使用“向前变形工具” 调整下颌，使脸形变成“瓜子脸”，最终效果如图11-123所示。

图11-123

技巧与提示

注意：“液化”滤镜的操作会占用计算机相当大的内存，操作次数过多会导致无法储存液化结果的问题。所以建议进行一部分操作之后单击“确定”按钮 确定 进行储存，然后再次执行“滤镜>液化”菜单命令进行其他操作。

11.3.7 油画

“油画”滤镜是Photoshop CS6中新增的滤镜，利用该滤镜可以快速制作出油画效果。打开一张图像，如图11-124所示，然后执行“滤镜>油画”菜单命令，打开“油画”对话框，如图11-125所示。

图11-124

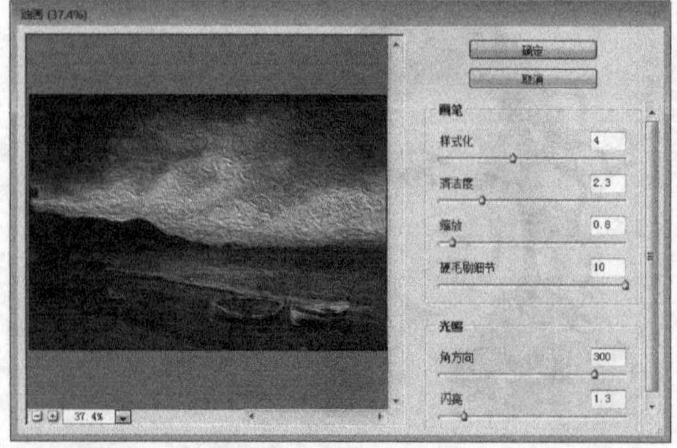

图11-125

技巧与提示

注意：“油画”滤镜必须在开启了“使用图形加速器”功能后才可用。

● 油画对话框选项介绍

样式化：用来设置画笔的笔触样式。

清洁度：该选项可以理解为纹理的柔和程度。值越低，纹理越生硬，如图11-126所示；值越高，纹理越柔和，如图11-127所示。

图11-126

图11-127

缩放：用来设置纹理的比例，如图11-128和图11-129所示。

图11-128

图11-129

硬毛刷细节：用来设置画笔细节的丰富程度。值越高，硬毛刷细节越清晰。

角方向：用来设置光照的角度（方向），如图11-130和图11-131所示。

图11-130

图11-131

闪亮：用来设置纹理的清晰度。值越低，纹理越模糊，如图11-132所示；值越高，纹理越清晰，如图11-133所示。

图11-132

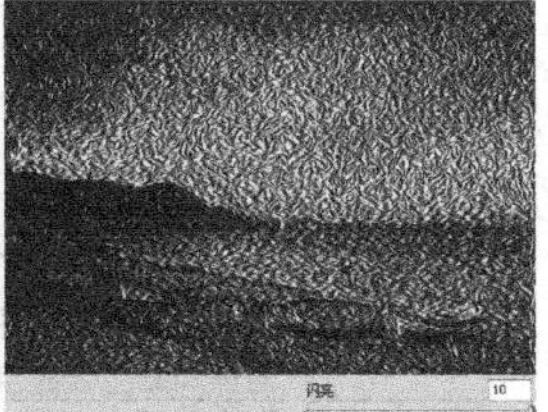

图11-133

11.3.8 消失点

“消失点”滤镜可以在包含透视平面（比如建筑物的侧面、墙壁、地面或任何矩形对象）的图像中进行透视校正操作。在修饰、仿制、复制、粘贴或移去图像内容时，Photoshop可以准确确定这些操作的方向。执行“滤镜>消失点”菜单命令，打开“消失点”对话框，如图11-134所示。

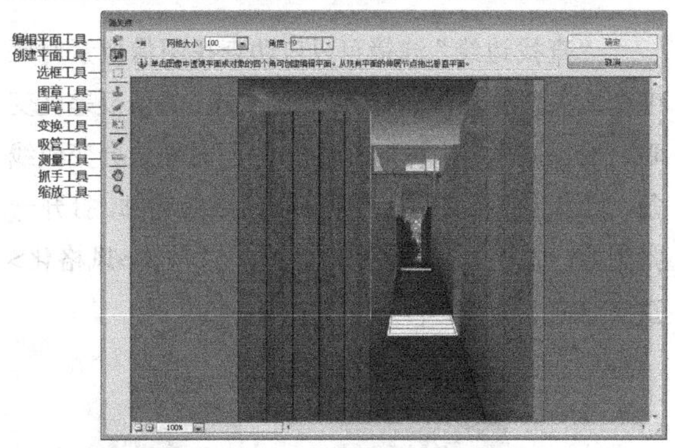

图11-134

- **消失点对话框选项介绍**

编辑平面工具：用于选择、编辑、移动平面的节点以及调整平面的大小。图11-135所示是一个创建的透视平面，图11-136所示是使用该工具修改过后的透视平面。

图11-135

图11-136

创建平面工具：用于定义透视平面的4个角节点，如图11-137和图11-138所示。创建好4个角节点以后，可以使用该工具对节点进行移动、缩放等操作。如果按住Ctrl键拖曳边节点，可以拉出一个垂直平面，如图11-139所示。另外，如果节点的位置不正确，可以按BackSpace键删除该节点。

图11-137

图11-138

图11-139

技巧与提示

注意：如果要结束对角节点的创建，不能按Esc键，否则会直接关闭“消失点”对话框，这样所做的一切操作都将丢失。另外，删除节点也不能按Delete键（不起任何作用），只能按BackSpace键。

选框工具：使用该工具可以在创建好的透视平面上绘制选区，以选中平面上的某个区域，如图11-140所示。建立选区以后，将光标放置在选区内，按住Alt键拖曳选区，可以复制图像，如图11-141所示。如果按住Ctrl键拖曳选区，则可以用源图像填充该区域。

图11-140

图11-141

图章工具：使用该工具时，按住Alt键在透视平面内单击，可以设置取样点，如图11-142所示，然后在其他区域拖曳鼠标即可进行仿制操作，如图11-143所示。

图11-142

图11-143

技巧与提示

选择“图章工具”后，在对话框的顶部可以设置该工具修复图像的“模式”。如果要绘画的区域不需要与周围的颜色、光照和阴影混合，可以选择“关”选项；如果要绘画的区域需要与周围的光照混合，同时又需要保留样本像素的颜色，可以选择“明亮度”选项；如果要绘画的区域需要保留样本像素的纹理，同时又要与周围像素的颜色、光照和阴影混合，可以选择“开”选项。

11.4 “风格化”滤镜组

“风格化”滤镜组中包含9种滤镜（其中“照亮边缘”位于“滤镜库”中的“风格化”滤镜中），如图11-144所示。这些滤镜可以置换图像像素、查找并增加图像的对比度，产生绘画或印象派风格的效果。

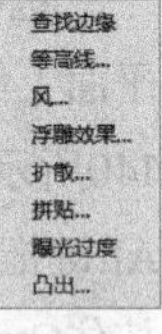

图11-144

本节滤镜概述

滤镜名称	作用	重要程度
查找边缘	将高反差区变亮，将低反差区变暗，其他区域则介于两者之间，同时硬边会变成线条，柔边会变粗	高
等高线	查找主要亮度区域，并为每个颜色通道勾勒主要亮度区域	中
风	在图像中放一些细小的水平线条来模拟风吹效果	高
浮雕效果	通过勾勒图像或选区的轮廓，降低周围颜色值来生成凹陷或凸起的浮雕效果	中
扩散	使图像中相邻的像素按指定的方式有机移动，让图像扩散	中
拼贴	将图像分解为一系列块状，并使其偏离其原来的位置	高
曝光过度	混合负片和正片图像	中
凸出	将图像分解成一系列大小相同且有机重叠放置的立方体或椎体	中
照亮边缘	标识图像颜色的边缘，并向其添加类似于霓虹灯的光亮效果	中

11.4.1 查找边缘

“查找边缘”滤镜可以自动查找图像像素对比度变换强烈的边界，将高反差区变亮，将低反差区变暗，而其他区域则介于两者之间；同时硬边会变成线条，柔边会变粗，从而形成一个清晰的轮廓。打开一张图像，如图11-145所示，然后执行“滤镜>风格化>查找边缘”菜单命令，效果如图11-146所示。

图11-145

图11-146

技巧与提示

“查找边缘”滤镜没有参数选项对话框。

11.4.2 课堂案例——制作人像速写特效

实例位置	实例文件>CH11>11.4.2.psd
素材位置	素材文件>CH11>素材06.jpg
视频位置	多媒体教学>CH11>11.4.2.flv
实用指数	★★★★☆
技术掌握	用查找边缘滤镜制作速写效果

本例主要针对“查找边缘”滤镜的使用方法进行练习，如图11-147所示。

图11-147

01 打开“素材文件>CH11>素材06.jpg”文件，如图11-148所示。

02 按Ctrl+J组合键将“背景”图层复制一层，得到“图层1”，然后执行“滤镜>风格化>查找边缘”菜单命令，效果如图11-149所示。

图11-148 图11-149

03 按Ctrl+J组合键复制一个“图层1副本”图层，然后设置该图层的“混合模式”为“正片叠底”，效果如图11-150所示。

04 选择“背景”图层，然后按Ctrl+J组合键复制一个“背景副本”图层，并将其放置在最上层，接着为该图层添加一个图层蒙版，最后使用黑色柔边“画笔工具”在人像周围涂抹，保留人像和小部分静物，效果如图11-151所示。

图11-150 图11-151

05 在最上层新建一个“渐变”图层，然后选择“渐变工具”，打开“渐变编辑器”对话框，并选择预设的“蓝，红，黄渐变”，如图11-152所示，接着在选项栏中单击“线性渐变”按钮，最后从右上角向左下角拉出渐变，效果如图11-153所示。

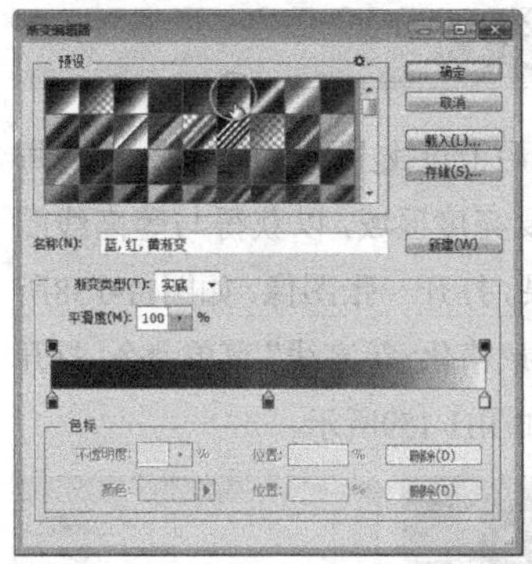

图11-152 图11-153

06 在“图层”面板中设置“渐变”图层的“混合模式”为“滤色”、“不透明度”为45%，效果如图11-154所示。

图11-154

07 在最上层新建一个“白边”图层，设置前景色为白色，在“渐变工具”的选项栏中选择“前景色到透明渐变”。然后单击“径向渐变”按钮，并勾选“反向”选项，如图11-155所示，接着使用“渐变工具”从图像中心向边缘拉出渐变，最后设置“白边”图层的“不透明度”为77%，效果如图11-156所示。

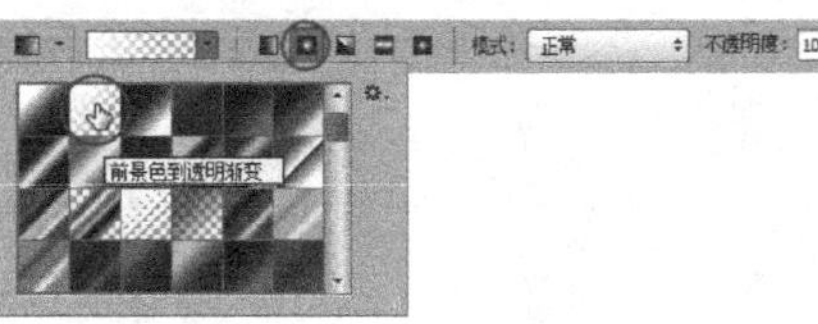

图11-155

图11-156

08 为图像添加一个人物签名，最终效果如图11-157所示。

图11-157

11.4.3 等高线

“等高线”滤镜用于查找主要亮度区域，并为每个颜色通道勾勒主要亮度区域，以获得与等高线图中的线条类似的效果。打开一张图像，如图11-158所示，然后执行“滤镜>风格化>等高线”菜单命令，打开“等高线”对话框，如图11-159所示。

图11-158

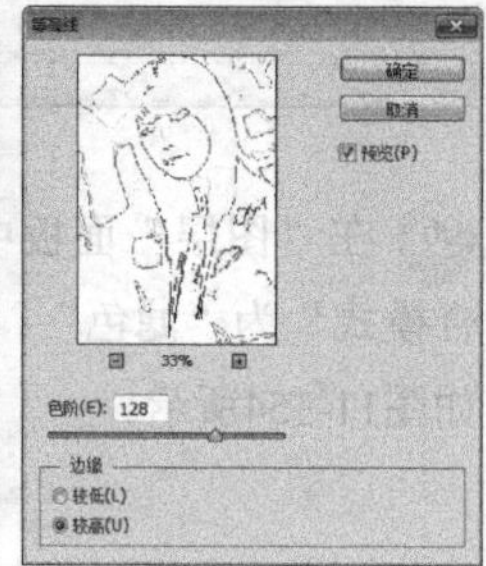
图11-159

● **等高线对话框选项介绍**

色阶：用来设置区分图像边缘亮度的级别。

边缘：用来设置处理图像边缘的位置，以及便捷的产生方法。选择“较低”选项时，可以在基准亮度等级以下的轮廓上生成等高线，如图11-160所示；选项“较高”选项时，可以在基准亮度等级以上生成等高线，如图11-161所示。

图11-160　图11-161

11.4.4 风

使用“风”滤镜可以在图像中放一些细小的水平线条来模拟风吹效果。打开一张图像，如图11-162所示，然后执行“滤镜>风格化>风”菜单命令，打开“风”对话框，如图11-163所示。

图11-162

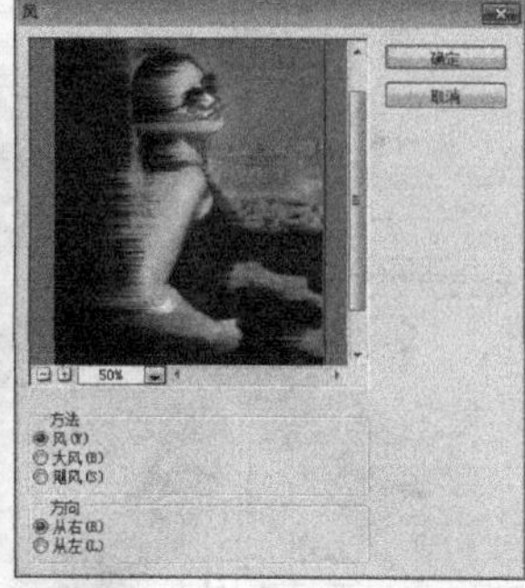
图11-163

● **风对话框选项介绍**

方法：包含“风”“大风”和“飓风”3种等级，如图11-164~图11-166所示。

图11-164

图11-165

图11-166

方向：用来设置风源的方向，包含“从右”和“从左”两种。

知识点　更改风的方向

使用“风”滤镜只能制作出水平方向上的风吹效果，意思就是说，风只能向右吹或向左吹。如果要在垂直方向上制作风吹效果，就需要先旋转画布，如图11-167所示，然后再应用“风”滤镜，如图11-168所示，最后将画布旋转到原始位置即可，如图11-169所示。

图11-167

图11-168

图11-169

11.4.5 浮雕效果

“浮雕效果”滤镜可以通过勾勒图像或选区的轮廓，降低周围颜色值来生成凹陷或凸起的浮雕效果。打开一张图像，如图11-170所示，然后执行“滤镜>风格化>浮雕效果”菜单命令，打开“浮雕效果”对话框，如图11-171所示。

图11-170

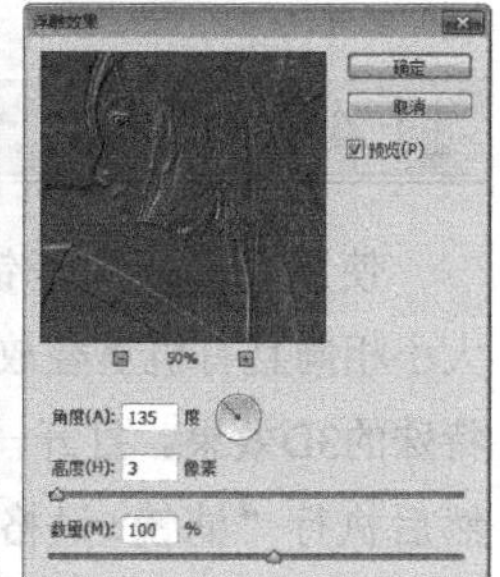

图11-171

● **浮雕效果对话框选项介绍**

角度：用于设置浮雕效果的光线方向。光线方向会影响浮雕的凸起位置。

高度：用于设置浮雕效果的凸起高度。

数量：用于设置“浮雕”滤镜的作用范围。数值越高，边界越清晰（小于40%时，图像会变灰），如图11-172和图11-173所示。

图11-172

图11-173

11.4.6 扩散

“扩散”滤镜可以使图像中相邻的像素按指定的方式有机移动，让图像扩散，形成一种类似于透过磨砂玻璃观察物体时的分离模糊效果。打开一张图像，如图11-174所示，然后执行“滤镜>风格化>扩散”菜单命令，打开“扩散”对话框，如图11-175所示。

图11-174

图11-175

● **扩散对话框选项介绍**

正常：使图像的所有区域都进行扩散处理，与图像的颜色值没有任何关系，如图11-176所示。

变暗优先：用较暗的像素替换亮部区域的像素，并且只有暗部像素产生扩散，如图11-177所示。

图11-176

图11-177

变亮优先：用较亮的像素替换暗部区域的像素，并且只有亮部像素产生扩散，如图11-178所示。

各向异性：使用图像中较暗和较亮的像素产生扩散效果，即在颜色变化最小的方向上搅乱像素，如图11-179所示。

图11-178

图11-179

11.4.7 拼贴

使用“拼贴”滤镜可以将图像分解为一系列

块状，并使其偏离其原来的位置，以产生不规则拼砖的图像效果。打开一张图像，如图11-180所示，然后执行“滤镜>风格化>拼贴”菜单命令，打开“拼贴”对话框，如图11-181所示。

图11-180

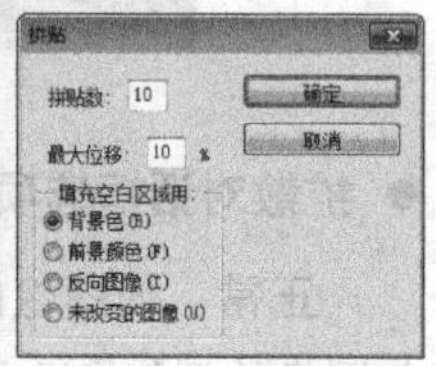

图11-181

● **拼贴对话框选项介绍**

拼贴数：用来设置在图像每行和每列中要显示的贴块数。图11-182和图11-183所示分别是设置该值为10和30时的拼贴效果。

图11-182

图11-183

最大位移：用来设置拼贴偏移原始位置的最大距离。

填充空白区域用：用来设置填充空白区域的使用方法。

11.4.8 曝光过度

使用“曝光过度”滤镜可以混合负片和正片图像，类似于显影过程中将摄影照片短暂曝光的效果（该滤镜没有参数设置对话框）。打开一张图像，如图11-184所示，然后执行“滤镜>风格化>曝光过度”菜单命令，效果如图11-185所示。

图11-184

图11-185

11.4.9 凸出

使用“凸出”滤镜可以将图像分解成一系列大小相同且有机重叠放置的立方体或椎体，以生成特殊的3D效果。打开一张图像，如图11-186所示，然后执行“滤镜>风格化>凸出”菜单命令，打开“凸出”对话框，如图11-187所示。

图11-186

图11-187

● **凸出对话框选项介绍**

类型：用来设置3D方块的形状，包含“块”和“金字塔”两种，如图11-188和图11-189所示。

图11-188

图11-189

大小：用来设置立方体或金字塔底面的大小。

深度：用来设置凸出对象的深度。“随机”选项表示为每个块或金字塔设置一个随机的任意深度，如图11-190所示；“基于色阶”选项表示使每个对象的深度与其亮度相对应，亮度越亮，图像越凸出，如图11-191所示。

图11-190　　图11-191

立方体正面：勾选该选项以后，将失去图像的整体轮廓，生成的立方体上只显示单一的颜色，如图11-192所示。

蒙版不完整块：使所有图像都包含在凸出的范围之内，如图11-193所示。

图11-192　　图11-193

11.4.10 照亮边缘

“照亮边缘”滤镜用于标识图像颜色的边缘，并向其添加类似于霓虹灯的光亮效果。打开一张图像，如图11-194所示，执行“滤镜>滤镜库”菜单命令，打开“滤镜库”对话框，然后在“风格化”滤镜组下选择“照亮边缘”滤镜，其参数设置面板如图11-195所示。

图11-194

图11-195

● **照亮边缘滤镜选项介绍**

边缘宽度/亮度：用来设置发光边缘线条的宽度和亮度，如图11-196和图11-197所示。

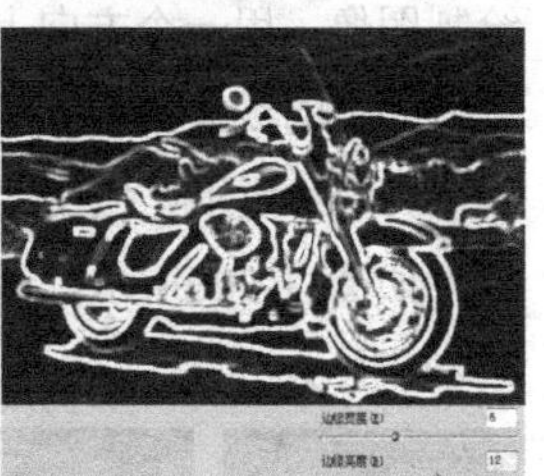

图11-196　　图11-197

平滑度：用来设置边缘线条的光滑程度。

11.5 “画笔描边”滤镜组

“画笔描边”滤镜组包含8种滤镜，它们被归纳在“滤镜库”中，如图11-198所示。这些滤镜中有一部分可以通过不同的油墨和画笔勾画图像并产生绘画效果，而有些滤镜可以添加杂色、边缘细节、绘画、纹理和颗粒。

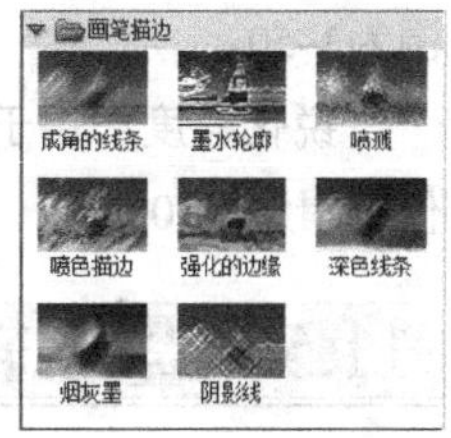

图11-198

技巧与提示

注意：“画笔描边”滤镜组中的所有滤镜都不能应用于CMYK图像和Lab图像。

本节滤镜概述

滤镜名称	作用	重要程度
成角的线条	用对角描边重新绘制图像	中
墨水轮廓	用细细的线条在原始细节上绘制图像	中
喷溅	使图像产生墨水喷溅的艺术效果	中
喷色描边	将图像中的主色用成角的、喷溅的颜色线条重新绘制图像	中
强化的边缘	强化图像的边缘	中
深色线条	用短而绷紧的深色线条绘制暗区，用长而白的线条绘制亮区	中
烟灰墨	用非常黑的油墨创建柔和的模糊边缘	中
阴影线	用模拟的铅笔阴影线在图像中添加纹理，并使彩色区域的边缘变粗糙	中

11.5.1 成角的线条

“成角的线条”滤镜可以使用对角描边重新绘制图像，用一个方向上的线条绘制亮部区域，用反方向上的线条来绘制暗部区域。打开一张图像，如图11-199所示，应用“成角的线条”滤镜以后的效果如图11-200所示，该滤镜的参数设置面板如图11-201所示。

图11-199

图11-200

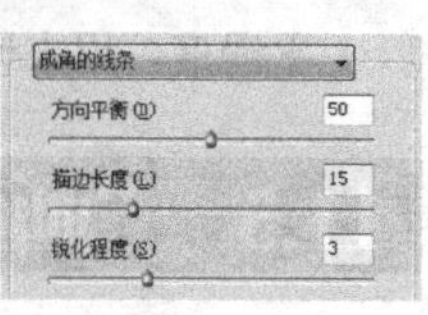

图11-201

● **成角的线条滤镜选项介绍**

方向平衡：用于设置对角线的倾斜角度，取值范围为0~100。

描边长度：用于设置对角线的长度，取值范围为3~50。

锐化程度：用于设置对角线的清晰程度，取值范围为0~10。

11.5.2 墨水轮廓

“墨水轮廓”滤镜可以以钢笔画的风格，用细细的线条在原始细节上绘制图像。打开一张图像，如图11-202所示，应用“墨水轮廓”滤镜以后的效果如图11-203所示，该滤镜的参数设置面板如图11-204所示。

图11-202

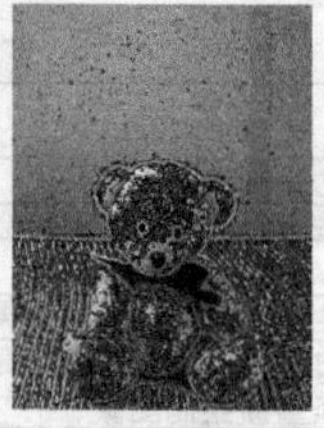
图11-203

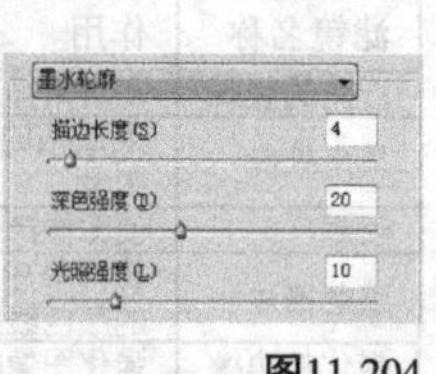

图11-204

● **墨水轮廓滤镜选项介绍**

描边长度：用于设置图像中生成的线条的长度。

深色强度：用于设置线条阴影的强度。数值越高，图像越暗。

光照强度：用于设置线条高光的强度。数值越高，图像越亮。

11.5.3 喷溅

“喷溅”滤镜可以用来模拟喷枪，使图像产生墨水喷溅的艺术效果。打开一张图像，如图11-205所示，应用“喷溅”滤镜以后的效果，如图11-206所示，该滤镜的参数设置面板如图11-207所示。

图11-205

图11-206

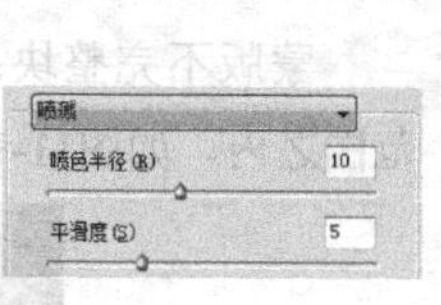

图11-207

● **喷溅滤镜选项介绍**

喷色半径：用于处理不同颜色的区域。数值越高，颜色越分散。

平滑度：用于设置喷射效果的平滑程度。

11.5.4 喷色描边

“喷色描边”滤镜可以将图像中的主色用成角的、喷溅的颜色线条重新绘制图像，以生成飞溅效果。打开一张图像，如图11-208所示，应用“喷色描边”滤镜以后的效果如图11-209所示，该滤镜的参数设置面板如图11-210所示。

图11-208

图11-209

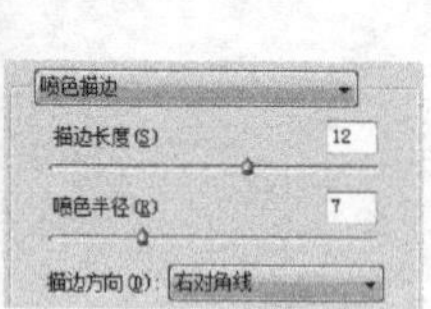

图11-210

● **喷色描边滤镜选项介绍**

描边长度：用于设置笔触的长度。

喷色半径：用于控制喷色的范围。

描边方向：用于设置笔触的方向。

11.5.5 强化的边缘

使用“强化的边缘”滤镜可以强化图像的边缘。打开一张图像，如图11-211所示，应用“强化的边缘”滤镜以后的效果如图11-212所示，该滤镜的参数设置面板如图11-213所示。

图11-211

图11-212

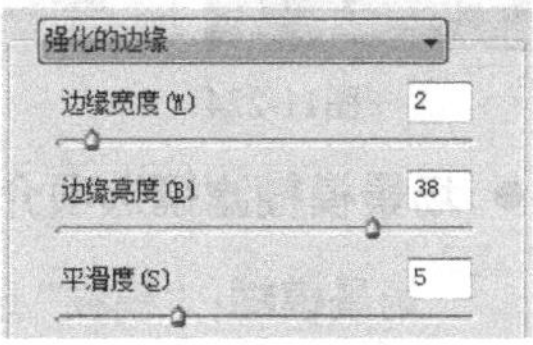

强化的边缘
边缘宽度(W) 2
边缘亮度(B) 38
平滑度(S) 5

图11-213

- **强化的边缘滤镜选项介绍**

边缘宽度：用来设置需要强化的边缘的宽度。

边缘亮度：用来设置需要强化的边缘的亮度。数值越高，强化效果就越类似于白色粉笔；数值越低，强化效果就越类似于黑色油墨。

平滑度：用于设置边缘的平滑程度。数值越高，图像效果越柔和。

11.5.6 深色线条

“深色线条”滤镜可以用短而绷紧的深色线条绘制暗区，用长而白的线条绘制亮区。打开一张图像，如图11-214所示，应用“深色线条”滤镜以后的效果如图11-215所示，该滤镜的参数设置面板如图11-216所示。

图11-214

图11-215

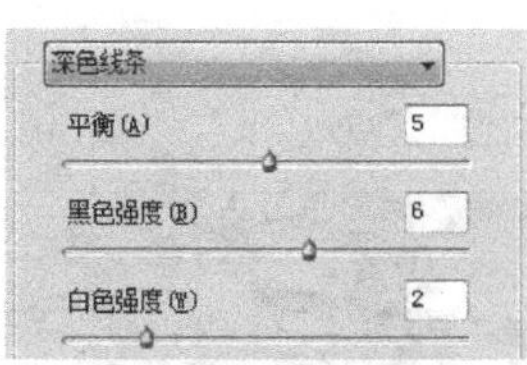

图11-216

- **深色线条滤镜选项介绍**

平衡：用于控制绘制的黑白色调的比例。

黑色/白色强度：用于设置绘制的黑色调和白色调的强度。

11.5.7 烟灰墨

“烟灰墨”滤镜像是用蘸满油墨的画笔在宣纸上绘画，可以使用非常黑的油墨来创建柔和的模糊边缘。打开一张图像，如图11-217所示，应用“烟灰墨”滤镜以后的效果如图11-218所示，该滤镜的参数设置面板如图11-219所示。

图11-217

图11-218

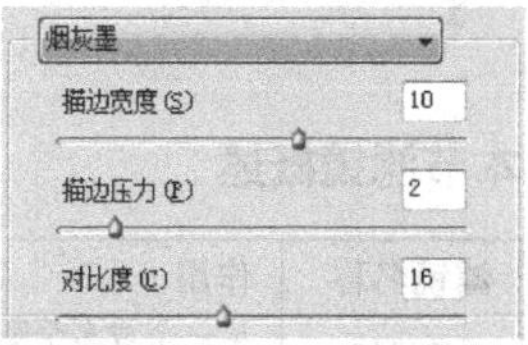

烟灰墨
描边宽度(S) 10
描边压力(P) 2
对比度(C) 16

图11-219

- **烟灰墨滤镜选项介绍**

描边宽度/压力：用于设置笔触的宽度和压力。

对比度：用于设置图像效果的对比度。

11.5.8 阴影线

“阴影线”滤镜可以保留原始图像的细节和特征，同时使用模拟的铅笔阴影线在图像中添加纹理，并使彩色区域的边缘变粗糙。打开一张图像，如图11-220所示，应用“阴影线”滤镜以后的效果如图11-221所示，该滤镜的参数设置面板如图11-222所示。

图11-220

图11-221

阴影线
描边长度(L) 9
锐化程度(S) 6
强度(T) 1

图11-222

- **阴影线滤镜选项介绍**

描边长度：用于设置线条的长度。

锐化程度：用于设置线条的清晰程度。

强度：用于设置线条的数量和强度。

11.6 “模糊”滤镜组

“模糊”滤镜组包含14种滤镜，如图11-223所示。这些滤镜可以柔化图像中的选区或整个图像，使其产生模糊效果。

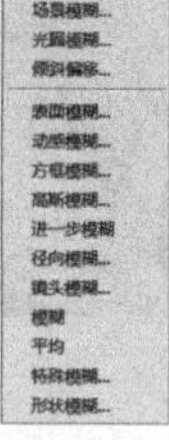

图11-223

本节滤镜概述

滤镜名称	作用	重要程度
场景模糊	用一个或多个图钉对图像中不同的区域应用模糊效果	高
光圈模糊	在图像上创建一个椭圆形的焦点范围，处于焦点范围内的图像保持清晰，而之外的图像会被模糊	高
倾斜模糊	模拟类似于移轴摄影技术拍摄的照片	中
表面模糊	在保留边缘的同时模糊图像	高
动感模糊	沿指定的方向以指定的距离进行模糊	高
方框模糊	基于相邻像素的平均颜色值来模糊图像	中
高斯模糊	向图像中添加低频细节，使图像产生一种朦胧的模糊效果	高
进一步模糊	平衡已定义的线条和遮蔽区域的清晰边缘旁边的像素	中
径向模糊	模拟缩放或旋转相机时所产生的模糊	高
镜头模糊	向图像中添加模糊，模糊效果取决于模糊的“源”设置	高
模糊	通过平衡已定义的线条和遮蔽区域的清晰边缘旁边的像素使图像变柔和	中
平均	查找图像或选区的平均颜色，再用该颜色填充图像或选区	低
特殊模糊	精确模糊图像	高
形状模糊	用设置的形状来创建特殊的模糊效果	中

11.6.1 场景模糊

“场景模糊”滤镜可以用一个或多个图钉对图像中不同的区域应用模糊效果。打开一张图像，如图11-224所示，然后执行“滤镜>模糊>场景模糊”菜单命令。该滤镜的参数分为“模糊工具”和“模糊效果”两个面板，如图11-225和图11-226所示。

图11-224

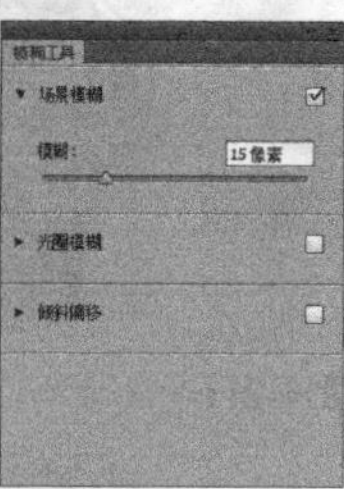

图11-225

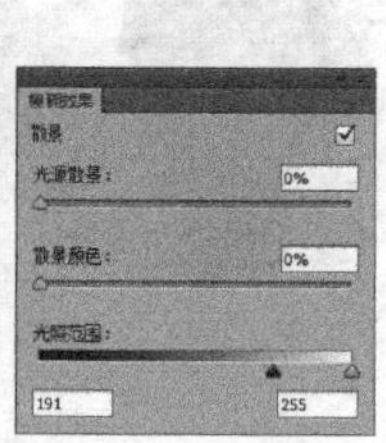

图11-226

- **场景模糊滤镜选项介绍**

场景模糊：“模糊”选项用于设置场景模糊的强度。执行“场景模糊”命令时，Photoshop会自动在图像上添加一个图钉，在“模糊工具”面板中可以设置该图钉的“模糊”数值，如图11-227所示。在图像上单击可以继续添加图钉，单独选中图钉，可以设置新增图钉的“模糊”数值，如图11-228所示。

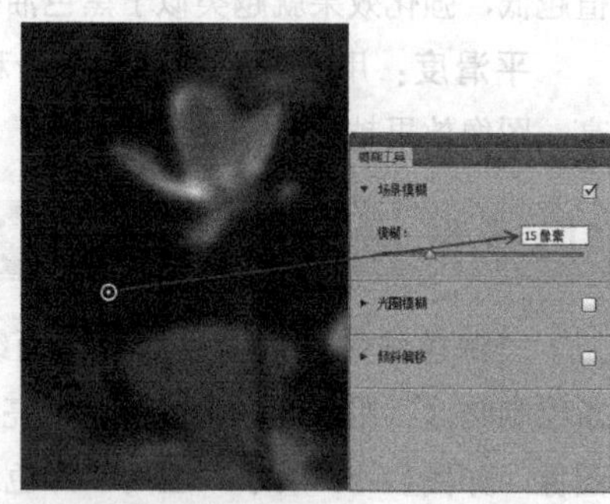

图11-227

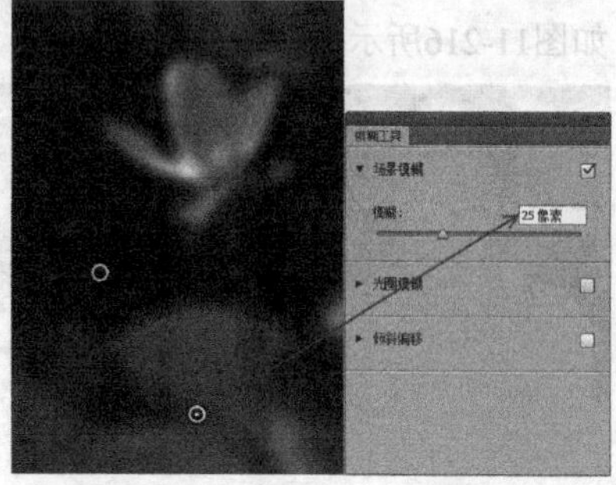

图11-228

技巧与提示

添加图钉以后，可以利用鼠标左键移动其位置。如果要删除图钉，可以按Delete键。

光圈散景：用来设置模糊效果中的高光数量，如图11-229所示。

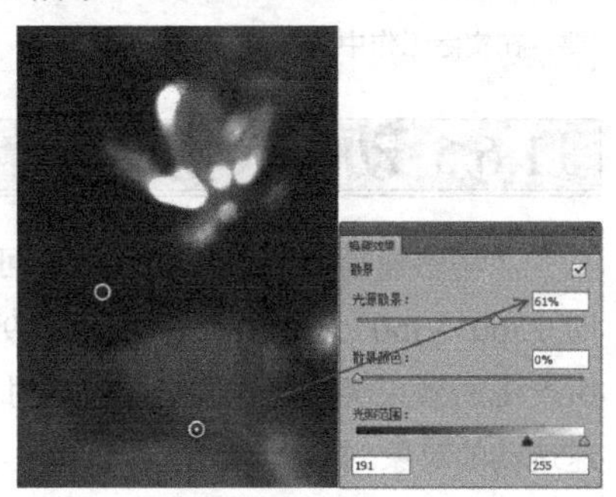

图11-229

散景颜色：用来设置散景的颜色。值越高，散景颜色的饱和度越高，如图11-230所示，反之则饱和度越低，如图11-231所示。

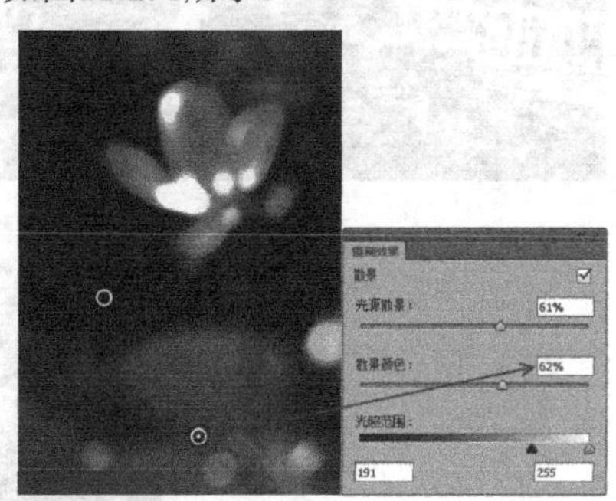

图11-230

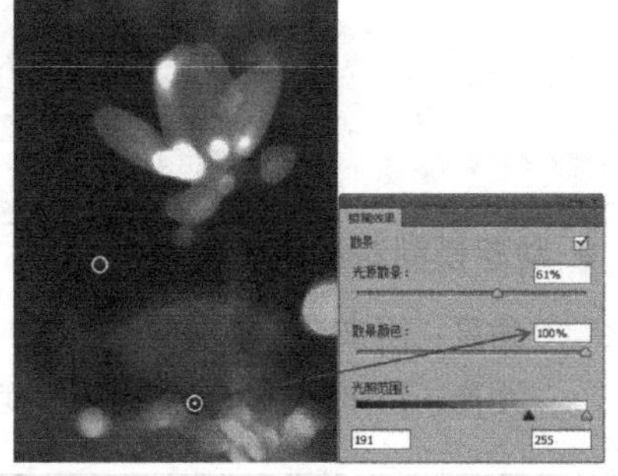

图11-231

光照范围：用来控制散景处的光照范围，如图11-232所示。

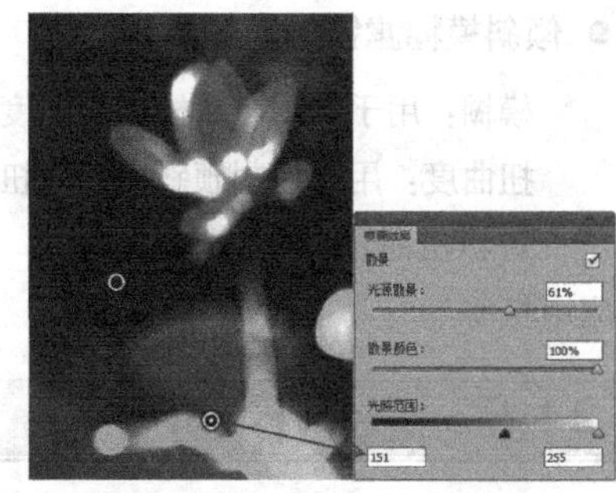

图11-232

11.6.2 光圈模糊

使用“光圈模糊”滤镜可以在图像上创建一个椭圆形的焦点范围，处于焦点范围内的图像保持清晰，而之外的图像会被模糊。打开一张图像，如图11-233所示，执行“滤镜>模糊>光圈模糊”菜单命令，Photoshop会在图像上自动添加一个焦点范围变换框（可以对这个变换框进行缩放和旋转，而框内的4个白点用于控制模糊离变换框中心的距离），如图11-234所示。

图11-233

图11-234

11.6.3 倾斜模糊

使用“倾斜模糊”滤镜可以模拟类似于移轴摄影技术拍摄的照片。打开一张图像，如图11-235所示，然后执行“滤镜>模糊>倾斜模糊”菜单命令。此时Photoshop会在图像上自动添加一个矩形变换框，如图11-236所示。该滤镜的参数与前面两种有一定的区别，如图11-237所示。

图11-235

图11-236

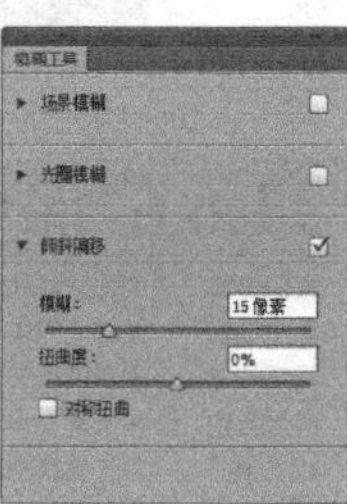

图11-237

● **倾斜模糊滤镜选项介绍**

模糊：用于控制倾斜模糊的强度。

扭曲度：用于控制倾斜模糊的扭曲形状。

对称扭曲：勾选该选项以后，可以在双向上应用扭曲。

11.6.4 表面模糊

"表面模糊"滤镜可以在保留边缘的同时模糊图像，可以用该滤镜创建特殊效果并消除杂色或颗粒。打开一张图像，如图11-238所示，然后执行"滤镜>模糊>表面模糊"菜单命令，打开"表面模糊"对话框，如图11-239所示。

图11-238

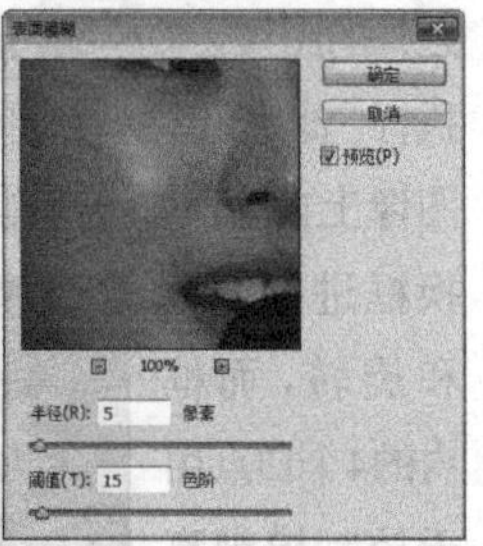

图11-239

● **表面模糊滤镜选项介绍**

半径：用于设置模糊取样区域的大小。值越高，图像越光滑、模糊，如图11-240所示，反之则图像越清晰，如图11-241所示。

图11-240

图11-241

阈值：控制相邻像素色调值与中心像素值相差的数值。色调值差小于阈值的像素将被排除在模糊之外。

技巧与提示

"表面模糊"滤镜同"高斯模糊"滤镜一样，非常重要，在实际工作中经常用它来美化皮肤。

11.6.5 动感模糊

"动感模糊"滤镜很重要，用它可以沿指定的方向（-360°~360°）以指定的距离（1~999）进行模糊，所产生的效果类似于在固定的曝光时间拍摄一个高速运动的对象。打开一张图像，如图11-242所示，应用"动感模糊"滤镜以后的效果如图11-243所示，该滤镜的参数对话框如图11-244所示。

图11-242

图11-243

图11-244

● **动感模糊对话框选项介绍**

角度：用来设置模糊的方向。

距离：用来设置像素模糊的程度。

11.6.6 课堂案例——制作高速运动特效

实例位置	实例文件>CH11>11.6.6.psd
素材位置	素材文件>CH11>素材07.jpg
视频位置	多媒体教学>CH11>11.6.6.flv
实用指数	★★★★★
技术掌握	用动感模糊滤镜制作高速运动特效

本例主要针对"动感模糊"滤镜的使用方法进行练习，如图11-245所示。

图11-245

01 打开“素材文件>CH11>素材07.jpg”文件，如图11-246所示。

图11-246

02 按Ctrl+J组合键将“背景”图层复制一层，得到“图层1”，然后执行“滤镜>模糊>动感模糊”菜单命令，接着在弹出的“动感模糊”对话框中设置“角度”为-15度、“距离”为690像素，如图11-247所示，效果如图11-248所示。

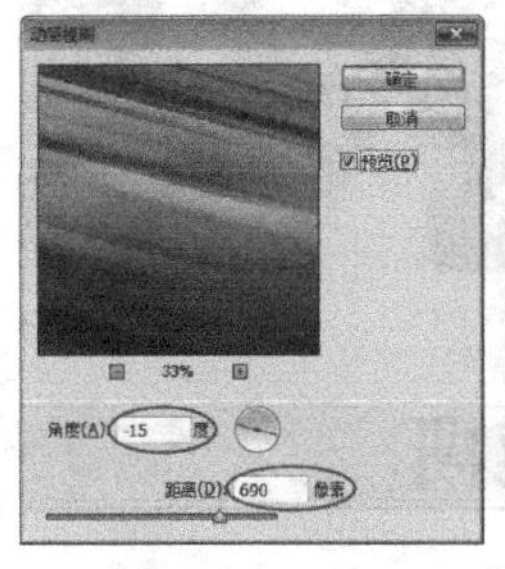

图11-247

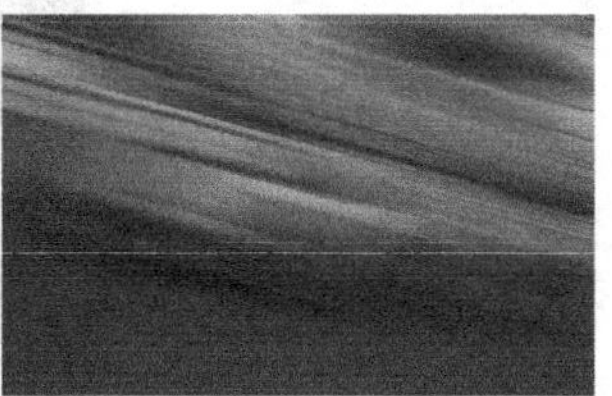

图11-248

技巧与提示

由于只需要让背景产生运动模糊效果，而现在连前景和汽车都被模糊了，因此下面还需要进行相应调整。

03 在“历史记录”面板中标记最后一项“动感模糊”操作，并返回到前一步操作状态，如图11-249所示，然后使用“历史记录画笔工具”在背景上涂抹，将其还原为动感模糊效果，最终效果如图11-250所示。

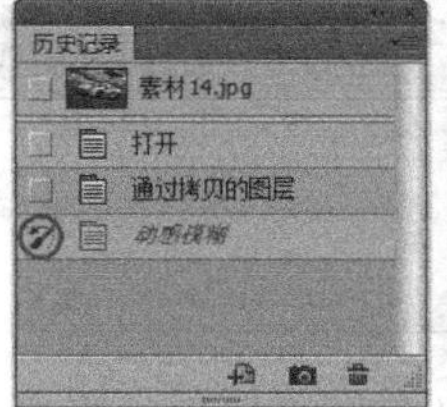

图11-249

图11-250

11.6.7 方框模糊

“方框模糊”滤镜可以基于相邻像素的平均颜色值来模糊图像，生成的模糊效果类似于方块模糊。打开一张图像，如图11-251所示，应用“方框模糊”滤镜以后的效果如图11-252所示，该滤镜的参数对话框如图11-253所示。“半径”选项用于计算指定像素平均值的区域大小，值越大，产生的模糊效果越好。

图11-251

图11-252

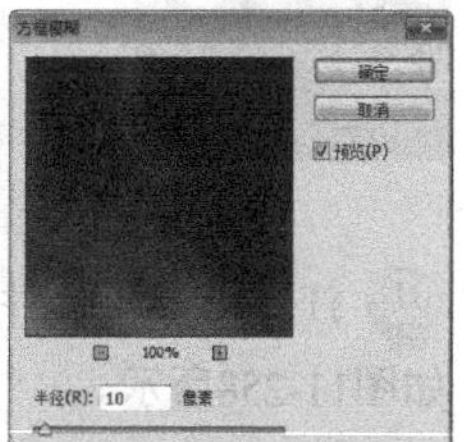

图11-253

11.6.8 高斯模糊

“高斯模糊”滤镜是最重要、最常用的模糊滤镜，它可以向图像中添加低频细节，使图像产生一种朦胧的模糊效果。打开一张图像，如图11-254所示，应用“高斯模糊”滤镜以后的效果如图11-255所示，该滤镜的参数对话框如图11-256所示。“半径”选项用于计算指定像素平均值的区域大小，值越大，产生的模糊效果越好。

图11-254

图11-255

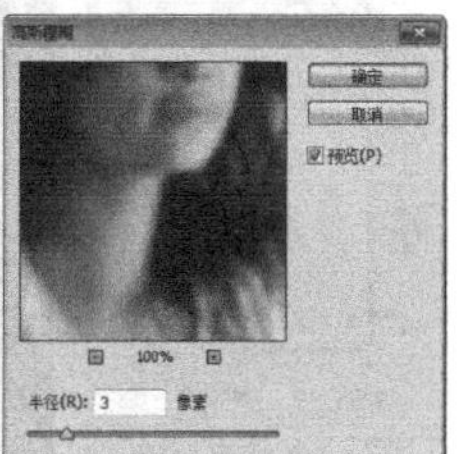

图11-256

11.6.9 课堂案例——为粗糙皮肤磨皮

实例位置	实例文件>CH11>11.6.9.psd
素材位置	素材文件>CH11>素材08.jpg
视频位置	多媒体教学>CH11>11.6.9.flv
实用指数	★★★★★
技术掌握	用高斯模糊滤镜模糊图像并美化皮肤

本例主要针对如何使用“高斯模糊”滤镜美化皮肤，如图11-257所示。

图11-257

01 打开“素材文件>CH11>素材08.jpg”文件，如图11-258所示。

图11-258

02 创建一个“曲线”调整图层，然后在“属性”面板中将曲线调节成如图11-259所示的形状，效果如图11-260所示。

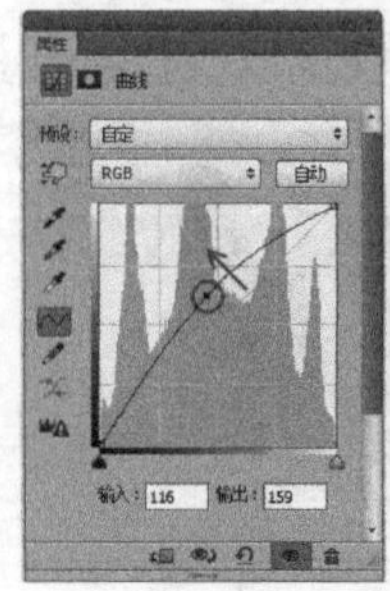

图11-259　图11-260

03 按Shift+Ctrl+Alt+E组合键将可见图层盖印到一个“美化”图层中，然后按Ctrl+J组合键复制一个“美化副本”图层，接着执行“滤镜>模糊>高斯模糊”菜单命令，最后在弹出的“高斯模糊”对话框中设置“半径”为5像素，如图11-261所示，效果如图11-262所示。

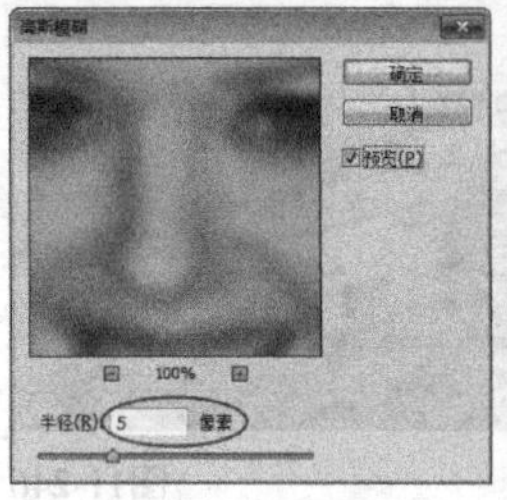

图11-261　图11-262

04 设置“美化副本”图层的“混合模式”为“叠加”，最终效果如图11-263所示。

图11-263

11.6.10 进一步模糊

使用“进一步模糊”滤镜可以平衡已定义的线条和遮蔽区域的清晰边缘旁边的像素，使变化显得柔和（该滤镜属于轻微模糊滤镜，并且没有参数设置对话框）。打开一张图像，如图11-264所示，应用该滤镜后的效果如图11-265所示。

图11-264　图11-265

11.6.11 径向模糊

“径向模糊”滤镜是一种很重要的模糊滤镜，主要用于模拟缩放或旋转相机时所产生的模糊，产生的是一种柔化的模糊效果。打开一张图像，如图11-266所示，应用“径向模糊”滤镜后的效果如图11-267所示，该滤镜的参数对话框如图11-268所示。

图11-266

图11-267

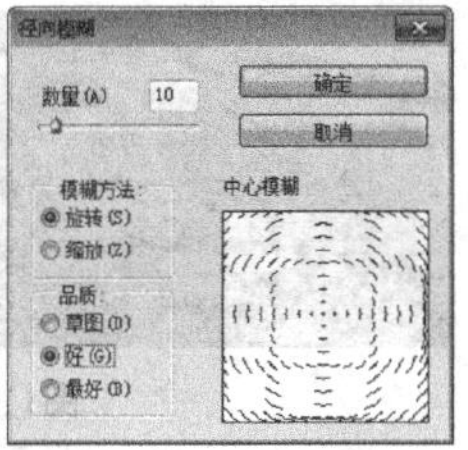

图11-268

- **径向模糊对话框选项介绍**

数量：用于设置模糊的强度。数值越高，模糊效果越明显。

模糊方法：勾选“旋转”选项时，图像可以沿同心圆环线产生旋转的模糊效果，如图11-269所示；勾选“缩放”选项时，可以从中心向外产生反射模糊效果，如图11-270所示。

图11-269

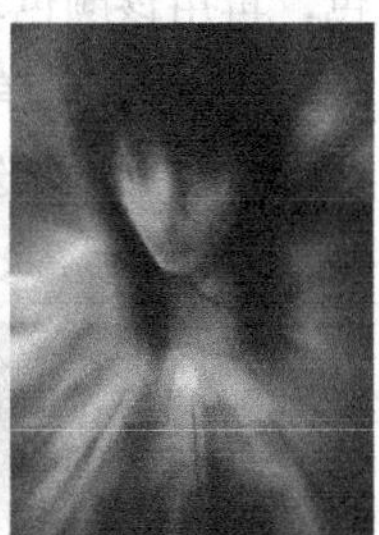

图11-270

中心模糊：将光标放在设置框中，使用鼠标左键拖曳可以定位模糊的原点。原点位置不同，模糊中心也不同，如图11-271~图11-273所示。

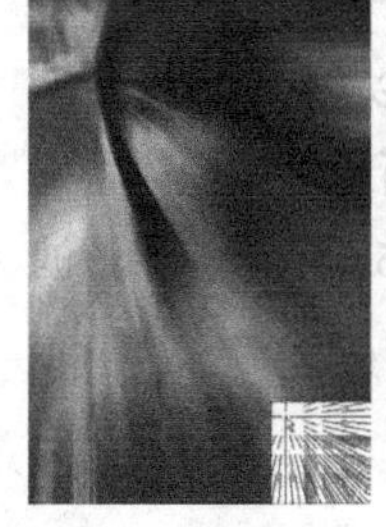

图11-271

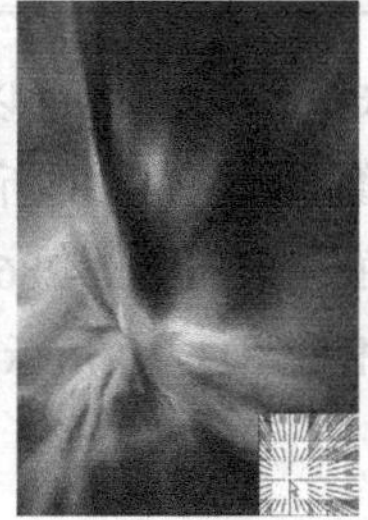

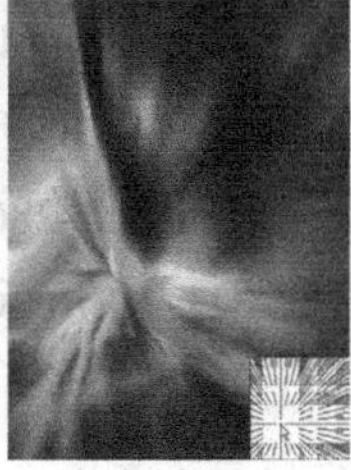

图11-272

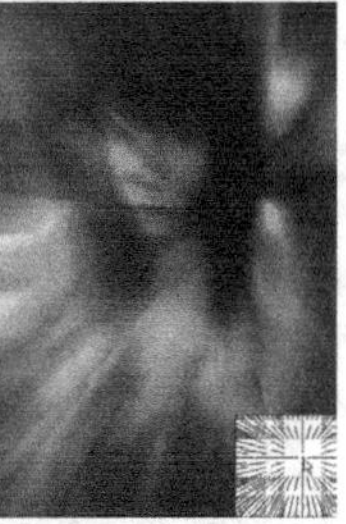

图11-273

品质：用来设置模糊效果的质量。“草图”的处理速度较快，但会产生颗粒效果；“好”和“最好”的处理速度较慢，但是生成的效果比较平滑。

11.6.12 镜头模糊

“镜头模糊”滤镜可以向图像中添加模糊，模糊效果取决于模糊的“源”设置。如果图像中存在Alpha通道或图层蒙版，则可以为图像中的特定对象创建景深效果，使这个对象在焦点内，而使另外的区域变模糊。打开一张图像，如图11-274所示，这张图像中没有景深效果。如果要模糊背景区域，就可以将这个区域储存为选区蒙版或Alpha通道，如图11-275和图11-276所示。这样在应用“镜头模糊”滤镜时，将“源”设置为“图层蒙版”或Alpha1通道，如图11-277所示，就可以模糊选区中的图像，即模糊背景区域，如图11-278所示。如果不设置“源”，则将模糊整个图像，如图11-279所示。

图11-274

图11-275

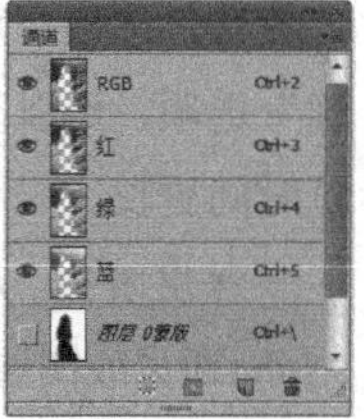

图11-276

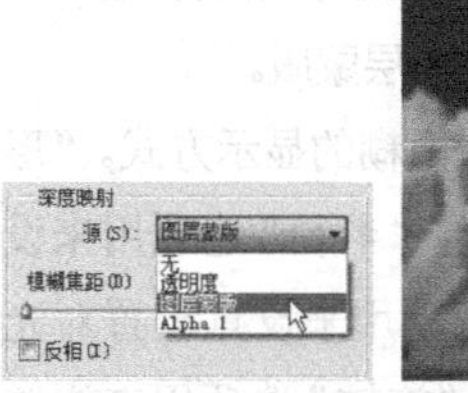

图11-277

图11-278

图11-279

执行“滤镜>模糊>镜头模糊”菜单命令，打开“镜头模糊”对话框，如图11-280所示。

图11-280

● **镜头模糊对话框选项介绍**

预览：用来设置预览模糊效果的方式。选择“更快”选项，可以提高预览速度；选择“更加准确”选项，可以查看模糊的最终效果，但生成的预览时间更长。

深度映射：从“源”下拉列表中可以选择使用Alpha通道或图层蒙版来创建景深效果（前提是图像中存在Alpha通道或图层蒙版），其中通道或蒙版中的白色区域将被模糊，而黑色区域则保持原样；“模糊焦距”选项用来设置位于角点内的像素的深度；“反相”选项用来反转Alpha通道或图层蒙版。

光圈：该选项组用来设置模糊的显示方式。“形状”选项用来选择光圈的形状；“半径”选项用来设置模糊的数量；“叶片弯度”选项用来设置设置对光圈边缘进行平滑处理的程度；“旋转”选项用来旋转光圈。

镜面高光：该选项组用来设置镜面高光的范围。“亮度”选项用来设置高光的亮度；“阈值”选项用来设置亮度的停止点，比停止点值亮的所有像素都被视为镜面高光。

杂色：“数量”选项用来在图像中添加或减少杂色；“分布”选项用来设置杂色的分布方式，包含“平均分布”和“高斯分布”两种；如果勾选“单色”选项，则添加的杂色为单一颜色。

11.6.13 模糊

“模糊”滤镜用于对图像中有显著颜色变化的地方消除杂色，它可以通过平衡已定义的线条和遮蔽区域的清晰边缘旁边的像素来使图像变柔和（该滤镜没有参数设置对话框）。打开一张图像，如图11-281所示，应用该滤镜以后的效果如图11-282所示。

图11-281

图11-282

技巧与提示

“模糊”滤镜与“进一步模糊”滤镜都属于轻微模糊滤镜。相比于“进一步模糊”滤镜，“模糊”滤镜的模糊效果要低3~4倍左右。

11.6.14 平均

“平均”滤镜可以查找图像或选区的平均颜色，再用该颜色填充图像或选区，以创建平滑的外观（该滤镜没有参数设置对话框）。打开一张图像，并绘制一个选区，如图11-283所示，然后应用“平均”滤镜，效果如图11-284所示。

图11-283

图11-284

11.6.15 特殊模糊

使用“特殊模糊”滤镜可以精确地模糊图像。打开一张图像，如图11-285所示，应用“特殊模糊”滤镜以后的效果如图11-286所示，应用该滤镜后的参数对话框如图11-287所示。

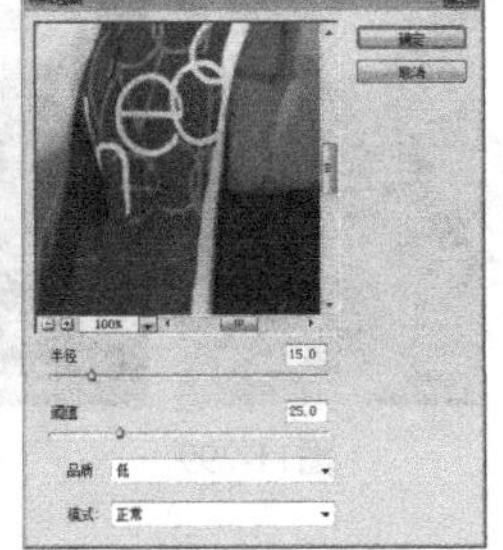

图11-285　图11-286　图11-287

- **特殊模糊对话框选项介绍**

半径：用来设置要应用模糊的范围。

阈值：用来设置像素模糊处理标准。

品质：设置模糊效果的质量，包含“低”“中等”和“高”3种。

模式：选择“正常”选项，不会在图像中添加任何特殊效果；选择“仅限边缘”选项，将以黑色显示图像，以白色描绘出图像边缘像素亮度值变化强烈的区域；选择“叠加边缘”选项，将以白色描绘出图像边缘像素亮度值变化强烈的区域。

11.6.16 形状模糊

“形状模糊”滤镜可以用设置的形状来创建特殊的模糊效果。打开一张图像，如图11-288所示，应用“形状模糊”滤镜以后的效果如图11-289所示，应用该滤镜后的参数对话框如图11-290所示。

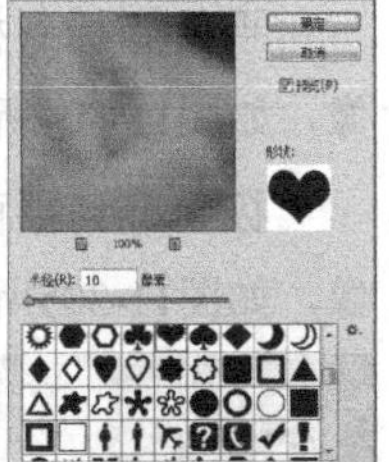

图11-288　图11-289　图11-290

- **形状模糊对话框选项介绍**

半径：用来调整形状的大小。数值越大，模糊效果越好。

形状列表：在形状列表中选择一个形状，可以使用该形状来模糊图像。单击形状列表右侧的⚙图标，可以载入预设的形状或外部的形状。

11.7 “扭曲”滤镜组

“扭曲”滤镜组包含12种滤镜，分别集合在“扭曲”菜单下与“滤镜库”中的“扭曲”滤镜组下，如图11-291和图11-292所示。这些滤镜可以对图像进行几何扭曲，创建3D或其他整形效果。在处理图像时，这些滤镜可能会占用大量内存。

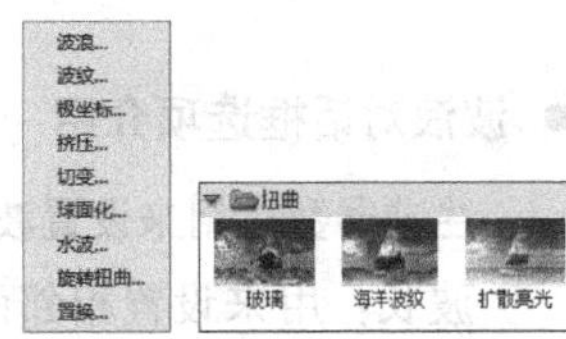

图11-291　图11-292

本节滤镜概述

滤镜名称	作用	重要程度
波浪	在图像上创建类似于波浪起伏的效果	高
波纹	创建类似于波浪的效果	高
极坐标	将图像从平面坐标转换到极坐标，或从极坐标转换到平面坐标	高
挤压	将选区内的图像或整个图像向外或向内挤压	中
切变	沿一条曲线扭曲图像	高
球面化	将选区内的图像或整个图像扭曲为球形	高
水波	让图像产生真实的水波效果	高
旋转扭曲	顺时针或逆时针旋转图像	中
置换	用一个PSD图像的亮度值让当前图像的像素重新排列，并产生位移效果	中
玻璃	让图像犹如透过不同类型的玻璃进行观看的效果	中
海洋波纹	将随机分隔的波纹添加到图像表面，使图像看上去像是在水中一样	中
扩散亮光	向图像中添加白色杂色，并从图像中心向外渐隐高光	中

11.7.1 波浪

“波浪”滤镜可以在图像上创建类似于波浪起伏的效果。打开一张图像，如图11-293所示，应用“波浪”滤镜以后的效果如图11-294所示，应用该滤镜后的参数对话框如图11-295所示。

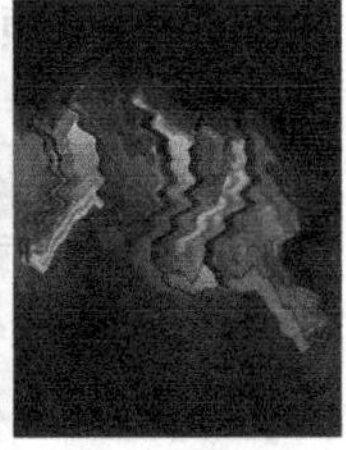

图11-293　图11-294

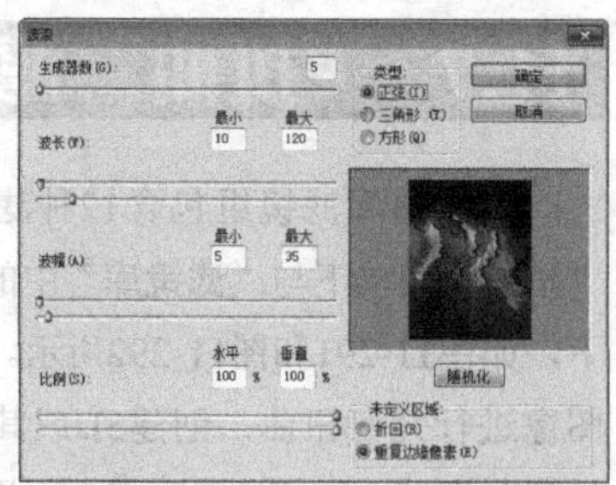
图11-295

● 波浪对话框选项介绍

生成器数：用来设置波浪的强度。

波长：用来设置相邻两个波峰之间的水平距离，包含“最小”和“最大”两个选项，其中“最小”数值不能超过“最大”数值。

波幅：设置波浪的宽度（最小）和高度（最大）。

比例：设置波浪在水平方向和垂直方向上的波动幅度。

类型：选择波浪的形态，包括“正弦”“三角形”和“方形”3种形态，如图11-296~图11-298所示。

图11-296

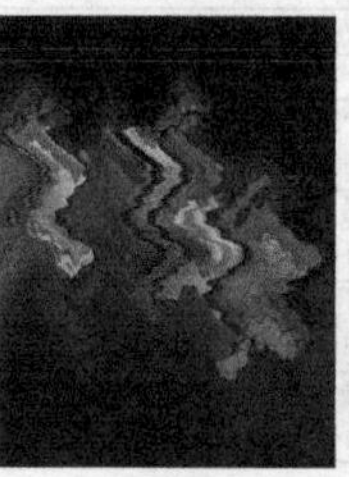
图11-297

图11-298

随机化 随机化 ：如果对波浪效果不满意，可以单击该按钮，以重新生成波浪效果。

未定义区域：用来设置空白区域的填充方式。选择“折回”选项，可以在空白区域填充溢出的内容；选择“重复边缘像素”选项，可以填充扭曲边缘的像素颜色。

11.7.2 波纹

“波纹”滤镜与“波浪”滤镜类似，但只能控制波纹的数量和大小。打开一张图像，如图11-299所示，应用“波纹”滤镜以后的效果如图11-300所示，应用该滤镜后的参数对话框如图11-301所示。

图11-299

图11-300

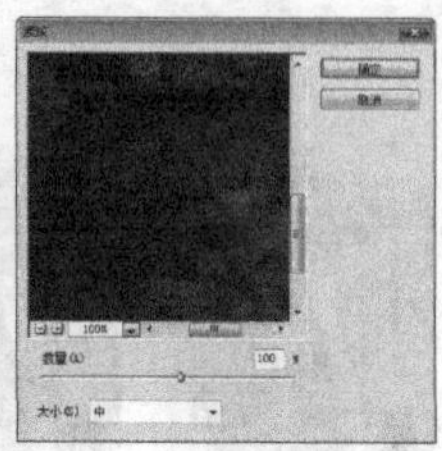
图11-301

● 波纹对话框选项介绍

数量：用于设置产生波纹的数量。

大小：选择所产生的波纹的大小。

11.7.3 极坐标

使用“极坐标”滤镜可以将图像从平面坐标转换到极坐标，或从极坐标转换到平面坐标。打开一张图像，如图11-302所示，然后打开“极坐标”对话框，如图11-303所示。

图11-302

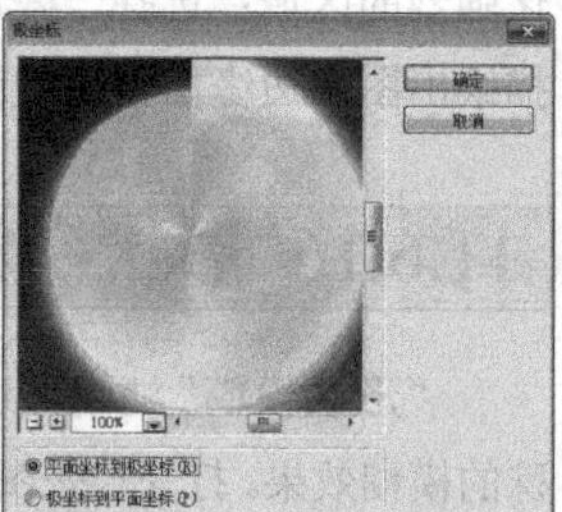
图11-303

● 极坐标对话框选项介绍

平面坐标到极坐标：使矩形图像变为圆形图像，如图11-304所示。

极坐标到平面坐标：使圆形图像变为矩形图像，如图11-305所示。

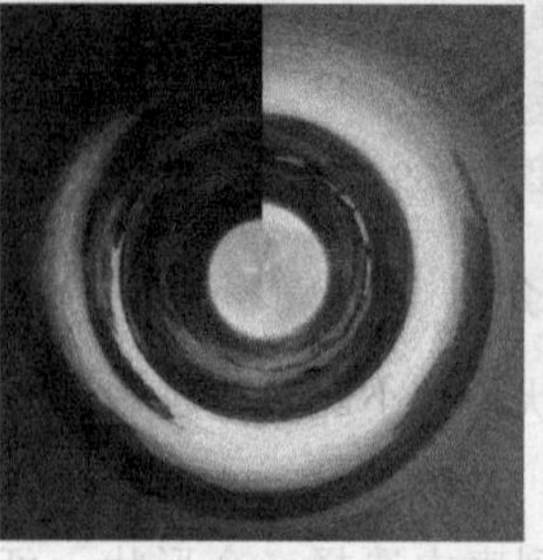
图11-304

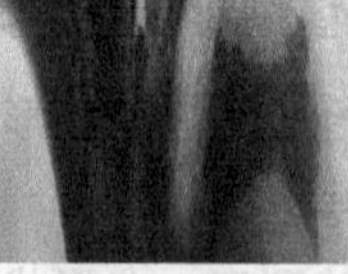
图11-305

11.7.4 课堂案例——制作鱼眼镜头

实例位置	实例文件>CH11>11.7.4.psd
素材位置	素材文件>CH11>素材09.jpg
视频位置	多媒体教学>CH11>11.7.4.flv
实用指数	★★★☆☆
技术掌握	用极坐标滤镜制作鱼眼照片

本例主要针对“极坐标”滤镜的使用方法进行练习，如图11-306所示。

图11-306

01 打开“素材文件>CH11>素材09.jpg”文件，如图11-307所示。

图11-307

02 执行“滤镜>扭曲>极坐标”菜单命令，然后在弹出的“极坐标”对话框中勾选“平面坐标到极坐标”选项，如图11-308所示，效果如图11-309所示。

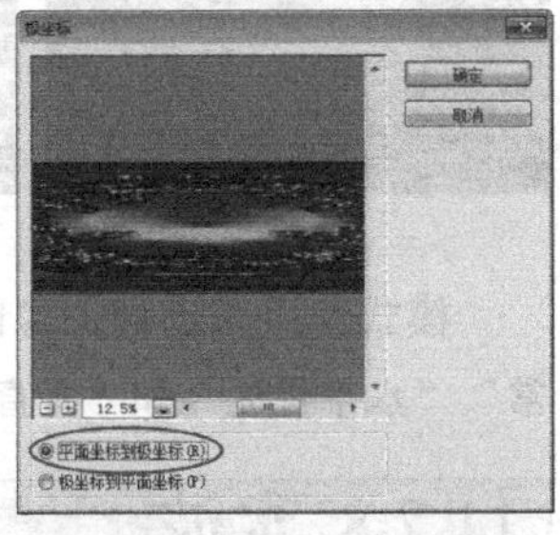

图11-308

图11-309

03 按住Alt键的同时双击“背景”图层的缩略图，将其转换为可编辑图层，然后按Ctrl+T组合键进入自由变换状态，接着图像就将调整成如图11-310所示的效果。

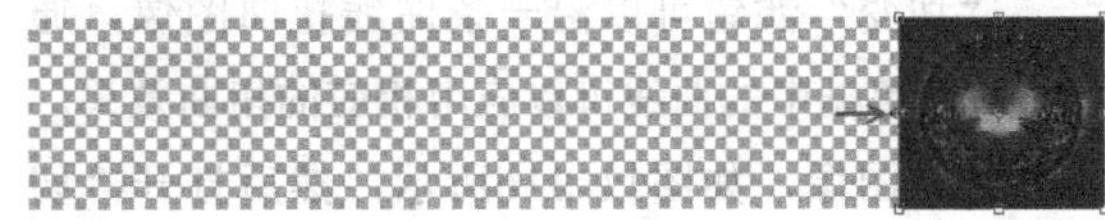

图11-310

04 使用“裁剪工具” 裁掉多余的部分，最终效果如图11-311所示。

图11-311

11.7.5 挤压

使用“挤压”滤镜可以将选区内的图像或整个图像向外或向内挤压。打开一张图像，如图11-312所示，然后打开“挤压”对话框，如图11-313所示。

图11-312 图11-313

● **挤压对话框选项介绍**

数量：用来控制挤压图像的程度。当设置为负值时，图像会向外挤压，如图11-314所示；当设置为正值时，图像会向内挤压，如图11-315所示。

图11-314

图11-315

11.7.6 切变

“切变”滤镜可以沿一条曲线扭曲图像，通过拖曳调整框中的曲线可以应用相应的扭曲效果。打开一张图像，如图11-316所示，然后打开“切变”对话框，如图11-317所示。

图11-316

图11-317

● **切变对话框选项介绍**

曲线调整框：可以通过控制曲线的弧度来控制图像的变形效果，如图11-318和图11-319所示。

图11-318

图11-319

折回：在图像的空白区域中填充溢出图像之外的图像内容，如图11-320所示。

重复边缘像素：在图像边界不完整的空白区域填充扭曲边缘的像素颜色，如图11-321所示。

图11-320　图11-321

11.7.7 球面化

“球面化”滤镜可以将选区内的图像或整个图像扭曲为球形。打开一张图像，并绘制一个选区，如图11-322所示，然后打开“球面化”对话框，如图11-323所示。

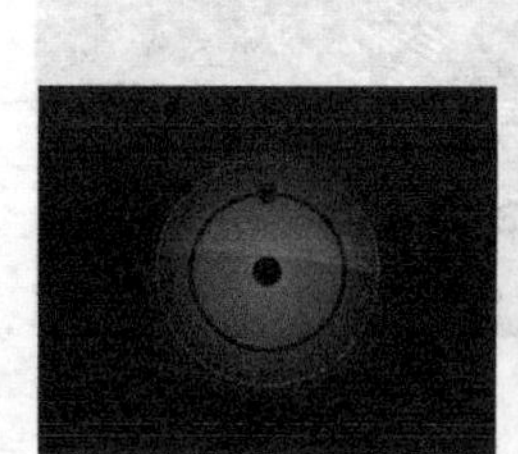
图11-322

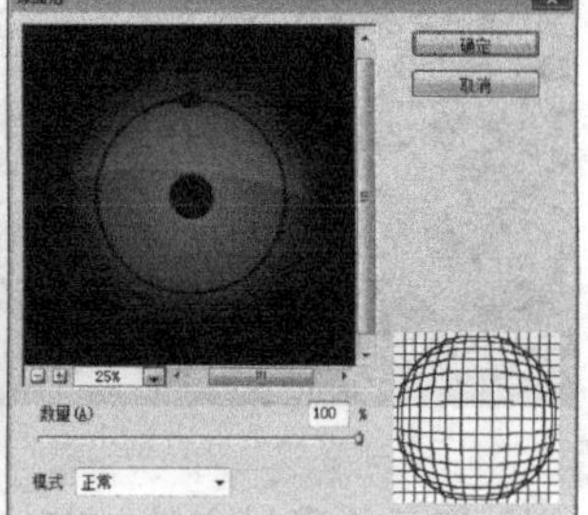

图11-323

● **球面化对话框选项介绍**

数量：用来设置图像球面化的程度。当设置为正值时，图像会向外凸起，如图11-324所示；当设置为负值时，图像会向内收缩，如图11-325所示。

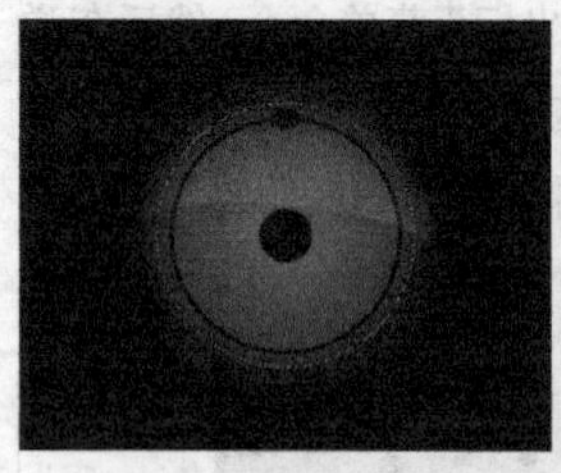
图11-324

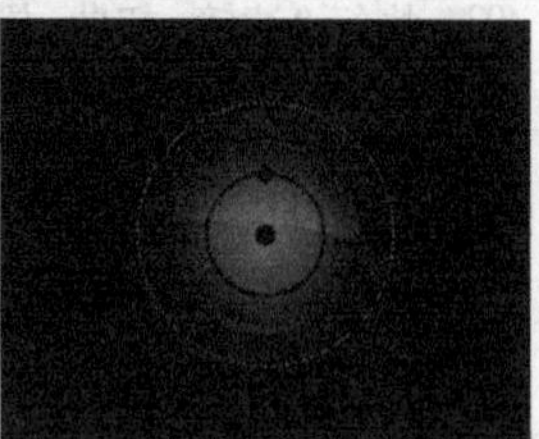
图11-325

模式：用来选择图像的挤压方式，包含“正常”“水平优先”和“垂直优先”3种方式。

11.7.8 水波

“水波”滤镜可以让图像产生真实的水波效果。打开一张图像，并创建一个羽化选区，如图11-326所示，然后打开“水波”对话框，如图11-327所示。

图11-326

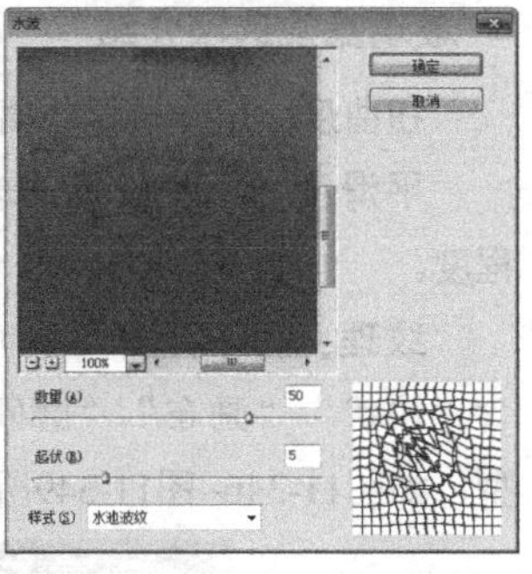

图11-327

● **水波对话框选项介绍**

数量：用来设置波纹的数量。当设置为负值时，将产生下凹的波纹，如图11-328所示；当设置为正值时，将产生上凸的波纹，如图11-329所示。

图11-328

图11-329

起伏：用来设置波纹的数量。数值越大，波纹越多。图11-330和图11-331所示分别是设置该值为6和20时的水波效果。

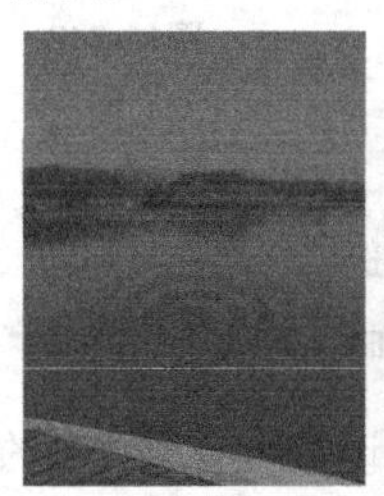
图11-330

图11-331

样式：用来选择生成波纹的方式。选择“围绕中心”选项时，可以围绕图像或选区的中心产生波纹，如图11-332所示；选择“从中心向外”选项时，波纹将从中心向外扩散，如图11-333所示；选择“水池波纹”选项时，可以产生同心圆形状的波纹，如图11-334所示。

图11-332

图11-333

图11-334

11.7.9 旋转扭曲

“旋转扭曲”滤镜可以顺时针或逆时针旋转图像，旋转会围绕图像的中心进行处理。打开一张图像，如图11-335所示，然后打开“旋转扭曲”对话框，如图11-336所示。“角度”选项用来设置旋转扭曲方向。当设置为正值时，会沿顺时针方向进行扭曲，如图11-337所示；当设置为负值时，会沿逆时针方向进行扭曲，如图11-338所示。

图11-335

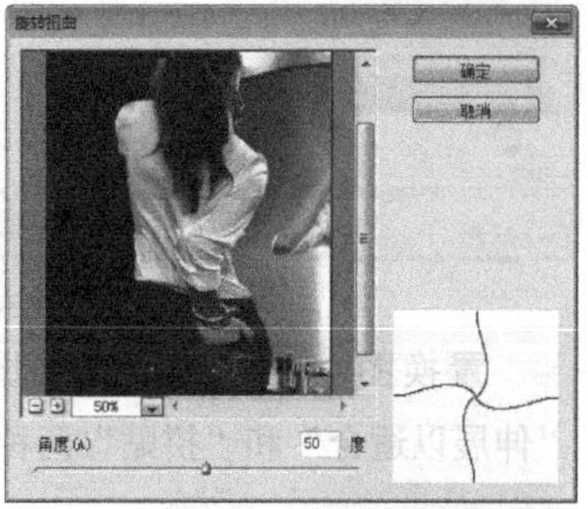

图11-336

图11-337

图11-338

11.7.10 置换

“置换”滤镜可以用另外一张图像（必须为PSD格式）的亮度值使当前图像的像素重新排列，并产生位移效果。打开一张图像，如图11-339所示，再打开一个PSD格式的文件，如图11-340所示，然后打开“置换”对话框，如图11-341所示。

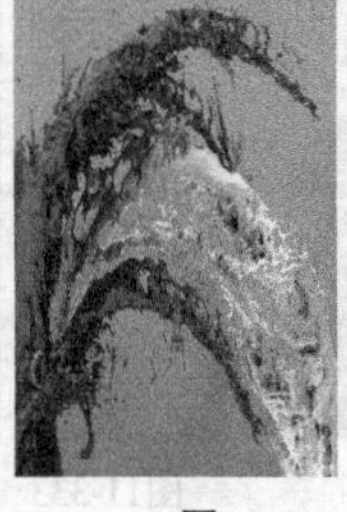
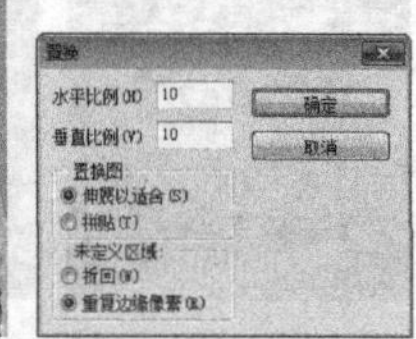

图11-339　　图11-340　　图11-341

● **置换对话框选项介绍**

水平/垂直比例：可以用来设置水平方向和垂直方向所移动的距离。单击“确定”按钮 确定 后会弹出“选取一个置换图”对话框，选择一个PSD文件，然后用该文件扭曲图像，如图11-342和图11-343所示。

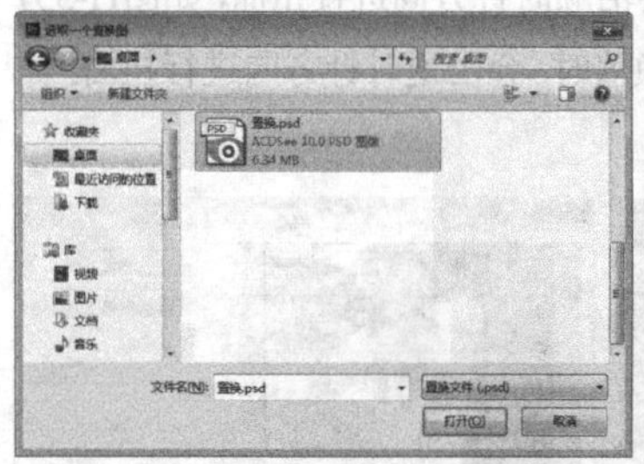

图11-342　　图11-343

置换图：用来设置置换图像的方式，包括“伸展以适合”和“拼贴”两种。

11.7.11 玻璃

“玻璃”滤镜可以让图像犹如透过不同类型的玻璃进行观看的效果。打开一张图像，如图11-344所示。图11-345所示是“玻璃”滤镜的参数设置面板。

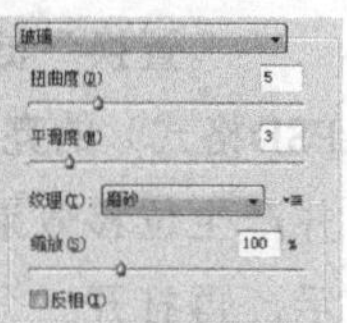

图11-344　　图11-345

● **玻璃滤镜选项介绍**

扭曲度：用于设置玻璃的扭曲程度。

平滑度：用于设置玻璃质感扭曲效果的平滑程度。

纹理：用于选择扭曲时产生的纹理类型，包含“块状”“画布”“磨砂”和“小镜头”4种类型，如图11-346~图11-349所示。

块状　　画布

图11-346　　图11-347

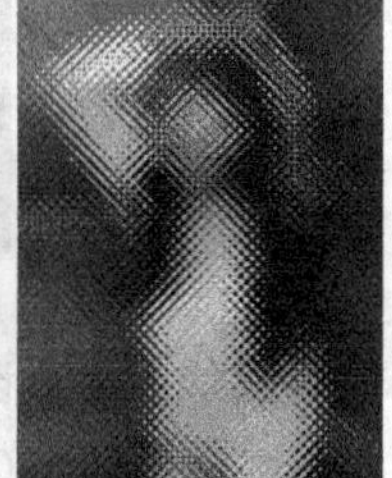

磨砂　　小镜头

图11-348　　图11-349

技巧与提示

单击“纹理”选项右侧的图标，可以载入一个PSD文件作为纹理来扭曲当前图像。

缩放：用于设置所应用纹理的大小。

反相：勾选该选项，可以反转纹理效果。

11.7.12 海洋波纹

“海洋波纹”滤镜可以将随机分隔的波纹添加到图像表面，使图像看上去像是在水中一样。打开一张图像，如图11-350所示，应用“海洋波纹”滤镜以后的效果如图11-351所示，应用该滤镜后的参数设置面板如图11-352所示。

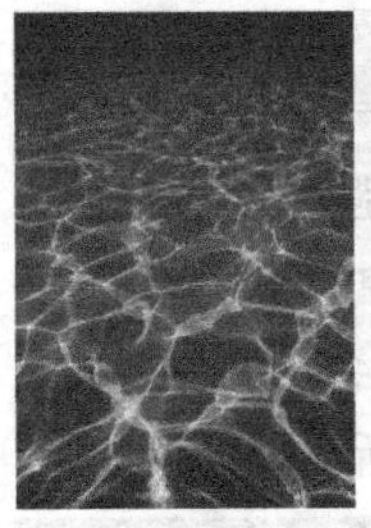

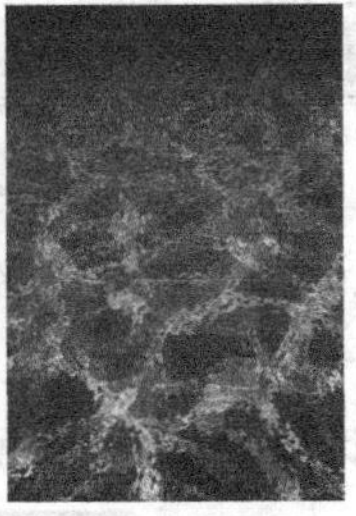

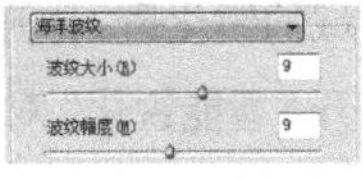

图11-350　图11-351　图11-352

● **海洋波纹滤镜选项介绍**

波纹大小：用来设置生成的波纹的大小。

波纹幅度：用来设置波纹的变形幅度。

11.7.13 扩散亮光

“扩散亮光”滤镜可以向图像中添加白色杂色，并从图像中心向外渐隐高光，使图像产生一种光芒漫射的效果。打开一张图像，如图11-353所示，应用“扩散亮光”滤镜以后的效果如图11-354所示，应用该滤镜后的参数设置面板如图11-355所示。

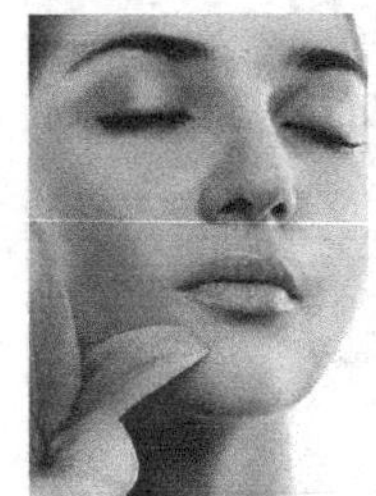

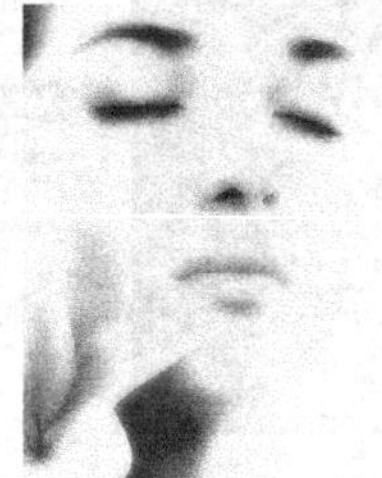

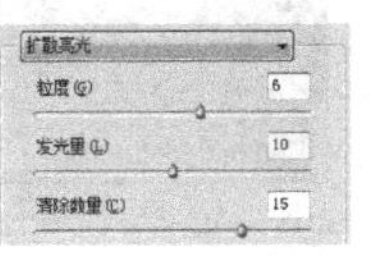

图11-353　图11-354　图11-355

● **扩散亮光滤镜选项介绍**

粒度：用于设置在图像中添加的颗粒的数量。

发光量：用于设置在图像中生成的亮光的强度。

清除数量：用于限制图像中受到“扩散亮光”滤镜影响的范围。数值越高，“扩散亮光”滤镜影响的范围就越小。

11.8 “锐化”滤镜组

“锐化”滤镜组包含5种滤镜，如图11-356所示。这些滤镜可以通过增强相邻像素之间的对比度来聚集模糊的图像。

USM锐化...
进一步锐化
锐化
锐化边缘
智能锐化...

图11-356

本节滤镜概述

滤镜名称	作用	重要程度
USM锐化	查找图像颜色发生明显变化的区域，然后将其锐化	高
进一步锐化	通过增加像素之间的对比度让图像变清晰（锐化效果不是很明显）	中
锐化	通过增加像素之间的对比度让图像变清晰（锐化效果很差）	中
锐化边缘	只锐化图像的边缘，同时会保留图像整体的平滑度	中
智能锐化	设置锐化算法、控制阴影和高光区域的锐化量	高

11.8.1 USM锐化

“USM锐化”滤镜可以查找图像颜色发生明显变化的区域，然后将其锐化。打开一张图像，如图11-357所示，应用“USM锐化”滤镜以后的效果如图11-358所示，应用该滤镜后的参数对话框如图11-359所示。

图11-357　图11-358

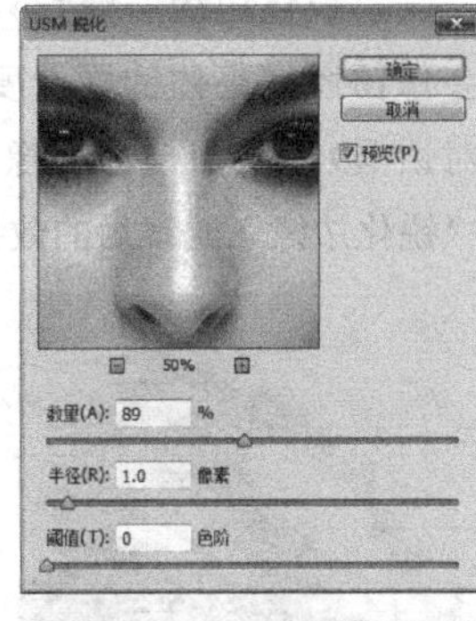

图11-359

● **USM锐化对话框选项介绍**

数量：用来设置锐化效果的精细程度。

半径：用来设置图像锐化的半径范围大小。

阈值：相邻像素之间的差值达到所设置的数值时才会被锐化，该值被称为阈值。阈值越大，被锐化的像素就越少。

11.8.2 进一步锐化

“进一步锐化”滤镜可以通过增加像素之间的对比度让图像变清晰，但锐化效果不是很明显（该滤镜没有参数设置对话框）。打开一张图像，如图11-360所示，应用“进一步锐化”滤镜以后的效果如图11-361所示。

图11-360

图11-361

11.8.3 锐化

“锐化”滤镜与“进一步锐化”滤镜一样（该滤镜没有参数设置对话框），都可以通过增加像素之间的对比度使图像变得清晰，但是其锐化效果没有“进一步锐化”滤镜的锐化效果明显。应用一次“进一步锐化”滤镜，相当于应用了3次“锐化”滤镜。

11.8.4 锐化边缘

“锐化边缘”滤镜只锐化图像的边缘，同时会保留图像整体的平滑度（该滤镜没有参数设置对话框）。打开一张图像，如图11-362所示，应用“锐化边缘”滤镜后的效果如图11-363所示。

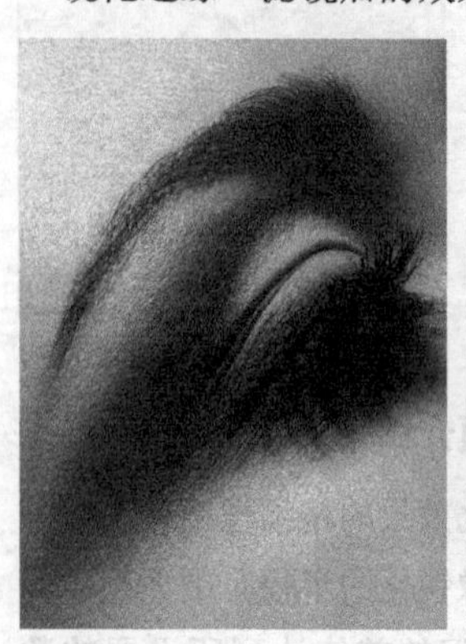
图11-362

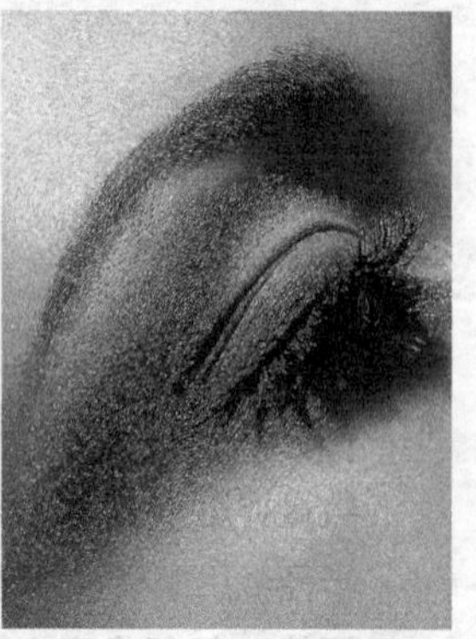
图11-363

11.8.5 智能锐化

“智能锐化”滤镜的功能比较强大，它具有独特的锐化选项，可以设置锐化算法、控制阴影和高光区域的锐化量。打开一张图像，如图11-364所示，然后打开“智能锐化”对话框，如图11-365所示。

图11-364

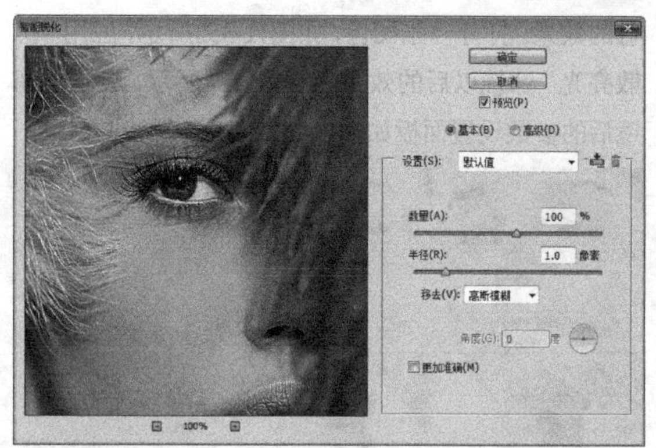

图11-365

1.设置基本选项

在“智能锐化”对话框中勾选“基本”选项，可以设置“智能锐化”滤镜的基本锐化功能，如图11-366所示。

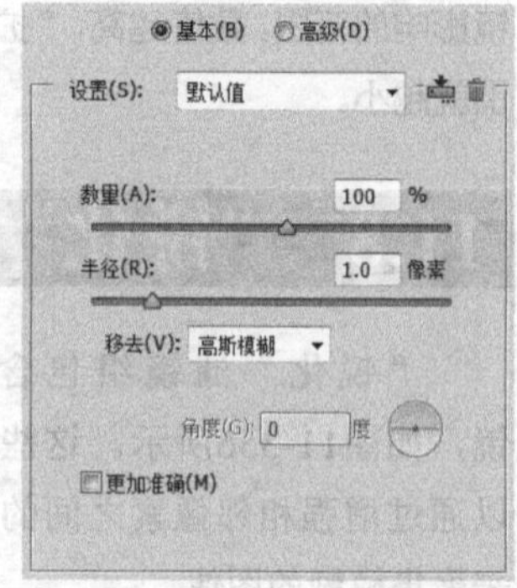

图11-366

● **基本选项介绍**

设置：单击“存储当前设置的拷贝”按钮，可以将当前设置的锐化参数存储为预设参数；单击“删除当前设置”按钮，可以删除当前选择的自定义锐化配置。

数量：用来设置锐化的精细程度。数值越高，越能强化边缘之间的对比度。

半径：用来设置受锐化影响的边缘像素的数量。数值越高，受影响的边缘就越宽，锐化的效果也越明显。

移去：选择锐化图像的算法。选择“高斯模糊”选项，可以使用“USM锐化”滤镜的方法锐化图像；选择“镜头模糊”选项，可以查找图像中的边缘和细节，并对细节进行更加精细的锐化，以减少锐化的光晕；选择“动感模糊”选项，可以激活下面的“角度”选项，通过设置“角度”值可以减少由于相机或对象移动而产生的模糊效果。

更加准确：勾选该选项，可以使锐化效果更加精确。

2.设置高级选项

在“智能锐化”对话框中勾选“高级”选项，可以设置“智能锐化”滤镜的高级锐化功能。高级锐化功能包含“锐化”“阴影”和“高光”3个选项卡，如图11-367~图11-369所示。

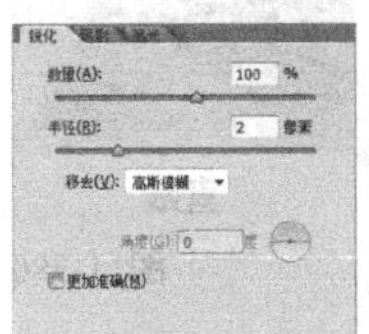
图11-367

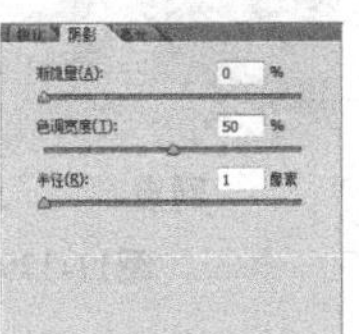
图11-368

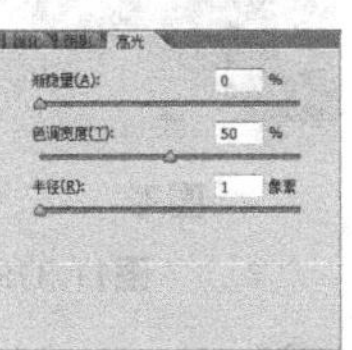
图11-369

● **选项介绍**

渐隐量：用于设置阴影或高光中的锐化程度。

色调宽度：用于设置阴影和高光中色调的修改范围。

半径：用于设置每个像素周围的区域的大小。

11.9 “视频”滤镜组

“视频”滤镜组包含两种滤镜，如图11-370所示。这两个滤镜可以处理从以隔行扫描方式运行的设备中提取的图像。

NTSC 颜色
逐行...

图11-370

本节滤镜概述

滤镜名称	作用	重要程度
NTSC颜色	将色域限制在电视机重现可接受的范围内	低
逐行	移去视频图像中的奇数或偶数隔行线	低

11.9.1 NTSC颜色

“NTSC颜色”滤镜可以将色域限制在电视机重现可接受的范围内，以防止过度饱和的颜色渗到电视扫描行中。

11.9.2 逐行

“逐行”滤镜可以移去视频图像中的奇数或偶数隔行线，使在视频上捕捉的运动图像变得平滑。打开一张图像，如图11-371所示，然后打开“逐行”对话框，如图11-372所示。

图11-371

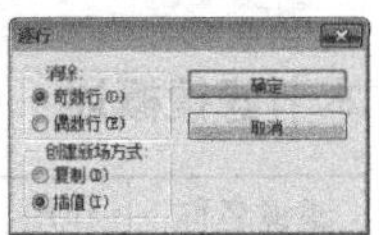
图11-372

● **逐行对话框选项介绍**

消除：用来控制消除逐行的方式，包括“奇数场”和“偶数场”两种，如图11-373和图11-374所示。

图11-373

图11-374

创建新场方式：用来设置消除场以后用何种方式来填充空白区域。选择“复制”选项，可以复制被删除部分周围的像素来填充空白区域；选择“插值”选项，可以利用被删除部分周围的像素，通过插值的方法进行填充。

11.10 “素描”滤镜组

“素描”滤镜组包含14种滤镜，它们被集合在“滤镜库”中的“素描”滤镜组下，如图11-375所示。这些滤镜可以将纹理添加到图像上，通常用于模拟速写和素描等艺术效果。

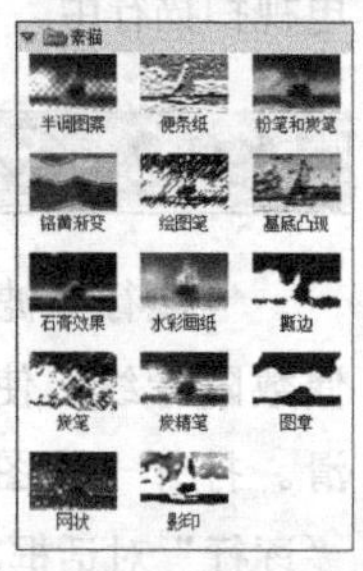

图11-375

技巧与提示

“素描”滤镜组中的大部分滤镜在绘制图像时都需要使用到前景色和背景色。因此，设置不同的前景色和背景色，可以得到不同的艺术效果。

本节滤镜概述

滤镜名称	作用	重要程度
半调图案	在保持连续色调范围的同时模拟半调网屏效果	高
便条纸	创建类似于手工制作的纸张构建的图像效果	高
粉笔和炭笔	用来制作粉笔和炭笔效果	高
铬黄渐变	用来制作具有擦亮效果的铬黄金属表面	中
绘图笔	用细线状的油墨描边以捕捉原始图像中的细节	高
基底凸现	使图像呈现浮雕的雕刻状和突出光照下变化各异的表面	中
石膏效果	模拟类似石膏效果的图像	中
水彩画纸	用有污点的画笔在潮湿的纤维纸上绘画，使颜色产生流动效果并相互混合	高
撕边	重建图像，使之呈现由粗糙、撕破的纸片状组成的效果	高
炭笔	产生色调分离的涂抹效果	高
炭精笔	在图像上模拟浓黑和纯白的炭精笔纹理	高
图章	模拟橡皮或木制图章效果	中
网状	模拟胶片乳胶的可控收缩和扭曲来创建图像	高
影印	模拟影印图像效果	中

11.10.1 半调图案

“半调图案”滤镜可以在保持连续色调范围的同时模拟半调网屏效果。打开一张图像，如图11-376所示，应用该滤镜后的参数设置面板如图11-377所示。

图11-376

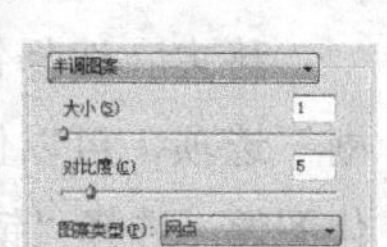

图11-377

● **半调图案滤镜选项介绍**

大小：用来设置网格图案的大小。

对比度：用来设置前景色与图像的对比度。

图案类型：用来设置生成的图案的类型，包含“圆形”“网点”和“直线”3种类型，如图11-378、图11-379和图11-380所示。

圆形

图11-378

网点

图11-379

直线

图11-380

技巧与提示

对于“半调图案”滤镜，设置不同的前景色，可以得到不同的网格图案效果，如图11-381所示。

图11-381

11.10.2 便条纸

“便条纸”滤镜可以创建类似于手工制作的纸张构建的图像效果。打开一张图像，如图11-382所示，应用“便条纸”滤镜以后的效果如图11-383所示，应用该滤镜后的参数设置面板如图11-384所示。

图11-382

图11-383

图11-384

● **便条纸滤镜选项介绍**

图像平衡：用来调整高光区域与阴影区域面积的大小。

粒度：用来设置图像中生成颗粒的数量。

凸现：用来设置颗粒的凹凸程度。

11.10.3 粉笔和炭笔

“粉笔和炭笔”滤镜可以用来制作粉笔和炭笔效果，其中炭笔使用前景色绘制，粉笔使用背景色绘制。打开一张图像，如图11-385所示，应用“粉笔和炭笔”滤镜以后的效果如图11-386所示，应用该滤镜后的参数设置面板如图11-387所示。

图11-385

图11-386

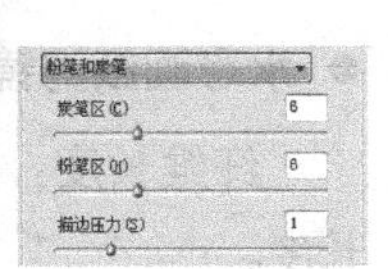

图11-387

● **粉笔和炭笔滤镜选项介绍**

炭笔区：用来设置炭笔涂抹的区域大小。

粉笔区：用来设置粉笔涂抹的区域大小。

描边压力：用来设置画笔的笔触大小。

11.10.4 铬黄渐变

“铬黄渐变”滤镜可以用来制作具有擦亮效果的铬黄金属表面。打开一张图像，如图11-388所示，应用“铬黄渐变”滤镜以后的效果如图11-389所示，应用该滤镜后的参数设置面板如图11-390所示。

图11-388

图11-389

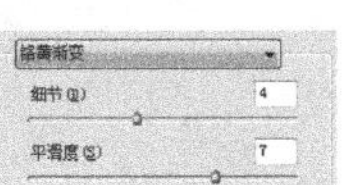

图11-390

● **铬黄渐变滤镜选项介绍**

细节：用来设置生成多少铬黄渐变的细节。

平滑度：用来控制铬黄渐变效果的平滑程度。

11.10.5 绘图笔

“绘图笔”滤镜可以使用细线状的油墨描边以捕捉原始图像中的细节。打开一张图像，如图11-391所示，应用该滤镜后的参数设置面板如图11-392所示。

图11-391

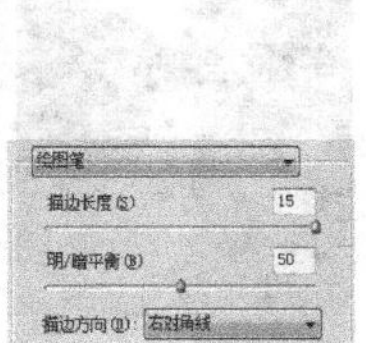

图11-392

● **绘图笔滤镜选项介绍**

描边长度：用来设置笔触的描边长度，即生成的线条的长度。

明/暗平衡：用来调节图像的亮部与暗部的平衡。

描边方向：用来设置生成的线条的方向，包含“右对角线”“水平”“左对角线”和“垂直”4个方向，如图11-393~图11-396所示。

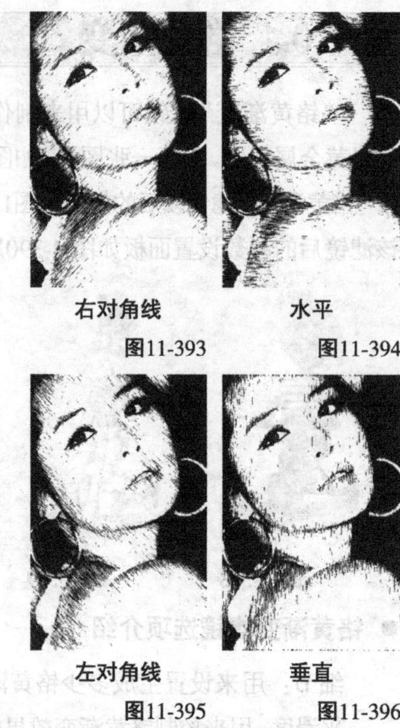

右对角线　水平

图11-393　图11-394

左对角线　垂直

图11-395　图11-396

11.10.6 基底凸现

“基底凸现”滤镜可以通过变换图像，使其呈现浮雕的雕刻状和突出光照下变化各异的表面，其中图像的暗部区域呈现为前景色，而浅色区域呈现为背景色。打开一张图像，如图11-397所示，应用“基底凸现”滤镜以后的效果图11-398所示，应用该滤镜后的参数设置面板如图11-399所示。

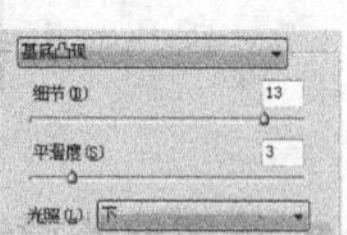

图11-397　图11-398　图11-399

- **基底凸现滤镜选项介绍**

细节：用来设置图像细节的保留程度。

平滑度：用来设置凸现效果的光滑度。

光照：用来设置凸现效果的光照方向。

11.10.7 石膏效果

“石膏效果”滤镜可以模拟出类似石膏效果的图像。打开一张图像，如图11-400所示，应用“石膏效果”滤镜以后的效果如图11-401所示，应用该滤镜后的参数设置面板如图11-402所示。

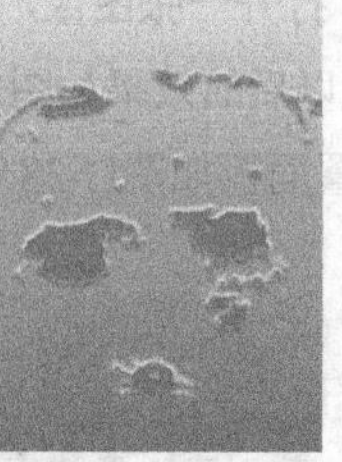

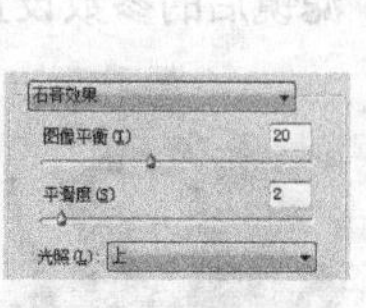

图11-400　图11-401　图11-402

- **石膏效果滤镜选项介绍**

图像平衡：用来设置前景色和背景色的混合比例。数值越大，前景色所占的比例越大。

平滑度：用来设置图像边缘的平滑程度。

光照：用来设置光照的方向。

11.10.8 水彩画纸

“水彩画纸”滤镜可以用有污点的画笔在潮湿的纤维纸上绘画，使颜色产生流动效果并相互混合。打开一张图像，如图11-403所示，应用“水彩画纸”滤镜以后的效果如图11-404所示，应用该滤镜后的参数设置面板如图11-405所示。

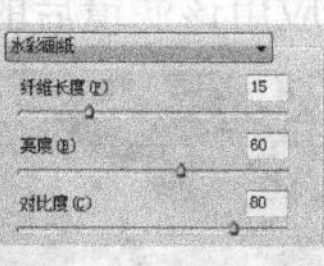

图11-403　图11-404　图11-405

- **水彩画纸滤镜选项介绍**

纤维长度：用来控制在图像中生成的纤维的长度。

亮度/对比度：用来控制图像的亮度和对比度。

11.10.9 撕边

“撕边”滤镜可以重建图像，使之呈现由粗糙、撕破的纸片状组成效果，再使用前景色与背景色为图像着色。打开一张图像，如图11-406所示，应用“撕边”滤镜以后的效果如图11-407所示，应用该滤镜后的参数设置面板如图11-408所示。

图11-406　图11-407　图11-408

● **撕边滤镜选项介绍**

图像平衡：用来设置前景色和背景色的混合比例。数值越大，前景色所占的比例越大。

平滑度：用来设置图像边缘的平滑程度。

对比度：用来设置图像的对比程度。

11.10.10 炭笔

“炭笔”滤镜可以产生色调分离的涂抹效果，其中图像中的主要边缘以粗线条进行绘制，而中间色调则用对角描边进行素描。另外，炭笔采用前景色，背景采用纸张颜色。打开一张图像，如图11-409所示，应用“炭笔”滤镜以后的效果如图11-410所示，应用该滤镜后的参数设置面板如图11-411所示。

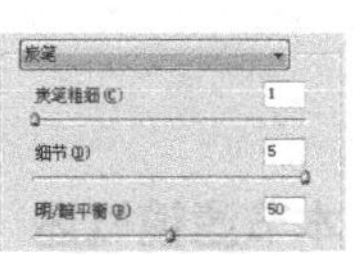

图11-409　图11-410　图11-411

● **炭笔滤镜选项介绍**

炭笔粗细：用来控制炭笔笔触的粗细程度。

细节：用来控制图像细节的保留程度。

明/暗平衡：用来设置前景色与背景色之间的混合程度。

11.10.11 炭精笔

“炭精笔”滤镜可以在图像上模拟出浓黑和纯白的炭精笔纹理，在暗部区域使用前景色，在亮部区域使用背景色。打开一张图像，如图11-412所示，应用该滤镜后的参数设置面板如图11-413所示。

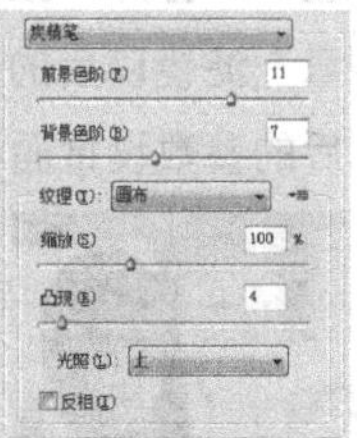

图11-412　图11-413

● **炭精笔滤镜选项介绍**

前景/背景色阶：用来控制前景色和背景色之间的平衡关系。

纹理：用来选择生产纹理的类型，包括“砖形”“粗麻布”“画布”和“砂岩”4种，如图11-414~图11-417所示。

砖形　粗麻布

图11-414　图11-415

画布　砂岩

图11-416　图11-417

缩放：用来设置纹理的缩放比例。

凸现：用来设置纹理的凹凸程度。

光照：用来控制光照的方向。

反相：勾选该选项以后，可以反转纹理的凹凸方向。

11.10.12 图章

“图章”滤镜可以简化图像，常用于模拟橡皮或木制图章效果（该滤镜用于黑白图像时效果最佳）。打开一张图像，如图11-418所示，应用“图章”滤镜以后的效果如图11-419所示，应用该滤镜后的参数设置面板如图11-420所示。

图11-418

图11-419

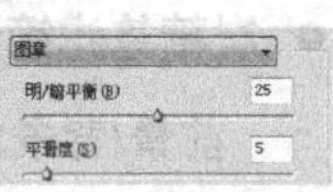
图11-420

● **图章滤镜选项介绍**

明/暗平衡：用来设置前景色与背景色之间的混合程度。

平滑度：用来设置图章效果的平衡程度。

11.10.13 网状

“网状”滤镜可以用来模拟胶片乳胶的可控收缩和扭曲来创建图像，使图像在阴影区域呈现为块状，在高光区域呈现为颗粒。打开一张图像，如图11-421所示，应用“网状”滤镜以后的效果如图11-422所示，应用该滤镜后的参数设置面板如图11-423所示。

图11-421

图11-422

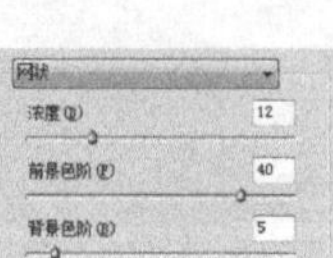
图11-423

● **网状滤镜选项介绍**

浓度：用来设置网眼的密度。数值越大，网眼越密集。

前景/背景色阶：用来控制前景色和背景色的色阶。

11.10.14 影印

“影印”滤镜可以模拟影印图像效果。打开一张图像，如图11-424所示，应用“影印”滤镜以后的效果如图11-425所示，应用该滤镜后的参数设置面板如图11-426所示。

图11-424

图11-425

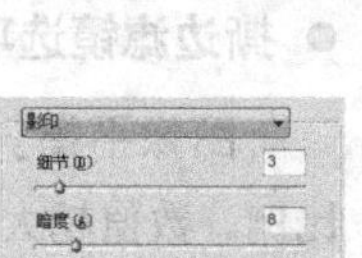
图11-426

● **影印滤镜选项介绍**

细节：用来控制图像细节的保留程度。

暗度：用来控制图像暗部区域的深度。

11.11 “纹理”滤镜组

“纹理”滤镜组包含6种滤镜，它们被集合在“滤镜库”中的“纹理”滤镜组下，如图11-427所示。这些滤镜可以向图像中添加纹理质感，常用来模拟具有深度感物体的外观。

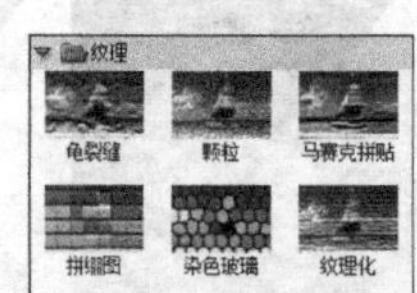

图11-427

本节滤镜概述

滤镜名称	作用	重要程度
龟裂缝	将图像应用在一个高凸现的石膏表面上，以沿着图像等高线生成精细的网状裂缝	高
颗粒	模拟多种颗粒纹理效果	高
马赛克拼贴	将图像用马赛克碎片拼贴起来	高
拼缀图	将图像分解为用图像中该区域的主色填充的正方形	高
染色玻璃	将图像重新绘制成用前景色勾勒的单色的相邻单元格色块	高
纹理化	将选定的纹理或外部的纹理应用于图像	高

11.11.1 龟裂缝

“龟裂缝”滤镜可以将图像应用在一个高凸

现的石膏表面上，以沿着图像等高线生成精细的网状裂缝。打开一张图像，如图11-428所示，应用“龟裂缝”滤镜以后的效果如图11-429所示，应用该滤镜后的参数设置面板如图11-430所示。

图11-428

图11-429

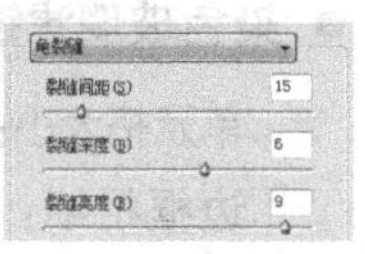

图11-430

● **龟裂缝滤镜选项介绍**

裂缝间距：用于设置生成的裂缝的间隔。

裂缝深度：用于设置生成的裂缝的深度。

裂缝亮度：用于设置生成的裂缝的亮度。

11.11.2 颗粒

“颗粒”滤镜可以模拟多种颗粒纹理效果。打开一张图像，如图11-431所示，“颗粒”滤镜的参数设置面板如图11-432所示。

图11-431

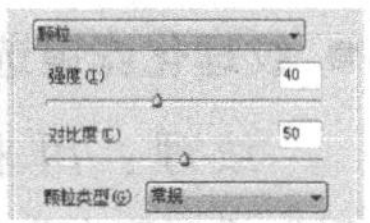

图11-432

● **颗粒滤镜选项介绍**

强度：用于设置颗粒的密度。数值越大，颗粒越多。

对比度：用于设置图像中的颗粒的对比度。

颗粒类型：用于选择颗粒的类型，包括“常规”“柔和”“喷洒”“结块”“强反差”“扩大”“点刻”“水平”“垂直”和“斑点”，如图11-433~图11-442所示。

常规
图11-433

柔和
图11-434

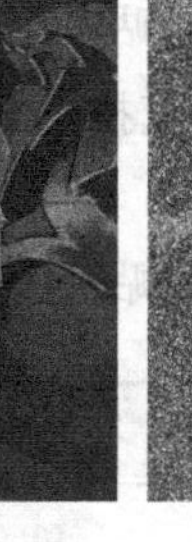

喷洒
图11-435

结块
图11-436

强反差
图11-437

扩大
图11-438

点刻
图11-439

水平
图11-440

垂直
图11-441

斑点
图11-442

11.11.3 马赛克拼贴

“马赛克拼贴”滤镜可以将图像用马赛克碎片拼贴起来。打开一张图像，如图11-443所示，应用“马赛克拼贴”滤镜以后的效果如图11-444所示，应用该滤镜后的参数设置面板如图11-445所示。

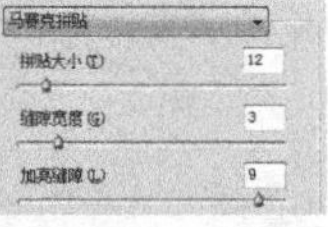

图11-443 图11-444 图11-445

- **马赛克拼贴滤镜选项介绍**

拼贴大小：用来设置马赛克拼贴碎片的大小。

缝隙宽度：用来设置马赛克拼贴之间的缝隙宽度。

加亮缝隙：用来设置马赛克拼贴缝隙的亮度。

11.11.4 拼缀图

“拼缀图”滤镜可以将图像分解为用图像中该区域的主色填充的正方形。打开一张图像，如图11-446所示，应用“拼缀图”滤镜以后的效果如图11-447所示，应用该滤镜后的参数设置面板如图11-448所示。

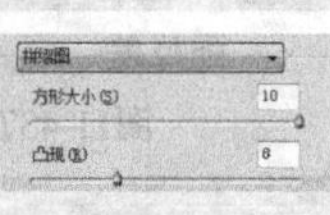

图11-446 图11-447 图11-448

- **拼缀图滤镜选项介绍**

方形大小：用来设置方形色块的大小。

凸现：用来设置色块的凹凸程度。

11.11.5 染色玻璃

“染色玻璃”滤镜可以将图像重新绘制成用前景色勾勒的单色的相邻单元格色块。打开一张图像，如图11-449所示，应用“染色玻璃”滤镜以后的效果如图11-450所示，应用该滤镜后的参数设置面板如图11-451所示。

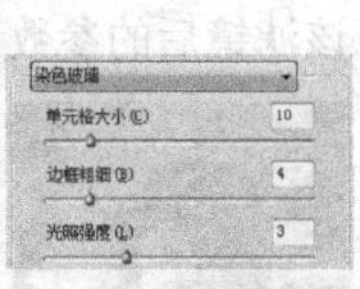

图11-449 图11-450 图11-451

- **染色玻璃滤镜选项介绍**

单元格大小：用来设置每个玻璃小色块的大小。

边框粗细：用来控制每个玻璃小色块的边界的粗细程度。

光照强度：用来设置光照的强度。

11.11.6 纹理化

“纹理化”滤镜可以将选定的纹理或外部的纹理应用于图像。打开一张图像，如图11-452所示，“纹理化”滤镜的参数设置面板如图11-453所示。

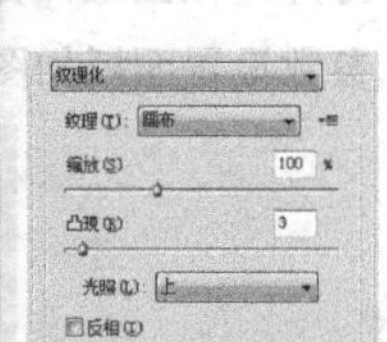

图11-452 图11-453

- **纹理化滤镜选项介绍**

纹理：用来选择纹理的类型，包括“砖形”“粗麻布”“画布”和“砂岩”4种（单击右侧图标，可以载入外部的纹理），如图11-454~图11-457所示。

砖形

图11-454

粗麻布

图11-455

图11-456

图11-457

缩放：用来设置纹理的尺寸大小。

凸现：用来设置纹理的凹凸程度。

光照：用来设置光照的方向。

反相：用来反转光照的方向。

11.12 "像素化"滤镜组

"像素化"滤镜组包含7种滤镜，如图11-458所示。这些滤镜可以将图像进行分块或平面化处理。

彩块化
彩色半调...
点状化...
晶格化...
马赛克...
碎片
铜版雕刻...

图11-458

本节滤镜概述

滤镜名称	作用	重要程度
彩块化	将纯色或相近色的像素结成相近颜色的像素块	高
彩色半调	模拟在图像的每个通道上使用放大的半调网屏的效果	高
点状化	将图像中的颜色分解成随机分布的网点，并使用背景色作为网点之间的画布区域	高
晶格化	使图像中颜色相近的像素结块形成多边形纯色	高
马赛克	使像素结为方形色块，创建类似于马赛克的效果	高
碎片	将图像中的像素复制4次，然后将复制的像素平均分布，并使其相互偏移	中
铜板雕刻	将图像转换为黑白区域的随机图案或彩色图像中完全饱和颜色的随机图案	高

11.12.1 彩块化

"彩块化"滤镜可以将纯色或相近色的像素结成相近颜色的像素块（该滤镜没有参数设置对话框），常用来制作手绘图像、抽象派绘画等艺术效果。打开一张图像，如图11-459所示，应用"彩块化"滤镜以后的效果如图11-460所示。

图11-459

图11-460

11.12.2 彩色半调

"彩色半调"滤镜可以模拟在图像的每个通道上使用放大的半调网屏的效果。打开一张图像，如图11-461所示，应用"彩色半调"滤镜以后的效果如图11-462所示，应用该滤镜后的参数对话框如图11-463所示。

图11-461

图11-462

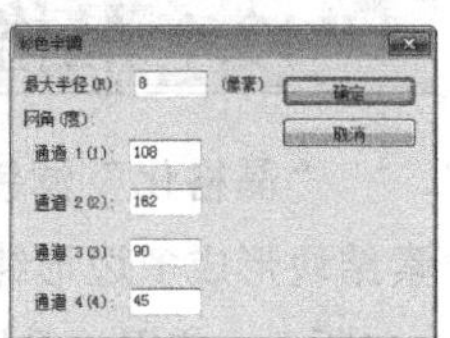

图11-463

● **彩色半调对话框选项介绍**

最大半径：用来设置生成的最大网点的半径。

网角（度）：用来设置图像各个原色通道的网点角度。

11.12.3 点状化

"点状化"滤镜可以将图像中的颜色分解成随机分布的网点，并使用背景色作为网点之间的画布区域。打开一张图像，如图11-464所示，应用"点状化"滤镜以后的效果如图11-465所示，应用该滤镜后的参数对话框如图11-466所示。"单元格大小"选项用来设置每个多边形色块的大小。

图11-464　　图11-465

图11-466

11.12.4 晶格化

“晶格化”滤镜可以使图像中颜色相近的像素结块形成多边形纯色。打开一张图像，如图11-467所示，应用“晶格化”滤镜以后的效果如图11-468所示，应用该滤镜后的参数对话框如图11-469所示。“单元格大小”选项用来设置每个多边形色块的大小。

图11-467　　图11-468

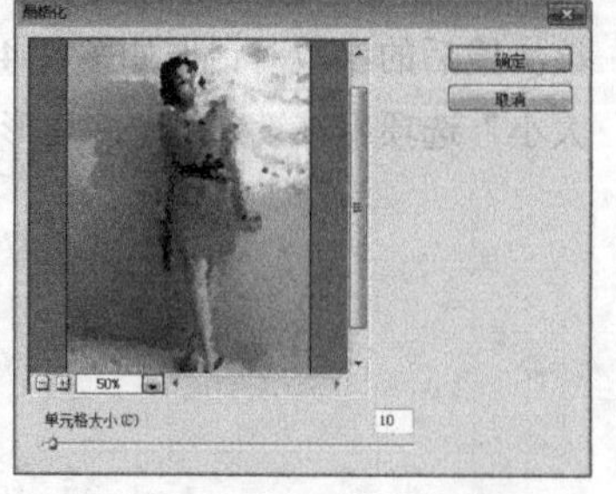

图11-469

11.12.5 马赛克

“马赛克”滤镜可以使像素结为方形色块，创建出类似于马赛克的效果。打开一张图像，如图11-470所示，应用“马赛克”滤镜以后的效果如图11-471所示，应用该滤镜后的参数对话框如图11-472所示。“单元格大小”用来设置每个多边形色块的大小。

图11-470　　图11-471

图11-472

11.12.6 碎片

“碎片”滤镜可以将图像中的像素复制4次，然后将复制的像素平均分布，并使其相互偏移（该滤镜没有参数设置对话框）。打开一张图像，如图11-473所示，应用“碎片”滤镜后的效果如图11-474所示。

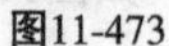

图11-473　　图11-474

11.12.7 铜板雕刻

“铜板雕刻”滤镜可以将图像转换为黑白区域的随机图案或彩色图像中完全饱和颜色的随机图案。打开一张图像，如图11-475所示，然后打开“铜板雕刻”对话框，如图11-476所示。

图11-475

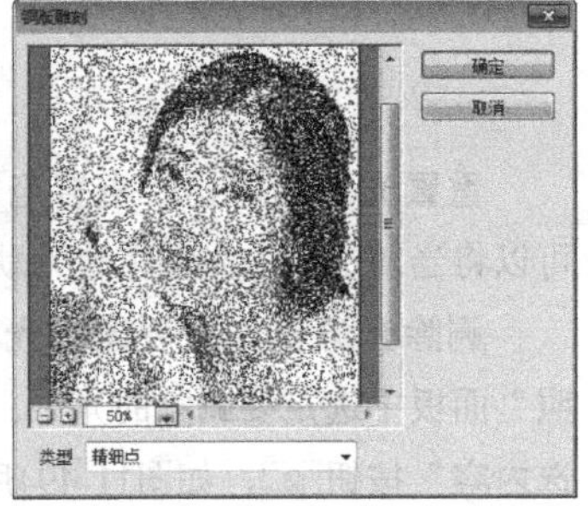

图11-476

● **铜板雕刻对话框选项介绍**

类型：选择铜板雕刻的类型，包含“精细点”“中等点”“粒状点”“粗网点”“短直线”“中长直线”“长直线”“短描边”“中长描边”和“长描边”10种类型，如图11-477~图11-486所示。

精细点

图11-477

中等点

图11-478

粒状点

图11-479

粗网点

图11-480

短直线

图11-481

中长直线

图11-482

长直线

图11-483

短描边

图11-484

中长描边

图11-485

长描边

图11-486

11.13 “渲染”滤镜组

“渲染”滤镜组包含5种滤镜，如图11-487所示。这些滤镜在图像中创建云彩图案、3D形状、折射图案和模拟的光反射效果。

分层云彩
光照效果...
镜头光晕...
纤维...
云彩

图11-487

本节滤镜概述

滤镜名称	作用	重要程度
分层云彩	将云彩数据与现有的像素以“差值”方式进行混合	高
光照效果	为当前图像添加光照效果	高
镜头光晕	模拟亮光照射到相机镜头所产生的折射效果	高
纤维	根据前景色和背景色来创建类似编织的纤维效果	高
云彩	根据前景色和背景色随机生成云彩图案	高

11.13.1 分层云彩

“分层云彩”滤镜可以将云彩数据与现有的像素以“差值”方式进行混合（该滤镜没有参数设置对话框）。首次应用该滤镜时，图像的某些部分会被反相成云彩图案，如图11-488所示，多次应用以后，就会创建出与大理石类似的絮状纹理，如图11-489所示。

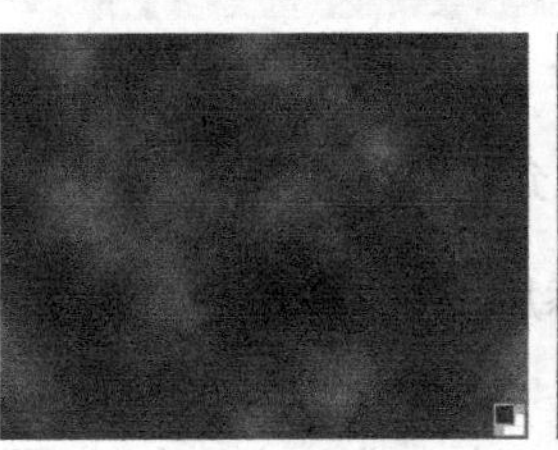

图11-488

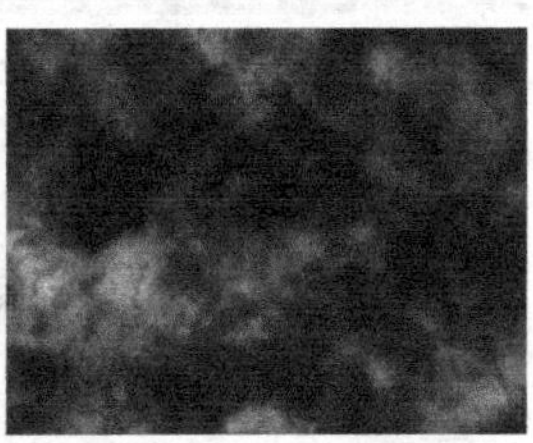

图11-489

11.13.2 光照效果

“光照效果”滤镜的功能相当强大，其作用类似于三维软件中的灯光，可以为当前图像添加光照效果。该滤镜包含17种光照样式和3 种光照类型。打开一张图像，如图11-490所示，然后执行“滤镜>渲染>光照效果”菜单命令，打开该滤镜的参数选项，如图11-491所示。

图11-490

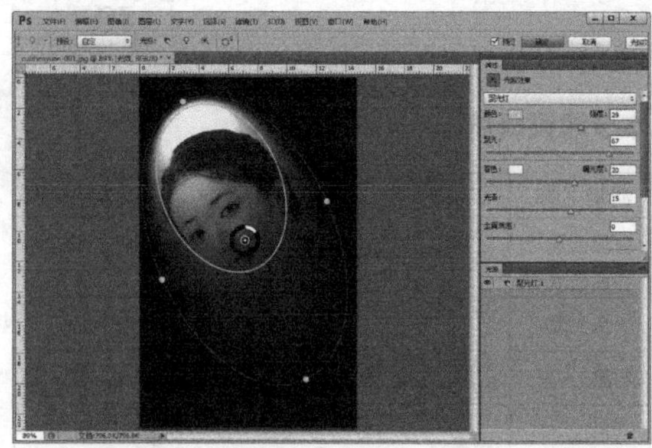

图11-491

1. 添加/删除/重置光照

在“光照效果”滤镜的选项栏中，可以为当前设置的光照添加新的光源，也可以重置光源，如图11-492所示。另外，如果要删除光源，可以在“光源”面板中进行相应操作。

图11-492

● **光照效果滤镜选项栏介绍**

添加光源：单击“添加新的聚光灯”按钮、“添加新的点灯”按钮或“添加新的无限灯”按钮，可以在预览窗口中添加一盏相应的光源。图11-493所示是在聚光灯的基础上添加点光源的效果。

图11-493

重置光源：单击“重置当前光照”按钮，可以将当前选定的光源重置为默认值。

删除光源：如果要删除光源，可以先在“光照”面板中选定要删除的光源，然后单击“删除所选内容”按钮，如图11-494所示。

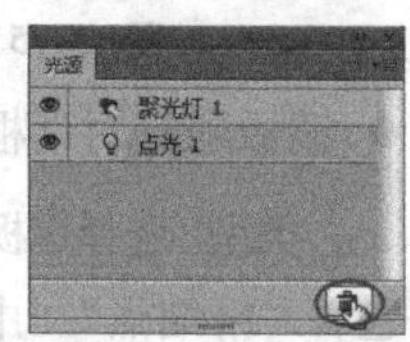

图11-494

技巧与提示

另外，单击光源名称前面的眼睛图标，可以隐藏所选光源。

2. 设置光照样式

在“样式”下拉列表中可以选择预设的光照样式，共有17种，如图11-495所示。图11-496所示是所有的光照效果。

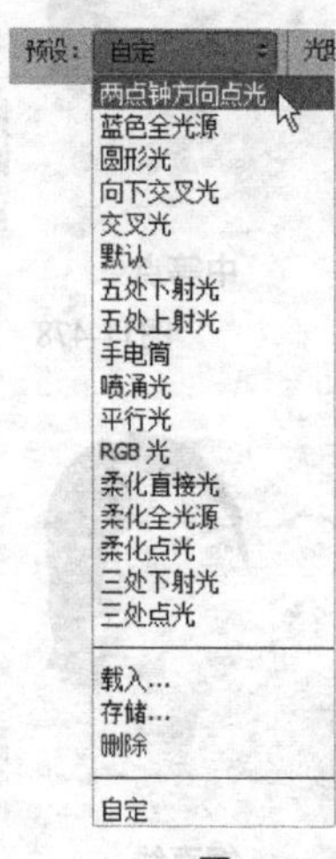

图11-495

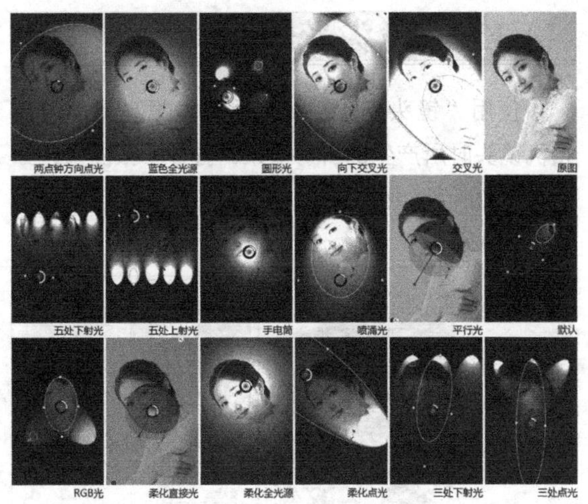

图11-496

技巧与提示

如果是自定义的光照效果，可以选择“存储”选项将其保存起来；如果要删除保存的光照效果，可以选择“删除”选项。

3.设置光照类型

在“属性”面板中的“光照类型”下拉列表中可以选择灯光的类型，包含“点光”“聚光灯”和“无限光”3种，如图11-497所示。

图11-497

● **光照类型介绍**

点光：点光可以在图像上的各个方向上照射图像，如图11-498所示。创建点光源以后，拖曳光源中心的控制点，可以将其移动到其他位置，如图11-499所示。

图11-498　图11-499

聚光灯：聚光灯是系统默认的灯光，可以投射出一束椭圆形光束，如图11-500所示。拖曳光源中心的控制点，可以移动聚光灯，如图11-501所示；将光标放在光源外，可以旋转聚光灯，如图11-502所示；拖曳光圈上的4个白色圆点，可以缩放聚光灯的照射范围，如图11-503所示。

默认　移动

图11-500　图11-501

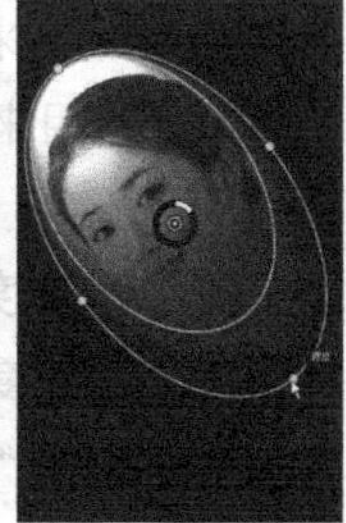

旋转　缩放

图11-502　图11-503

无限光：无限光类似于太阳光，是从远处进行照射的灯光，其光线方向只有一个方向，如图11-504所示。拖曳滑竿可以调整光照方向，同时也可以调整光照的强度，如图11-505所示。

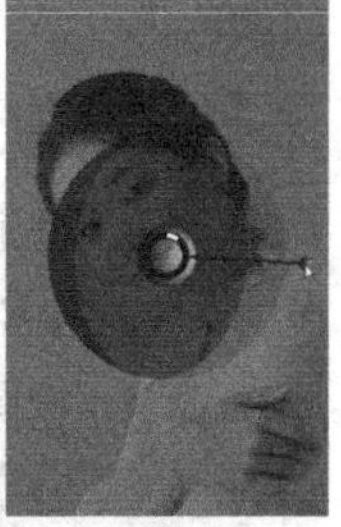

图11-504　图11-505

4.设置光照属性

在“光照效果”滤镜的“属性”面板中可以设置光源的强度、颜色等，如图11-506所示。

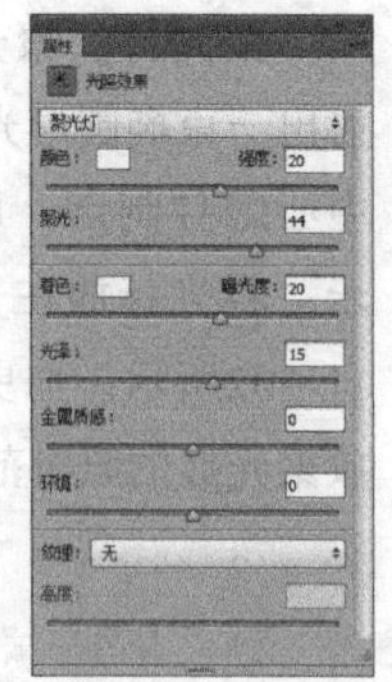

图11-506

● **光照属性面板选项介绍**

光源类型下拉列表：在该下拉列表中可以选择光源的类型。

强度/光照颜色：单击颜色图标，可以在弹出的“拾色器（光照颜色）”对话框中设置灯光的颜色；“强度”选项用来设置灯光的光照强度。

聚光：用来控制灯光的光照范围。该选项只能用于聚光灯。

着色/曝光度/环境：“着色”选项用于设置环境的颜色；“曝光度”数值为负值时，可以减少光照，反之则增加光照；“环境”数值越高，环境光越接近“着色”选项设定的颜色，反之则越接近设定颜色的互补色。

光泽：用来设置灯光的反射强度。

金属质感：用来控制反射光线是设置的灯光颜色，还是图像本身的颜色。值越低，反射光线越接近灯光颜色；值越高，反射光线越接近图像本身的颜色。

5.设置纹理通道

在“纹理通道”选项下，可以通过一个通道中的灰度图像控制灯光在图像上的反射方式，以生成3D效果，如图11-507~图11-509所示。

图11-507

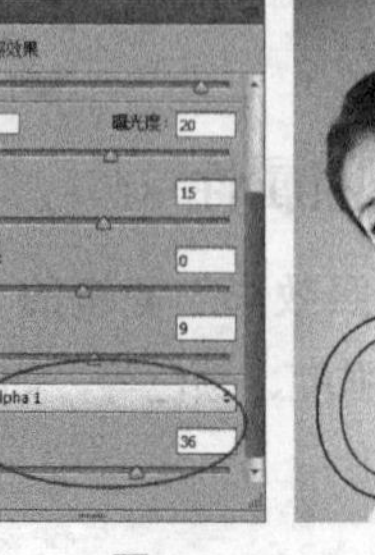

图11-508

图11-509

11.13.3 镜头光晕

使用“镜头光晕”滤镜可以模拟亮光照射到相机镜头时所产生的折射效果。打开一张图像，如图11-510所示，然后打开“镜头光晕”对话框，如图11-511所示。

图11-510

图11-511

● **镜头光晕对话框选项介绍**

预览窗口：在该窗口中可以通过拖曳十字线来调节光晕的位置。

亮度：用来控制镜头光晕的亮度，其取值范围为10%~300%。图11-512和图11-513分别所示是设置“亮度”值为100%和200%时的效果。

图11-512

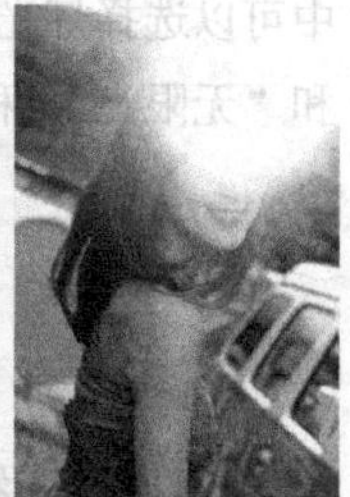

图11-513

镜头类型：用来选择镜头光晕的类型，包括“50-300毫米变焦”“35毫米聚焦”“105毫米聚焦”和“电影镜头”4种类型，如图11-514~图11-517所示。

图11-514

图11-515

图11-516　图11-517

11.13.4 纤维

“纤维”滤镜可以根据前景色和背景色来创建类似编织的纤维效果。执行“滤镜>渲染>纤维”菜单命令，打开“纤维”对话框，如图11-518所示。

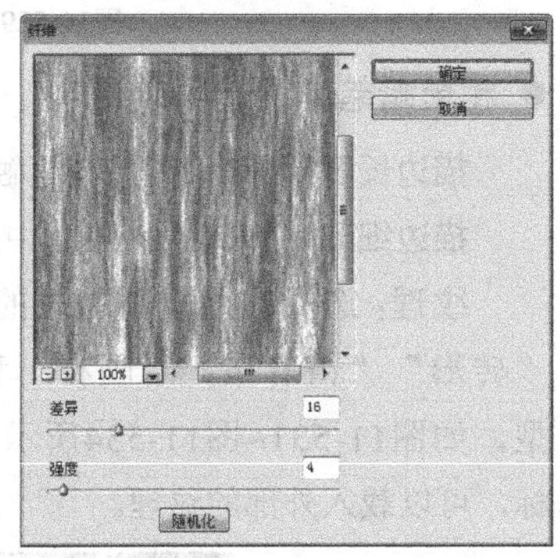

图11-518

● **纤维对话框选项介绍**

差异：用来设置颜色变化的方式。较低的数值可以生成较长的颜色条纹，如图11-519所示；较高的数值可以生成较短且颜色分布变化更大的纤维，如图11-520所示。

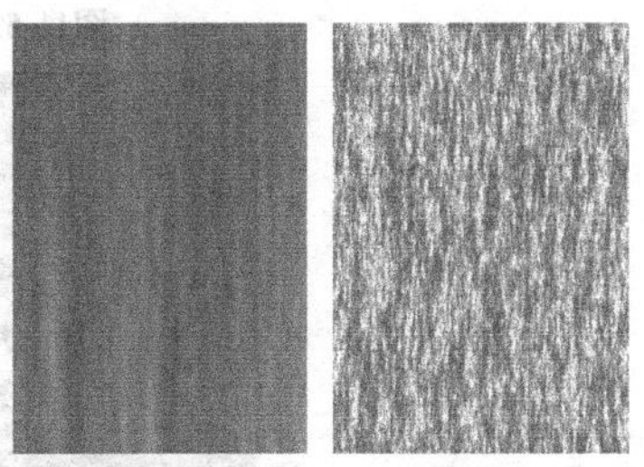

图11-519　图11-520

强度：用来设置纤维外观的明显程度。

随机化随机化：单击该按钮，可以随机生成新的纤维。

11.13.5 云彩

“云彩”滤镜可以根据前景色和背景色随机生成云彩图案（该滤镜没有参数设置对话框）。图11-521所示是应用“云彩”滤镜后的效果。

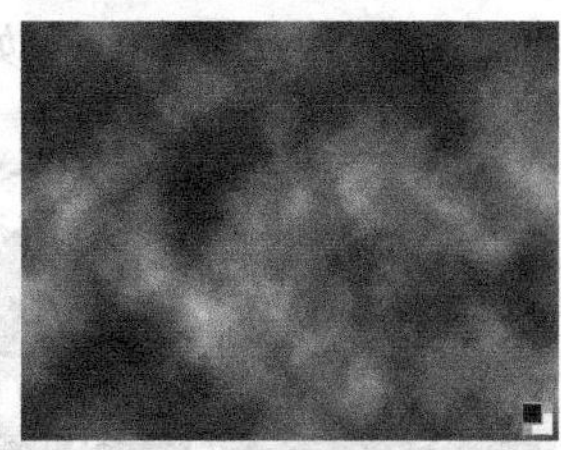

图11-521

11.14 “艺术效果”滤镜组

“艺术效果”滤镜组包含15种滤镜，它们被集合在“滤镜库”中的“艺术效果”滤镜组下，如图11-522所示。这些滤镜主要用于为美术或商业项目制作绘画效果或艺术效果。

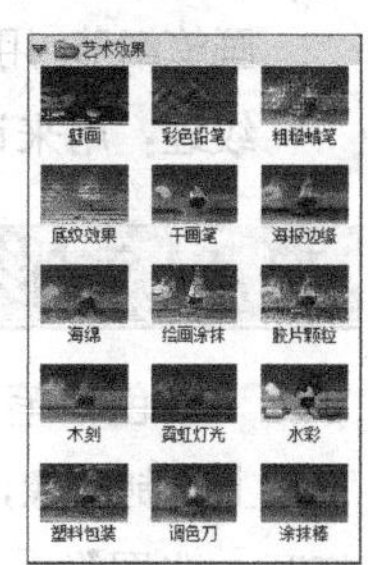

图11-522

本节滤镜概述

滤镜名称	作用	重要程度
壁画	用一种粗糙的绘画风格来重绘图像	高
彩色铅笔	用彩色铅笔在纯色背景上绘制图像，并保留图像的重要边缘	高
粗糙蜡笔	在带纹理的背景上应用粉笔描边	高
底纹效果	在带纹理的背景上绘制底纹图像	高
干画笔	用干燥的画笔来绘制图像边缘	高
海报边缘	减少图像中的颜色数量，并查找图像的边缘	高
海绵	用颜色对比度比较强烈、纹理较重的区域绘制图像，以模拟海绵效果	高
绘画涂抹	用6种不同类型的画笔来进行绘画	高
胶片颗粒	将平滑图案应用于阴影和中间色调上	高
木刻	将高对比度的图像处理成剪影效果，将彩色图像处理成由多层彩纸组成的效果	高
霓虹灯光	将霓虹灯光效果添加到图像上，并且可以在柔化图像外观时为图像着色	高
水彩	用水彩风格绘制图像	高
塑料包装	在图像上涂上一层光亮的塑料，以表现图像表面的细节	高
调色刀	减少图像中的细节，以生成淡淡的描绘效果	高
涂抹棒	用较短的对角描边涂抹暗部区域，以柔化图像	高

11.14.1 壁画

“壁画”滤镜可以使用一种粗糙的绘画风格来重绘图像。打开一张图像，如图11-523所示，应用“壁画”滤镜以后的效果如图11-524所示，应用该滤镜后的参数设置面板如图11-525所示。

图11-523

图11-524

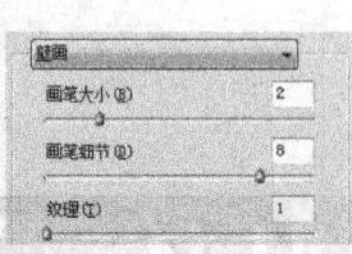

图11-525

- **壁画滤镜选项介绍**

画笔大小：用来设置画笔笔触的大小。

画笔细节：用来设置画笔刻画图像的细腻程度。

纹理：用来设置添加的纹理的数量。

11.14.2 彩色铅笔

“彩色铅笔”滤镜可以使用彩色铅笔在纯色背景上绘制图像，并且可以保留图像的重要边缘。打开一张图像，如图11-526所示，应用“彩色铅笔”滤镜以后的效果如图11-527所示，应用该滤镜后的参数设置面板如图11-528所示。

图11-526

图11-527

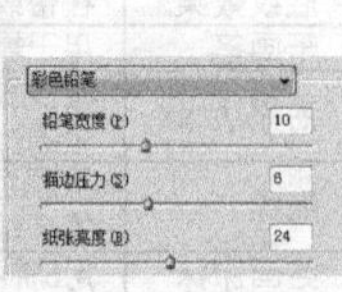

图11-528

- **彩色铅笔滤镜选项介绍**

铅笔宽度：用来设置铅笔笔触的宽度。数值越大，铅笔线条越粗糙。

描边压力：用来设置铅笔的压力。数值越高，线条越粗糙。

纸张亮度：用来设置背景色在图像中的明暗程度。数值越大，背景色就越明显。

11.14.3 粗糙蜡笔

“粗糙蜡笔”滤镜可以在带纹理的背景上应用粉笔描边。在亮部区域，粉笔效果比较厚，几乎观察不到纹理；在深色区域，粉笔效果比较薄，而纹理效果非常明显。打开一张图像，如图11-529所示，“粗糙蜡笔”滤镜的参数设置面板如图11-530所示。

图11-529

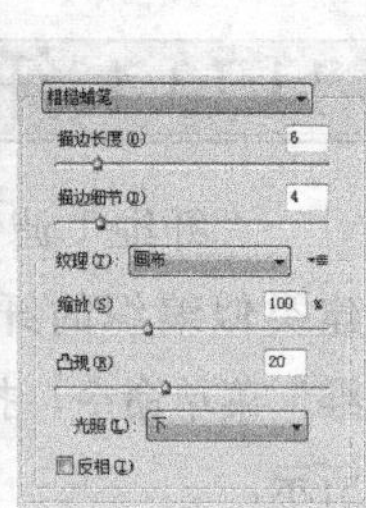

图11-530

- **粗糙蜡笔滤镜选项介绍**

描边长度：用来设置蜡笔笔触的长度。

描边细节：用来设置在图像中刻画的细腻程度。

纹理：选择应用于图像中的纹理类型，包含“砖形”“粗麻布”“画布”和“砂岩”4种类型，如图11-531~图11-534所示。单击右侧图标，可以载入外部的纹理。

图11-531

图11-532

图11-533

图11-534

缩放：用来设置纹理的缩放程度。

凸现：用来设置纹理的凸起程度。

光照：用来设置光照的方向。

11.14.4 底纹效果

“底纹效果”滤镜可以在带纹理的背景上绘制底纹图像。打开一张图像，如图11-535所示，应用“底纹效果”滤镜以后的效果如图11-536所示，应用该滤镜后的参数设置面板如图11-537所示。

图11-535

图11-536

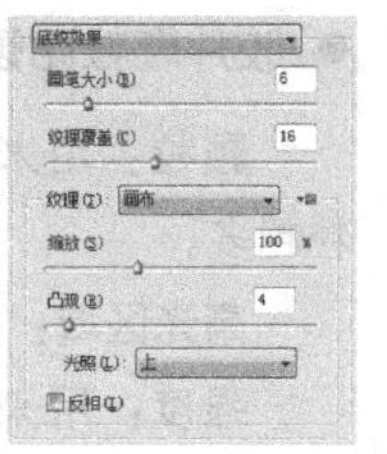

图11-537

● **底纹效果滤镜选项介绍**

画笔大小：用来设置底纹纹理的大小。

纹理覆盖：用来设置笔触的细腻程度。

11.14.5 干画笔

“干画笔”滤镜可以使用干燥的画笔来绘制图像边缘。打开一张图像，如图11-538所示，应用“干画笔”滤镜以后的效果如图11-539所示，应用该滤镜后的参数设置面板如图11-540所示。

图11-538

图11-539

图11-540

● **干画笔滤镜选项介绍**

画笔大小：用来设置干画笔的笔触大小。

画笔细节：用来设置绘制图像的细腻程度。

纹理：用来设置画笔纹理的清晰程度。

11.14.6 海报边缘

“海报边缘”滤镜可以减少图像中的颜色数量（对其进行色调分离），并查找图像的边缘，在边缘上绘制黑色线条。打开一张图像，如图11-541所示，应用“海报边缘”滤镜以后的效果如图11-542所示，应用该滤镜后的参数设置面板如图11-543所示。

图11-541

图11-542

图11-543

● **海报边缘滤镜选项介绍**

边缘厚度：用来控制图像中黑色边缘的宽度。

边缘强度：用来控制图像边缘的绘制强度。

海报化：用来控制图像的渲染效果。

11.14.7 海绵

“海绵”滤镜使用颜色对比度比较强烈、纹理较重的区域绘制图像，以模拟海绵效果。打开一张图像，如图11-544所示，应用“海绵”滤镜以后的效果如图11-545所示，应用该滤镜后的参数设置面板如图11-546所示。

图11-544

图11-545

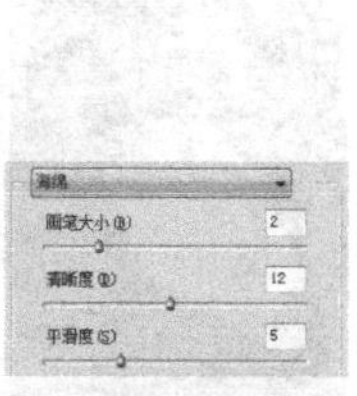

图11-546

● **海绵滤镜选项介绍**

清晰度：用来设置海绵的清晰程度。

平滑度：用来设置图像的柔化程度。

11.14.8 绘画涂抹

“绘画涂抹”滤镜可以使用6种不同类型的画笔来进行绘画。打开一张图像，如图11-547所示，“绘画涂抹”滤镜的参数设置面板如图11-548所示。

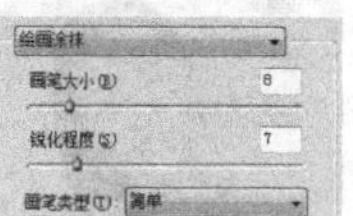

图11-547 图11-548

● **绘画涂抹滤镜选项介绍**

锐化程度：用来设置画笔涂抹的锐化程度。数值越大，绘画效果越明显。

画笔类型：用来设置绘画涂抹的画笔类型，包含“简单”“未处理光照”“未处理深色”“宽锐化”“宽模糊”和“火花”6种类型，如图11-549~图11-554所示。

简单

图11-549

未处理光照

图11-550

未处理深色

图11-551

宽锐化

图11-552

宽模糊

图11-553

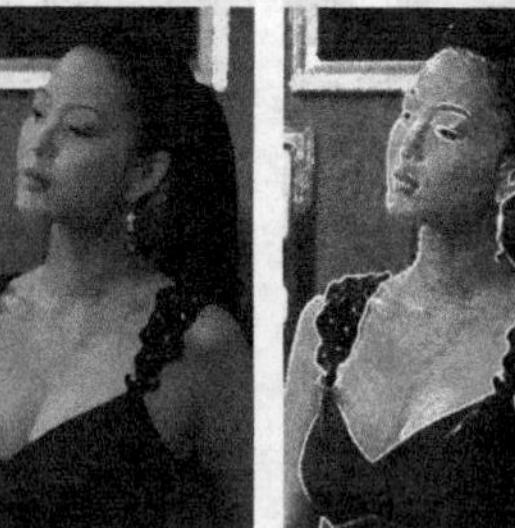

火花

图11-554

11.14.9 胶片颗粒

“胶片颗粒”滤镜可以将平滑图案应用于阴影和中间色调上。打开一张图像，如图11-555所示，应用“胶片颗粒”滤镜后的效果如图11-556所示，应用该滤镜后的参数设置面板如图11-557所示。

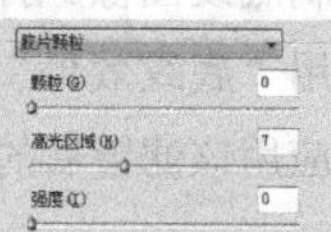

图11-555 图11-556 图11-557

● **胶片颗粒滤镜选项介绍**

颗粒：用来设置颗粒的密度。数值越大，颗粒越多。

高光区域：用来控制整个图像的高光范围。

强度：用来设置颗粒的强度。数值越高，图像的阴影部分显示为颗粒的区域越多；数值越低，则在整个图像上显示颗粒。

11.14.10 木刻

“木刻”滤镜可以将高对比度的图像处理成剪影效果，将彩色图像处理成由多层彩纸组成的效果。打开一张图像，如图11-558所示，应用“木刻”滤镜以后的效果如图11-559所示，应用该滤镜后的参数设置面板如图11-560所示。

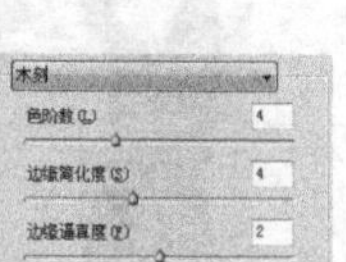

图11-558 图11-559 图11-560

● **木刻滤镜选项介绍**

色阶数：用来设置图像中的色彩层次。数值越大，图像的色彩层次越丰富。

边缘简化度：用来设置图像边缘的简化程度。数值越小，边缘越明显。

边缘逼真度：用来设置图像中所产生痕迹的精确度。数值越小，图像中的痕迹越明显。

11.14.11 霓虹灯光

“霓虹灯光”滤镜可以将霓虹灯光效果添加到图像上，并且可以在柔化图像外观时为图像着色。打开一张图像，如图11-561所示，应用“霓虹灯光”滤镜以后的效果如图11-562所示，应用该滤镜后的参数设置面板如图11-563所示。

图11-561

图11-562

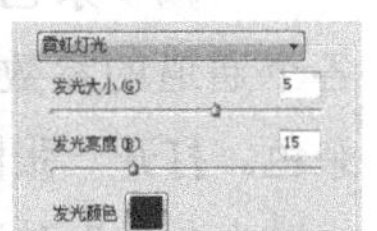

图11-563

● 霓虹灯光滤镜选项介绍

发光大小：用来设置霓虹灯的照射范围。数值越大，照射的范围越广。

发光亮度：用来设置灯光的亮度。

发光颜色：用来设置灯光的颜色。单击右侧的颜色图标，可以在弹出的“拾色器”对话框中设置灯光的颜色。

11.14.12 水彩

“水彩”滤镜可以用水彩风格绘制图像，当边缘有明显的色调变化时，该滤镜会使颜色更加饱满。打开一张图像，如图11-564所示，应用“水彩”滤镜以后的效果如图11-565所示，应用该滤镜后的参数设置面板如图11-566所示。

图11-564

图11-565

图11-566

● 水彩滤镜选项介绍

画笔细节：用来设置画笔在图像中刻画的细腻程度。

阴影强度：用来设置画笔在图像中绘制暗部区域的范围。

纹理：用来调节水彩的材质肌理。

11.14.13 塑料包装

“塑料包装”滤镜可以在图像上涂上一层光亮的塑料，以表现图像表面的细节。打开一张图像，如图11-567所示，应用“塑料包装”滤镜以后的效果如图11-568所示，应用该滤镜后的参数设置面板如图11-569所示。

图11-567

图11-568

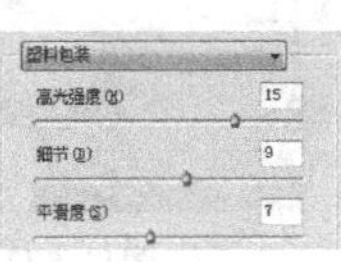

图11-569

● 塑料包装滤镜选项介绍

高光强度：用来设置图像中高光区域的亮度。

细节：用来调节作用于图像细节的精细程度。数值越大，塑料包装效果越明显。

平滑度：用来设置塑料包装效果的光滑程度。

11.14.14 调色刀

“调色刀”滤镜可以减少图像中的细节，以生成淡淡的描绘效果。打开一张图像，如图11-570所示，应用“调色刀”滤镜以后的效果如图11-571所示，应用该滤镜后的参数设置面板如图11-572所示。

图11-570

图11-571

图11-572

● **调色刀滤镜选项介绍**

描边大小：用来设置调色刀的笔触大小。

描边细节：用来设置图像的细腻程度。

软化度：用来设置图像边缘的柔和程度。数值越大，图像边缘就越柔和。

11.14.15 涂抹棒

“涂抹棒”滤镜可以使用较短的对角描边涂抹暗部区域，以柔化图像。打开一张图像，如图11-573所示，应用“涂抹棒”滤镜后的效果如图11-574所示，应用该滤镜后的参数设置面板如图11-575所示。

图11-573

图11-574

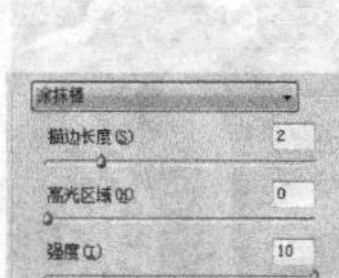

图11-575

● **涂抹棒滤镜选项介绍**

描边长度：用来设置涂抹棒画笔笔触的长度。数值越大，生成的线条的长度越长。

高光区域：用来设置图像高光区域的大小。

强度：用来设置图像的明暗对比程度。

11.15 “杂色”滤镜组

“杂色”滤镜组包含5种滤镜，如图11-576所示。这些滤镜可以添加或移去图像中的杂色，这样有助于将选择的像素混合到周围的像素中。

减少杂色...
蒙尘与划痕...
去斑
添加杂色...
中间值...

图11-576

本节滤镜概述

滤镜名称	作用	重要程度
减少杂色	基于影响整个图像或各个通道的参数设置来保留边缘并减少图像中的杂色	高
蒙尘与划痕	通过修改具有差异化的像素来减少杂色	高
去斑	检测图像的边缘，并模糊那些边缘外的所有区域，同时保留图像的细节	高
添加杂色	在图像中添加随机像素	高
中间值	混合选区或整个图像中像素的亮度来减少图像的杂色	中

11.15.1 减少杂色

“减少杂色”滤镜可以基于影响整个图像或各个通道的参数设置来保留边缘并减少图像中的杂色。打开一张图像，如图11-577所示，然后打开“减少杂色”对话框，如图11-578所示。

图11-577

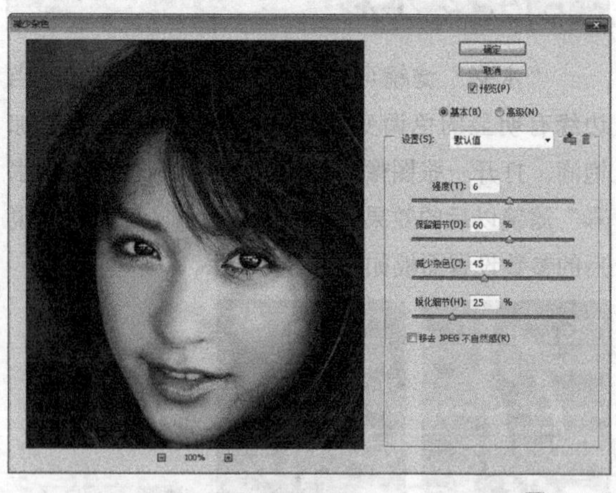

图11-578

1.设置基本选项

在“减少杂色”对话框中勾选“基本”选项，可以设置“减少杂色”滤镜的基本参数，如图11-579所示。

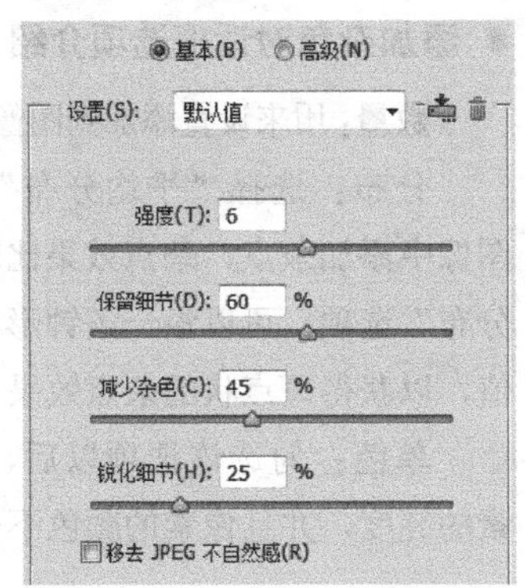

图11-579

- **减少杂色滤镜基本选项介绍**

强度：用来设置应用于所有图像通道的明亮度杂色的减少量。

保留细节：用来控制保留图像的边缘和细节（比如头发）的程度。数值为100%时，可以保留图像的大部分细节，但是会将明亮度杂色减到最低。

减少杂色：移去随机的颜色像素。数值越大，减少的颜色杂色越多。

锐化细节：用来设置移去图像杂色时锐化图像的程度。

移除JPEG不自然感：勾选该选项以后，可以移去因JPEG压缩而产生的不自然块。

2.设置高级选项

在“减少杂色”对话框中勾选“高级”选项，可以设置“减少杂色”滤镜的高级参数。其中“整体”选项卡与基本参数完全相同，如图11-580所示；“每通道”选项卡可以基于红、绿、蓝通道来减少通道中的杂色，如图11-581~图11-583所示。

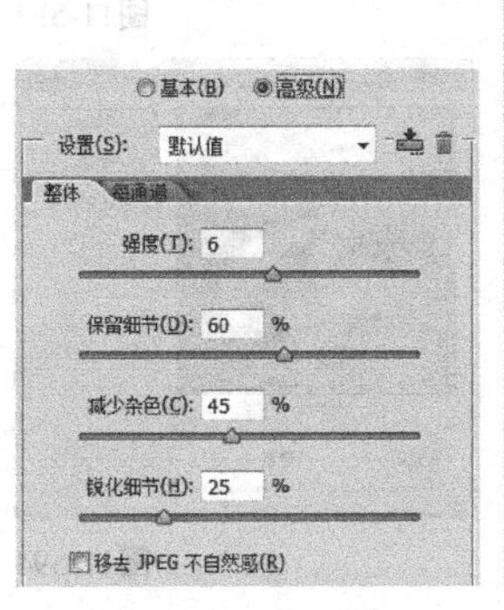

图11-580

整体 每通道
通道(C): 红
强度(T): 0
保留细节(D): %

图11-581

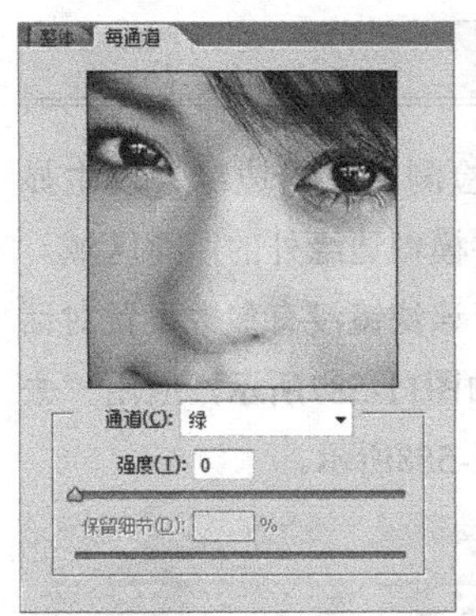

图11-582

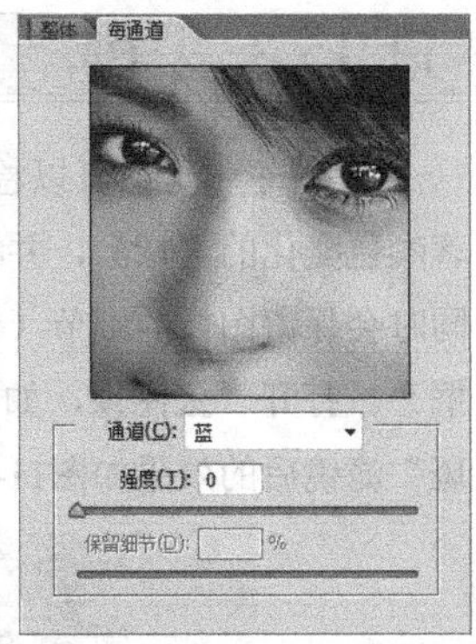

图11-583

11.15.2 蒙尘与划痕

“蒙尘与划痕”滤镜可以通过修改具有差异化的像素减少杂色，可以有效地去除图像中的杂点和划痕。打开一张图像，如图11-584所示，应用“蒙尘与划痕”滤镜后的效果如图11-585所示，应用该滤镜后的参数对话框如图11-586所示。

图11-584

图11-585

图11-586

- **蒙尘与划痕对话框选项介绍**

半径：用来设置柔化图像边缘的范围。

阈值：用来定义像素的差异有多大才被视为杂点。数值越高，消除杂点的能力越弱。

11.15.3 去斑

“去斑”滤镜可以检测图像的边缘（发生显著颜色变化的区域），并模糊边缘外的所有区域，同时会保留图像的细节（该滤镜没有参数设置对话框）。打开一张图像，如图11-587所示，应用“去斑”滤镜后的效果如图11-588所示。

图11-587

图11-588

11.15.4 添加杂色

“添加杂色”滤镜可以在图像中添加随机像素，也可以用来修缮图像中经过重大编辑过的区域。打开一张图像，如图11-589所示，应用“添加杂色”滤镜以后的效果如图11-590所示，应用该滤镜后的参数对话框如图11-591所示。

图11-589

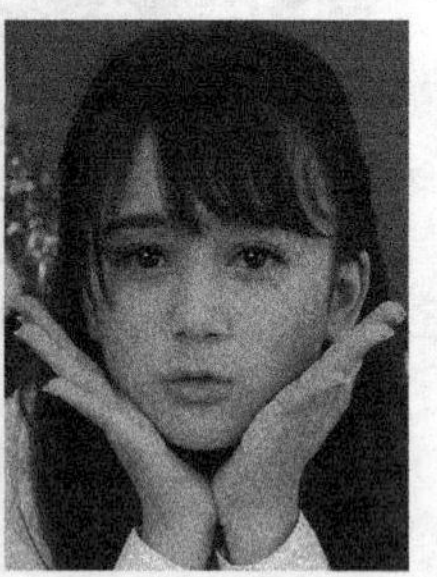
图11-590

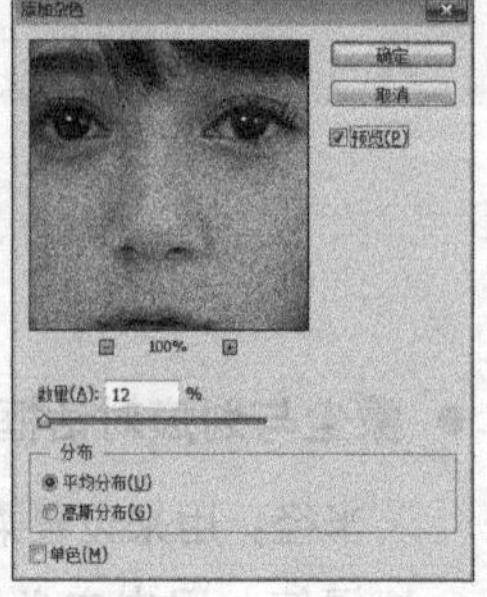

图11-591

- **添加杂色对话框选项介绍**

数量：用来设置添加到图像中的杂点的数量。

分布：选择“平均分布”选项，可以随机向图像中添加杂点，杂点效果比较柔和；选择“高斯分布”选项，可以沿一条钟形曲线分布杂色的颜色值，以获得斑点状的杂点效果。

单色：勾选该选项以后，杂点只影响原有像素的亮度，并且像素的颜色不会发生改变。

11.15.5 中间值

“中间值”滤镜可以混合选区或整个图像中像素的亮度来减少图像的杂色。该滤镜会在像素选区的半径范围进行搜索以查找亮度相近的像素，并且会扔掉与相邻像素差异太大的像素，然后用搜索到的像素的中间亮度值替换中心像素。打开一张图像，如图11-592所示，应用“中间值”滤镜以后的效果如图11-593所示，应用该滤镜后的参数对话框如图11-594所示。“半径”选项用于设置搜索像素选区的半径范围。

图11-592

图11-593

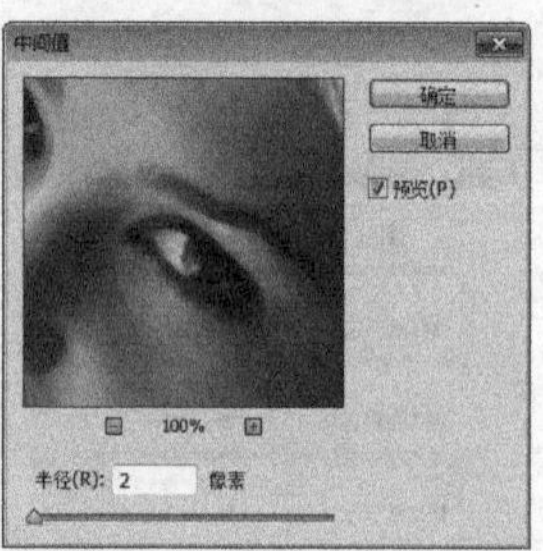

图11-594

11.16 “其它”滤镜组

“其它”滤镜组包含5种滤镜，如图11-595所示。这个滤镜组中的有些滤镜可以允许用户自定义滤镜效果，有些滤镜可以修改蒙版、在图像中使选区发生位移和快速调整图像颜色。

高反差保留...
位移...
自定...
最大值...
最小值...

图11-595

本节滤镜概述

滤镜名称	作用	重要程度
高反差保留	在具有强烈颜色变化的地方按指定的半径保留边缘细节，并且不显示图像的其余部分	中
位移	在水平或垂直方向上偏移图像	中
自定	根据预定义的“卷积”数学运算来更改图像中每个像素的亮度值	高
最大值	在指定的半径范围内用周围像素的最高亮度值替换当前像素的亮度值	中
最小值	扩展黑色区域，收缩白色区域	中

11.16.1 高反差保留

“高反差保留”滤镜可以在具有强烈颜色变化的地方按指定的半径来保留边缘细节，并且不显示图像的其余部分。打开一张图像，如图11-596所示，应用“高反差保留”滤镜以后的效果如图11-597所示，应用该滤镜后的参数对话框如图11-598所示。“半径”选项用来设置滤镜分析处理图像像素的范围，值越大，所保留的原始像素就越多；当数值为0.1像素时，仅保留图像边缘的像素。

图11-596 图11-597

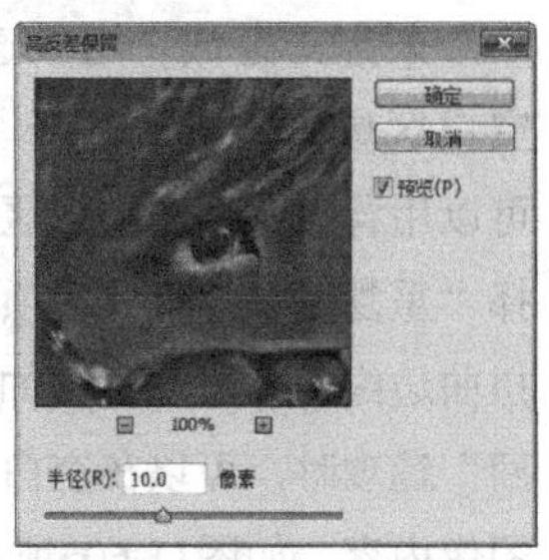

图11-598

11.16.2 位移

“位移”滤镜可以在水平或垂直方向上偏移图像。打开一张图像，如图11-599所示，然后打开“位移”对话框，如图11-600所示。

图11-599 图11-600

● **位移对话框选项介绍**

水平：用来设置图像像素在水平方向上的偏移距离。数值为正值时，图像会向右偏移，同时左侧会出现空缺，如图11-601所示。

垂直：用来设置图像像素在垂直方向上的偏移距离。数值为正值时，图像会向下偏移，同时上方会出现空缺，如图11-602所示。

图11-601

图11-602

未定义区域：用来选择图像发生偏移后填充空白区域的方式。选择“设置为背景”选项时，可以用背景色填充空白区域，如图11-603所示；选择“重复边缘像素”选项时，可以在空白区域填充扭曲边缘的像素颜色，如图11-604所示；选择“折回”选项时，可以在空白区域填充溢出图像之外的图像内容，如图11-605所示。

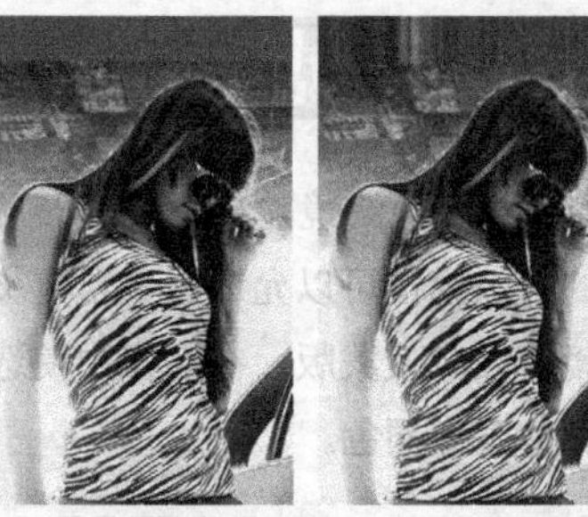

图11-603

图11-604

图11-605

11.16.3 自定

“自定”滤镜是一种用户可以自己设计的滤镜。该滤镜可以根据预定义的“卷积”数学运算来更改图像中每个像素的亮度值。图11-606所示是“自定”对话框。

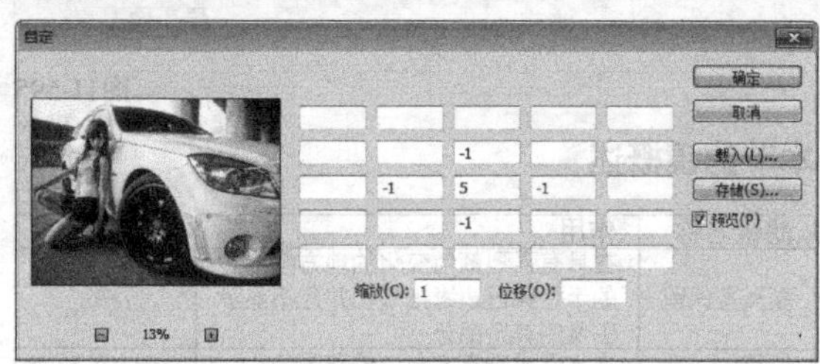

图11-606

11.16.4 课堂案例——制作飞雪婚纱照

实例位置	实例文件>CH11>11.16.4.psd
素材位置	素材文件>CH11>素材10.jpg
视频位置	多媒体教学>CH11>11.16.4.flv
实用指数	★★★★★
技术掌握	用自定滤镜制作雪花

本例主要针对“自定”滤镜的使用方法进行练习，如图11-607所示。

图11-607

01 打开“素材文件>CH11>素材10.jpg”文件，如图11-608所示。

图11-608

02 创建一个“通道混合器”调整图层，然后在“属性”面板中勾选“单色”选项，接着设置“红色”为15%、“绿色”为127%、“蓝色”为-60%，如图11-609所示，效果如图11-610所示。最后设置调整图层的“混合模式”为“变亮”，效果如图11-611所示。

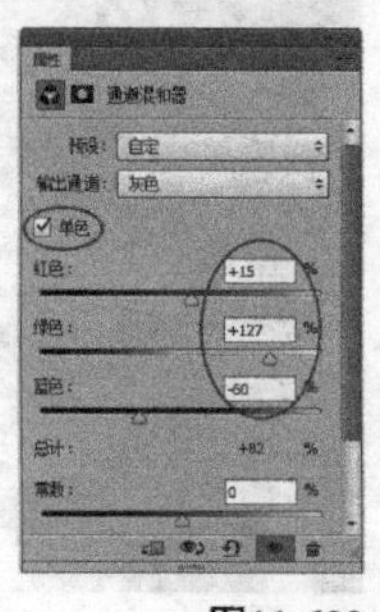

图11-609

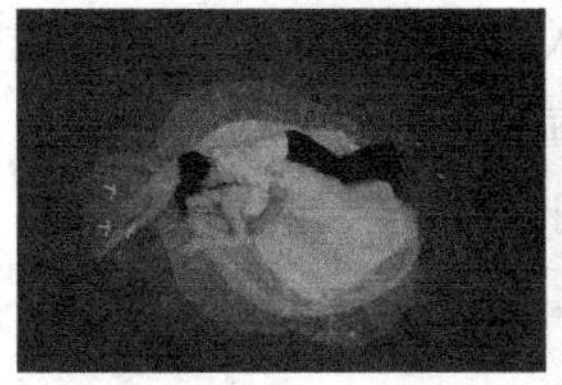

图11-610　　图11-611

03 按Shift+Ctrl+Alt+E组合键将可见图层盖印到一个新的“图层1”中，然后使用“套索工具”勾勒出背景选区，如图11-612所示，并将选区羽化300像素，接着按Ctrl+M组合键打开“曲线”对话框，最后将曲线调节成如图11-613所示的形状，效果如图11-614所示。

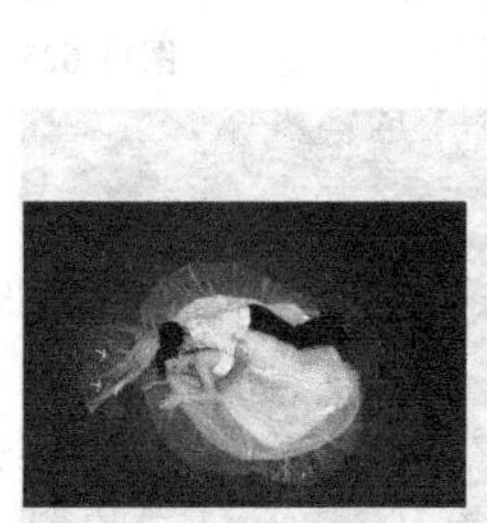
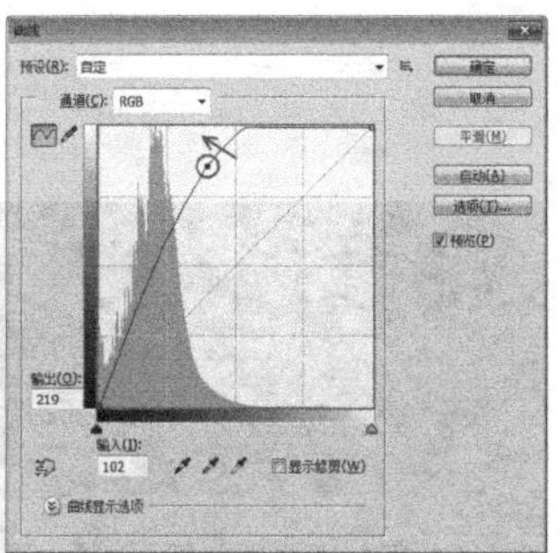

图11-612　　图11-613

图11-614

04 保持选区状态，按Ctrl+M组合键打开“曲线”对话框，然后将曲线调节成如图11-615所示的形状，效果如图11-616所示。

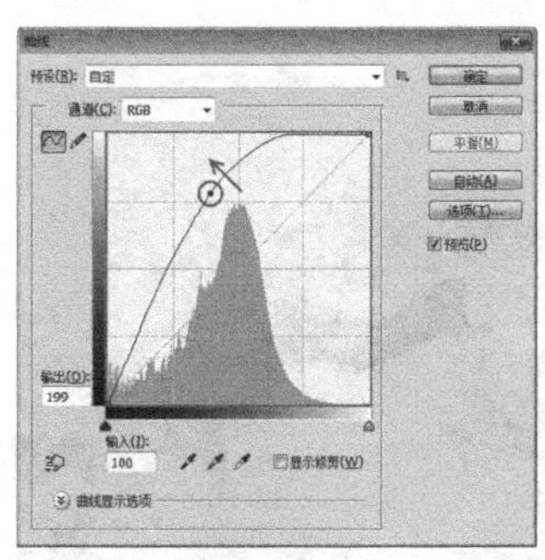

图11-615　　图11-616

05 新建一个图层，然后使用白色柔化“画笔工具”在图像的右上角绘制一些白色，以遮盖黑色区域，如图11-617所示，接着设置该图层的“不透明度”为85%，效果如图11-618所示。

图11-617　　图11-618

06 新建一个“雪花1”图层，并用白色填充该图层，然后执行“滤镜>杂色>添加杂色”菜单命令，接着在弹出的“添加杂色”对话框中设置“数量”为400%、“分布”为“高斯分布”，并勾选“单色”选项，如图11-619所示，效果如图11-620所示。

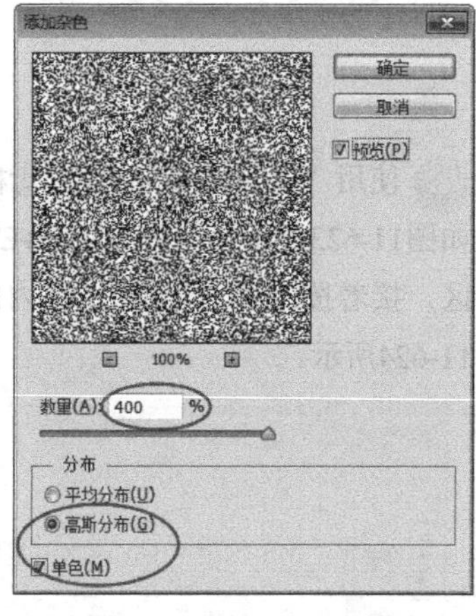

图11-619

图11-620

07 执行“滤镜>其它>自定”菜单命令，然后在弹出的“自定”对话框中设置4个角上的数值为200，如图11-621所示，效果如图11-622所示。

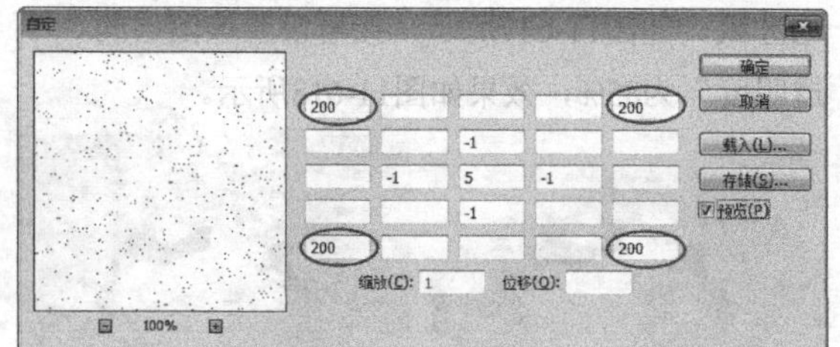
图11-621

图11-622

08 使用“矩形选框工具”框选一部分图像，如图11-623所示，然后按Shift+Ctrl+I组合键反选选区，接着按Delete键删除选区内的图像，效果如图11-624所示。

图11-623

图11-624

09 按Ctrl+T组合键进入自由变换状态，然后将“雪花1”图层调整到与画布一样的大小，如图11-625所示，接着执行“图像>调整>反相”菜单命令，效果如图11-626所示。

图11-625

图11-626

10 使用“魔棒工具”选择黑色区域，然后按Delete删除黑色区域，效果如图11-627所示。接着按Ctrl+M组合键打开“曲线”对话框，最后将曲线调整成如图11-628所示的形状，效果如图11-629所示。

图11-627

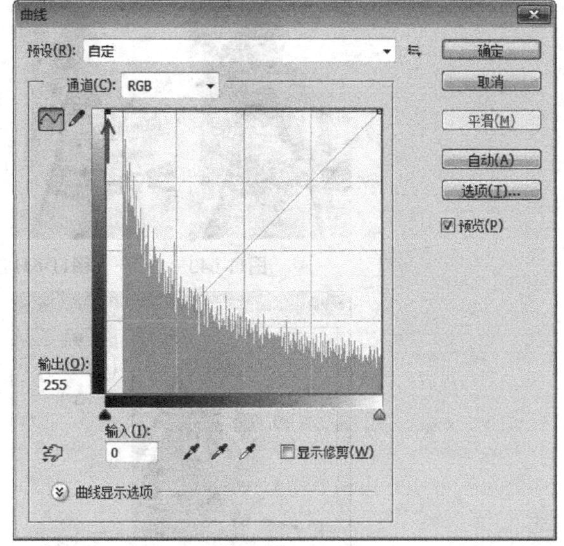

图11-628

图11-629

⑪ 使用"矩形选框工具"框选一部分图像，如图11-630所示，然后按Ctrl+J组合键将选区内的图像复制成一个新的"雪花2"，接着利用自由变换功能将"雪花2"图层调整到与画布一样的大小，这样就制作出了不同大小的雪花，如图11-631所示。

图11-630

图11-631

⑫ 按Ctrl+E组合键向下合并图层，然后执行"滤镜>模糊>动感模糊"菜单命令，接着在弹出的对话框中设置"角度"为60度、"距离"为30像素如图11-632所示，效果如图11-633所示。

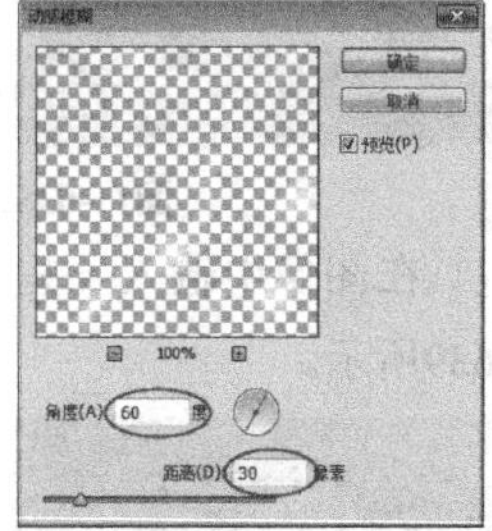

图11-632 图11-633

⑬ 创建一个"色彩平衡"调整图层，然后在"属性"面板中设置"青色-红色"为-39、"洋红-绿色"为10、"黄色-蓝色"为60，如图11-634所示，效果如图11-635所示。

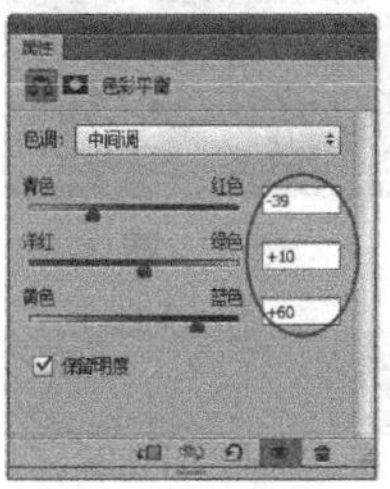

图11-634 图11-635

⑭ 创建一个"曲线"调整图层，然后在"属性"面板中将曲线调节成如图11-636所示的形状，效果如图11-637所示。接着使用黑色柔边"画笔工具"在调整图层的蒙版中涂去中间区域，以形状暗角效果，如图11-638所示。

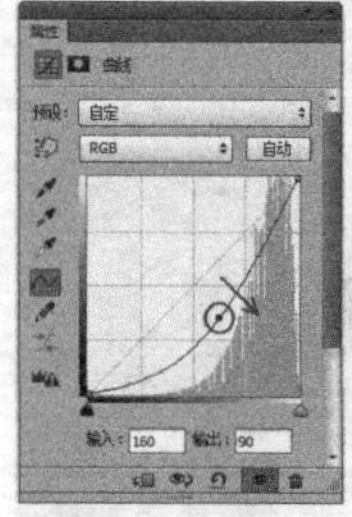

图11-636

图11-637

图11-638

15 使用“横排文字工具”T在图像中输入一些装饰文字，最终效果如图11-639所示。

图11-639

11.16.5 最大值

“最大值”滤镜对于修改蒙版非常有用。该滤镜可以在指定的半径范围内，用周围像素的最高亮度值替换当前像素的亮度值。“最大值”滤镜具有阻塞功能，可以展开白色区域，而阻塞黑色区域。打开一张图像，如图11-640所示，应用“最大值”滤镜以后的效果如图11-641所示，应用该滤镜后的参数对话框如图11-642所示。“半径”选项用于设置周围像素的最高亮度值替换当前像素的亮度值的范围。

图11-640　图11-641

图11-642

11.16.6 最小值

“最小值”滤镜对于修改蒙版非常有用。该滤镜具有伸展功能，可以扩展黑色区域，而收缩白色区域。打开一张图像，如图11-643所示，应用“最小值”滤镜以后的效果如图11-644所示，应用该滤镜以后的参数对话框如图11-645所示。“半径”选项用于设置滤镜扩展黑色区域、收缩白色区域的范围。

图11-643

图11-644

图11-645

11.17 本章小结

本章主要讲解了滤镜的基本知识及使用技巧和原则；然后对各种滤镜组的不同艺术效果进行详细讲解，包括特殊滤镜、画布描边滤镜组、模糊滤镜组、扭曲滤镜组、锐化滤镜组、素描滤镜组、渲染滤镜组、杂色滤镜组等。

通过本章的学习，我们应该对滤镜有一个整体的认识，并熟悉掌握各种滤镜组的艺术效果。

11.18 课后习题

11.18.1 课后习题——抠取人像并制作清爽广告

实例位置	实例文件>CH11>11.18.1.psd
素材位置	素材文件>CH11>素材11-1.jpg、素材11-2.png、素材11-3.jpg
视频位置	多媒体教学>CH11>11.18.1.flv
实用指数	★★★★★
技术掌握	用抽出滤镜抠取人像

本习题主要针对“抽出”滤镜的使用方法进行练习，如图11-646所示。

图11-646

步骤分解如图11-647所示。

图11-647（1）

图11-647（2）

图11-647（3）

图11-647（4）

11.18.2 课后习题——制作放射文字特效

实例位置	实例文件>CH11>11.18.2.psd
素材位置	素材文件>CH11>素材12.jpg
视频位置	多媒体教学>CH11>11.18.2.flv
实用指数	★★★★★
技术掌握	用径向模糊滤镜制作放射特效

本习题主要针对“径向模糊”滤镜的使用方法进行练习，如图11-648所示。

图11-648

步骤分解如图11-649所示。

图11-649（1） 图11-649（2） 图11-649（3） 图11-649（4）

11.18.3 课后习题——为人像磨皮

实例位置	实例文件>CH13>11.18.3.psd
素材位置	素材文件>CH13>素材13.jpg
视频位置	多媒体教学>CH13>11.18.3.flv
实用指数	★★★★★
技术掌握	用表面模糊滤镜为人像磨皮

本习题主要针对如何使用“表面模糊”滤镜为人像磨皮进行练习，如图13-650所示。

图11-650

步骤分解如图11-651所示。

图11-651（1） 图11-651（2） 图11-651（3） 图11-651（4）

第12章

商业案例实训

本章作为本书的一个综合章节，在回顾前面所学的知识的基础上，重点介绍了文字特效制作、人像照片处理、风景照片处理、平面设计、特效与合成方面的知识。在制作商业案例的时候，要善于发现、善于观察、找准定位点。

课堂学习目标

掌握文字特效的制作方法
掌握人像照片的处理方法
掌握风景照片的处理方法
掌握平面设计的流程与技巧
掌握特效与合成的流程及技巧

12.1 文字特效实训

12.1.1 课堂案例——制作电影海报文字

实例位置	实例文件>CH12>12.1.1.psd
素材位置	素材文件>CH12>素材01.jpg
视频位置	多媒体教学>CH12>12.1.1.flv
实用指数	★★★★★
技术掌握	图层样式、缩放图层样式的运用

本例使用图层样式与缩放图层样式技术制作电影海报文字，效果如图12-1所示。

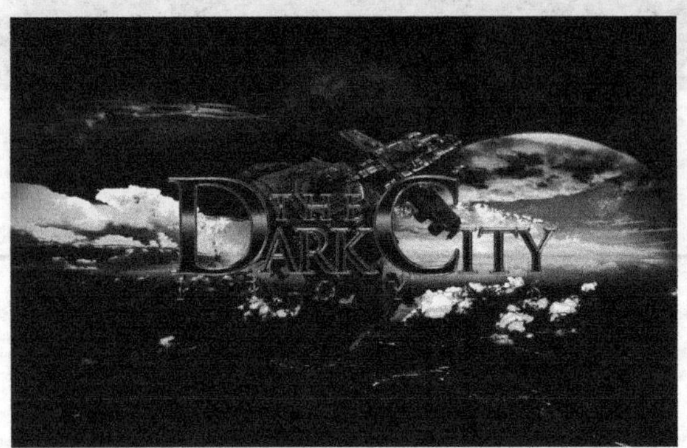

图12-1

01 打开“素材文件>CH12>素材01.jpg”文件，如图12-2所示。

02 使用“横排文字工具”T在画布中输入“DARKCITY”，如图12-3所示。

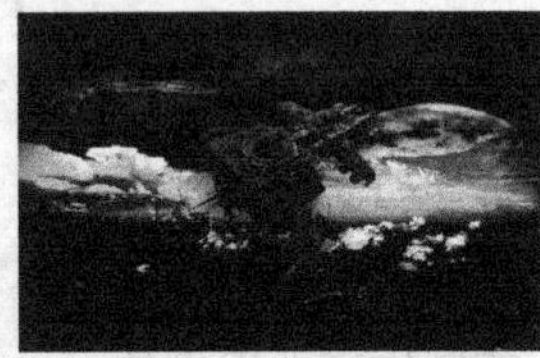

图12-2　图12-3

03 在“图层”面板中设置文字图层的“填充”为62%，如图12-4所示，效果如图12-5所示。

图12-4　图12-5

04 执行“图层>图层样式>斜面和浮雕”菜单命令，打开“图层样式”对话框，然后在“结构”选项组下设置“样式”为“浮雕效果”“深度”为111%；在“阴影”选项组下设置“角度”和“高度”为30°；然后调节好“光泽等高线”的形状，如图12-6所示，接着设置高光的“不透明度”为84%、阴影的“不透明度”为87%，具体参数设置如图12-7所示。

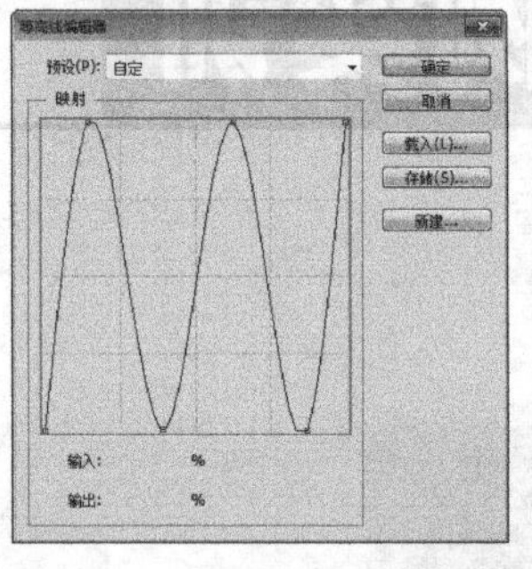
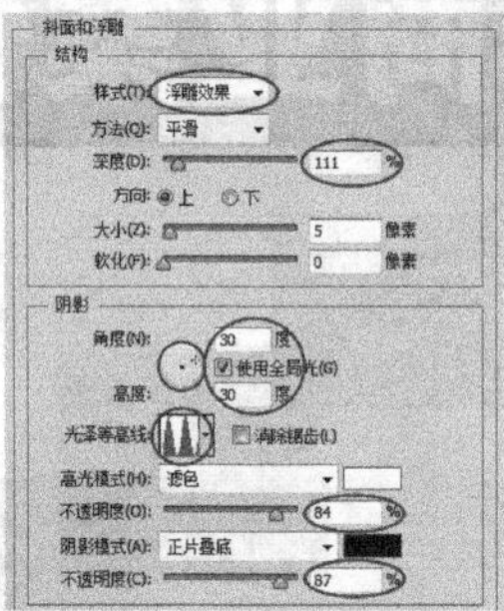
图12-6　图12-7

05 在“图层样式”对话框中单击“光泽”样式，然后效果颜色为（R:250，G:167，B:7）、“不透明度”为41%，接着设置“角度”为108°、“距离”为11像素、“大小”为14像素，具体参数设置如图12-8所示。

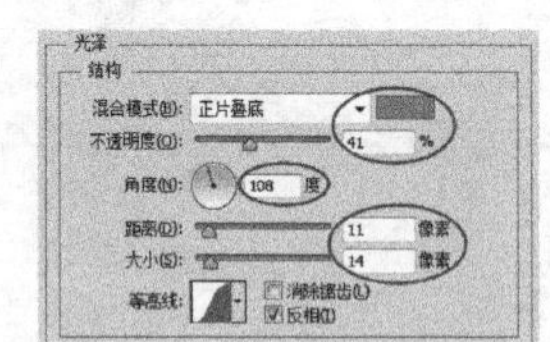
图12-8

06 在“图层样式”对话框中单击“渐变叠加”样式，然后选择预设的“钢条色”渐变，如图12-9所示；接着设置“缩放”为39%，如图12-10所示。

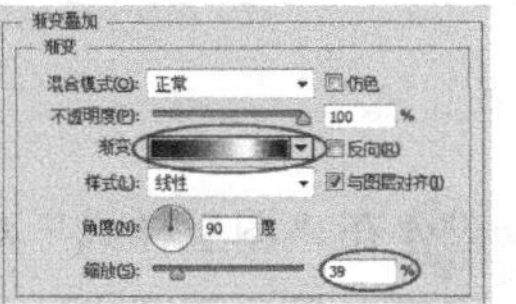

图12-9　　图12-10

07 在“图层样式”对话框中单击“描边”样式，然后设置“大小”为8像素、“位置”为“居中”、“不透明度”为91%；接着设置“颜色”（R:238，G:163，B:18），如图12-11所示，效果如图12-12所示。

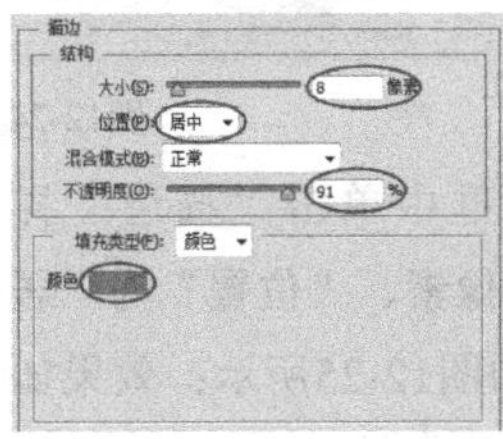

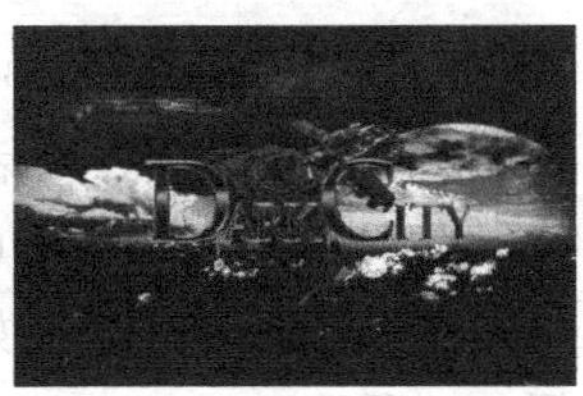

图12-11　　图12-12

08 继续在图像上输入“PROYAS”，然后将DARKCITY文字图层的图层样式拷贝给PROYAS文字图层，效果如图12-13所示。

图12-13

09 选择PROYAS文字图层，然后执行“图层>图层样式>缩放效果”菜单命令，接着在弹出的“缩放图层效果”对话框中设置“缩放”为40%，如图12-14所示，效果如图12-15所示。

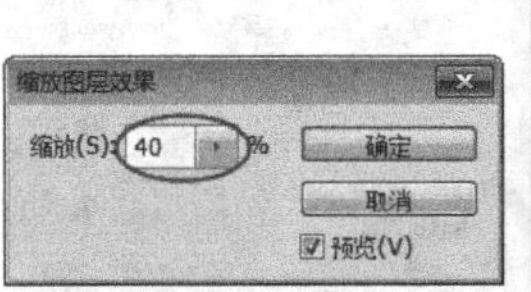

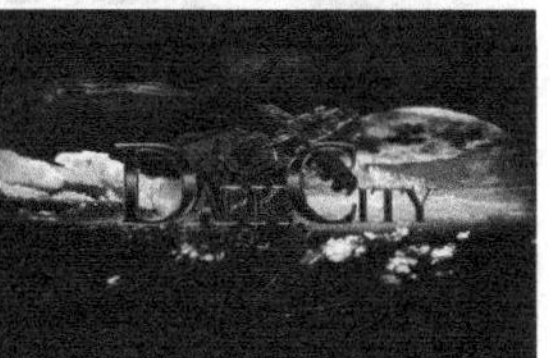

图12-14　　图12-15

疑难问答

问：为何要缩放图层样式效果？

答：由于DARKCITY文字较大，所以该文字的图层样式的数值也设置得相对较大。直接将图层样式复制给DARKCITY文字图层，则会出现图层样式与文字大小不相匹配的情况，所以需要对图层样式的效果进行缩放。

10 采用相同的方法制作出文字“the”，然后将图层样式效果缩放80%，最终效果如图12-16所示。

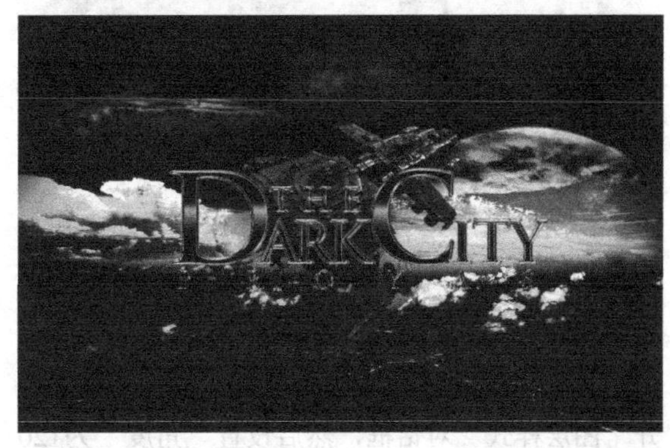

图12-16

12.1.2 课堂案例——制作卡通插画文字

实例位置	实例文件>CH12>12.1.2.psd
素材位置	素材文件>CH12>素材02.png
视频位置	多媒体教学>CH12>12.1.2.flv
实用指数	★★★★★
技术掌握	图层样式、画笔描边路径、动态画笔技术的运用

本例使用图层样式、画笔描边路径和动态画笔技术制作卡通插画文字，效果如图12-17所示。

图12-17

01 打开“素材文件>CH12>素材02.png”文件，得到“图层0”，效果如图12-18所示。

02 在“图层0”的下一层新建一个“背景”图层，然后设置前景色为（R:227，G:227，B:227），接着按Alt+Delete组合键用前景色填充“背景”图层，效果如图12-19所示。

图12-18 图12-19

03 使用“横排文字工具”在操作界面中输入英文“HAPPY DAY”，并将其放置在“背景”图层的上一层，效果如图12-20所示。

04 执行“图层>图层样式>投影”菜单命令，打开“图层样式”对话框，然后设置“角度”为120度，如图12-21所示。

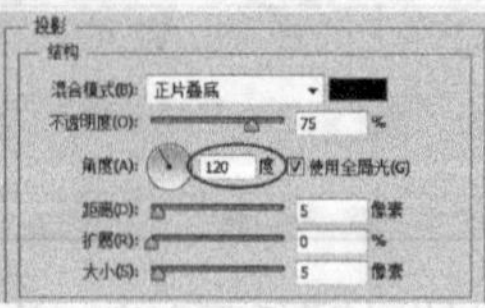
图12-20 图12-21

05 在“图层样式”对话框中单击“内发光”样式，然后设置“阻塞”为12%、“大小”为13像素，如图12-22所示。

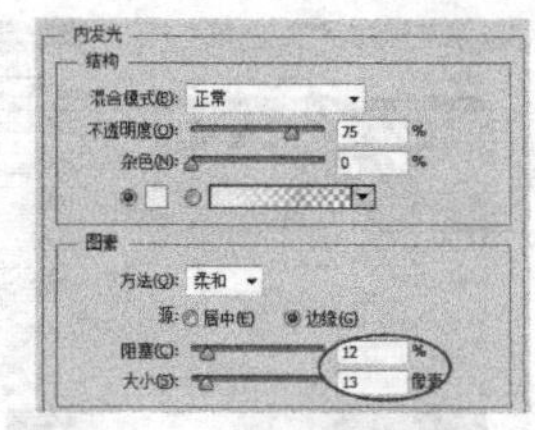
图12-22

06 在“图层样式”对话框中单击“渐变叠加”样式，然后调节出一种由粉红色到蓝色的渐变，如图12-23所示，接着设置“角度”为-43°，如图12-24所示。

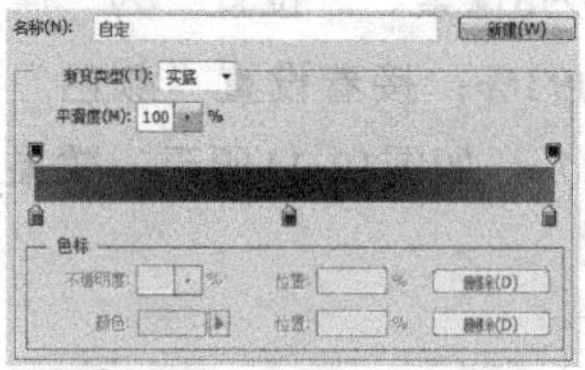
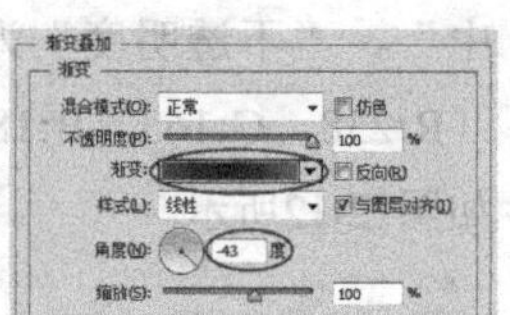
图12-23 图12-24

07 在“图层样式”对话框中单击“描边”样式，然后设置“大小”为10像素、“位置”为“居中”、“颜色”为白色，如图12-25所示；效果如图12-26所示。

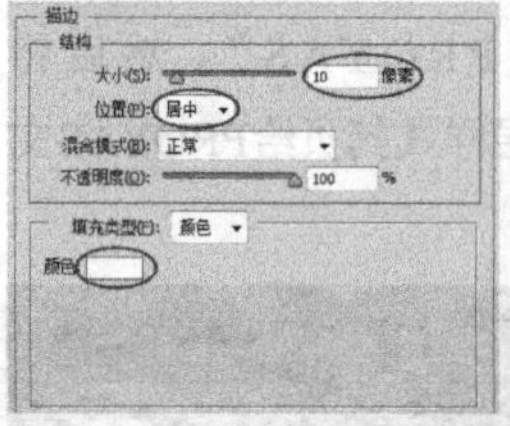

图12-25 图12-26

08 在文字图层的下一层新建一个“线条”的图层，然后使用“钢笔工具”绘制出多条平滑、交叉的路径，接着使用“画笔工具”为路径描边（选择一种硬边画笔，同时需要设置画笔的“大小”为1像素、“硬度”为100%），完成后的效果如图12-27所示。

图12-27

09 执行“图层>图层样式>投影”菜单命令，打开“图层样式”对话框，然后设置“不透明度”为41%、“角度”为120°，如图12-28所示，效果如图12-29所示。

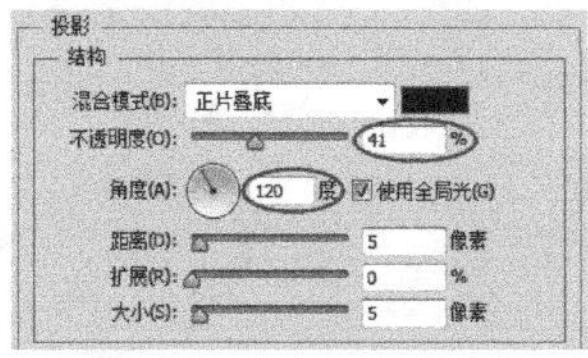

图12-28

图12-29

10 在文字图层的上一层新建一个“星星”的图层，然后选择“画笔工具”，按F5键打开“画笔”面板；接着选择一种星形画笔，最后设置“大小”为55像素、“间距”为25%，如图12-30所示。

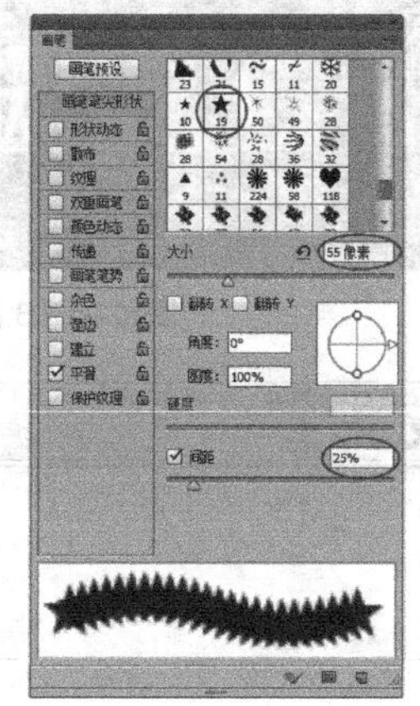

图12-30

技巧与提示

如果找不到预设的星形画笔，可以使用素材自行制作一个。

11 在“画笔”面板中单击“形状动态”选项，然后设置“角度抖动”为18%，如图12-31所示。

12 在“画笔”面板中单击“散布”选项，然后关闭“两轴”选项，接着设置散布数值为1000%、“数量”为1，如图12-32所示。

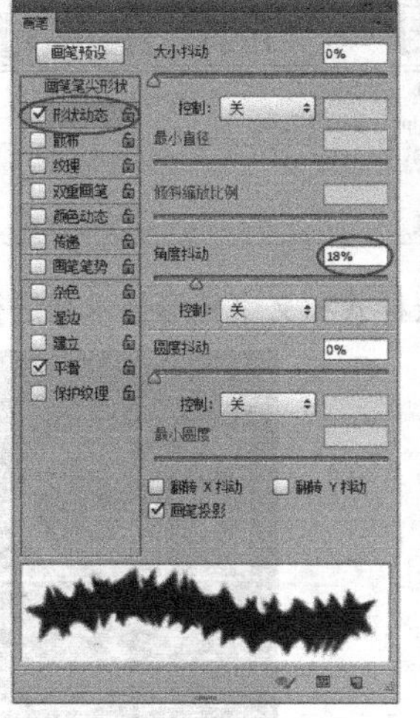

图12-31

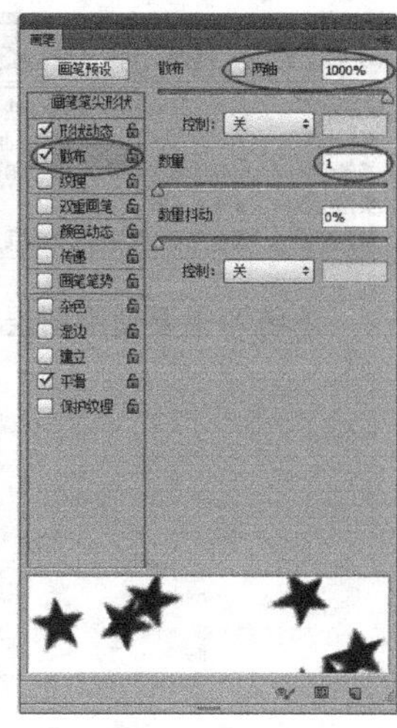

图12-32

13 设置前景色为白色，然后在文字和线条上绘制一些星星作为装饰图形，最终效果如图12-33所示。

图12-33

技巧与提示

在绘制星星时，可以按“[”键和“]”键减小和增大画笔，以绘制出不同大小的星星。

12.1.3 课堂练习——制作企业宣传文字

实例位置	实例文件>CH12>12.1.3.psd
素材位置	素材文件>CH12>素材03-1.jpg、素材03-2.png
视频位置	多媒体教学>CH12>12.1.3.flv
实用指数	★★★★★
技术掌握	图层样式、文字变形的运用

本练习主要使用图层样式和文字变形技术来进行制作，如图12-34所示。

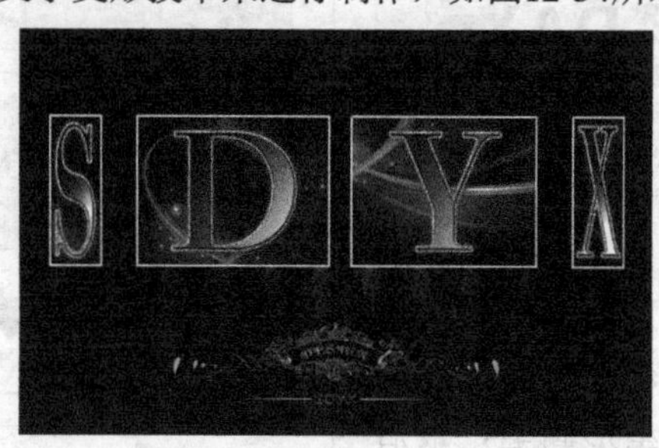

图12-34

步骤分解如图12-35所示。

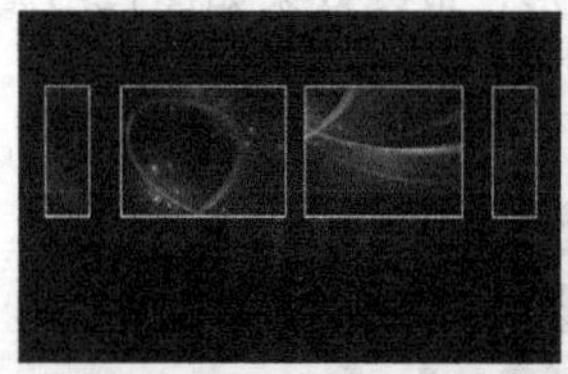

图12-35（1）　图12-35（2）

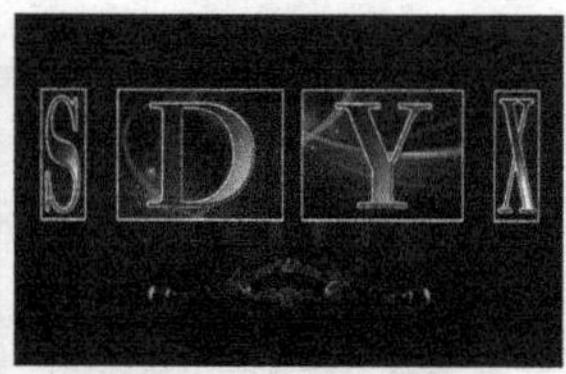

图12-35（3）

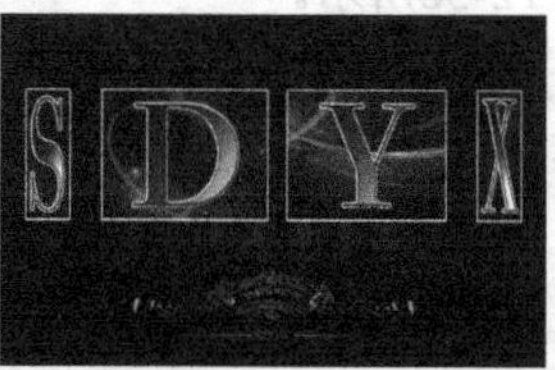

图12-35（4）

12.1.4 课后习题——制作霓虹光线文字

实例位置	实例文件>CH12>12.1.4.psd
素材位置	素材文件>CH12>素材04.jpg
视频位置	多媒体教学>CH12>12.1.4.flv
实用指数	★★★★★
技术掌握	图层样式、图层混合模式、图像微调的运用

本习题主要使用图层样式、图层混合模式以及图像微调技术来进行制作，如图12-36所示。

图12-36

步骤分解如图12-37所示。

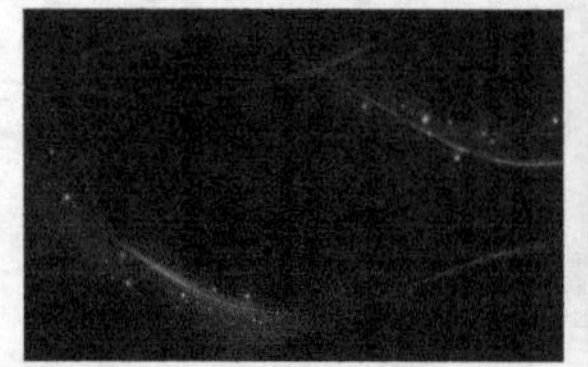

图12-37（1）

图12-37（2）

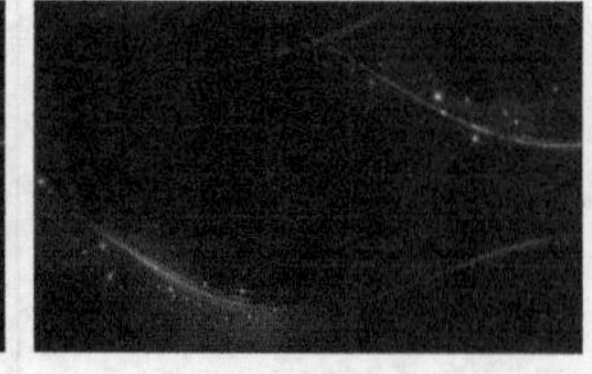

图12-37（3）

图12-37（4）

12.1.5 课后习题——制作火焰文字

实例位置	实例文件>CH12>12.1.5.psd
素材位置	素材文件>CH12>素材05-1.jpg、素材05-2.png
视频位置	多媒体教学>CH12>12.1.5.flv
实用指数	★★★★★
技术掌握	图层样式、液化滤镜的运用

本习题主要使用图层样式和“液化”滤镜来进行制作，如图12-38所示。

图12-38

步骤分解如图12-39所示。

图12-39（1）

图12-39（2）

图12-39（3）

图12-39（4）

12.2 人像照片处理实训

12.2.1 课堂案例——美化眼睛

实例位置	实例文件>CH12>12.2.1.psd
素材位置	素材文件>CH12>素材06-1.jpg、素材06-2.png、素材06-3.jpg
视频位置	多媒体教学>CH12>12.2.1.flv
实用指数	★★★★★
技术掌握	美瞳与假睫毛的制作方法

在人像摄影中，除了普通的化妆技术以外，越来越多的后期师会用到一些装饰元素来增加人物脸部的美感。图12-40所示是本例的最终效果。

图12-40

01 下面合成美瞳。打开“素材文件>CH12>素材06-1.jpg”文件，如图12-41所示。

02 导入“素材文件>CH12>素材06-2.png”美瞳文件，并将新生成的图层命名为“美瞳”，然后按Ctrl+T组合键进入自由变换状态，接着调整好其大小，并将其放在左眼上，如图12-42所示。

图12-41

图12-42

03 为“美瞳”图层添加一个图层蒙版，然后使用黑色“画笔工具”在图层蒙版中涂去多余的部分，接着设置该图层的“混合模式”为“柔光”，效果如图12-43所示。

04 按Ctrl+J组合键复制一个美瞳到右眼上，然后在图层蒙版中使用黑色“画笔工具”涂去多余的部分，如图12-44所示。

图12-43

图12-44

05 下面绘制睫毛。执行“编辑>预设>预设管理器”菜单命令，打开“预设管理器”对话框，然后设置“预设类型”为“画笔”，接着单击“载入”按钮 载入(L)... ，如图12-45所示，最后在弹出的对话框中选择本书配套附赠资源“画笔库.abr”文件，如图12-46所示。

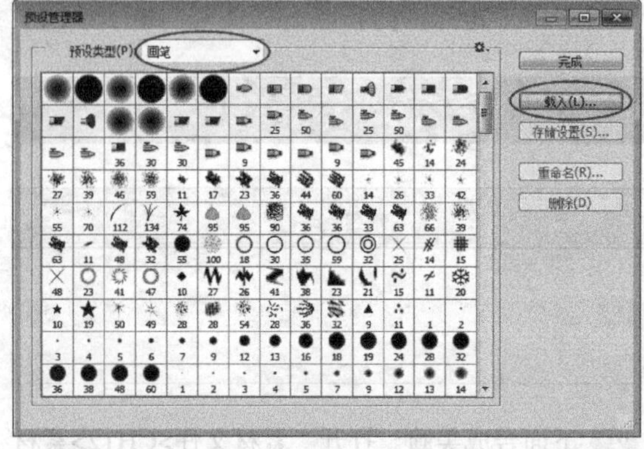

图12-45

图12-46

技巧与提示

这套画笔集合了本书所用的所有笔刷，共700多个，其中包含各种样式的睫毛、头发和裂痕等稀有笔刷。在后面的内容中，不会再给出画笔素材，大家可以直接选取相应的画笔进行绘制。

06 使用“吸管工具”吸取睫毛上的颜色作为前景色，然后选择载入的睫毛笔刷，并设置“大小”为170像素，如图12-47所示；接着新建一个“睫毛1”图层，最后单击鼠标左键，绘制出睫毛，如图12-48所示。

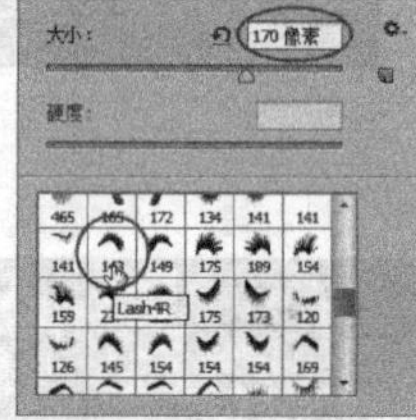

图12-47

图12-48

技巧与提示

很多时候人像受到光或者环境颜色的影响，睫毛呈现出的颜色可能并不是完全的黑色，这样就不能够直接用黑色的睫毛画笔进行绘制。这时可以使用“吸管工具”吸取原图睫毛根部的颜色进行绘制，绘制完成后可以使用“加深工具”和“减淡工具”对睫毛的局部进行调整，以达到更加立体的效果。

07 按Ctrl+T组合键进入自由变换状态，然后旋转并缩放睫毛大小，执行“编辑>变换>变形”菜单命令，接着将睫毛的形状调整到与右眼相吻合，如图12-49所示。

08 新建一个“睫毛2”图层，然后采用相同的方法绘制出左眼的睫毛，如图12-50所示。

图12-49

图12-50

09 下面合成光效。导入"素材文件>CH12>素材06-3.jpg"文件，并将新生成的图层命名为"光效"，然后设置该图层的"混合模式"为"滤色"，效果如图12-51所示。接着为其添加一个图层蒙版，最后使用黑色柔边"画笔工具"（将"不透明度"设置在30%~50%左右）在蒙版中稍微涂去脸部的光效，完成后的效果如图12-52所示。

图12-51

图12-52

10 选择"横排文字工具"T在画面的左侧制作一个装饰文字，最终效果如图12-53所示。

图12-53

12.2.2 课堂案例——制作水墨婚纱版面

实例位置	实例文件>CH12>12.2.2.psd
素材位置	素材文件>CH12>素材07-1.jpg~素材07-6.jpg
视频位置	多媒体教学>CH12>12.2.2.flv
实用指数	★★★★★
技术掌握	水墨婚纱版式的设计方法

婚纱版式设计一直都是影楼后期人员必修的课程。婚纱版式非常多，如清新版式、奇幻版式、宫廷版式、复古版式和水墨版式等。这其中水墨版式是比较难设计的一种，因此这里选择该版式来进行讲解。图12-54所示是本例的最终效果。

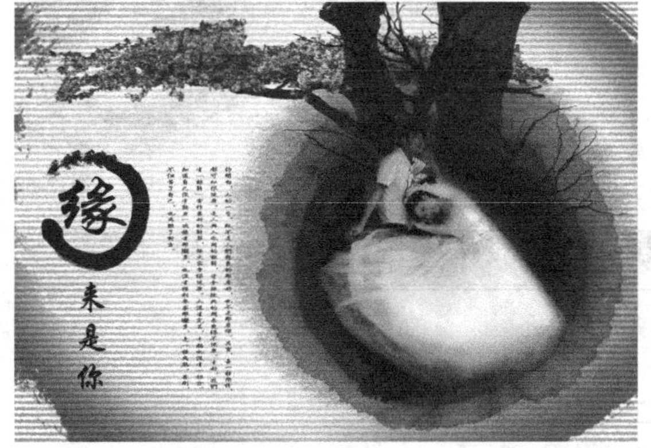

图12-54

01 下面合成背景。打开"素材文件>CH12>素材07-1.jpg"文件，如图12-55所示。

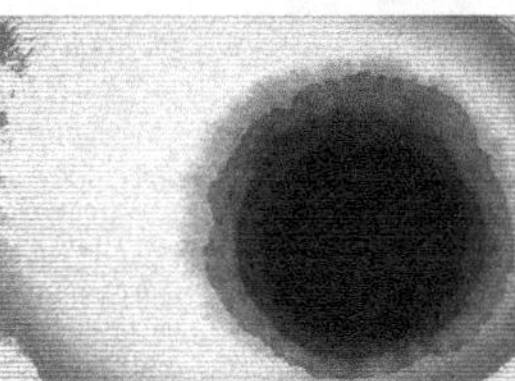

图12-55

02 导入"素材文件>CH12>素材07-2.jpg"文件，并将新生成的图层命名为"树1"，如图12-56所示；然后设置该图层的"混合模式"为"正片叠底"，效果如图12-57所示。

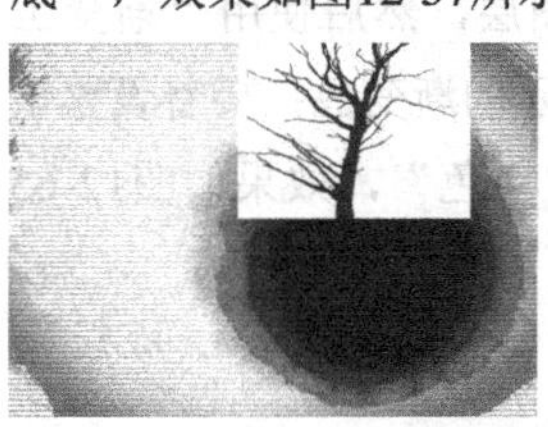

图12-56

图12-57

03 将"树1"图层复制一个到墨迹的右侧，然后调整好其大小和角度，如图12-58所示；接着导入"素材文件>CH12>素材07-3.jpg和素材07-4.jpg"文件，并将新生成的图层分别命名为"树2"和"树3"，再摆好这两棵树的位置，最后设置这两个图层的"混合模式"为"正片叠底"，效果如图12-59所示。

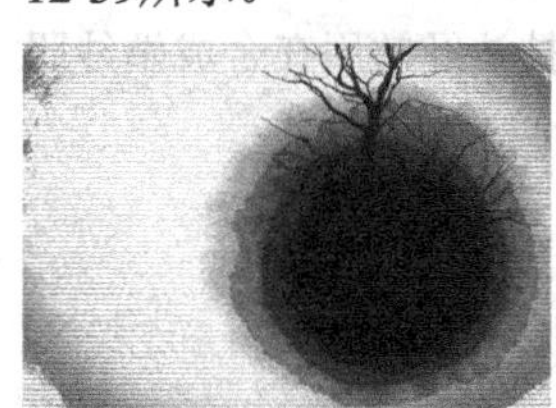

图12-58

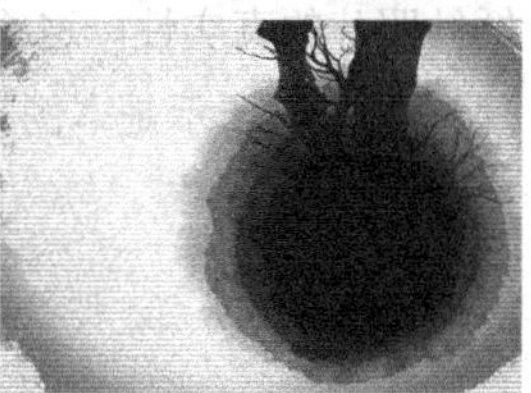

图12-59

04 导入“素材文件>CH12>素材07-5.jpg”文件，并将新生成的图层命名为“树枝”，如图12-60所示；接着设置该图层的“混合模式”为“正片叠底”，效果如图12-61所示。

图12-60

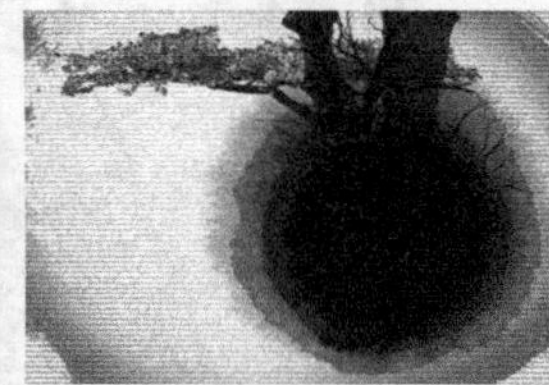
图12-61

05 下面合成婚纱照片。导入“素材文件> CH12>素材07-6.jpg”文件，并将新生成的图层命名为“婚纱”，如图12-62所示，然后为该图层添加一个图层蒙版，接着使用黑色柔边“画笔工具”在蒙版中涂去多余的部分，如图12-63所示。

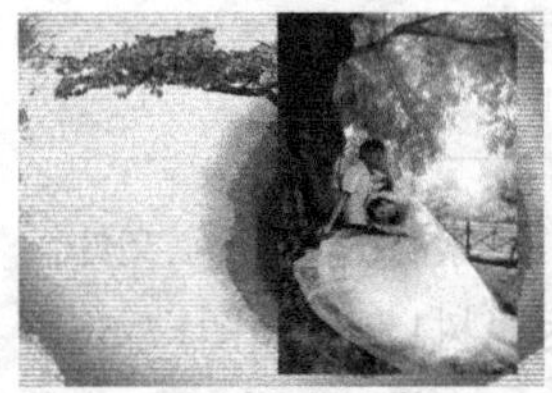
图12-62

图12-63

06 新建一个“上色”图层，然后使用“渐变工具”填充如图12-64所示的渐变色；接着设置该图层的“混合模式”为“颜色”，效果如图12-65所示。

图12-64

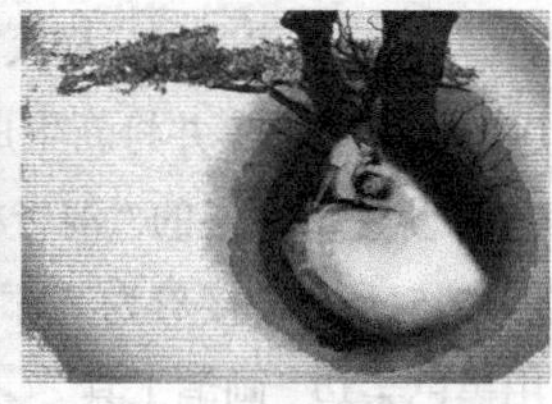
图12-65

07 在最上层创建一个“曲线”调整图层，然后在“属性”面板中将曲线调节成如图12-66所示的形状；接着使用黑色柔边“画笔工具”在调整图层的蒙版中涂去中键区域，只保留对4个角的调整，以形成暗角，效果如图12-67所示。

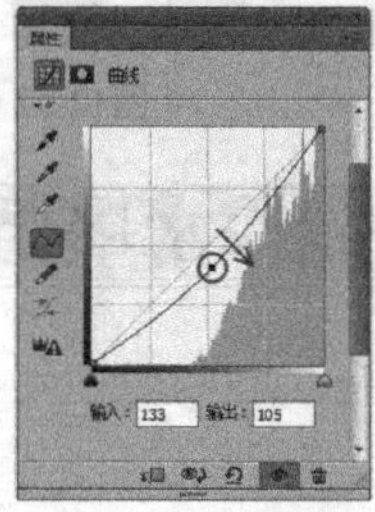

图12-66

图12-67

08 使用“横排文字工具”在画面中输入一些文字作为装饰，最终效果如图12-68所示。

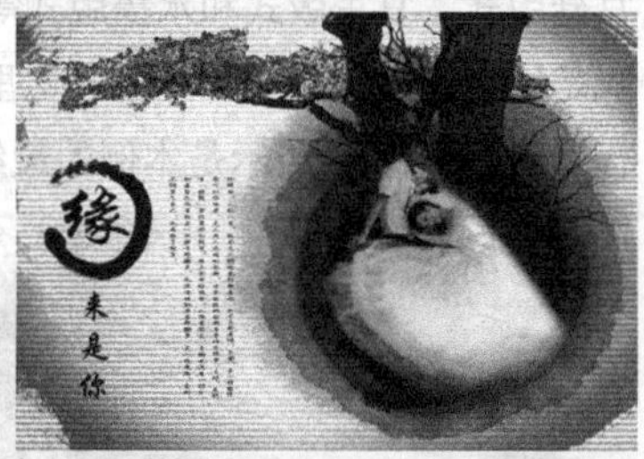

图12-68

12.2.3 课堂案例——制作油画婚纱

实例位置	实例文件>CH12>12.2.3.psd
素材位置	素材文件>CH12>素材08-1.jpg ~素材08-6.jpg
视频位置	多媒体教学>CH12>12.2.3.flv
实用指数	★★★★★
技术掌握	油画婚纱版面的设计方法

本例是一个综合性很强的实例，在技术方面涉及了纹理油画效果的详细制作过程，同时保留了婚纱照片的真实性，这些技法经常用在合成婚纱照片。图12-69所示是本例的最终效果。

图12-69

01 下面合成背景。新建一个大小为1500像素×2000像素的文档，然后使用“渐变工具”在“背景”图层中填充如图12-70所示的径向渐变色。

图12-70

02 导入“素材文件>CH12>素材08-1.jpg”文件，并将新生成的图层命名为“纹理”，如图12-71所示，然后设置该图层的“混合模式”为“柔光”，效果如图12-72所示。

图12-71 图12-72

03 新建一个“颜色”图层，然后使用“渐变工具”在该图层中填充如图12-73所示的径向渐变色，接着设置该图层的“混合模式”为“颜色”、“不透明度”为60%，效果如图12-74所示。

图12-73 图12-74

04 导入“素材文件>CH12>素材08-2.jpg”文件，并将新生成的图层命名为“云彩”，如图12-75所示，然后设置该图层的“混合模式”为“线性加深”、“不透明度”为60%，接着为该图层添加一个图层蒙版，最后使用黑色“画笔工具”在蒙版中涂去多余的部分，效果如图12-76所示。

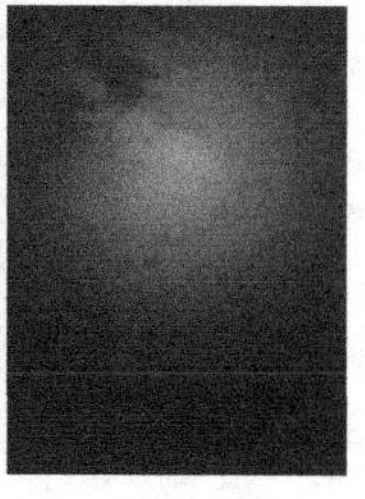

图12-75 图12-76

05 导入“素材文件>CH12>素材08-3.jpg”文件，并将新生成的图层命名为“远山”，如图12-77所示；然后设置该图层的“混合模式”为“线性加深”，接着为该图层添加一个图层蒙版，最后使用黑色“画笔工具”在蒙版中涂去多余的部分，效果如图12-78所示。

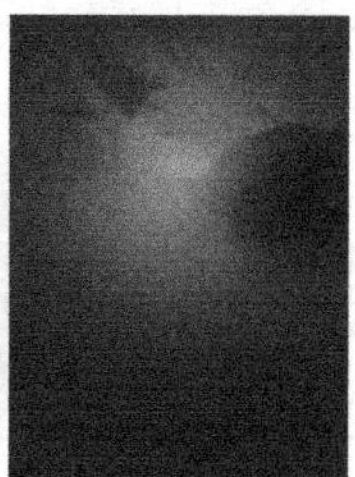

图12-77 图12-78

06 导入“素材文件>CH12>素材08-4.jpg”文件，并将新生成的图层命名为“石桥”，如图12-79所示，然后将该图层放在“颜色”图层的下一层，接着为该图层添加一个图层蒙版，最后使用黑色“画笔工具”在蒙版中涂去多余的部分，效果如图12-80所示。

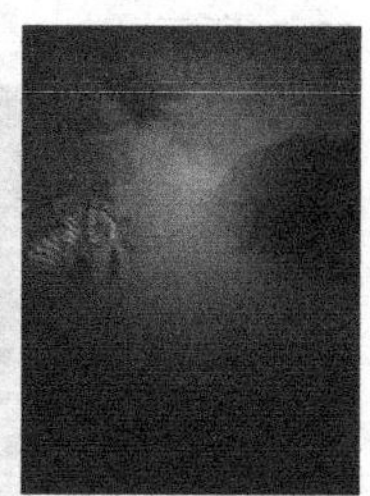

图12-79 图12-80

07 下面合成人像。导入“素材文件> CH12>素材08-5.jpg”文件，并将新生成的图层命名为“人物”，然后将该图层放在“颜色”图层的下一层，如图12-81所示，接着为该图层添加一个图层蒙版，最后使用黑色“画笔工具”在蒙版中涂去多余的部分，效果如图12-82所示。

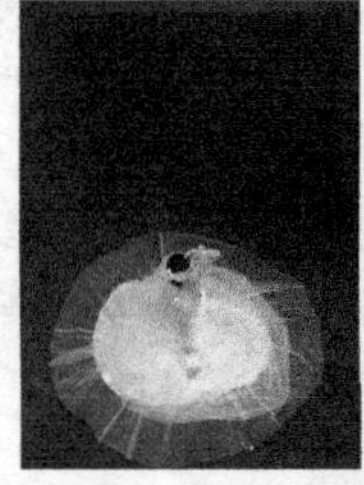

图12-81　　图12-82

08 按Ctrl+J组合键复制一个“人物副本”图层，然后按Shift+Ctrl+U组合键将其进行去色处理，接着将其放在“人物”图层的下一层，最后设置该图层的“混合模式”为“叠加”，效果如图12-83所示。

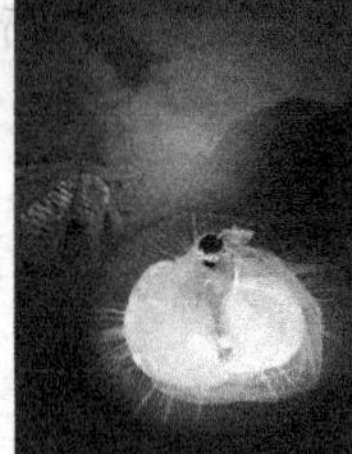

图12-83

09 下面合成纹理。导入“素材文件>CH12>素材08-6.jpg”文件，将其放在最上层，并将新生成的图层命名为“破纹理”，如图12-84所示。然后执行“选择>色彩范围”菜单命令，打开“色彩范围”对话框，接着使用“吸管工具”在图像的中间单击，再设置“颜色容差”为111，如图12-85所示，最后按Delete键删除选中的图像，效果如图12-86所示。

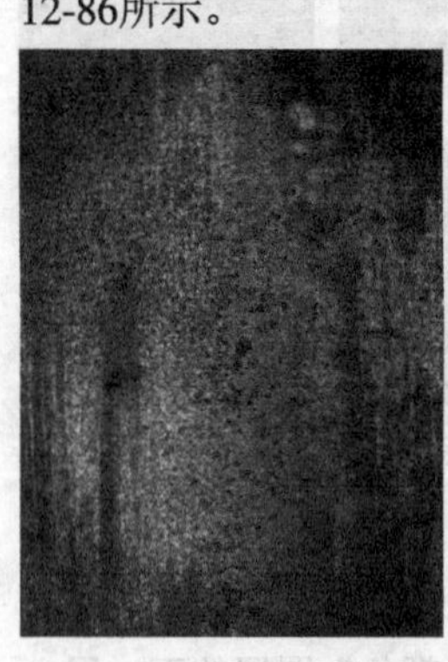

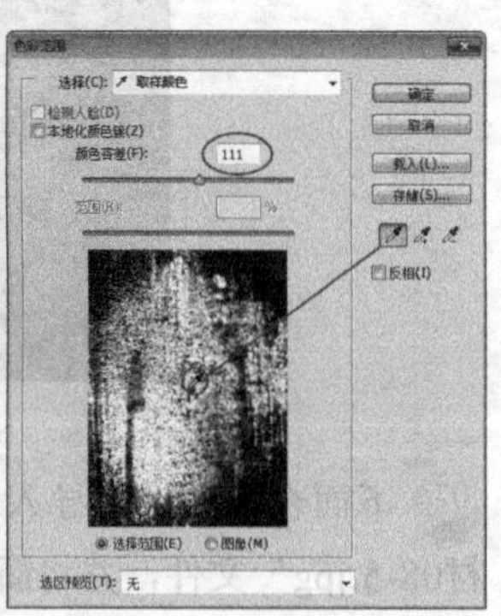

图12-84　　图12-85

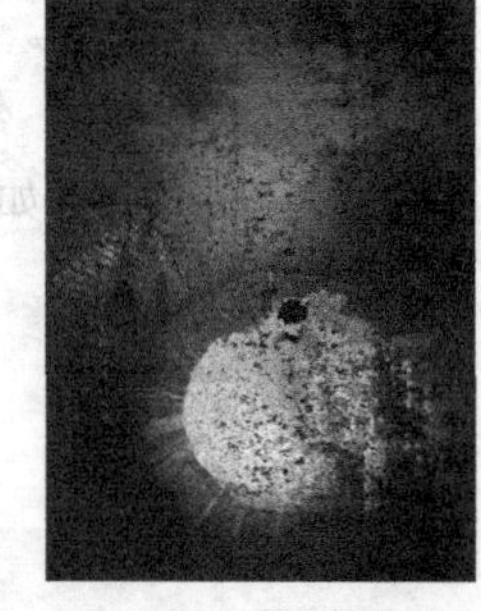

图12-86

10 按Ctrl+I组合键将“破纹理”图层进行反相处理，效果如图12-87所示。然后执行“滤镜>渲染>光照效果”菜单命令，接着在“属性”面板中设置光源为“点光”，最后设置“纹理”为“红”通道、“高度”为100，如图12-88所示，效果如图12-89所示。

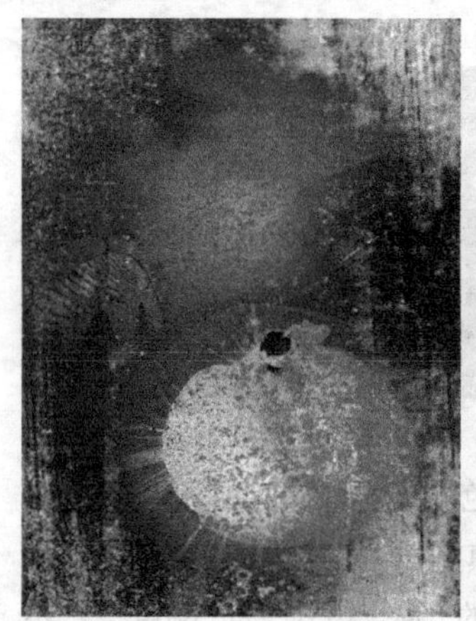

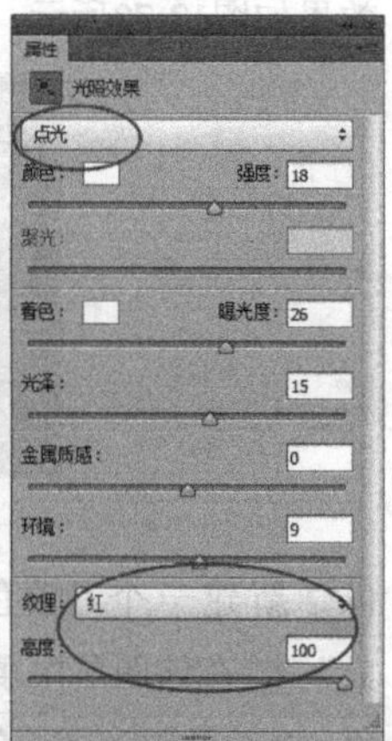

图12-87　　图12-88

图12-89

11 设置“破纹理”图层的“混合模式”为“叠加”、“不透明度”为50%，效果如图12-90所示。

图12-90

⑫ 将“纹理”图层复制一层到最上层，得到“纹理副本”图层，然后按Shift+Ctrl+I组合键将其进行去色处理，接着执行“滤镜>滤镜库”菜单命令。打开“滤镜库”对话框，在“纹理”滤镜组下选择“龟裂缝”滤镜，并设置“裂缝间距”为22、“裂缝深度”为7、“裂缝亮度”为9，如图12-91所示；在“滤镜库”对话框中单击“新建效果图层”按钮，新建一个效果层，然后选择“纹理化”滤镜，接着设置“凸现”为12，如图12-92所示；最后设置“纹理副本”图层的“不透明度”为60%，效果如图12-93所示。

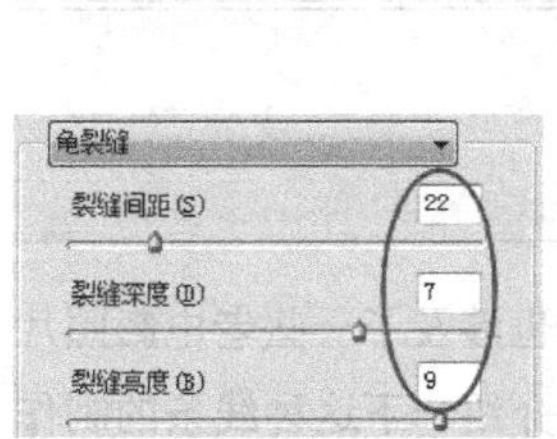

图12-91

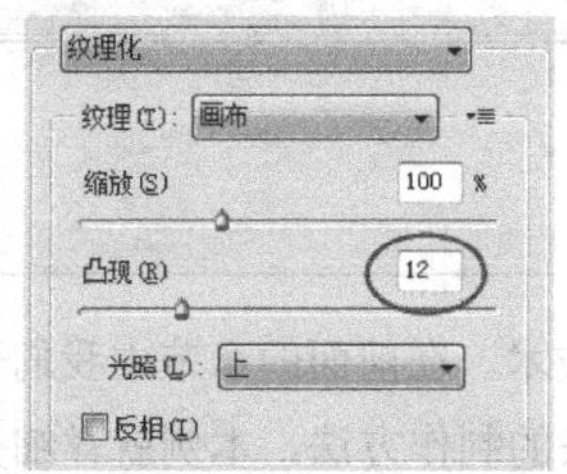

图12-92

图12-93

⑬ 创建一个“色彩平衡”调整图层，然后在“属性”面板中设置“青色-红色”为-8、“洋红-绿色”为15、“黄色-蓝色”为75，如图12-94所示，效果如图12-95所示。

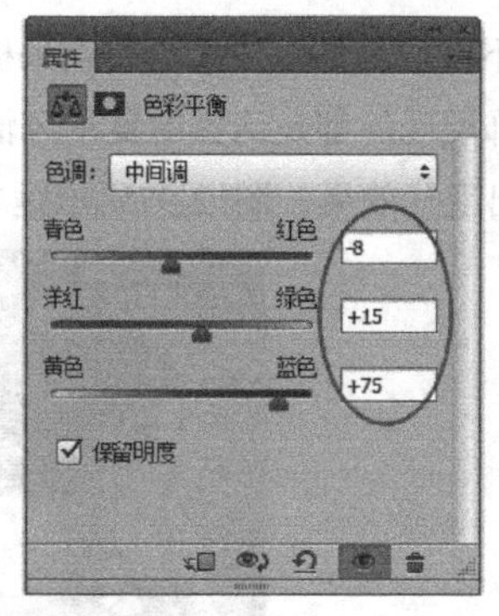

图12-94

图12-95

⑭ 使用“横排文字工具”在画面的左上角输入一些文字作为装饰，最终效果如图12-96所示。

图12-96

12.2.4 课堂练习——制作随风长发

实例位置	实例文件>CH12>12.2.4.psd
素材位置	素材文件>CH12>素材09-1.jpg、素材09-2.jpg、素材09-3.png
视频位置	多媒体教学>CH12>12.2.4.flv
实用指数	★★★★★
技术掌握	用液化滤镜补全头发；用头发笔刷绘制长发

原片的拍摄效果很不错，只是短发显得有点呆板，在构图上缺乏延伸感，因此头发处理是首选部分。原片人像的服装以及装饰展现的都是清爽的夏季风情，所以在背景上可以选择颜色鲜艳、动感较强的过渡色，然后辅以文字衬托出现代效果。图12-97所示是本练习的最终效果。

图12-97

步骤分解如图12-98所示。

图12-98（1）

图12-98（2）

图12-98（3）

图12-98（4）

12.2.5 课后习题——打造老照片

实例位置	实例文件>CH12>12.2.5.psd
素材位置	素材文件>CH12>素材10-1.jpg、素材10-2.png
视频位置	多媒体教学>CH12>12.2.5.flv
实用指数	★★★★★
技术掌握	老电影线条的制作方法

老电影照片一直是照片处理中的一项非常重要的技术。在前面的章节中我们也涉及了一些老电影照片的制作方法，但大多都是调色技术，并未涉及电影线条的制作方法，本例就详细介绍一下这种线条的制作方法。图12-99所示是本习题的最终效果。

图12-99

步骤分解如图12-100所示。

图12-100（1）

图12-100（2）

图12-100（3）

图12-100（4）

12.2.6 课后习题——制作甜蜜艺术写真

实例位置	实例文件>CH12>12.2.6.psd
素材位置	素材文件>CH12>素材11-1.jpg、素材11-2.png
视频位置	多媒体教学>CH12>12.2.6.flv
实用指数	★★★★★
技术掌握	艺术写真版式的设计方法

艺术写真照片的版式设计也是影楼后期人员必须掌握的重点技术之一。与婚纱版式一样，艺术写真版式也有很多种。图12-101所示是本习题的最终效果。

图12-101

步骤分解如图12-102所示。

图12-102（1）

图12-102（2）

图12-102（3）

图12-102（4）

图12-102（5）

12.3 风景照片处理实训

12.3.1 课堂案例——再现古城光影

实例位置	实例文件>CH12>12.3.1.psd
素材位置	素材文件>CH12>素材12-1.jpg、素材12-2.png、素材12-3.png
视频位置	多媒体教学>CH12>12.3.1.flv
实用指数	★★★★★
技术掌握	为风景照添加光影效果

由于实际拍摄出来的风景照往往韵味不足，这时可以采用增强光影的方法来弥补拍摄的不足。图12-103所示是本例的最终效果。

图12-103

01 打开“素材文件>CH32>素材12-1.jpg”文件，如图12-104所示。

图12-104

02 新建一个“图层1”，然后选择“渐变工具”，接着编辑出如图12-105所示的青色到白色渐变色，最后从图像的左上角向右下角拉出渐变，效果如图12-106所示。

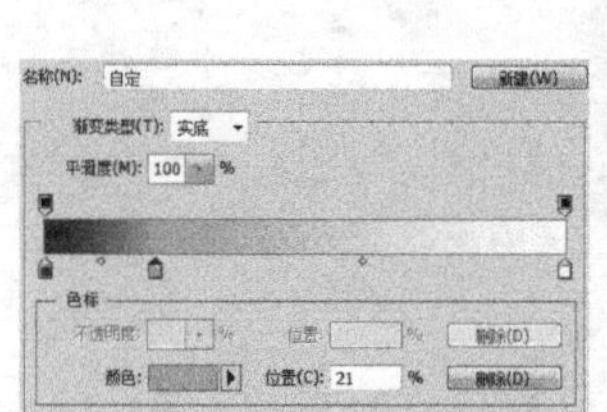

图12-105

图12-106

03 导入“素材文件>CH32>素材12-2.png”文件，然后将其放在图像的右上部，如图12-107所示；接着为其添加一个图层蒙版，最后使用黑色“画笔工具”涂去多余的部分，使云朵的过渡效果更加柔和自然，如图12-108所示。

图12-107

图12-108

04 将风景照原图复制一个到云朵的上一层，然后为其添加一个图层蒙版，接着使用“钢笔工具”勾勒出如图12-109所示的路径；再按Ctrl+Enter组合键载入路径的选区，最后用黑色填充蒙版选区，效果如图12-110所示。

图12-109

图12-110

05 下面调整画面的整体色调。创建一个“曲线”调整图层，然后在“属性”面板中将曲线调节成如图12-111所示的形状；接着按Ctrl+Alt+G组合键将该调整图层设置为风景照的剪贴蒙版，效果如图12-112所示。

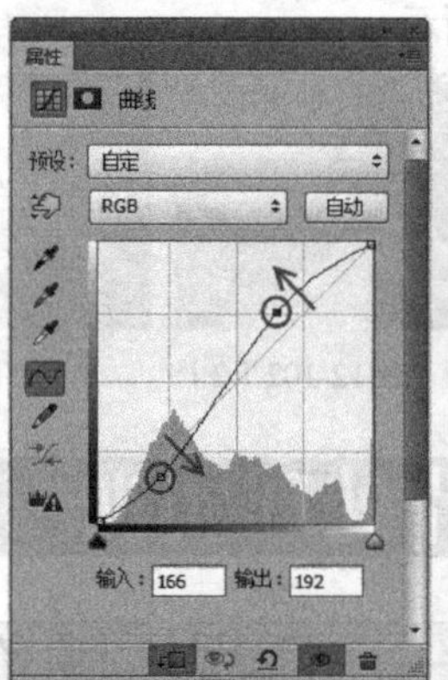

图12-111

图12-112

06 创建一个“色阶”调整图层，然后在“属性”面板中设置“输入色阶”为(36，1，255)，如图12-113所示；接着按Ctrl+Alt+G组合键将该调整图层设置为风景照的剪贴蒙版，效果如图12-114所示。

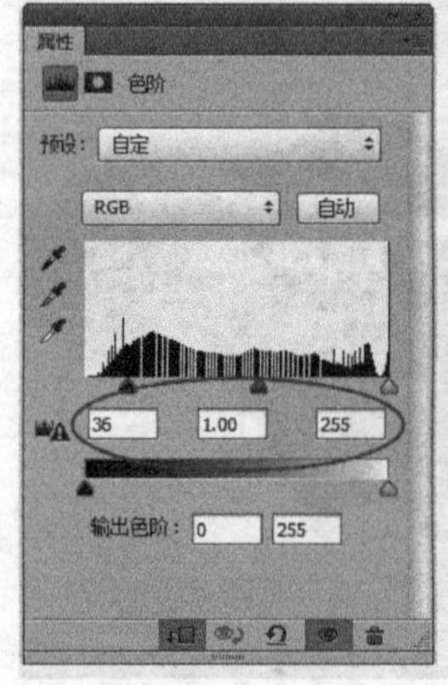

图12-113

图12-114

07 创建一个“色彩平衡”调整图层，然后按Ctrl+Alt+G组合键将该调整图层设置为风景照的剪贴蒙版，接着在“属性”面板中设置“色调”为“阴影”，最后设置“青色-红色”为2、“洋红-绿色”为0、“黄色-蓝色”为-20，如图12-115所示；设置“色调”为“中间调”，然后设置“青色-红色”为10、“洋红-绿色”为0、“黄色-蓝色”为-19，如图12-116所示；设置“色调”为“高光”，然后设置“青色-红色”为16、“洋红-绿色”为16、“黄色-蓝色”为-29，如图12-117所示，效果如图12-118所示。

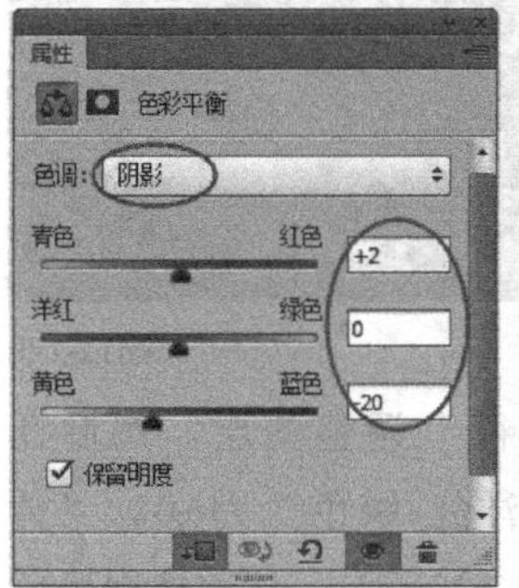

图12-115

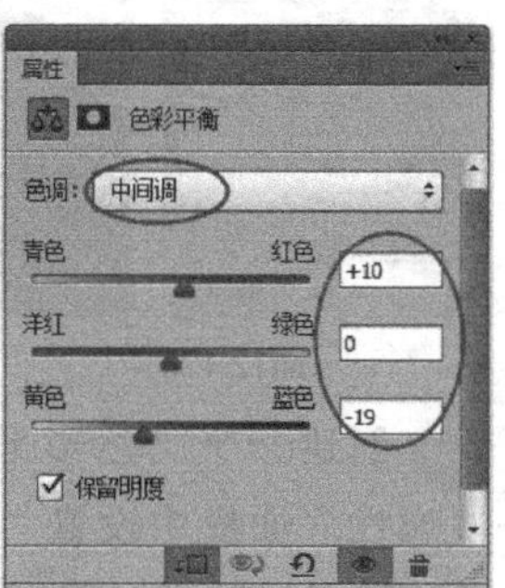

图12-116

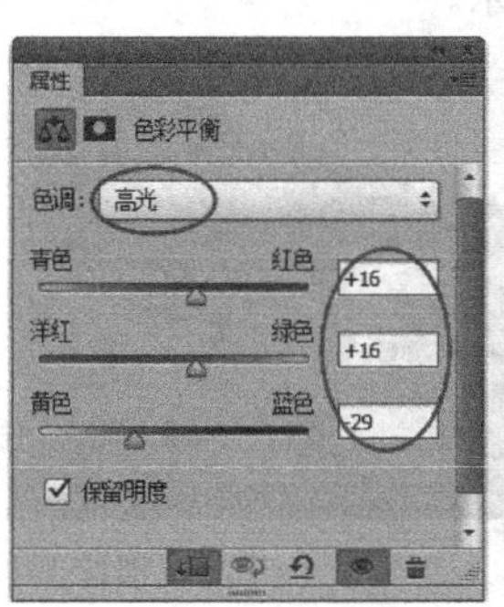

图12-117

图12-118

08 创建一个“亮度/对比度”调整图层，然后按Ctrl+Alt+G组合键将该调整图层设置为风景照的剪贴蒙版，接着在“属性”面板中设置“亮度”为15、“对比度”为23，如图12-119所示；效果如图12-120所示。

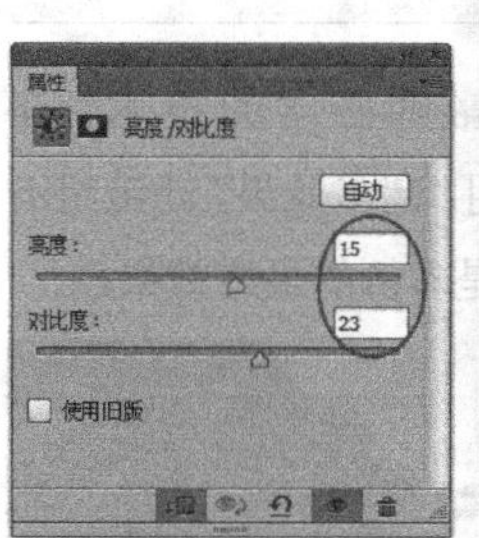

图12-119

图12-120

09 创建一个“色相/饱和度”调整图层，然后按Ctrl+Alt+G组合键将该调整图层设置为风景照的剪贴蒙版，接着在“属性”面板中设置“色相”为-13，如图12-121所示；效果如图12-122所示。

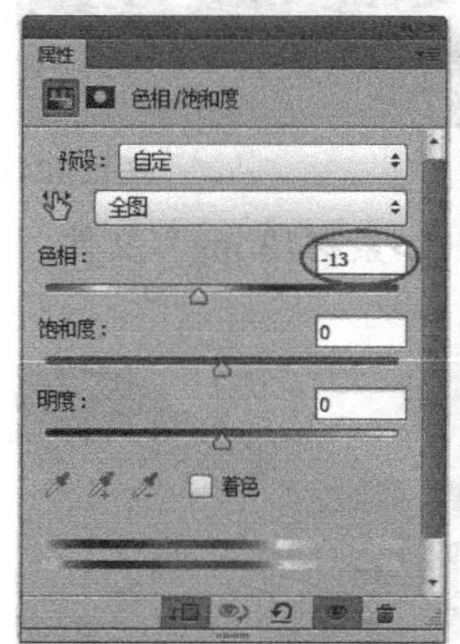

图12-121

图12-122

10 在风景照的顶部和底部各添加一个黑色边框，然后导入“素材文件>CH32>素材12-3.png”文件，并将其放在界面的右上角，最终效果如图12-123所示。

图12-123

12.3.2 课堂案例——打造水彩画

实例位置	实例文件>12.3.2.psd
素材位置	素材文件>CH12>素材13.jpg
视频位置	多媒体教学>CH12>12.3.2.flv
实用指数	★★★★★
技术掌握	水彩画的制作方法

水彩画一直是风光摄影师必学的技术。在Photoshop，水彩画一般都使用“艺术效果”滤镜组下的滤镜来制作。图12-124所示是本例的最终效果。

图12-124

01 打开“素材文件>CH12>素材13.jpg”文件，如图12-125所示。

图12-125

02 下面调整画面的整体色调。创建一个“色彩平衡”调整图层，然后在“属性”面板中设置“青色-红色”为-26、“洋红-绿色”为71、“黄色-蓝色”为60，如图12-126所示，接着使用黑色“画笔工具”在该调整图层的蒙版中涂去房屋和水面区域，效果如图12-127所示。

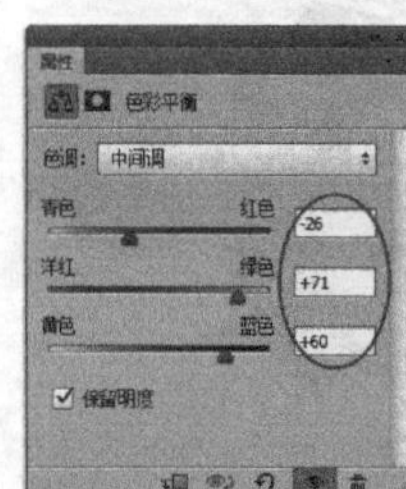

图12-126

图12-127

03 创建一个“色相/饱和度”调整图层，然后在“属性”面板中选择“红色”通道，接着设置“饱和度”为39，如图12-128所示，效果如图12-129所示。

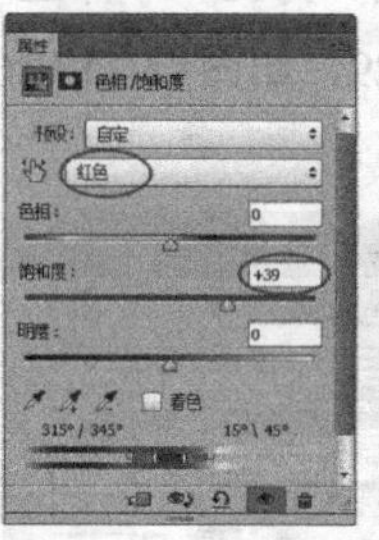

图12-128

图12-129

04 创建一个“色彩平衡”调整图层，然后在“属性”面板中设置“洋红-绿色”为60、“黄色-蓝色”为-25，如图12-130所示；接着使用黑色“画笔工具”在该调整图层的蒙版中涂去房屋区域，效果如图12-131所示。

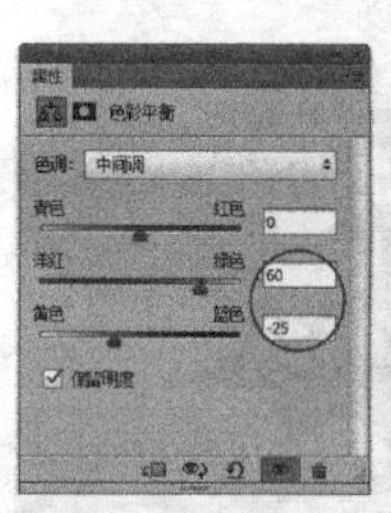

图12-130

图12-131

05 创建一个“亮度/对比度”调整图层，然后在“属性”面板中设置“亮度”为29、“对比度”为13，如图12-132所示，效果如图12-133所示。

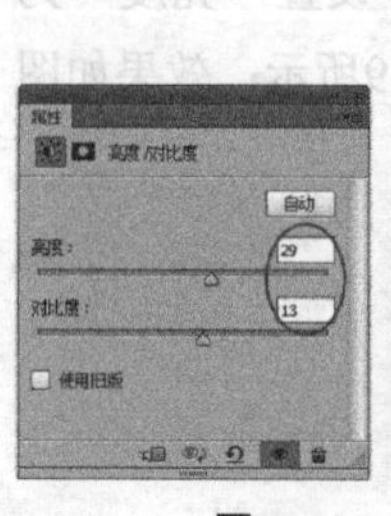

图12-132

图12-133

06 下面制作水彩画。按Shift+Ctrl+Alt+E组合键将可见图层盖印到一个“基底”图层中，然后按Ctrl+J组合键复制一个图层，并将其命名为“水彩”，接着执行“滤镜>模糊>特殊模糊”菜单命令，最后在弹出的“特殊模糊”对话框中设置“半径”为40、“阈值”为85、“品质”为“中”，如图12-134所示，效果如图12-135所示。

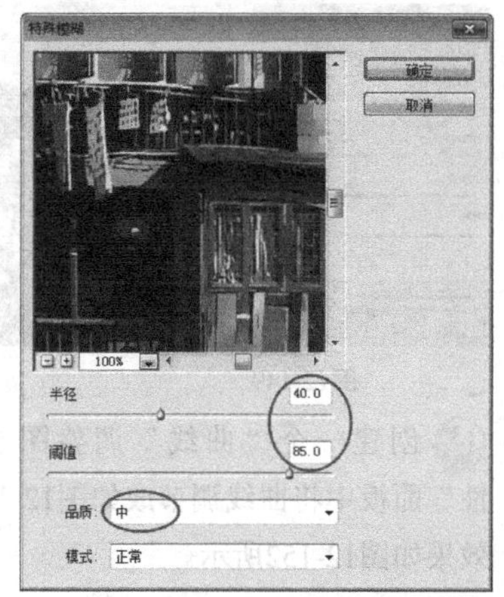

图12-134

图12-135

07 执行“滤镜>滤镜库”菜单命令，打开“滤镜库”对话框，然后在“艺术效果”滤镜组下选择“干画笔”滤镜，接着设置“画笔大小”为2、“画笔细节”为10、“纹理”为1，如图12-136所示，效果如图12-137所示。

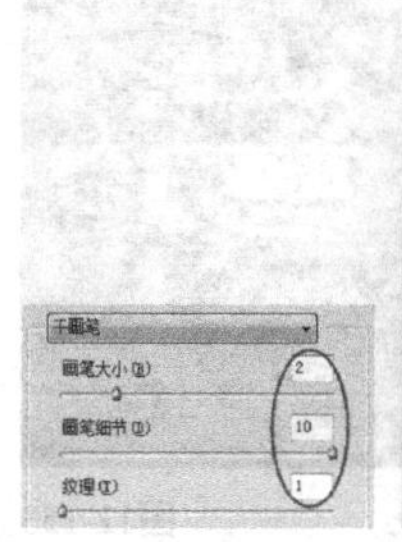

图12-136

图12-137

08 执行“滤镜>滤镜库”菜单命令，打开“滤镜库”对话框，然后在“艺术效果”滤镜组下选择“绘画涂抹”滤镜，接着设置“画笔大小”为19、“锐化程度”为12，如图12-138所示，效果如图12-139所示。

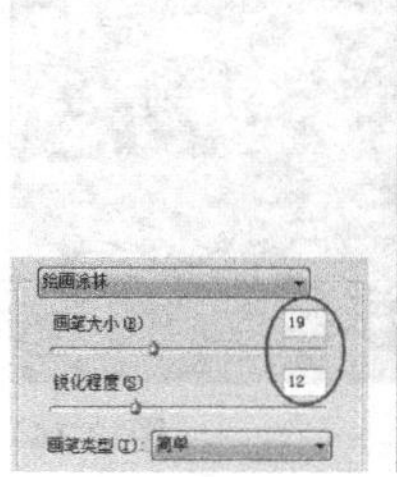

图12-138

图12-139

09 将“基底”图层再复制一层，放在最上层，并将其命名为“细节”，然后执行“滤镜>滤镜库”菜单命令，打开“滤镜库”对话框，接着在“艺术效果”滤镜组下选择“水彩”滤镜，再设置“画笔细节”为3、“阴影强度”为2、“纹理”为1，如图12-140所示；效果如图12-141所示。最后设置该图层的“混合模式”为“柔光”、“不透明度”为80%，效果如图12-142所示。

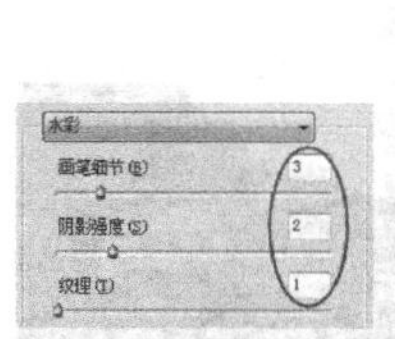

图12-140

图12-141

图12-142

10 在最上层新建一个“纹理”图层，设置前景色为（R:128，G:128，B:128），并按Alt+Delete组合键用前景色填充该图层，然后执行“滤镜>滤镜库”菜单命令，打开“滤镜库”对话框，接着在

“纹理”滤镜组下选择“纹理化”滤镜，再设置“缩放”为200%、“凸现”为18，如图12-143所示，效果如图12-144所示。最后设置该图层的“混合模式”为“叠加”，效果如图12-145所示。

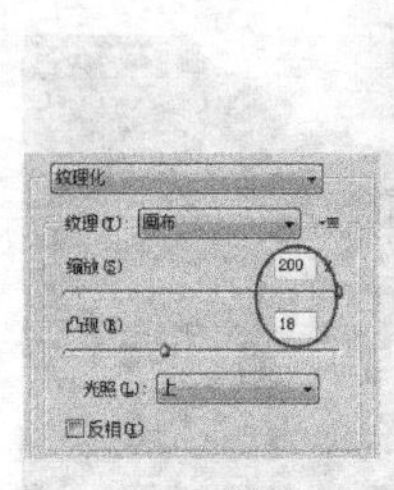

图12-143　图12-144

图12-145

11 创建一个“色彩平衡”调整图层，然后在“属性”面板中设置“青色-红色”为36、“洋红-绿色”为-50、“黄色-蓝色”为-25，如图12-146所示，效果如图12-147所示。

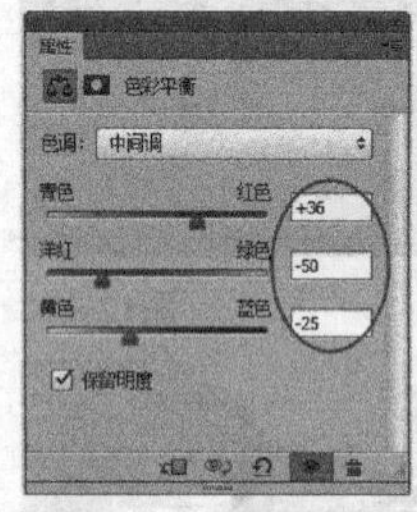

图12-146　图12-147

12 创建一个“色相/饱和度”调整图层，然后在“属性”面板中设置“饱和度”为-56，如图12-148所示；选择“绿色”通道，然后设置“色相”为-58、“饱和度”为-10，如图12-149所示，效果如图12-150所示。

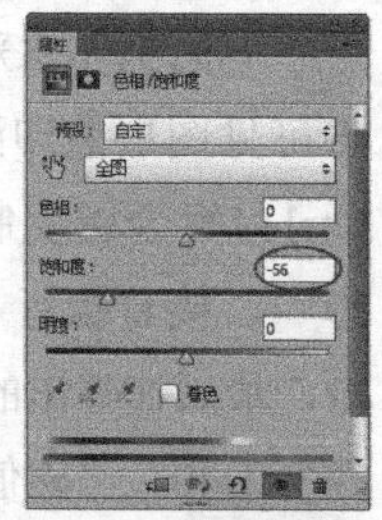

图12-148

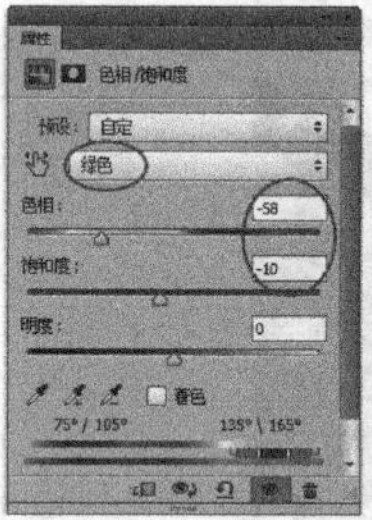

图12-149　图12-150

13 创建一个“曲线”调整图层，然后在“属性”面板中将曲线调节成如图12-151所示的形状，效果如图12-152所示。

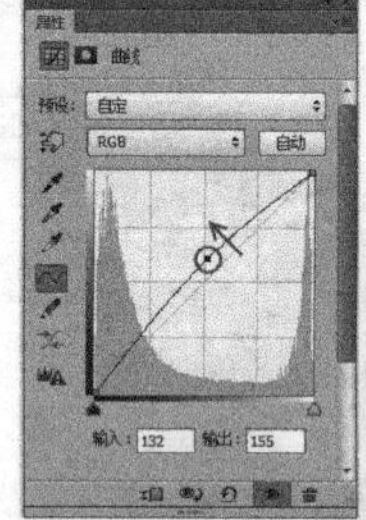

图12-151　图12-152

14 使用“横排文字工具”T在水彩画的左上角输入相应的文字信息，最终效果如图12-153所示。

图12-153

12.3.3 课堂练习——打造科幻电影大片

实例位置	实例文件>12.3.3.psd
素材位置	素材文件>CH12>素材14-1.jpg、素材14-2.png
视频位置	多媒体教学>CH12>12.3.3.flv
实用指数	★★★★★
技术掌握	科幻电影色风景照的调色方法

本练习的原片拍摄得很普通，天空部分缺乏层次感，光线也不强。图12-154所示是本练习的最终效果。

图12-154

步骤分解如图12-155所示。

图12-155（1）

图12-155（2）

图12-155（3）

图12-155（4）

12.3.4 课后习题——打造LOMO风景照片

实例位置	实例文件>12.3.4.psd
素材位置	素材文件>CH12>素材15.jpg
视频位置	多媒体教学>CH12>12.3.4.flv
实用指数	★★★★★
技术掌握	LOMO风景照的调色方法

本习题的原片完全属于“垃圾片”，没有一点美感。但是，“垃圾片”也可以变为“大片”。图12-156所示是本习题的最终效果。

图12-156

步骤分解如图12-157所示。

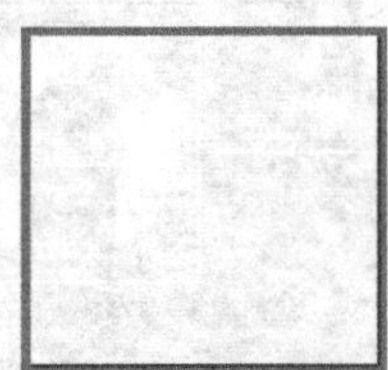

图12-157（1）

图12-157（2）

图12-157（3）

图12-157（4）

12.3.5 课后习题——打造老电影建筑照片

实例位置	实例文件>12.3.5.psd
素材位置	素材文件>CH12>素材16.jpg
视频位置	多媒体教学>CH12>12.3.5.flv
实用指数	★★★★★
技术掌握	老电影色调风景照的调色方法

本习题的原片拍摄得有一些“脏”，画面中有很多杂点，这种风景照片非常适合于制作老电影特效。图12-158所示是本习题的最终效果。

图12-158

步骤分解如图12-159所示。

图12-159（1）

图12-159（2）

图12-159（3）

图12-159（4）

12.4 平面设计实训

12.4.1 课堂案例——制作月饼包装

实例位置	实例文件>CH12>12.4.1.psd
素材位置	素材文件>CH12>素材17-1.png~素材17-3.png、素材17-4.jpg
视频位置	多媒体教学>CH12>12.4.1.flv
实用指数	★★★★★
技术掌握	纸盒包装平面图及立体图的制作流程与技巧

本例是一个高档的月饼包装设计实例，首先要制作出平面图，然后根据透视关系将平面图拼接成立体图。图12-160所示是本例的最终效果。

图12-160

01 下面设计平面图。按Ctrl+N组合键新建一个尺寸为39厘米×39厘米、分辨率为150像素/英寸、背景内容为白色的文档，然后执行“视图>新建参考线”菜单命令，打开“新建参考线”对话框，接着分别在水平和垂直方向的0cm、6.5cm、19.5cm、32.5cm和39cm处添加参考线，如图12-161所示。

图12-161

技巧与提示

在包装设计中，参考线的运用非常频繁。合理运用参考线可以帮助我们定位最精确的位置，避免误差。在“新建参考线”对话框中，输入数值可以精确地在水平和垂直方向上添加参考线，如图12-162所示。

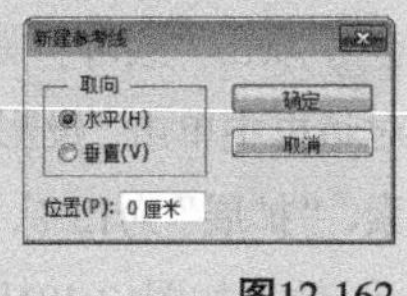

图12-162

02 使用“多边形套索工具”沿参考线创建出如图12-163所示的选区，然后新建一个“底色”图层，设置前景色为红色（R:255，G:0，B:0），接着按Alt+Delete组合键填充选区，最后按Ctrl+D组合键取消选区，效果如图12-164所示。

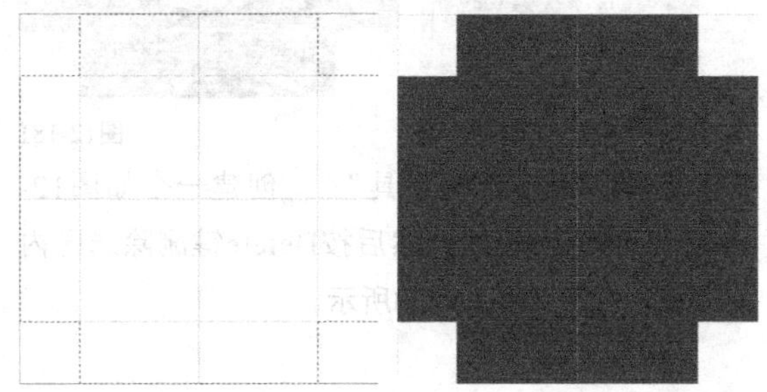

图12-163 图12-164

03 新建一个“金边”图层，然后使用“矩形选框工具”沿参考线创建一个如图12-165所示的矩形选区，接着执行“编辑>描边”命令，最后在弹出的“描边”对话框中设置“宽度”为20像素、“颜色”为（R:255，G:176，B:74）、“位置”为“内部”，如图12-166所示，效果如图12-167所示。

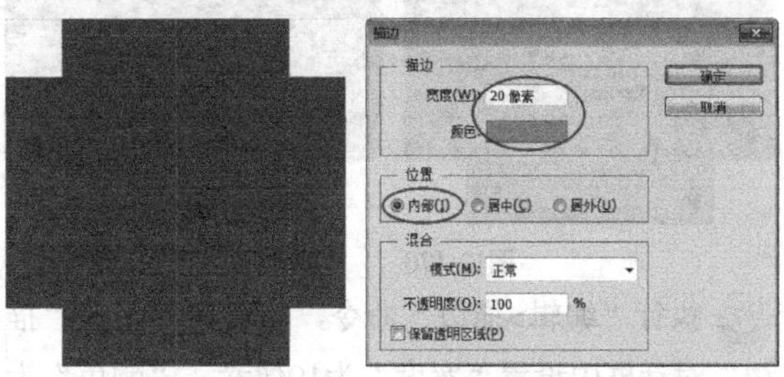

图12-165 图12-166

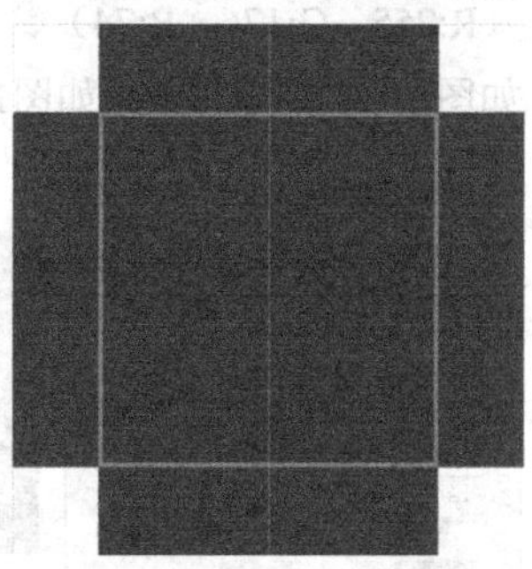

图12-167

04 双击“金边”图层，然后在弹出的“图层样式”对话框中单击“斜面和浮雕”样式，接着设置“样式”为“枕状浮雕”、“大小”和“软化”为8像素，如图12-168所示，效果如图12-169所示。

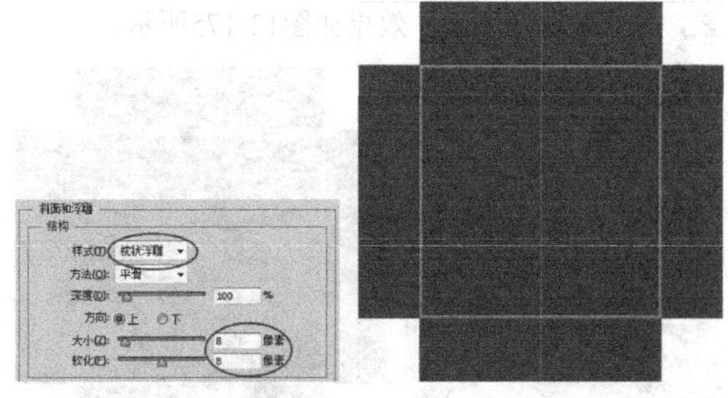

图12-168 图12-169

05 在“金边”图层的下一层新建一个“竖条”图层，然后使用“矩形选框工具”创建一个如图12-170所示的矩形选区，接着前景色为（R:159，G:12，B:18），最后按Alt+Delete组合键填充选区，效果如图12-171所示。

图12-170　　图12-171

06 执行“编辑>描边”命令，然后在弹出的“描边”对话框中设置“宽度”为10像素、“颜色”为（R:255，G:176，B:74）、“位置”为“内部”，如图12-172所示，效果如图12-173所示。

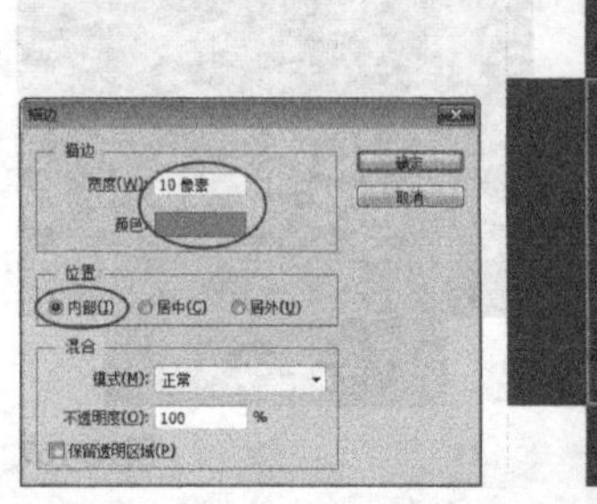

图12-172　　图12-173

07 双击“竖条”图层，然后在弹出的“图层样式”对话框中单击“投影”样式，接着设置“距离”为6像素、“扩展”为6%、“大小”为7像素，如图12-174所示，效果如图12-175所示。

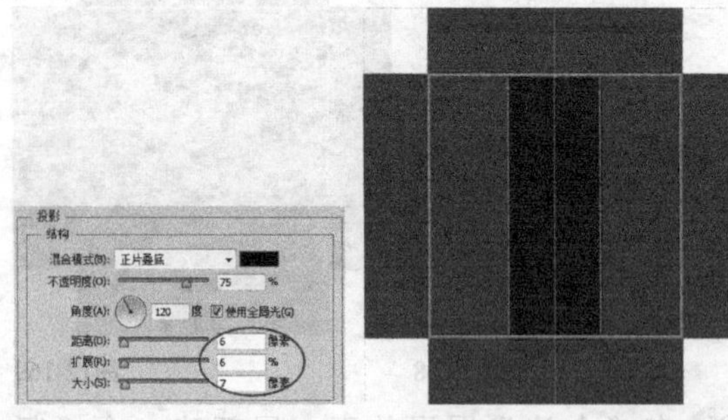

图12-174　　图12-175

08 在“竖条”图层的上一层新建一个“圆环”图层，然后按住Shift键使用“椭圆选框工具”在图像中间创建一个较大的圆形选区，接着按住Alt键创建一个较小的圆形选区，如图12-176所示，接着设置前景色为（R:238，G:219，B:163），最后按Alt+Delete组合键填充选区，效果如图12-177所示。

图12-176　　图12-177

09 执行“编辑>描边”命令，然后在弹出的“描边”对话框中设置“宽度”为10像素、“颜色”为（R:255，G:176，B:74）、“位置”为“内部”，如图12-178所示，效果如20-179所示。

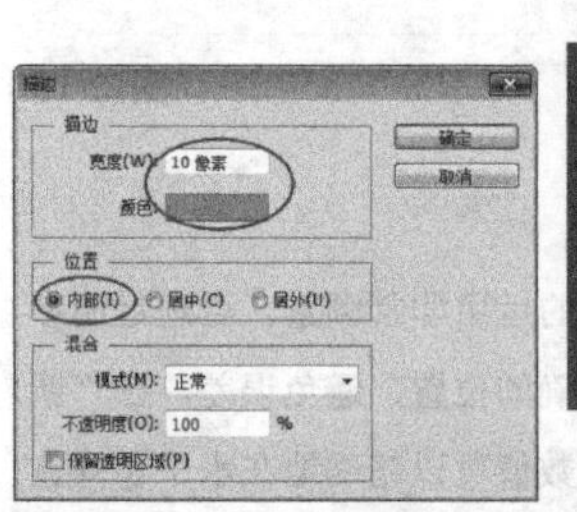

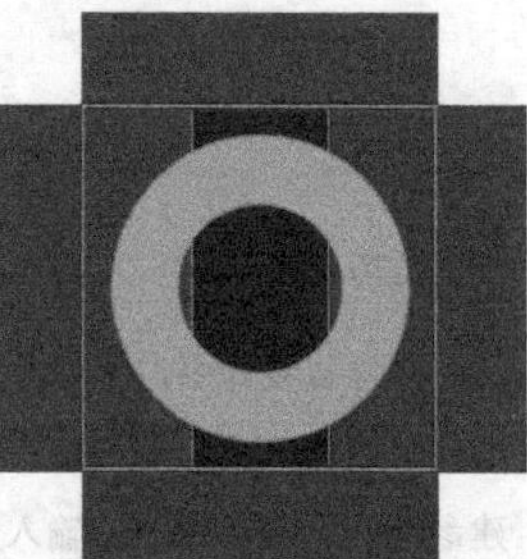

图12-178　　图12-179

10 双击“圆环”图层，然后在弹出的“图层样式”对话框中单击“投影”样式，接着设置“距离”为10像素、“扩展”为15%、“大小”为73像素，如图12-180所示，效果如图12-181所示。

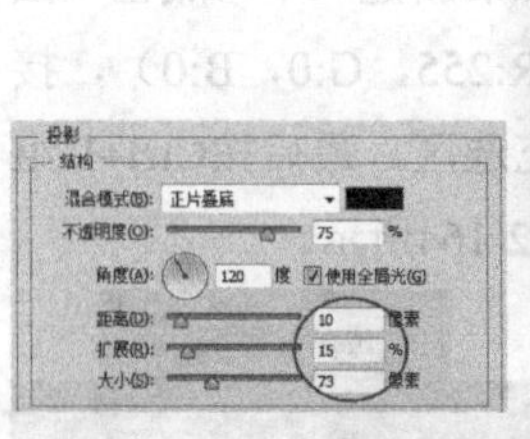

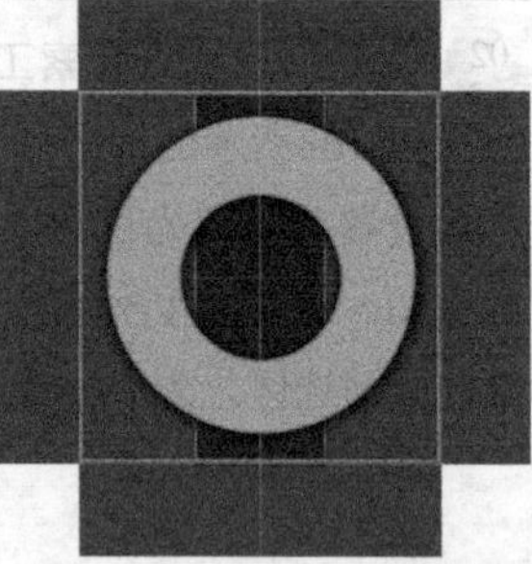

图12-180　　图12-181

11 选择“矩形选框工具”创建一个如图12-182所示的矩形选区，然后按Delete键删除选区内的图像，效果如图12-183所示。

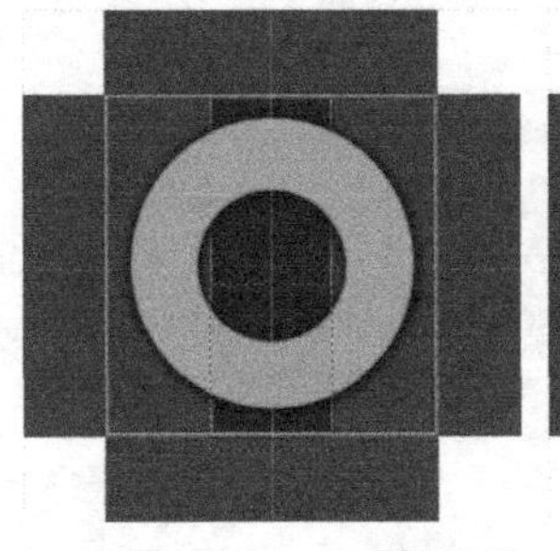
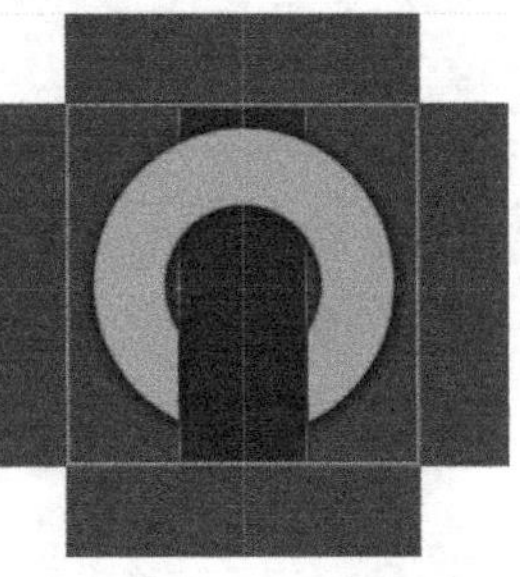

图12-182 图12-183

⑫ 导入“素材文件>CH12>素材17-1.png”文件，放在“竖条”图层的下一层，并将新生成的图层命名为“花边1”，然后调整好其大小和位置，如图12-184所示，接着设置该图层的“不透明度”为30%，效果如图12-185所示，最后复制3个花边到另外3个角上，完成后的效果如图12-186所示。

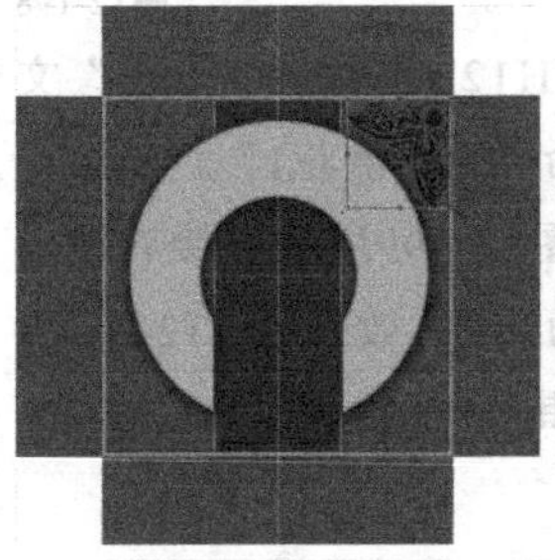
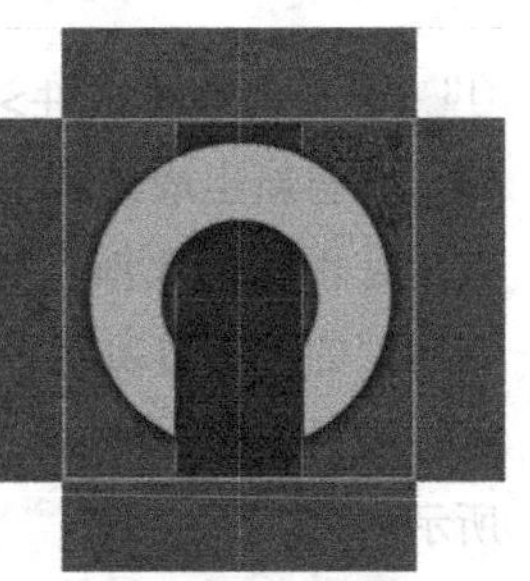

图12-184 图12-185

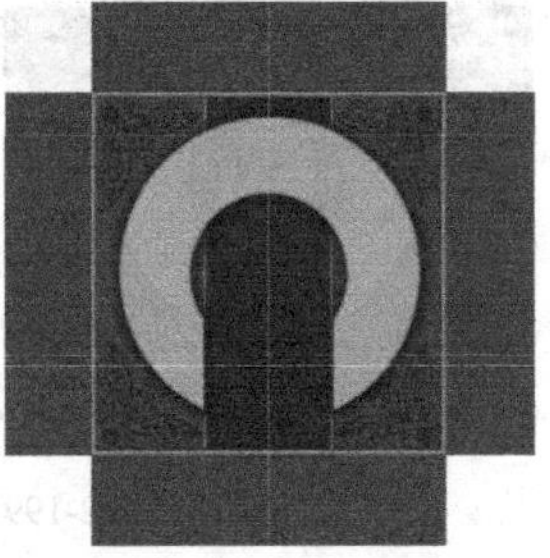

图12-186

技巧与提示

复制花纹以后，要利用自由变换功能对其进行水平或垂直翻转。

⑬ 导入“素材文件>CH12>素材17-2.png”文件，放在“圆环”图层的上一层，并将新生成的图层命名为“花环”，如图12-187所示，然后载入“花环”图层的选区，接着设置前景色为（R:244，G:205，B:138），再按Alt+Delete组合键填充选区，效果如图12-188所示。最后按Ctrl+Alt+G组合键将“花环”图层设置为“圆环”的剪贴蒙版，效果如图12-189所示。

图12-187 图12-188

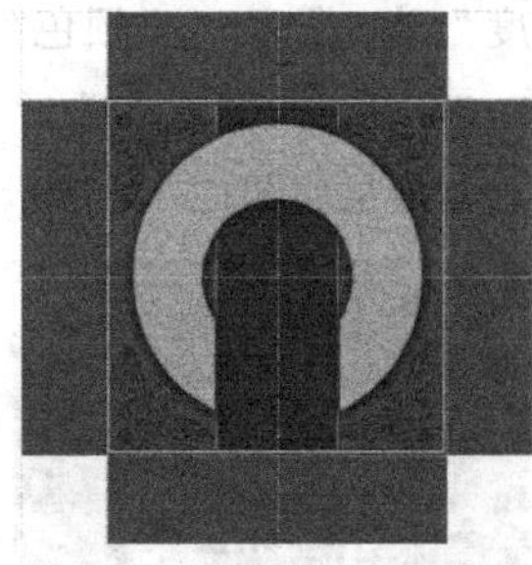

图12-189

⑭ 双击“花环”图层，然后在弹出的“图层样式”对话框中单击“斜面和浮雕”样式，接着设置“样式”为“外斜面”、“大小”为6像素，如图12-190所示，效果如图12-191所示。

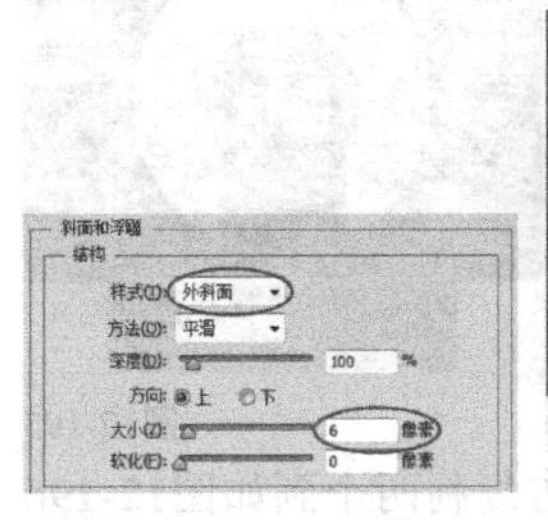

图12-190 图12-191

⑮ 使用“横排文字工具”T在图像中输入相应的文字信息，在其选项栏中设置字体为“黑体”，字号为60点，在图像中创建文字“金尊”，如图12-192所示。

图12-192

⑯ 新建一个“圆圈1”图层，然后按住Shift键的同时使用“椭圆选框工具”▢创建一个如图12-193所示的圆形选区，接着执行“编辑>描边”命令，最后在弹出“描边”对话框中设置“宽度”为5像素、“颜色”为（R:255，G:176，B:74）、“位置”为“居外”，如图12-194所示，效果如图12-195所示。

图12-193

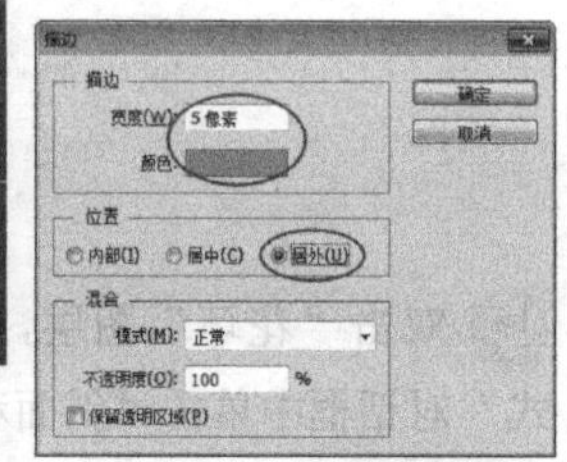

图12-194

图12-195

⑰ 将“圆圈1”图层向右复制两个到如图12-196所示的位置，然后使用“横排文字工具”T在3个圆圈内输入相应的文字信息，如图12-197所示，接着继续输入其他的文字信息，如图12-198所示。

图12-196

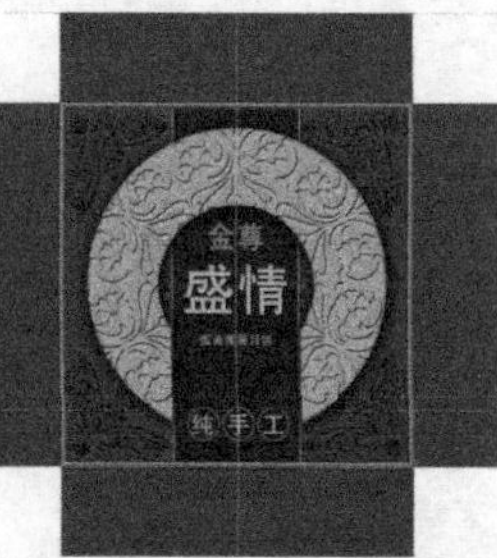

图12-197

图12-198

⑱ 导入“素材文件>CH12>素材17-3.png”文件，并将新生成的图层命名为“侧花1”，然后将其放在图像的底部，如图12-199所示，接着设置该图层的“不透明度”为30%，效果如图12-200所示，最后复制3个侧花到其他3个位置，如图12-201所示。

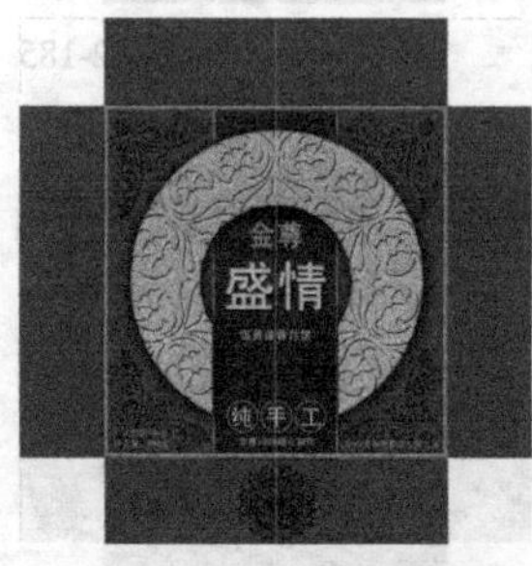

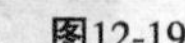

图12-199

图12-200

图12-201

19 下面设计立体效果图。选择除了“背景”图层以外的所有图层，然后按Ctrl+E组合键将其合并为一个图层，接着使用“矩形选框工具”框选月饼包装的正面区域，如图12-202所示。

20 打开“素材文件>CH12>素材17-4.jpg”文件，然后使用“移动工具”将选区内的包装正面拖曳到背景中，接着按Ctrl+T组合键进入自由变换状态，最后将其缩小到如图12-203所示的大小。

图12-202

图12-203

21 使用“矩形选框工具”框选月饼包装左侧区域，如图12-204所示，然后使用“移动工具”将其拖曳到背景中，接着调整好其大小和透视关系，完成后的效果如图12-205所示。

图12-204

图12-205

22 采用相同的方法制作出月饼立体包装的顶面部分，完成后的效果如图12-206所示。

图12-206

23 双击立体包装中正面所在的图层，然后在弹出的“图层样式”对话框中单击“投影”样式，然后设置“距离”为30像素、“扩展”为29%、“大小”为68像素，如图12-207所示，效果如图12-208所示。

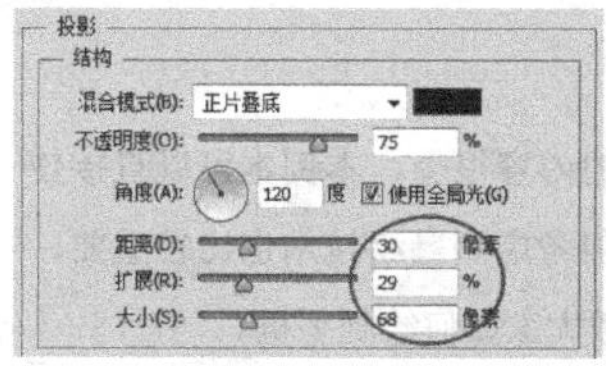

图12-207

图12-208

24 将包装盒复制两个，然后调整好其大小和位置，最终效果如图12-209所示。

图12-209

12.4.2 课堂案例——制作手机展示广告

实例位置	实例文件>CH12>12.4.2.psd
素材位置	素材文件>CH12>素材18-1.jpg、素材18-2.jpg、素材18-3.png、素材18-4.png
视频位置	多媒体教学>CH12>12.4.2.flv
实用指数	★★★★★
技术掌握	产品广告的制作思路及相关技巧

产品广告设计注重推销该产品的性能与特点，要求设计师在制作广告时对该产品有一定的了解，这样才能制作出引人注目的产品广告。图12-210所示是本例的最终效果。

图12-210

01 下面绘制手机。打开“素材文件> CH12>素材18-1.jpg”文件，然后新建一个“主体”图层组，并在该组内新建一个“图层1”，接着使用“圆角矩形工具”（设置“半径”为150像素）创建一个如图12-211所示的圆角矩形路径，再按Ctrl+Enter组合键载入路径的选区，最后用黑色填充选区，效果如图12-212所示。

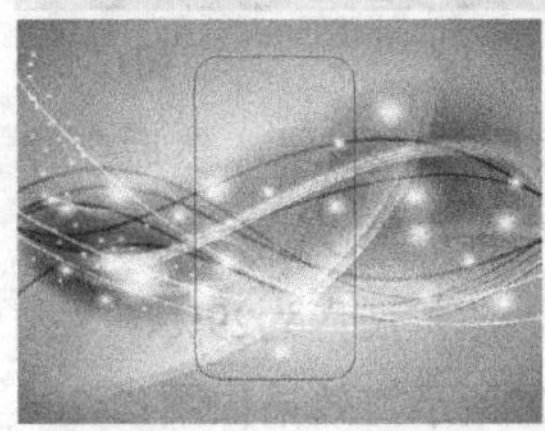

图12-211

图12-212

技巧与提示

在本书中，涉及鼠绘的内容很少，本例本可以直接使用手机素材来进行设计，但考虑到鼠绘技术也比较重要，因此本例就用鼠绘技术来教大家如何绘制手机。

02 载入“图层1”的选区，然后执行“选择>修改>收缩”菜单命令，在弹出的“收缩选区”对话框中设置“收缩量”为2像素，接着新建一个“图层2”，最后用黑色填充选区，如图12-213所示。

03 执行“图层>图层样式>颜色叠加”菜单命令，打开“图层样式”对话框，然后设置叠加颜色为白色、“不透明度”为82%，如图12-214所示。

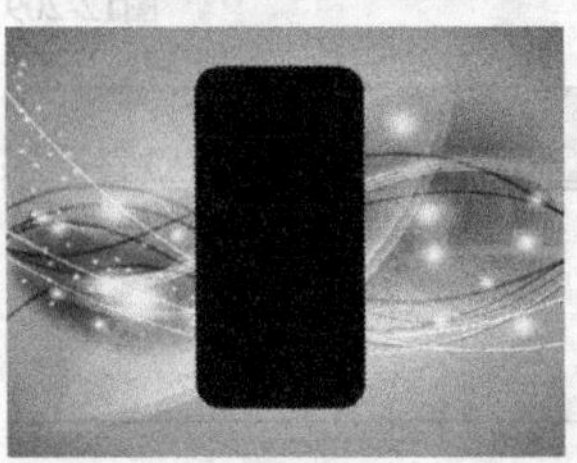

图12-213

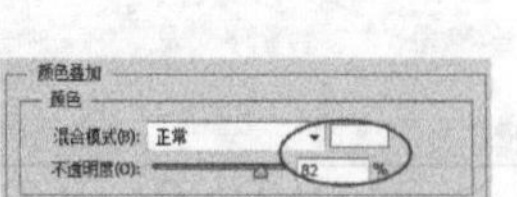

图12-214

04 在“图层样式”对话框中单击“渐变叠加”样式，然后编辑出如图12-215所示的金属渐变色，接着设置“角度”为180°，如图12-216所示。

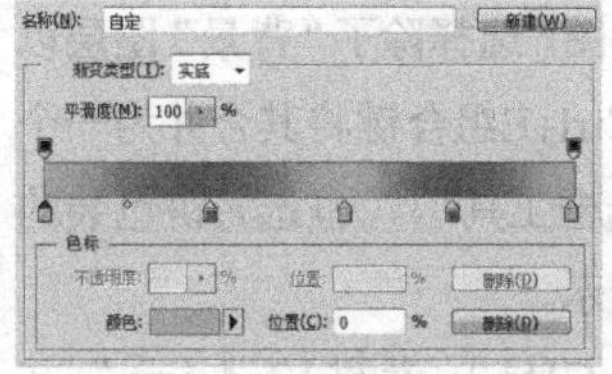

图12-215

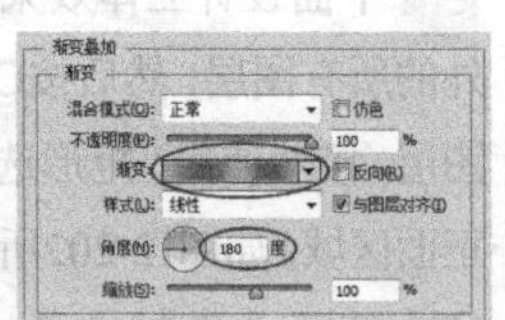

图12-216

05 在“图层样式”对话框中单击“描边”样式，然后设置“大小”为4像素、“位置”为“内部”、“不透明度”为50%，接着设置“渐变类型”为“渐变”，并编辑出如图12-217所示的金属渐变，最后设置“样式”为“线性”、“角度”为0°，如图12-218所示，效果如图12-219所示。

图12-217

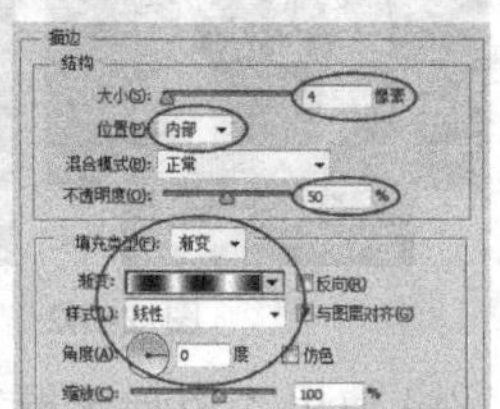

图12-218

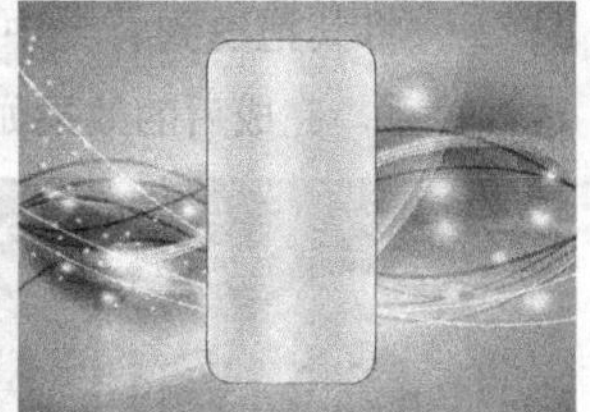

图12-219

06 新建一个“图层3”，然后使用“矩形选框工具”制作一个如图12-220所示的黑条。

图12-220

07 新建一个“图层4”，然后使用“圆角矩形工具”制作一个如图12-221所示的黑色圆角图像，按Ctrl+J组合键复制一个“图层4副本”图层，接着为其添加一个“斜面和浮雕”样式，再设置“深度”为184%、“大小”为15像素、“角度”为-90°、“高度”为79°，并关闭“使用全局光”选项，最后设置高光的“不透明度”为33%，如图12-222所示，效果如图12-223所示。

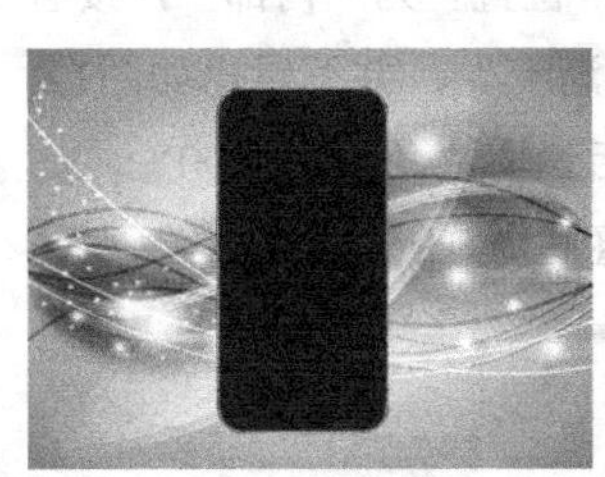

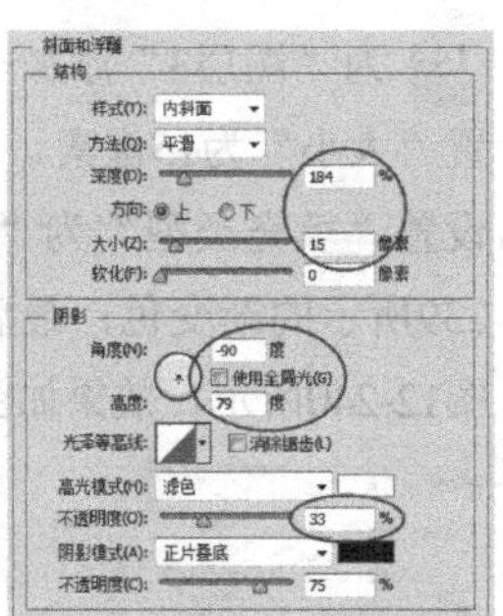

图12-221　　图12-222

图12-223

08 新建一个“图层5”，然后使用“钢笔工具”勾勒出高光路径，按Ctrl+Enter组合键载入路径的选区，如图12-224所示，并用黑色填充选区，接着为该图层添加一个“渐变叠加”样式，再编辑出一种半透明到白色的渐变色，最后设置“角度”为127°，如图12-225所示，效果如图12-226所示。

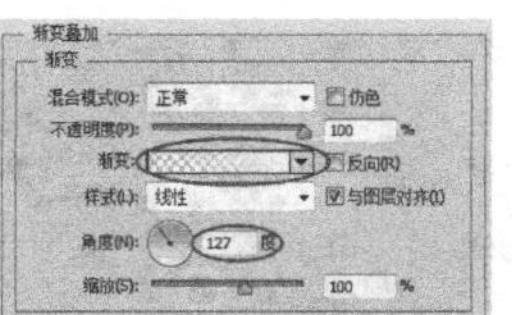

图12-224　　图12-225

图12-226

09 新建一个“图层6”，然后使用“圆角矩形工具”（设置“半径”为20像素）制作一个如图12-227所示的黑色圆角图像。

图12-227

10 新建一个“左侧按钮”图层组，并在该组内新建一个“图层1”，然后使用“矩形选框工具”在手机的左上侧绘制一个如图12-228所示的矩形选区，并用白色填充选区，接着为其添加一个“渐变叠加”样式，再编辑出如图12-229所示的金属渐变，最后设置“角度”为90°，如图12-230所示。

图12-228

图12-229　　图12-230

11 在“图层样式”对话框中单击“描边”样式，然后设置“大小”为1像素、“位置”为“外部”、“颜色”为黑色，如图12-231所示，效果如图12-232所示，接着向下复制两个按钮，如图12-233所示。

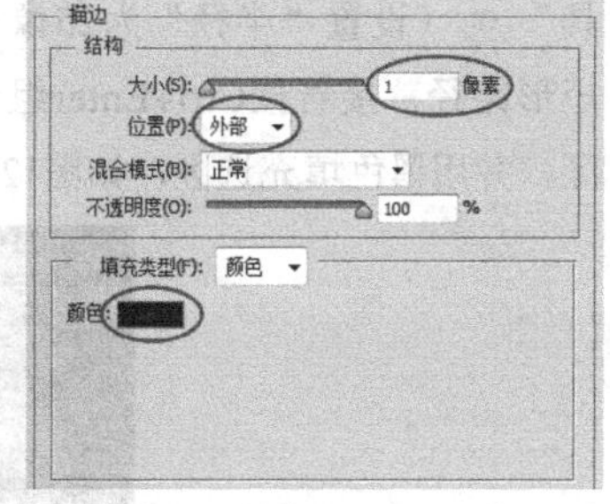

图12-231

图12-232　　图12-233

⑫ 新建一个“按钮”图层组，并在该组内新建一个“图层1”，然后使用“椭圆选框工具”制作一个如图12-234所示的黑色圆形图像，执行“选择>修改>收缩”菜单命令，在弹出的“收缩选区”对话框中设置“收缩量”为2像素，接着新建一个“图层2”，并填充为黑色，再为其添加一个“描边”样式，设置“大小”为3像素、“位置”为“内部”，并编辑出如图12-235所示的渐变色，最后设置“角度”为-36°，如图12-236所示，效果如图12-237所示。

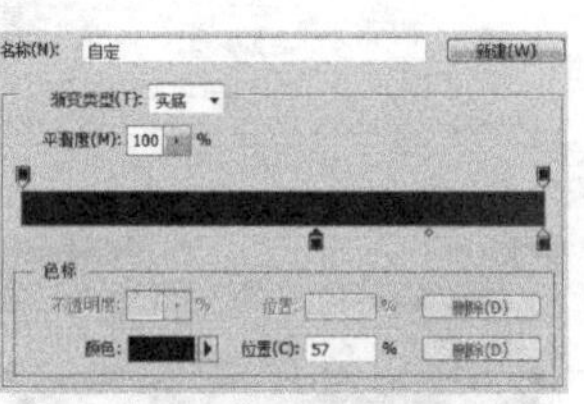

图12-234　　图12-235

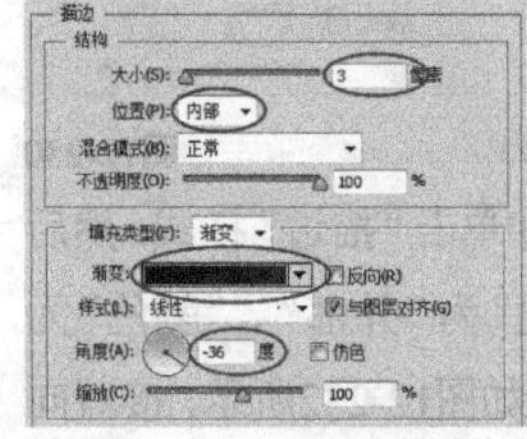

图12-236　　图12-237

⑬ 新建一个“图层3”，然后使用“圆角矩形工具”（设置“半径”为25像素）绘制一个圆角矩形路径，接着按Ctrl+Enter组合键载入路径的选区，并用黑色填充选区，如图12-238所示。

图12-238

⑭ 为“图层3”添加一个“描边”样式，然后设置“大小”为15像素、“位置”为“内部”，接着设置“填充类型”为“渐变”，并编辑出如图12-239所示的渐变色，最后设置“角度”为90°，如图12-240所示，效果如图12-241所示。

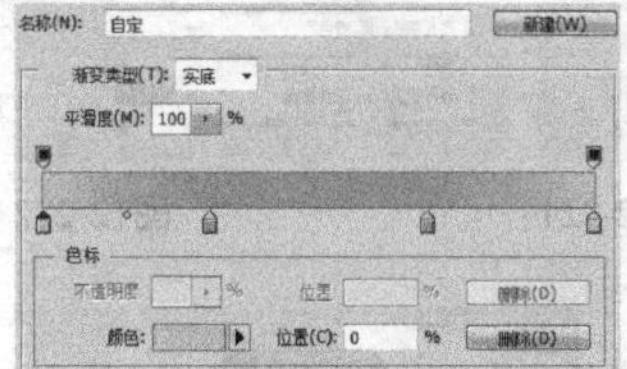

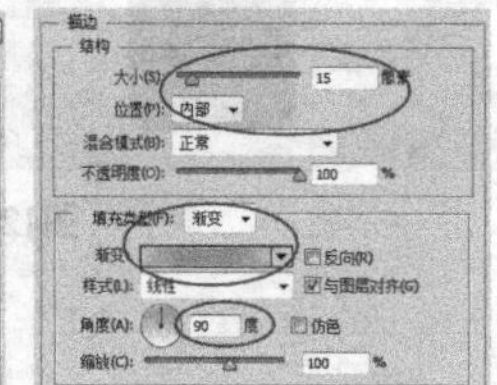

图12-239　　图12-240

图12-241

⑮ 新建一个“图层4”，使用“钢笔工具”创建一个月牙形的选区，如图12-242所示，并用黑色填充选区，然后为其添加一个“渐变叠加”样式，接着设置“不透明度”为21%，并编辑出黑色到白色的渐变色，最后设置“角度”为-53°，如图12-243所示，效果如图12-244所示。

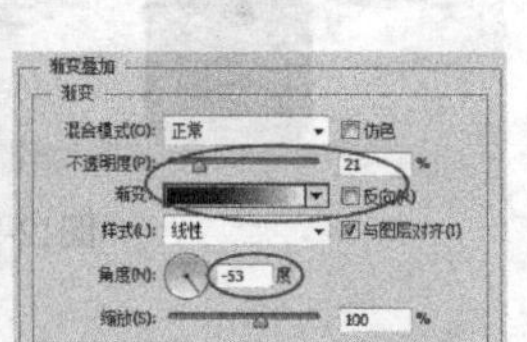

图12-242　　图12-243

图12-244

⑯ 创建一个“听筒”图层组，并在该组内新建一个“图层1”，然后使用“钢笔工具”创建一个如图12-245所示的选区，并用白色填充选区，

接着为其添加一个“渐变叠加”样式，再编辑出如图12-246所示的渐变色，最后设置“角度”为180°，如图12-247所示，效果如图12-248所示。

图12-245

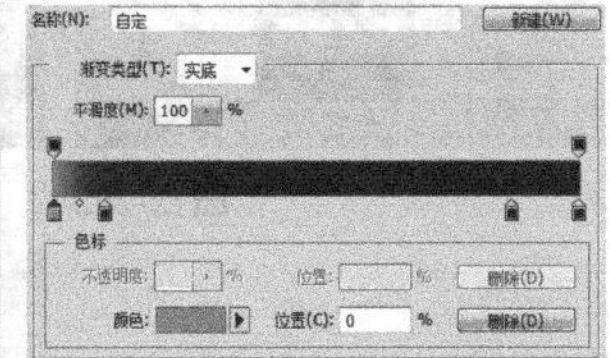
图12-246

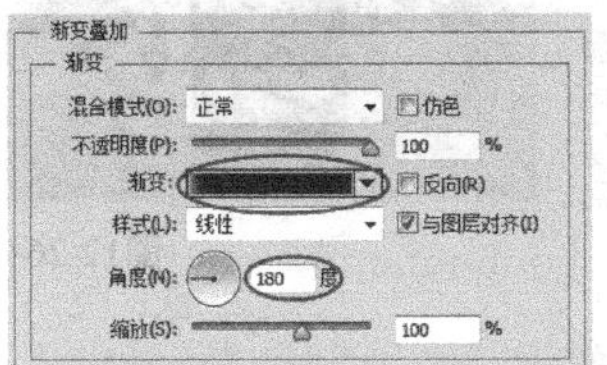
图12-247

图12-248

(17) 新建一个“图层2”，使用“圆角矩形工具”（设置“半径”为30像素）创建一个如图12-249所示的黑色圆角图像。

(18) 按Ctrl+N组合键新建一个尺寸为20像素×20像素、分辨率为300像素/英寸、背景为透明的文档，然后使用“铅笔工具”绘制一个如图12-250所示的图像。绘制完成后执行“编辑>定义图案”菜单命令，将其定义为图案。

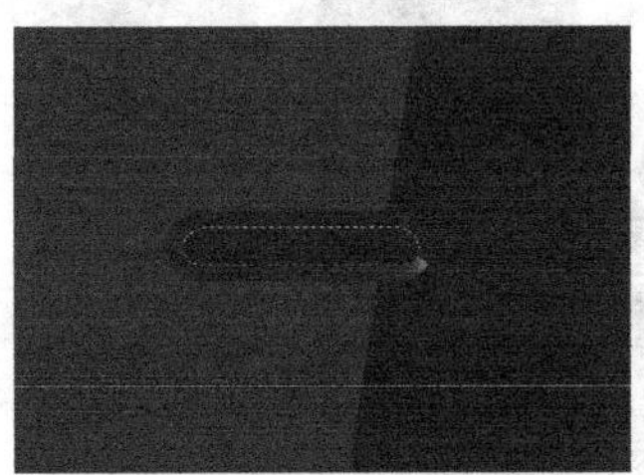
图12-249

图12-250

疑难问答

问：为何要用透明背景的图案？

答：使用图案填充方式有一个前提，那就是所使用的图案必须是背景透明的，这样颜色填充就只会针对图案中有像素存在的部分有效，否则颜色填充将充满整个画面。用来填充的图案具有连续平铺的特性，当在一个较大的范围(大于图案)内填充图案的时候，平铺的效果关键取决于图案边界，因此首先要保证图案边界的连续性，这样作品才会产生上下左右彼此衔接的效果。

(19) 切换到手机文档，然后为“图层2”添加一个“内阴影”样式，接着设置“不透明度”为86%、“角度”为90°，并关闭“使用全局光”选项，最后设置“距离”为6像素、“阻塞”为18%、“大小”为10像素，如图12-251所示。

(20) 在“图层样式”对话框中单击“图案叠加”样式，然后选择前面定义的图案，接着设置“缩放”为120%，如图12-252所示。

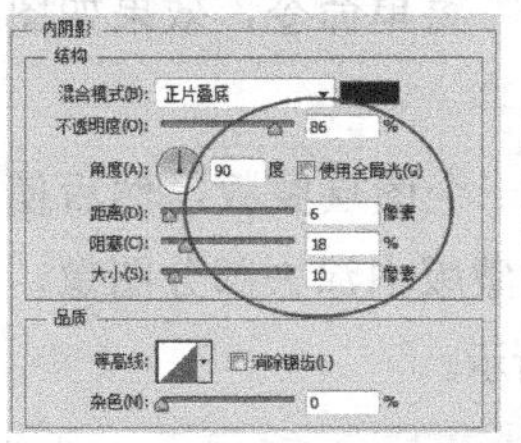
图12-251

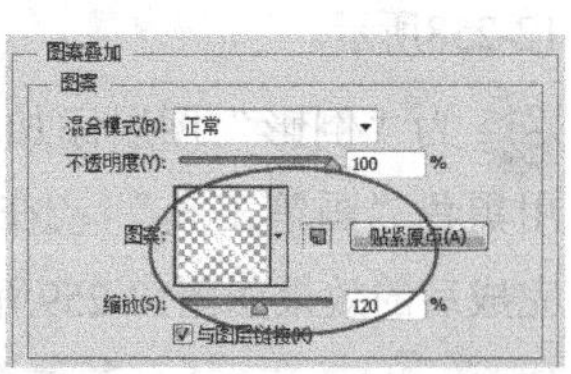
图12-252

(21) 在“图层样式”对话框中单击“斜面与浮雕”样式，然后设置“深度”为205%、“大小”为6像素、“角度”为90°、“高度”为79°，并关闭“使用全局光”选项，接着设置高光的“不透明度”为0%，如图12-253所示，效果如图12-254所示，整体效果如图12-255所示。

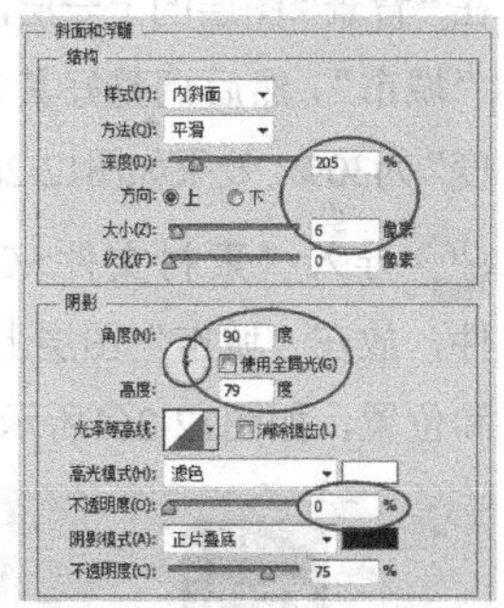
图12-253

图12-254

图12-255

(22) 下面合成辅助元素。导入“素材文件>CH12>素材18-2.jpg”文件，将其放在手机屏幕上，如图12-256所示，然后调整好其大小，如图12-257所示。

图12-256　　图12-257

23 隐藏“背景”图层，然后按Ctrl+Shift+Alt+E组合键将手机盖印到一个“倒影”图层中，接着执行“编辑>变换>垂直翻转”菜单命令，效果如图12-258所示。

24 为“倒影”图层添加一个图层蒙版，然后使用黑色“画笔工具”在蒙版中涂去部分图像，完成后的效果如图12-259所示。

图12-258

图12-259

25 导入“素材文件>CH12>素材18-3.png”文件，放在“背景”图层的上一层，并将新生成的图层命名为“城市”，然后调整好其大小，接着设置其“不透明度”为30%，效果如图12-260所示。

26 导入“素材文件>CH12>素材18-4.png”文件，放在“城市”图层上一层，然后调整好其大小和位置，如图12-261所示。

图12-260

图12-261

27 按Ctrl+Alt+T组合键进入自由变换并复制状态，然后按住Shift键拖曳右上角的定界点，将其等比例缩小到如图12-262所示的大小，接着按3次Shift+Ctrl+Alt+T组合键按照变换规律继续变换复制3个人像，如图12-263所示，最后依次降低各个人像的“不透明度”（最前面的人像的不透明度保持为100%），效果如图12-264所示。

图12-262

图12-263

图12-264

技巧与提示

在自由变换并复制状态下，可以边变换图像，边复制图像。

28 复制一组人像到左侧，然后对其进行水平翻转变换操作，效果如图12-265所示。接着使用“横排文字工具”在图像中输入相应的文字信息，最终效果如图12-266所示。

图12-265

图12-266

12.4.3 课堂练习——制作童鞋广告

实例位置	实例文件>CH12>12.4.3.psd
素材位置	素材文件>CH12>素材19-1.png~素材19-12.png
视频位置	多媒体教学>CH12>12.4.3.flv
实用指数	★★★★★
技术掌握	创意招贴广告的制作思路及相关技巧

在招贴设计中，前期创意思考是非常重要的一环。无论再优秀的招贴设计，如果不能吸引观众的眼球，也注定会失败。因此，对于招贴设计，技术是次要的，创意才是最重要的。图12-267所示是本练习的最终效果。

图12-267

步骤分解如图12-268所示。

图12-268（1）图12-268（2）图12-268（3）图12-268（4）

12.4.4 课后习题——制作咖啡包装

实例位置	实例文件>CH12>12.4.4.psd
素材位置	素材文件>CH12>素材20-1.jpg、素材20-2.jpg
视频位置	多媒体教学>CH12>12.4.4.flv
实用指数	★★★★★
技术掌握	塑料袋包装平面图及立体图的制作流程与技巧

本习题是一个咖啡包装袋，其制作思路与月饼礼盒的制作思路接近，只是在制作立体图的时候采用的是膨化设计方法。图12-269所示是本习题的最终效果。

图12-269

步骤分解如图12-270所示。

图12-270（1）图12-270（2） 图12-270（3） 图12-270（4）

12.4.5 课后习题——制作牛奶海报广告

实例位置	实例文件>CH12>12.4.5.psd
素材位置	素材文件>CH12>素材21-1.jpg、素材21-2.png~素材21-4.png、素材21-5.jpg、素材21-6.jpg、素材21-7.png、素材21-8.jpg
视频位置	多媒体教学>CH12>12.4.5.flv
实用指数	★★★★★
技术掌握	户外海报的制作思路及相关技巧

海报是传播信息的一种重要手段，在媒介当中占着举足轻重的地位。一幅优秀的海报设计要求具有足够的创意，要以吸引观众眼球为目标。图12-271所示是本习题的最终效果。

图12-271

步骤分解如图12-272所示。

图12-272（1）图12-272（2）图12-272（3）图12-272（4）

12.5 特效与合成实训

12.5.1 课堂案例——制作诞生特效

实例位置	实例文件>CH12>12.5.1.psd
素材位置	素材文件>CH12>素材22-1.jpg~素材22-3.jpg
视频位置	多媒体教学>CH12>12.5.1.flv
实用指数	★★★★★
技术掌握	裂痕特效与放射特效的制作方法

本例是一个创意合成特效，利用一个鸡蛋将其合成为“诞生”的光线特效，其中涉及调色技术、滤镜技术和蒙版技术等。图12-273所示是本例的最终效果。

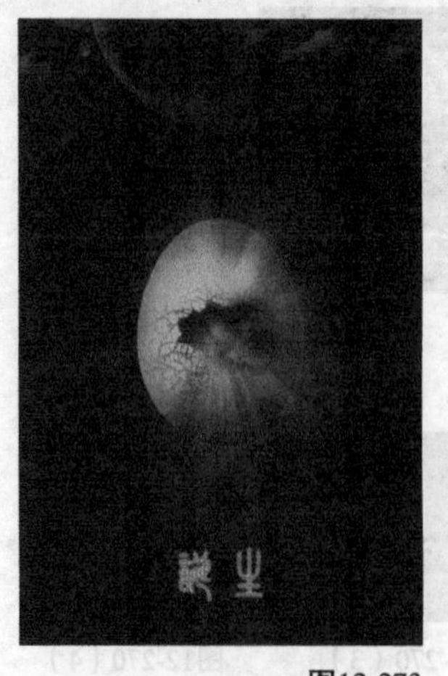

图12-273

01 打开“素材文件>CH12>素材22-1.jpg”文件，然后使用“钢笔工具”将鸡蛋勾勒出来，如图12-274所示。

02 按Ctrl+Enter组合键载入路径的选区，然后新建一个尺寸为960像素×1440像素的文档，并用黑色填充“背景”图层，接着使用“移动工具”将选区内的鸡蛋拖曳到新建的文档中，并将新生成的图层命名为“鸡蛋”，效果如图12-275所示。

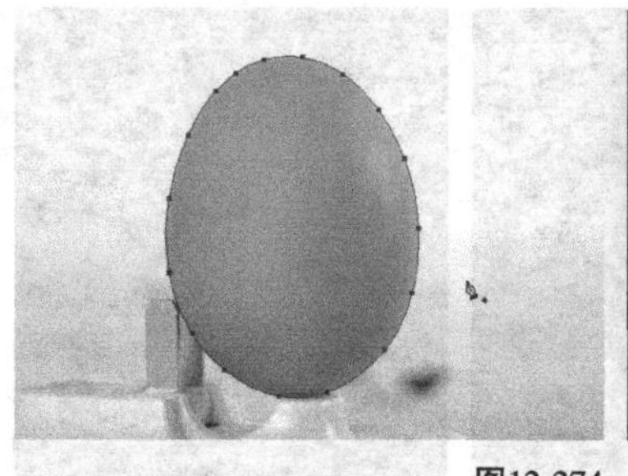

图12-274 图12-275

03 创建一个“渐变映射”调整图层，然后在“属性”面板中选择“黑，白渐变”，如图12-276所示，效果如图12-277所示。

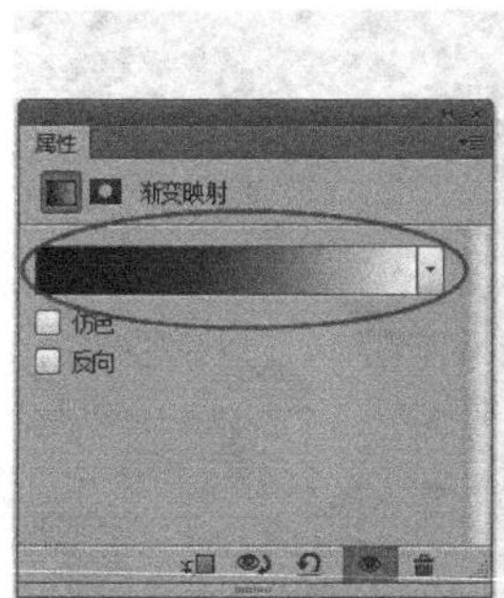

图12-276 图12-277

04 创建一个“亮度/对比度”调整图层，然后在“属性”面板中设置“亮度”为-120，如图12-278所示，效果如图12-279所示。

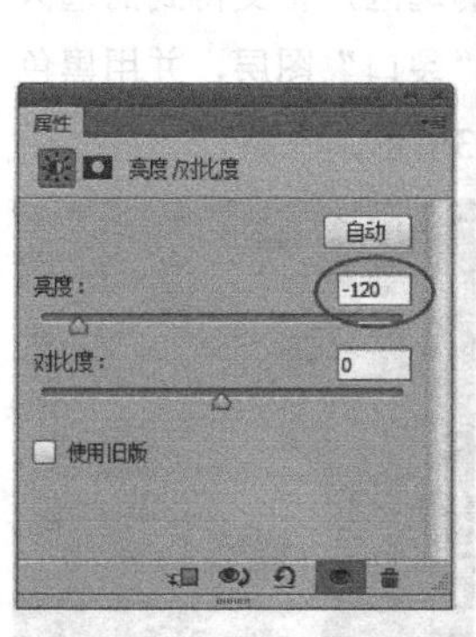

图12-278 图12-279

05 创建一个“色相/饱和度”调整图层，然后在“属性”面板中勾选“着色”选项，接着设置“色相”为220、“饱和度”为16，如图12-280所示，效果如图12-281所示。

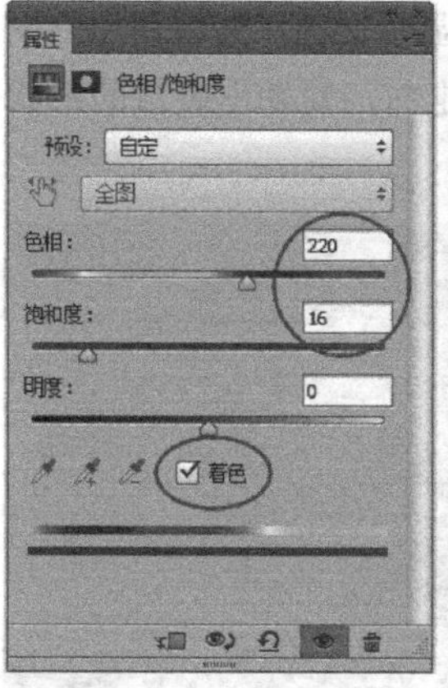

图12-280 图12-281

06 选择“鸡蛋”图层，然后使用“加深工具”和“减淡工具”加深鸡蛋的右侧，同时减淡鸡蛋的左侧，如图12-282所示。

图12-282

07 下面制作裂口特效。导入“素材文件>CH12>素材22-2.jpg”文件，并将新生成的图层命名为“裂纹”，如图12-283所示，然后按Ctrl+T组合键进入自由变换状态，接着将其缩小到如图12-284所示的大小。

图12-283 图12-284

08 按Ctrl++组合键放大显示比例，然后使用“钢笔工具”按照裂纹的走向，勾勒出裂口的形状路径，如图12-285所示。

图12-285

09 按Ctrl+Enter组合键载入路径的选区，然后新建一个“裂口”图层，接着用黑色填充选区，效果如图12-286所示。最后设置“裂纹”图层的“混合模式”为“叠加”，效果如图12-287所示。

图12-286

图12-287

10 为“裂纹”图层添加一个图层蒙版，然后使用黑色柔边“画笔工具”在蒙版中将图像处理成如图12-288所示的效果，接着按Shift+Ctrl+U组合键对图像进行去色处理，最后按Ctrl+J组合键复制一个“裂纹副本”图层，效果如图12-289所示。

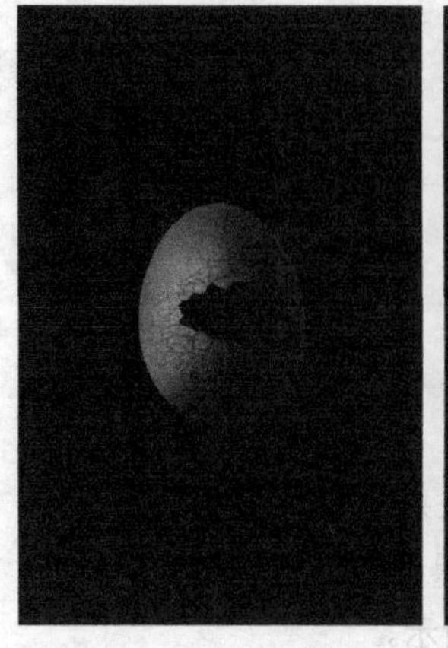

图12-288

图12-289

11 选择“裂纹”图层，然后使用“魔棒工具”（关闭“连续”选项）选择裂纹区域，如图12-290所示。

图12-290

12 选择“椭圆选框工具”，然后在选项栏中设置“羽化”为30像素，接着按住Shift+Alt组合键绘制一个如图12-291所示的选区，相交得到的选区如图12-292所示，再选择“裂口”图层，并用黑色填充选区，效果如图12-293所示。

图12-291

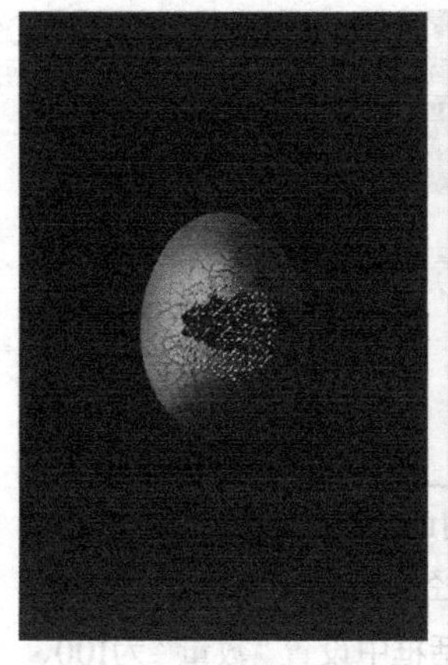

图12-292

图12-293

⑬ 选择“裂口”图层，然后在“图层”面板中单击“锁定透明像素”按钮▣，锁定该图层的透明像素，按D键还原前景色和背景色，接着执行“滤镜>渲染>云彩”菜单命令，效果如图12-294所示。最后执行“滤镜>渲染>分层云彩”菜单命令，效果如图12-295所示。

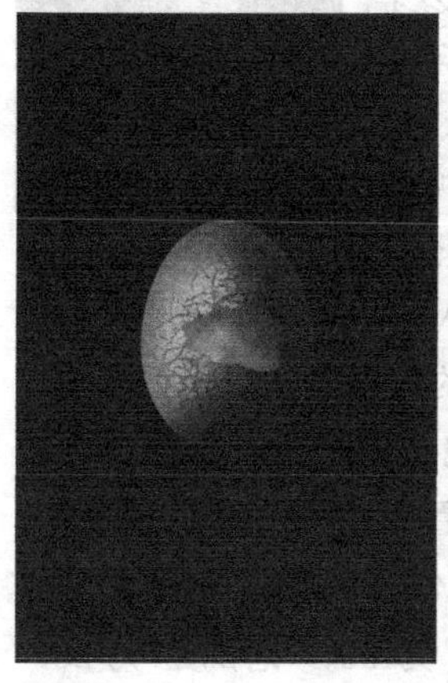

图12-294

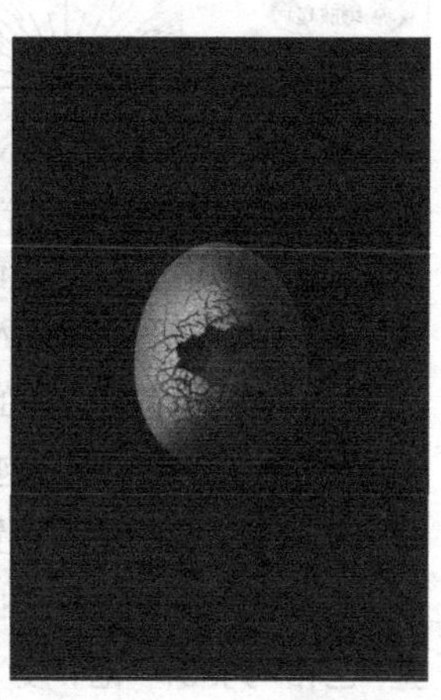

图12-295

⑭ 为“裂口”图层创建一个“色相/饱和度”调整图层，然后按Ctrl+Alt+G组合键将其设置为“裂口”图层的剪贴蒙版，接着在“属性”面板中勾选“着色”选项，最后设置“色相”为50、“饱和度”为100、“明度”为8，如图12-296所示，效果如图12-297所示。

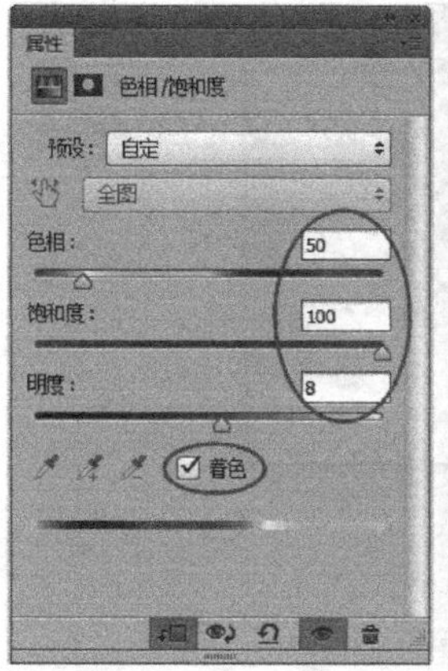

图12-296

图12-297

⑮ 下面制作光芒特效。按Ctrl+J组合键复制一个“裂口副本”图层，将其命名为“光芒”，并将其放在最上层，然后执行“滤镜>扭曲>极坐标”菜单命令，接着在弹出的“极坐标”对话框中勾选“极坐标到平面坐标”选项，如图12-298所示，效果如图12-299所示。

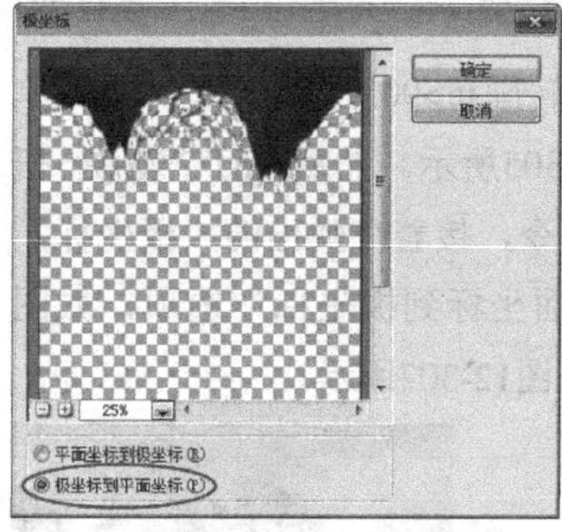

图12-298

图12-299

⑯ 执行“图像>旋转画布>90度（顺时针）”菜单命令，效果如图12-300所示，然后选择“光芒”图层，接着执行“图像>调整>反相”菜单命令，效果如图12-301所示。

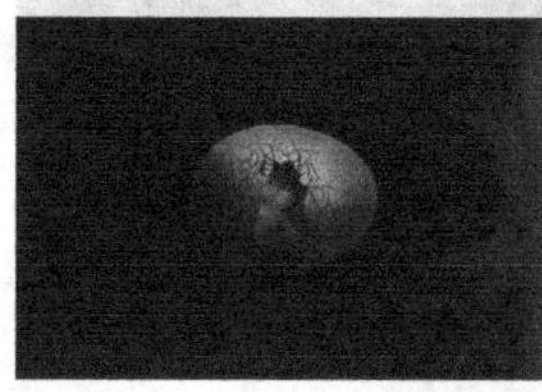

图12-300

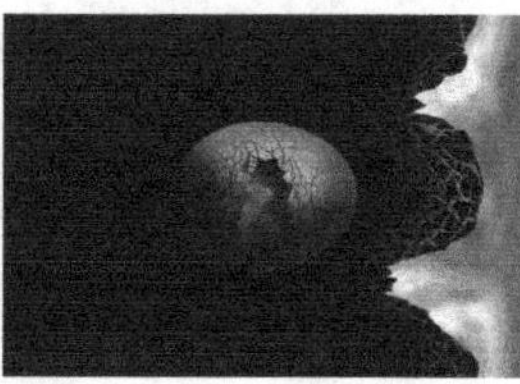

图12-301

⑰ 执行“滤镜>风格化>风”菜单命令，然后在弹出的“风”对话框中设置“方法”为“风”、“方向”为“从右”，如图12-302所示，效果如图12-303所示，接着按若干次Ctrl+F组合键重复应用“风”滤镜，效果如图12-304所示。

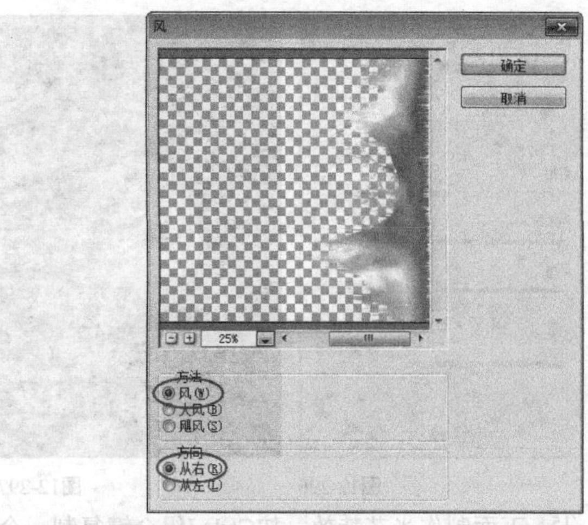

图12-302

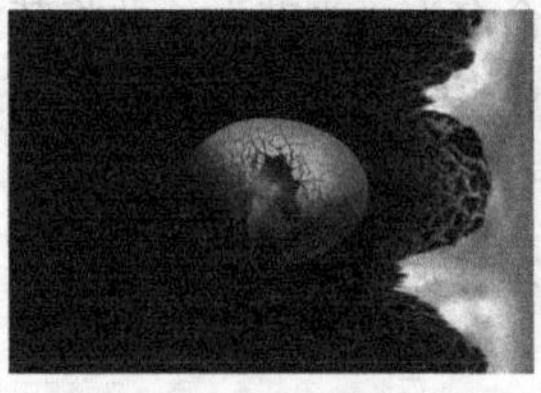

图12-303　　图12-304

⑱ 执行“图像>旋转画布>90度（逆时针）”菜单命令，效果如图12-305所示。然后执行“滤镜>扭曲>极坐标”菜单命令，接着在弹出的“极坐标”对话框中勾选“平面坐标到极坐标”选项，如图12-306所示，效果如图12-307所示。

图12-305

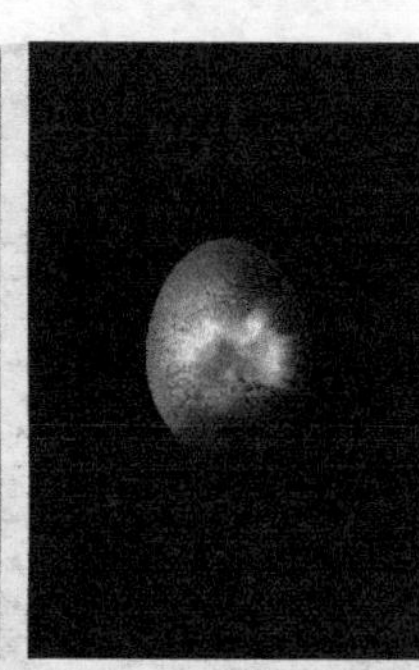
图12-306　　图12-307

⑲ 执行“滤镜>模糊>径向模糊”菜单命令，然后在弹出的“径向模糊”对话框中设置“数量”为100、“模糊方法”为“缩放”，如图12-308所示，效果如图12-309所示。

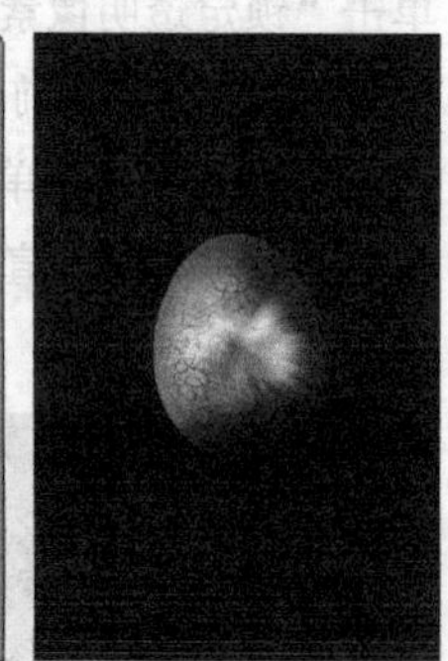
图12-308　　图12-309

⑳ 按Ctrl+T组合键进入自由变换状态，将图像变换成如图12-310所示的效果，然后为“光芒”图层添加一个“色相/饱和度”调整图层，并按Ctrl+Alt+G组合键将其设置为“光芒”图层的剪贴蒙版，接着在“属性”面板中勾选“着色”选项，最后设置“色相”为50、“饱和度”为100、“饱和度”为-26，如图12-311所示，效果如图12-312所示。

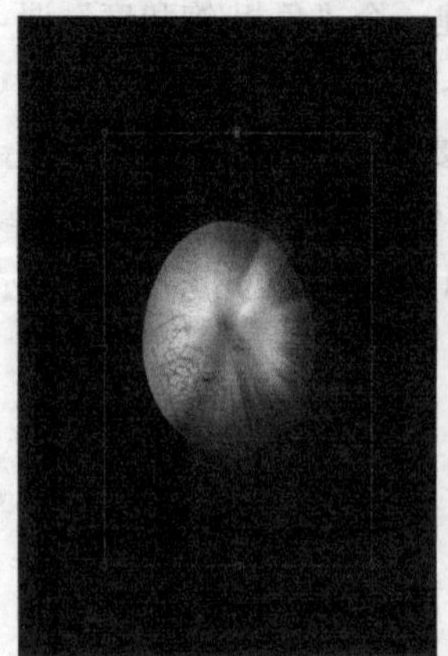
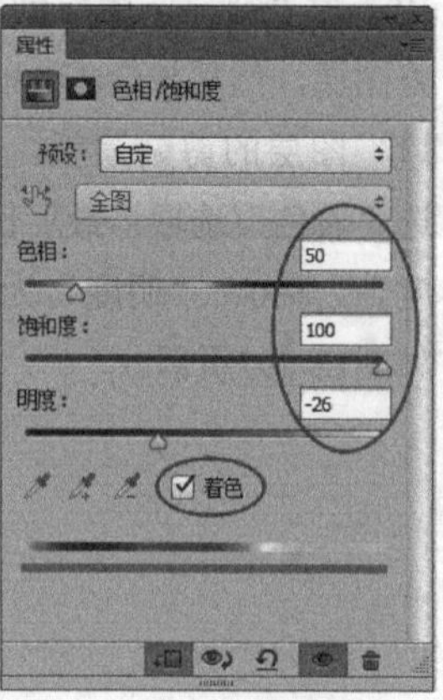

图12-310　　图12-311

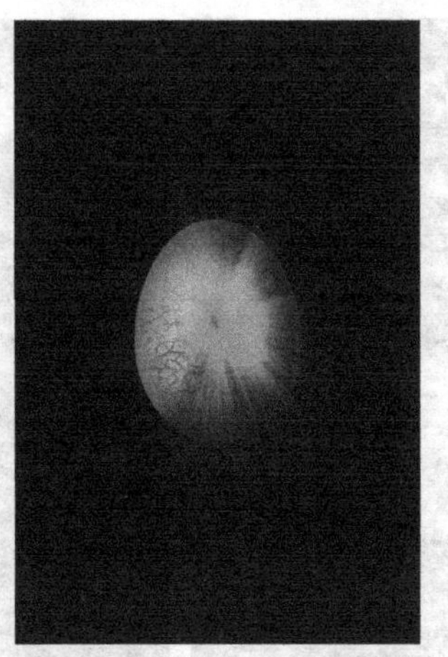

图12-312

21 为“光芒”图层添加一个图层蒙版，然后使用黑色“画笔工具”在光芒的中心部位涂抹，显示出裂口，效果如图12-313所示。

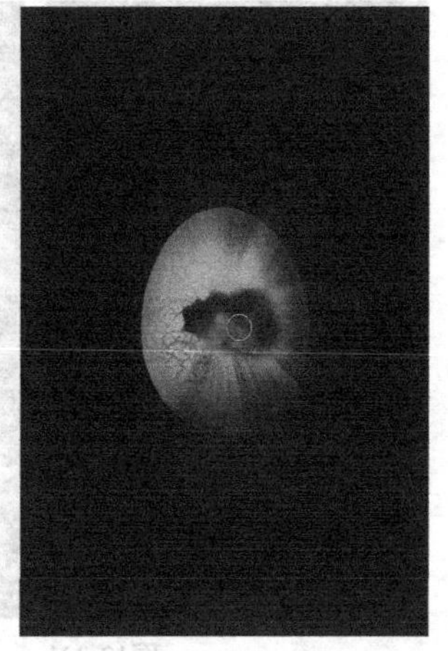

图12-313

22 下面合成背景特效。导入“素材文件> CH12>素材22-3.jpg”文件，然后将其放在“背景”图层的上一层，效果如图12-314所示。

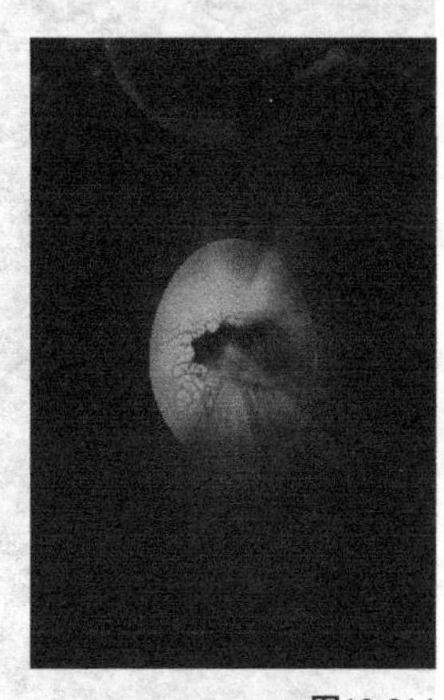

图12-314

23 使用“横排文字工具”在图像中制作一个文字特效，最终效果如图12-315所示。

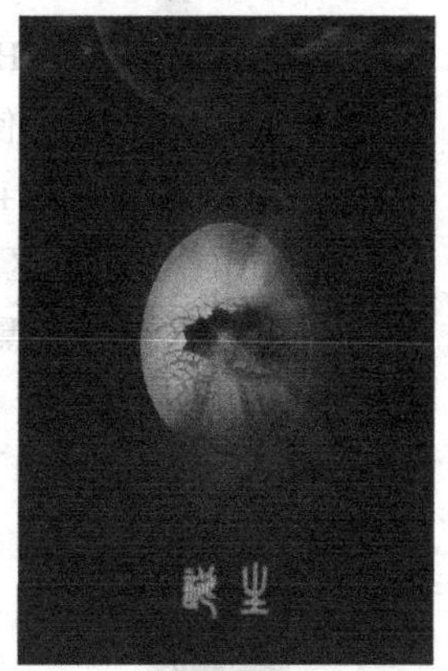

图12-315

12.5.2 课堂案例——制作裂、火、电特效

实例位置	实例文件>CH12>12.5.2.psd
素材位置	素材文件>CH12>素材23-1.jpg~素材23-5.jpg
视频位置	多媒体教学>CH12>12.5.2.flv
实用指数	★★★★★
技术掌握	破碎、火焰和闪电特效的制作方法

本例是关于手的是3个特效实例，分别为裂、火、电，如图12-316~图12-318所示。这3个实例包含的技术点比较多，其中最重要的技术是质感合成技术和液化变形技术。

图12-316

图12-317

图12-318

1.制作裂特效

01 打开“素材文件>CH12>素材23-1.jpg”文件，如图12-319所示，然后使用“魔棒工具”选择白色背景，接着按Shift+Ctrl+I组合键反选选区，再按Ctrl+J组合键将选区内的图像复制到一个新的“手”图层中，最后用黑色填充“背景”图层，效果如图12-320所示。

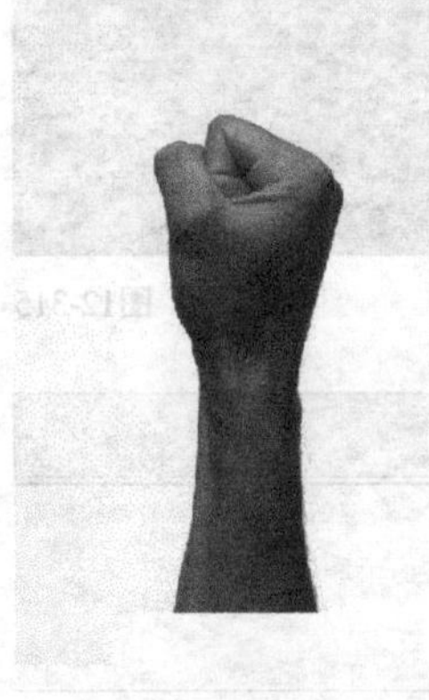

图12-319

图12-320

02 下面合成手的质感。导入“素材文件> CH12>素材23-2.jpg”文件，并将新生成的图层命名为“斑驳”，然后调整好其大小和位置，使其遮盖住手，如图12-321所示，接着按Ctrl+Alt+G组合键将其设置为“手”图层的剪贴蒙版，最后设置该图层的“混合模式”为“正片叠底”、“不透明度”为80%，效果如图12-322所示。

图12-321

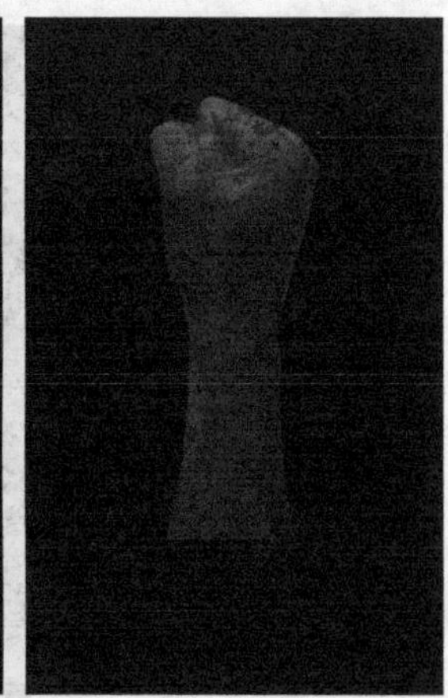

图12-322

03 创建一个“渐变映射”调整图层，然后在“属性”面板中编辑出一种黑白渐变，如图12-323所示，接着按Ctrl+Alt+G组合键将其设置为“手”图层的剪贴蒙版，效果如图12-324所示。

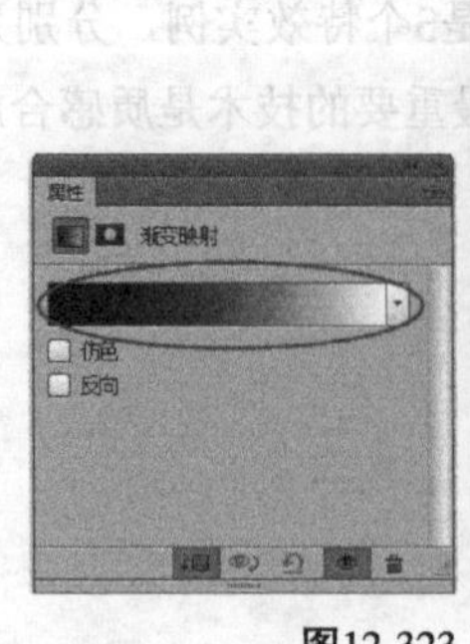

图12-323

图12-324

技巧与提示

使用“渐变映射”调整图层制作去色效果，可以更好地保留原效果的细节。

04 创建一个“亮度/对比度”调整图层，然后在“属性”面板中设置“亮度”为50、“对比度”为100，如图12-325所示，接着按Ctrl+Alt+G组合键将其设置为“手”图层的剪贴蒙版，效果如图12-326所示。

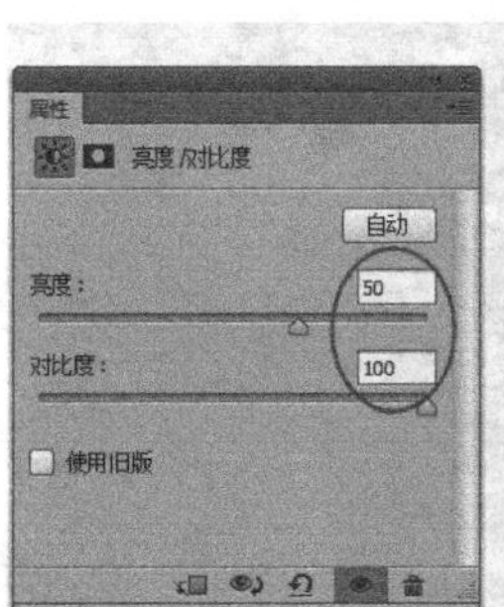

图12-325

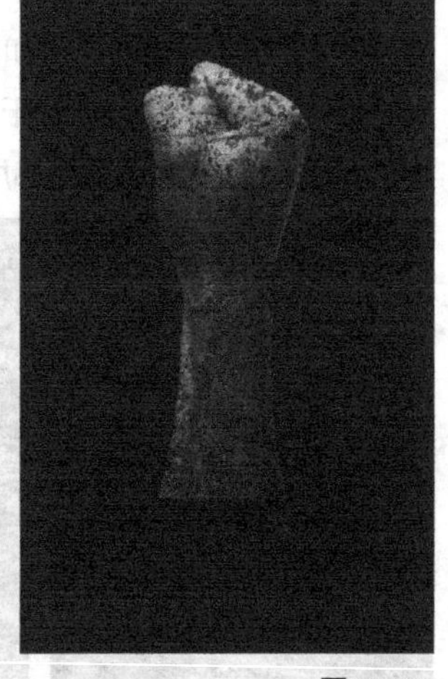

图12-326

05 创建一个“色相/饱和度”调整图层，然后在“属性”面板中勾选“着色”选项，接着设置“色相”为70、“饱和度”为15，如图12-327所示，最后按Ctrl+Alt+G组合键将其设置为“手”图层的剪贴蒙版，效果如图12-328所示。

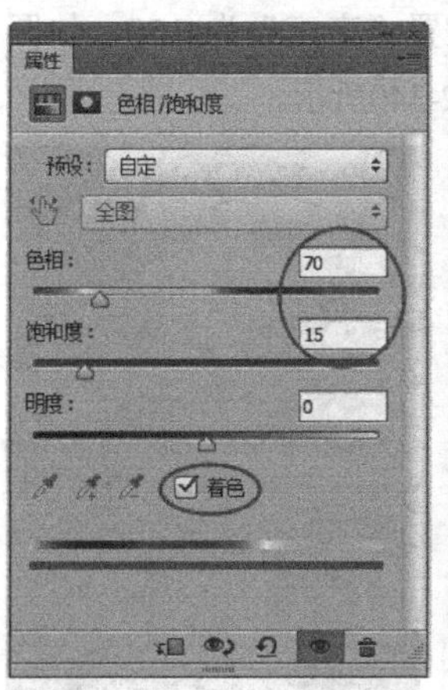

图12-327

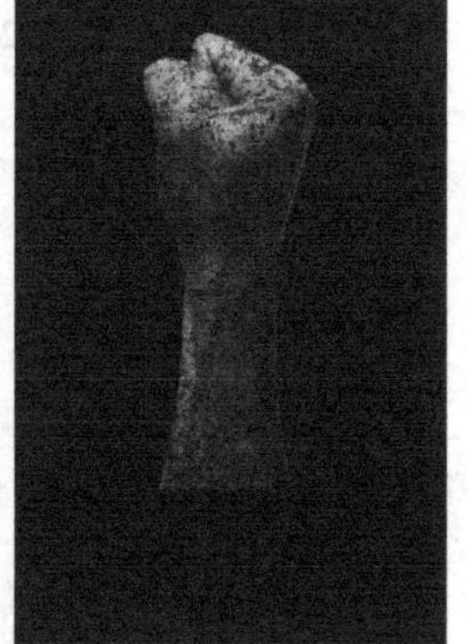

图12-328

06 下面制作裂纹特效。隐藏“背景”图层，按Shift+Ctrl+Alt+E组合键将可见图层盖印到一个“手”图层中（盖印完成后显示“背景”图层），然后新建一个“裂纹”图层，接着使用“矩形选框工具”绘制一个如图12-329所示的矩形选区。

图12-329

07 按D键还原默认的前景色和背景色，然后执行“滤镜>渲染>云彩”菜单命令，效果如图12-330所示。接着执行“滤镜>像素化>晶格化”菜单命令，最后在弹出的“晶格化”对话框中设置“单元格大小”为90，如图12-331所示，效果如图12-332所示。

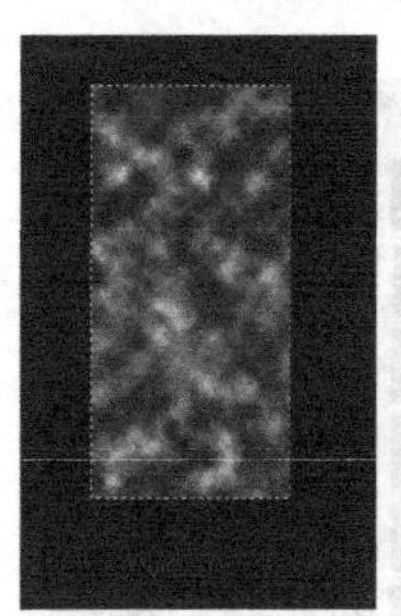

图12-330

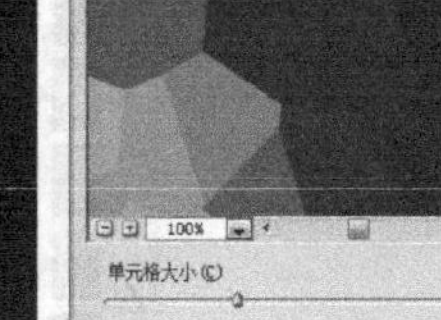

图12-331

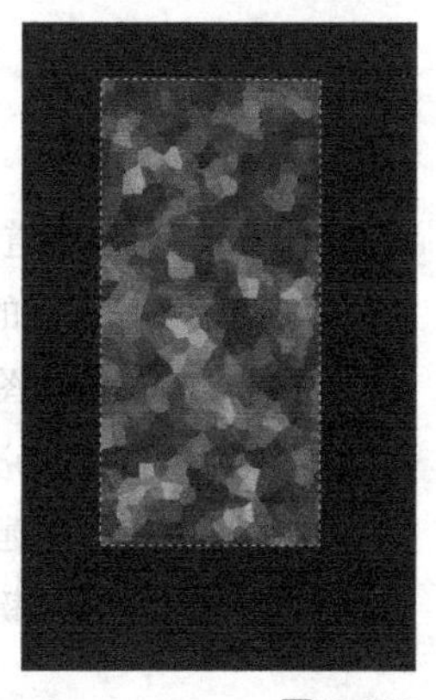

图12-332

08 执行“滤镜>滤镜库”菜单命令，打开“滤镜库”对话框，然后在“风格化”滤镜组下选择“照亮边缘”滤镜，接着设置“边缘宽度”为5、“边缘亮度”为20、“平滑度”为3，如图12-333所示，效果如图12-334所示。

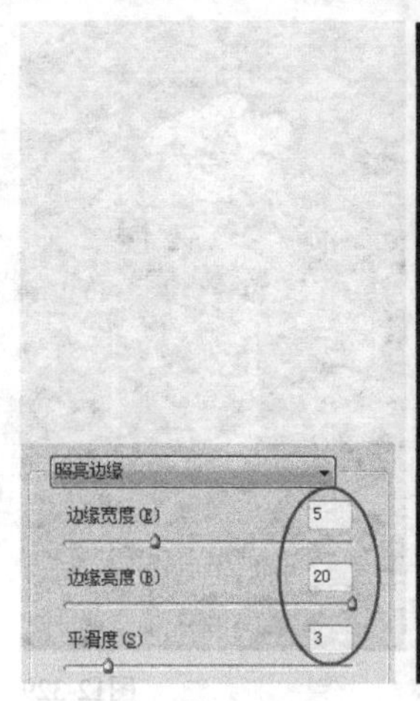

图12-333

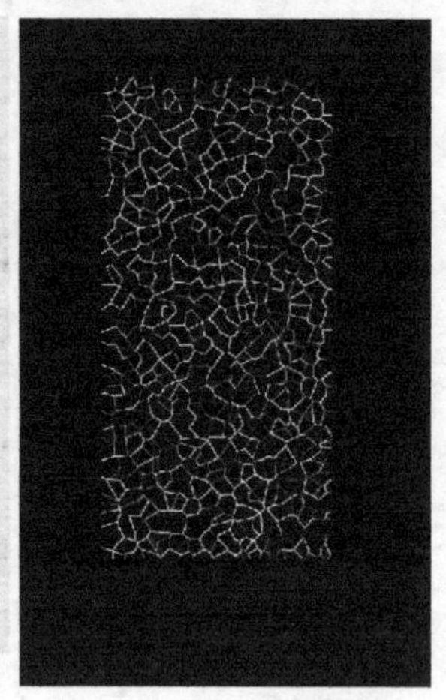

图12-334

09 切换到“通道”面板，将任意一个通道拖曳到“创建新通道”按钮上，复制一个副本通道，然后将其命名为“裂纹”，接着采用相同的方法复制出两个通道副本，分别命名为“暗部”和“亮部”，如图12-335所示。

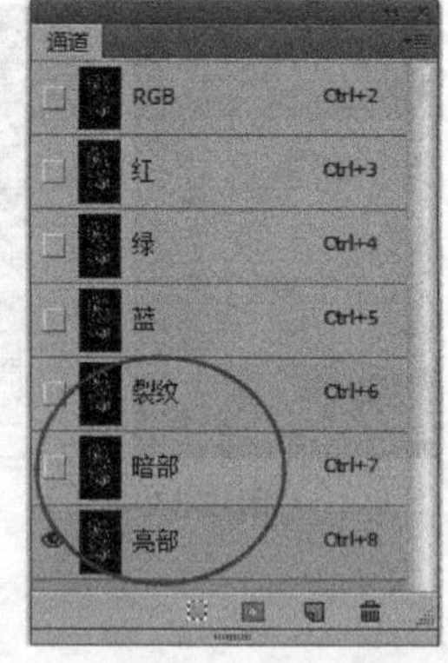

图12-335

10 选择“暗部”通道，执行“滤镜>模糊>高斯模糊”菜单命令，在弹出的“高斯模糊”对话框中设置“半径”为1.5像素，如图12-336所示，然后选择“移动工具”，接着各按一次↑键和←键；选择“亮部”通道，然后按Ctrl+F组合键对其应用“高斯模糊”滤镜，接着各按一次↓键和→键。

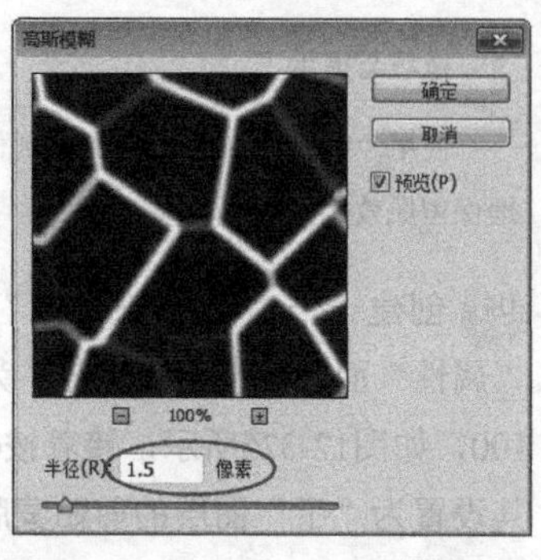

图12-336

11 单击RGB通道并隐藏“裂纹”图层，然后载入“裂纹”通道的选区，如图12-337所示，接着选择“手”图层，最后按若干次Delete键，删除选区内的像素，效果如图12-338所示。

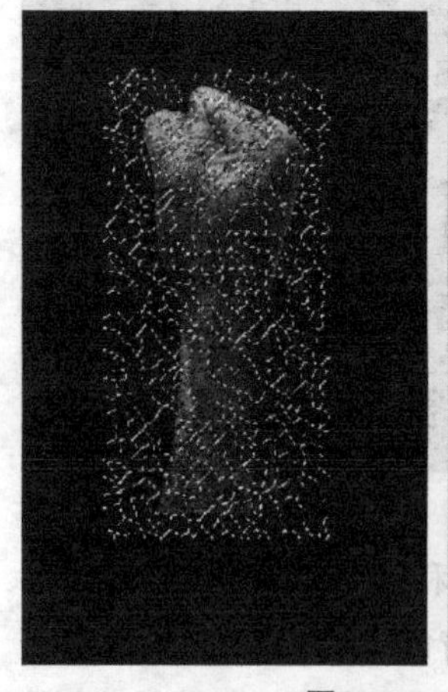

图12-337

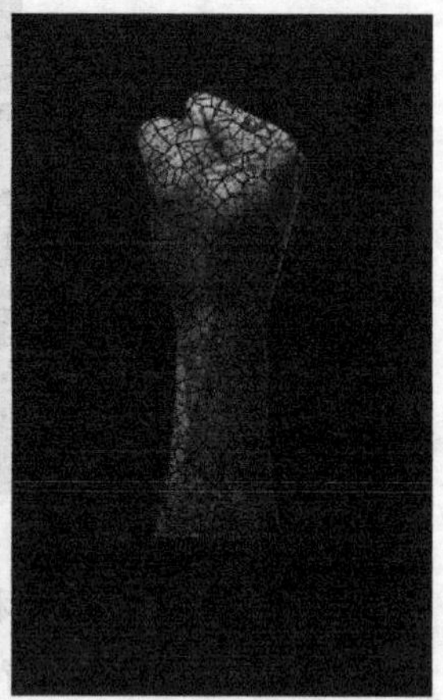

图12-338

12 载入“暗部”通道的选区，然后执行“图像>调整>亮度/对比度”菜单命令，接着在弹出的“亮度/对比度”对话框中设置“亮度”为-150，如图12-339所示，效果如图12-340所示。

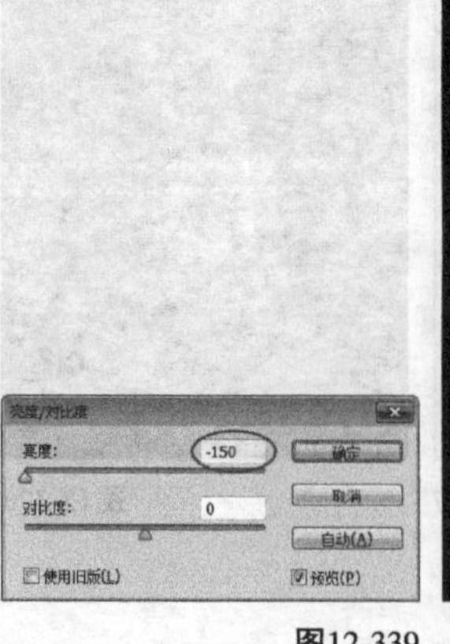

图12-339

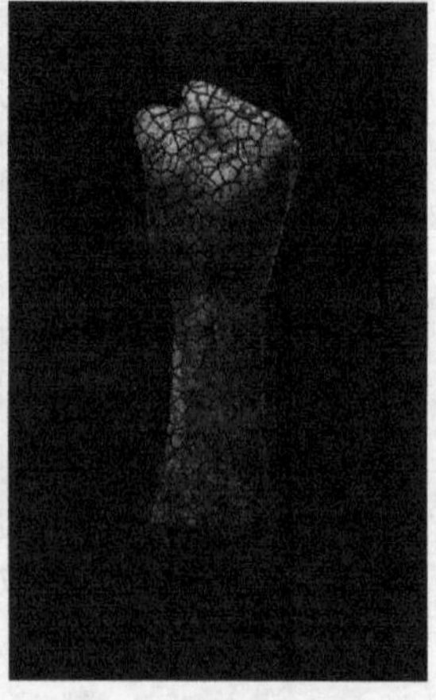

图12-340

⑬ 载入“亮部”通道的选区，然后执行“图像>调整>亮度/对比度”菜单命令，接着在弹出的“亮度/对比度”对话框中设置“亮度”为150，效果如图12-341所示。

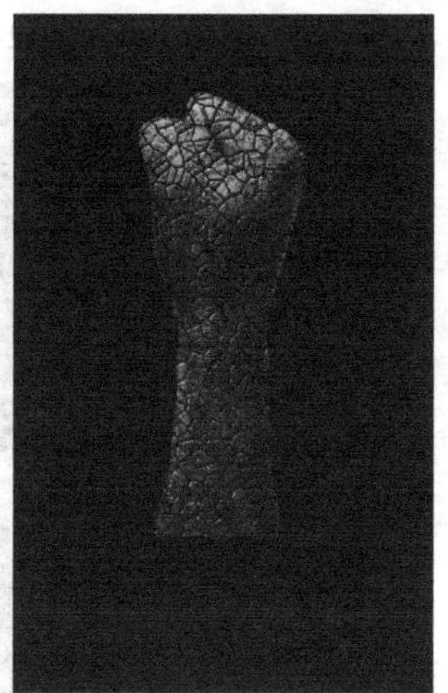

图12-341

⑭ 下面制作碎片脱落特效。选择“手”图层，然后使用“多边形套索工具”按照裂纹的走向勾勒出选区，如图12-342所示，接着使用“移动工具”将选区内的像素放在合适的位置，如图12-343所示。

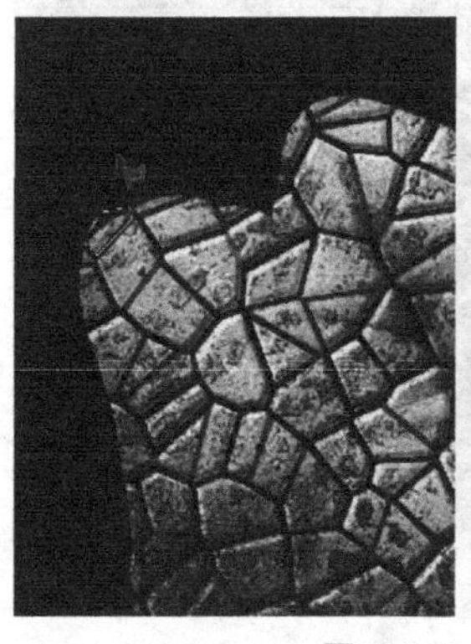

图12-342

图12-343

⑮ 使用“多边形套索工具”按照裂纹的走向勾选出选区，如图12-344所示，接着使用“移动工具”将其放在合适的位置，如图12-345所示，最后利用自由变换功能将其旋转一定角度，使效果更加逼真，如图12-346所示。

图12-344

图12-345

图12-346

⑯ 继续勾勒一个处于即将脱落状态的碎片效果，如图12-347所示，然后按Ctrl+T组合键使选区内的像素处于自由变换状态，接着将变换中心点拖曳到定界框底部的右下角，如图12-348所示，最后将其旋转一定角度，如图12-349所示。

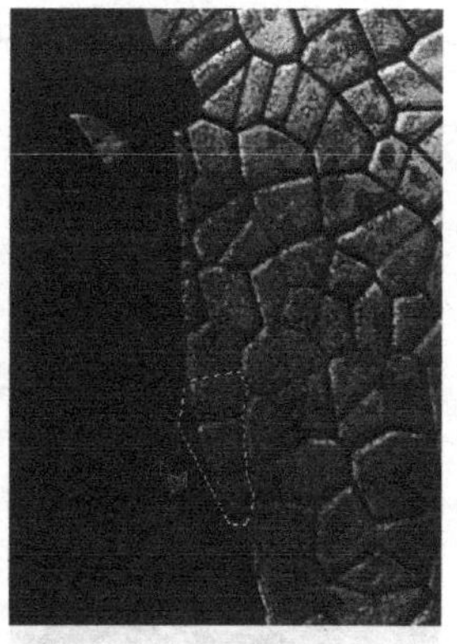

图12-347

图12-348　图12-349

17 采用相同的方法制作出其他的碎片脱落效果，如图12-350所示。

图12-350

18 下面制作底部碎片的脱落效果。首先按照裂纹的走向勾勒出选区，如图12-351所示，然后按Delete键删除选区中的像素，效果如图12-352所示。

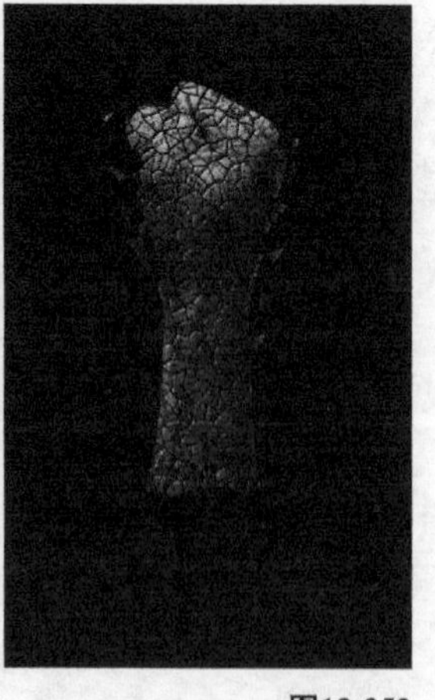

图12-351　图12-352

19 采用前面的方法制作出位于底部的碎片脱落效果，完成后的效果如图12-353所示。

20 下面制作背景特效。在“背景”图层的上一层新建一个“云彩”图层，然后执行“滤镜>渲染>云彩”菜单命令，效果如图12-354所示。

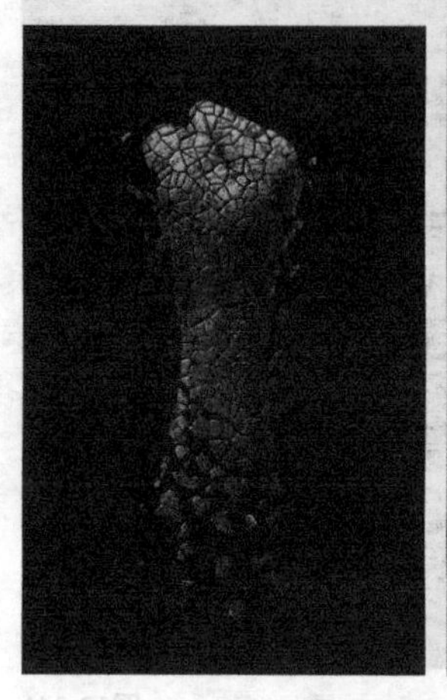
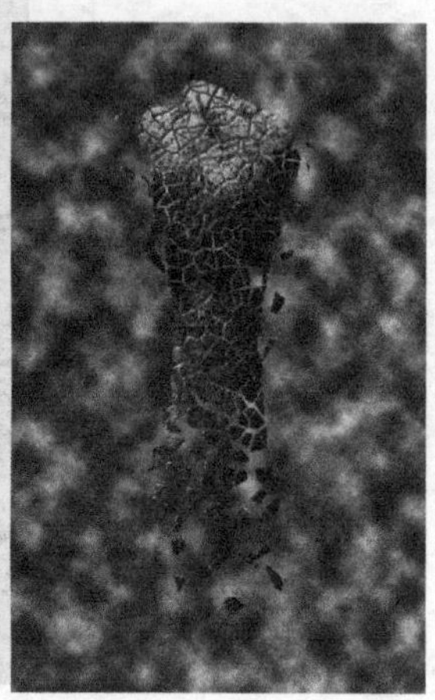

图12-353　图12-354

21 按Ctrl+T组合键进入自由变换状态，然后按住Shift+Ctrl+Alt组合键拖曳左上角或右上角的定界点，将云彩进行梯形变换，如图12-355所示。

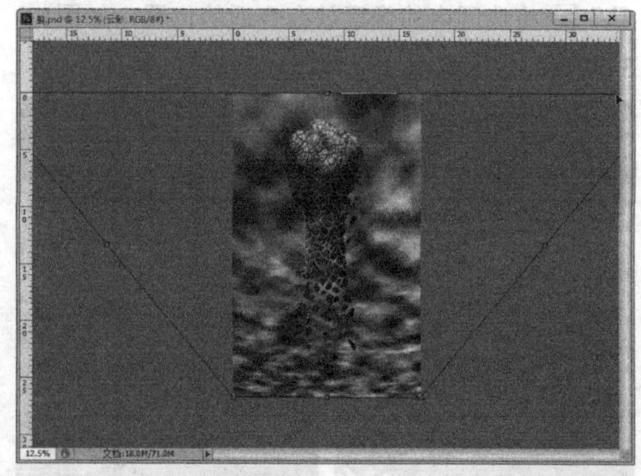

图12-355

22 为“云彩”图层添加一个图层蒙版，然后使用“不透明度”较低的黑色“画笔工具”在蒙版中涂抹，将云彩涂抹成深邃的效果，如图12-356所示。

图12-356

23 在“云彩”图层的上一层创建一个“色相/饱和度”调整图层，然后在“属性”面板中勾选“着色”选项，接着设置“色相”为142、“饱和度”为12，如图12-357所示，效果如图12-358所示。最后使用“横排文字工具”T输入装饰文字，最终效果如图12-359所示。

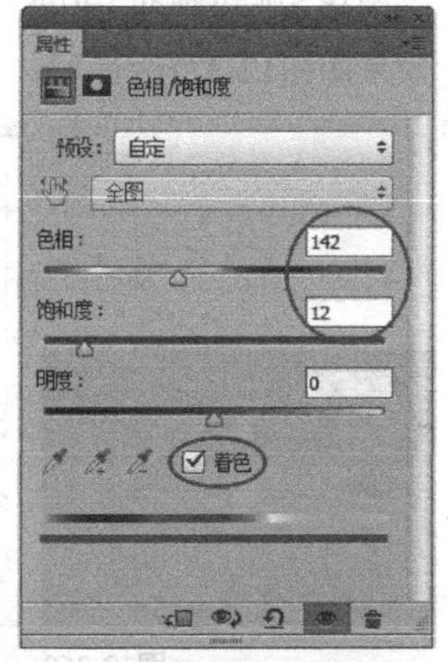

图12-357

图12-358

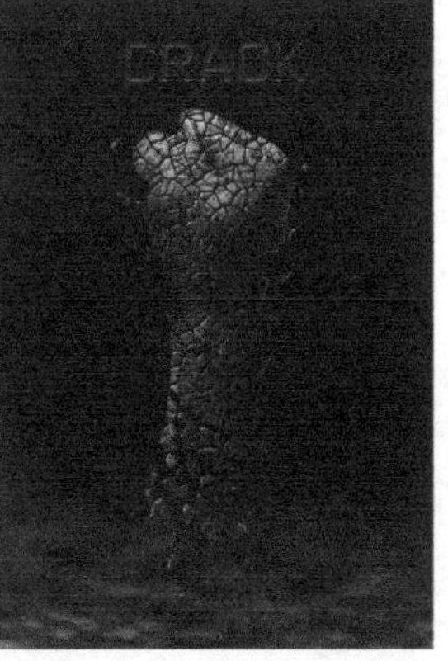

图12-359

2.制作火特效

01 按Ctrl+N组合键新建一尺寸为2156像素×3151像素、“分辨率”为300像素/英寸的文档。打开“渐变编辑器”对话框，然后编辑出如图12-360所示的渐变色，接着在“背景”图层中从上向下填充线性渐变，效果如图12-361所示。

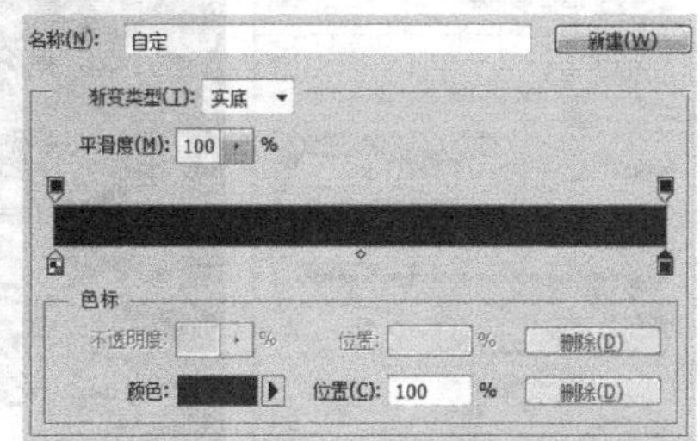

图12-360

图12-361

02 导入“素材文件>CH12>素材23-3.jpg”文件，并将新生成的图层命名为“手”，如图12-362所示，然后使用“魔棒工具”删除白色背景，如图12-363所示。

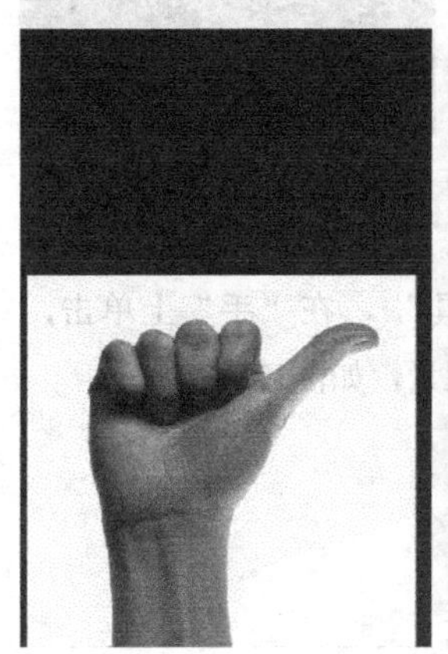

图12-362

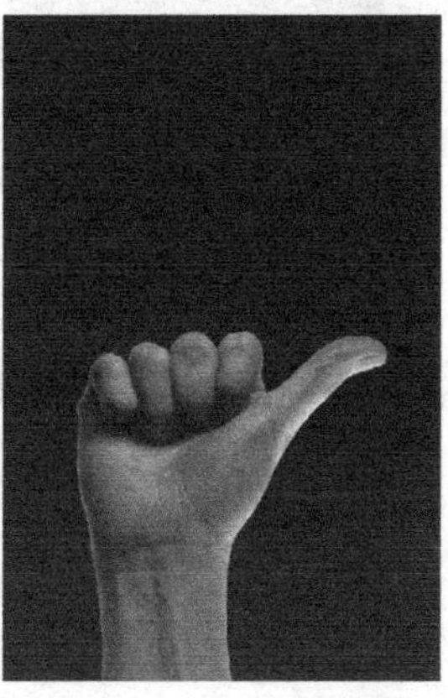

图12-363

03 创建一个“色相/饱和度”调整图层，然后在“属性”面板中设置“色相”为-180、“饱和度”为-40、“明度”为-40，如图12-364所示，接着按Ctrl+Alt+G组合键将其设置为“手”图层的剪贴蒙版，效果如图12-365所示。

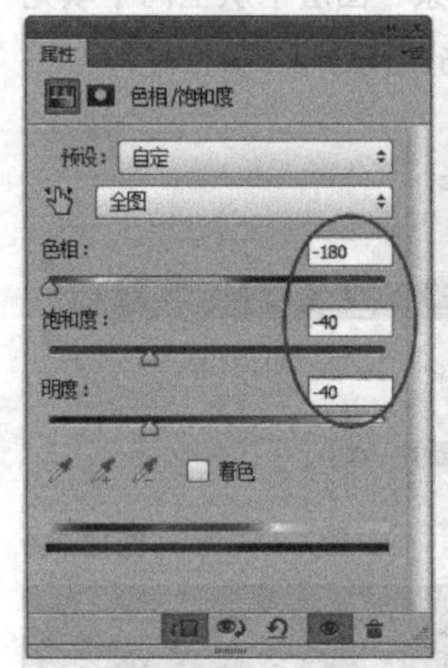

图12-364

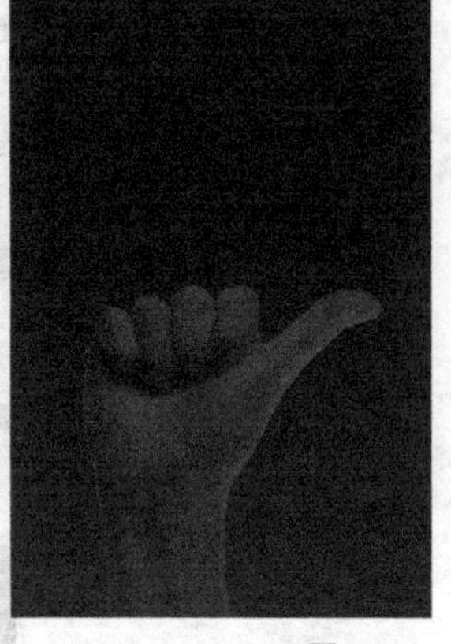

图12-365

04 创建一个“亮度/对比度”调整图层，然后在“属性”面板中设置“亮度”为-20、“对比度”为100，如图12-366所示，接着按Ctrl+Alt+G组合键将其设置为“手”图层的剪贴蒙版，效果如图12-367所示。

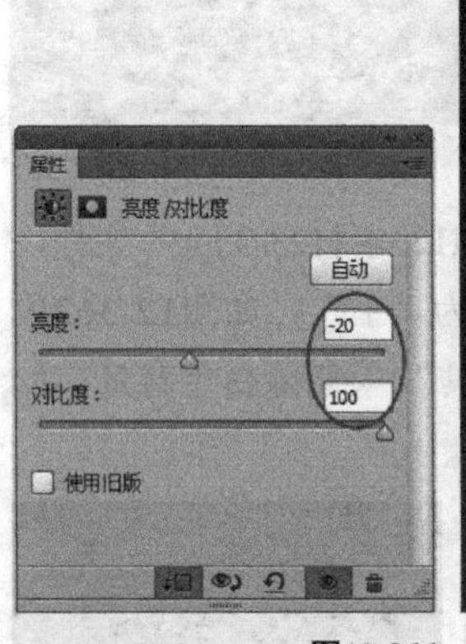

图12-366

图12-367

05 下面制作火焰特效。新建一个“火”图层，然后使用白色“画笔工具”在“手”上单击，绘制出制作火焰需要的像素，如图12-368所示。

图12-368

06 执行“图像>旋转画布>90度（逆时针）”菜单命令，如图12-369所示，然后执行“滤镜>风格化>风”菜单命令，接着在弹出的“风”对话框中设置“方法”为“风”、“方向”为“从右”，如图12-370所示，效果如图12-371所示。最后执行“图像>旋转画布>90度（顺时针）”菜单命令，效果如图12-372所示。

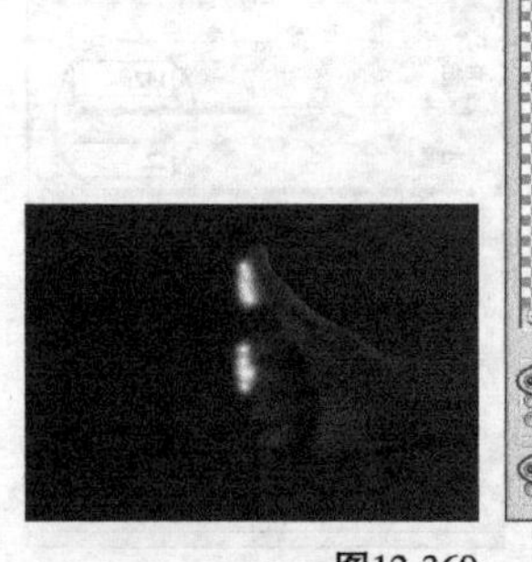

图12-369

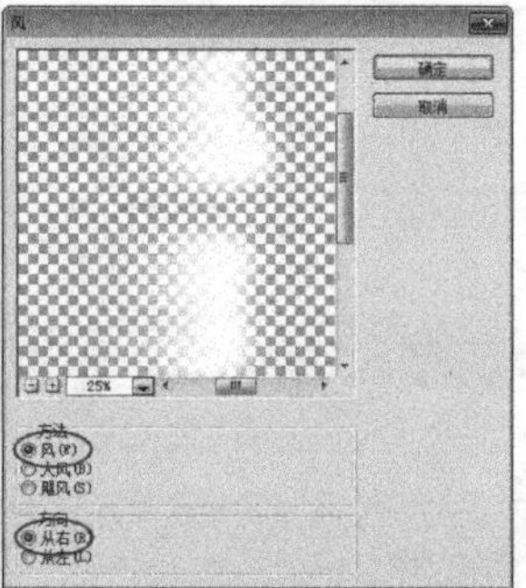

图12-370

图12-371　图12-372

07 打开“渐变编辑器”对话框，然后编辑出一种从灰色到浅灰色的渐变色，如图12-373所示，接着在“图层”面板中单击“锁定透明像素”按钮，锁定“火”图层的透明像素，最后在火焰上从上向下填充线性渐变色，如图12-374所示。

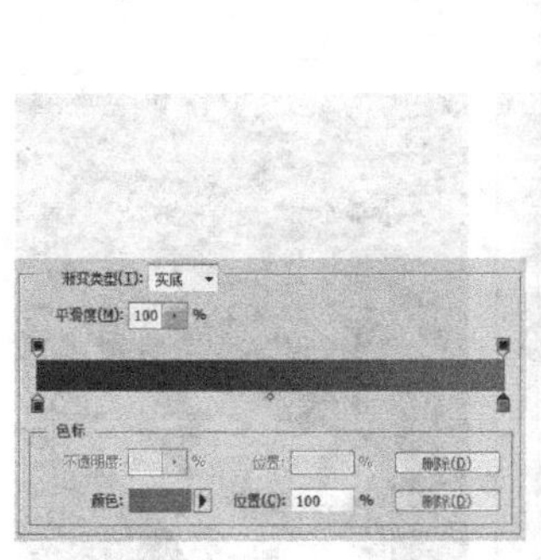

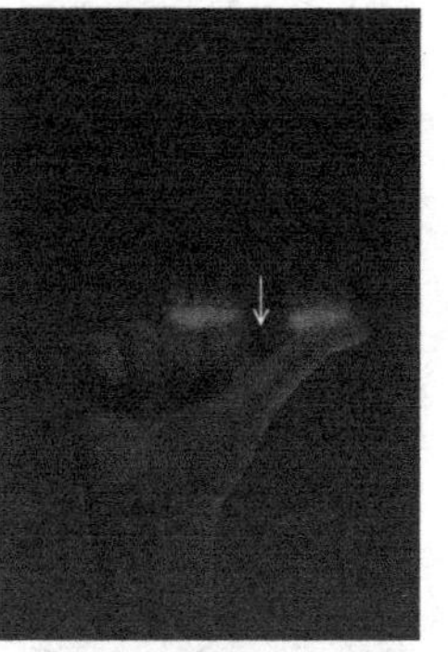

图12-373 图12-374

疑难问答

问：为何要锁定透明像素？

答：如果不锁定“火”图层的透明像素，则填充渐变时会填充整个“火”图层。锁定“火”图层的透明像素以后，填充的渐变就只针对“火”效果的不透明区域。

08 按Ctrl+U组合键打开“色相/饱和度”对话框，然后勾选“着色”选项，接着设置“饱和度”为80，如图12-375所示，效果如图12-376所示。

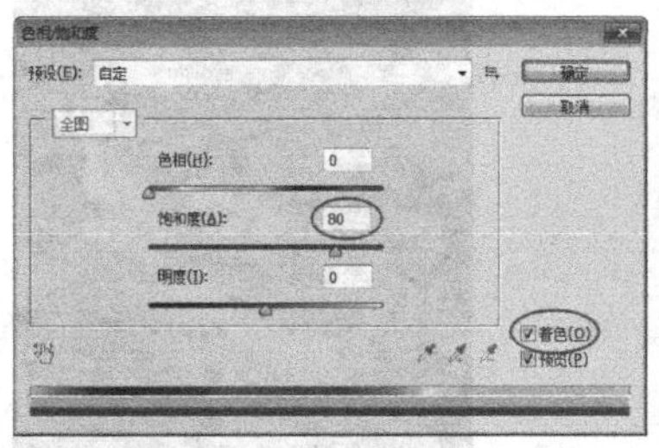

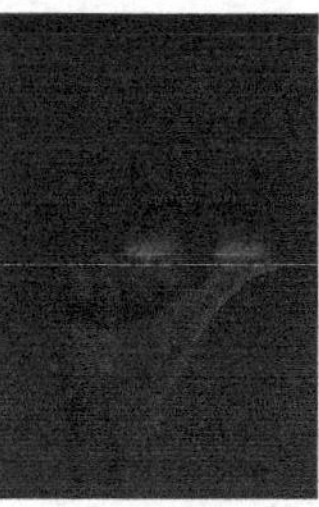

图12-375 图12-376

09 按Ctrl+J组合键复制一个“火副本”图层，并设置该图层的“混合模式”为“滤色”，然后按Ctrl+U组合键打开“色相/饱和度”对话框，接着勾选“着色”选项，最后设置“色相”为50、“饱和度”为80，如图12-377所示，效果如图12-378所示。调整完成后将“火”图层和“火副本”图层合并为一个“火”图层。

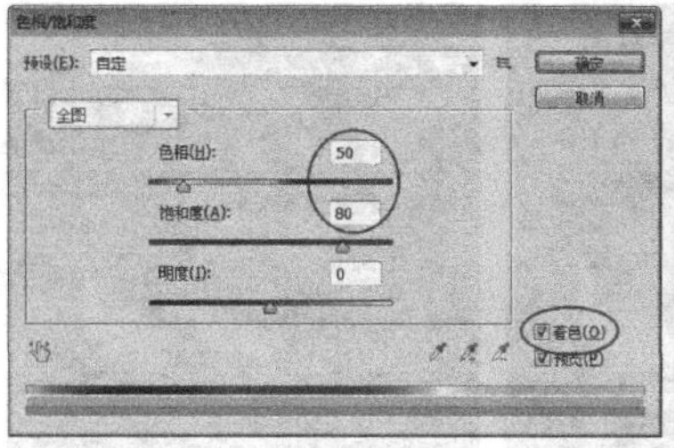

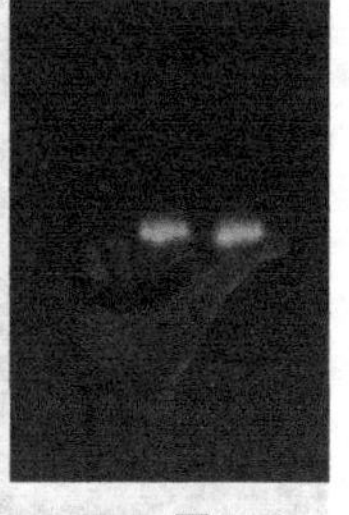

图12-377 图12-378

10 执行“滤镜>模糊>高斯模糊”菜单命令，然后在弹出的“高斯模糊”对话框中设置“半径”为8像素，如图12-379所示，效果如图12-380所示。

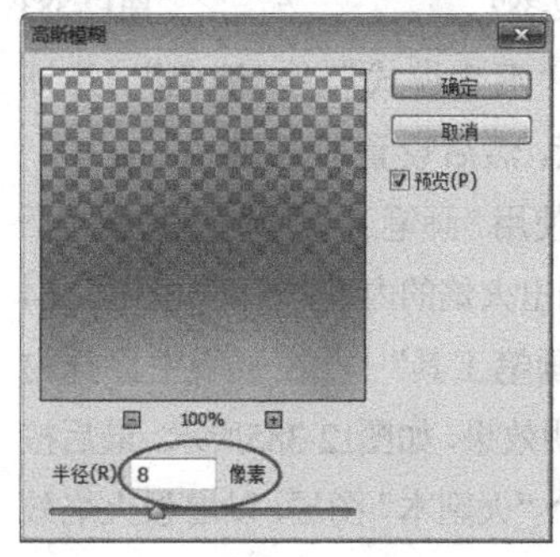

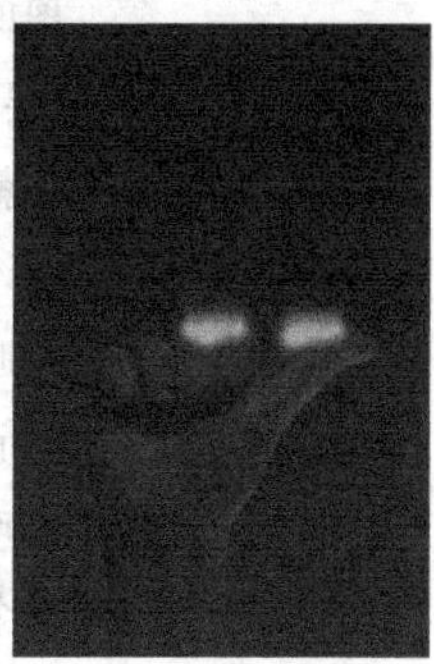

图12-379 图12-380

11 执行“滤镜>液化”菜单命令，打开“液化”对话框，然后使用“向前变形工具”将火焰涂抹成如图12-381所示的形状，效果如图12-382所示。接着为“火”图层添加一个图层蒙版，最后使用黑色“画笔工具”在蒙版中涂去多余的火苗，效果如图12-383所示。

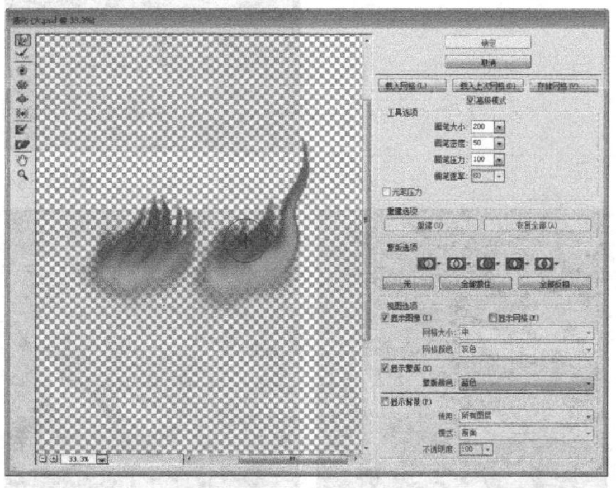

图12-381

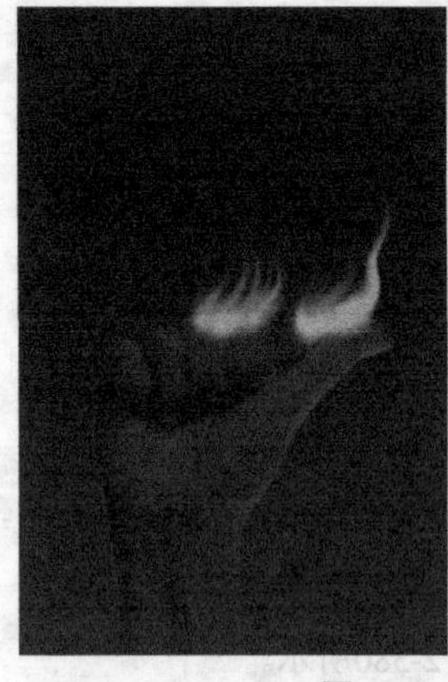
图12-382

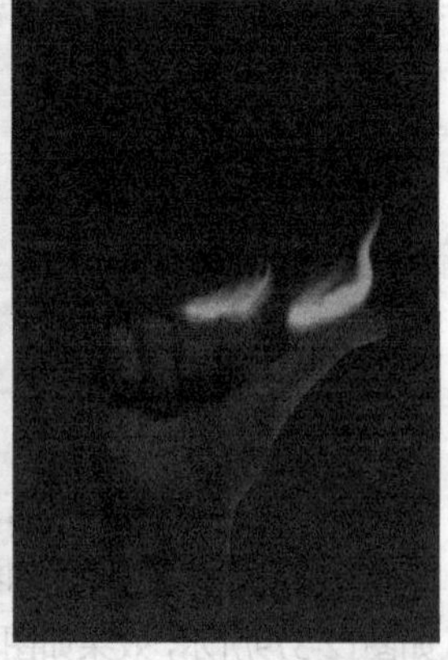
图12-383

⑫ 设置“火”图层“混合模式”为“滤色”，并锁定该图层的透明像素，然后设置前景色为（R:30，G:120，B:255），接着使用“画笔工具”（设置“不透明度”为30%）绘制出火焰的内焰，效果如图12-384所示。再使用黑色“画笔工具”在蒙版中涂抹内焰，将其处理成半透明效果，如图12-385所示，最后按Ctrl+J组合键复制一个“火副本”图层，以增强火焰效果，如图12-386所示。

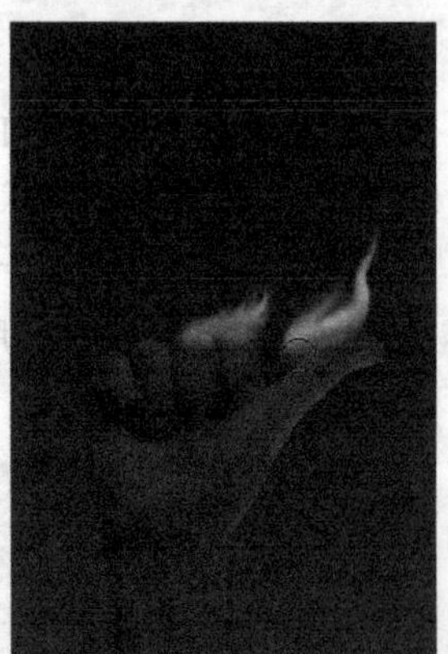
图12-384

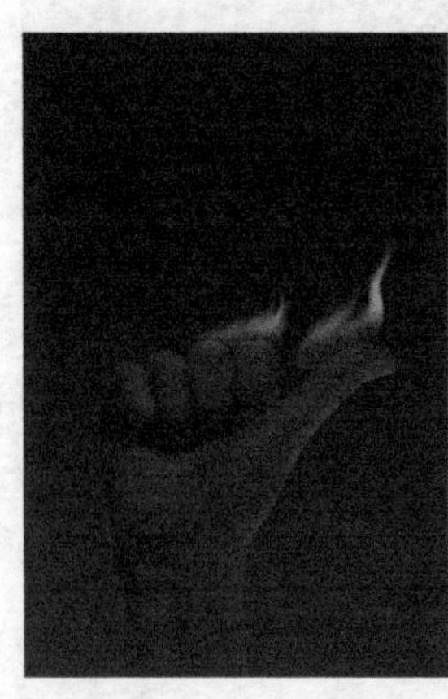
图12-385

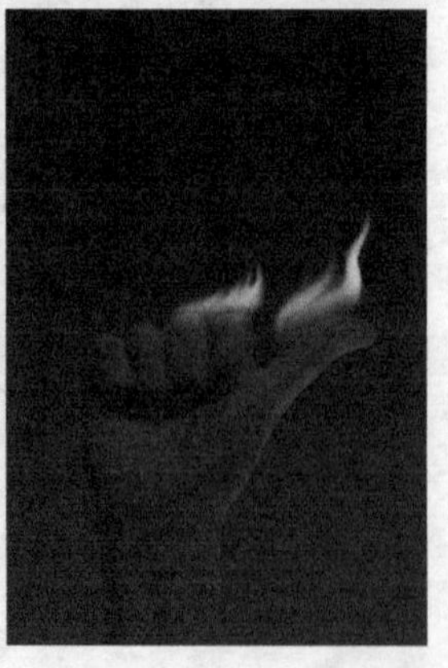
图12-386

⑬ 下面调整手部的受光效果。选择“手”图层，按Ctrl+J组合键复制一个“手副本”图层，并将其放在“亮度/对比度”调整图层的上一层，然后创建一个“色相/饱和度”调整图层，接着在“属性”面板中设置“色相”为30，如图12-387所示，最后按Ctrl+Alt+G组合键将该图层设置为“手副本”图层的剪贴蒙版，效果如图12-388所示。

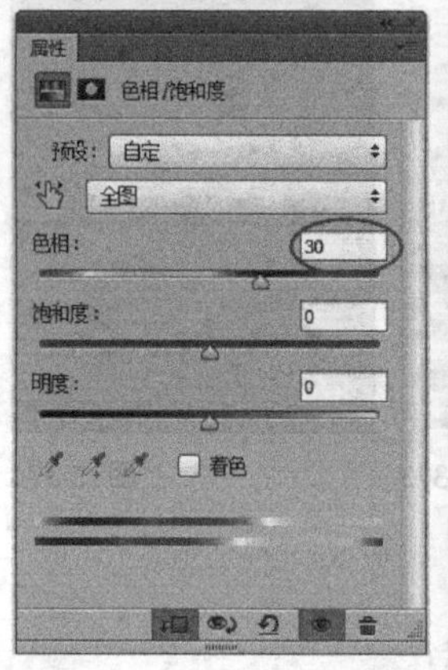

图12-387

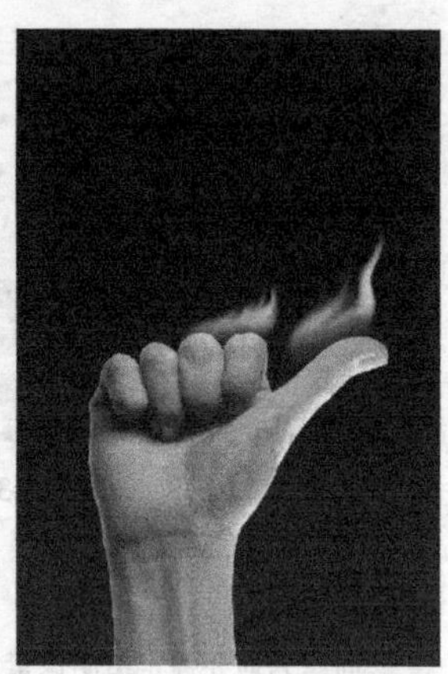
图12-388

⑭ 为“手副本”图层添加一个图层蒙版，并用黑色填充该蒙版，然后使用白色“画笔工具”（设置“不透明度”为20%）在受光部位涂抹，将其处理成如图12-389所示的效果。

图12-389

技巧与提示

使用调整图层配合蒙版来改变光源方向的方法，操作虽然不算复杂，但是却需要对物体结构有较深刻的理解，要根据物体结构来分析出物体的受光区域与背光区域，这样才能使光感达到真实效果。

⑮ 下面合成烟雾特效。导入"素材文件> CH12>素材23-4.jpg"文件，并将新生成的图层命名为"烟雾"，如图12-390所示，然后执行"图层>图层样式>混合选项"菜单命令，打开"图层样式"对话框，接着按住Alt键单击"本图层"的黑色滑块，将其分开，并分别将这两个分开的滑块拖曳到如图12-391所示的位置，效果如图12-392所示。

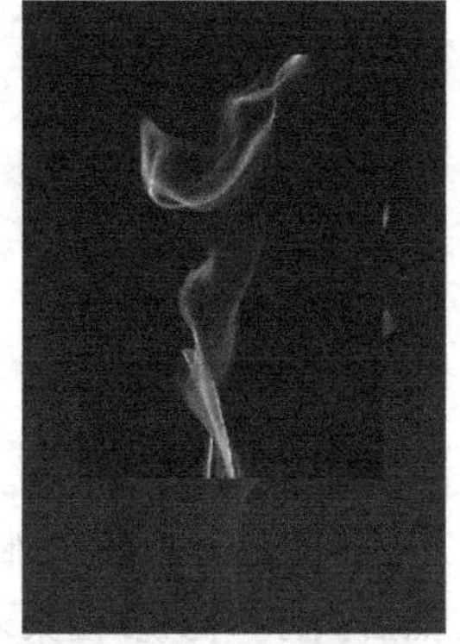

图12-390

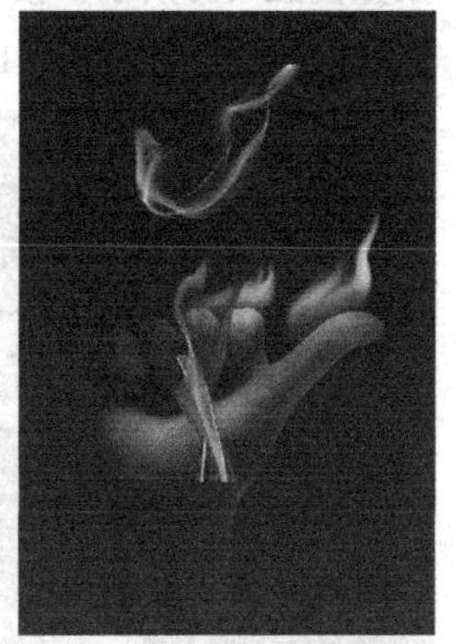

图12-391　图12-392

⑯ 为"烟雾"图层添加一个图层蒙版，然后使用"不透明度"较低的黑色"画笔工具"在蒙版中将烟雾涂抹成如图12-393所示的效果。

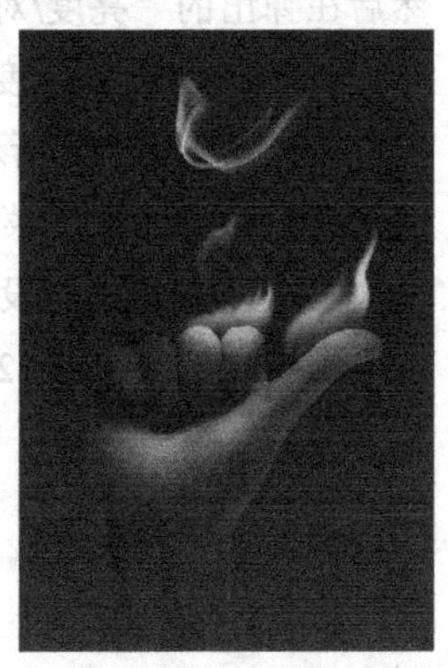

图12-393

⑰ 创建一个"色相/饱和度"调整图层，然后在"属性"面板中勾选"着色"选项，接着设置"色相"为206、"饱和度"为21，如图12-394所示，最后按Ctrl+Alt+G组合键将其设置为"烟雾"图层的剪贴蒙版，效果如图12-395所示。

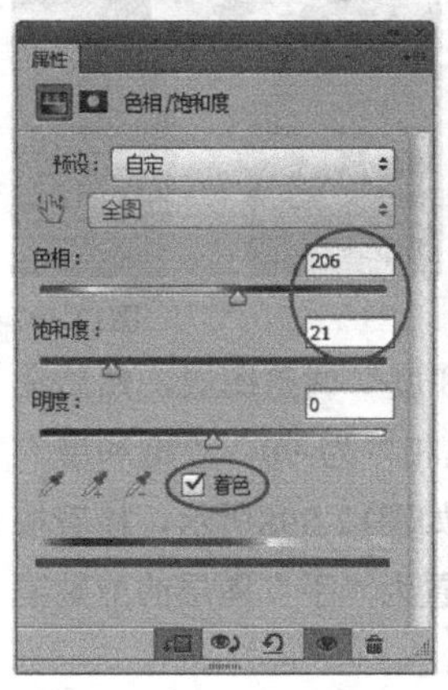

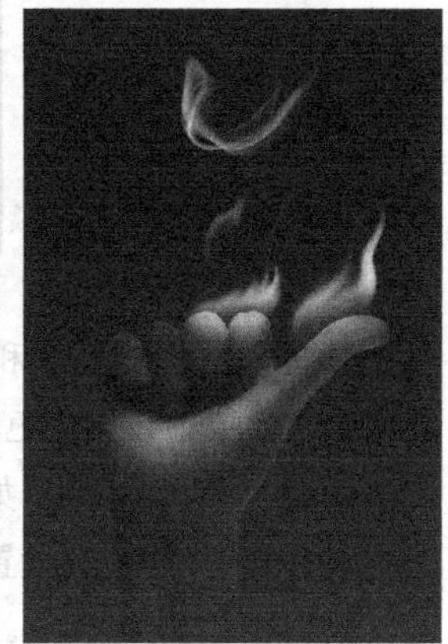

图12-394　图12-395

⑱ 使用"横排文字工具"输入装饰文字，最终效果如图12-396所示。

图12-396

3.制作电特效

01 按Ctrl+N组合键新建一个尺寸为1381像素×2019像素、"分辨率"为300像素/英寸的文档。用黑色填充"背景"图层，然后导入"素材文件>CH12>素材23-5.jpg"文件，并将新生成的图层命名为"手"，接着用"魔棒工具"删除白色背景，效果如图12-397所示。

图12-397

02 创建一个“色相/饱和度”调整图层，然后在“属性”面板中设置“色相”为-90、“饱和度”为-21、“明度”为-50，如图12-398所示，接着按Ctrl+Alt+G组合键将其设置为“手”图层的剪贴蒙版，效果如图12-399所示。

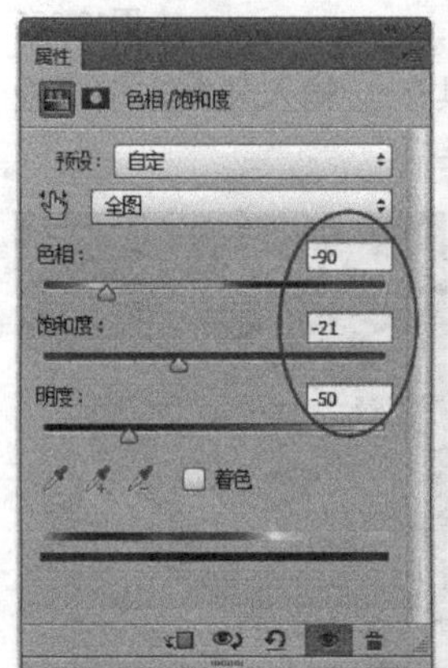

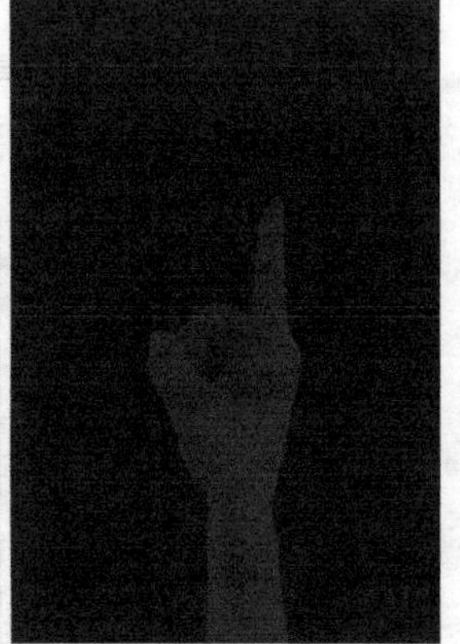

图12-398　　图12-399

03 创建一个“亮度/对比度”调整图层，然后在“属性”面板中设置“亮度”为19、“对比度”为100，如图12-400所示，效果如图12-401所示。

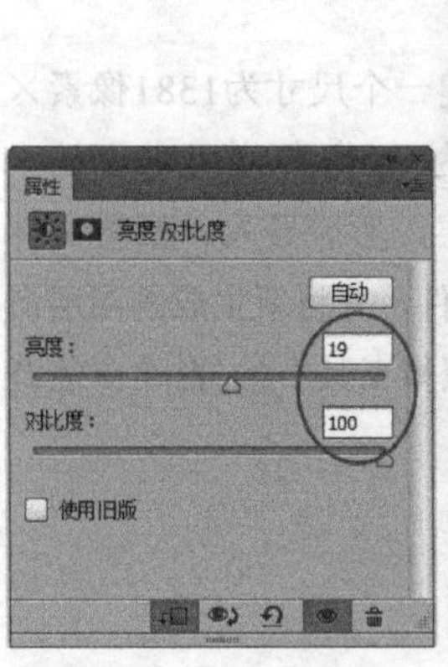

图12-400　　图12-401

04 下面制作闪电特效。按Ctrl+N组合键新建一个尺寸为1000像素×1350像素、“分辨率”为300像素/英寸的文档，然后使用黑色“画笔工具”绘制出闪电的走向，如图12-402所示。

图12-402

05 按Ctrl+J组合键复制一个“背景副本”图层，然后执行“滤镜>渲染>分层云彩”菜单命令，效果如图12-403所示，接着按Ctrl+I组合键将图像进行反相处理，效果如图12-404所示。

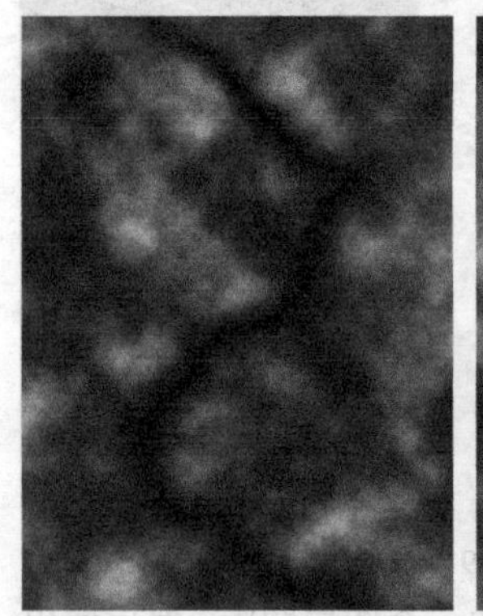

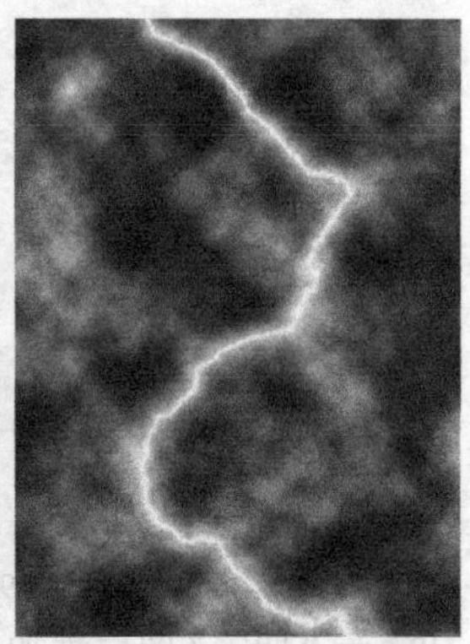

图12-403　　图12-404

06 执行“图像>调整>亮度/对比度”菜单命令，然后在弹出的“亮度/对比度”对话框中设置“亮度”为-150、“对比度”为100，如图12-405所示，效果如图12-406所示。接着继续执行“图像>调整>亮度/对比度”菜单命令，并在弹出的“亮度/对比度”对话框中设置“亮度”为-50、“对比度”为100，效果如图12-407所示。

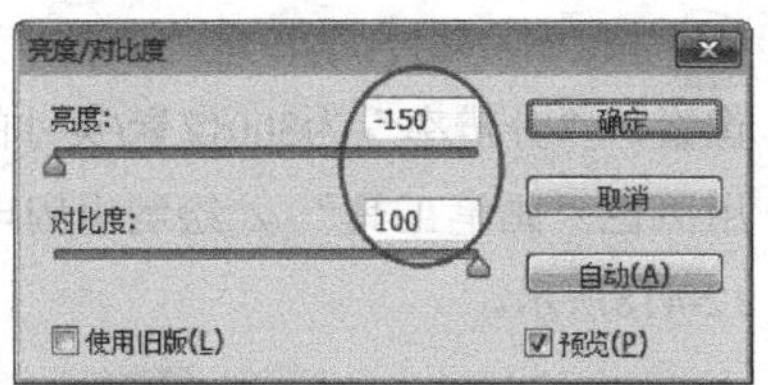

图12-405

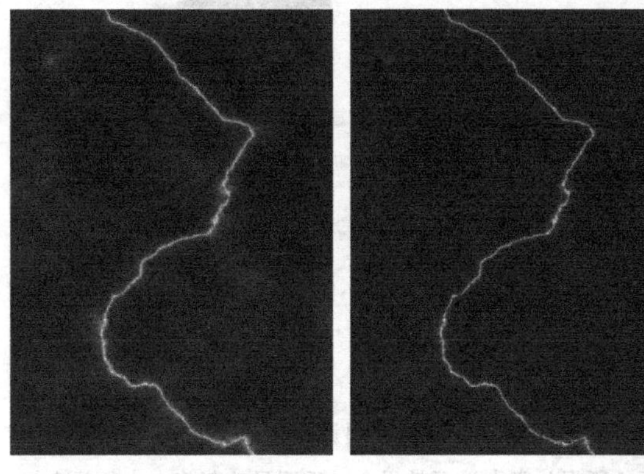

图12-406 图12-407

07 将“背景副本”图层拖曳到“手”特效的文档中，并将新生成的图层命名为“电1”，然后设置该图层的“混合模式”为“滤色”，效果如图12-408所示，接着适当调整其位置与大小，如图12-409所示。

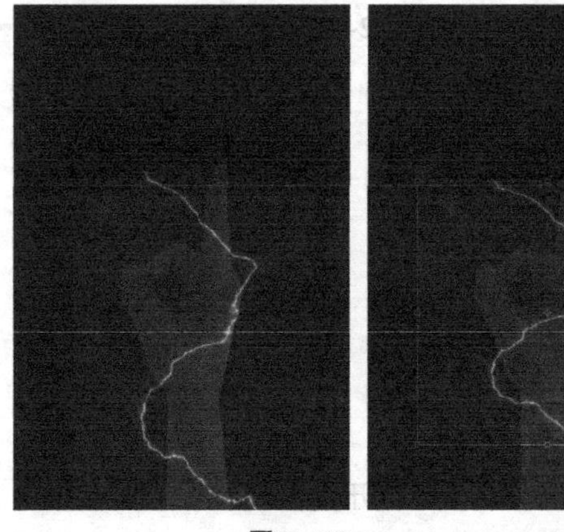

图12-408 图12-409

08 为“电1”图层添加一个图层蒙版，然后使用黑色“画笔工具”在蒙版中将闪电处理成如图12-410所示的效果。

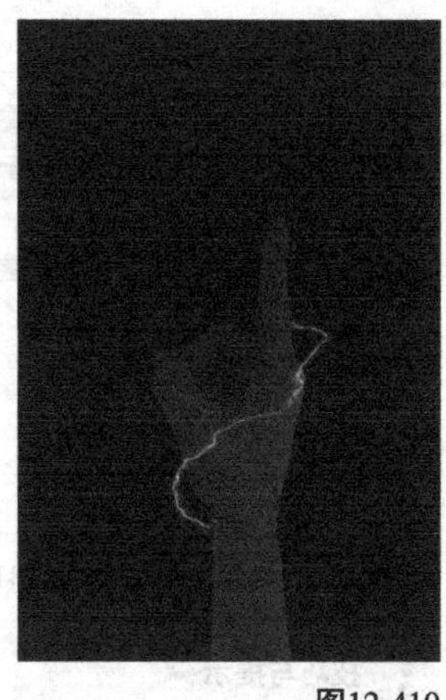

图12-410

09 切换到制作闪电的操作界面，隐藏“背景副本”图层，然后选择“背景”图层，接着执行“滤镜>渲染>分层云彩”菜单命令，效果如图12-411所示，最后按Ctrl+I组合键将图像进行反相处理，效果如图12-412所示。

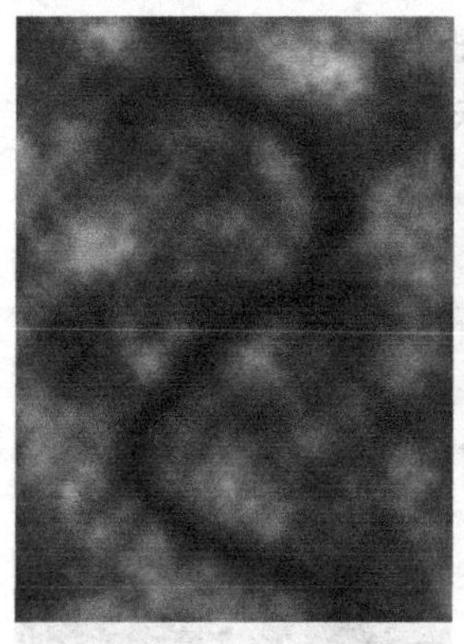

图12-411 图12-412

疑难问答

问：为何两次生成的“分层云彩”不一样？

答：“分层云彩”滤镜和“云彩”滤镜产生的效果是随机的，所以每次执行这两种滤镜产生的效果都不一样。

10 执行“图像>调整>色阶”菜单命令，然后在弹出的“色阶”对话框中设置“输入色阶”为（155，0.23，255），如图12-413所示，效果如图12-414所示。

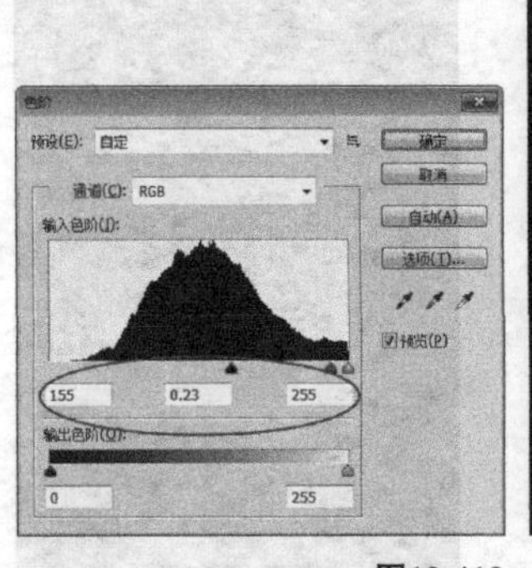
图12-413

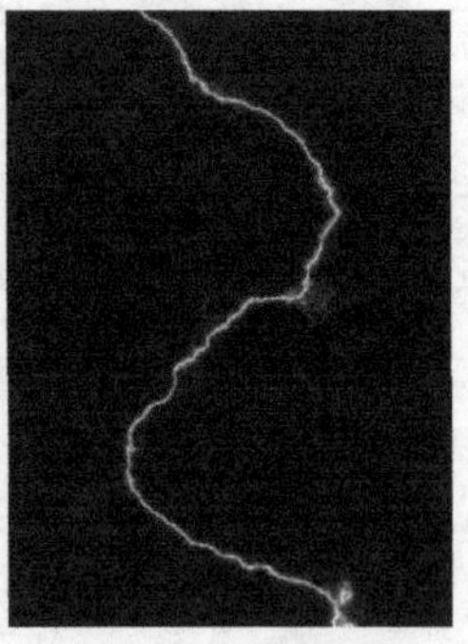
图12-414

技巧与提示

在上一次制作闪电效果时用了两次“亮度/对比度”命令，而这里只用了一次“色阶”命令，但获得的效果都是差不多的。

⑪ 将“背景”图层拖曳到制作“手”特效的文档中，并将新生成的图层命名为“电2”，然后设置该图层的“混合模式”为“滤色”，效果如图12-415所示，接着将闪电进行如图12-416所示的变换。

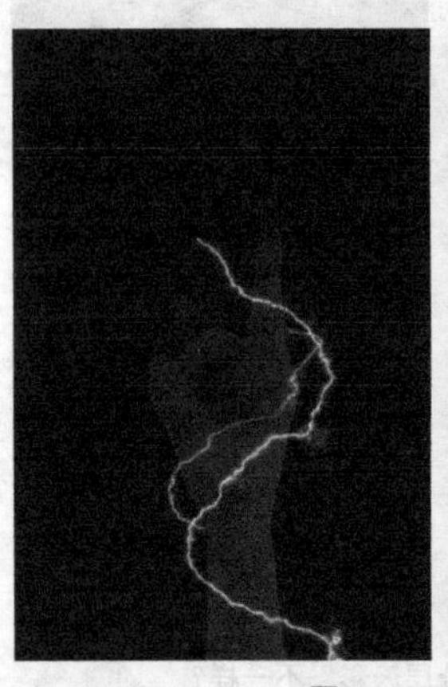
图12-415

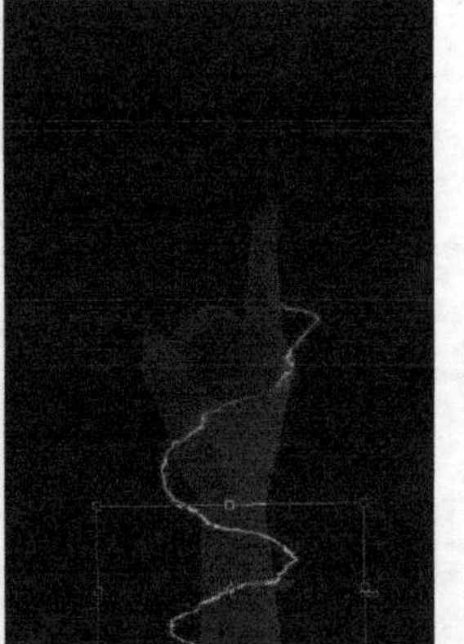
图12-416

⑫ 为“电2”图层添加一个图层蒙版，然后使用黑色“画笔工具”在蒙版中将闪电处理成如图12-417所示的效果。

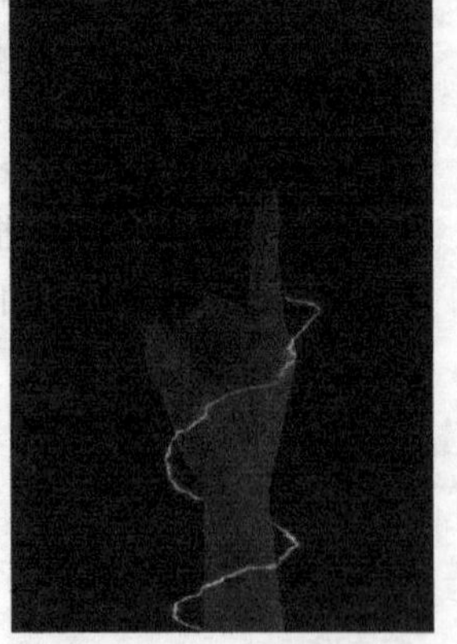
图12-417

⑬ 按Ctrl+N组合键新建一个尺寸为500像素×500像素、“分辨率”为300像素/英寸的文档，然后使用黑色“画笔工具”绘制出闪电的走向，如图12-418所示。

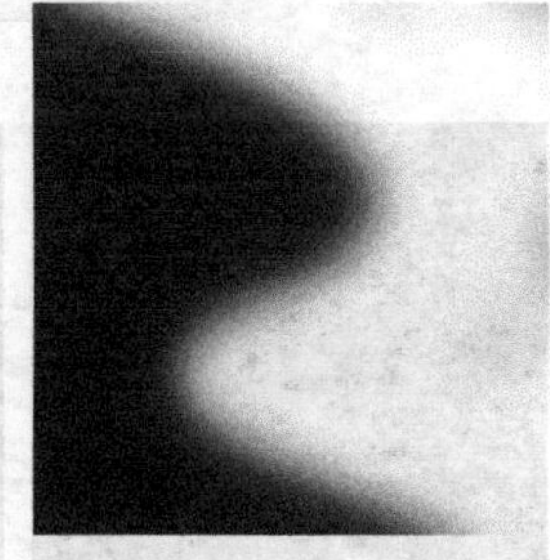
图12-418

技巧与提示

在这个步骤中，若使用原来的图像大小制作闪电选区，所得的闪电选区效果会过于明显。若将太大的闪电拖曳到制作“手”特效的文档中，再使用自由变换功能将其缩小，虽然可以使闪电整体缩小，但闪电会偏细，这样就会与先前制作的闪电脱节。

⑭ 执行“滤镜>渲染>分层云彩”菜单命令，效果如图12-419所示，然后按Ctrl+I组合键将闪电进行反相处理，效果如图12-420所示。

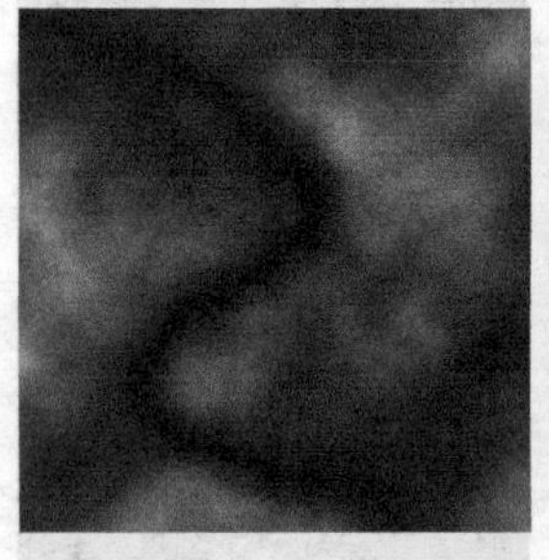
图12-419

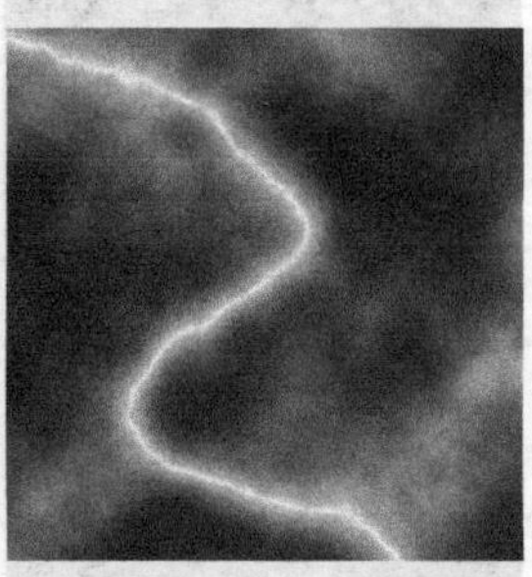
图12-420

⑮ 按Ctrl+L组合键打开“色阶”对话框，然后设置“输入色阶”为（164，0.27，255），如图12-421所示，效果如图12-422所示。

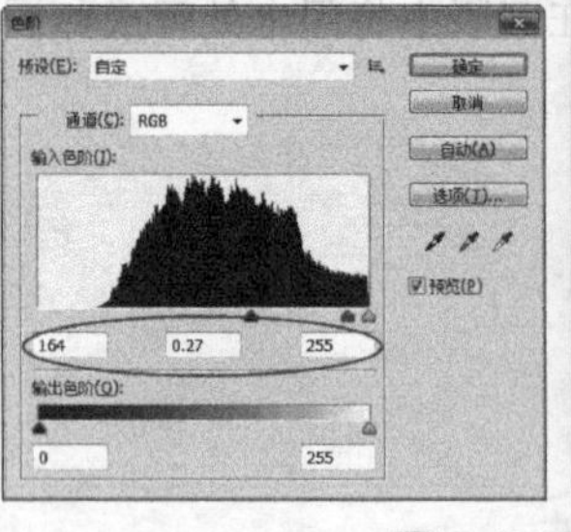
图12-421

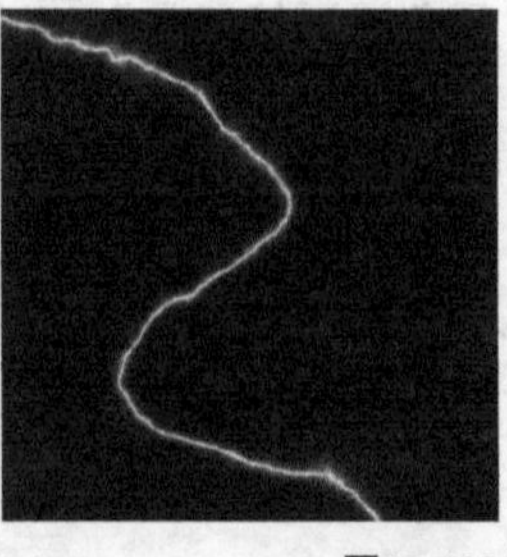
图12-422

⑯ 将“背景”图层拖曳到制作“手”特效的文档中，并将新生成的图层命名为“电3”，然后设置该图层的“混合模式”为“滤色”，效果如图12-423所示，接着将闪电变换成如图12-424所示的效果。

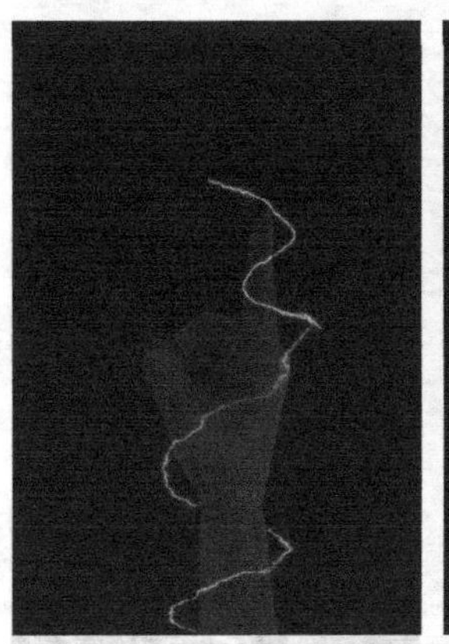
图12-423

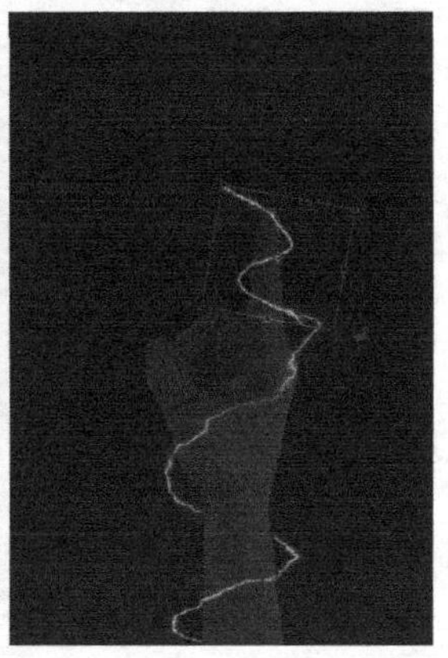
图12-424

⑰ 为“电3”图层添加一个图层蒙版，然后使用黑色“画笔工具”在蒙版中将闪电处理成如图12-425所示的效果。

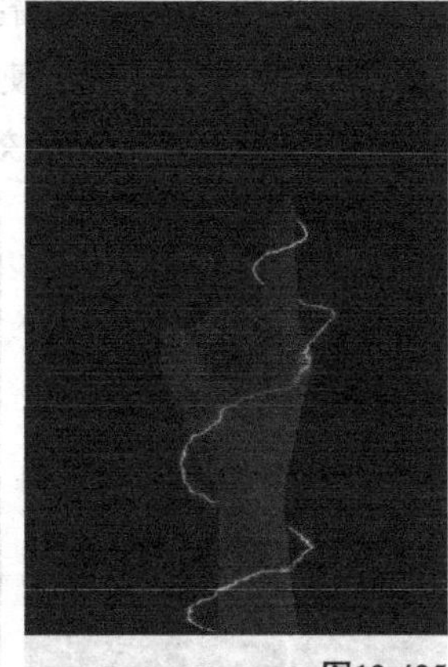
图12-425

⑱ 暂时隐藏“手”图层，效果如图12-426所示，然后载入“蓝”通道的选区，效果如图12-427所示，接着新建一个“闪电发光”图层，最后用白色填充选区（填充完后显示“手”图层），效果如图12-428所示。

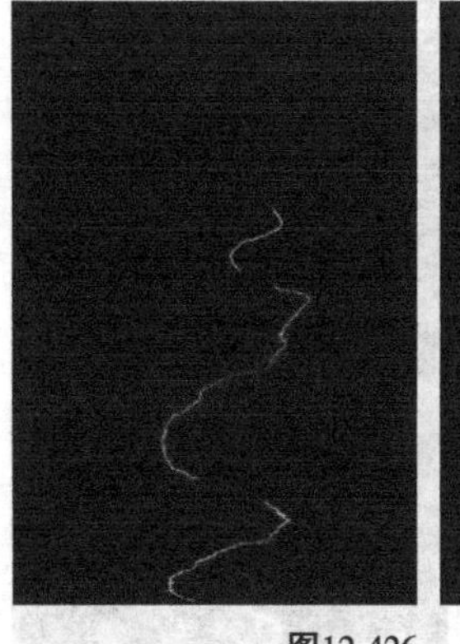
图12-426

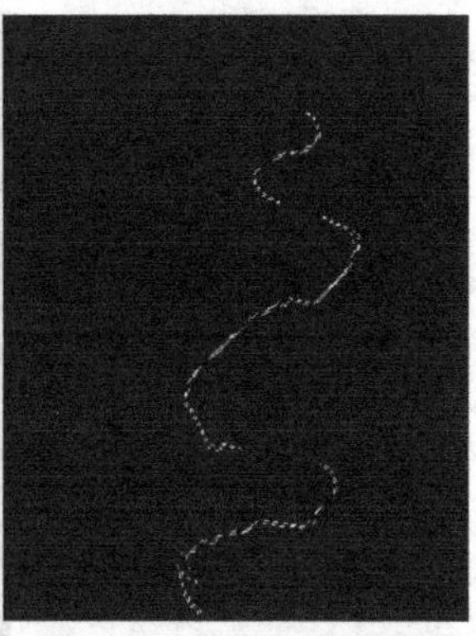
图12-427

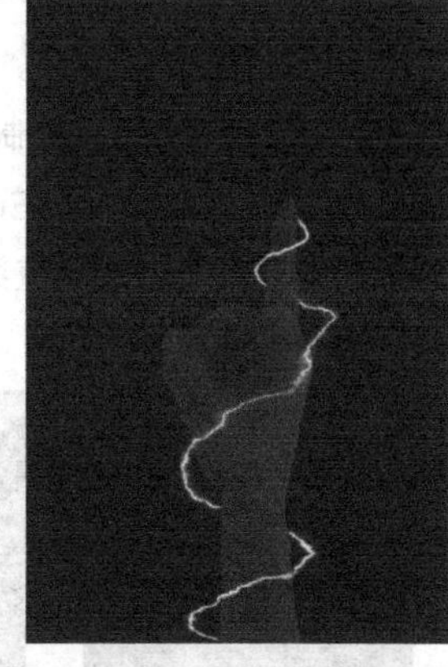
图12-428

⑲ 为“闪电发光”图层添加一个“外发光”样式，然后设置发光颜色为（R:0，G:50，B:255），接着设置“大小”为6像素，如图12-429所示；为“闪电发光”图层添加一个“投影”样式，然后设置“混合模式”为“变亮”、阴影颜色为（R:0，G:0，B:255）、“不透明度”为100%，接着设置“距离”为0像素、“大小”为22像素，如图12-430所示，效果如图12-431所示。

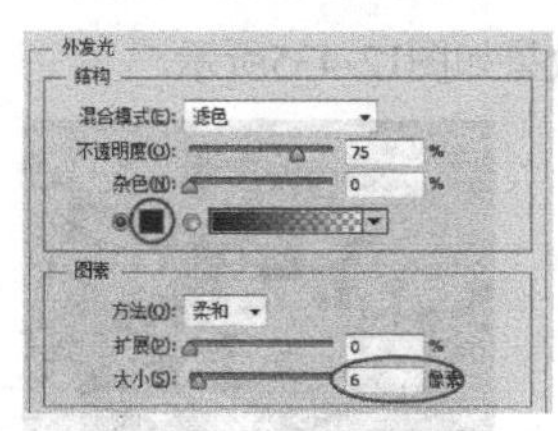

图12-429

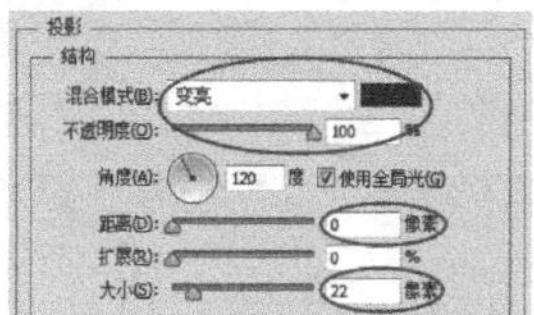

图12-430

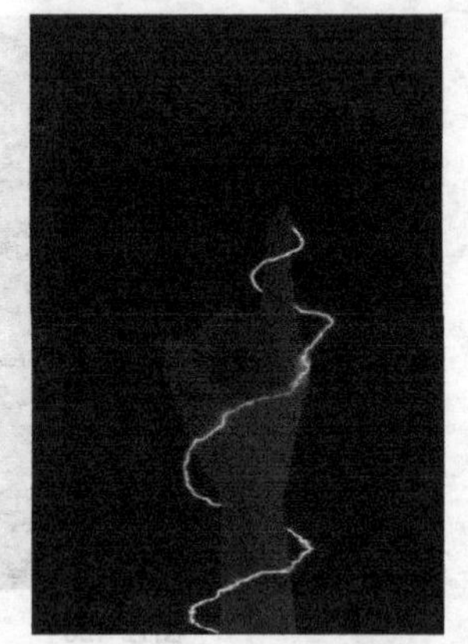

图12-431

20 下面制作背景特效。新建一个“球”图层，使用“椭圆工具”绘制一个如图12-432所示的椭圆路径，然后按Ctrl+Enter组合键载入路径的选区，接着执行“滤镜>渲染>云彩”菜单命令，效果如图12-433所示。

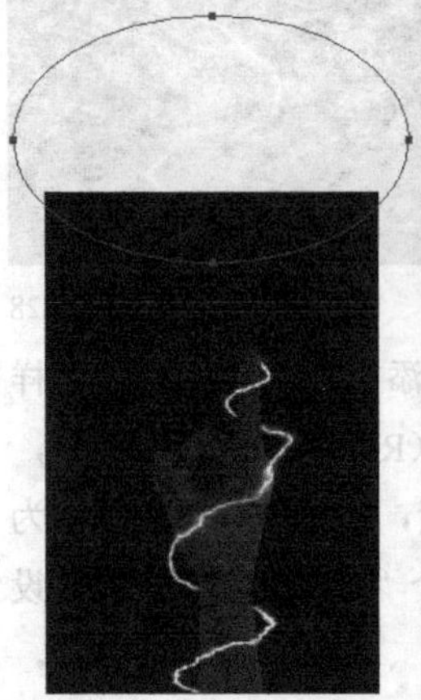

图12-432

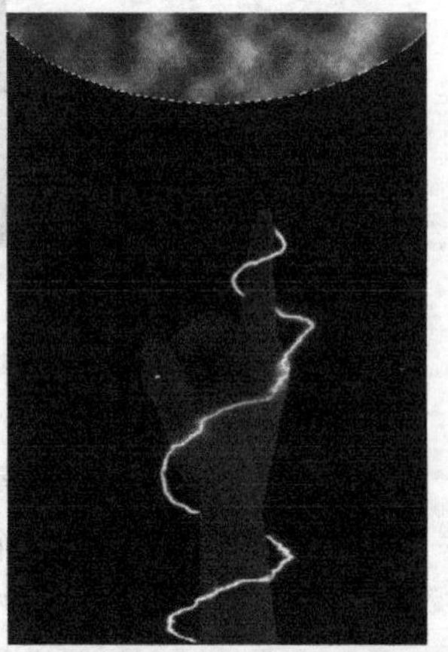

图12-433

21 执行“图像>调整>亮度/对比度”菜单命令，然后在弹出的“亮度/对比度”对话框中设置“亮度”为-110，如图12-434所示，效果如图12-435所示。

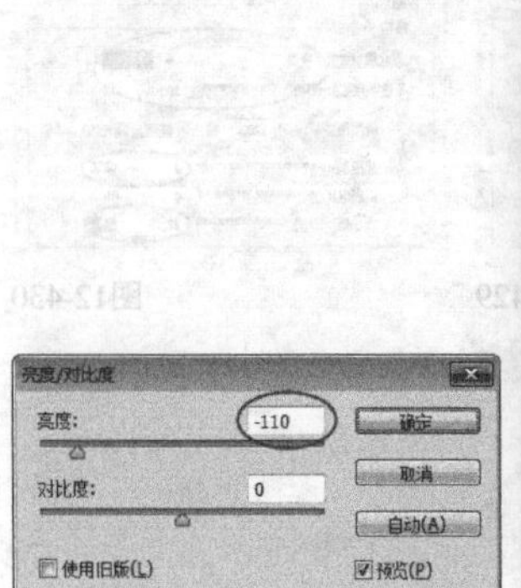

图12-434

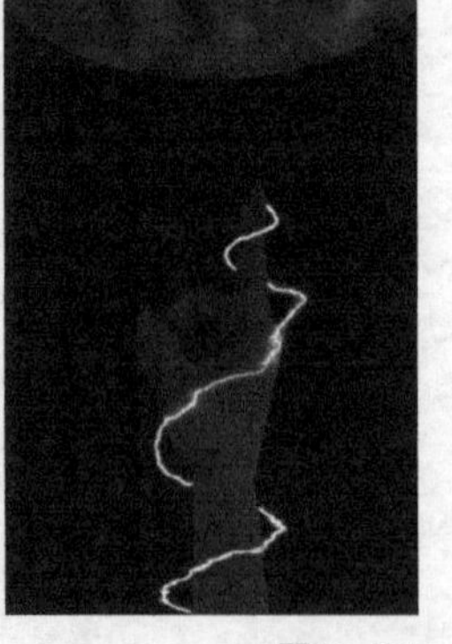

图12-435

22 选择“减淡工具”，然后在选项栏中设置“大小”为260像素，接着选择椭圆路径，最后在“路径”面板下单击若干次“用画笔描边路径”按钮（选择“减淡工具”描边路径），效果如图12-436所示。

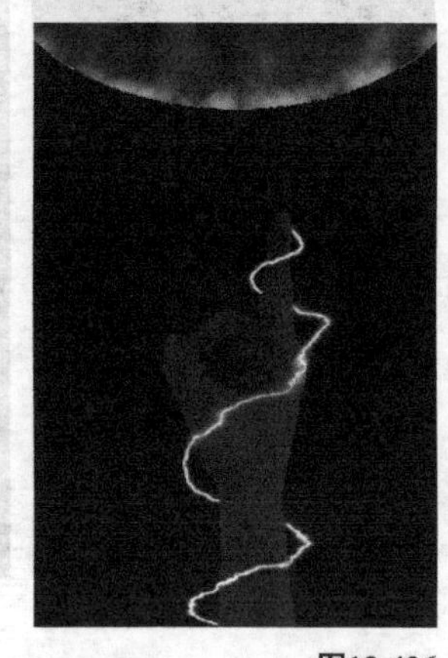

图12-436

23 取消对椭圆路径的选择，然后继续使用“减淡工具”在“球”图层的底部涂抹出亮部，效果如图12-437所示，接着按Ctrl+J组合键复制一个“球副本”图层，最后使用“涂抹工具”将其涂抹成如图12-438所示的效果。

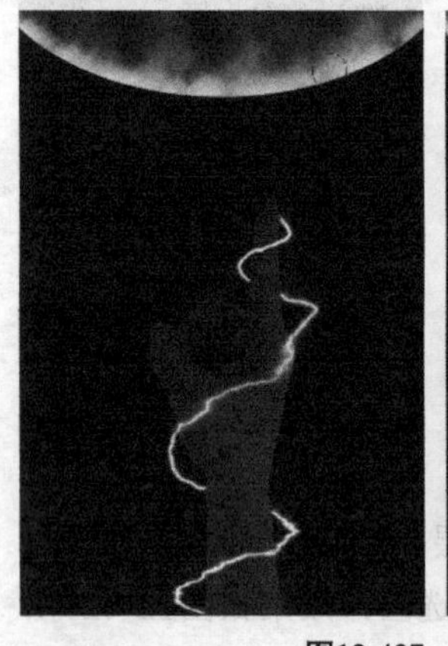

图12-437

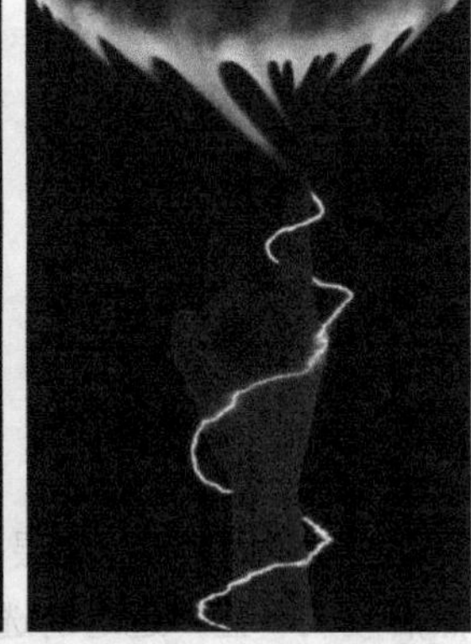

图12-438

24 创建一个“色相/饱和度”调整图层，然后在“属性”面板中勾选“着色”选项，接着设置“色相”为220、“饱和度”为40，如图12-439所示，最后按Ctrl+Alt+G组合键将其设置为“球副本”的剪贴蒙版，效果如图12-440所示。

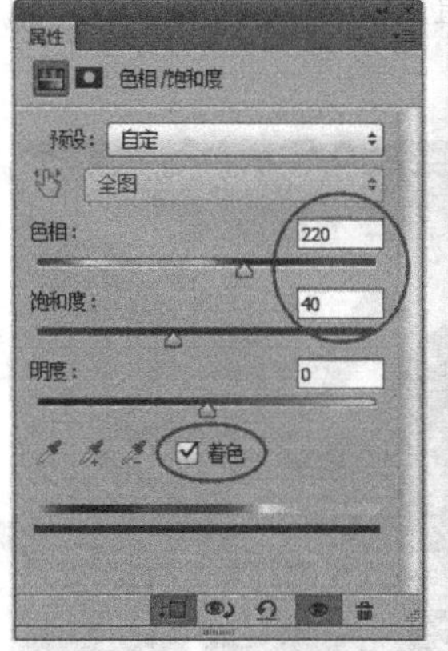

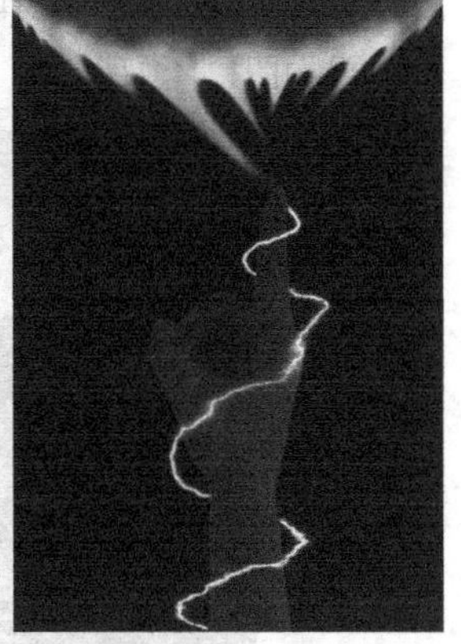

图12-439　　图12-440

25 为“球副本”图层添加一个“外发光”样式，然后设置发光颜色为（R:150，G:120，B:255），接着设置“大小”为169像素，如图12-441所示，效果如图12-442所示。

图12-441　　图12-442

26 选择“球”图层，然后执行“滤镜>液化”菜单命令，打开“液化”对话框，接着使用“向前变形工具”，将其涂抹成如图12-443所示的形状，效果如图12-444所示。

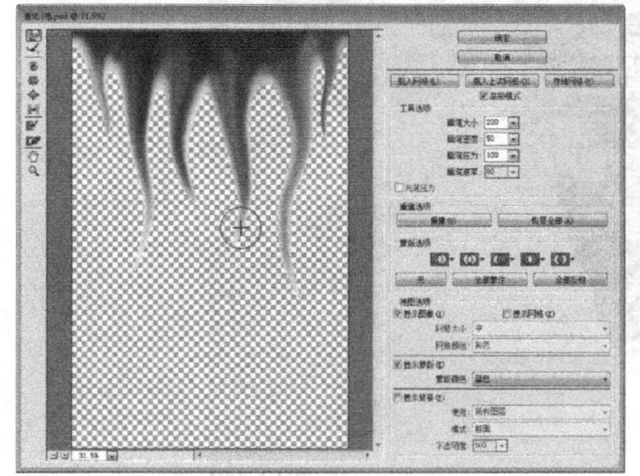

图12-443

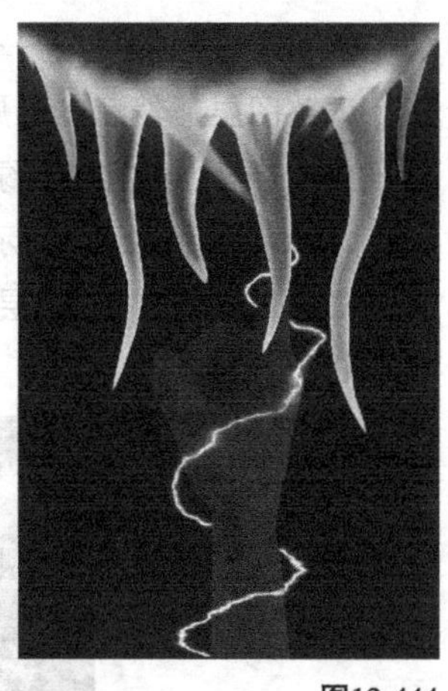

图12-444

27 为“球”图层添加“外发光”样式，然后设置“不透明度”为60%、发光颜色为（R:0，G:60，B:255），接着设置“大小”为65像素，如图12-445所示，效果如图12-446所示。

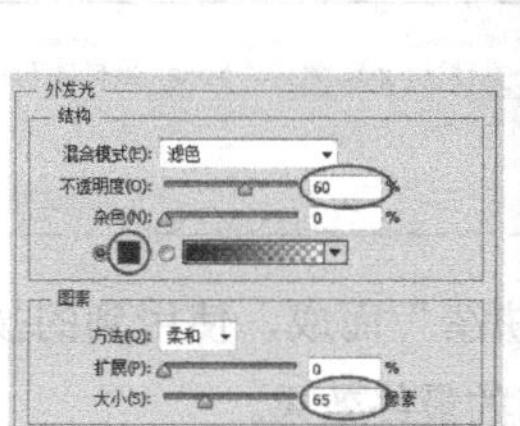

图12-445　　图12-446

28 将“球”图层放在“背景”图层的上一层，然后设置该图层的“填充”为0%，效果如图12-447所示，接着将其进行如图12-448所示的变换。

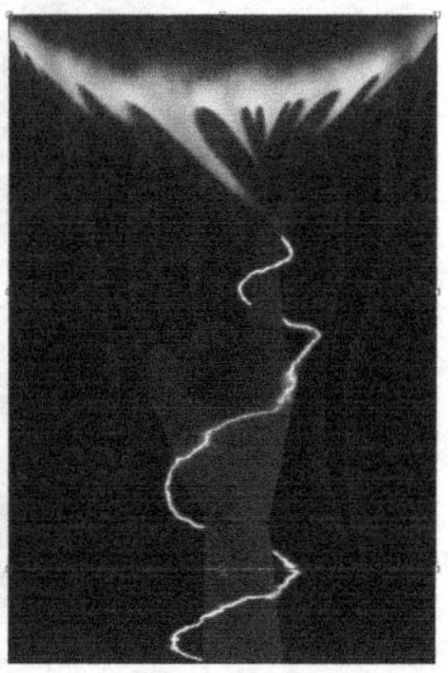

图12-447　　图12-448

29 在“手”图层的上一层创建一个“色彩平衡”调整图层，然后在“属性”面板中设置“青色-红色”为33、“洋红-绿色”为32、“黄色-蓝色”为100，如图12-449所示，接着按Ctrl+Alt+G组合键将其设置为“手”图层的剪贴蒙版，效果如图12-450所示。

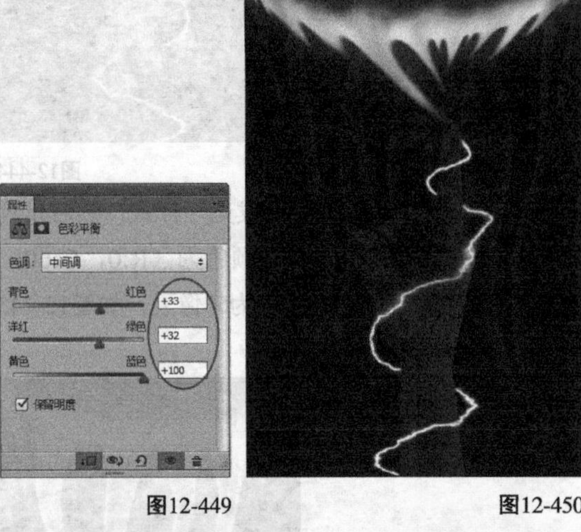

图12-449　　图12-450

30 使用“横排文字工具”T输入装饰文字，最终效果如图12-451所示。

图12-451

12.5.3 课堂练习——制作奇幻天空之城

实例位置	实例文件>CH12>12.5.3.psd
素材位置	素材文件>CH12>素材24-1.jpg~素材24-5.jpg、素材24-6.png、素材24-7.png
视频位置	多媒体教学>CH12>12.5.3.flv
实用指数	★★★★☆
技术掌握	奇幻特效的合成方法

本练习完全由素材“拼凑”而成，使用到的技术无外乎就是蒙版、调色、自由变换、图层混合模式等。图12-452所示是本练习的最终效果。

图12-452

步骤分解如图12-453所示。

图12-453（1）

图12-453（2）

图12-453（3）

图12-453（4）

12.5.4 课后习题——制作太空星球特效

实例位置	实例文件>CH12>12.5.4.psd
素材位置	无
视频位置	多媒体教学>CH12>12.5.4.flv
实用指数	★★★★☆
技术掌握	星球特效的制作方法

本习题是一个太空星球特效，没有用到任何素材，基本上全部用滤镜制作完成。图12-454所示是本例的最终效果。

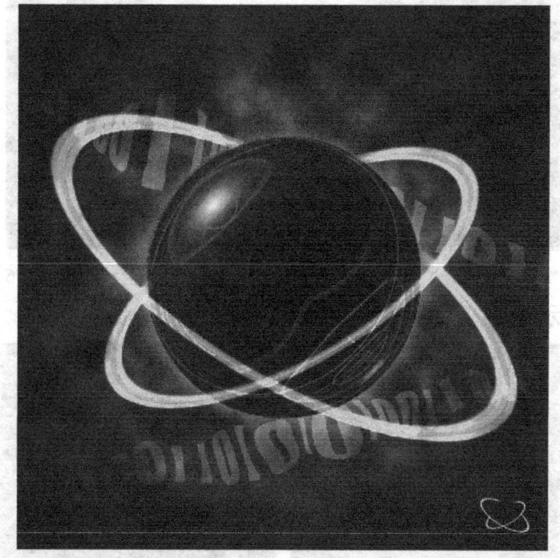

图12-454

步骤分解如图12-455所示。

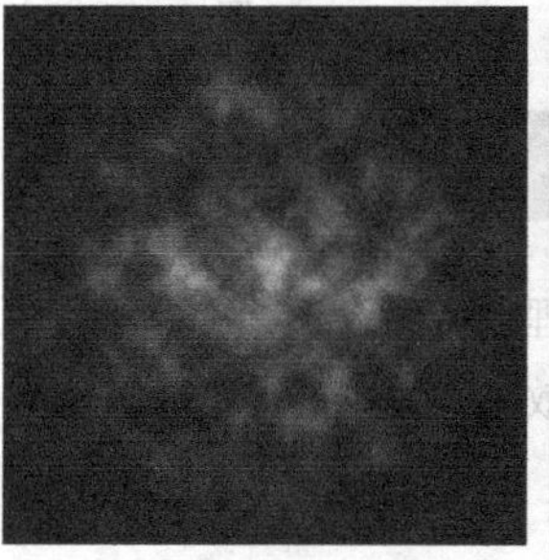

图12-455（1）

图12-455（2）

图12-455（3）

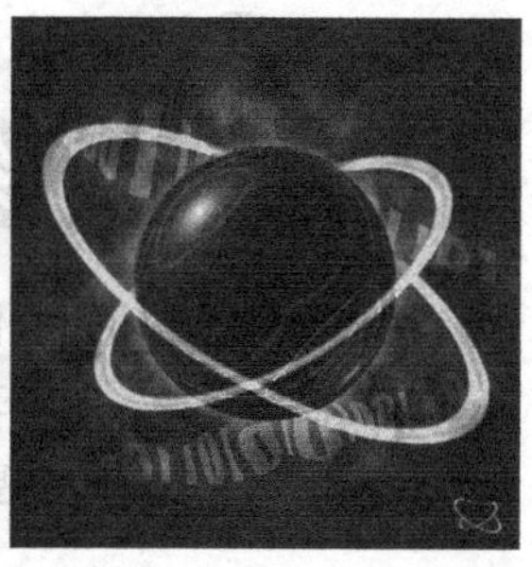

图12-455（4）

12.5.5 课后习题——制作漩涡特效

实例位置	实例文件>CH12>12.5.5.psd
素材位置	无
视频位置	多媒体教学>CH12>12.5.5.flv
实用指数	★★★★☆
技术掌握	漩涡特效的制作方法

本习题虽是一个漩涡特效，但其实包含3种特效，分别是漩涡、方格和线条特效，这3种特效都用滤镜来制作。图12-456所示是本例的最终效果。

图12-456

步骤分解如图12-457所示。

图12-457（1）

图12-457（2）

图12-457（3）

图12-457（4）

12.6 本章小结

通过本章的学习，我们应该对文字特效制作、人像照片处理、风景照片处理、平面设计、特效与合成有一个全面的掌握。在学习这些综合案例的时候，不仅要学习如何制作出案例效果，更重要的是要掌握制作流程与关键环节，同时要发散自己的创意思维，多学习、多临摹、多创新。

Photoshop工具与快捷键索引

工具	快捷键	主要功能	使用频率
移动工具	V	选择/移动对象	★★★★★
矩形选框工具	M	绘制矩形选区	★★★★★
椭圆选框工具	M	绘制圆形或椭圆形选区	★★★★★
单行选框工具		绘制高度为1像素的选区	★☆☆☆☆
单列选框工具		绘制宽度为1像素的选区	★☆☆☆☆
套索工具	L	自由绘制出形状不规则的选区	★★★★☆
多边形套索工具	L	绘制一些转角比较强烈的选区	★★★★☆
磁性套索工具	L	快速选择与背景对比强烈且边缘复杂的对象	★★★★☆
快速选择工具	W	利用可调整的圆形笔尖迅速地绘制选区	★★★★★
魔棒工具	W	快速选取颜色一致的区域	★★★★★
裁剪工具	C	裁剪多余的图像	★★★★★
透视裁剪工具	C	将图像中的某个区域裁剪下来作为纹理或仅校正某个偏斜的区域	★★☆☆☆
切片工具	C	创建用户切片和基于图层的切片	★☆☆☆☆
切片选择工具	C	选择、对齐、分布切片以及调整切片的堆叠顺序	★☆☆☆☆
吸管工具	I	采集色样来作为前景色或背景色	★★★★★
3D材质吸管工具	I	将3D对象上的材质“吸”到“属性”面板中	★★★☆☆
颜色取样器工具	I	精确观察颜色值的变化	★☆☆☆☆
标尺工具	I	测量图像中点到点之间的距离、位置和角度	★☆☆☆☆
注释工具	I	在图像中添加文字注释和内容	★☆☆☆☆
计数工具	I	对图像中的元素进行计数	★☆☆☆☆
污点修复画笔工具	J	消除图像中的污点和某个对象	★★★★★
修复画笔工具	J	校正图像的瑕疵	★★★★★
修补工具	J	利用样本或图案修复所选区域中不理想的部分	★★★★★
内容感知移动工具	J	将选中的对象移动或复制到图像的其他地方，并重组与混合图像	★★★★☆
红眼工具	J	去除由闪光灯导致的红色反光	★★★★★
画笔工具	B	使用前景色绘制出各种线条或修改通道和蒙版	★★★★★
铅笔工具	B	绘制硬边线条	★★★★☆
颜色替换工具	B	将选定的颜色替换为其他颜色	★★★★☆
混合器画笔工具	B	模拟真实的绘画效果	★☆☆☆☆
仿制图章工具	S	将图像的一部分绘制到另一个位置	★★★★★
图案图章工具	S	使用图案进行绘画	★★★☆☆
历史记录画笔工具	Y	可以理性、真实地还原某一区域的某一步操作	★★★★★
历史记录艺术画笔工具	Y	将标记的历史记录或快照用作源数据对图像进行修改	★☆☆☆☆
橡皮擦工具	E	将像素更改为背景色或透明	★★★★★
背景橡皮擦工具	E	在抹除背景的同时保留前景对象的边缘	★★★★★
魔术橡皮擦工具	E	将所有相似的像素更改为透明	★★★★★
渐变工具	G	在整个文档或选区内填充渐变色	★★★★★
油漆桶工具	G	在图像中填充前景色或图案	★★★☆☆
3D材质拖放工具	G	将选定的材质填充给3D对象	★★★☆☆
模糊工具		柔化硬边缘或减少图像中的细节	★★★☆☆
锐化工具		增强图像中相邻像素之间的对比	★★★☆☆
涂抹工具		模拟手指划过湿油漆时所产生的效果	★★★★☆
减淡工具	O	对图像进行减淡处理	★★★★★
加深工具	O	对图像进行加深处理	★★★★★
海绵工具	O	精确地更改图像某个区域的色彩饱和度	★☆☆☆☆
钢笔工具	P	绘制任意形状的直线或曲线路径	★★★★★
自由钢笔工具	P	绘制比较随意的图形	★☆☆☆☆
添加锚点工具		在路径上添加锚点	★★★★★
删除锚点工具		在路径上删除锚点	★★★★★
转换点工具		转换锚点的类型	★★★★☆
横排文字工具	T	输入横向排列的文字	★★★★★
直排文字工具	T	输入竖向排列的文字	★★★★★
横排文字蒙版工具	T	创建横向文字选区	★☆☆☆☆
直排文字蒙版工具	T	创建竖向文字选区	★☆☆☆☆
路径选择工具	A	选择、组合、对齐和分布路径	★★★★★

（续表）

工具	快捷键	主要功能	使用频率
直接选择工具	A	选择、移动路径上的锚点以及调整方向线	★★★★★
矩形工具	U	创建正方形和矩形	★★★★★
圆角矩形工具	U	创建具有圆角效果的矩形	★★★★★
椭圆工具	U	创建椭圆和圆形	★★★★★
多边形工具	U	创建正多边形（最少为3条边）和星形	★★★★★
直线工具	U	创建直线和带有箭头的路径	★★☆☆☆
自定形状工具	U	创建各种自定形状	★★★★★
抓手工具	H	在放大图像窗口中移动光标到特定区域内查看图像	★★★★★
旋转视图工具	R	旋转画布	★★☆☆☆
缩放工具	Z	放大或缩小图像的显示比例	★★★★★
默认前景色/背景色	D	将前景色/背景色恢复到默认颜色	★★★★★
前景色/背景色互换	X	互换前景色/背景色	★★★★★
以快速蒙版模式编辑	Q	创建和编辑选区	★★★★☆
标准屏幕模式	F	显示菜单栏、标题栏、滚动条和其他屏幕元素	★★★☆☆
带有菜单栏的全屏模式	F	显示菜单栏、50%的灰色背景、无标题栏和滚动条的全屏窗口	★☆☆☆☆
全屏模式	F	只显示黑色背景和图像窗口	★☆☆☆☆
旋转3D对象		围绕x/y轴旋转模型	★★★☆☆
滚动3D对象		围绕z轴旋转模型	★★★☆☆
拖动3D对象		在水平/垂直方向上移动模型	★★★☆☆
滑动3D对象		在水平方向上移动模型或将模型移近/移远	★★★☆☆
缩放3D对象/		缩放模型或3D相机视图	★★★☆☆

Photoshop命令与快捷键索引

文件菜单

命令	快捷键
新建	Ctrl+N
打开	Ctrl+O
在Bridge中浏览	Alt+Ctrl+O
打开为	Alt+Shift+Ctrl+O
关闭	Ctrl+W
关闭全部	Alt+Ctrl+W
关闭并转到Bridge	Shift+Ctrl+W
存储	Ctrl+S
存储为	Shift+Ctrl+S
存储为Web和设备所用格式	Alt+Shift+Ctrl+S
恢复	F12
打印	Ctrl+P
打印一份	Alt+Shift+Ctrl+P
退出	Ctrl+Q

编辑菜单

命令	快捷键
还原/重做	Ctrl+Z
前进一步	Shift+Ctrl+Z
后退一步	Alt+Ctrl+Z
渐隐	Shift+Ctrl+F
剪切	Ctrl+X
拷贝	Ctrl+C
合并拷贝	Shift+Ctrl+C
粘贴	Ctrl+V
填充	Shift+F6
内容识别比例	Alt+Shift+Ctrl+C

（续表）

命令	快捷键
自由变换	Ctrl+T
变换>再次	Shift+Ctrl+T

图像菜单

命令	快捷键
调整>色阶	Ctrl+L
调整>曲线	Ctrl+M
调整>色相/饱和度	Ctrl+U
调整>色彩平衡	Ctrl+B
调整>黑白	Alt+Shift+Ctrl+B
调整>反相	Ctrl+I
调整>去色	Shift+Ctrl+U
自动色调	Shift+Ctrl+L
自动对比度	Alt+Shift+Ctrl+L
自动颜色	Shift+Ctrl+B
图像大小	Alt+Ctrl+I
画布大小	Alt+Ctrl+C

选择菜单

命令	快捷键
全部	Ctrl+A
取消选择	Ctrl+D
重新选择	Shift+Ctrl+D
反向	Shift+Ctrl+I
所有图层	Alt+Ctrl+A
调整边缘/蒙版	Alt+Ctrl+R
修改>羽化	Shift+F6

本书课堂案例/课堂练习/课后习题索引

课堂案例

课堂练习

课后习题